机械制图习题集

主　编　王春义
副主编　营晓霞　王伟华

哈爾濱工業大學出版社

前　言

本书是根据国家高等工科院校课程指导委员会制订的“画法几何及机械制图课程教学基本要求”的精神，结合高等学校机械类、近机类专业教学的特点和当前教学改革的具体情况，在历次编写的机械类《工程制图基础习题集》的基础上，结合编写者多年的教学经验，并广泛汲取其他院校同类书的优点编写而成。本书适合于高等学校机械类、近机类及电气等专业学生使用。

本习题集与王春义主编的《机械制图》教材配套使用。习题集编排与教材章节相一致。

本习题集由王春义主编，吴佩年、陶福春主审，王春义负责本套教材的统稿工作。在本书的编写过程中得到编者单位的领导和相关同志的支持与帮助，在此表示衷心的感谢。

限于编者水平，书中不当之处在所难免，恳请读者批评指正。

编　者

2011年2月

目　录

（与教材章对应）

1-1 字体练习

(1) 字体

机械制图标准序名称件数重量比例材料备注销键

螺钉栓母垫圈减速器箱座架圆柱锥齿轮斜面蜗杆

班级　　　　姓名　　　　学号

1-2 字体练习

(2) 数字、字母

1234567890

1234567890

ABCDEFGHIJKLMNOPQRSTUVW

abcdefghijklmnopqrstuvwxyzabcdefg

班级　　　　姓名　　　　学号

1-3 图线练习 按2:1的比例将图样抄画在图纸上

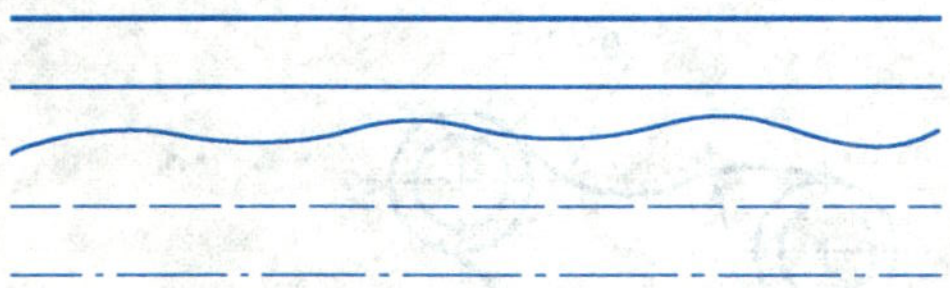

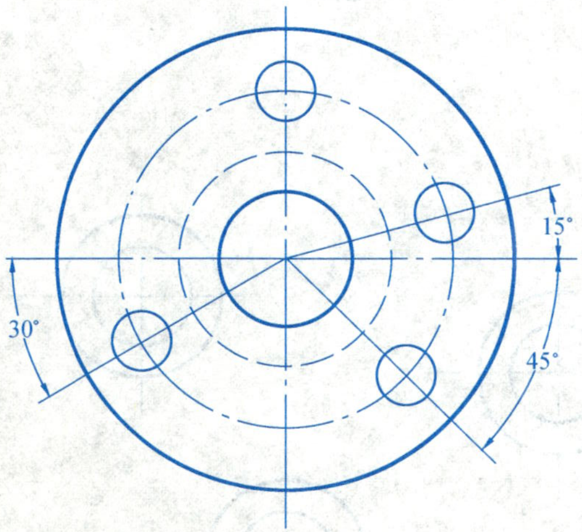

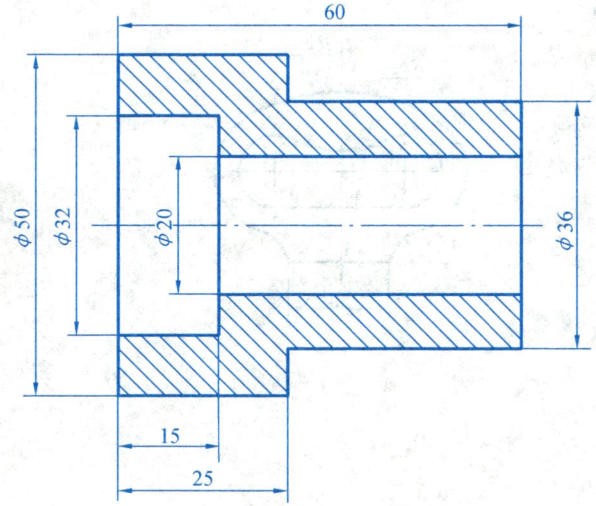

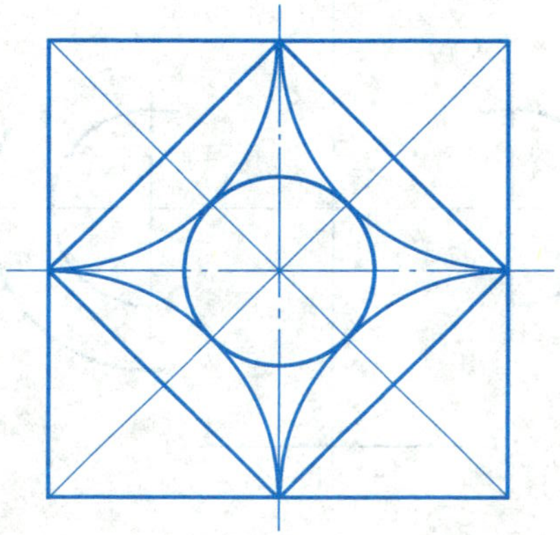

班级　　姓名　　学号

1-4 完成下列图形的线段连接，按1:1 绘制

(1)

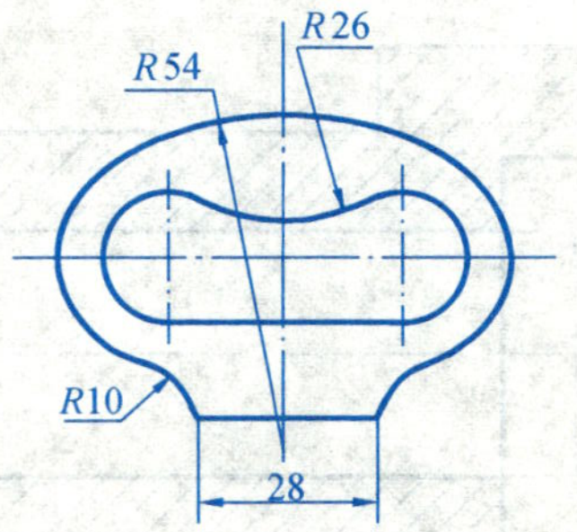

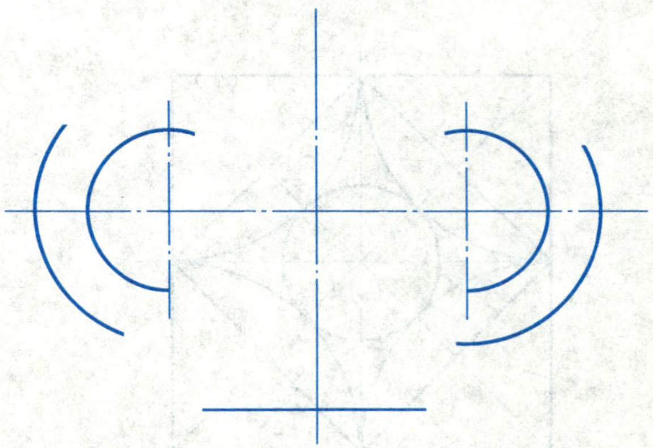

(2)

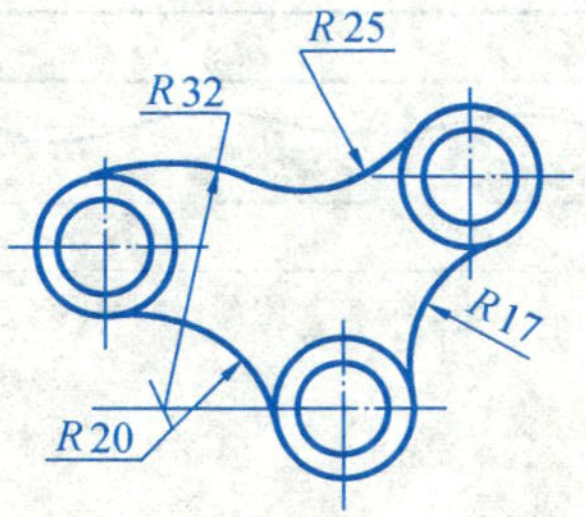

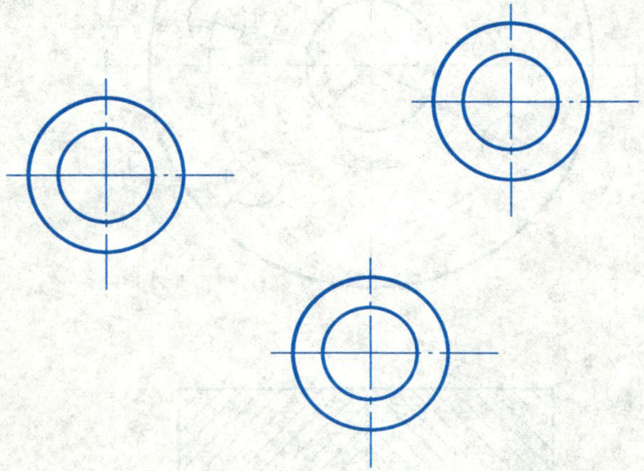

班级　　姓名　　学号

1-5 尺寸注法（按 1:1 测量并取整数）

(1)

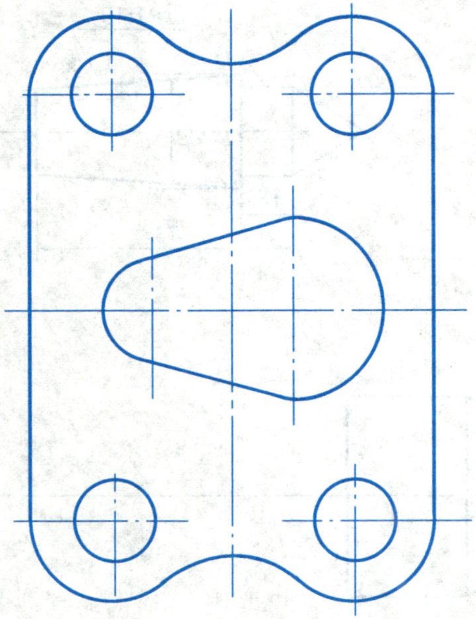

(2)

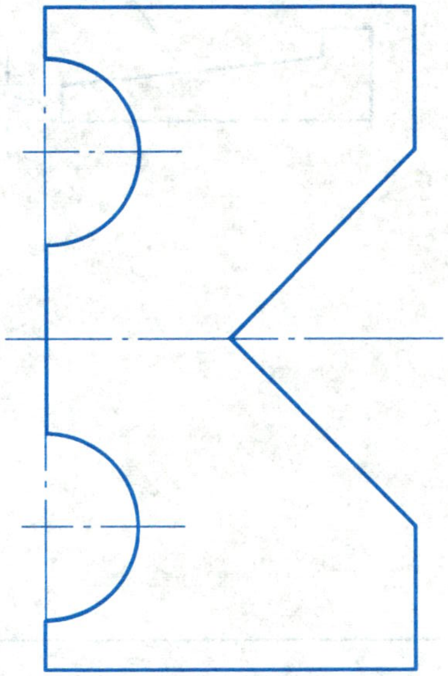

班级　　姓名　　学号

1-6 几何作图 作斜度、锥度并标注

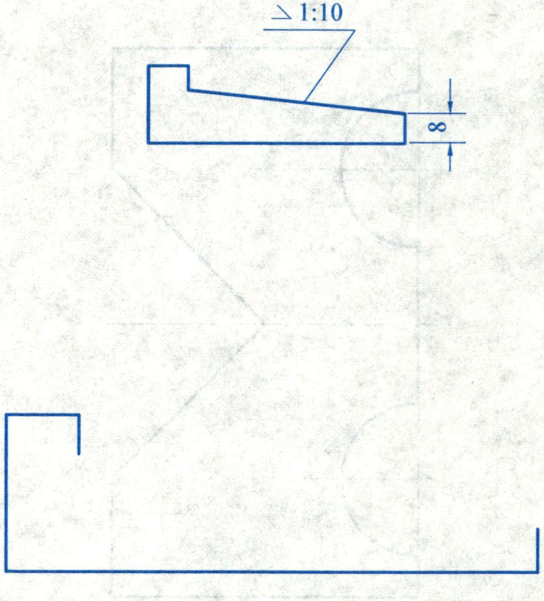

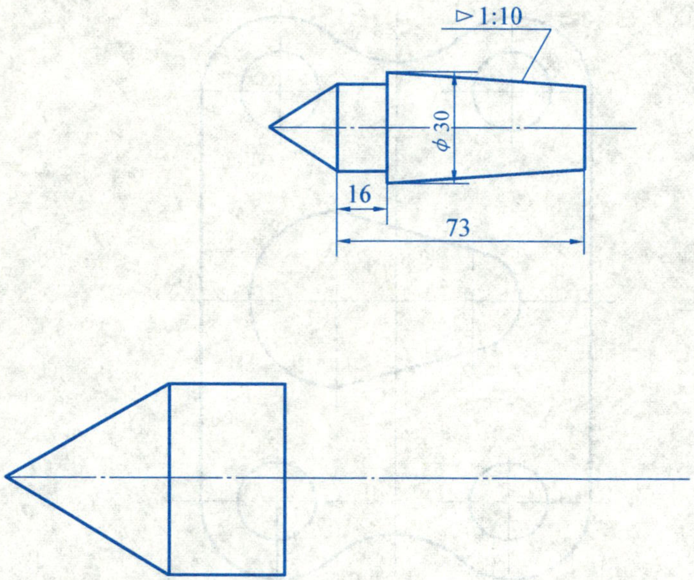

班级 姓名 学号

1-7 圆弧连接与尺寸标注练习

(1)

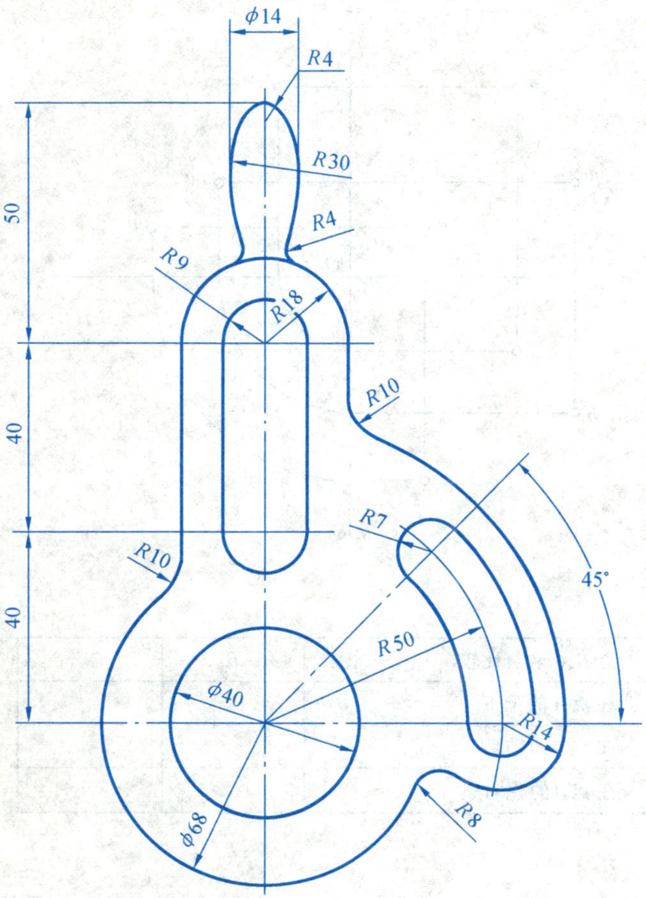

(2)

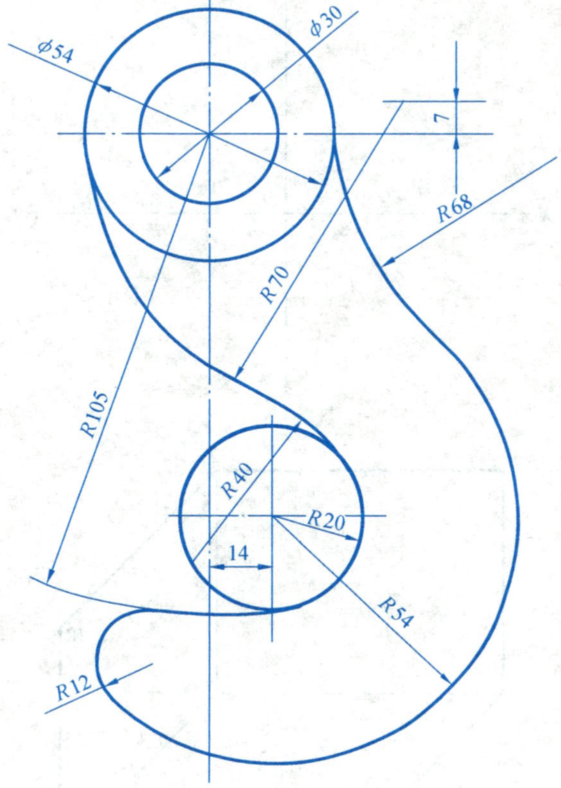

班级　　　　姓名　　　　学号

2-1 已知三个点的坐标 M (10,15,20)、N(20,0,25)、K(10,20,20)，试作出它们的三面投影图和直观图

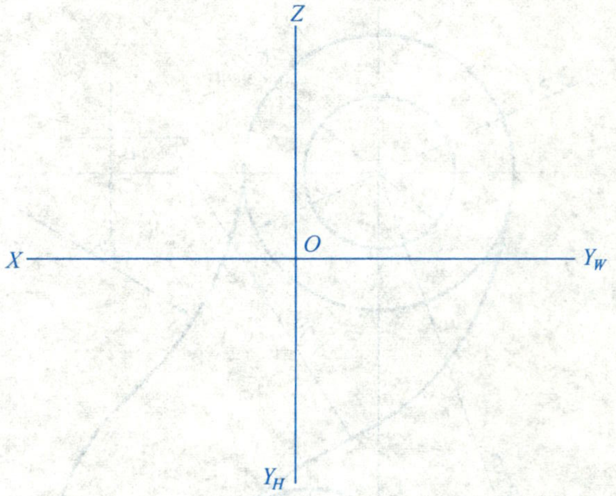

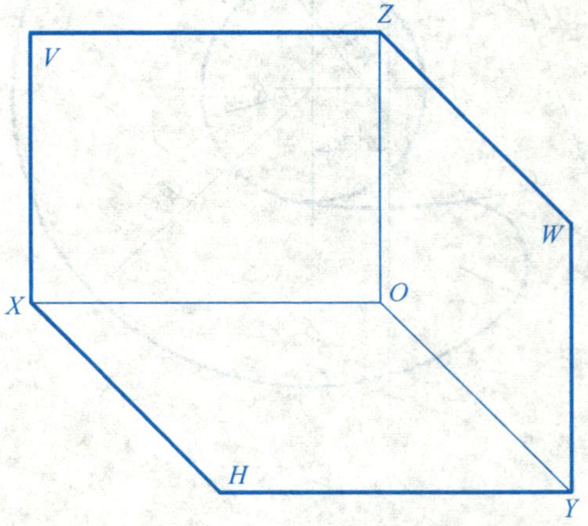

2-2 已知三点的三面投影图，点 B 和点 C 对点 A 的相对位置如何

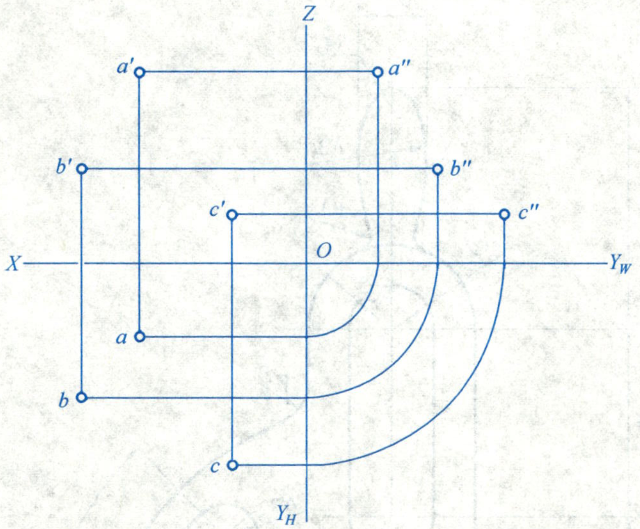

点 B、C 和 A 比较	B	C
在点 A 的上下		
在点 A 的前后		
在点 A 的左右		

班级　　　　姓名　　　　学号

2-3 已知点 B 在点 A 左方 15mm，下方 15mm，前方 10mm；点 C 在点 A 的正前方 15mm，试作出点 B 和点 C 的三面投影

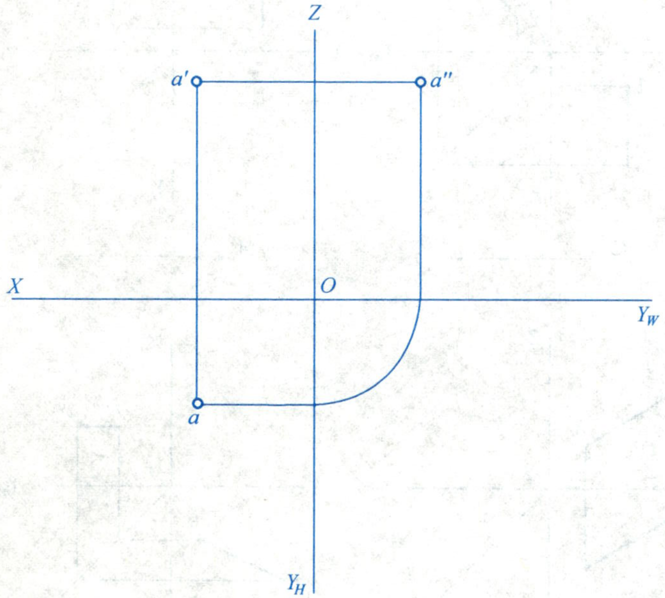

2-4 根据点的两面投影作第三面投影

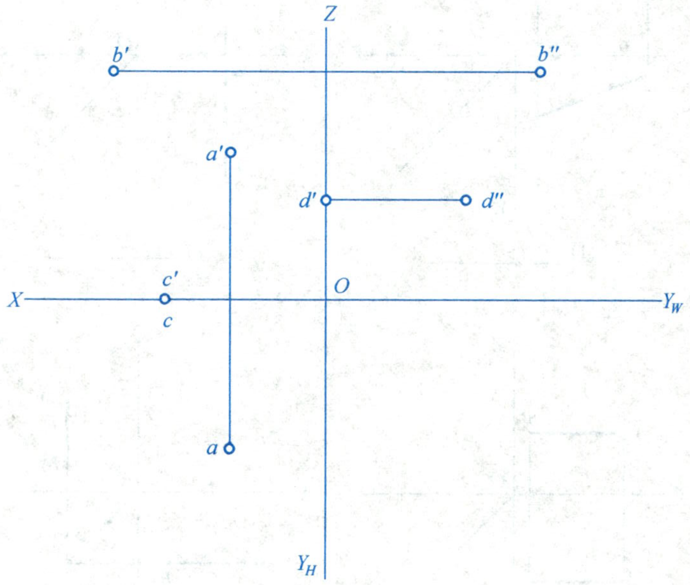

班级　　　　姓名　　　　学号

2-5 判别下列直线相对于投影面的位置，并画出直线的第三投影

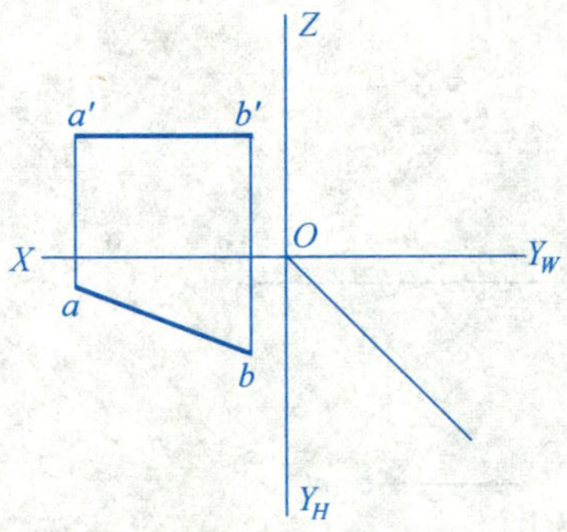

(1) ________

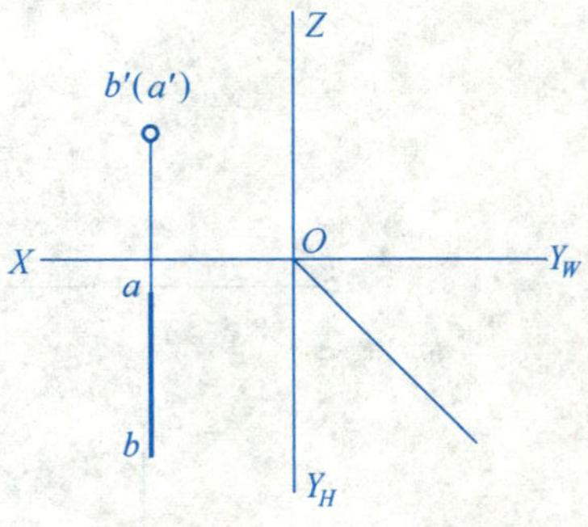

(2) ________

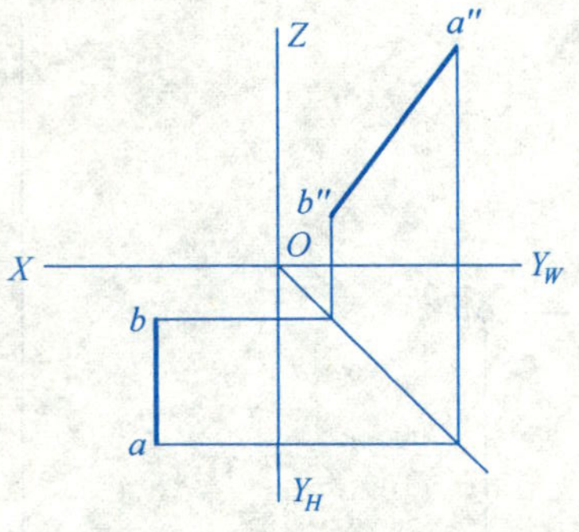

(3) ________

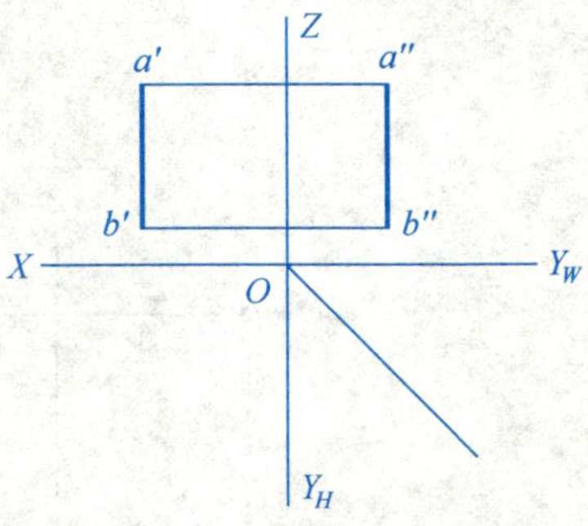

(4) ________

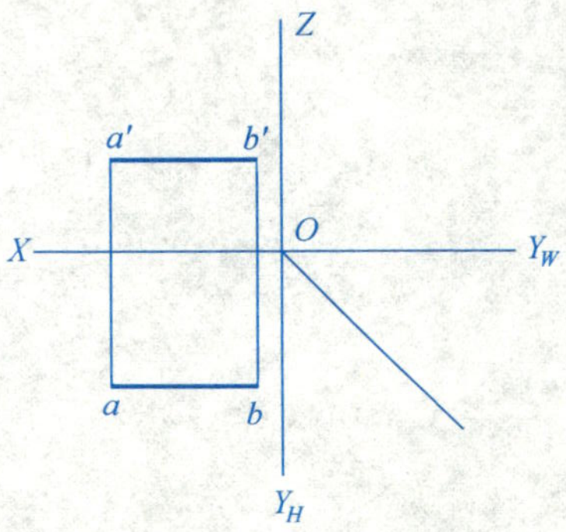

(5) ________

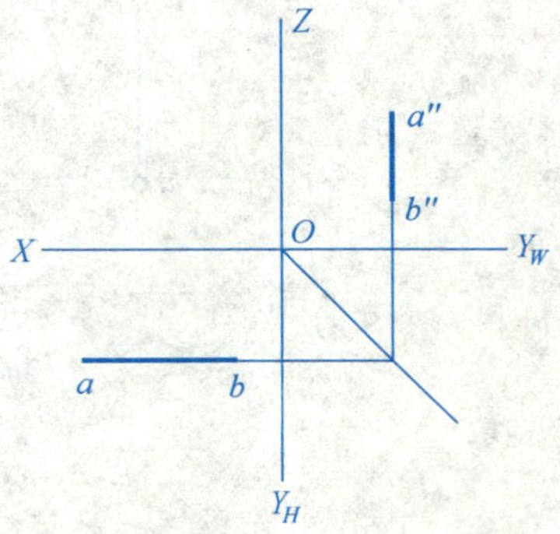

(6) ________

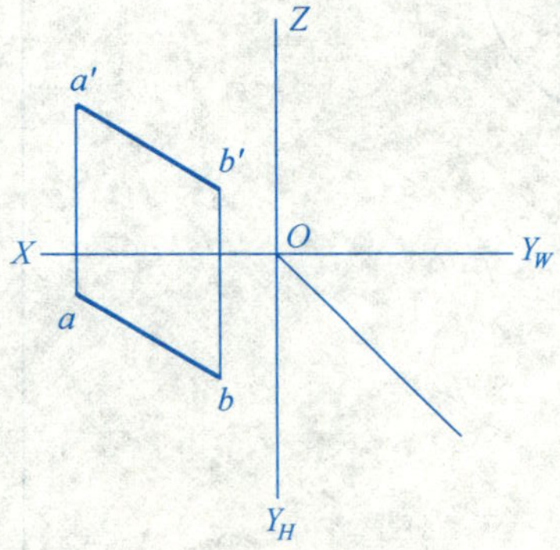

(7) ________

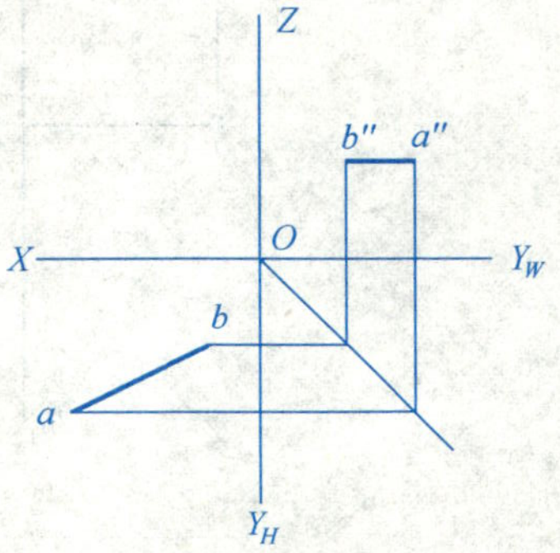

(8) ________

班级　　　姓名　　　学号

2-6 根据所给的条件作出直线的三面投影

(1) 已知线段端点 $A(30,15,10)$，点 $B(10,20,20)$

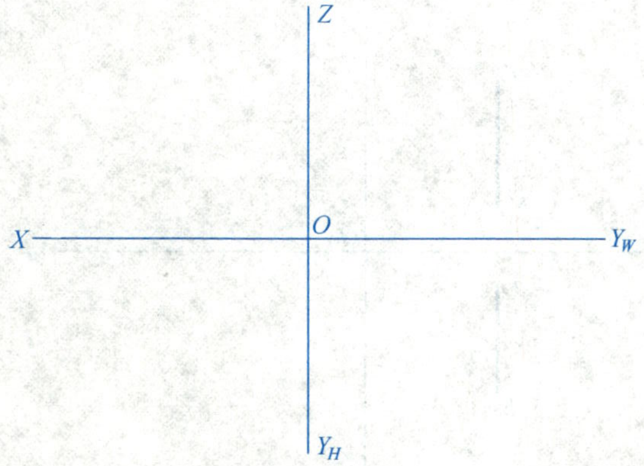

(2) 已知点 $A(15,15,10)$ 和线段 AB 的实长15，$\beta=30^\circ$ 的水平线

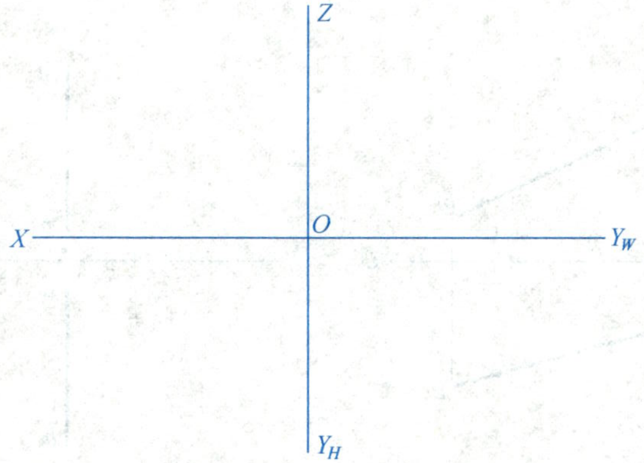

(3) 过点 A 作一铅垂线 AB，长为20且与 V、W 面等距

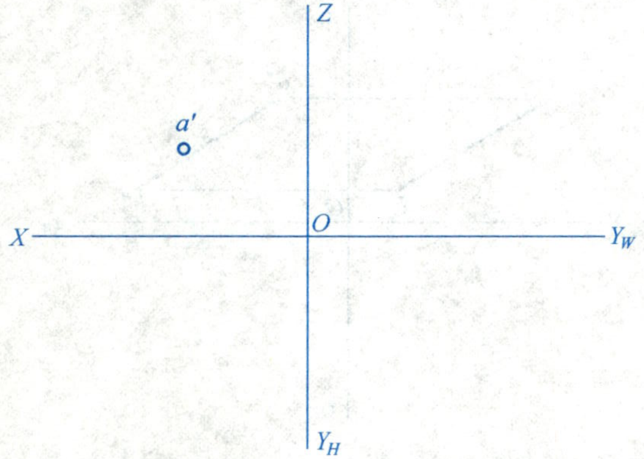

(4) 作侧平线 AB，长为20，与 V、H 面倾角相等

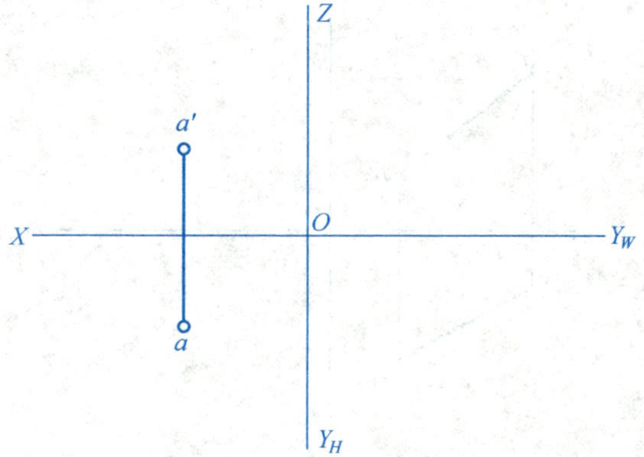

班级　　　　姓名　　　　学号

2-7 根据条件，在线段上求点

(1) 在直线 AB 上取一点 C，使 $AC:CB=2:3$，求点 C 的两面投影

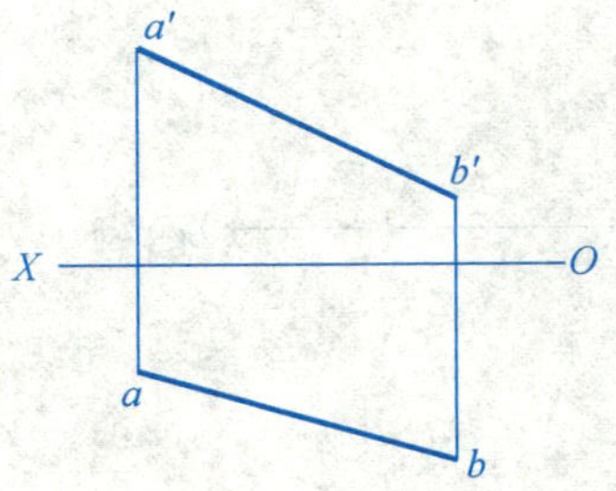

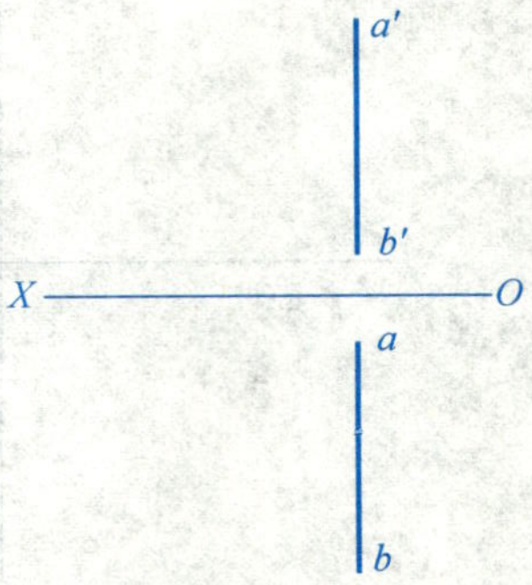

(2) 确定点 K，使点 K 到 V 与 H 面距离之比为3:2

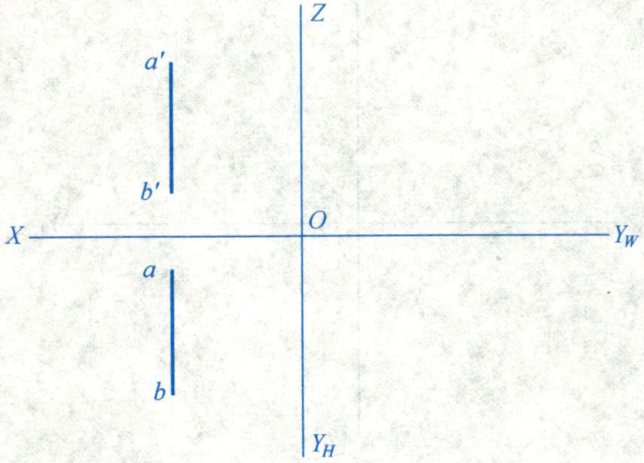

(3) 确定点 C，使其与 V、H 面等距

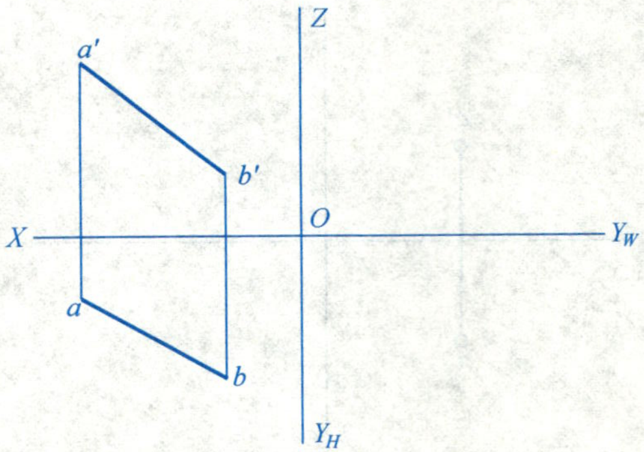

(4) 确定点 C，使其与 H 面距离为10

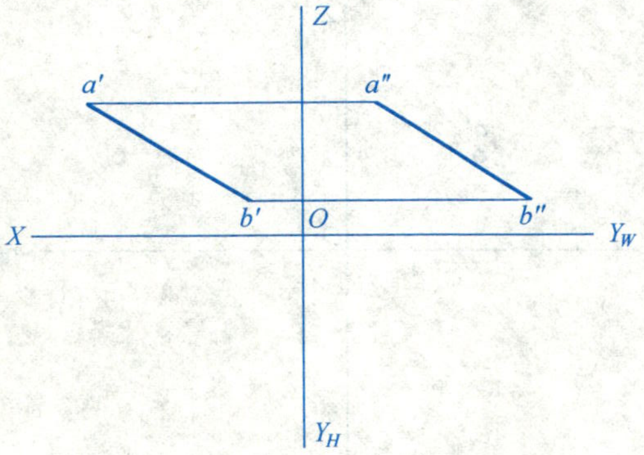

班级　　姓名　　学号

2-8 判断两直线的相对位置（第2小题要求作出水平投影）

(1)

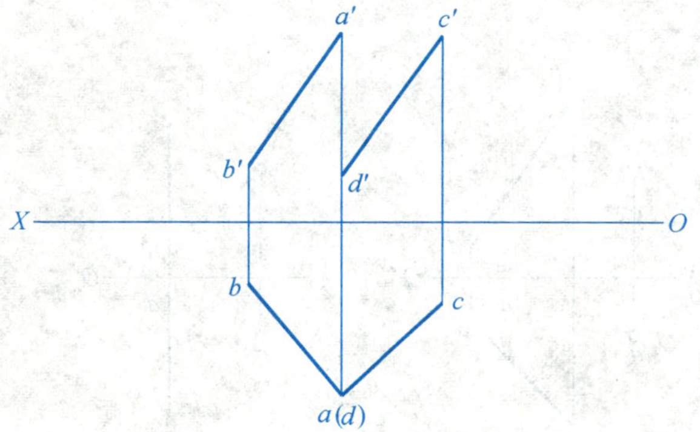

AB、CD 是________二直线

(2)

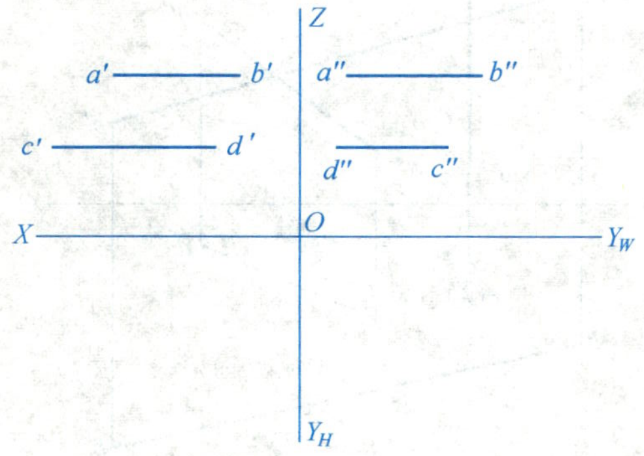

AB、CD 是________二直线

(3)

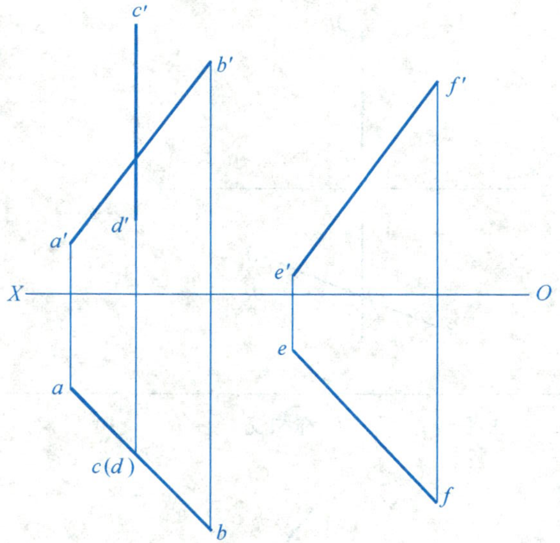

AB、CD 是________二直线

AB、EF 是________二直线

CD、EF 是________二直线

班级　　　　姓名　　　　学号

2-9 根据要求作出直线

(1) 已知 AB、CD 为相交两直线，且 CD 为水平线，求作 CD 的正面投影

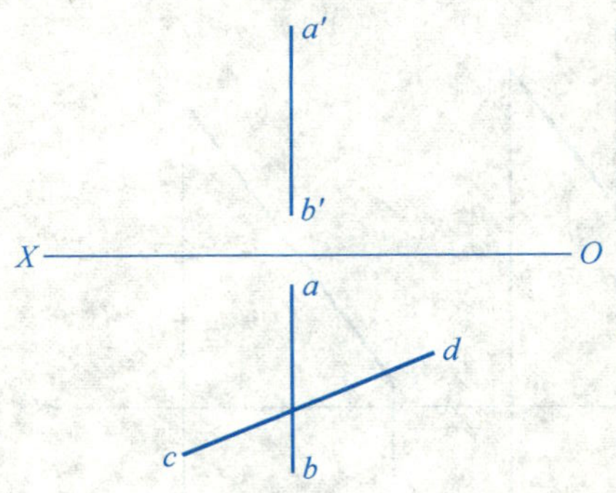

(2) 由点 A 作直线 AB，与直线 CD 相交，交点 B 距 H 面15 mm

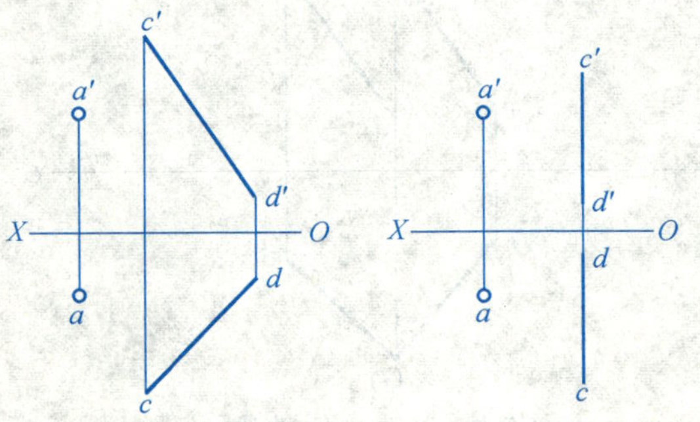

(3) 过点 E 作一正平线与 AB、CD 都相交

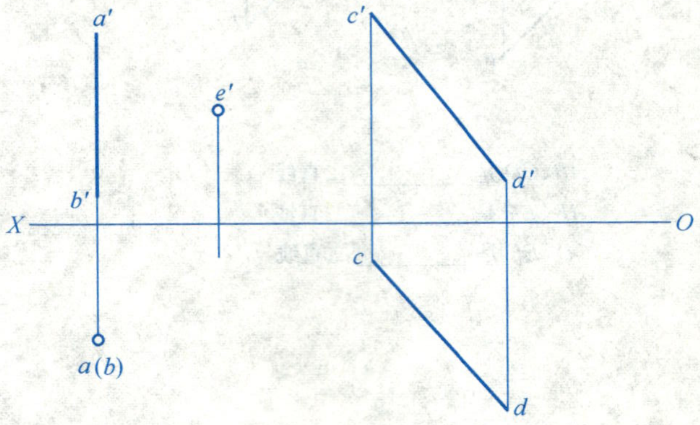

(4) 作直线 MN 与直线 AB 平行 且与 CD、EF 两直线相交

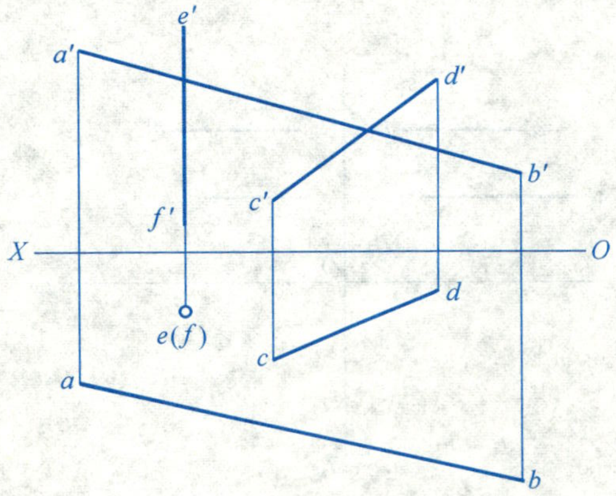

班级　　姓名　　学号

2-10 判断给出的平面与投影面的相对位置

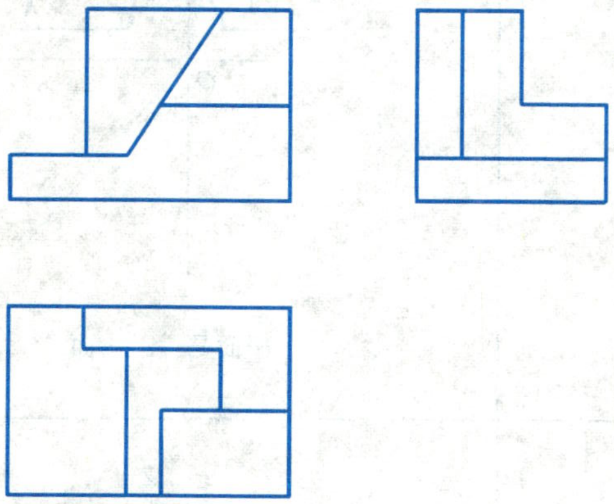

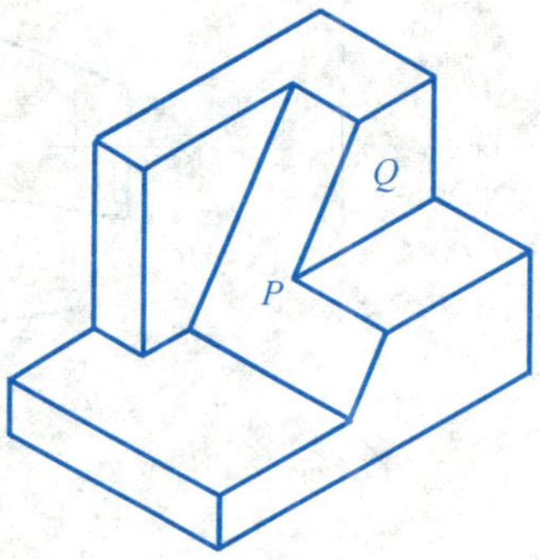

P是______面

Q是______面

2-11 在投影图中用字母标出立体图中指定各表面的三个投影，并说明其空间位置

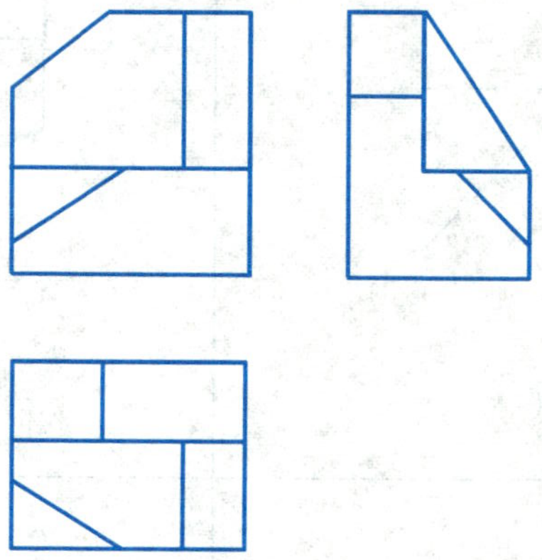

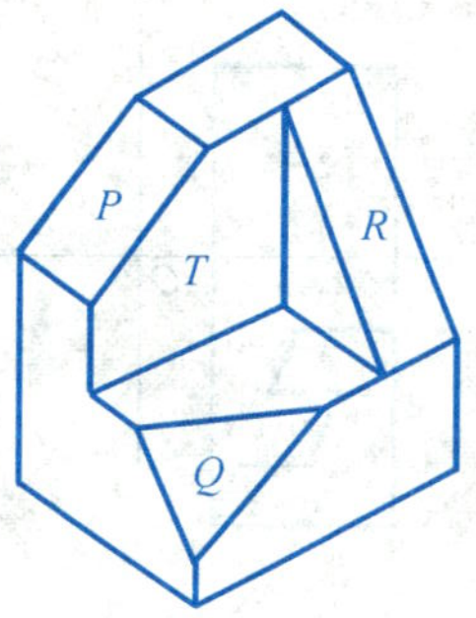

P是______面

Q是______面

R是______面

T是______面

班级　　姓名　　学号

2-12 完成下列平面的投影，并填空

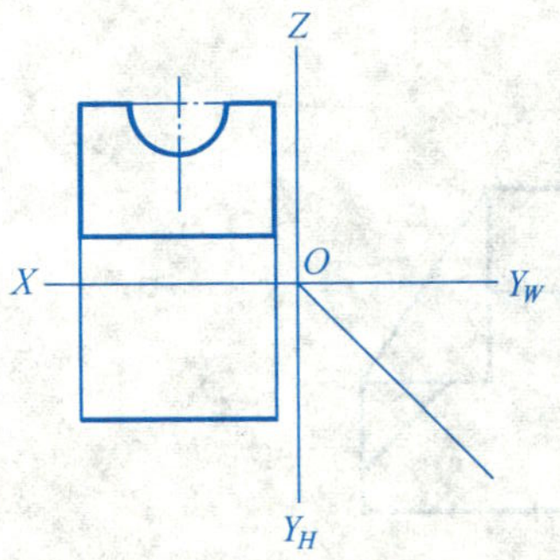

平面是______面

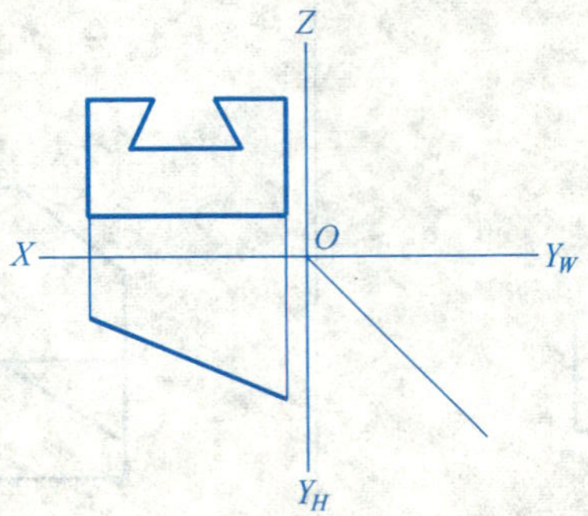

平面是______面

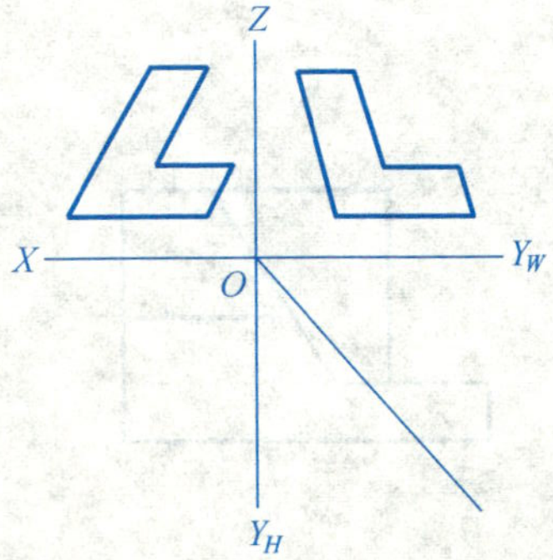

平面是______面

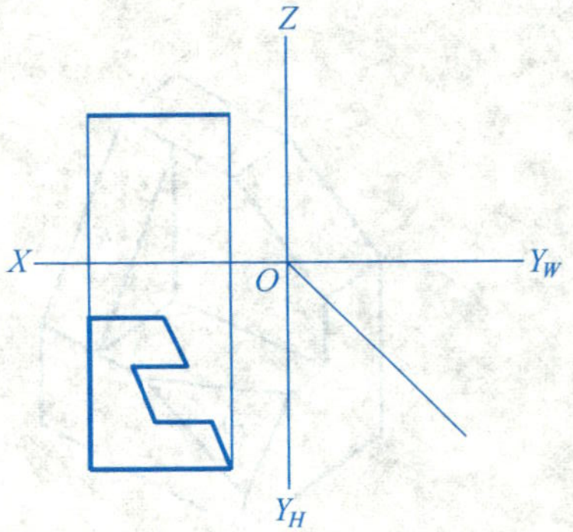

平面是______面

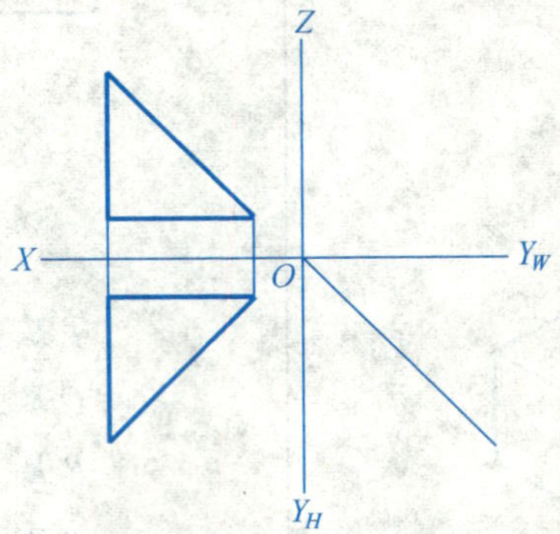

平面是______面

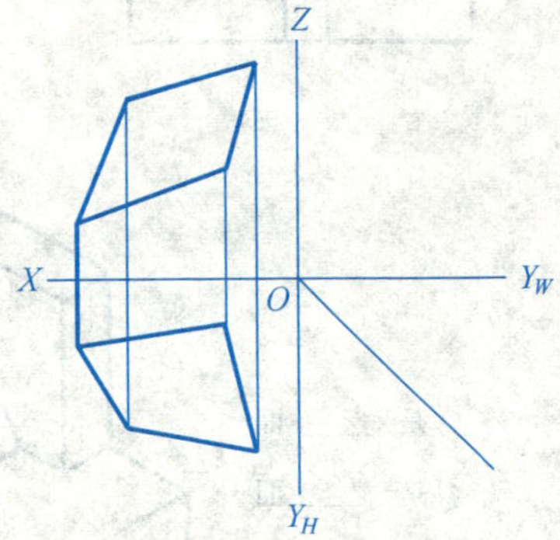

平面是______面

班级　　　姓名　　　学号

2-13 判断点 D、E、F 是否在 $\triangle ABC$ 平面上

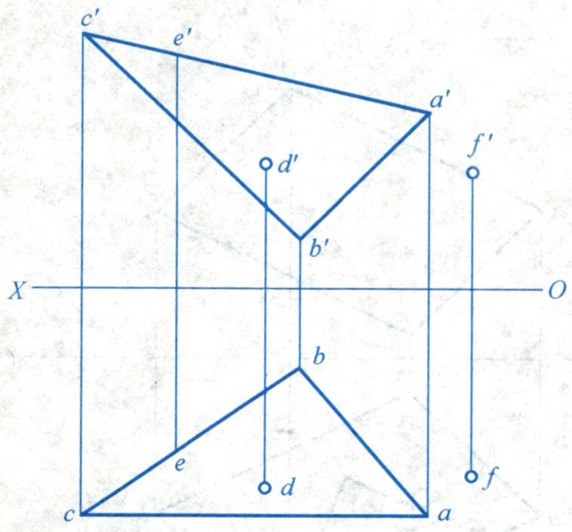

点 D ______ 平面上

点 E ______ 平面上

点 F ______ 平面上

2-14 已知 $\triangle ABC$ 平面的两面投影，求其侧面投影，并在 $\triangle ABC$ 面内取一点 K，使点 K 距 V 面 13 mm，距 H 面 15 mm

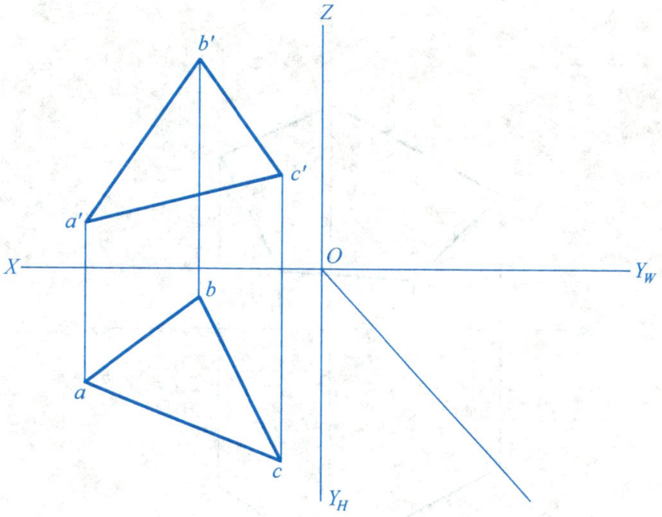

班级　　姓名　　学号

2-15 补全平面图形的水平投影

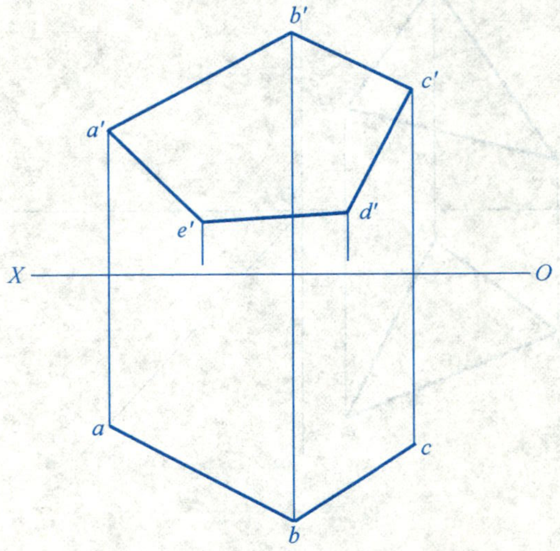

2-16 已知平面 *ABCD* 上 △*EFG* 的水平投影，求其正面投影

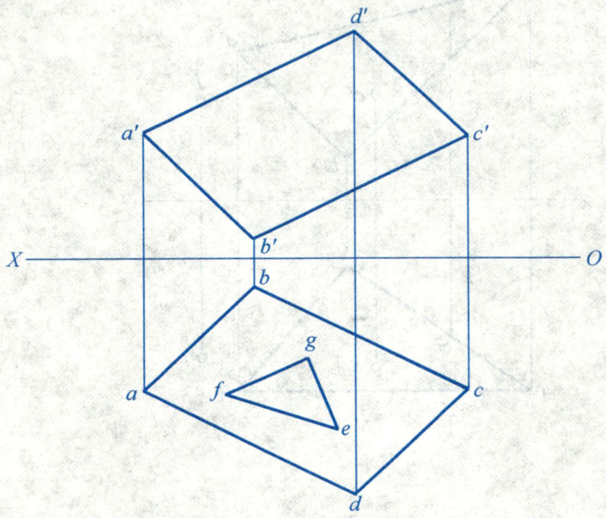

班级　　　　姓名　　　　学号

2-17 直线和平面的相对位置

(1) 直线 DE 平行于△ABC，求其水平投影

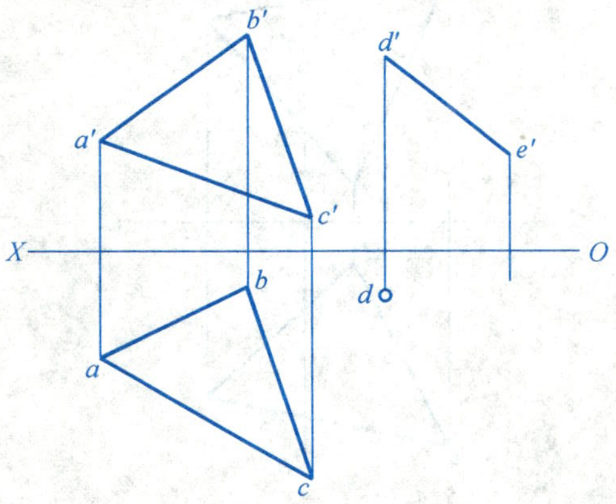

(2) 作△ABC 平行于直线 DE

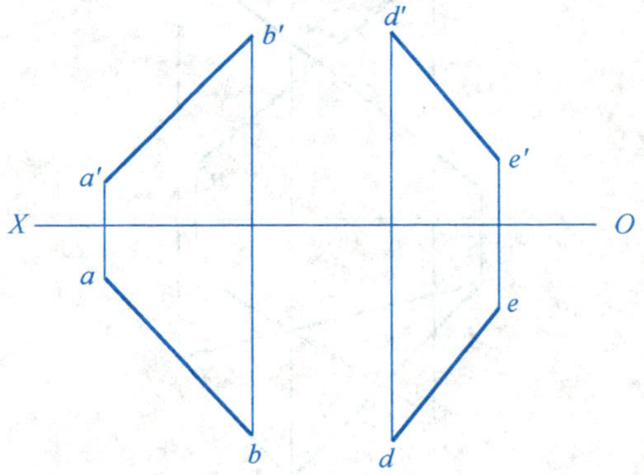

(3) 判断直线 MN 是否平行于△ABC

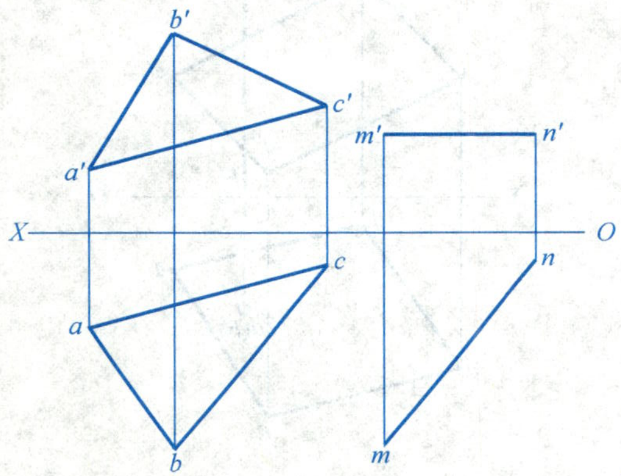

答：___

(4) 判断二平面是否平行

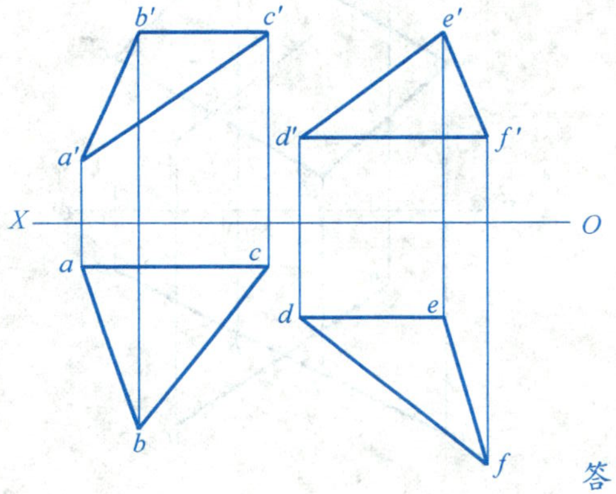

答：___

班级　　姓名　　学号

2-18 求直线与平面的交点，并判别可见性

(1)

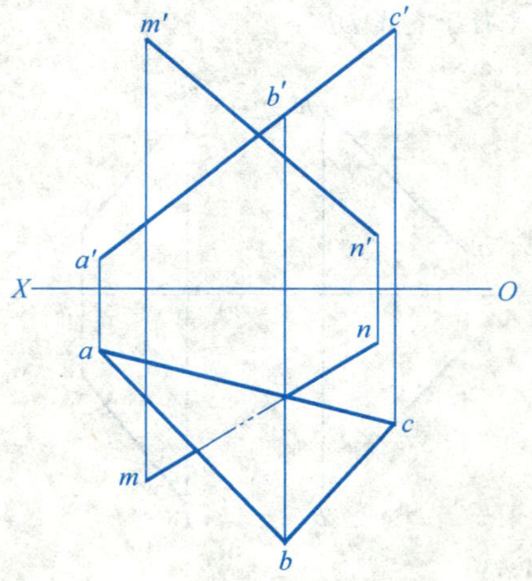

(2)

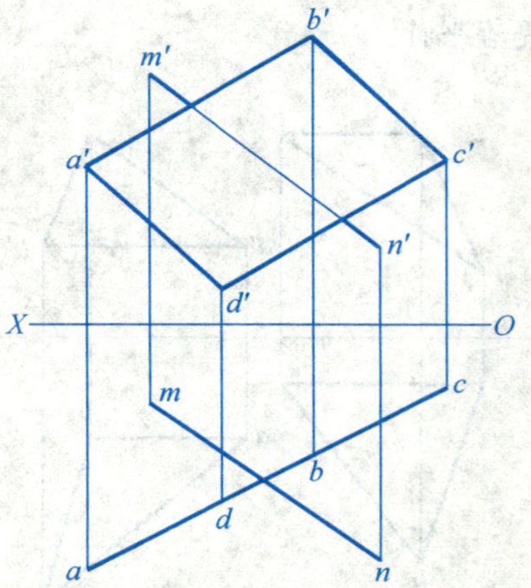

2-19 求垂直线 *AB* 与一般位置平面的交点，并判别可见性

(1)

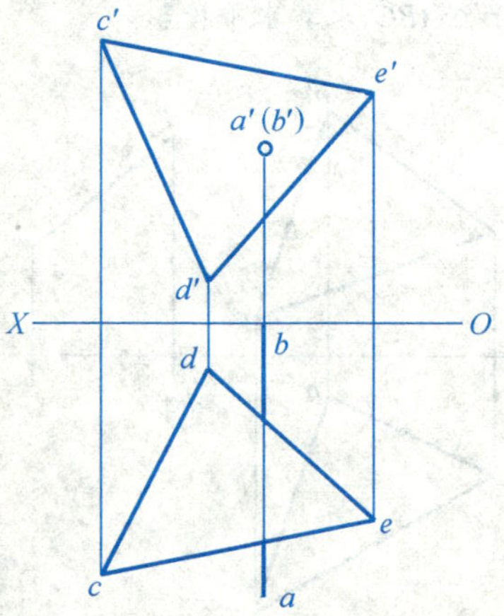

(2)

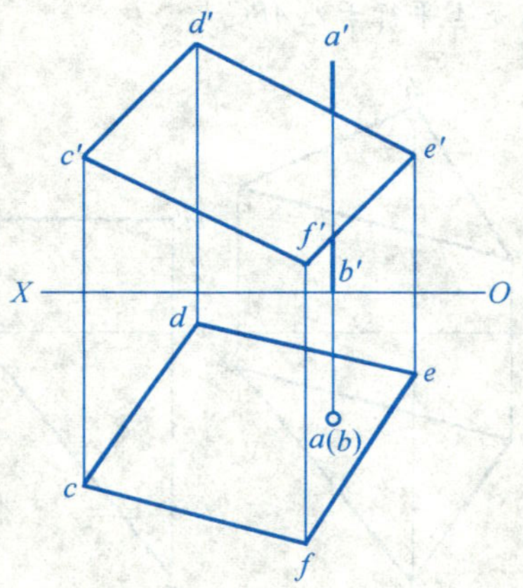

班级 姓名 学号

2-20 求两平面的交线并判别可见性

(1)

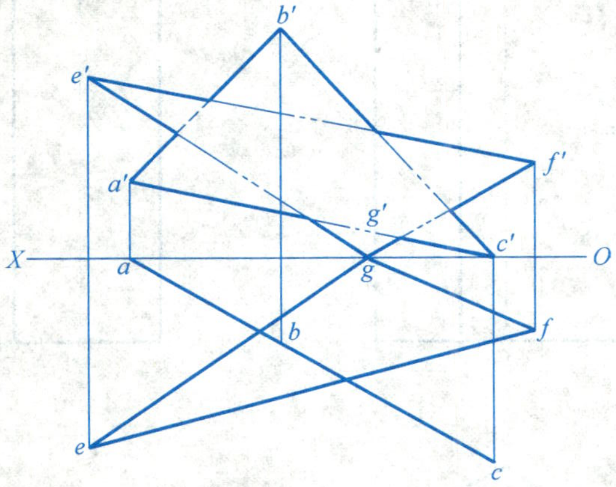

(2)

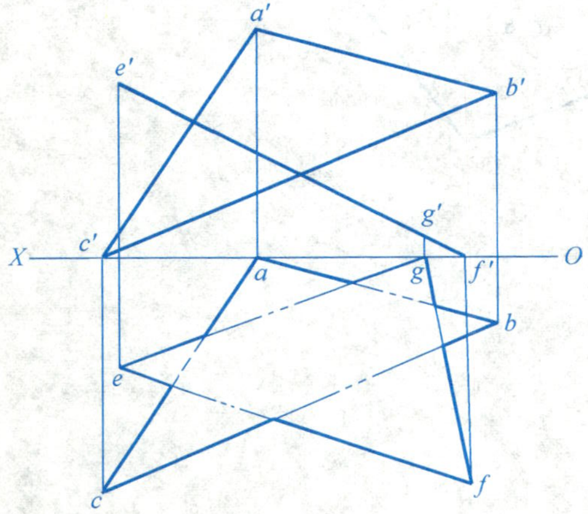

2-21 求两平面的交线并判别可见性

(1)

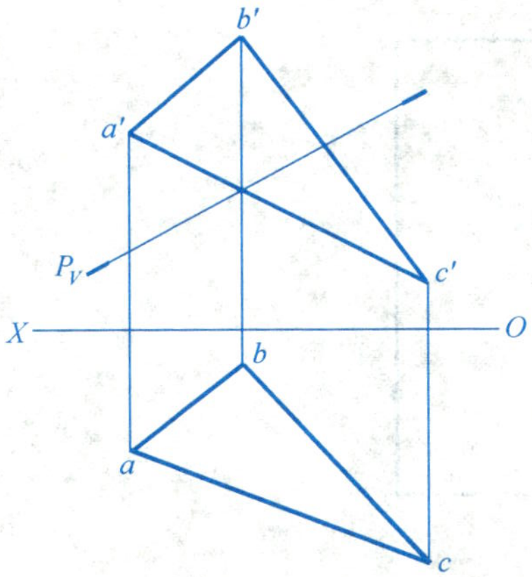

(2)

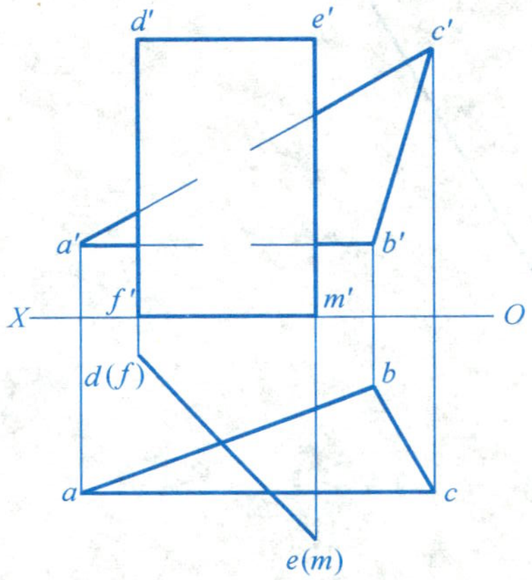

班级　　姓名　　学号

3-1 补出平面立体的第三面投影，并求表面点和线的各投影

(1)

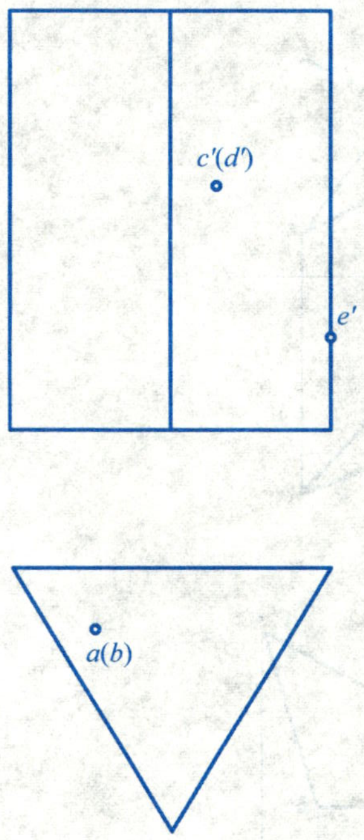

(2)

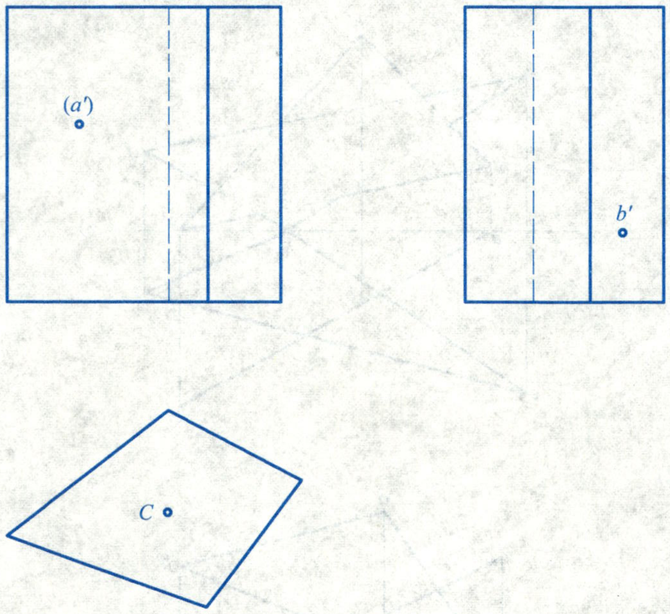

班级　　姓名　　学号

3-2 补出平面立体的第三面投影，并求表面点和线的各投影（续）

(1)

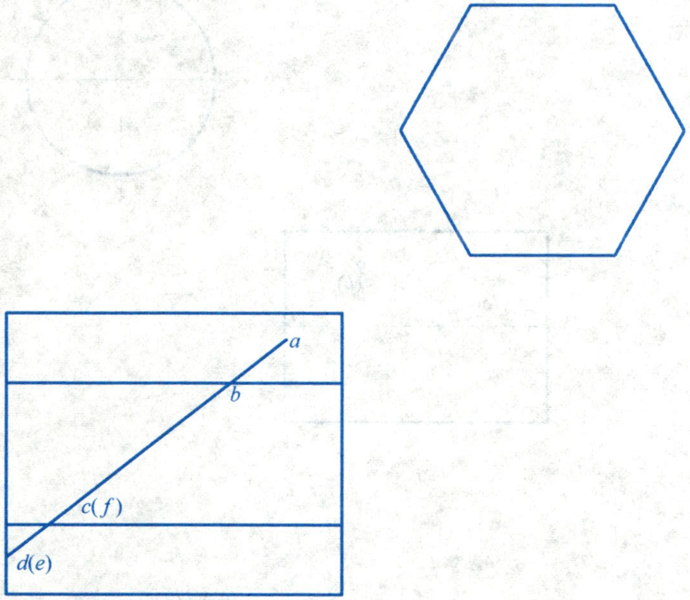

(2)

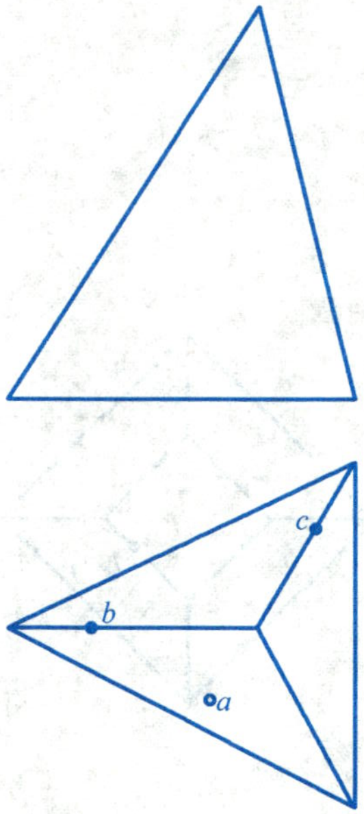

班级 姓名 学号

3-3 补出平面立体的第三面投影，并求表面点和线的各投影（续）

(1)

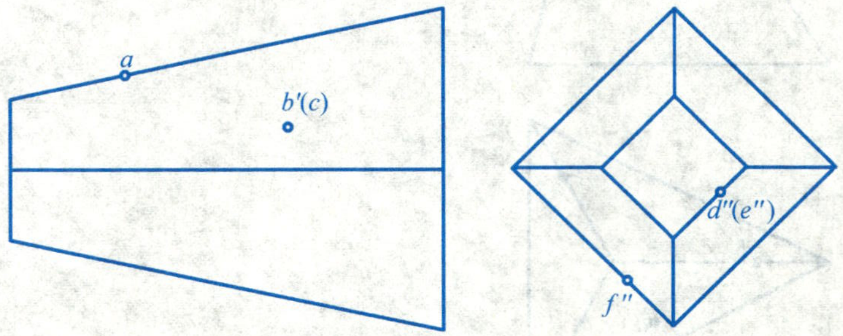

(2)

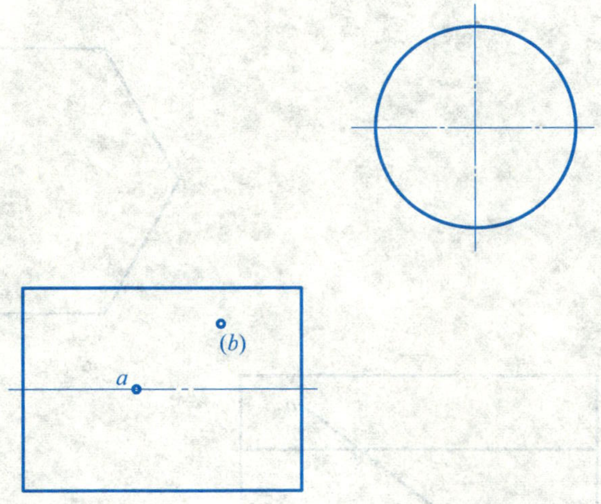

班级　　姓名　　学号

3-4 补出平面立体的第三面投影，并求表面点和线的各投影（续）

(1)

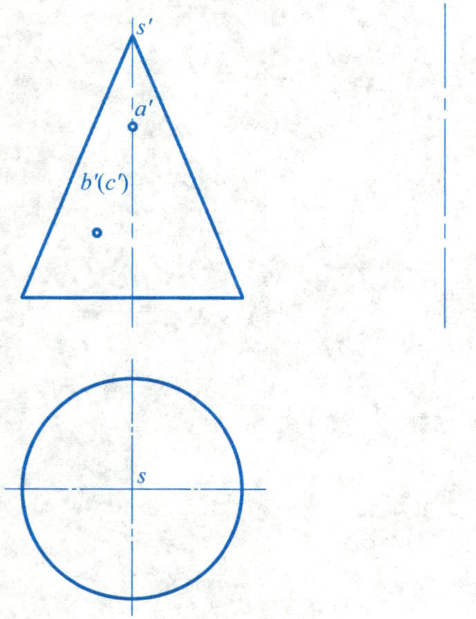

(2)

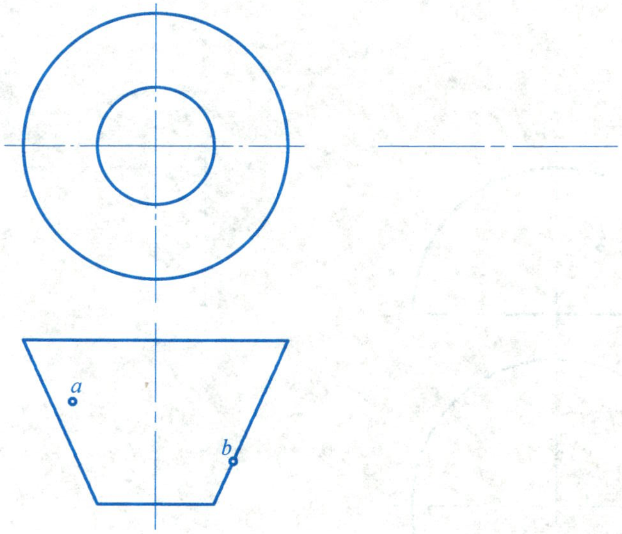

班级　　姓名　　学号

3-5 补出平面立体的第三面投影，并求表面点和线的各投影（续）

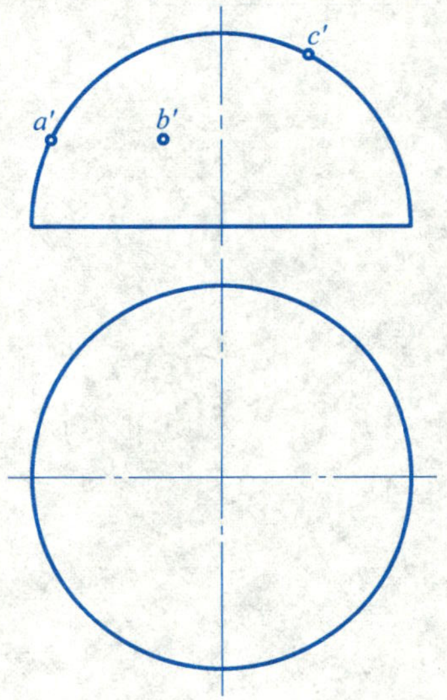

班级　　姓名　　学号

4-1 棱锥表面的截交线

(1)作出水平投影和侧面投影

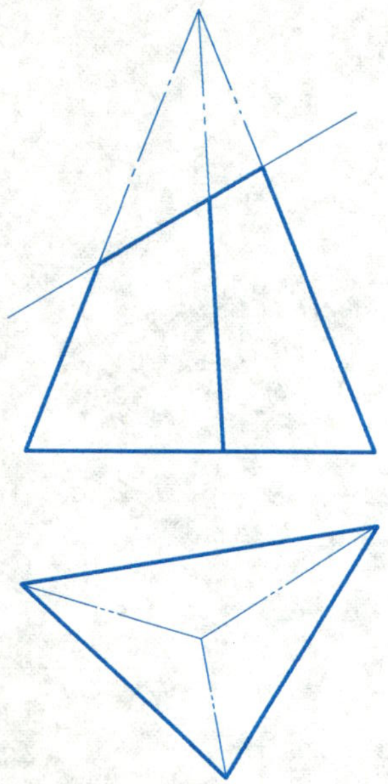

(2)作出水平投影和侧面投影

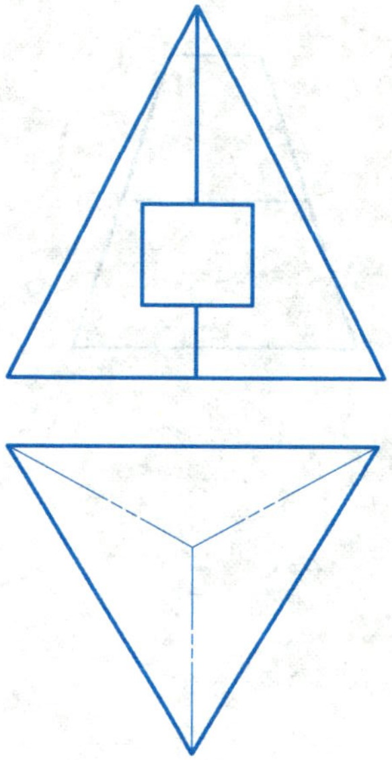

班级　　　　姓名　　　　学号

4-2 棱锥表面的截交线

(1) 作带缺口的四棱台的水平投影

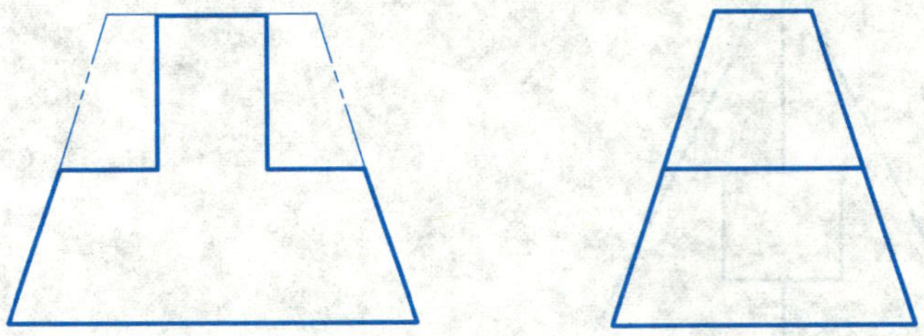

(2) 作出水平投影和侧面投影

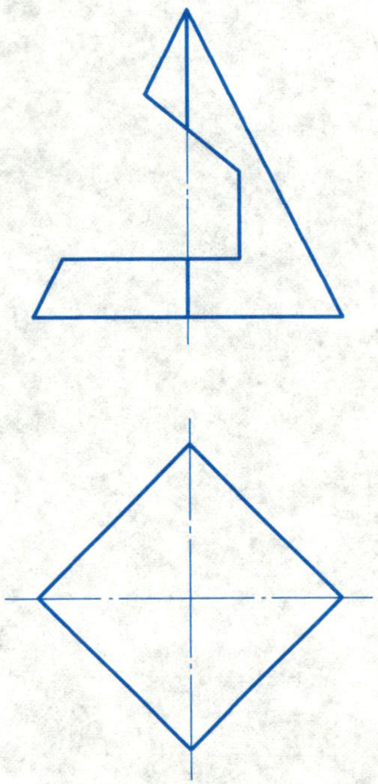

班级　　　　姓名　　　　学号

4-3 棱柱表面截交线

(1) 作出侧面投影

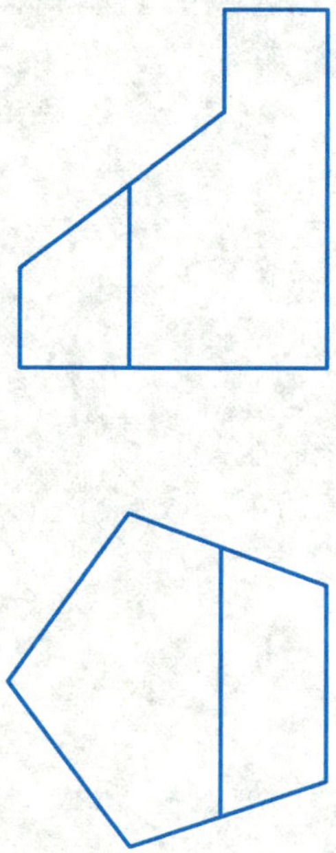

(2)作出侧面投影

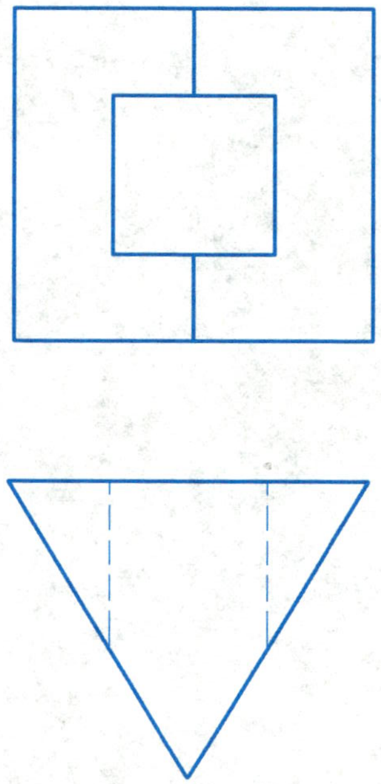

班级　　姓名　　学号

4-4 棱柱表面的截交线

(1)作出水平投影及侧面投影

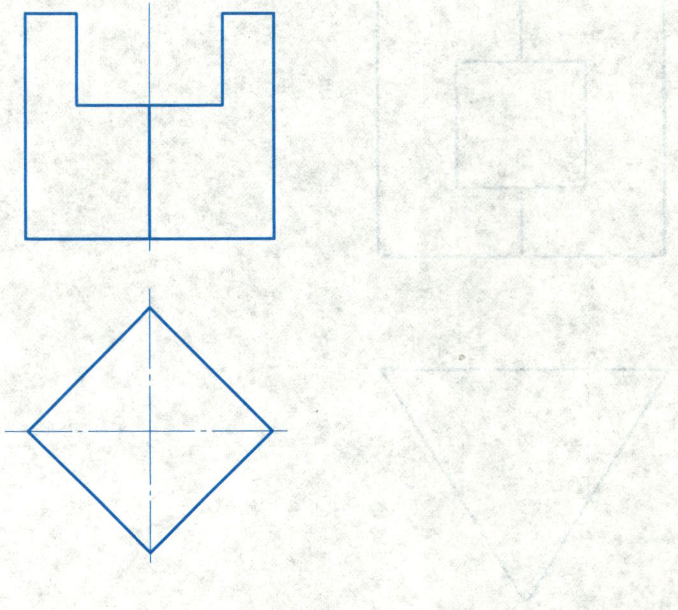

(2)作出水平投影及侧面投影

班级　　姓名　　学号

4-5 圆柱表面的截交线

(1)作出正面投影及水平投影

(2)作出侧面投影

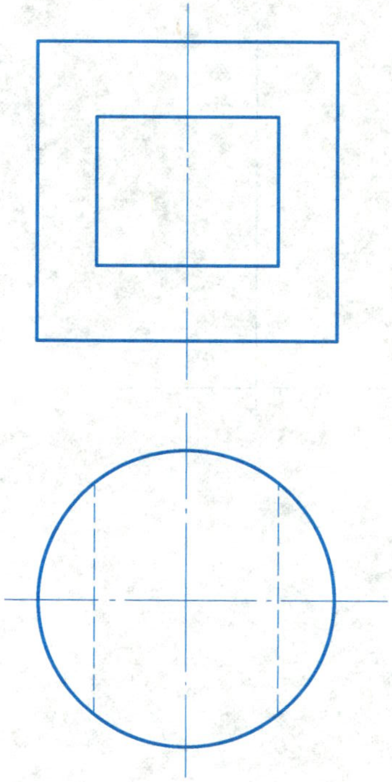

班级　　　姓名　　　学号

4-6 圆柱表面的截交线

(1) 作出水平投影侧面投影

(2) 作出侧面投影

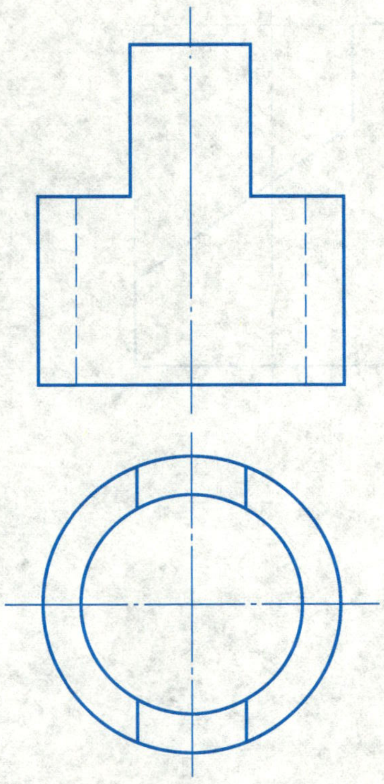

班级　　　　姓名　　　　学号

4-7 圆锥表面的截交线

(1)作出水平投影和侧面投影

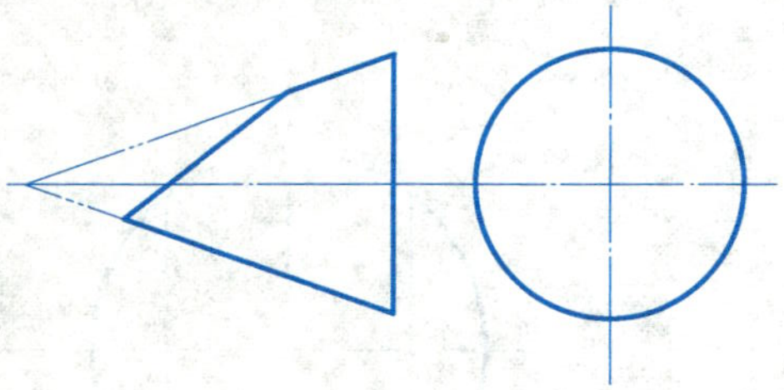

(2)作出水平投影和侧面投影

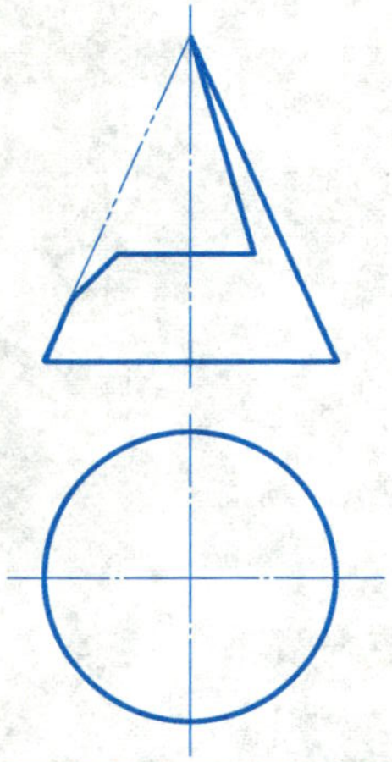

(3)作出水平投影

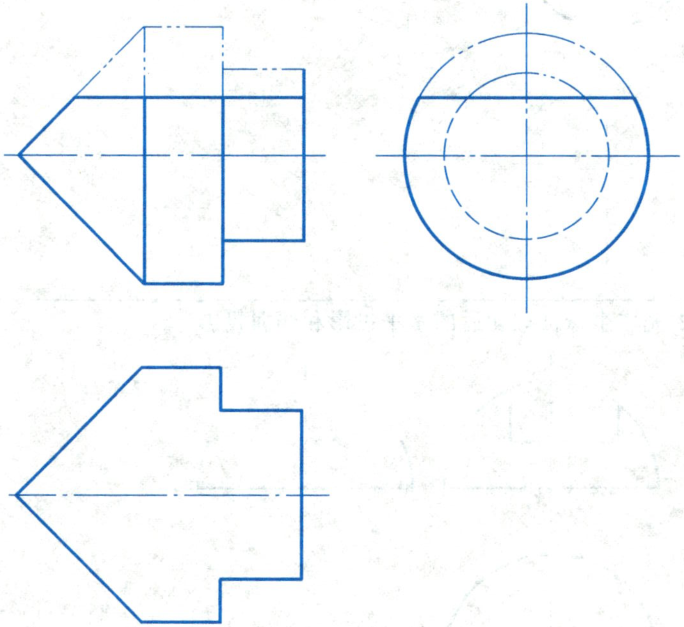

班级 姓名 学号

4-8 圆球表面的截交线

(1)完成圆球被截切后的水平投影和侧面投影

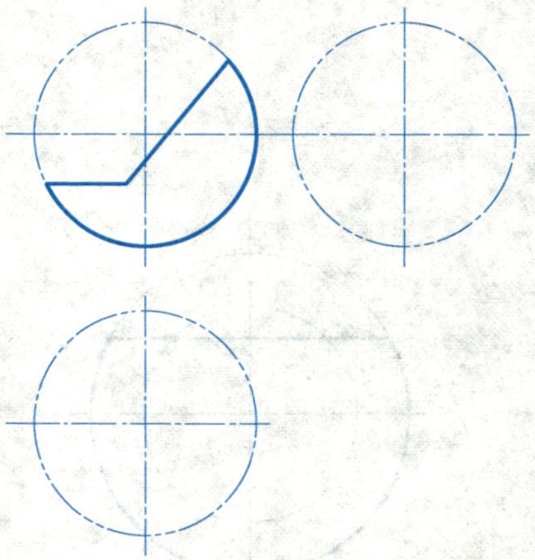

(2)完成半球被截切后的水平投影和侧面投影

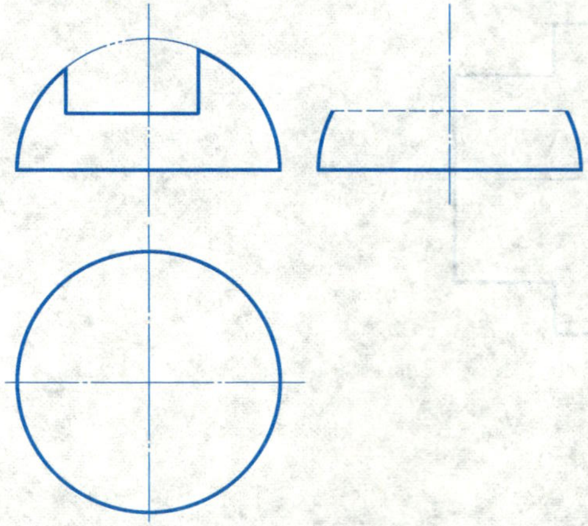

(3)完成正面投影和侧面投影

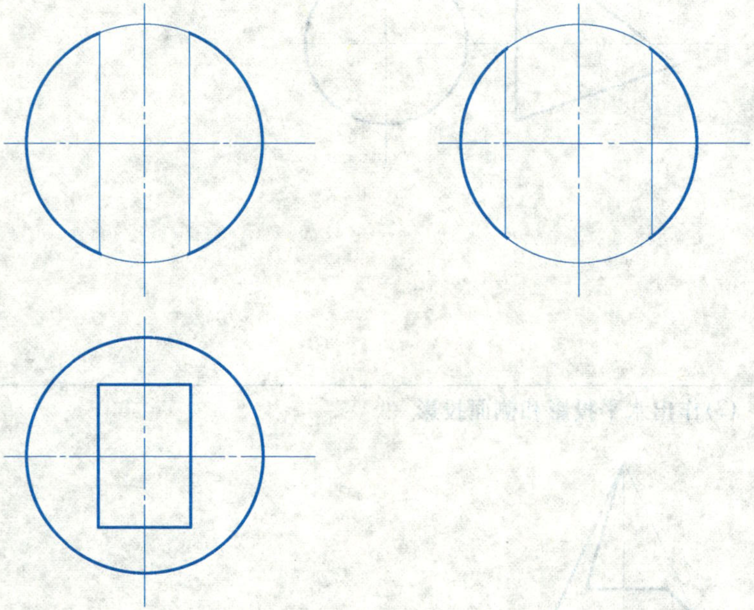

班级　　　　姓名　　　　学号

4-9 平面立体与曲面立体的相贯线

(1)作出正面投影

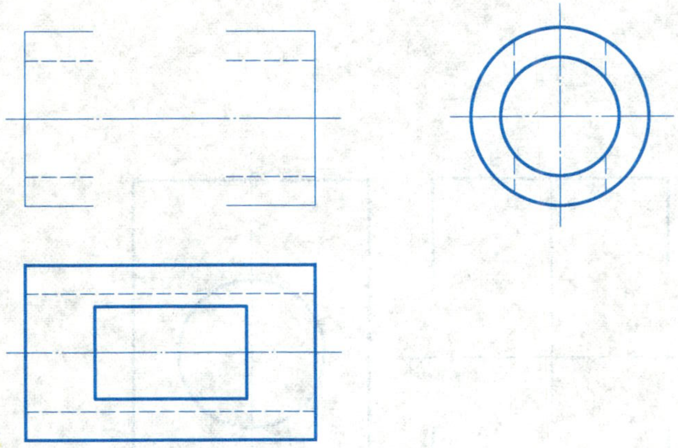

(2)作出正面投影

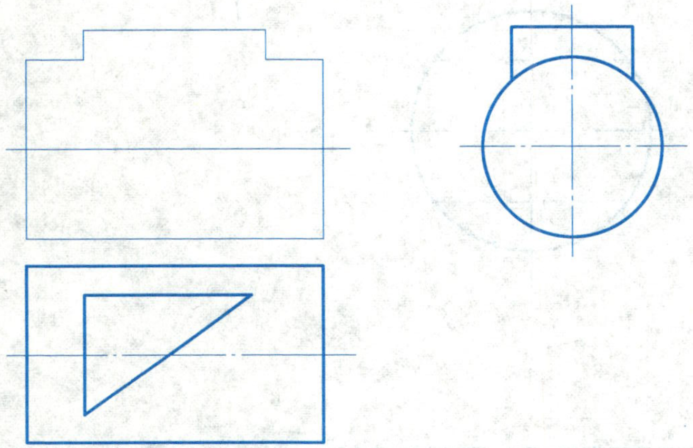

(3)作出正面投影

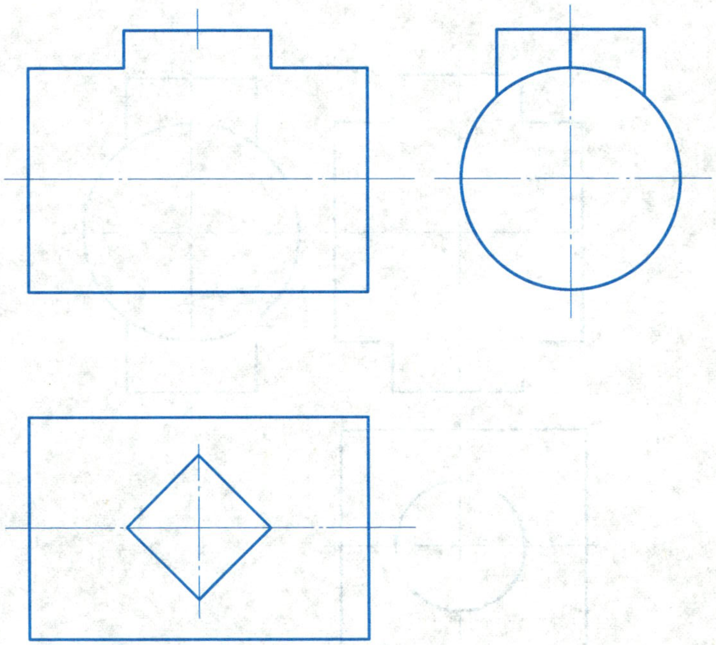

班级　　　　姓名　　　　学号

4-10 回转体表面的相贯线：补画两立体表面交线的投影，并完成立体的投影

(1)

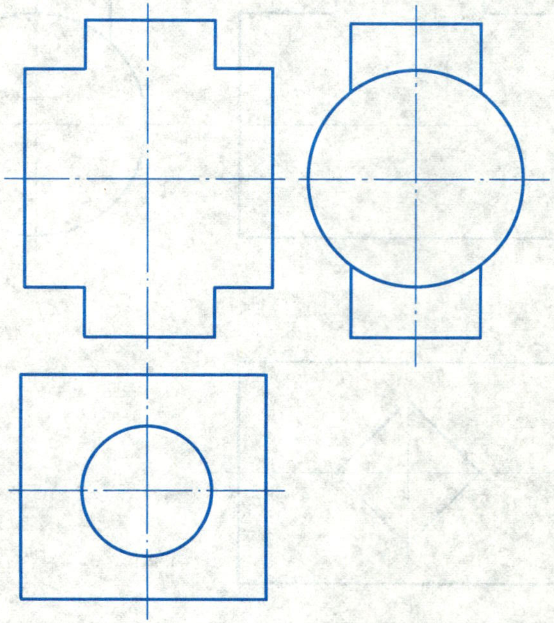

(2)

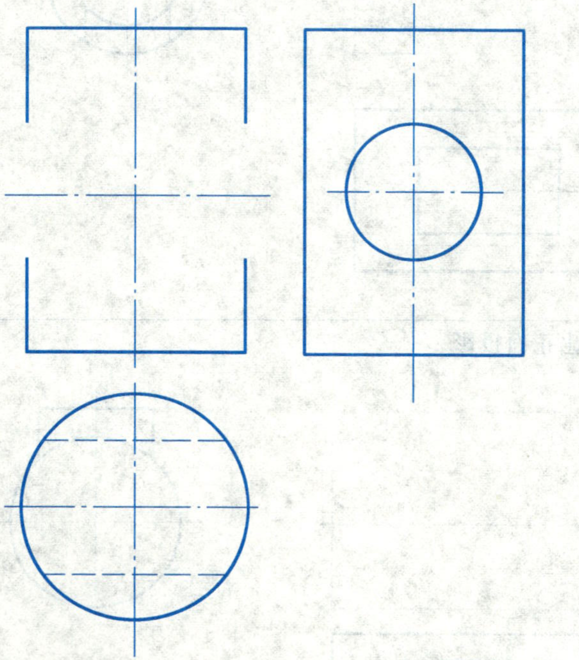

班级　　姓名　　学号

4-11 回转体表面的相贯线：补画两立体表面交线的投影，完成立体的投影

(1)

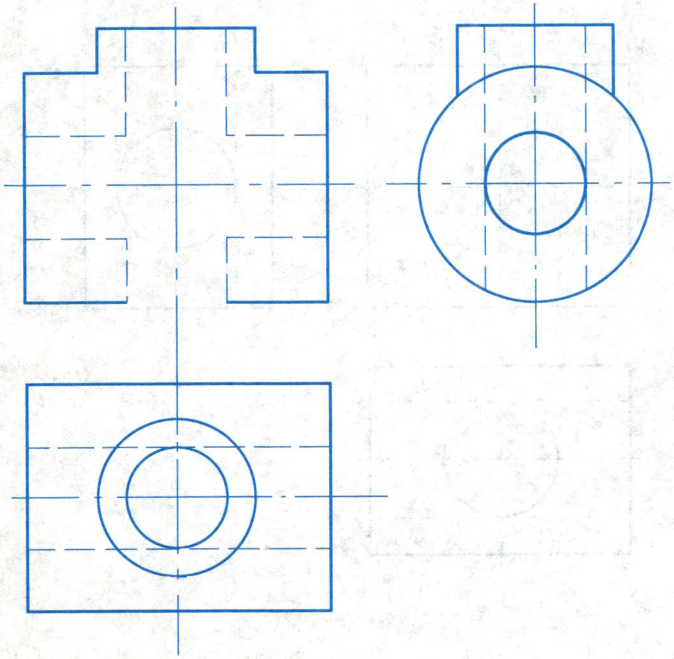

(2)

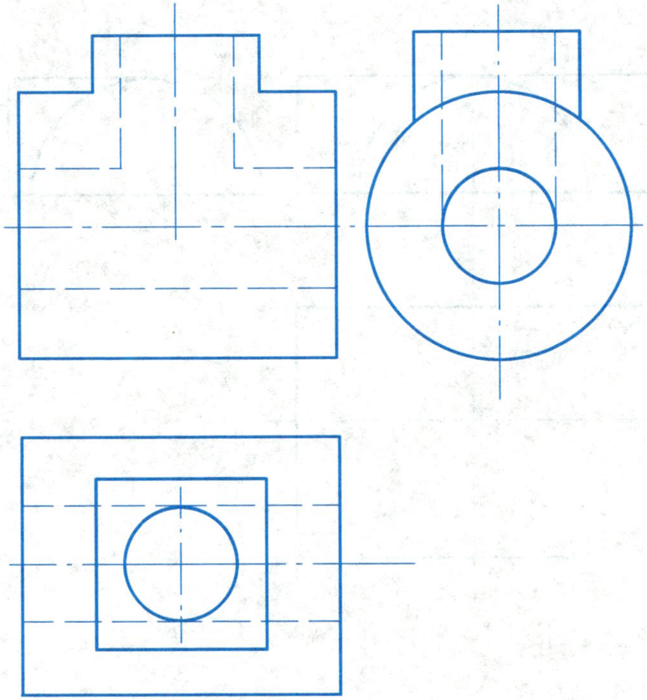

班级 姓名 学号

4-12 回转体表面的相贯线：补画两立体表面交线的投影

(1)

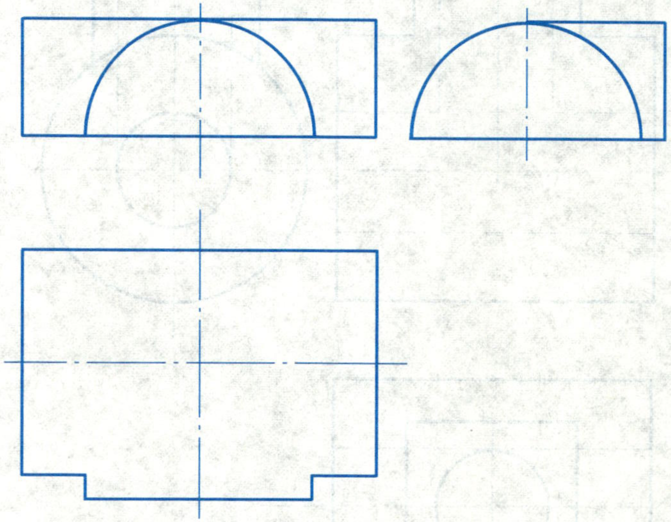

(2)

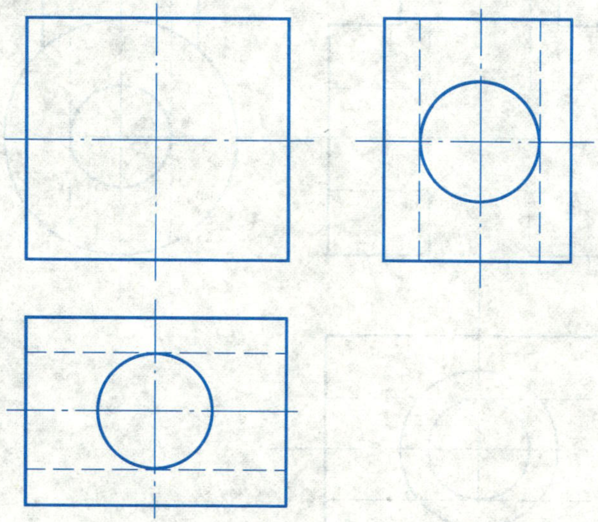

班级　　姓名　　学号

4-13 回转体表面的相贯线

(1)

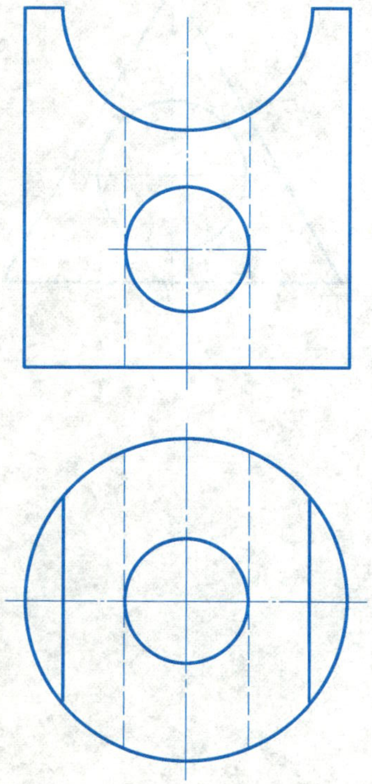

(2)

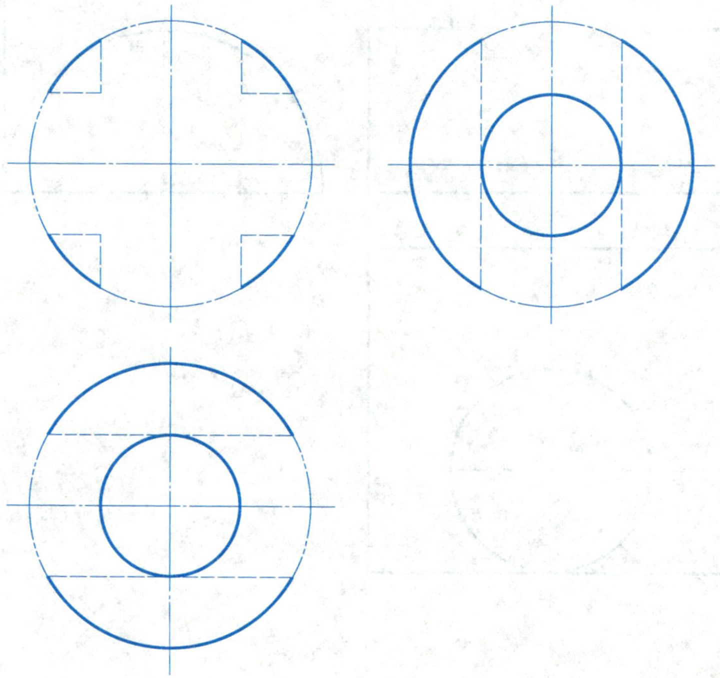

班级　　　　姓名　　　　学号

4-14 回转体表面的相贯线

(1)作出两圆柱体相贯线的投影

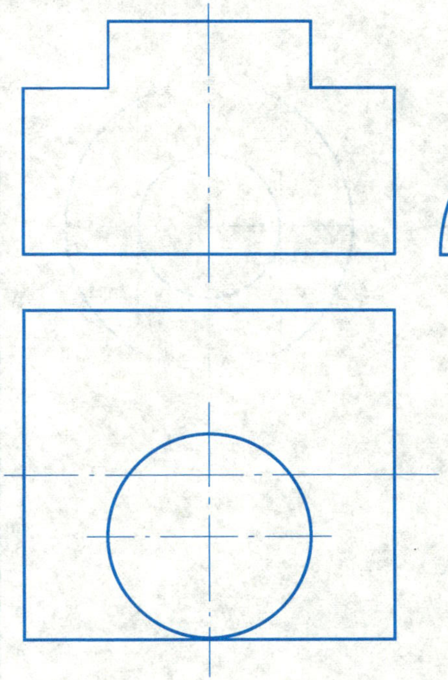

(2)作出圆锥与圆柱相贯线的投影

班级　　姓名　　学号

4-15 回转体表面的相贯线：辅助平面法

(1)作出半圆球与圆柱的相贯线的投影

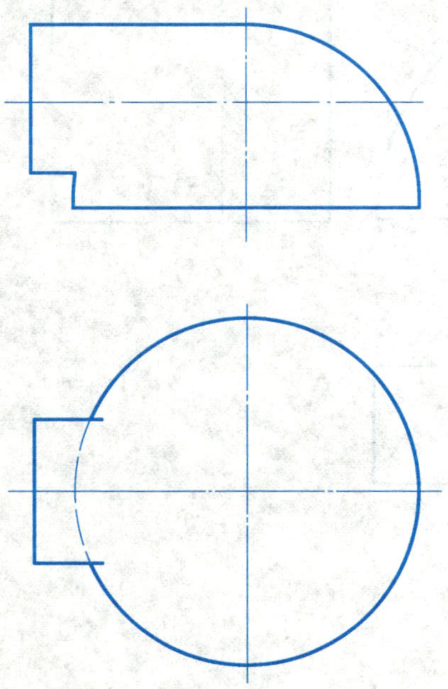

(2)作出半圆球与圆台相贯线的投影

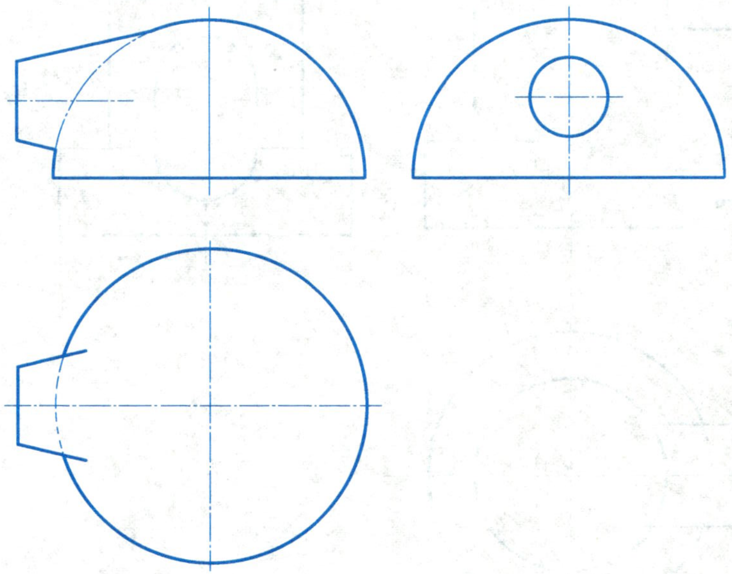

班级　　姓名　　学号

4-16 组合相贯线：补全相贯线各面投影

(1)

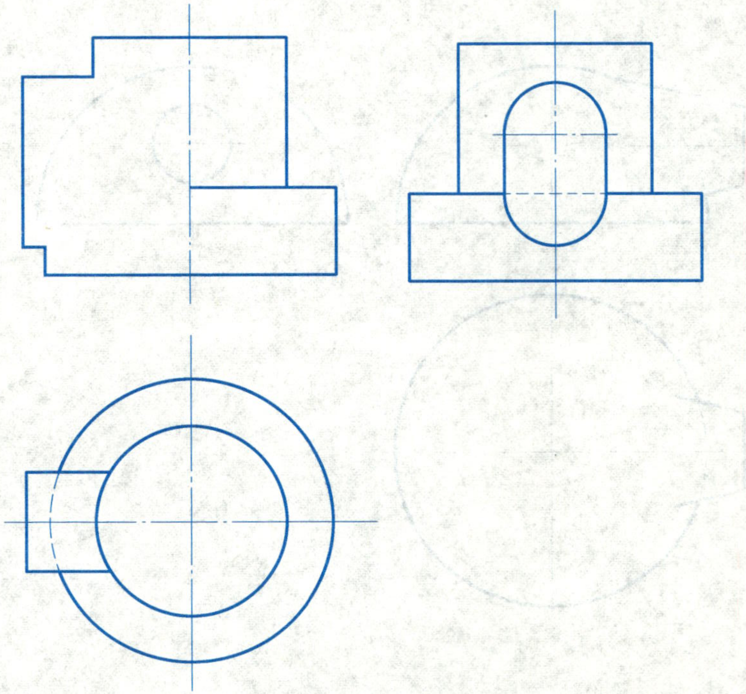

(2)

班级　　　　姓名　　　　学号

5-1 找出与立体图相对应的三视图，并填写序号

(1) 三视图

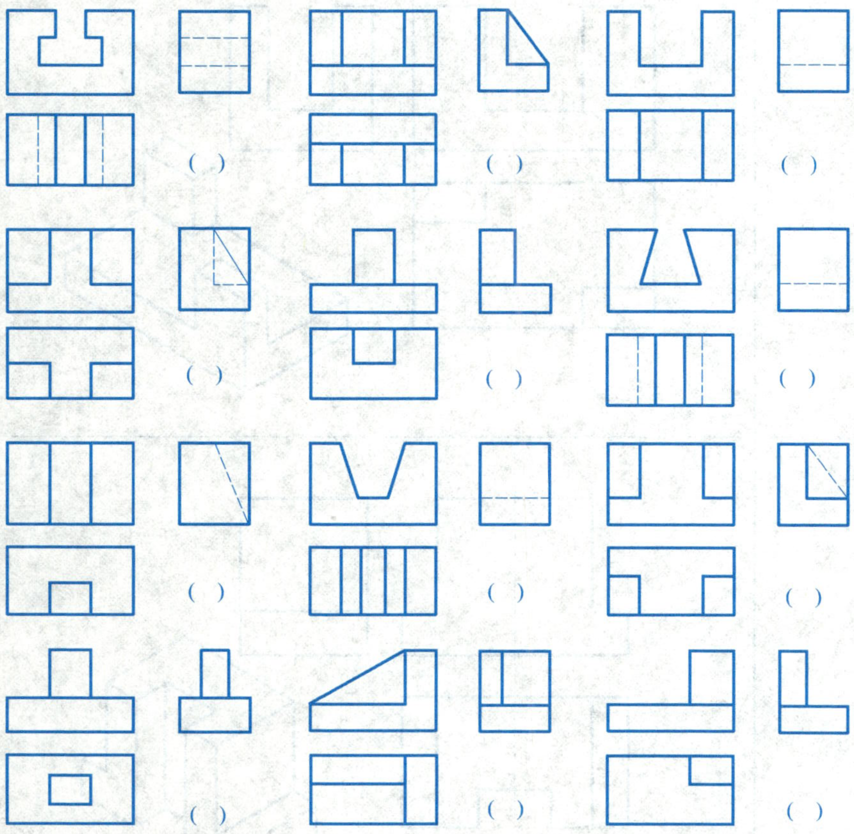

(2) 立体图

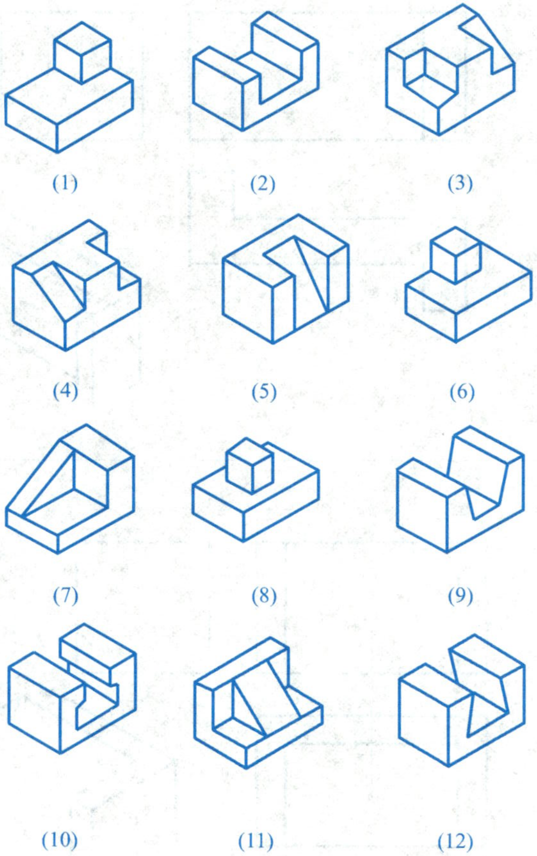

班级　　　　姓名　　　　学号

5-2 根据立体图补画出三视图中所缺漏的图线（一）

(1)

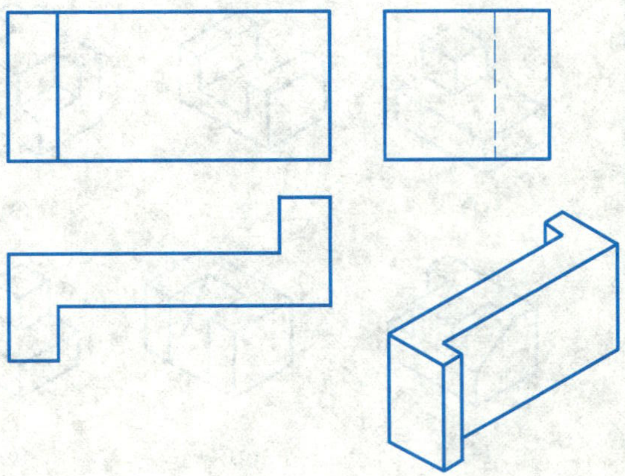

(2)

(3)

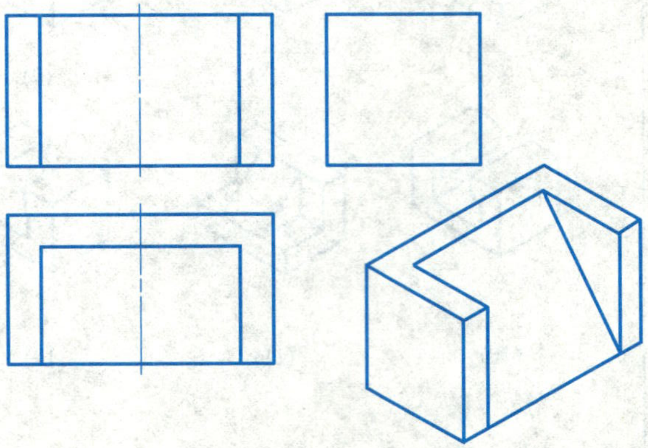

(4)

班级　　　　姓名　　　　学号

5-3 根据立体图画出组合体的三视图

(1)

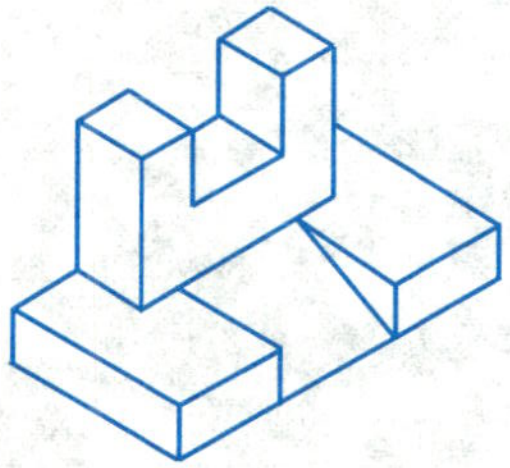

(2)

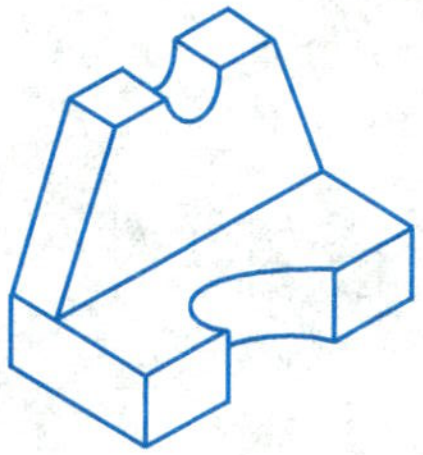

(3)

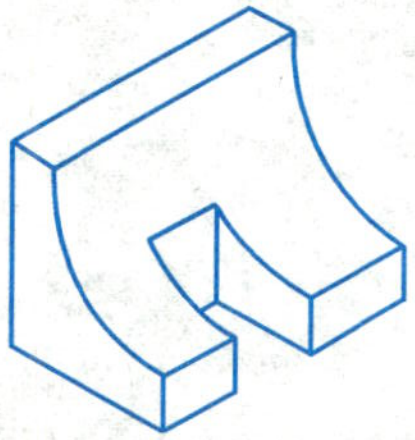

(4)

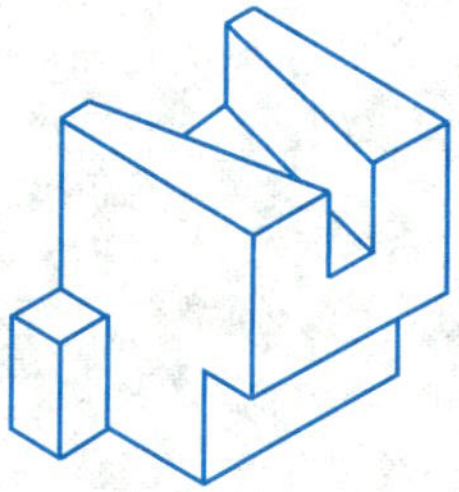

班级　　姓名　　学号

5-4 根据立体图上所注尺寸，画组合体的三视图

(1)

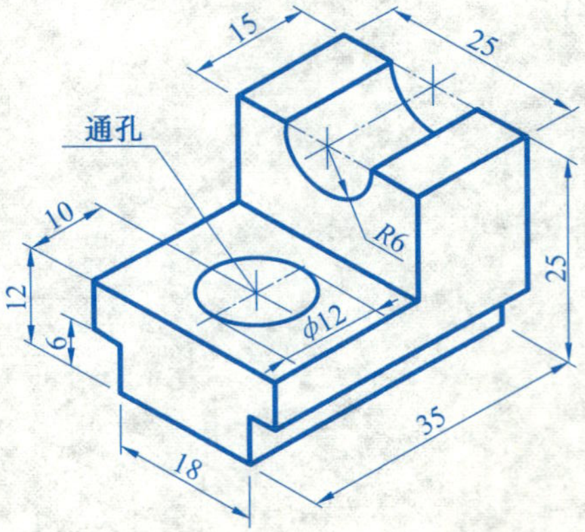

(2)

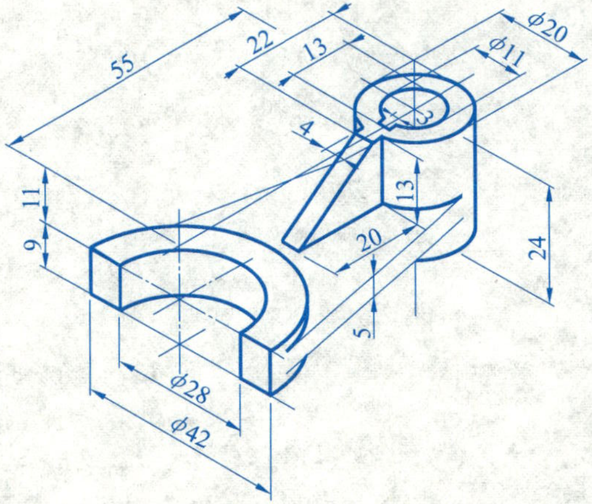

班级　　姓名　　学号

5-5 由立体图画组合体的三视图（比例 1:1）

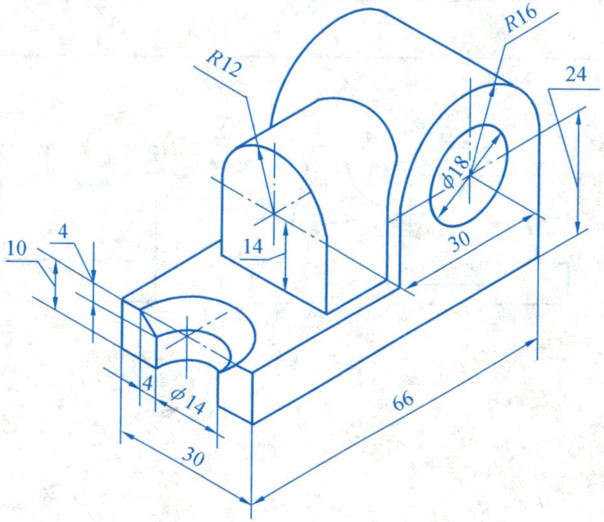

班级　　姓名　　学号

5-6 根据两个视图，求作第三个视图（一）

(1)

(2)

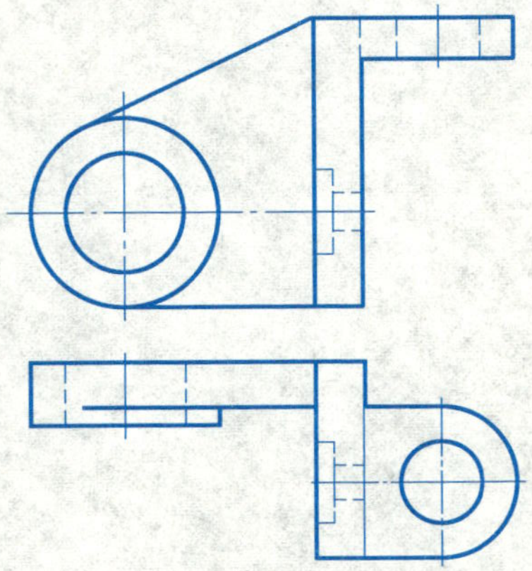

(3)

(4)

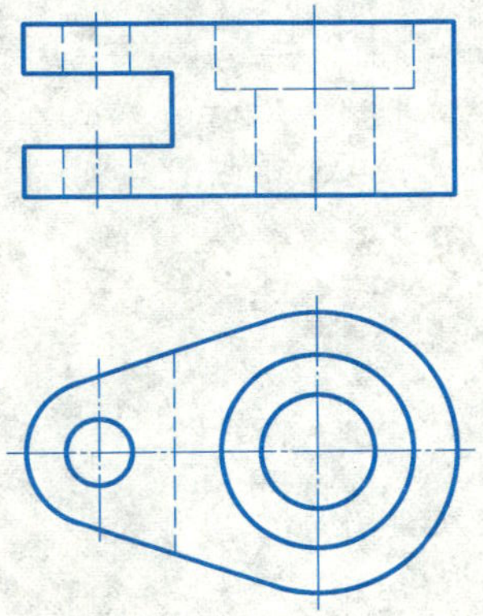

班级　　姓名　　学号

5-7 根据两视图补画出第三视图(二)

(1)

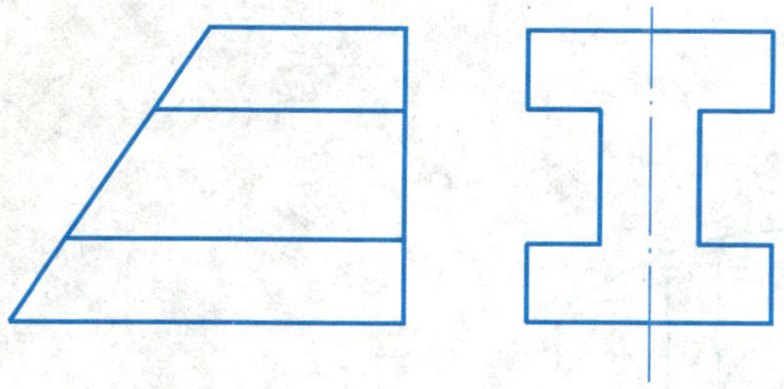

(2)

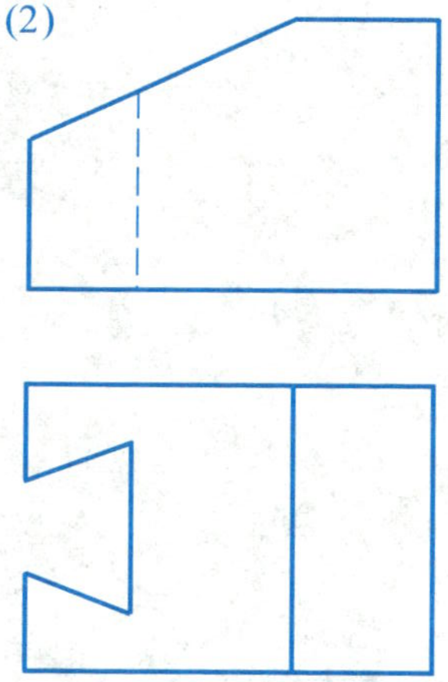

(3)

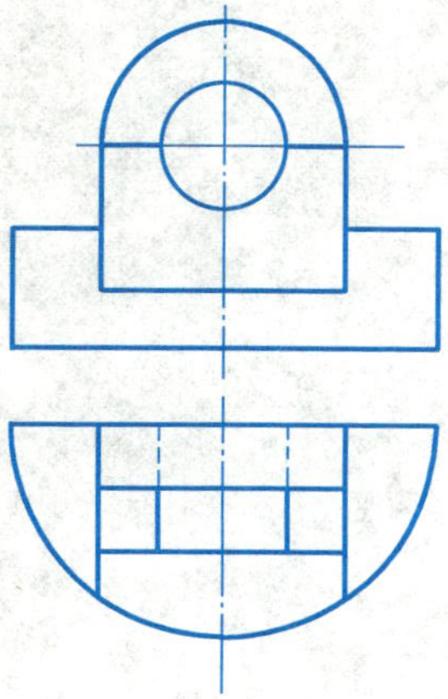

(4)

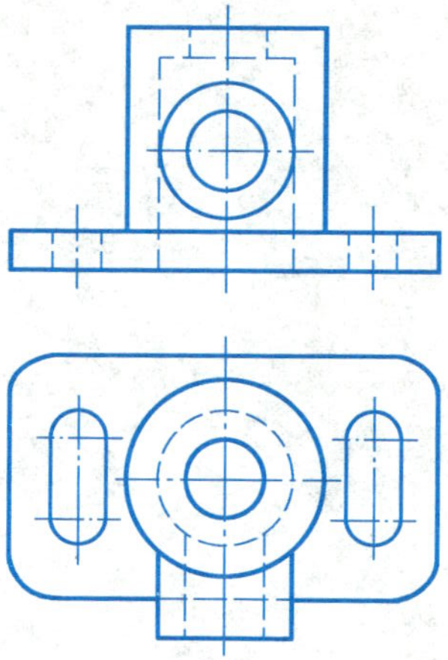

班级　　姓名　　学号

5-8 根据两视图补画出第三视图(三)

(1)

(2)

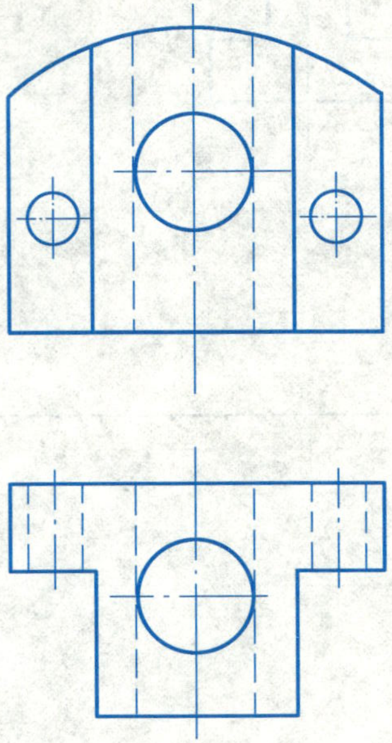

班级　　姓名　　学号

5-9 根据两视图补画出第三视图(四)

(1)

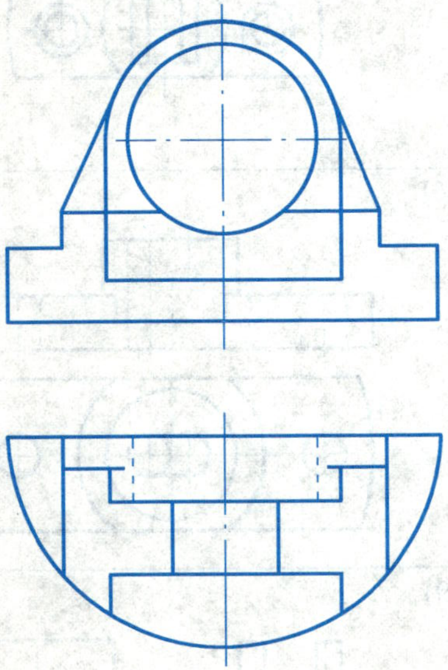

(2)

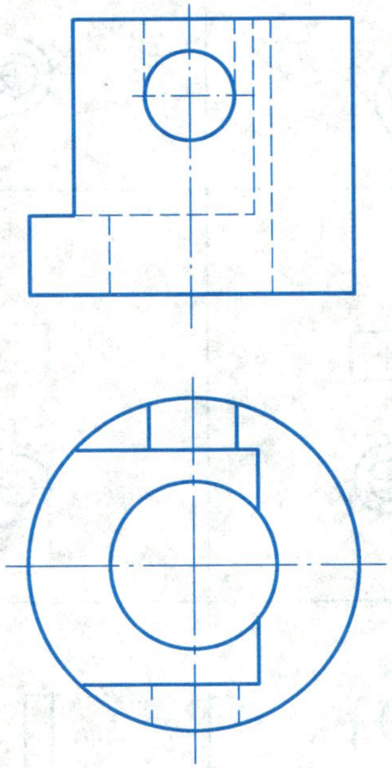

班级　　姓名　　学号

5-10 根据已知视图补画图中漏线

(1)

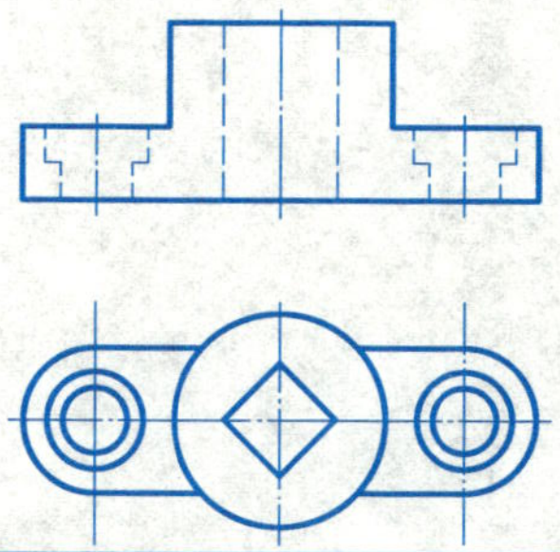

(2)

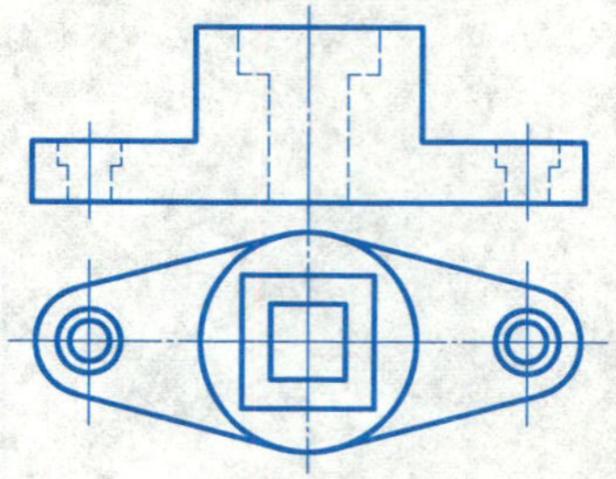

(3)

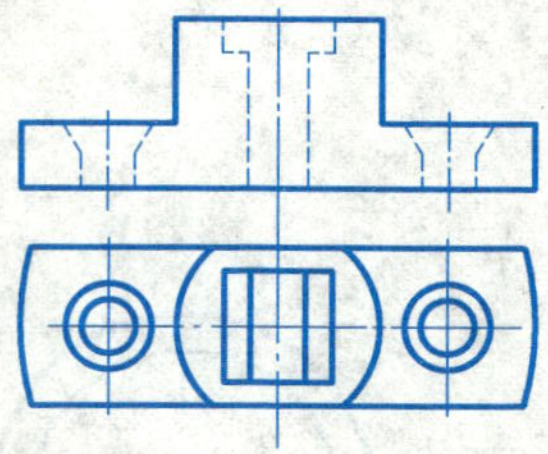

(4)

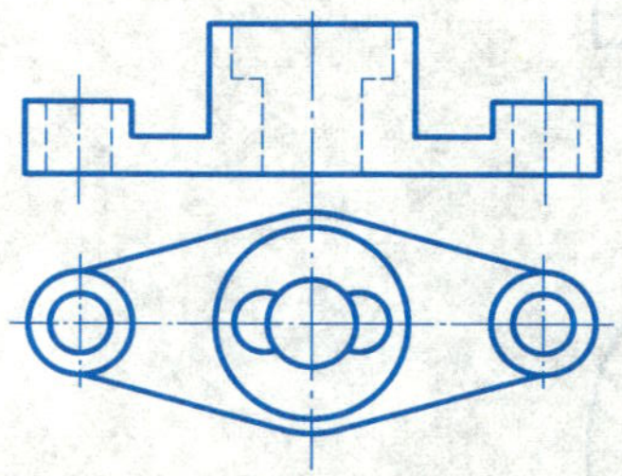

(5)

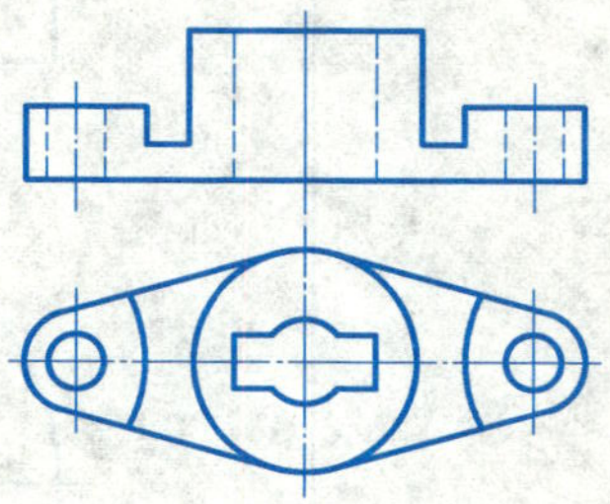

(6)

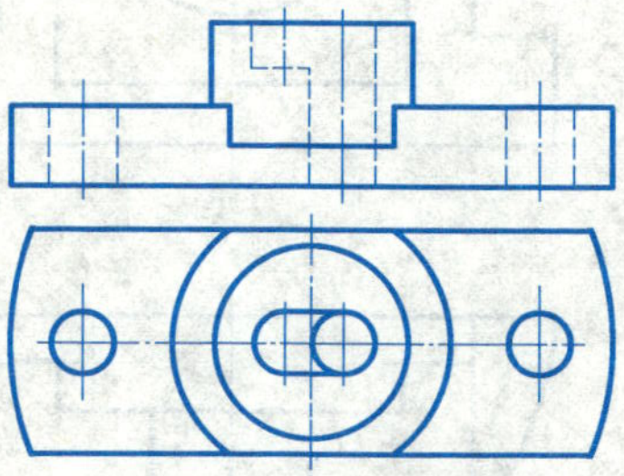

(7)

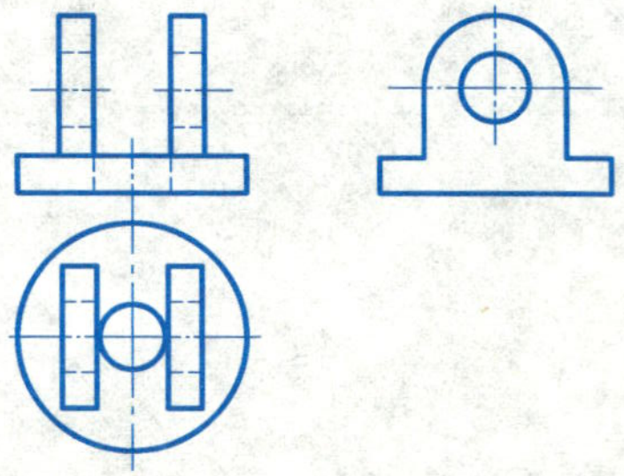

(8)

(9)

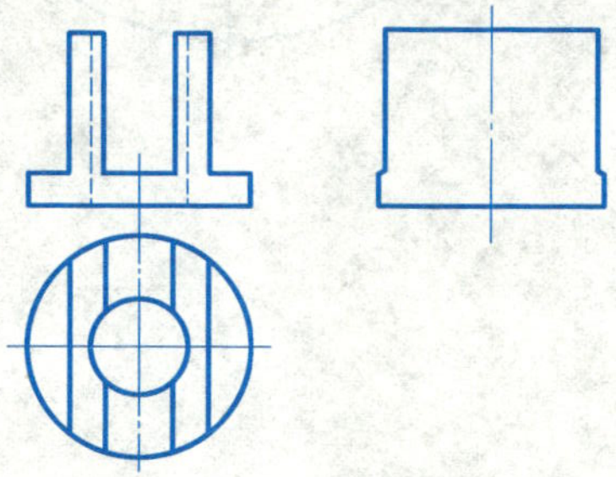

班级　　姓名　　学号

5-11 想出组合体的形状，补画视图中所缺漏的图线

(1)

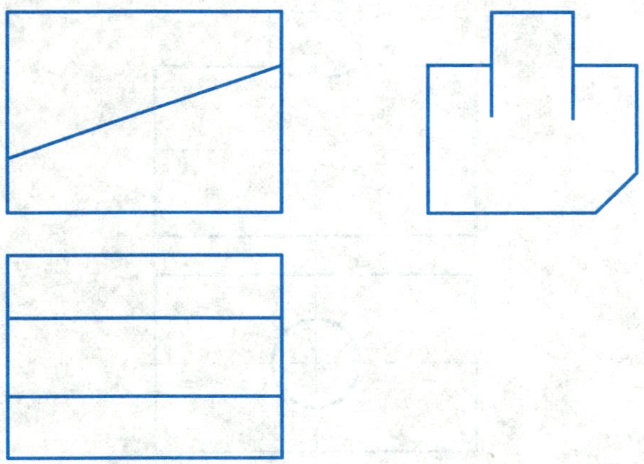

(2)

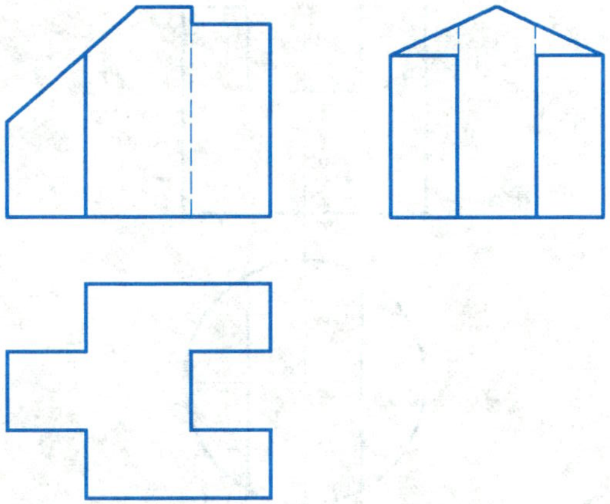

(3)

(4)

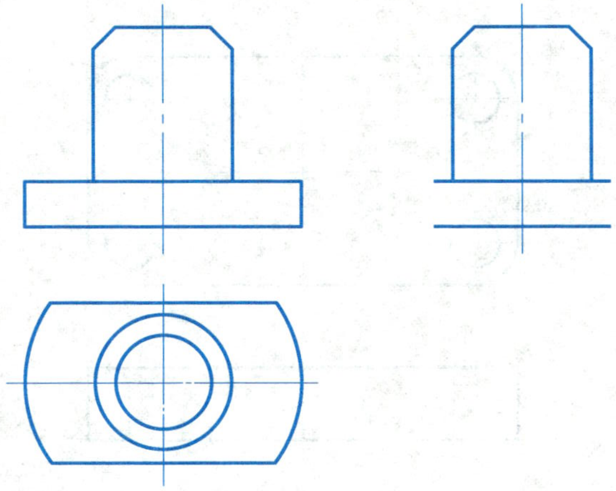

班级　　　　姓名　　　　学号

5-12 对下列基本体及常见形体进行尺寸标注

(1)

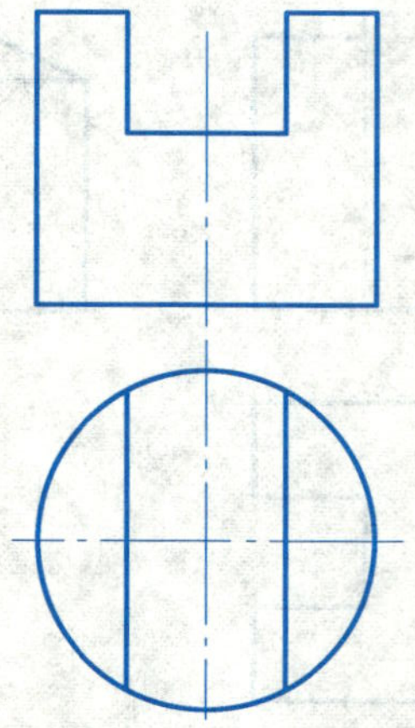

(2)

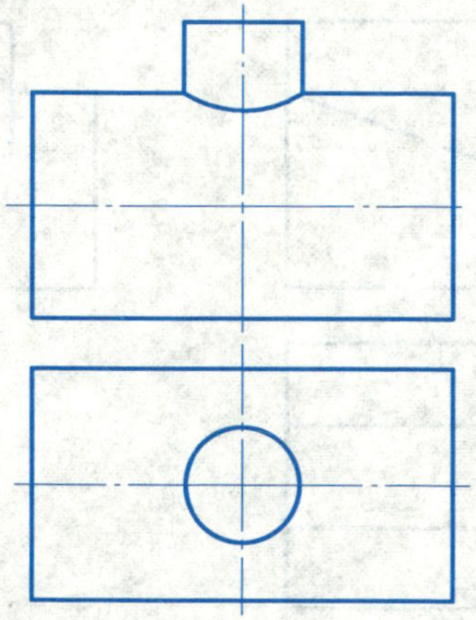

(3)

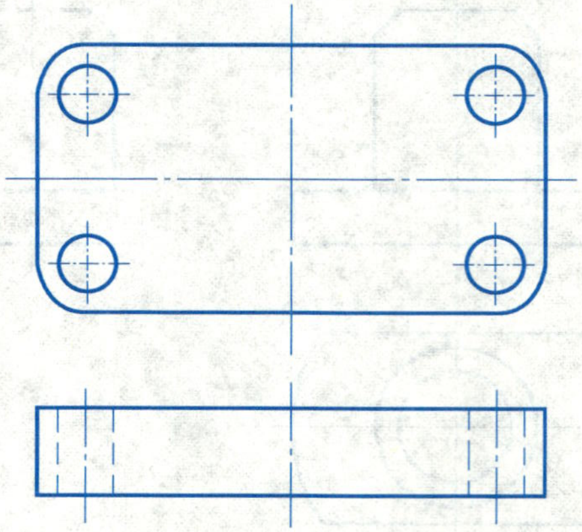

(4)

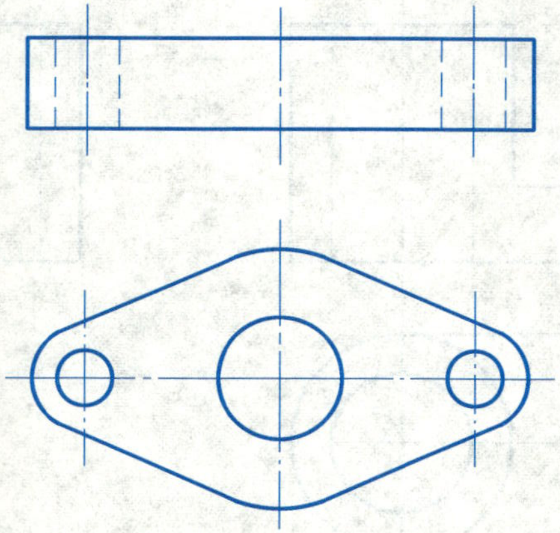

班级　　　　姓名　　　　学号

5-13 标出宽度、高度方向主要尺寸基准，并补注其余尺寸

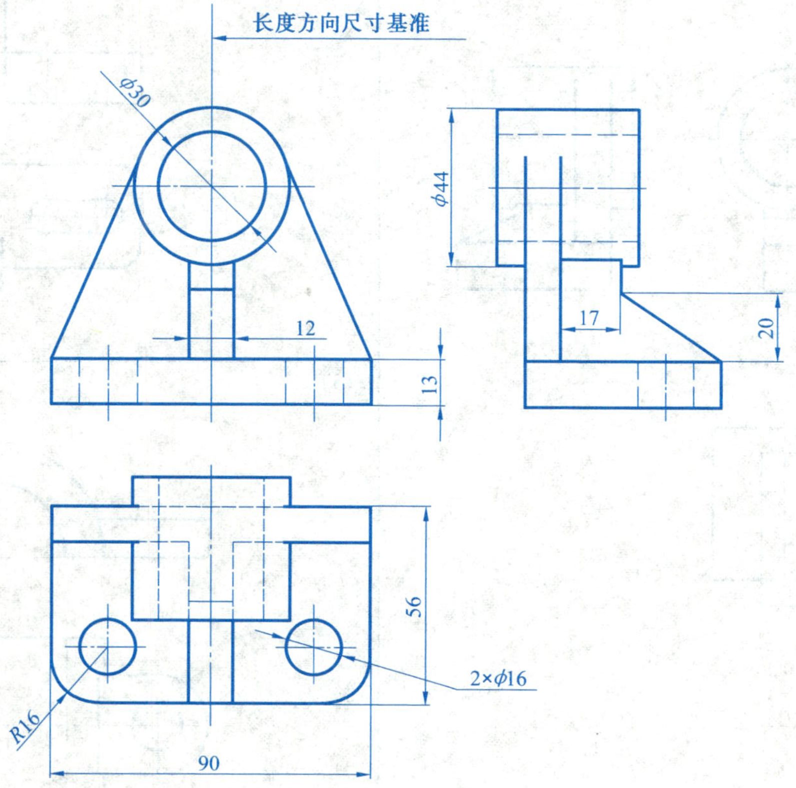

班级　　　　姓名　　　　学号

5-14 标注组合体的尺寸

(1)

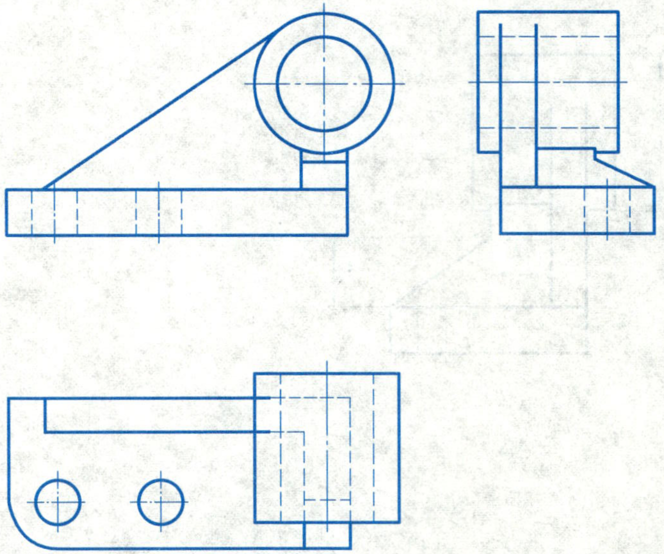

(2)

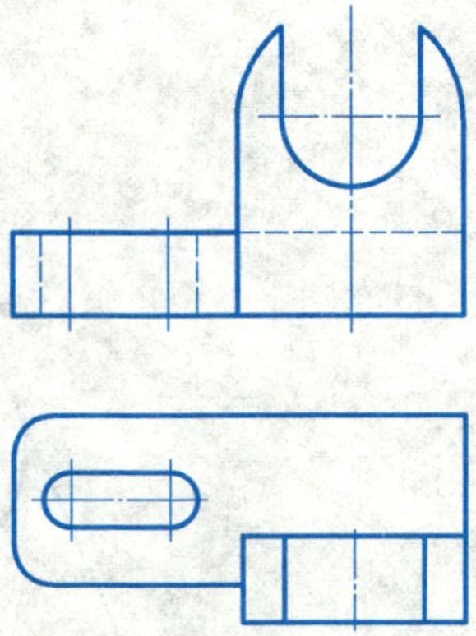

(3)

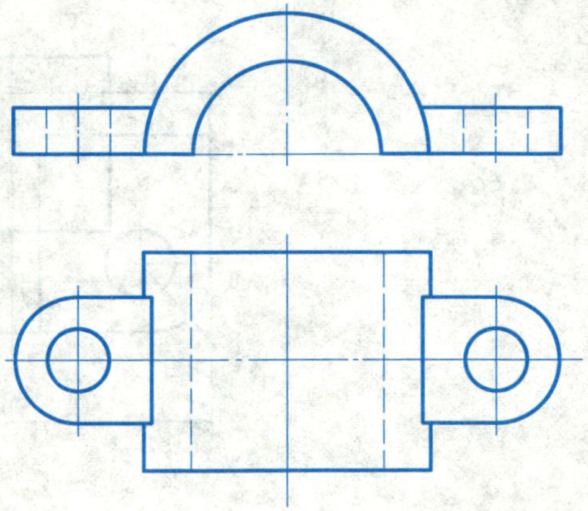

班级 姓名 学号

5-15 根据已知视图想象立体形状并标注尺寸

(1)

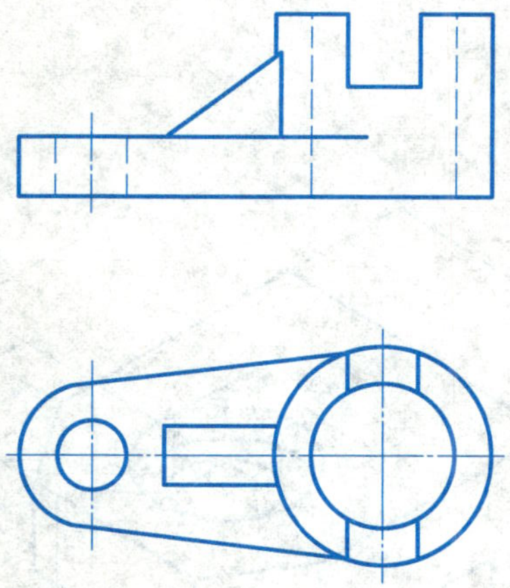

(2)

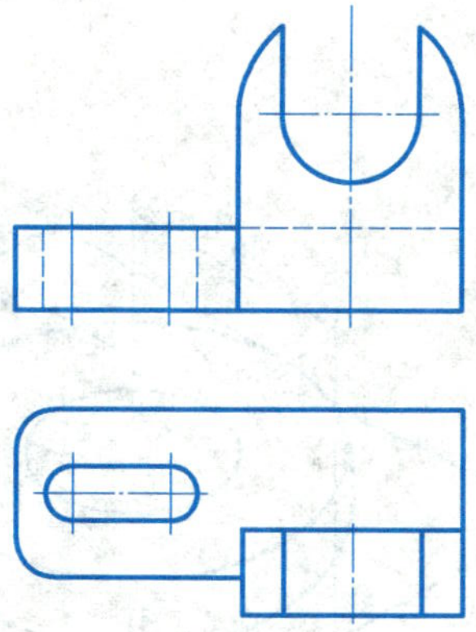

(3)

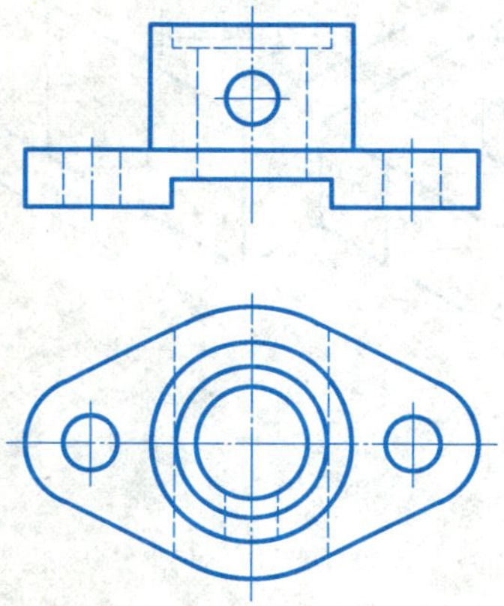

(4)

班级　　　　姓名　　　　学号

5-16 根据组合体的立体图，以合适比例画出组合体的视图（一）

(1)

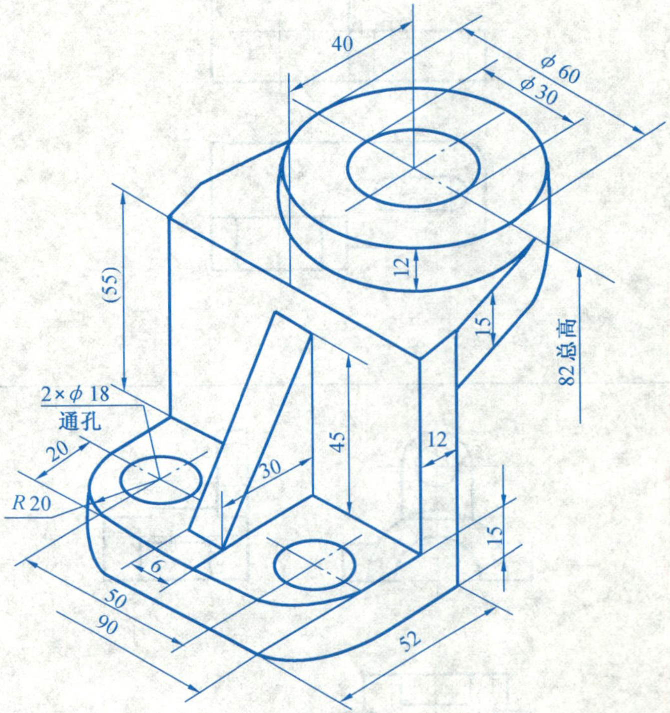

(2)

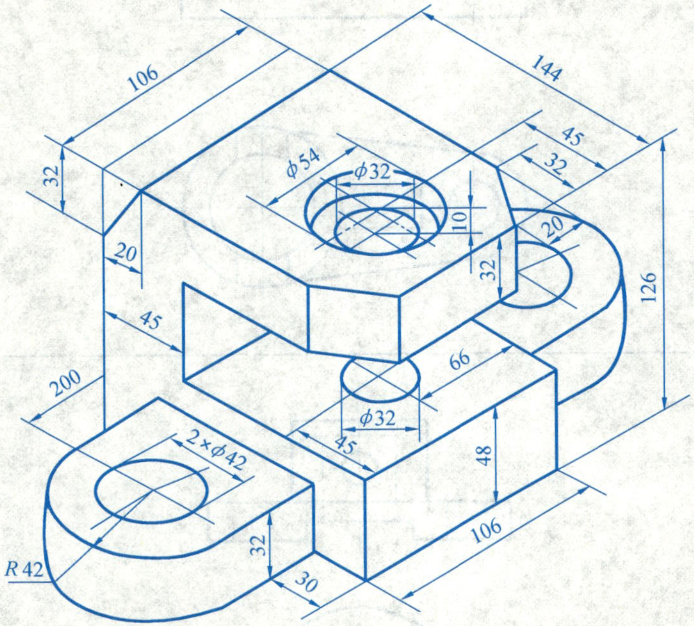

班级　　姓名　　学号

5-17 根据组合体的立体图，以合适比例画出组合体的视图（二）

(1)

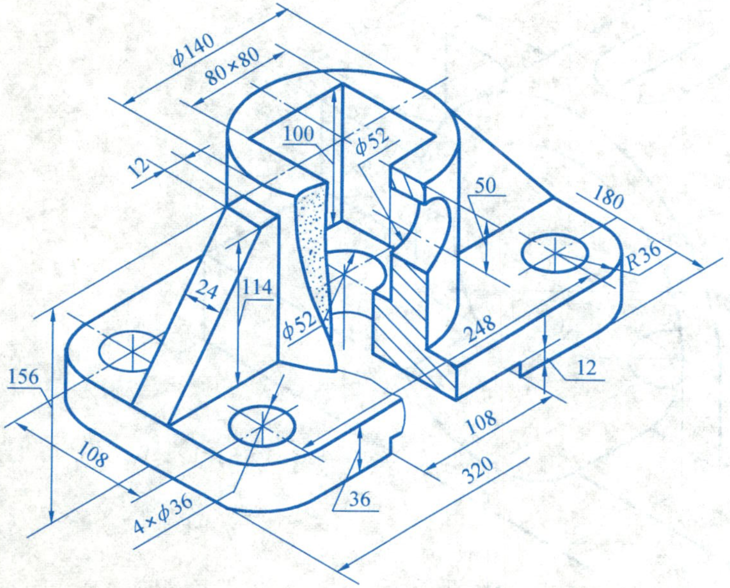

(2)

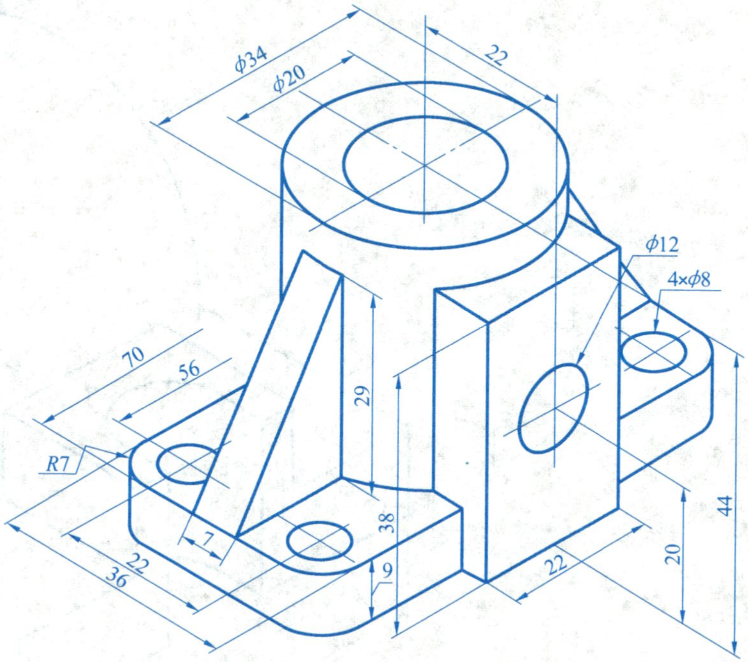

班级　　姓名　　学号

5-18 根据组合体的立体图，以合适比例画出组合体的三视图（三）

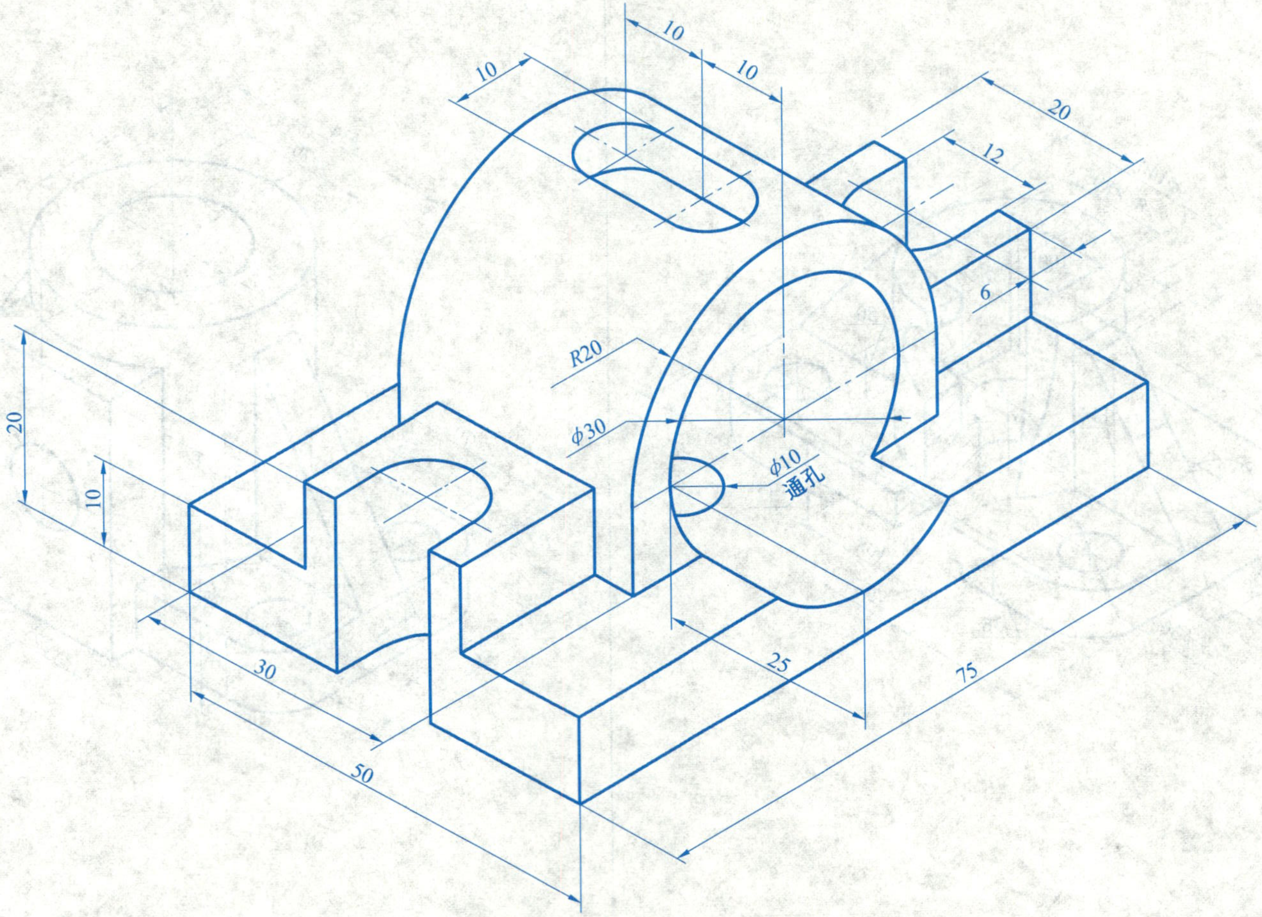

班级 姓名 学号

6-1 作出下列物体的正等轴测图

(1)

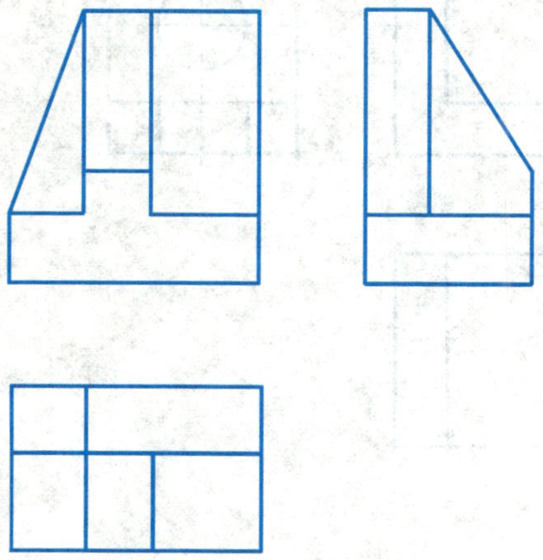

(2)

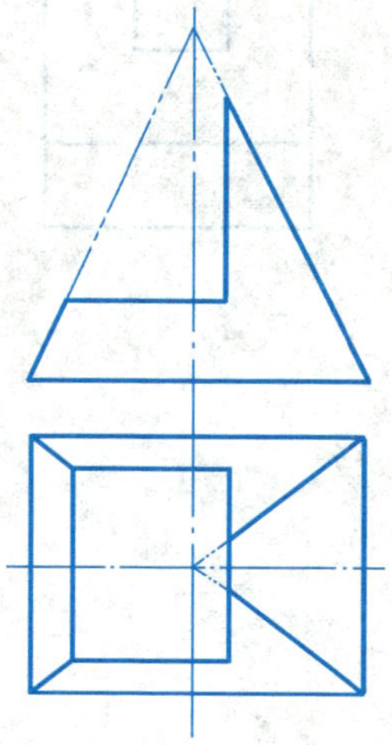

班级　　　　姓名　　　　学号

6-2 作出下列物体的正等轴测图

(1)

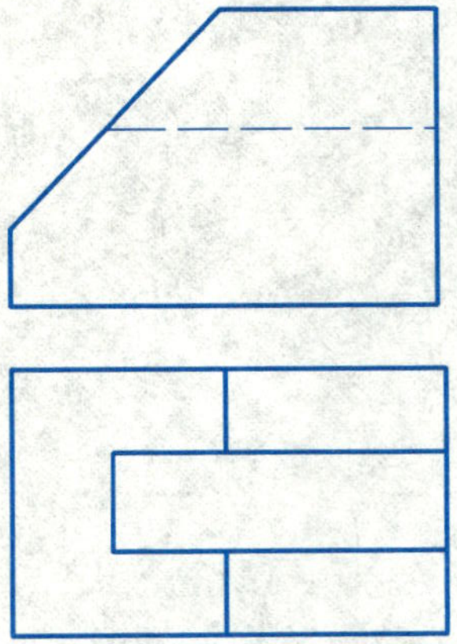

(2)

班级　　　　姓名　　　　学号

6-3 画正等轴测图

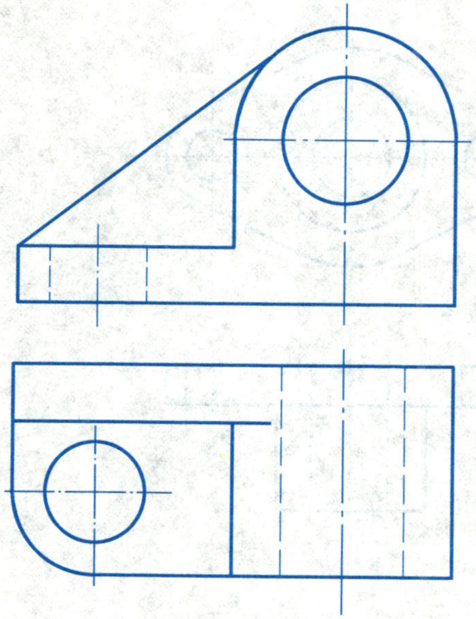

班级　　　　姓名　　　　学号

6-4 作出下列物体的斜二测轴测图

(1)

(2)

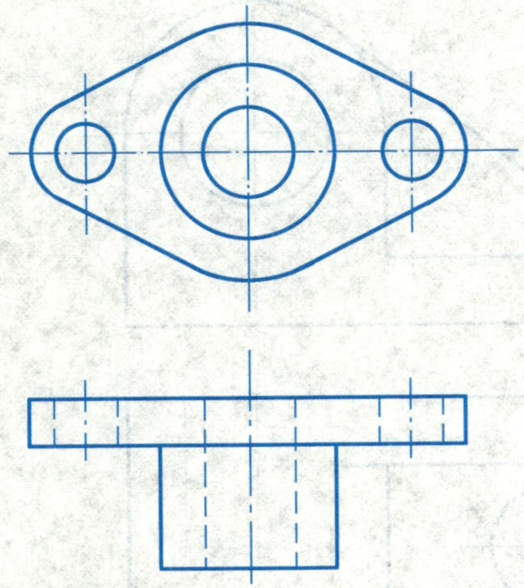

班级 姓名 学号

6-5 画斜二测轴测图

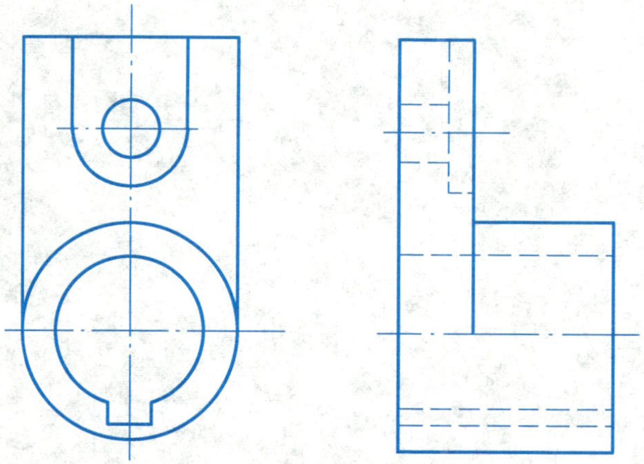

班级　　　　姓名　　　　学号

7-1 补全其它四个基本视图（保留图中的虚线）

班级　　　　姓名　　　　学号

7-2 在指定位置作A向局部视图和B向斜视图

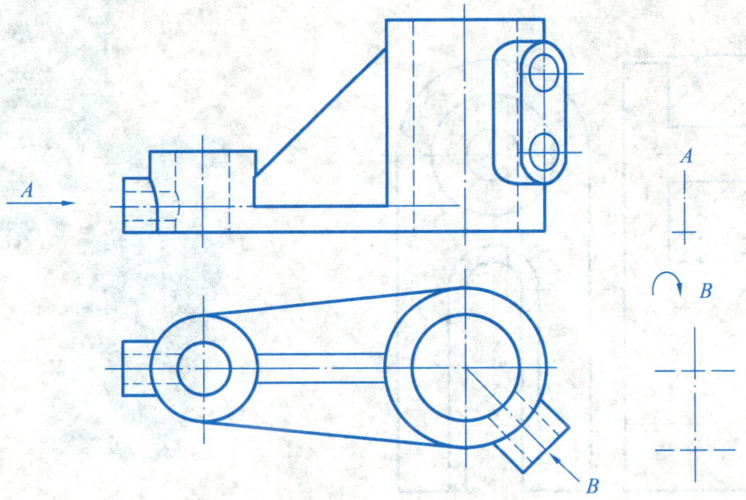

7-3 在指定位置作A向斜视图，B向局部视图，C向视图

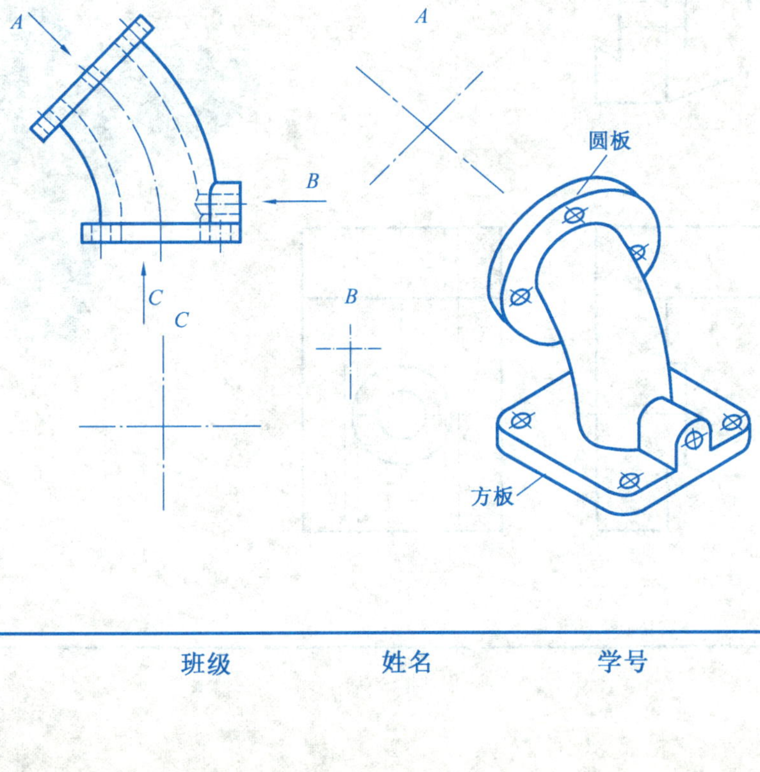

班级　　姓名　　学号

7-4 剖视图

(1) 将主视图画成全剖视图

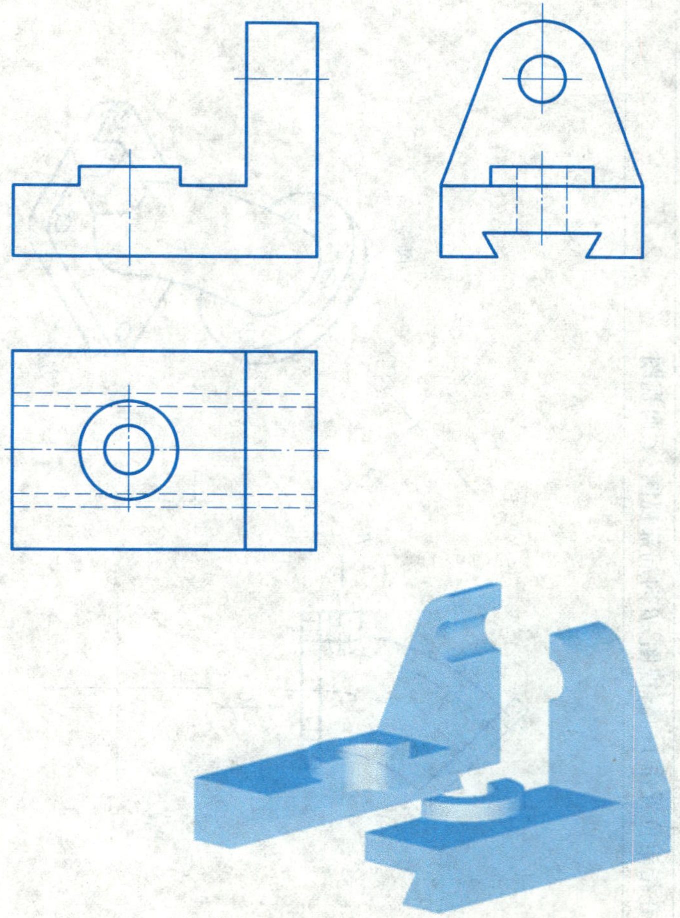

(2) 补全主视图中漏线

班级　　　　　姓名　　　　　学号

7-5 剖视图 补画剖视图中缺漏的线，并填空

(1)

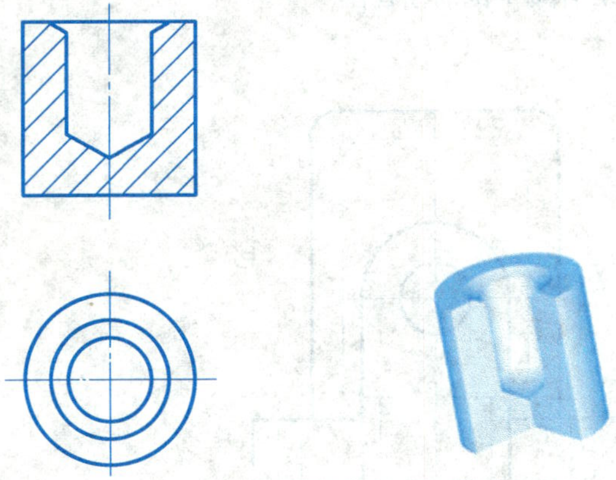

漏画的线是__________的投影

(2)

漏画的线是__________的投影

(3)

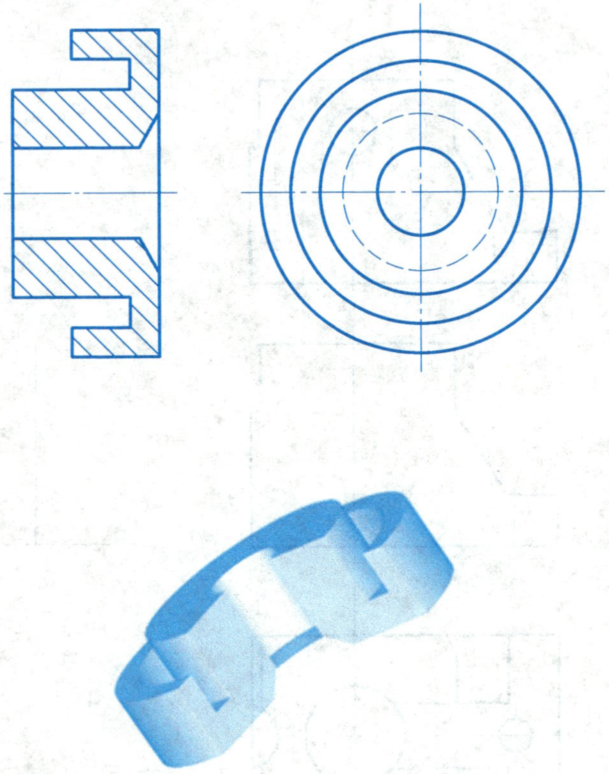

漏画的线是__________和__________的投影

班级　　　　姓名　　　　学号

7-6 剖视图

(1) 将主视图改画成全剖视图，并补画半剖视图的左视图

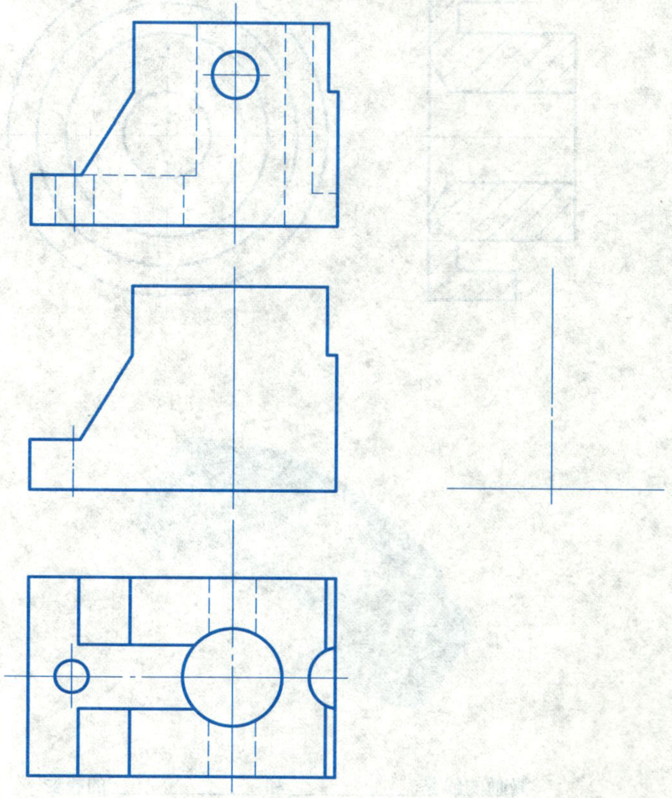

(2) 补画半剖的左视图

班级　　　　姓名　　　　学号

7-7 在指定位置上，把主视图改为全剖视图

(1)

(2)

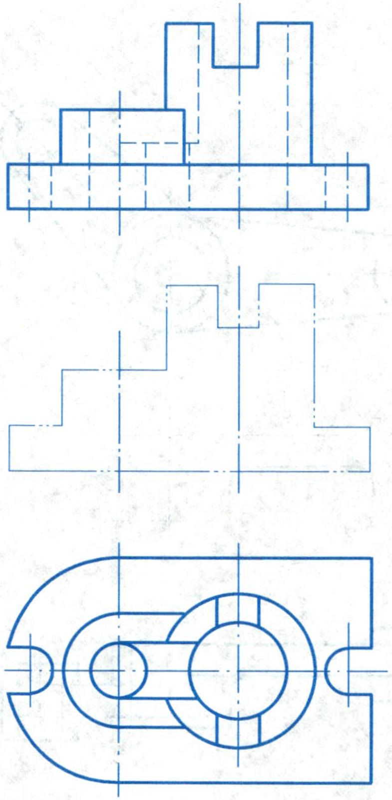

班级　　姓名　　学号

7-8 在给定位置用旋转剖作出全剖视图

(1)

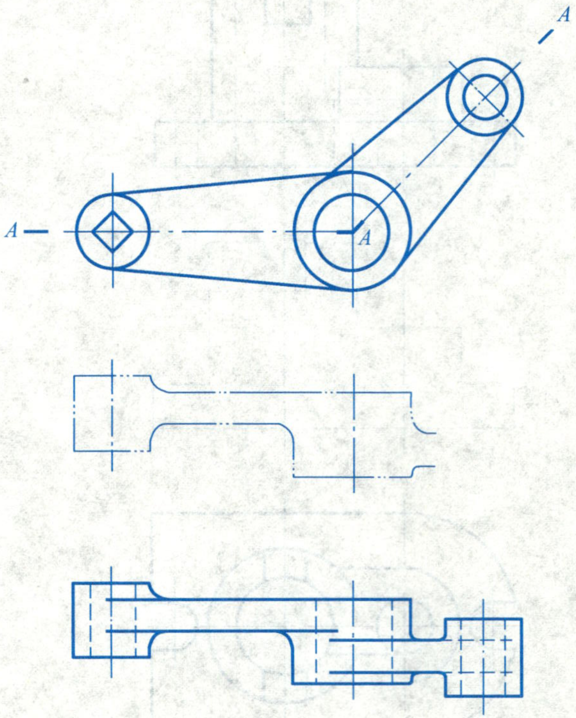

(2)

班级　　姓名　　学号

7-9 在给定位置将主视图改成半剖视图

(1)

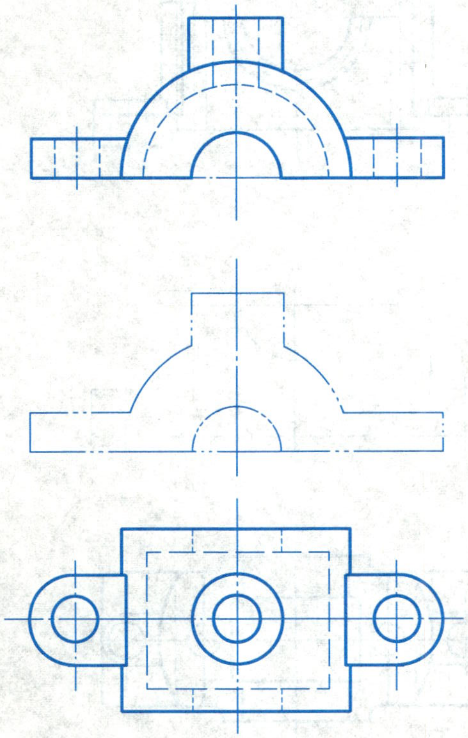

(2)

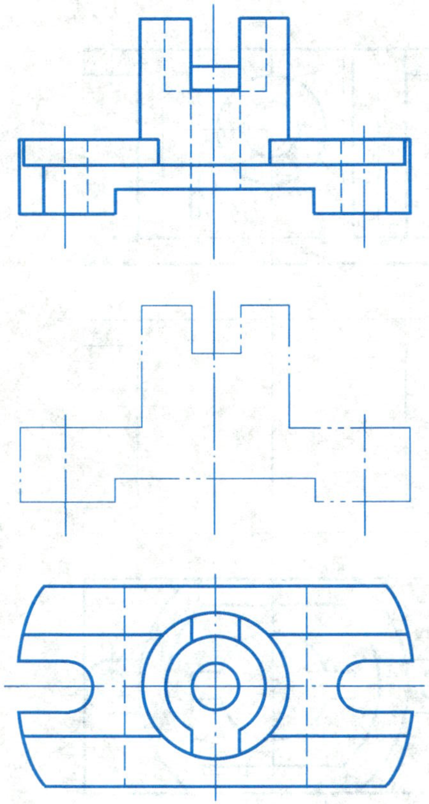

班级　　　　姓名　　　　学号

7-10 在给定位置将主视图改成半剖视图

(1)

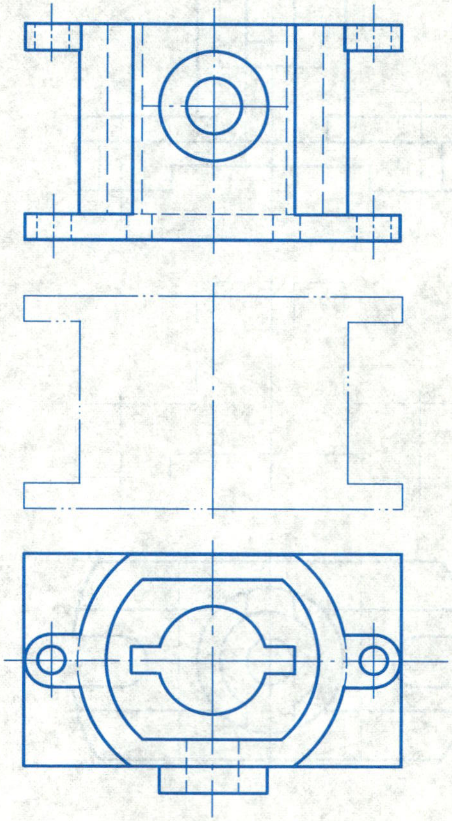

(2)

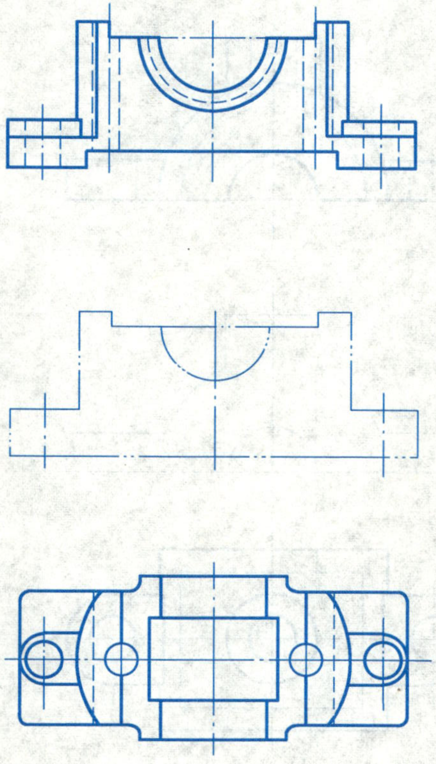

班级　　　　姓名　　　　学号

7-11 作局部剖视图

(1)

(2)

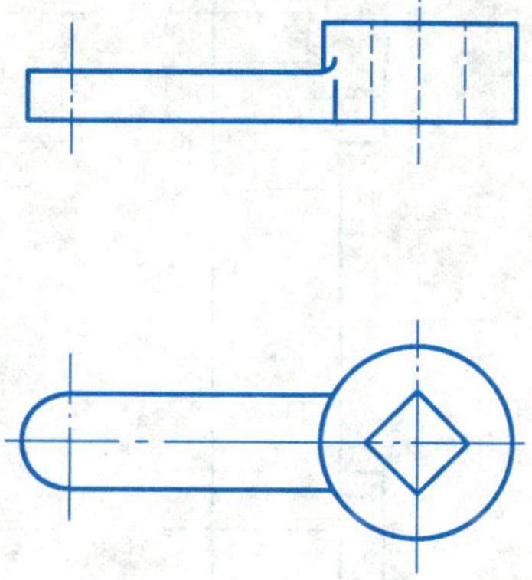

7-12 作局部剖视图

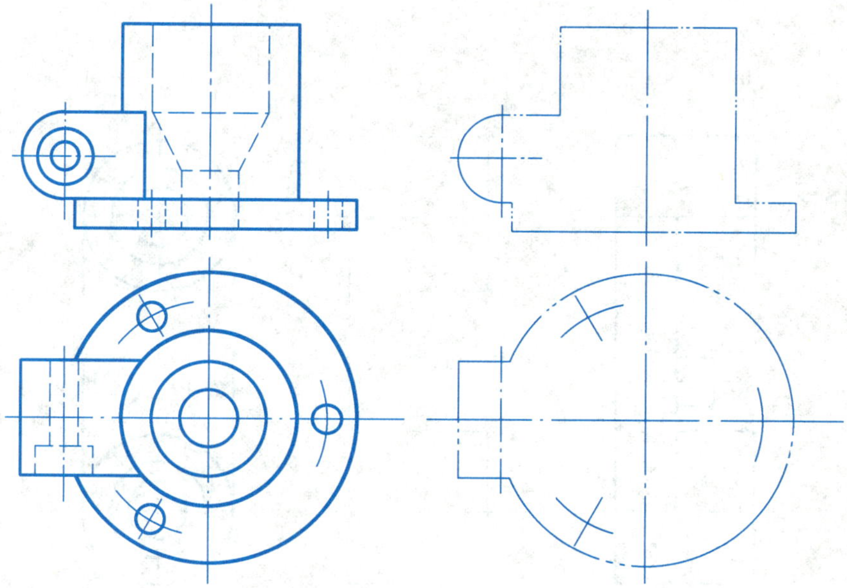

班级 姓名 学号

7-13 在给定位置用阶梯剖作出全剖视图

(1)

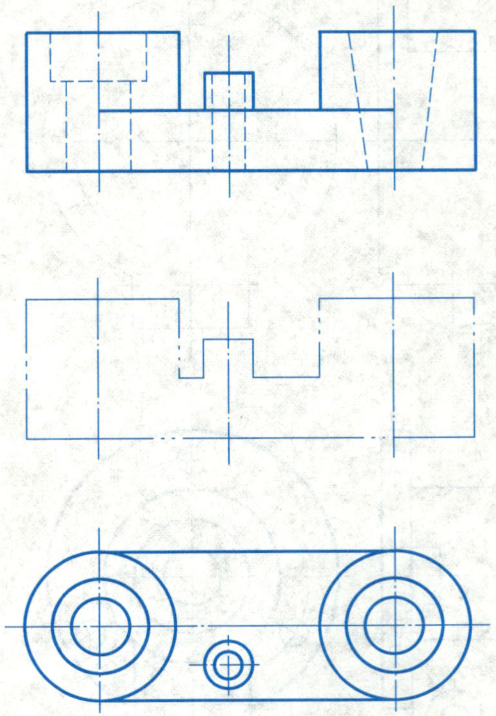

(2)

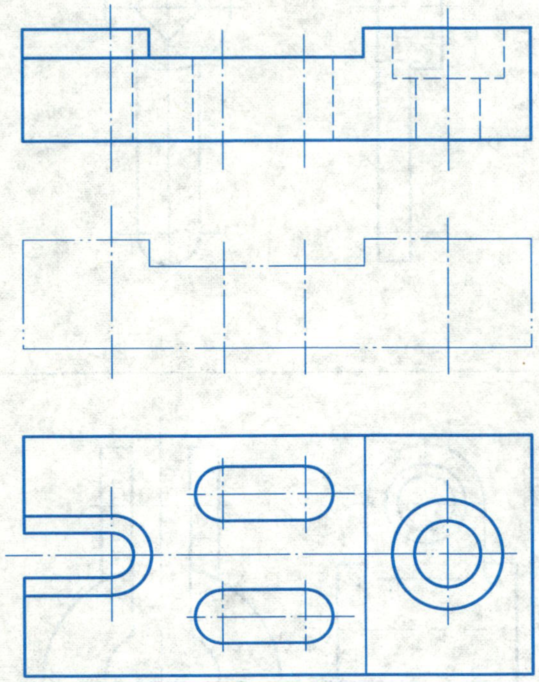

班级　　姓名　　学号

7-14 在给定位置上面画出全剖视图

(1)

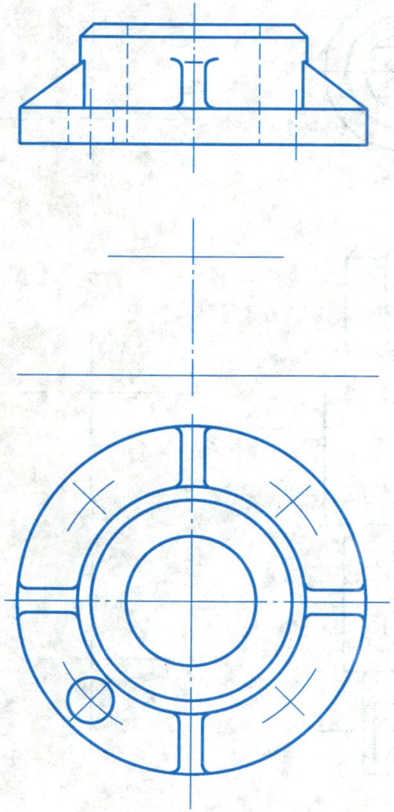

(2)

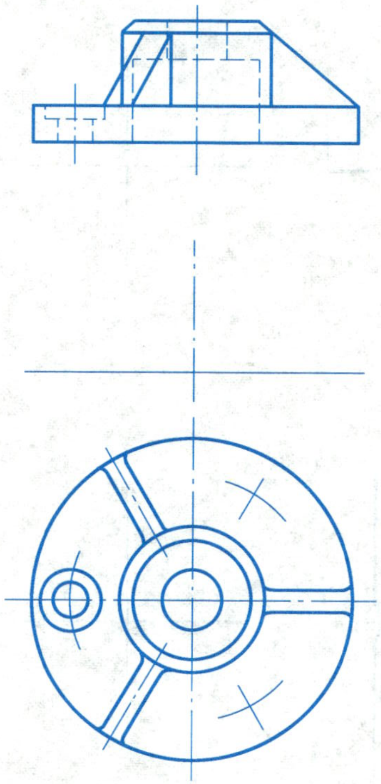

班级　　姓名　　学号

7-15 在指定位置上，作轴的移出断面。$\phi 10$处键槽深度为 1.8 mm

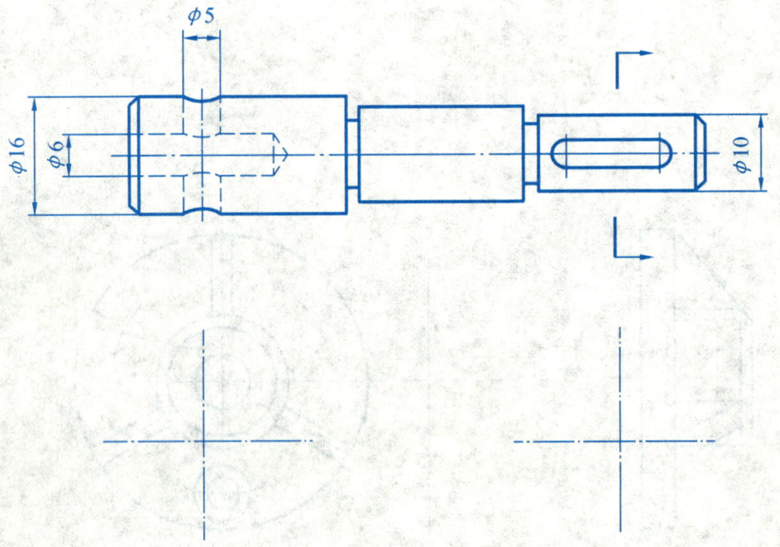

7-16 画出指定位置的移出断面。键槽深度为 3.5 mm

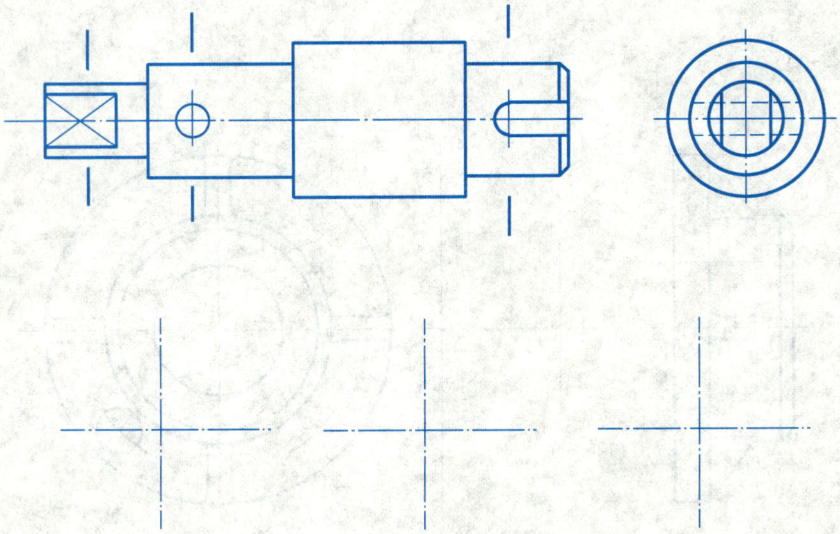

班级　　　　姓名　　　　学号

7-17

(1) 在拨叉的主视图和左视图上分别作合适的剖视

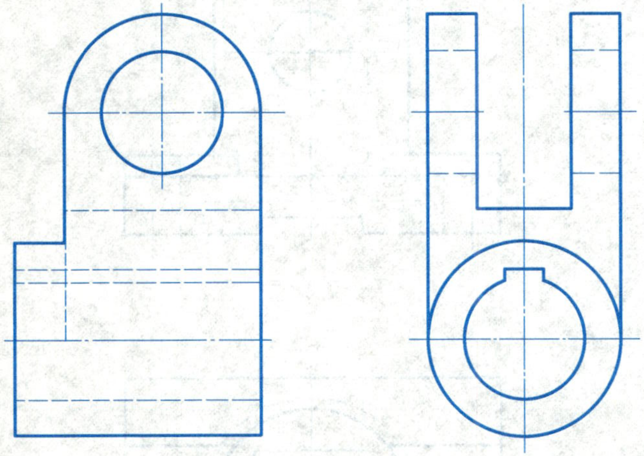

(2) 将正确的主视图画在下面

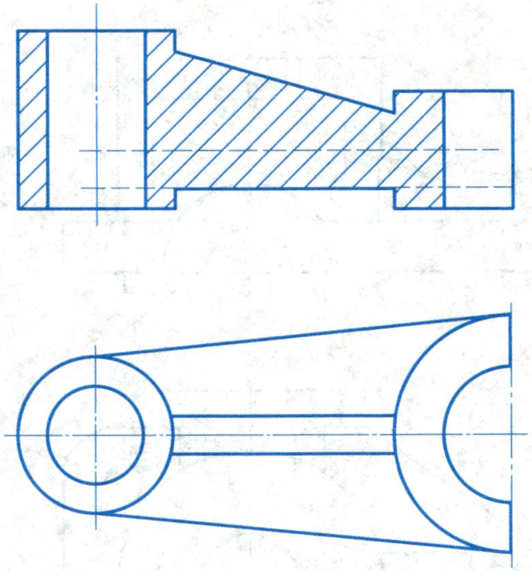

班级　　姓名　　学号

7-18 剖视综合练习(一) 求出左视图，在主、左视图上取适当剖视，并注尺寸(用A3图纸，比例1:1)

(1)

(2)

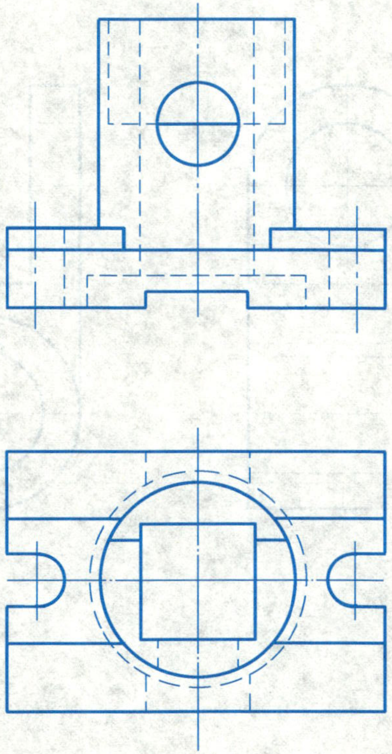

班级　　　　姓名　　　　学号

7-19 剖视综合练习(二) 求出左视图,在主、左视图上取适当剖视,并注尺寸(用A3图纸,比例1: 1)

(1)

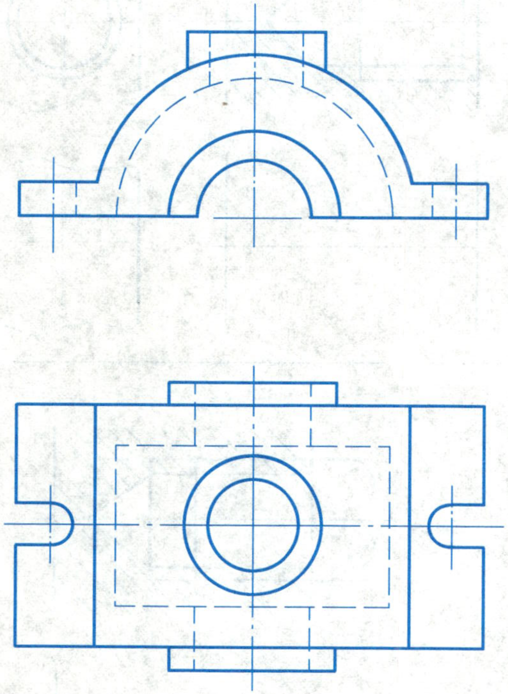

(2)

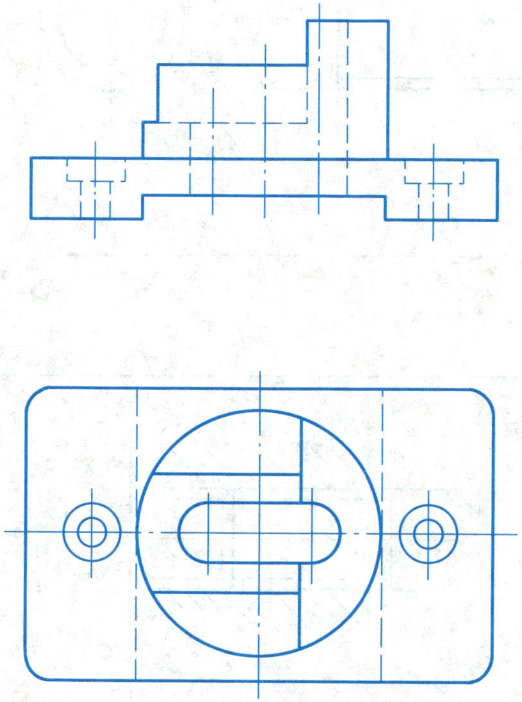

班级 姓名 学号

8-1 螺纹：分析图中的错误，在下面画出正确图形

(1)

(2)

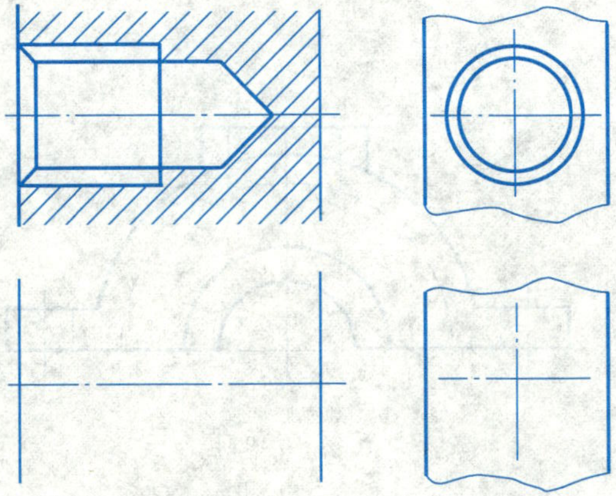

(3)

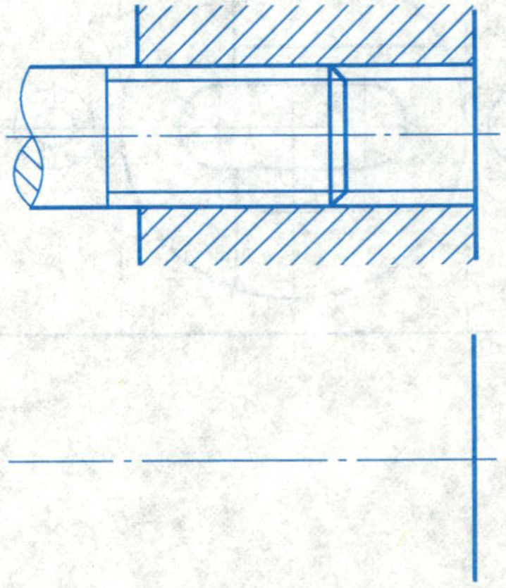

(4)

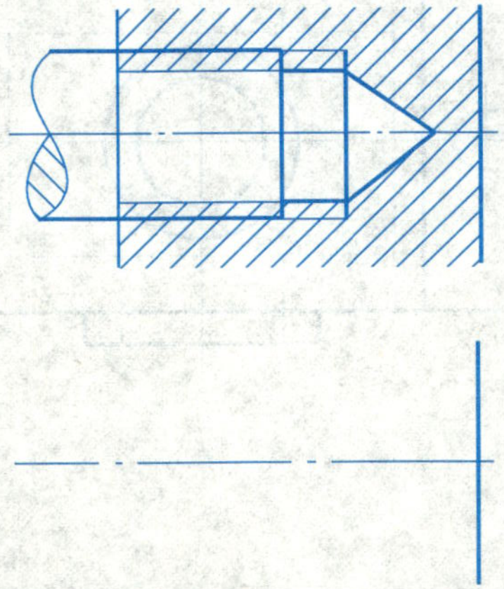

班级　　　　姓名　　　　学号

8-2 螺纹：根据下列给定的螺纹要素，标注螺纹

(1) 粗牙普通螺纹，公称直径 24 mm，螺距3 mm，单线，右旋，螺纹公差带：中径、小径均为6H，旋合长度属于短的一组

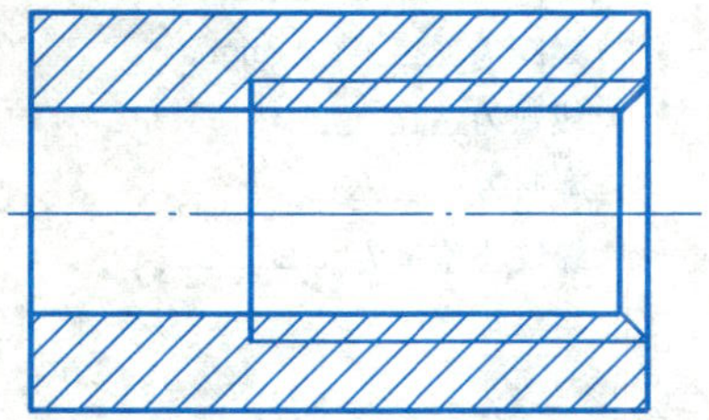

(2) 细牙普通螺纹，公称直径 30 mm，螺距2 mm，单线，右旋，螺纹公差带：中径为5g、大径为6g，旋合长度属于短的一组

(3) 非螺纹密封的管螺纹，尺寸代号3/4，中径公差等级为A级，右旋

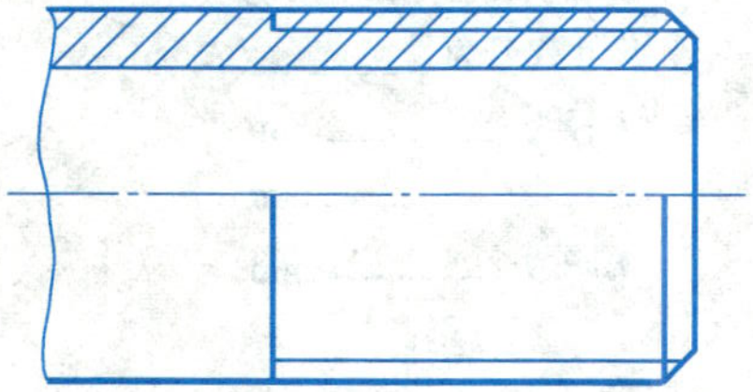

(4) 梯形螺纹，公称直径30 mm，螺距6 mm，双线，左旋

班级　　姓名　　学号

8-3 螺纹：根据标注的螺纹代号，查表并说明螺纹的各要素

(1)

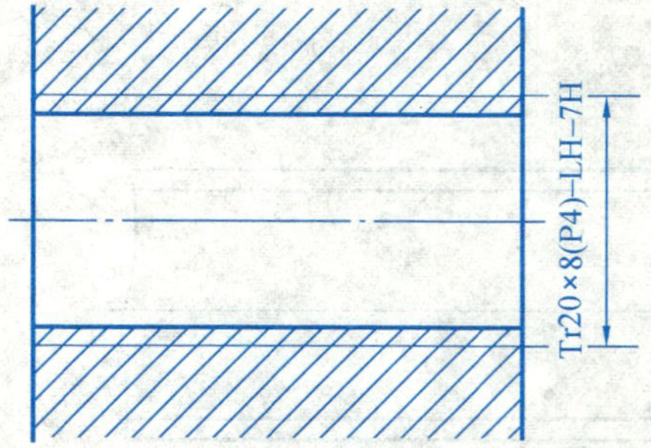

该螺纹为________螺纹；
公称直径为________mm；
螺距为________mm；
线数为________；
旋向为________；
螺纹公差带为________。

(2)

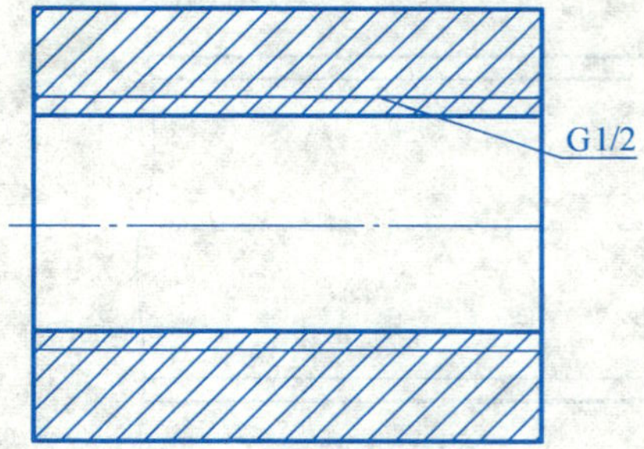

该螺纹为________螺纹；
尺寸代号为________；
大径为________mm；
小径为________mm；
螺距为________mm。

班级　　　　姓名　　　　学号

8-4 螺纹：根据给出的图形及尺寸，写出标准件的规定标记

(1)

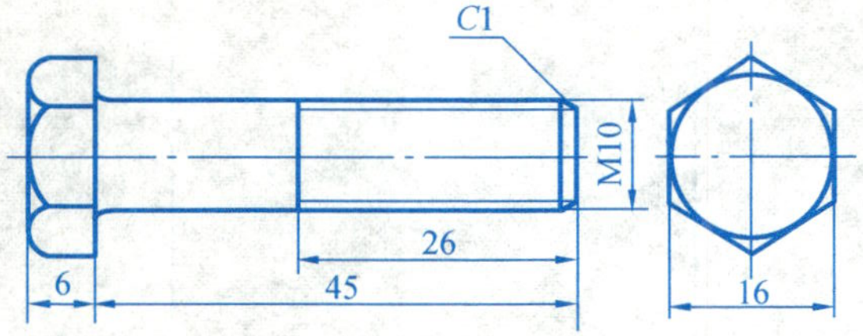

标记：________________

(2)

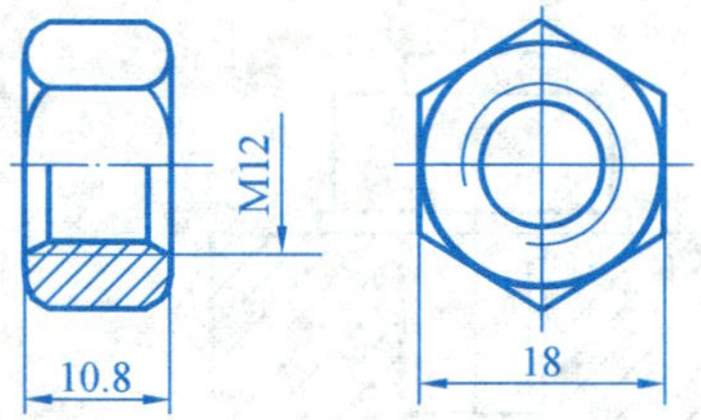

标记：________________

(3)

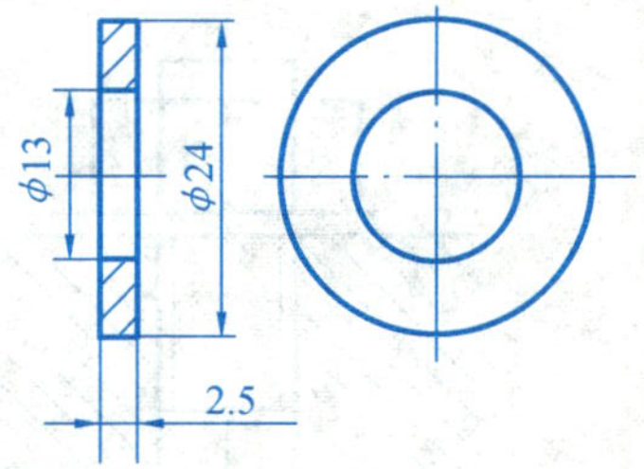

标记：________________

(4)

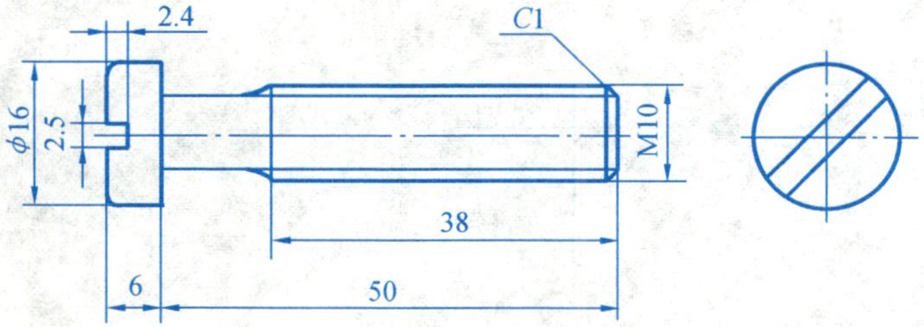

标记：________________

(5)

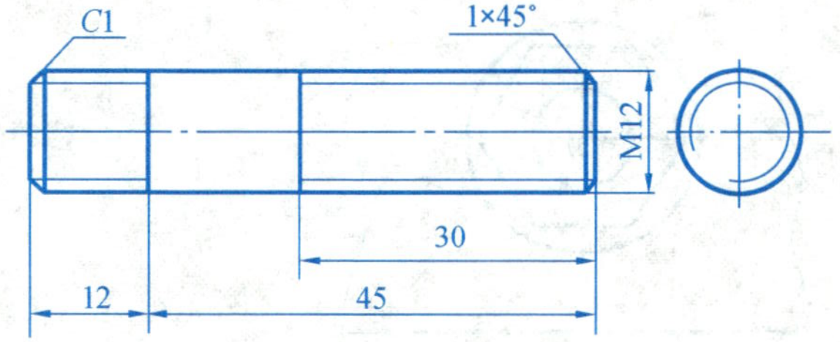

标记：________________

班级　　姓名　　学号

8-5 螺纹紧固件：下面螺栓连接画法有错误，请在右边按正确画法画出

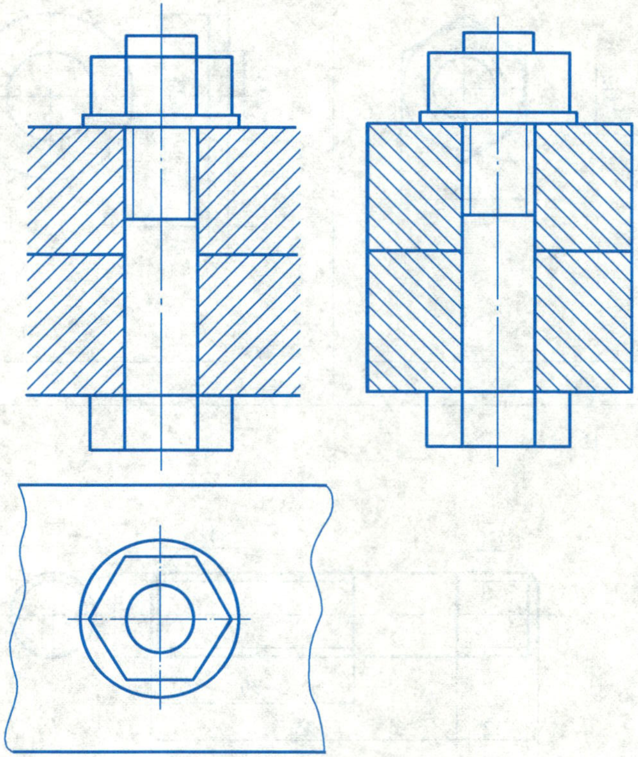

班级　　　　姓名　　　　学号

8-6 螺纹紧固件：下面螺柱连接和螺钉连接画法有错误，请在右边按正确画法画出

(1)

(2)

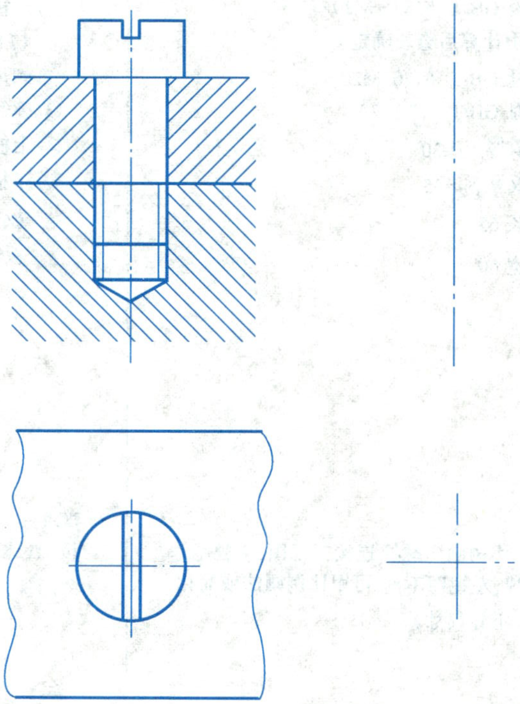

班级　　姓名　　学号

8-7 螺纹紧固件：用A3图纸按要求画出螺纹紧固件连接图

(1)螺栓连接

①螺栓 GB/T 5782 M20×l

（l由计算后查表确定）

②螺母 GB/T 6170 M20

③垫圈 GB/T 97.1 20

④上板厚 δ_1=30

下板厚 δ_2=35

板长 65

板宽 60

要求：

按1:1比例画出螺栓连接三视图，主视图作全剖视，左视图不剖，可用比例画法或简化画法，不标尺寸。

(2)螺柱连接

①螺柱 GB/T 897 M20×l

（l由计算后查表确定）

②螺母 GB/T 6170 M20

③弹簧垫圈 GB/T 93 20

④上板厚 δ_1=30

下板厚 δ_2=50 材料为钢

板长 65

板宽 60

要求：

按1:1比例画出螺柱连接主、俯视图，主视图作全剖视，可用比例画法或简化画法，不标尺寸。

(3)螺钉连接

①螺钉 GB/T 68 M10×25

②上板厚 δ_1=15

③下板厚 δ_2=35

板长 35

板宽 30

要求：

按2:1比例画出螺钉连接主、俯视图，主视图作全剖视，可用比例画法或简化画法，不标尺寸。

班级　　　　姓名　　　　学号

8-8 键连接：已知齿轮和轴，用A型圆头普通平键连接，轴孔直径为20 mm 。(1)写出键的规定标记；(2)查表 确定键和键槽的尺寸，用1:1 画全下列图形，并标注轴和齿轮的键槽尺寸

键的规定标记：＿＿＿＿＿＿＿＿＿＿

(1)轴

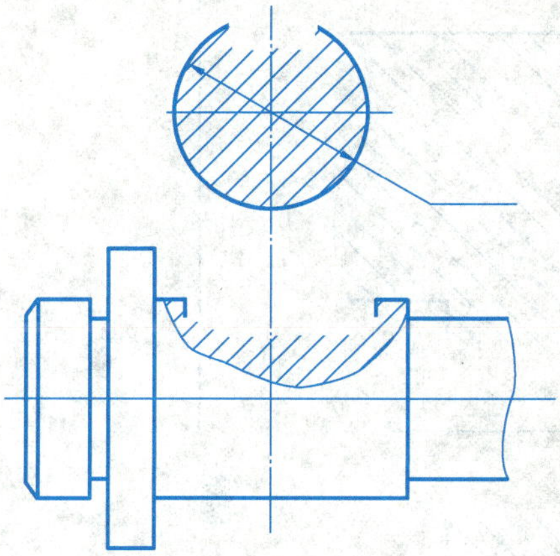

(2)齿轮

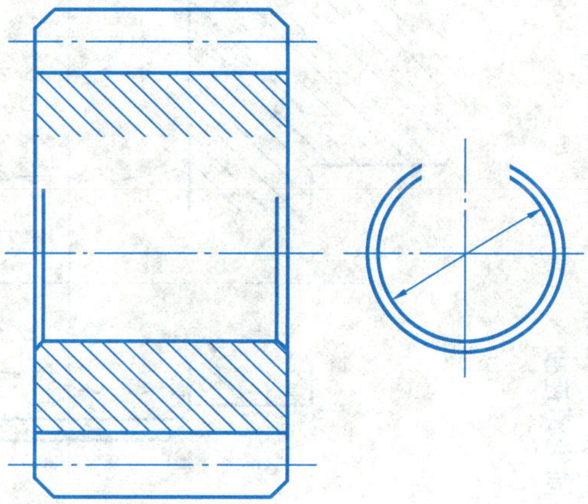

(3)齿轮和轴

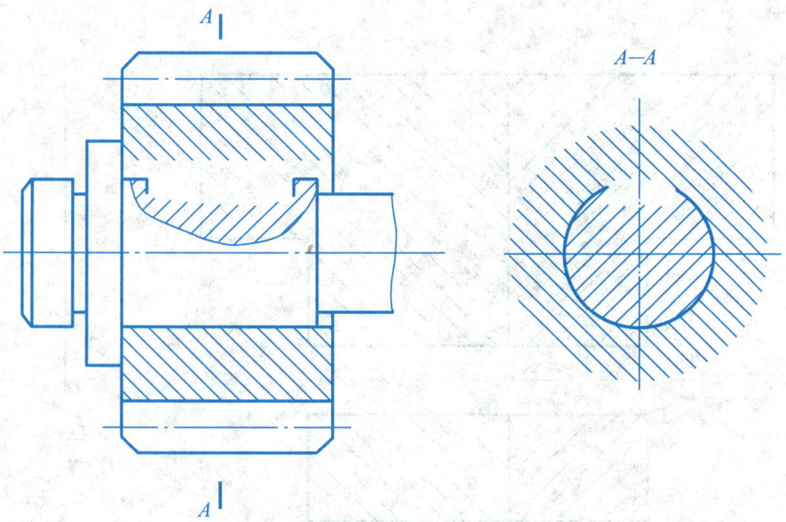

班级　　　　姓名　　　　学号

8-9 销连接：选择适当的圆柱销、圆锥销，完成下面的连接图，所需的尺寸从图中按 1:1 量取，并完成标记

(1)圆柱销连接

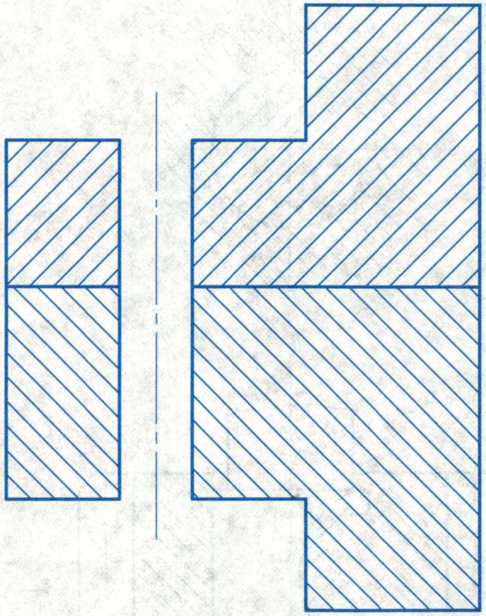

标记：________________

(2)圆锥销连接

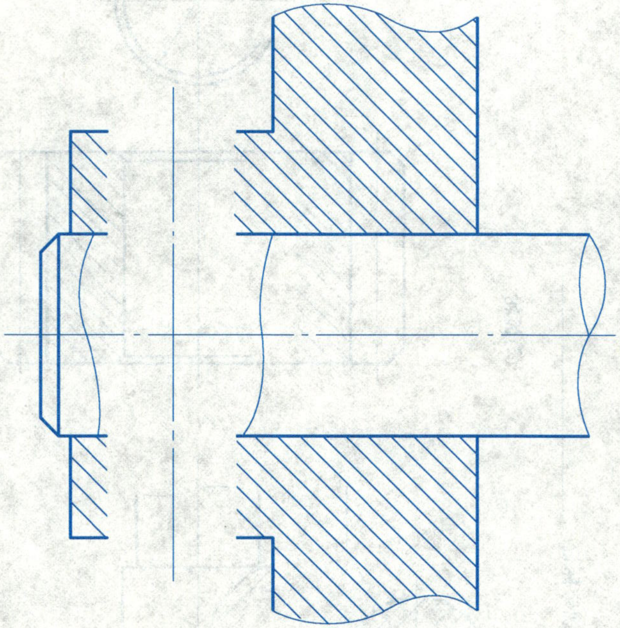

标记：________________

班级　　姓名　　学号

8-10 滚动轴承和弹簧

(1) 选择适当的轴承，用规定画法完成下列视图，所需的尺寸从图中按 1∶1 量取

深沟球轴承

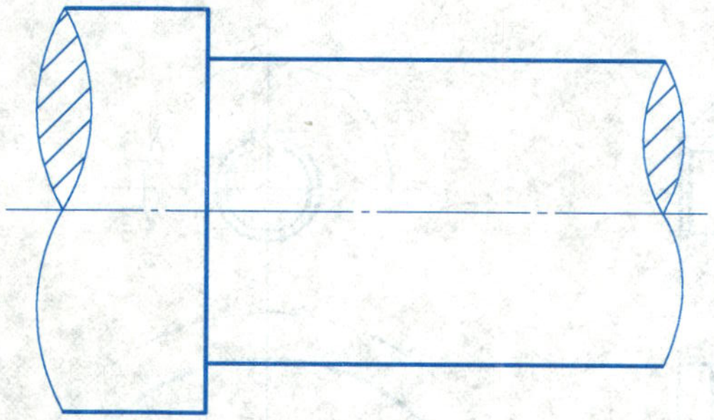

圆锥滚子轴承

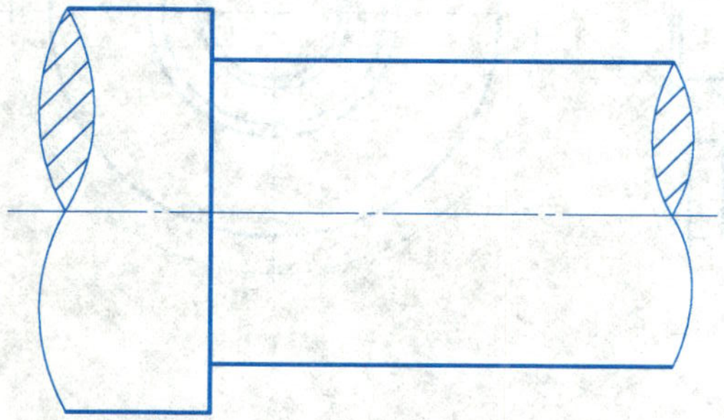

(2) 已知圆柱螺旋压缩弹簧的簧丝直径 8 mm，弹簧中径 40 mm，节距 16 mm，有效圈数 8，支承圈数 2.5，右旋，画出弹簧的剖视图

班级　　　　姓名　　　　学号

(1) 已知圆柱齿轮的模数 m=3 mm，齿数 z=20，计算齿轮的主要参数（分度圆、齿顶圆、齿根圆等），补全齿轮的两个视图，并标注尺寸

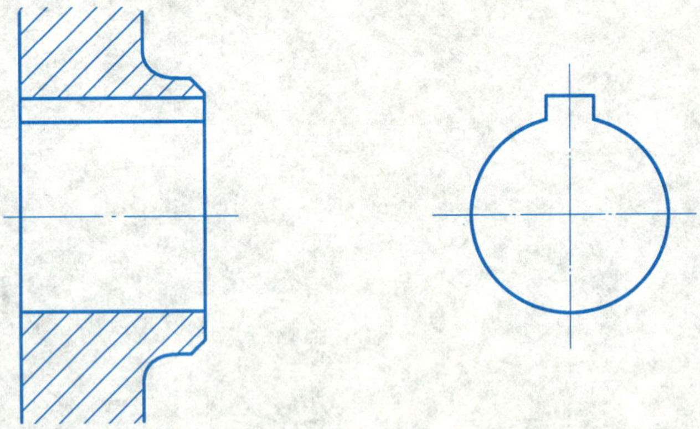

(2) 已知一对啮合圆柱齿轮的部分视图（齿轮模数 m=3 mm），补全啮合齿轮的两个视图

班级　　　　姓名　　　　学号

9-1 表面粗糙度的标注，将指定的表面粗糙度用代号标注在图上

(1)

表面	A	B	C	D	其余
Ra	6.3	3.2	1.6	0.8	12.5

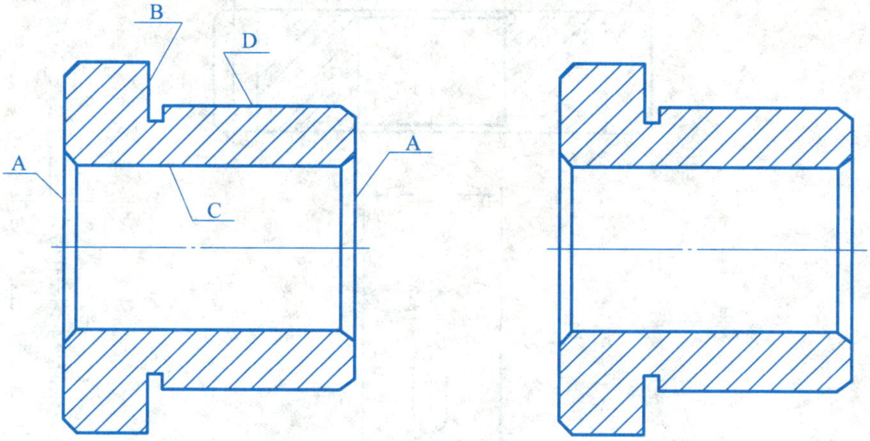

(2)

表面	A	B	C	其余
Ra	12.5	6.3	0.8	不加工

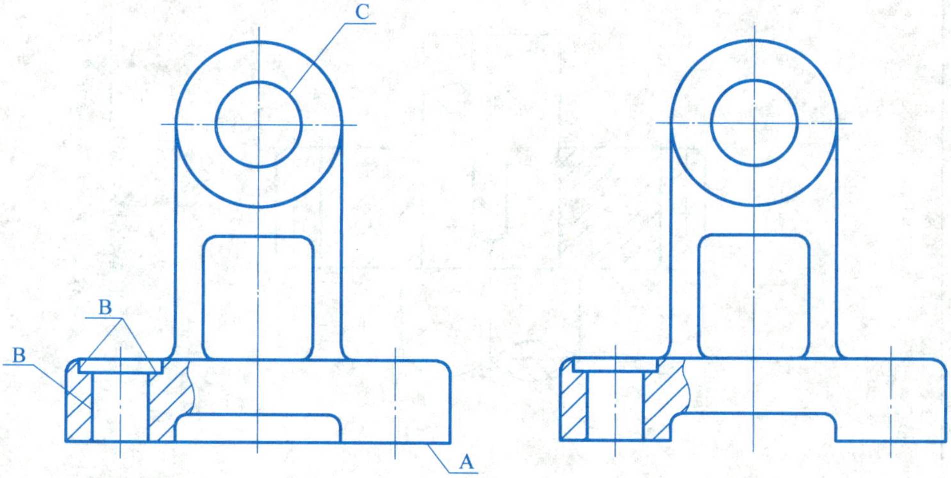

9-2 根据给出的配合代号，在相应的零件上标注出公差代号和上、下偏差值，并填空

(1)

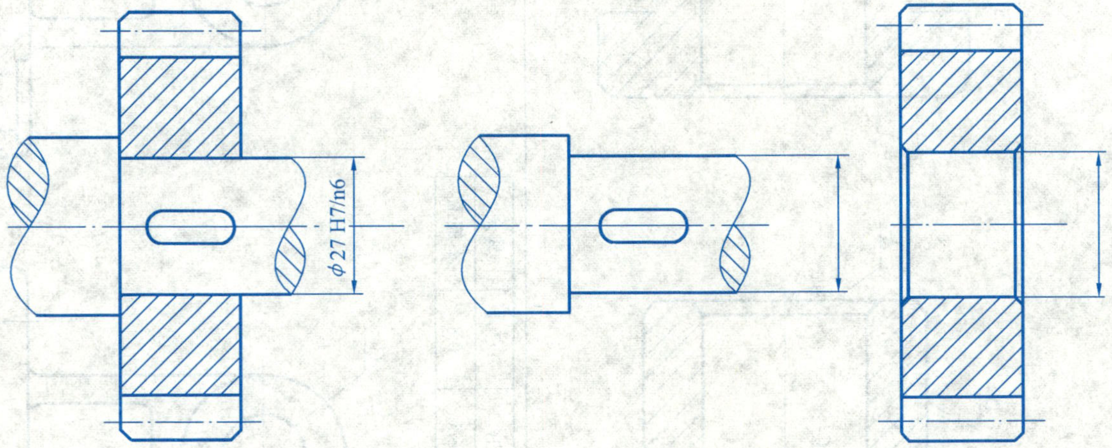

孔的基本偏差代号为________，公差等级为________；轴的基本偏差代号为________，公差等级为________。
配合尺寸 ϕ27 H7/n6 表示基本尺寸为________mm的基____制________配合。

班级　　　　姓名　　　　学号

(2)

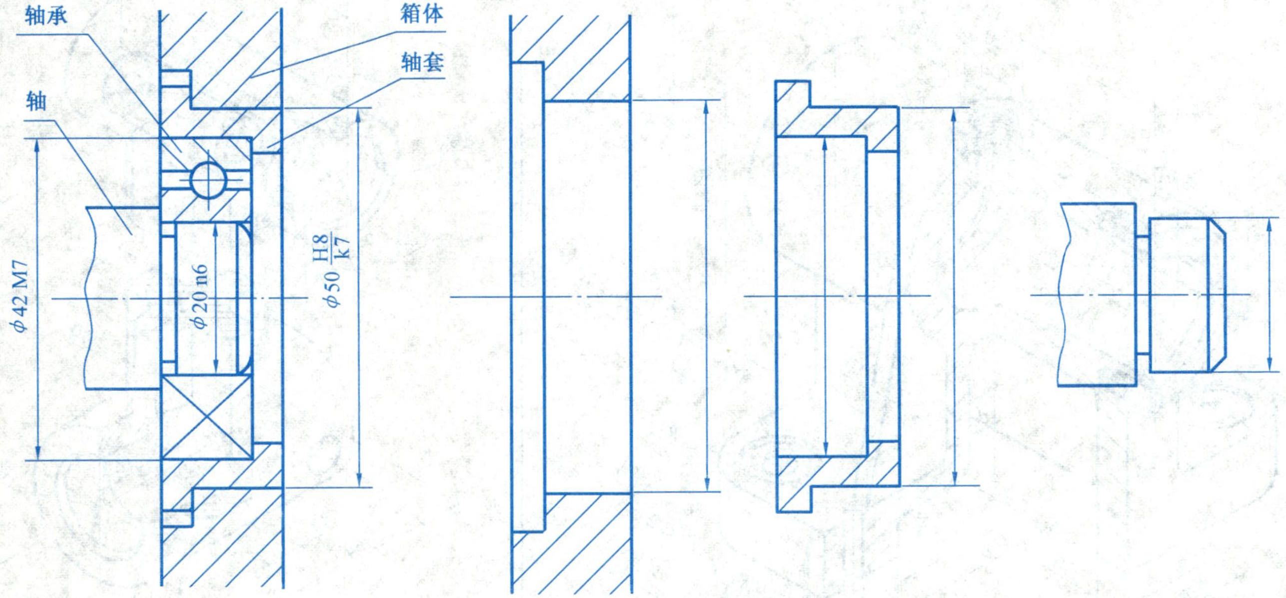

轴套与箱体的配合尺寸 $\phi 50\,\frac{H8}{k7}$ 属于基____制的________配合。

班级　　　姓名　　　学号

9-3 根据支架的轴测图绘制其零件图

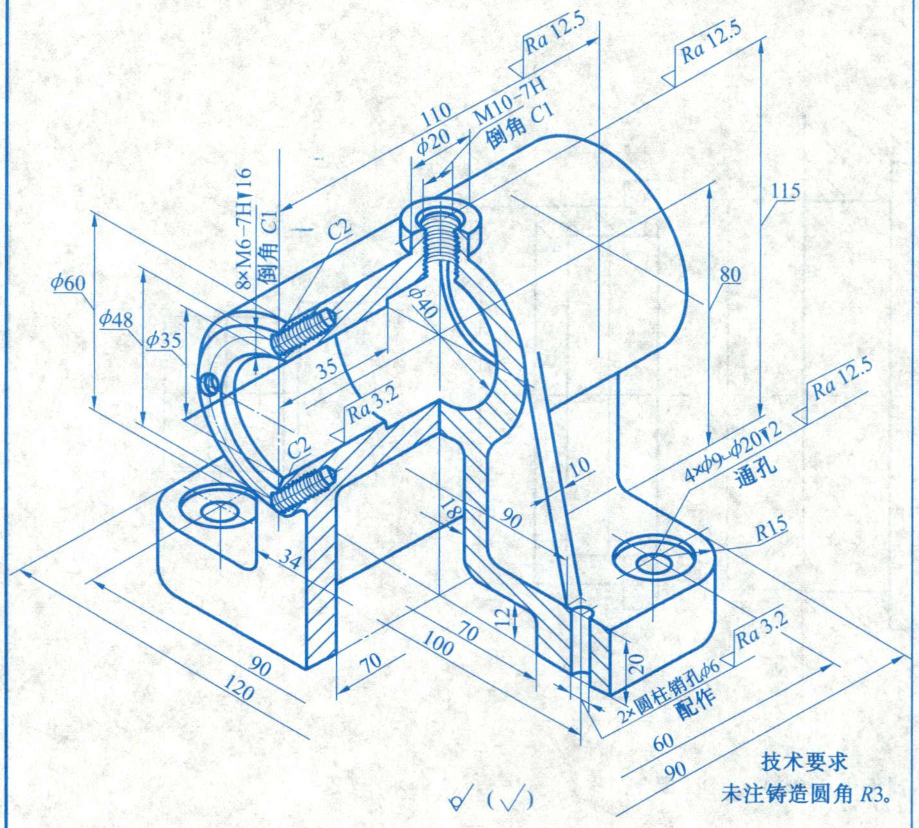

技术要求

未注铸造圆角 R3。

9-4 根据支架的轴测图绘制其零件图

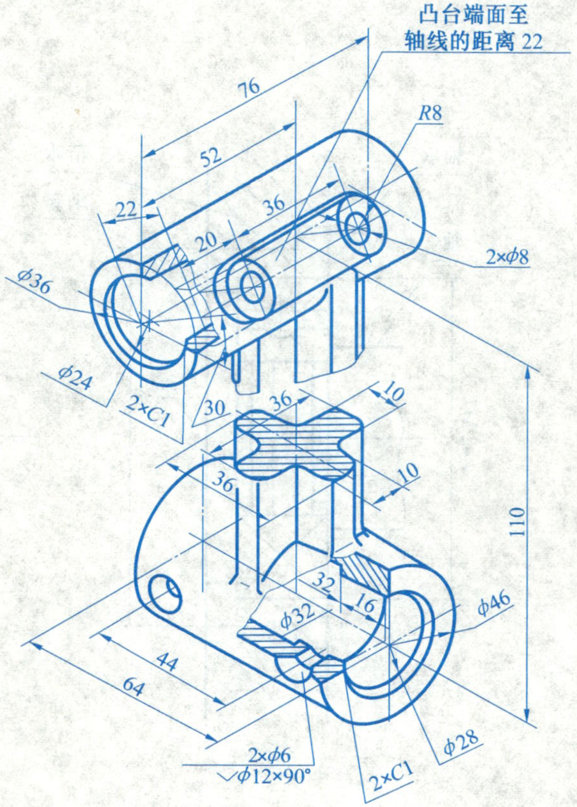

9-5 读零件图，并回答问题

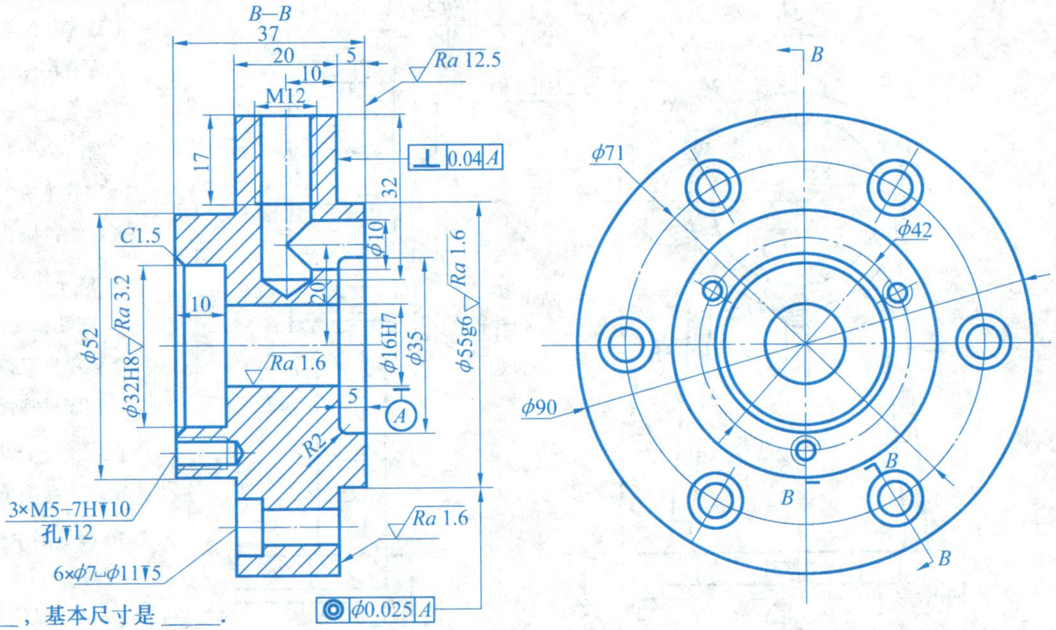

1. 主视图采用了 ______ 剖视图。

2. ϕ16H7中，公差带代号是 ______，公差等级是 ___，基本尺寸是 ______。

3. 写出左侧6×ϕ7⌴ϕ11▼5的定位尺寸 ______。

4. 解释 $\frac{3\times M5-7H▼10}{孔▼12}$ 含义 ________________________________。

5. 解释左侧ϕ32H8尺寸的含义 ____。

6. [⊥|0.04|A] 中的被测要素为ϕ____ 的 ______ 端面，基准要素为ϕ___ 的轴线，检测项目是 ______，公差值是 ______。

7. 右端面上ϕ10圆柱孔的定位尺寸 ______。

8. 在图上指定位置画出右视图的外形图（虚线不画）。

技术要求

1. 铸件不得有砂眼、裂纹。
2. 锐边倒角为 C1。

Ra 6.3 (√)

设计		（日期）	HT150	（校名）
校核			比例 1:1	端盖
审核				
班级	学号		共 张	（图号）

9-6 看懂零件图，并完成相应的题目

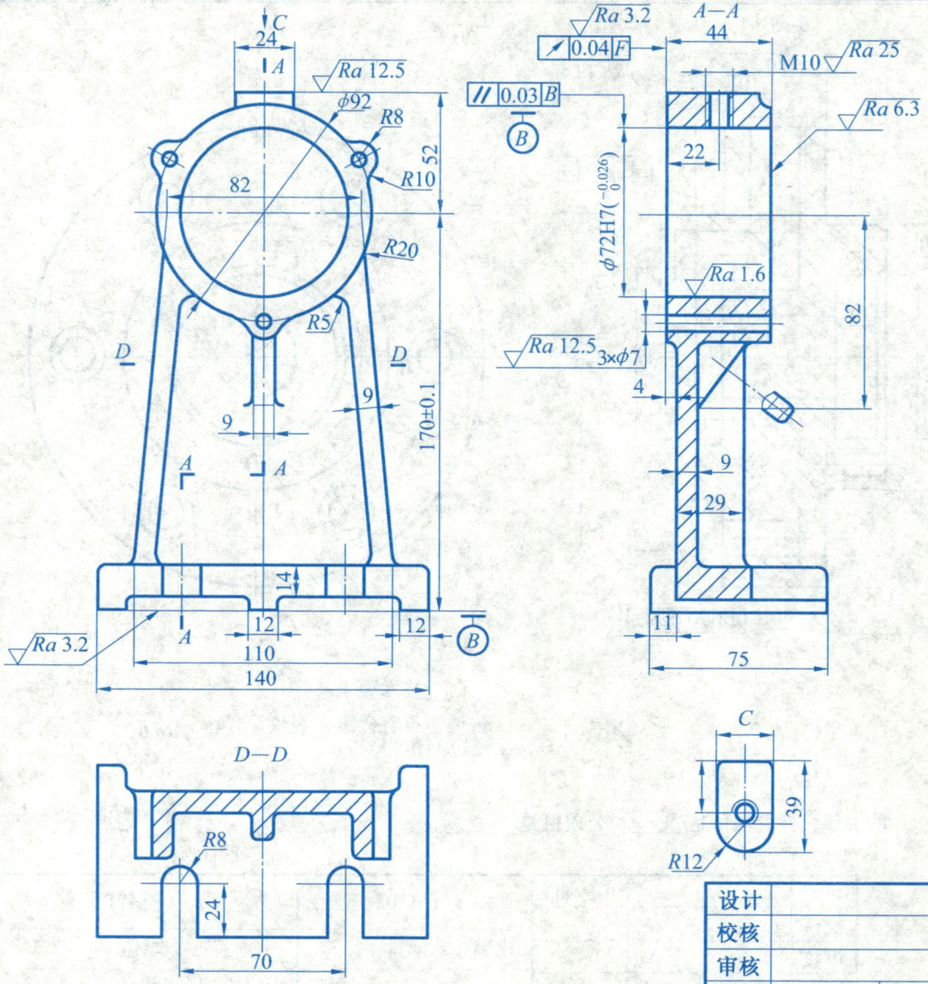

√ (√)

1.该零件的名称 ______，材料 ____，比例 ___。

2.左视图采用 ______ 剖，俯视图为 ___ 视图。

3.在 _____ 视图上可以看出底板的形状，在 ___ 图上反映的上面凸台的形状。

4.零件上有 ____ 个螺纹孔，其标记是 _____。

5.φ72H7 圆孔的最大极限尺寸是 _____，最小极限尺寸是 ___。

6.该零件有 _____ 处形位公差要求，其中有一处是表示：φ72H7 圆孔轴线相对 ____ 面的平行度误差不超过 0.03。

7.该零件支撑板、肋板的厚度是 _____。

8.该零件底面表面粗糙度 Ra 值是 ____，顶面表面粗糙度 Ra 值是 ____，表面粗糙度 Ra 值最低的面是 __________ 面。

9.在主视图上可以看到三个均匀分布的小孔，其直径是 _______。

10.根据图中标注的尺寸标注 C 向视图中所缺尺寸。

设计		(日期)	HT200			(校名)
校核						
审核			比例	1:1		支架
班级	学号		共		张	

10-1 根据装配示意图和零件图画装配图

1.千斤顶

作业说明：根据装配示意图和零件图绘制装配图，图纸幅面和比例自选.

工作原理说明：千斤顶是顶起重物的部件。使用时只需逆时针方向转动旋转杆 3，起重螺杆 2 就向上移动，并将物体顶起。

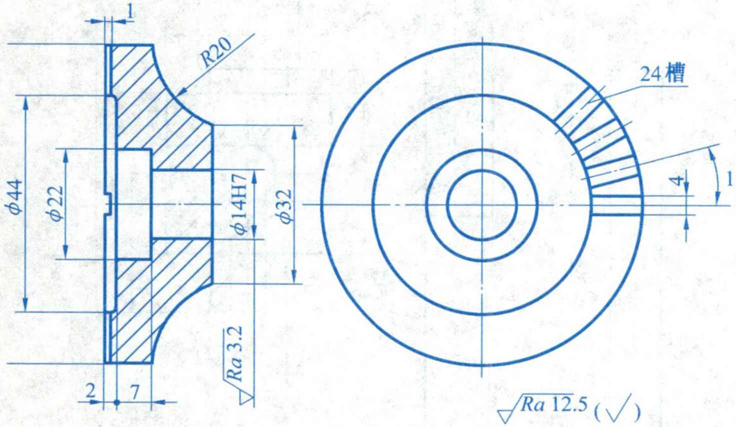

序号	名称	材料
5	顶盖	45

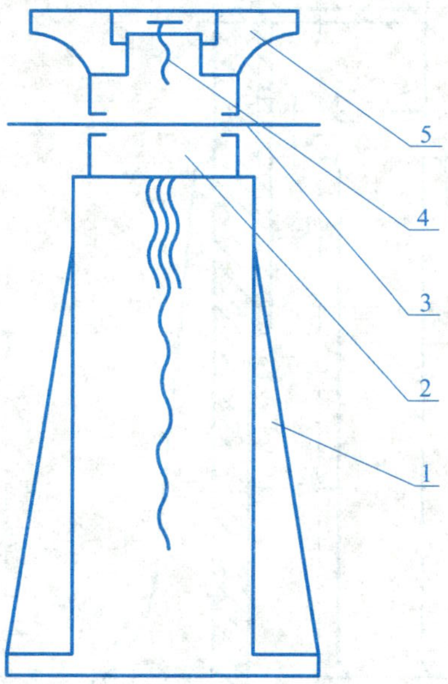

千斤顶装配示意图

5		顶盖	1	45	
4		螺钉	1	30	
3		旋转杆	1	45	
2		起重螺杆	1	45	
1		底座	1	HT300	
序号	代号	名称	数量	材料	备注

设计		（日期）		（校名）
校核				
审核			比例	千斤顶
班级	学号		共 张 第 张	

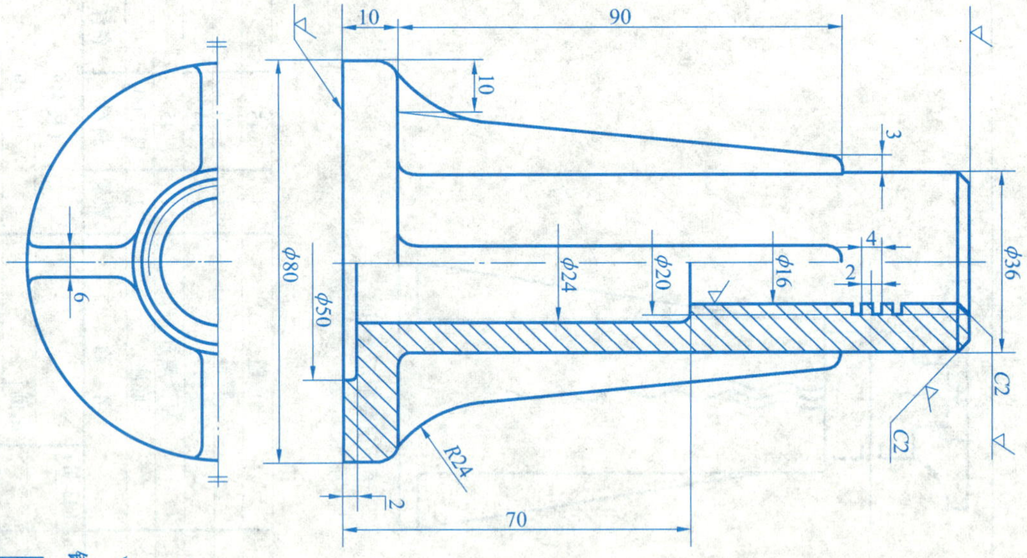

铸造圆角 R2

Ra 6.3 (√)

序号	名称	材料
1	底座	HT300

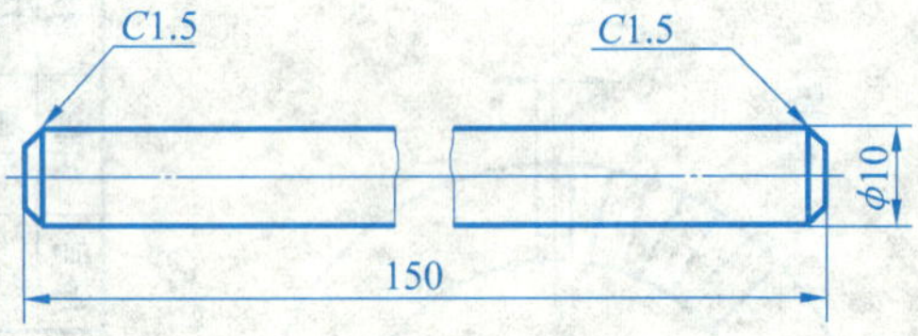

Ra 6.3 (√)

序号	名称	材料
3	旋转杆	45

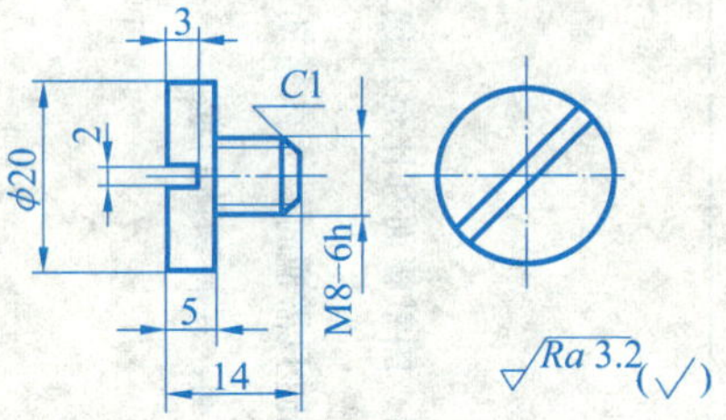

Ra 3.2 (√)

序号	名称	材料
4	螺钉	45

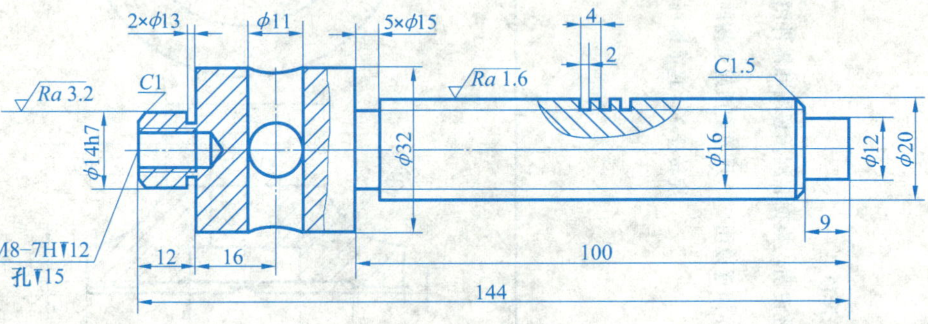

Ra 6.3 (√)

序号	名称	材料
2	起重螺杆	45

10-2 根据装配示意图和零件图画装配图

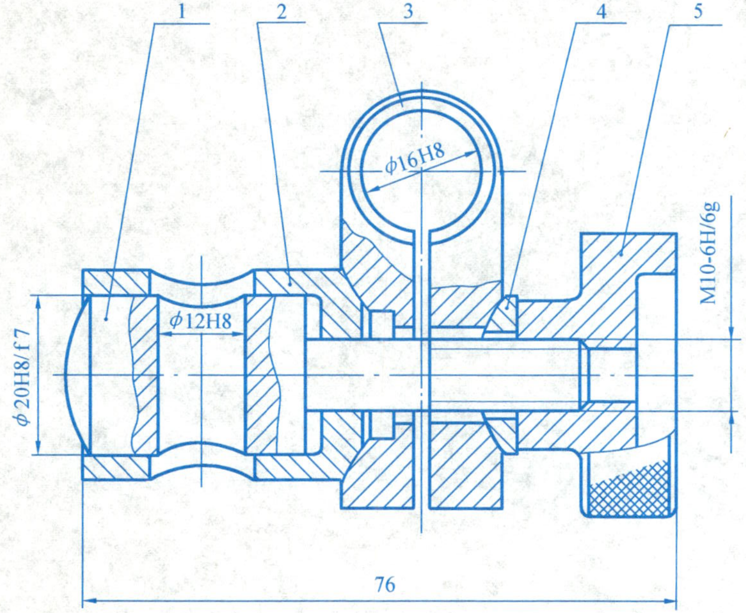

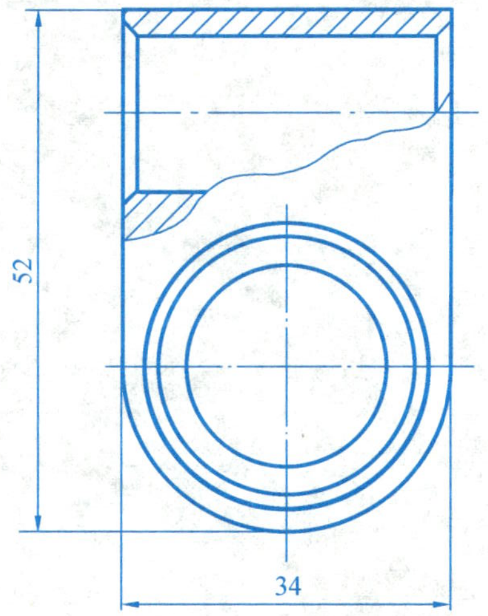

工作原理

联动夹持接头是检验夹具中的一个通用标准部件，用来连接表杆。在拉杆1的ϕ12H8孔与夹头3的ϕ16H8孔中分别装入ϕ12f7与ϕ16f7表杆。旋紧螺母5能同时夹紧二个表杆。

序号	名称	数量	材料	备注
5	螺母	1	45	
4	垫圈10	1	45	HR_C40-48
3	夹头	1	65Mn	
2	套筒	1	45	
1	拉杆	1	45	

联动夹持接头		比例	1:1	图号
		第1张	共1张	
制图		（单位）		
审核				

班级　　姓名　　学号

高等学校“十二五”规划教材

机械制图

主　编　王春义
副主编　曾　红　焦　波
主　审　吴佩年　陶福春

哈爾濱工業大學出版社

内容简介

本书是根据教育部工程图学教学指导委员会最新修订的“普通高等学校工程图学教学基本要求”，在总结各校近年来的教学改革和研究经验的基础上，结合理工科机械类与近机类专业教学的特点编写的。同时还编写了配套的《机械制图习题集》。全书共十一章，主要内容有：制图的基本知识与技能，点、线、面的投影，直线与直线、平面与平面的相对位置，立体的投影，组合体，轴测图，机件的表达方法，标准件与常用件，零件图和装配图及焊接图与展开图。

本书主要作为高等院校机械类各专业学生学习工程制图的教材，也可供有关工程技术人员参考。

图书在版编目(CIP)数据

机械制图/王春义主编.—哈尔滨：哈尔滨工业大学出版社，2011.4(2018.8 重印)

ISBN 978-7-5603-3353-3

Ⅰ.①机… Ⅱ.①王… Ⅲ.①机械制图 Ⅳ.①TH126

中国版本图书馆 CIP 数据核字(2011)第 154303 号

策划编辑　尹继荣

责任编辑　费佳明　于洪建

出版发行　哈尔滨工业大学出版社

社　　址　哈尔滨市南岗区复华四道街 10 号　邮编 150006

传　　真　0451-86414749

网　　址　http://hitpress.hit.edu.cn

印　　刷　黑龙江艺德印刷有限责任公司

开　　本　787mm×1092mm　1/16　印张 26.5　字数 618 千字

版　　次　2011 年 4 月第 1 版　2018 年 8 月第 3 次印刷

书　　号　ISBN 978-7-5603-3353-3

定　　价　48.00 元(含习题集)

前　　言

本书是根据教育部工程图学教学指导委员会最新修订的“普通高等学校工程图学教学基本要求”，结合机械类教学的特点，在总结各校近年来的教学改革和研究经验，并广泛汲取其他院校教材优点的基础上编写而成的。适用于机械类各专业和近机类等专业使用。在教材的编写过程中充分注意到教材体系结构的系统性、内容的实用性及科学性，在内容编排上着重加强学生徒手画草图、手工仪器绘图能力和计算机绘图能力的培养，突出培养学生的空间实体的想象能力与空间分析能力，重点提高学生的读图能力和绘图能力，尽可能做到概念清楚、重点突出、语言简练、图样清晰、与文字紧密结合。

全书共十一章，分四部分。第一部分为机械制图理论部分，主要介绍国家标准机械制图的一般规定，几何元素和立体的投射及其相对位置，轴测图等。第二部分为机件表达方法，主要介绍组合体的画法、尺寸标注及其投影图的读法，机件的表达方法。第三部分为机械制图，主要介绍了标准件及常用件的表达、画法及标注，零件图和装配图的表达、画法和读图。第四部分为焊接图和展开图，主要介绍了焊接的方式方法及焊接的表示方法。全书内容详尽、丰富，便于自学，可以根据教学的需要适当删减。另外，本书还配有《机械制图习题集》供同时使用。

参加本书编写的有哈尔滨理工大学王春义（前言、绪论、第一章、第二章、第六章）、曾红（第九章第一～四节、第十章）、焦波（第四章、第八章、附录1～20）、菅晓霞（第三章、第七章）、王伟华（第五章、第十一章）、哈尔滨工业大学罗云霞（第九章第五、六节）、南京航空航天大学李卓裴（第九章第七节、附录21～25）。

本书由王春义任主编，曾红、焦波任副主编。哈尔滨工业大学吴佩年、哈尔滨理工大学陶福春主审了该书稿并提出许多宝贵意见。另外，本书的编写还得到各编者单位领导的大力支持与帮助，在此一并表示衷心感谢。

由于作者水平所限，书中难免有疏漏和不妥之处，敬请使用本书的师生和有关人士批评指正。

编　者

2011年2月

目　　录

绪　论

一、本课程的性质、研究对象和内容

本课程是工程类专业的一门必修的技术基础课。它是研究和解决空间几何问题以及绘制和阅读工程图样的理论和方法。

在现代工业生产中，无论是每个零件还是装配部件和机器，都是依照图样进行的。在新产品设计时也是从画图开始，设计人员通过图样来表达设计思想和要求。另外，人们可以通过图样来指导生产，进行技术交流。图样具有能够准确地表达出机器设备的结构和性能以及它们各自的组成部分的形状、大小、材料及加工、检验、装配等有关要求的作用。因此人们常把这种图样，称作工程图样。工程图样是工业生产的重要技术文件，同时又是工程界表达和交流技术思想和信息的重要媒介和工具。所以工程图样被喻为“工程界的语言”。

本课程的主要内容：

(1)基础理论。包括制图的基本知识，投影法的概念，点、线、面的投影及其相对位置，基本形体的投影，基本形体的截交与相贯，轴测投影。

(2)机体表达方法。包括组合体的投影、绘图方法及尺寸标注，机件的各种表达方法。

(3)机械制图标准件及常用件的表达、绘图方法及标注，零件图和装配图的表达、画法和读图。

二、本课程的主要任务

(1)学习正投影法的基本理论及其应用。

(2)培养学生空间想象能力和构思能力。

(3)培养学生空间几何问题的图解能力。

(4)培养学生绘制和阅读工程图样的基本能力。

(5)培养学生耐心细致的工作态度和一丝不苟的工作作风。

三、本课程的学习方法

为了学好本门课，必须掌握正确的学习方法。

(1)应掌握正确的思维方法。读者在初学时，如果觉得投影原理比较抽象，可借助于一些直观工具。例如用“折纸法”将硬纸片折成三投影面空间模型，再用铅笔、三角板等在其上进行比画模拟，以增强感性概念。但经过一段时间的学习之后，就应逐步减少对模型的依赖，此外，经常在草图纸上徒手绘制几何元素及物体的轴测图，也是提高空间立体概念的一个好方法。这样在不断地把空间的物体转化为平面的图形，又从平面的图形转化为空间的物体的过程中，就能不断地发展自己的空间想象能力和构思能力。

(2)提高听课效率。该课程主要是研究图形的，在老师讲课的时候，要用到许多的图，对于简单的图，老师可以在黑板上画出来，对于复杂的图，多采用的是在屏幕上投影事先画好的图形或采用挂图，在课堂上做图形笔记有一定难度，所以，在课堂上提倡在书上作旁注的形式，记下重点、难点和要点。

(3)正确对待作业。该课程是实践性很强的一门课。所谓的实践性，就是要画图，而且要画很多图，每次留的作业都比较多，学生感觉费时费力和难做，甚至有的同学应付作业和抄作业。虽然现在的绘图多采用计算机实现，但手工绘图是培养投影概念的必要手段，不会手工绘图，计算机也不会自动地给出图来，因此，学生要把每一次的制图作业当成完成一幅作品来看待。画的图形既快又美观，这是工夫到家的一种体现。另外，老师每一次批改过的作业，同学应仔细看一下错误的地方及时更正，避免再出现同类错误。做制图作业是培养学生认真负责的工作态度和严谨细致的工作作风的必要手段。

(4)要遵循国家标准的有关规定。图样是工程界的语言，既然是语言，就有其语法规则和规定，这个语法就是国家标准、ISO 标准和行业标准。我们在绘制图样的时候，必须遵循这些标准，这样才能起到语言交流的作用。

本课程能做到为学生的绘图能力和读图能力打下一定的基础，在后续课程中还应继续培养和提高绘图和读图的能力。

第一章　制图的基本知识与技能

技术图样是产品设计、制造、安装、检测等过程中的重要技术资料，是科学技术交流的重要工具。为便于生产、管理和交流，必须对图样的画法、尺寸注法等方面作出统一的规定。《技术制图》和《机械制图》国家标准是工程界重要的技术基础标准，是绘制和阅读机械图样的准则和依据。需要注意的是《机械制图》标准主要适用于机械图样，《技术制图》标准则普遍适用于工程界的各专业技术图样。

本章主要介绍国家标准对图纸幅面和格式、比例、字体、图线、尺寸注法和《机械制图》的有关规定，并介绍常见的绘图方式和几何作图方法。

第一节　机械制图国家标准的一般规定

一、图纸幅面和标题栏

为了便于图样的绘制、使用和保管，图样均应画在国家标准规定幅面和格式的图纸上。

1. 图纸幅面（GB/T 14689—1993）

绘制图样时，应优先采用表 1.1 所规定的幅面尺寸，必要时也允许选用表 1.2 和表 1.3 所规定的加长幅面，这些幅面的尺寸是由基本幅面的短边成整数倍增加得出的，见图 1.1。

表 1.1　图纸基本幅面及图框尺寸

（mm）

幅面代号	A0	A1	A2	A3	A4
$B \times L$	841×1 189	594×841	420×594	297×420	210×297
e	20		10		
c	10			5	
a	25				

GB——国家标准的拼音缩写；T——推荐；14689——标准的编号；1993——表示该标准 1993 年发布。

表 1.2　图纸的加长幅面尺寸（一）

（mm）

幅面代号	A3×3	A3×4	A4×3	A4×4	A4×5
$B \times L$	420×891	420×1 189	297×630	297×841	297×1 051

图 1.1 中粗实线所示为基本幅面（第一选择），细实线所示为表 1.2 所规定的加长幅面（第二选择），虚线所示为表 1.3 所规定的加长幅面（第三选择）。

表 1.3　图纸的加长幅面尺寸(二)　　(mm)

幅面代号	A0×2	A0×3	A1×3	A2×3	A2×3	A2×4	A2×5
$B\times L$	1 189×1 682	1 189×2 523	841×1 783	841×2 378	594×1 261	594×1 682	594×2 102
幅面代号	A3×5	A3×6	A3×7	A4×6	A4×7	A4×8	A4×9
$B\times L$	420×1 486	420×1 783	420×2 080	297×1 261	297×1 471	297×1 682	297×1 892

2. 图框格式

图纸可以横放或竖放。

图样中图框由内、外两框组成。外框用细实线绘制,大小为幅面尺寸;内框用粗实线绘制,内外框周边的间距尺寸与格式有关。

图框格式分为留有装订边(图 1.2(a)、(b))和不留装订边(图 1.2(c)、(d))两种。两种格式图框周边尺寸 *a*、*c*、*e* 如表 1.1 所示,但要注意:同一产品的图样只能采用一种格式。

加长幅面的图框尺寸,按所选用的基本幅面大一号的图框尺寸确定。

为了复制或缩微摄影时定位方便,可采用对中符号。对中符号是从周边画入图框内长 5 mm 的一段粗实线,如图 1.2(d)所示。

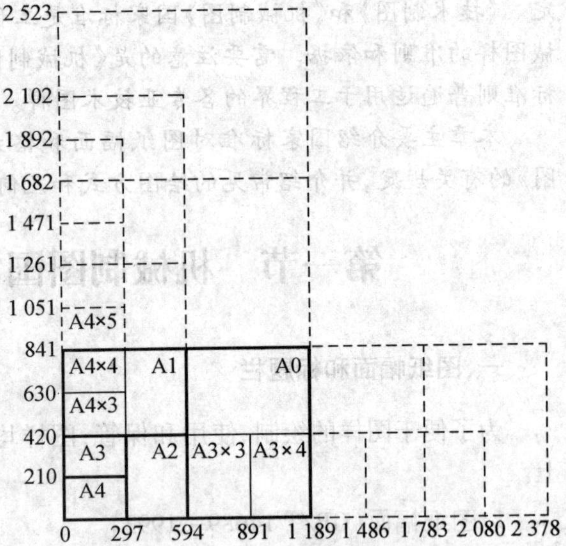

图 1.1　图纸幅面及加长边

标题栏一般画在图框内的右下角,如图 1.2 所示。技术制图标准规定,标题栏一般由更改区、签字区、其它区、名称代号区组成,学校选用的标题栏格式如图 1.3 所示。国标规定的标题栏如图图 1.4 所示。

当标题栏的长边置于水平方向并与图纸的长边平行时则为 X 型图纸,如图 1.2(b)所示。若标题栏长边与图纸长边垂直,则为 Y 型图纸,如图 1.2(a)所示。不论是 X 型或 Y 型图纸,其看图方向与看标题栏的方向一致。当看图方向与看标题栏方向不一致时,可采用方向符号,如图 1.5 所示,即方向符号的尖角对着读图者时为看图方向。方向符号用细实线画出,如图 1.5(c)所示。

二、比例(GB/T 14690—1993)

图中图形与其实物相应要素的线性尺寸之比称为比例。绘制图样时,应尽可能按机件的实际大小采用 1∶1 的比例画出,但由于机件的大小及结构复杂程度不同,有时需要放大或缩小。当需要按比例绘制图样时,应从表 1.4 规定的系列中选取适当的比例。必要时也可选用表 1.5 所示的比例。不论放大还是缩小比例,图样上的尺寸数字都应按机件的实际尺寸标注,如图 1.6 所示。

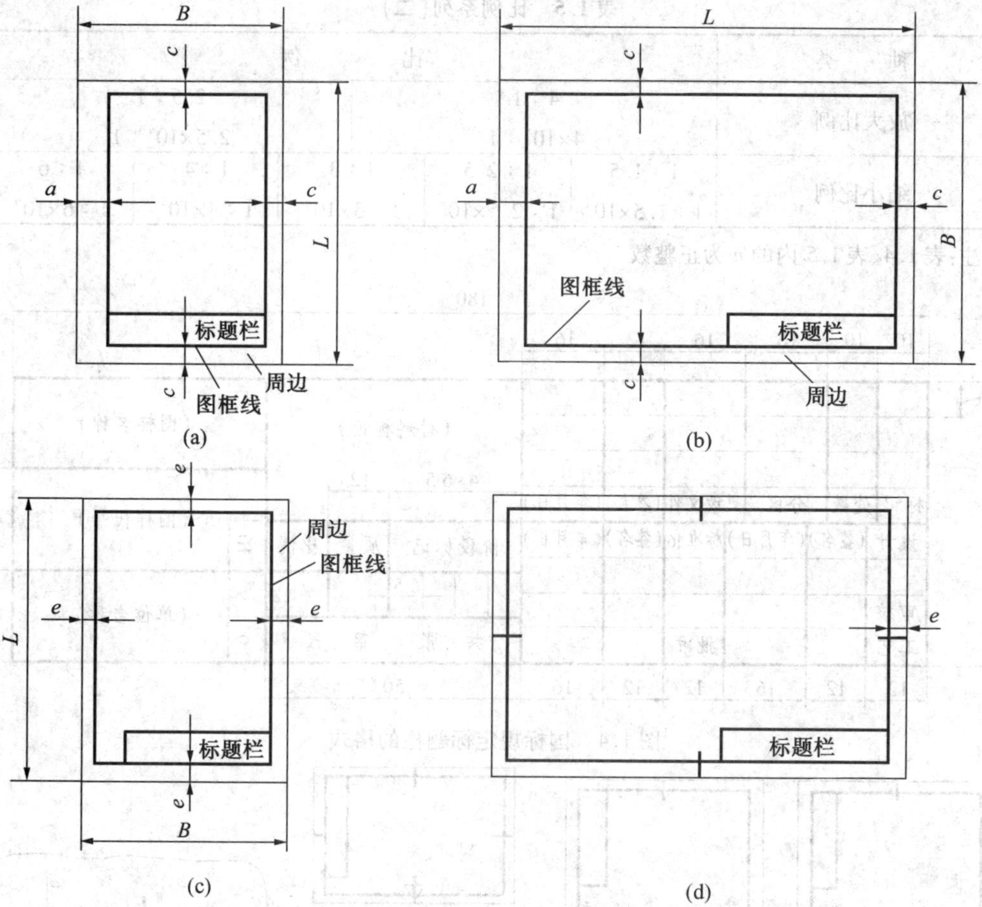

图 1.2　图框的格式

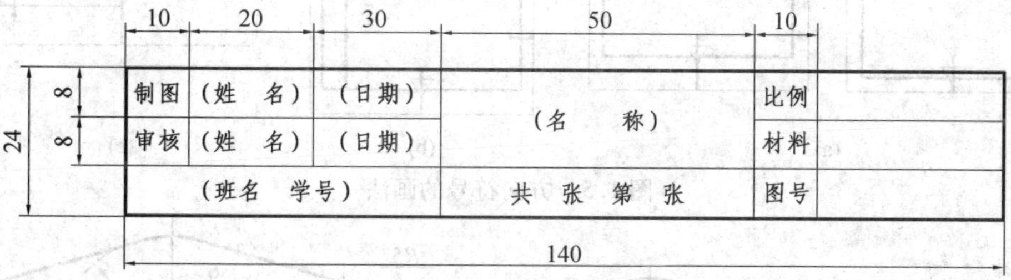

图 1.3　学校选用的标题栏格式

表 1.4　比例系列(一)

种　　类	比　　例		
原值比例	1 : 1		
放大比例	5 : 1 5×10^n : 1	2 : 1 2×10^n : 1	1×10^n : 1
缩小比例	1 : 2 1 : 2×10^n	1 : 5 1 : 5×10^n	1 : 10 1 : 1×10^n

表 1.5　比例系列(二)

种　类	比　　例				
放大比例	4∶1 4×10^n∶1			2.5∶1 2.5×10^n∶1	
缩小比例	1∶1.5 1∶1.5×10^n	1∶2.5 1∶2.5×10^n	1∶3 1∶3×10^n	1∶4 1∶4×10^n	1∶6 1∶6×10^n

注:表 1.4、表 1.5 内的 n 为正整数

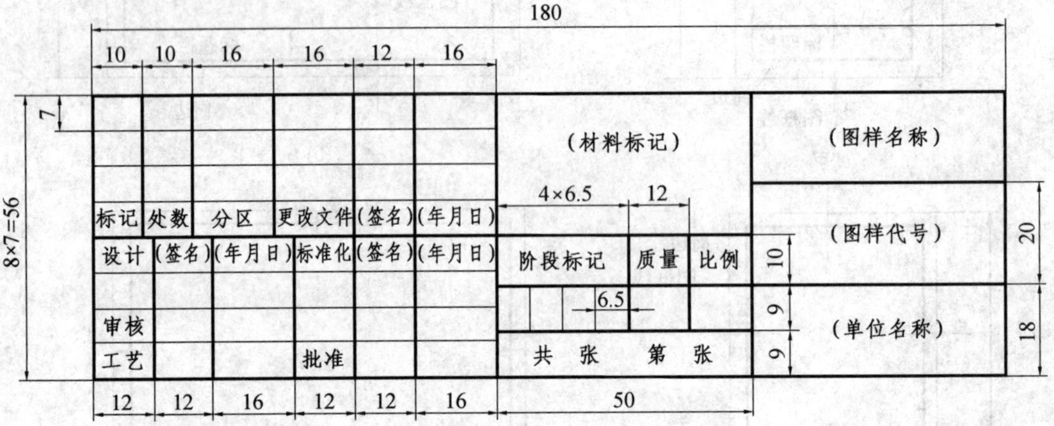

图 1.4　国标规定标题栏的格式

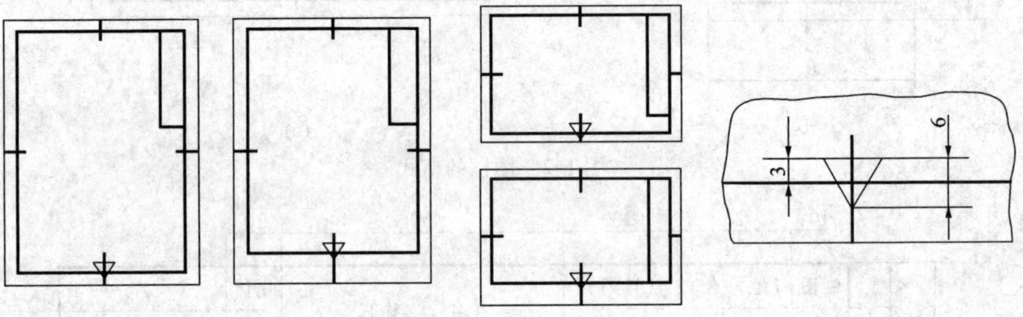

(a)　(b)　(c)

图 1.5　方向符号的画法

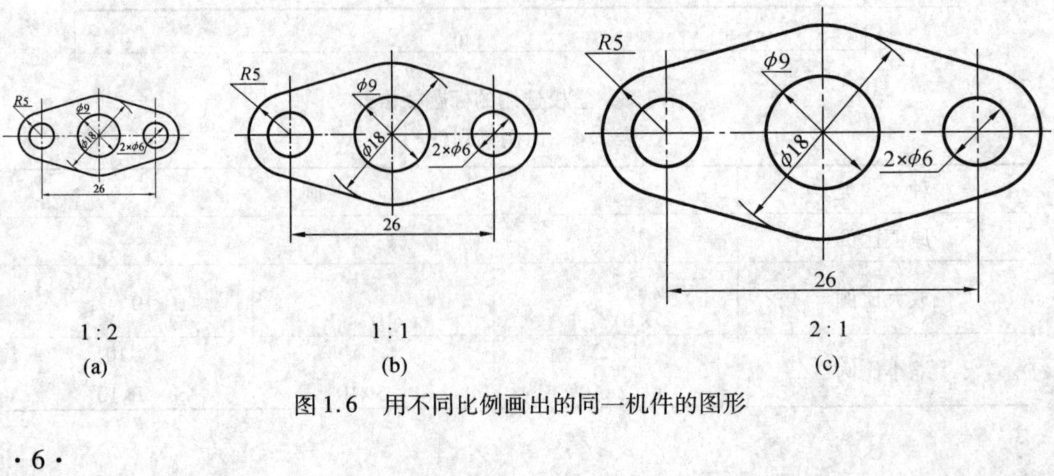

1∶2　1∶1　2∶1

(a)　(b)　(c)

图 1.6　用不同比例画出的同一机件的图形

三、字体(GB/T 14691—1993)

图样上除了表达机件形状的图形外,还要用文字和数字说明机件的大小、技术要求和其他内容。在图样中书写字体必须做到:字体工整、笔画清楚、间隔均匀、排列整齐。如果在图样上的文字和数字写得很潦草,不仅会影响图样的清晰和美观,而且还会造成差错给生产带来麻烦和损失。

1. 字号

字体的字号,即字体高度(单位 mm),分别为 1.8、2.5、3.5、5、7、10、14、20 八种。

用作指数、分数、极限偏差、注脚等的数字及字母,一般应采用小一号字。

2. 汉字

图样上的汉字应写成长仿宋体,并采用国家正式公布推行的简化字。长仿宋体字的基本笔画见表 1.6。汉字高度不应小于 3.5 mm,其宽度为 $h/\sqrt{2}$。图 1.7 所示为长仿宋体字示例。

表 1.6 长仿宋体字的基本笔画

名称		点	横	竖	撇	捺	提	折	勾
笔画分析	运笔要领	起笔后顿	横平 起落顿笔	竖直 起落顿笔	起笔顿 由重而轻 提笔快捷	起笔轻 逐渐用力	起笔顿 由重而轻 提笔快捷	中笔转折 顿笔刚劲	折勾顿笔 提笔快捷
	书法示例							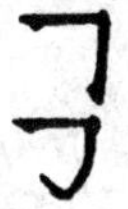	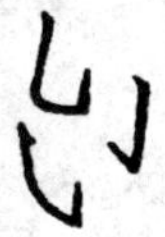

10 号字

字体工整笔画清楚间隔均匀排列整齐

7 号字

横平竖直注意起落结构均匀填满方格

5 号字

技术制图机械电子汽车航空船舶土木建筑矿山井坑港口纺织

图 1.7 长仿宋体字示例

3. 数字和字母

数字分阿拉伯数字和罗马数字两种,有直体和斜体之分。一般采用斜体。其字体向右倾斜,与水平线约成 75°当与汉字混合书写时,可采用直体,如图1.8、图 1.9 所示。

拉丁字母有大写、小写和直体、斜体之分。图 1.10 所示为斜体大写和小写字母示例。

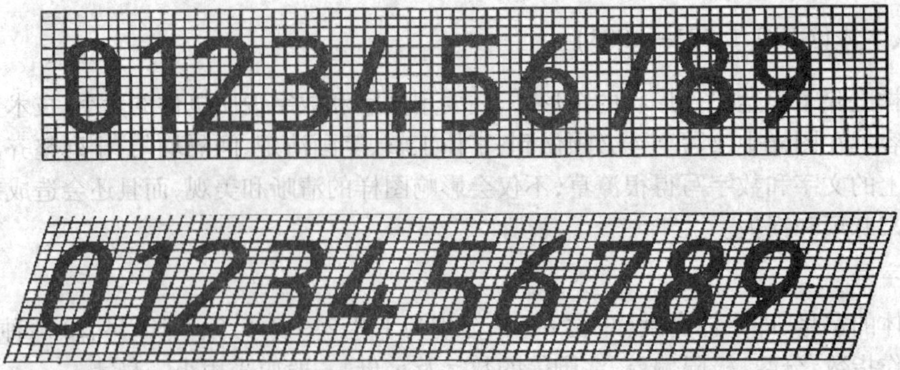

图 1.8　阿拉伯数字

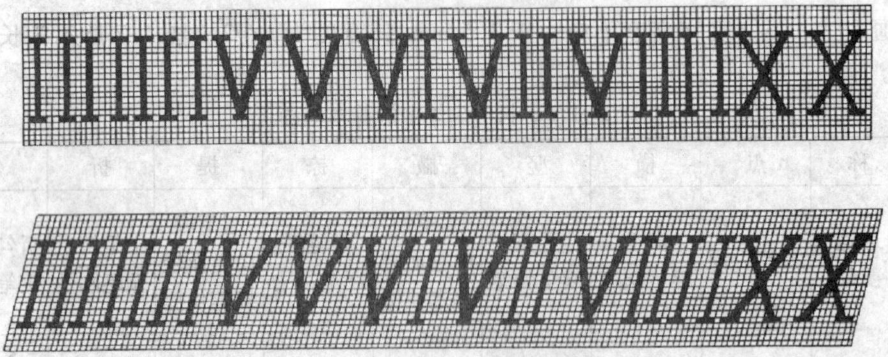

图 1.9　罗马数字

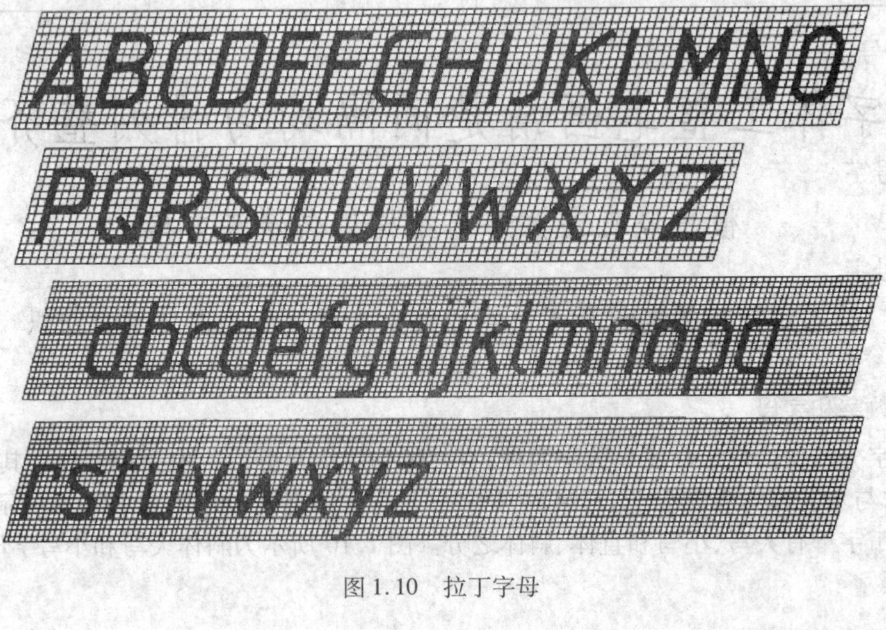

图 1.10　拉丁字母

四、图线及其画法

1. 线型

技术制图国家标准中规定了 15 种基本线型及基本变形。机械图样中常用的图线名称、型式、宽度及其应用见表 1.7 和图 1.11。

表 1.7 图线及其应用

名 称	型 式	宽度	主要用途及线素长度
粗实线	————	d	表示可见轮廓线
细实线	————		表示尺寸线、尺寸界限、剖面线、引出线、过渡线等
波浪线	～～～～		表示断裂处的边界线、视图与剖视图的分界线
双折线	—\/—\/—	$d/2$	表示断裂处的边界线
虚 线	- - - - - -		表示不可见轮廓线
细点画线	—·—·—		表示轴线、圆中心线、对称中心线
粗点画线	—·—·—	d	限定范围表示线
双点画线	—··—··—	$d/2$	表示相邻辅助零件的轮廓线、轨迹线

机械图样中的图线分粗线和细线两种。粗线宽度 d 应根据图形的大小和复杂程度在 0.5 ~2 mm 之间选择，细线的宽度约为 $d/2$。图线宽度的推荐系列为：0.13 mm、0.18 mm、0.25 mm、0.35 mm、0.5 mm、0.7 mm、1 mm、1.4 mm、2 mm。制图中一般常用的粗实线宽度为 0.7 ~1 mm（由于图样复制中所存在的困难，应避免采用 0.13 mm、0.18 mm）。

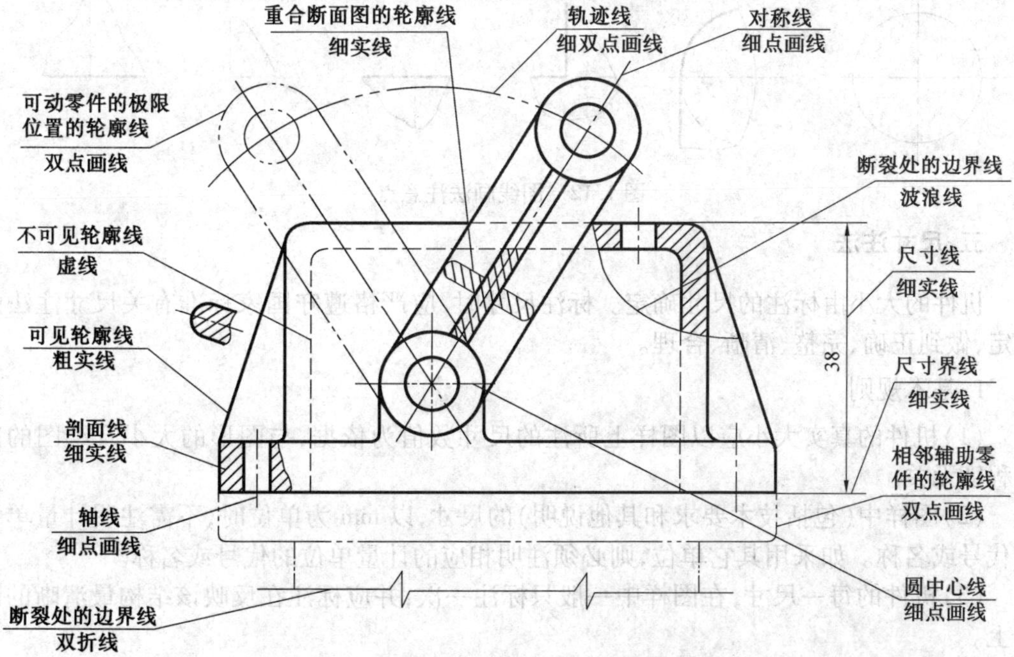

图 1.11 图线及其应用

3. 图线画法

画图线时,应注意以下几个问题:

(1)同一图样中,同类图线的宽度应该保持一致。

(2)细虚线、细点画线、细双点画线等线素的线段长度间隔应大致相等,并符合国家标准规定(如表 1.7)。实际作图时,通常细虚线画长 4 ~6 mm,短间隔 1 mm;细点画线画长 15 ~25 mm,两画短间隔约 3 mm;细双点画线画长 15 ~25 mm,两画短间隔约 5 mm。

(3)对称中心线或轴线,应超出轮廓线外 2 ~5 mm;图线相交应为画与画相交不应该为点或间隔。在较小的圆上(直径小于 12 mm)绘制细点画线或细双点画线时,可用细实线代替。

(4)图线的末端应是画,不应是点。

(5)当虚线是粗实线的延长线时,在连接处应留出空隙。细虚线圆弧与实线相切时,虚线与圆弧应留出空隙,如图 1.12 所示。

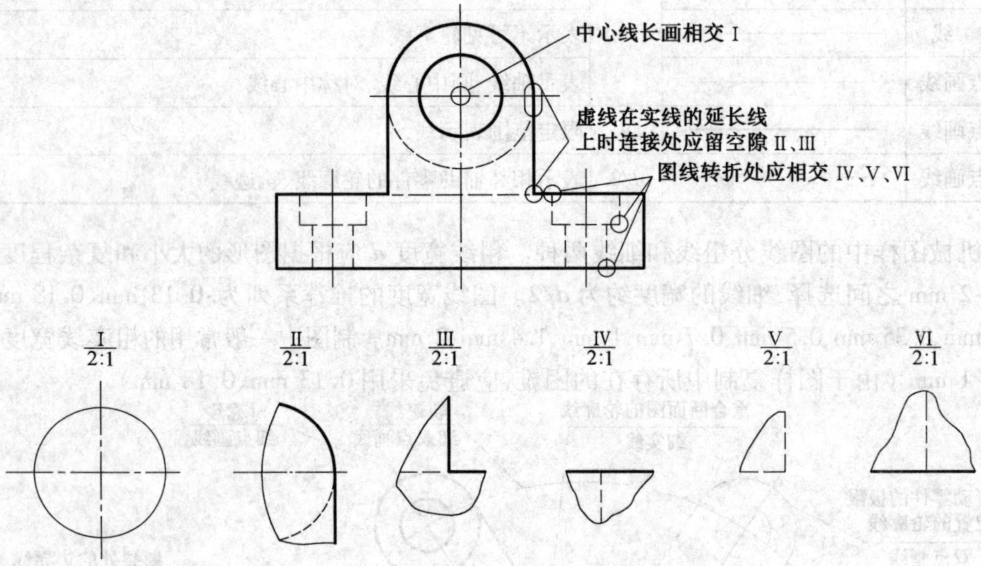

图 1.12 图线画法注意点

五、尺寸注法

机件的大小由标注的尺寸确定。标注尺寸时,应严格遵守国家标准有关尺寸注法的规定,做到正确、完整、清晰、合理。

1. 基本规则

(1)机件的真实大小应以图样上所注的尺寸数值为依据,与图形的大小及绘图的准确程度无关。

(2)图样中(包括技术要求和其他说明)的尺寸,以 mm 为单位时,不需注明计量单位的代号或名称。如采用其它单位,则必须注明相应的计量单位的代号或名称。

(3)机件的每一尺寸,在图样中一般只标注一次,并应标注在反映该结构最清晰的图形上。

(4)图中所注尺寸是该机件的最后完工尺寸,否则应另加说明。

2. 尺寸组成

如图 1.13 所示，一个完整的尺寸一般应包括尺寸数字、尺寸线、尺寸界限和表示尺寸线终端的箭头或斜线。

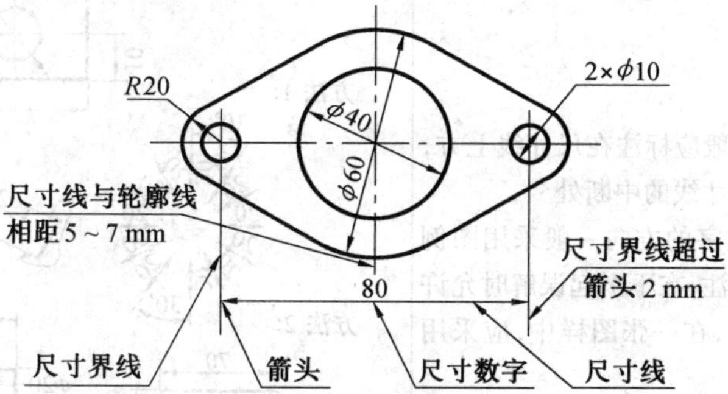

图 1.13　尺寸组成示例

表 1.8 列出了尺寸标注的基本规定和常用注法。

表 1.8　尺寸注法的基本规定

项目	说　明	图　例
尺寸线及尺寸终端	1. 尺寸线用细实线单独画出，不能用其它图线代替，也不得与其它图线重合或画在其它线的延长线上 2. 尺寸线与所标注的线段平行，尺寸线与轮廓线的间距、相同方向上尺寸线之间的间距应大于 5 mm	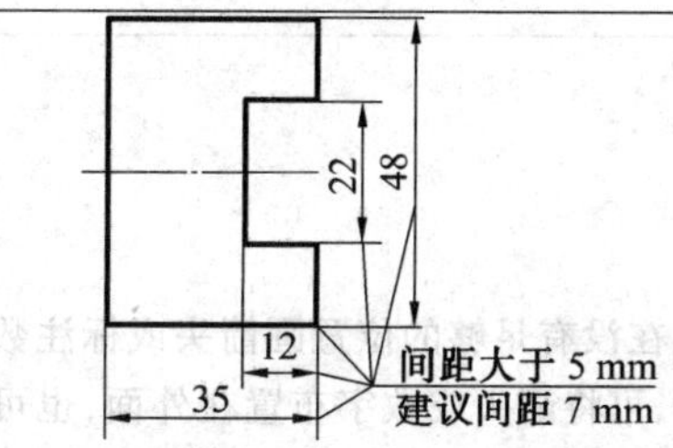
	1. 机械图样中尺寸线终端画箭头或(在不能使用箭头的情况下)斜线及圆点(见续表狭小部位图例) 2. 箭头尖端与尺寸界线接触，不得超出也不能分开，尺寸线终端采用斜线时，尺寸线与尺寸界线必须垂直	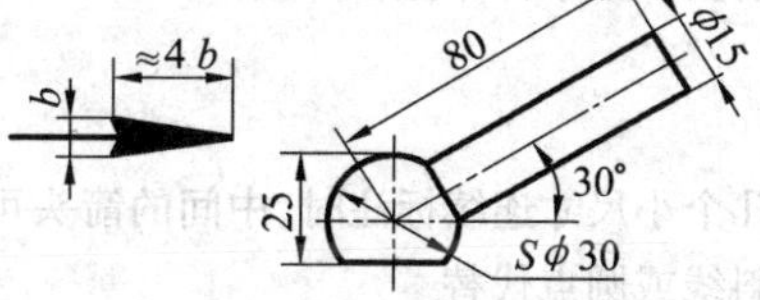 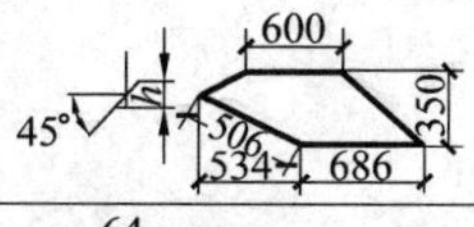
尺寸界线	1. 尺寸界线用细实线绘制，由图形的轮廓线、轴线或对称中心线处引出。也可直接利用它们作尺寸界线 2. 尺寸界线一般应与尺寸线垂直，当尺寸界线贴近轮廓线时，允许与尺寸线倾斜 3. 在光滑过渡处标尺寸时，必须用细实线将轮廓线延长，从它们的交点处引出尺寸界线	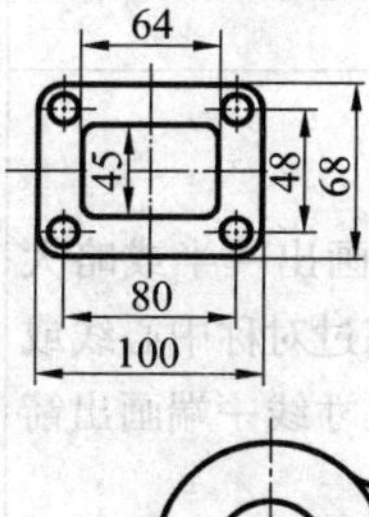 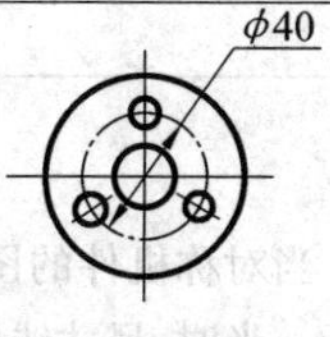 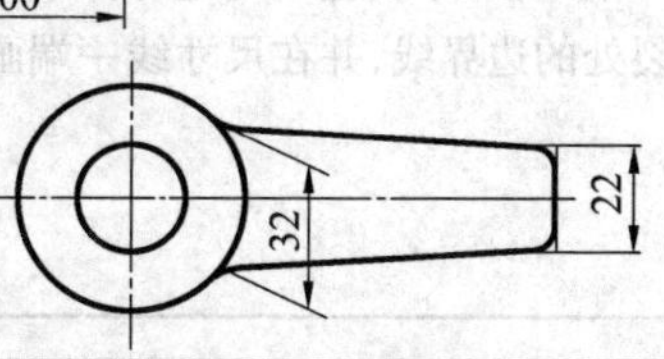

续表 1.8

项目	说　明	图　例
尺寸数字	1. 尺寸数字一般应标注在尺寸线上方，也允许标注在尺寸线的中断处 2. 线性尺寸数字的方向一般采用图例的第一种方法标注，在不引起误解时允许采用第二种方法，在一张图样中，应采用同一种方法 3. 尺寸数字不可被任何图线所通过，否则必须将该图线断开	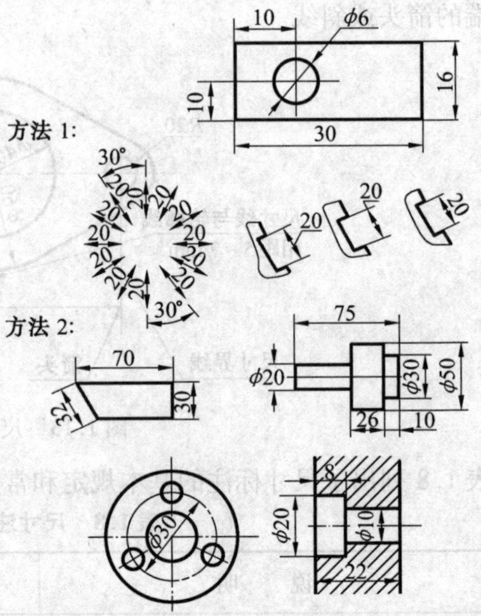
狭小部位	1. 在没有足够的位置画箭头或标注数字时，可将箭头或数字布置在外面，也可将箭头和数字都布置在外面 2. 几个小尺寸连续标注时，中间的箭头可用斜线或圆点代替	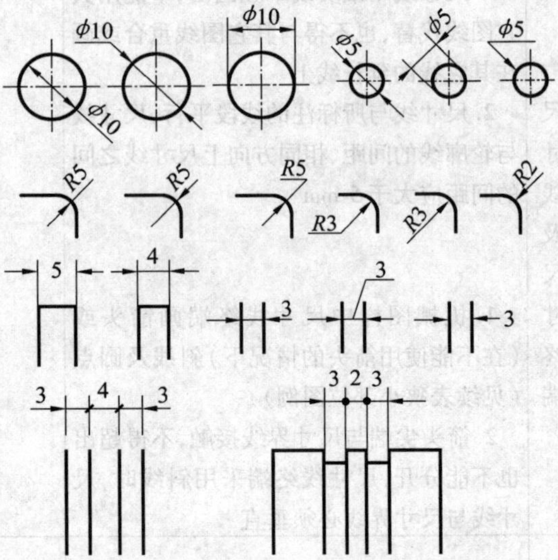
对称机件	当对称机件的图形只画出一半或略大于一半时，尺寸线应略超过对称中心线或断裂处的边界线，并在尺寸线一端画出箭头	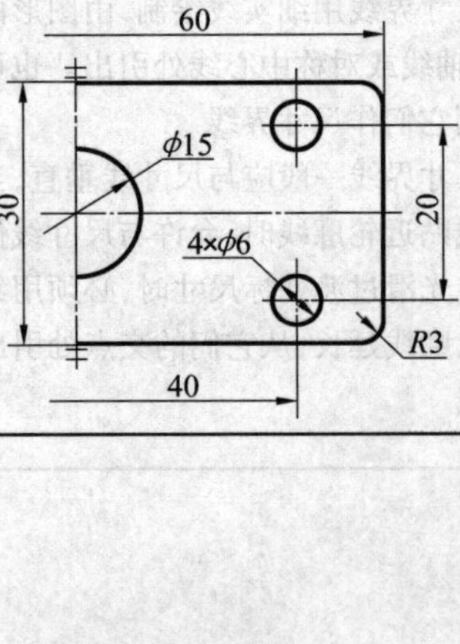

续表 1.8

项目	说　明	图　例
直径与半径	1. 标注直径时，应在尺寸数字前加注符号“ϕ”；标注半径时，应在尺寸数字前加注符号“R” 2. 当圆弧的半径过大或在图纸范围内无法注出其圆心位置时，可按图(a)的形式标注；若不需要标出其圆心位置时，可按图(b)的形式标注，但尺寸线应指向圆心	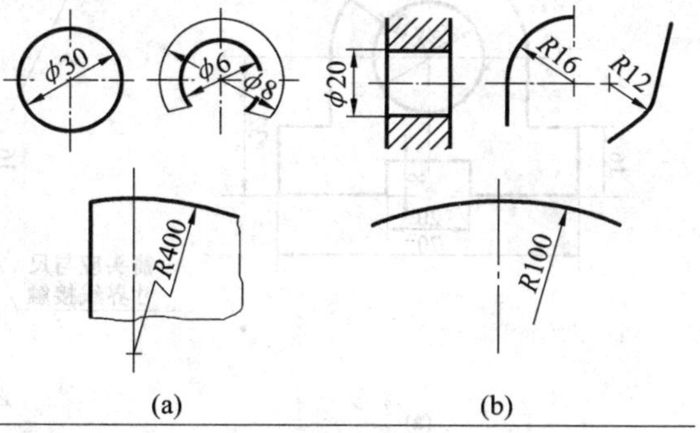
球面直径与半径	标注球面直径或半径时，应在符号 ϕ 或 R 前加注符号“S”如图(a)所示对于螺钉、铆钉的头部、轴和手柄的端部等，在不致引起误解的情况下，可省略符号 S，如图(b)所示	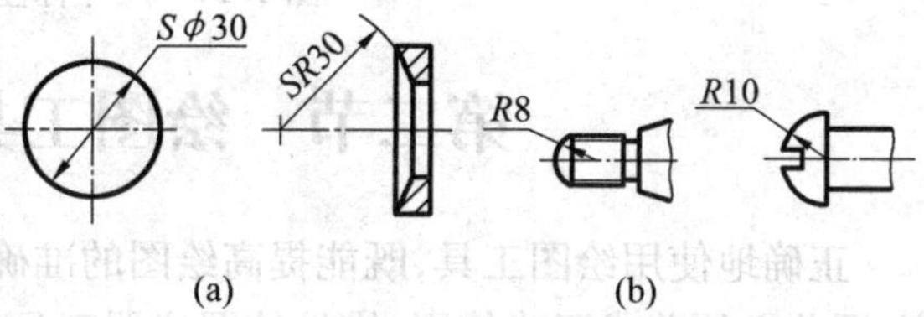
角度	尺寸界线应沿径向引出，尺寸线画成圆弧，圆心是角的顶点，尺寸数字应一律水平书写如图(a)，一般注在尺寸线的中断处，必要时也可按图(b)的形式标注	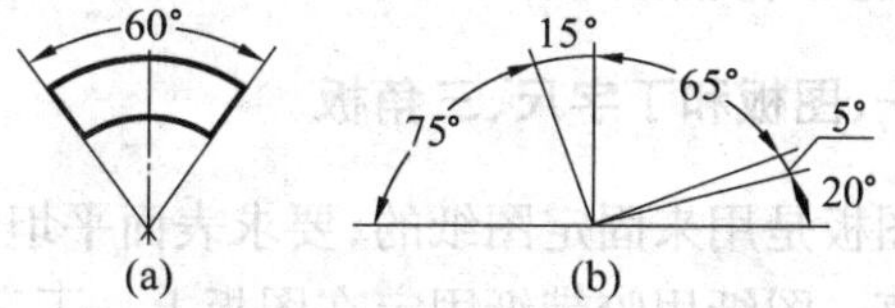
弦长与弧长	标注弦长和弧长时，尺寸界线应平行于弦的垂直平分线；标注弧长尺寸时，尺寸线用圆弧，并应在尺寸数字前方加注符号“⌒”	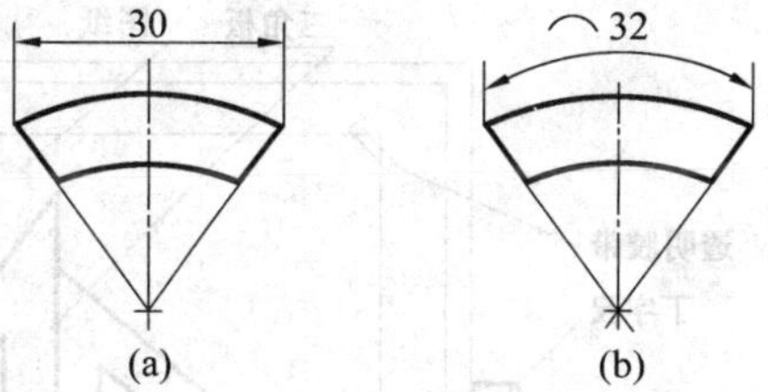
方头结构	表示断面为正方形结构尺寸时，可在正方形边长尺寸数字前加注符号“□”，如□14，或用 14×14 代替□14	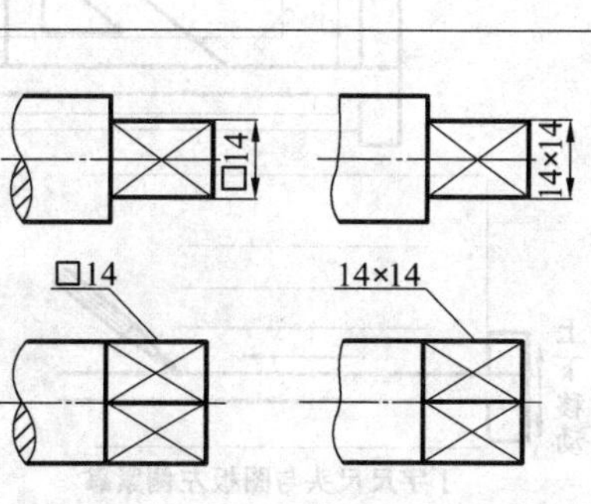

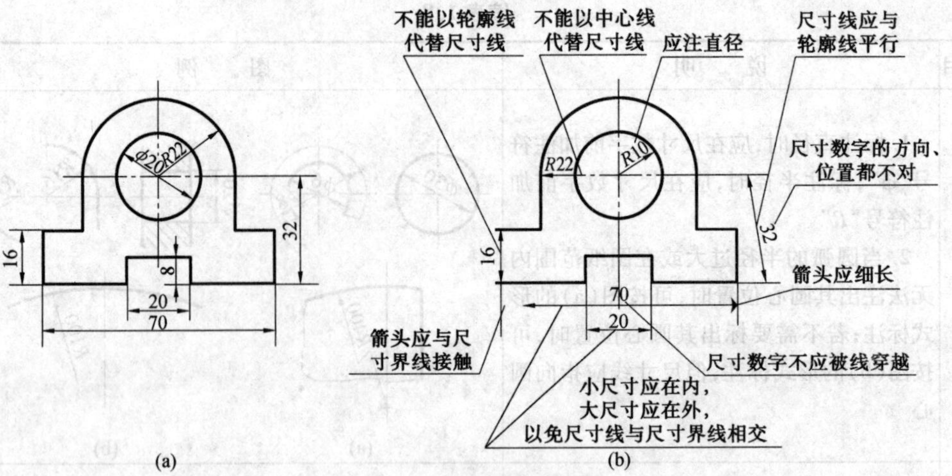

图 1.14　尺寸标注的正误对比

第二节　绘图工具及使用方法

正确地使用绘图工具，既能提高绘图的准确度和保证图面的质量，又能提高绘图的速度，因此必须养成正确使用、维护绘图仪器工具的良好习惯。下面介绍常用的手工绘图仪器工具及其使用方法。

一、图板和丁字尺、三角板

图板是用来固定图纸的，要求表面平坦光洁；图板的左边用作丁字尺的导边，所以必须平直。图纸用胶带纸固定在图板上。丁字尺由尺头和尺身组成，可沿图板上下移动画出水平线。三角板 45°与 30°和 60°各一块，与丁字尺配合画垂直线。如图 1.15 所示。

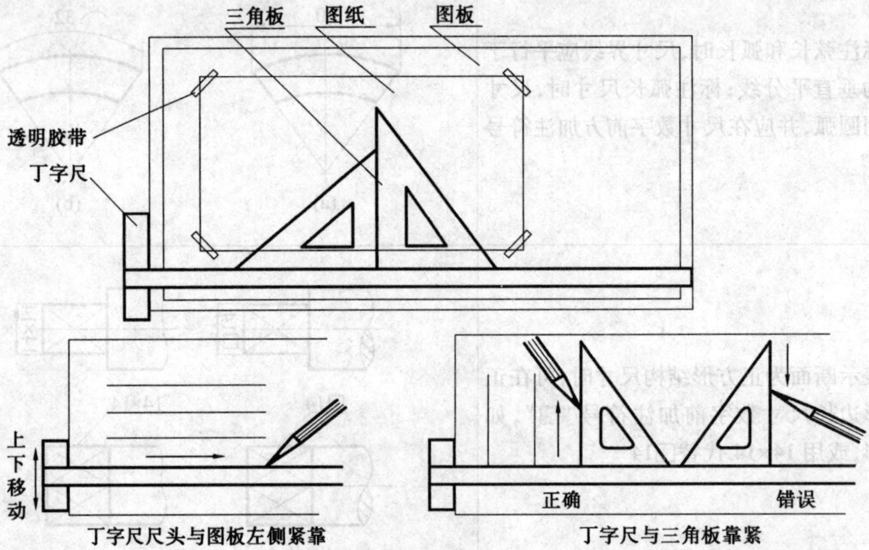

图 1.15　图板和丁字尺、三角板的使用

二、绘图仪器

常用绘图仪器工具的名称、图例和说明，见表 1.9。

表 1.9　常用绘图仪器工具的名称、图例和说明

名称	图 例 和 说 明
圆规 分规	圆规用法 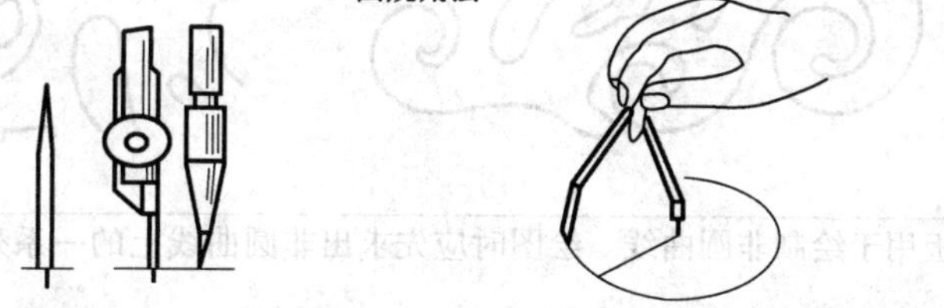 针脚应比铅芯稍长　　画较大圆时，应使圆规两脚垂直纸面 分规用法 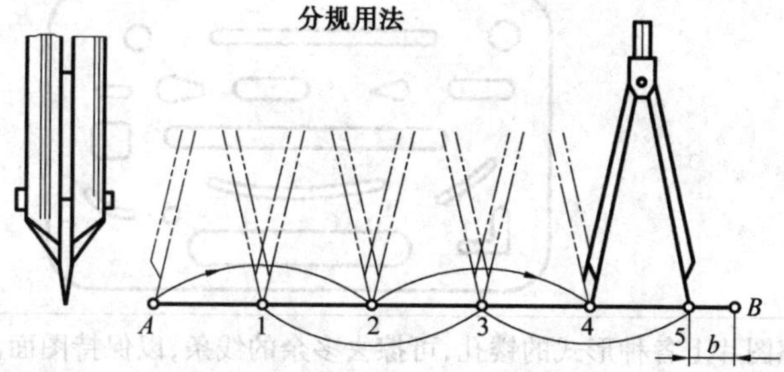 圆规用来画圆和圆弧。大圆规可接换不同的插脚、加长杆，以满足不同的作图要求。分规主要用来量取线段长度或等分已知线段。分规的两个针尖应调整平齐。分规等分线段时通常用试分法
铅笔的削法	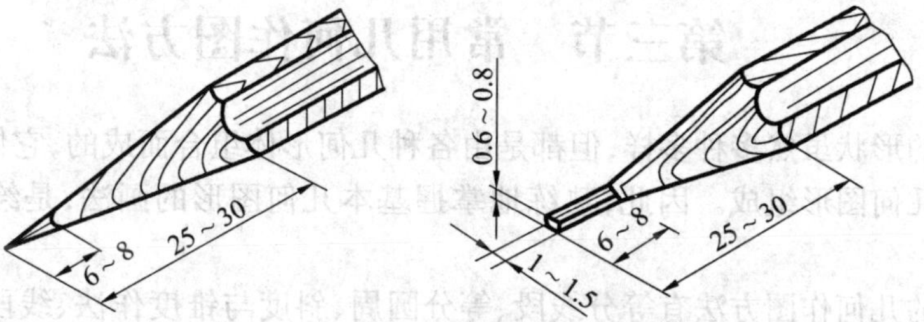 锥状　　铲状 绘图铅笔按笔芯的软硬有 B、HB、H 等多种型号，B 前面的数字越大，表示铅芯越软，H 前面的数值越大，表示铅芯越硬，HB 表示软硬适中。B 型铅笔画粗实线、画箭头，H 型铅笔画细线和打底稿。铅笔尖端根据作图线型不同可削成锥状和铲状
比例尺	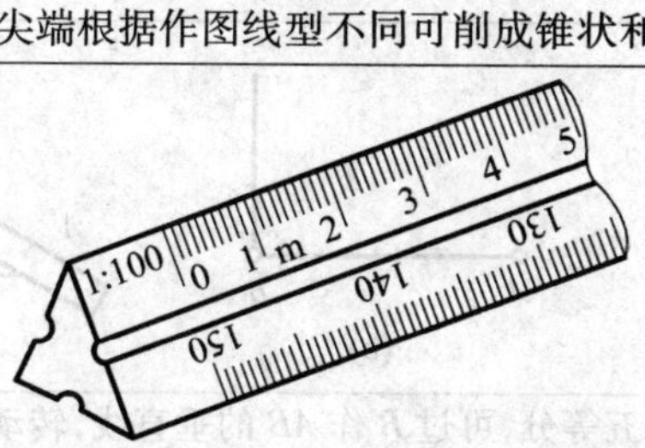 比例尺是刻有不同比例的直尺，分别刻在三个侧面上，可放大或缩小尺寸

续表 1.9

名称	图　例　和　说　明
曲线板	
	曲线板用于绘制非圆曲线。绘图时应先求出非圆曲线上的一系列点，然后用曲线板光滑连接
擦图片	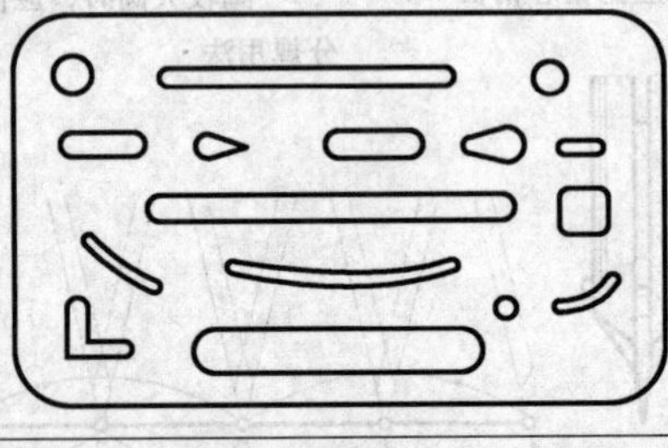
	利用擦图片上各种形式的镂孔，可擦去多余的线条，以保持图面清洁
其他工具	除上述工具外，绘图时还需要用胶带纸、砂纸（磨铅芯）、毛刷、橡皮、小刀，以及各种模板等工具

第三节　常用几何作图方法

机件的形状虽然多种多样，但都是由各种几何形体组合而成的，它们的图形也是由一些基本的几何图形组成。因此，熟练地掌握基本几何图形的画法，是绘制机械图样的基础。

常用的几何作图方法有等分线段、等分圆周、斜度与锥度作法、线段连接和平面曲线作法等，如表 1.10 所示。

表 1.10　常用几何作图方法

项目	图　例　和　说　明
等分直线段	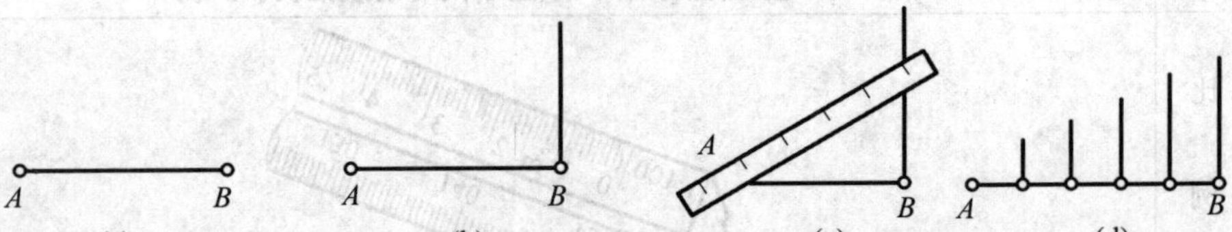(a)　(b)　(c)　(d)
	例：要将 AB 线段五等分，可过 B 作 AB 的垂直线，转动三棱尺使零点在 A 处，尺面上五等分的另一端位于垂直线上，用铅笔点下各等分点，再过各点作 AB 的垂直线即可

续表 1.10

<table>
<tr><th>项目</th><th>图 例 和 说 明</th></tr>
<tr><td>圆内接正六边形</td><td>
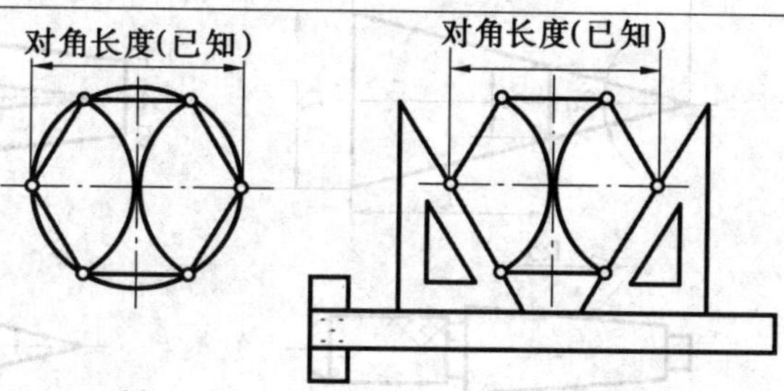

(a) (b)

先以对角距离为直径作圆，再以半径为弦长等分圆周六份，连接各端点即成正六边形，如图(a)所示，也可用丁字尺和30°、60°三角板画正六边形，如图(b)所示
</td></tr>
<tr><td>圆内接正五边形</td><td>
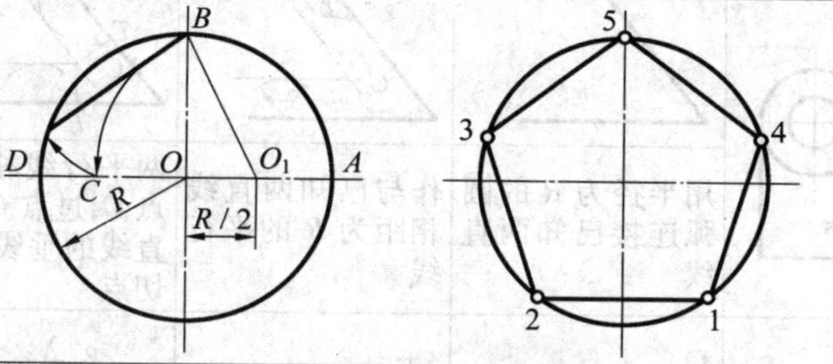

先在半径 OA 作出中点 O_1，以 O_1 为圆心，O_1B 为半径作弧交 OD 于 C，以 BC 为弦长将等分圆周五份，连接圆周上所得的五等分点，即成正五边形
</td></tr>
<tr><td>圆内接正 n 边形</td><td>
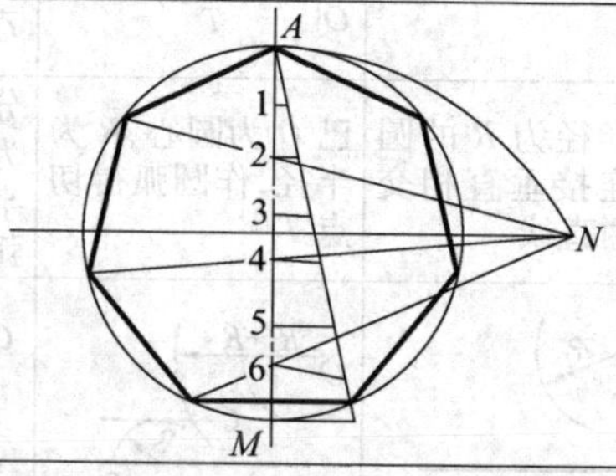

将铅垂直径 AM 进行 n 等分(图中 $n=7$)，以 M 为圆心，以 MA 为半径作圆弧交水平中心线于点 N，连接 N 和偶数点，延长与外接圆相交，并求出其交点的对称点，即为正 n 边形之顶点
</td></tr>
<tr><td>斜度的作法</td><td>
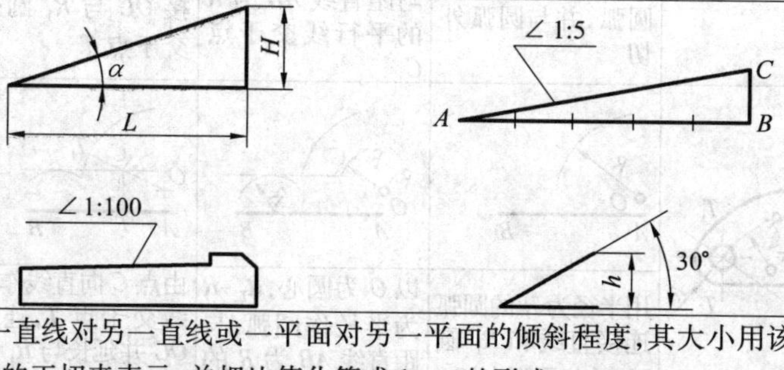

斜度是指一直线对另一直线或一平面对另一平面的倾斜程度，其大小用该两直线(或平面)间夹角的正切来表示，并把比值化简成 $1:n$ 的形式
</td></tr>
</table>

续表 1.10

<table>
<tr><th>项目</th><th colspan="5">图 例 和 说 明</th></tr>
<tr><td rowspan="2">锥度的作法</td><td colspan="5">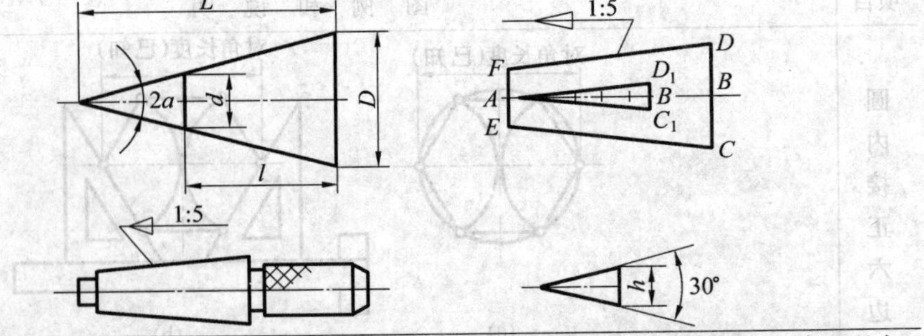
</td></tr>
<tr><td colspan="5">锥度是指正圆锥体的底圆直径与其高度的比值，若是锥台，则为上下两底的直径差与锥台高度的比值，一般也以 1 : n 的形式表示</td></tr>
<tr><td rowspan="2">圆弧连接两直线</td><td rowspan="2">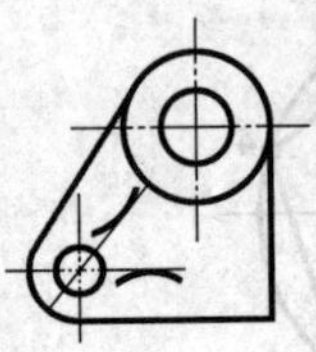</td><td>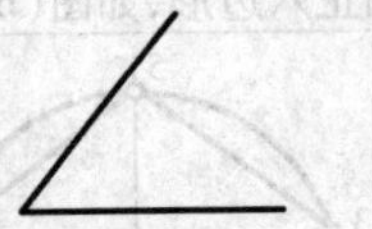</td><td>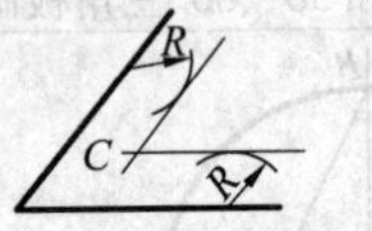
</td><td>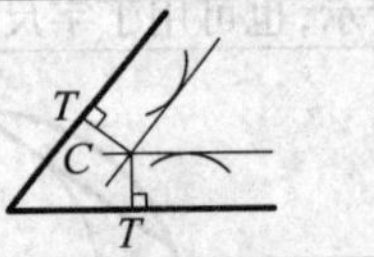
</td><td>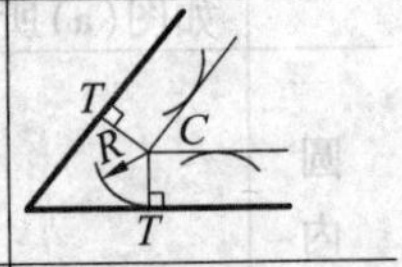
</td></tr>
<tr><td>用半径为 R 的圆弧连接已知两直线</td><td>作与已知两直线相距为 R 的平行线</td><td>两平行线相交于点 C，过点 C 作两直线的垂线，T 为切点</td><td>以点 C 为圆心，R 为半径作圆弧连接两直线交于点 T</td></tr>
<tr><td rowspan="2">圆弧连接垂直线</td><td rowspan="2">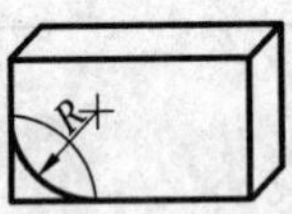
</td><td>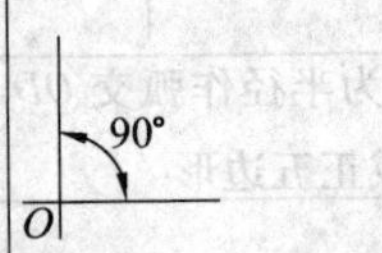
</td><td>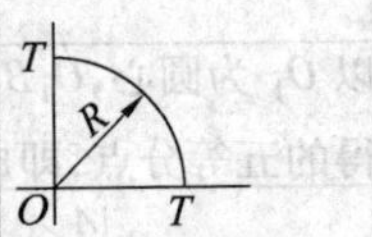
</td><td>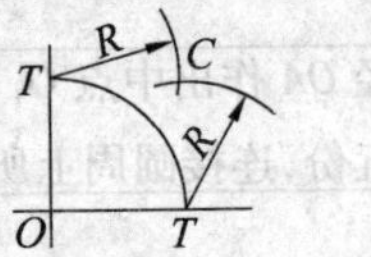
</td><td>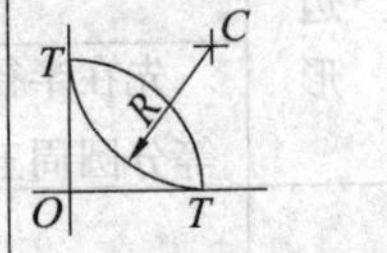
</td></tr>
<tr><td>用半径为 R 的圆弧连接垂直相交的两直线</td><td>已 O 为圆心，R 为半径，作圆弧得切点 T</td><td>分别以两切点 T 为圆心，以 R 为半径画圆弧，两圆弧交于点 C</td><td>以点 C 为圆心，以 R 为半径作圆弧交于两 T 点</td></tr>
<tr><td rowspan="4">圆弧连接直线与圆弧</td><td rowspan="2">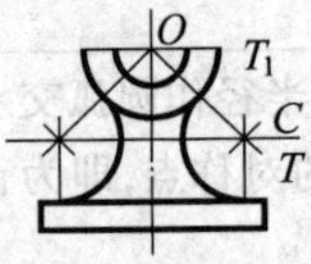
</td><td>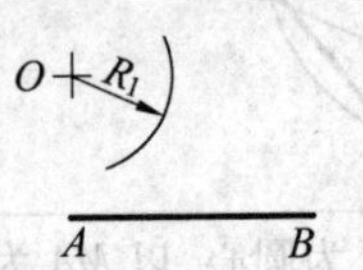
</td><td>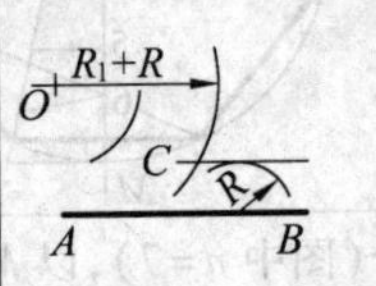
</td><td>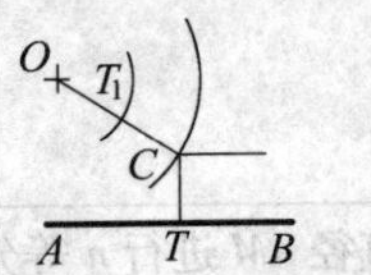
</td><td>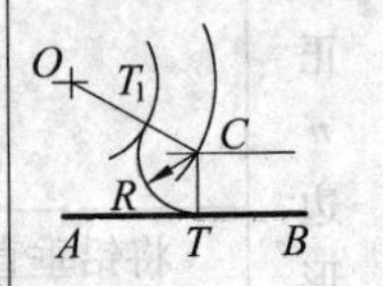
</td></tr>
<tr><td>用半径为 R 的圆弧连接直线和 R_1 圆弧，并与圆弧外切</td><td>以 O 为圆心，R_1+R 为半径作圆弧，与距直线 AB 为 R 的平行线交于点 C</td><td>由点 C 向直线作垂线交于点 T，连接 OC 与 R_1 圆弧交于点 T_1</td><td>以点 C 为圆心，以 R 为半径，作连接弧 $\frown TT_1$</td></tr>
<tr><td rowspan="2">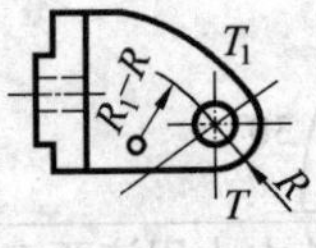
</td><td>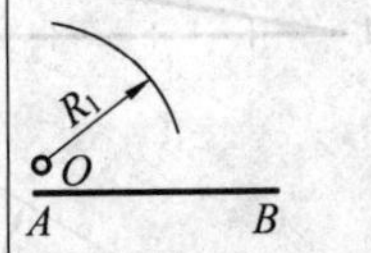
</td><td>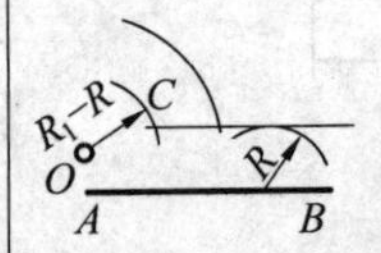
</td><td>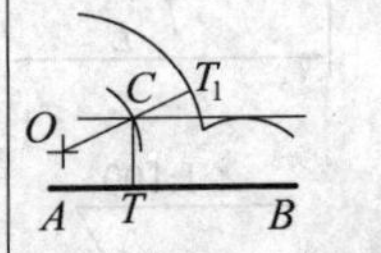
</td><td>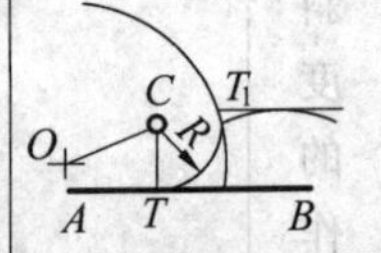
</td></tr>
<tr><td>用半径为 R 的圆弧连接直线和 R_1 圆弧，并与圆弧内切</td><td>以 O 为圆心，R_1-R 为半径作圆弧，与距直线 AB 为 R 的平行线交于点 C</td><td>由点 C 向直线作垂线交于点 T，连接 OC 并延长与 R_1 圆弧交于点 T_1</td><td>以点 C 为圆心，以 R 为半径，作连接弧 $\frown TT_1$</td></tr>
</table>

续表 1.10

项目	图例和说明			
连接圆弧外切两已知圆弧		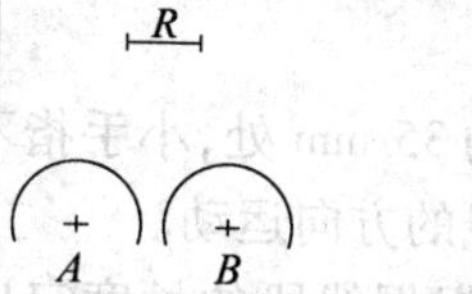 已知两圆弧 A、B 及连接圆弧半径 R	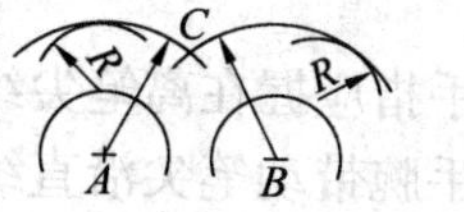 分别以 A、B 为圆心。R_1+R 及 R_2+R 为半径，各作同心圆弧交于点 C	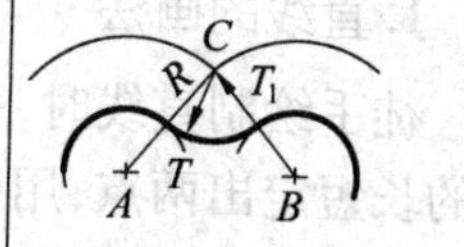 分别连接 AC、BC 与已知圆弧相交得 T、T_1 点，T、T_1 为切点，以 C 为圆心，R 为半径作圆弧 $\frown TT_1$
连接圆弧内切两已知圆弧	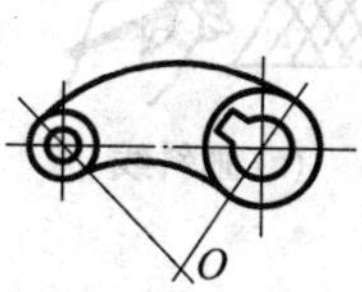	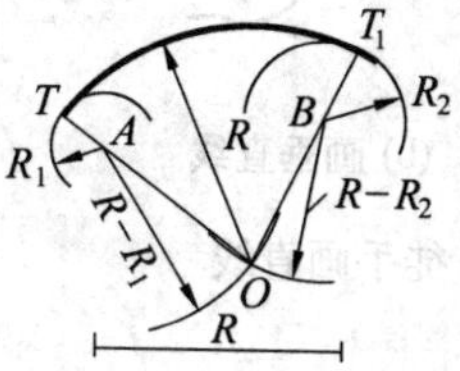	已知两圆弧 A、B，半径分别为 R_1、R_2，连接圆弧半径为 R，与两圆弧内切。以 A 为圆心，$R-R_1$ 为半径，再以 B 为圆心，$R-R_2$ 为半径画圆弧交于 O 点，分别连接 OA 和 OB，并延长与已知圆弧 A、B 分别交于点 T、T_1，T、T_1 为切点，再以 O 为圆心，R 为半径作圆弧 $\frown TT_1$	
连接圆弧内外切两已知圆弧	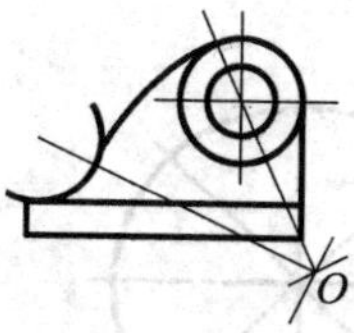	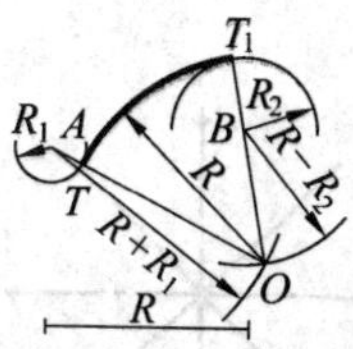	已知两圆弧 A、B，直径分别为 R_1、R_2，连接圆弧半径为 R，与 A 圆弧外切，与 B 圆弧内切。以 A 为圆心，$R+R_1$ 为半径画圆弧，再以 B 为圆心，$R-R_2$ 为半径画圆弧，两圆弧交于点 O，分别连接 AO、OB，得切点 T、T_1，以 O 为圆心，R 为半径画圆弧 $\frown TT_1$	
同心圆法作椭圆	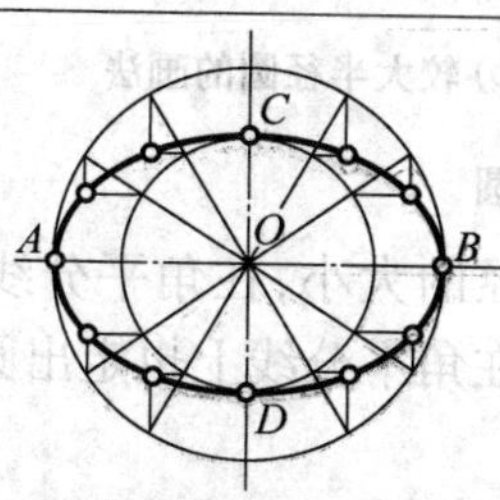	以长轴 AB 和短轴 CD 为半径作两个同心圆，并将它们若干等分。依次从大圆等分点引垂直和从小圆等分点引水平线，其交点即为椭圆上点，用曲线板光滑连接即可得所求椭圆		

三、徒手绘图

徒手绘图亦称草图，即不借助尺规等绘图工具，根据观察物体的形状和大小，徒手绘制图样。在测绘零件时，经常采用徒手绘图，因此，具备一定的徒手绘图能力是十分必要的。

徒手绘图一般用 HB 或 B 铅笔，铅芯磨成圆锥形。为了提高徒手绘图速度，草图一般不固定。

下面介绍直线、角度、圆、圆角、椭圆等图形元素的徒手绘制方法。

1. 直线的画法

徒手绘制直线时，手指应握在离笔尖约 35 mm 处，小手指不宜紧贴纸面，根据所画线段的长短定出两点，用手腕带动笔尖沿直线的方向运动。

画斜线时，用眼睛估计斜线的倾斜度，根据线段的长度定出两点，用笔方法同上。当绘制较长斜线时，为了运笔方便，可将图纸旋转一定角度，把斜线当作水平或垂直线来画，如图 1.15 所示。

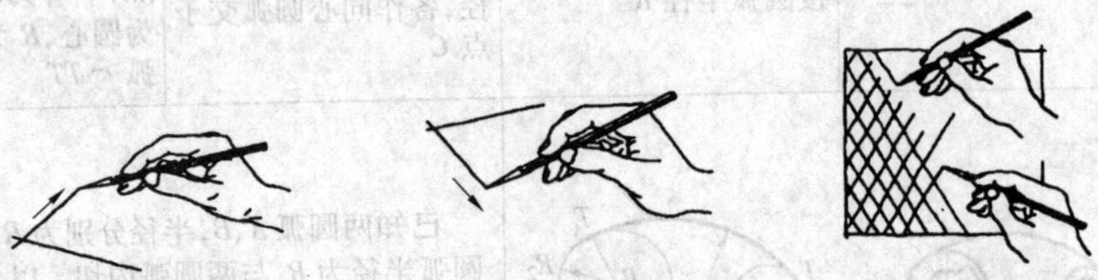

(a) 画水平线　(b) 画垂直线　(c) 画斜线

图 1.15　徒手画直线

2. 圆及圆弧的画法

(1) 圆的画法。绘制较小的圆时，先定出圆心及中心线，根据半径在中心线上目测定出四个点，然后过这四点画圆。绘制较大的圆时，可以过圆心再增画两条与水平线成 45° 的斜线，在增加的两条线上根据半径再定出四个点，然后过这八个点画圆，如图 1.16 所示。

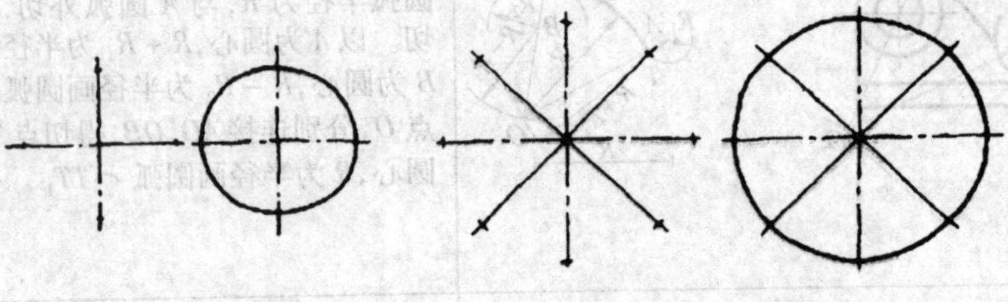

(a) 较小半径圆的画法　(b) 较大半径圆的画法

图 1.16　徒手画圆

(2) 圆角的画法。绘制圆角时，先根据圆角半径的大小，在角平分线上找出圆心，过圆心向两边引垂直线定出圆弧的起点和终点，同时在角平分线上也定出圆弧上的一个点，过这三点画圆弧，如图 1.17 所示。

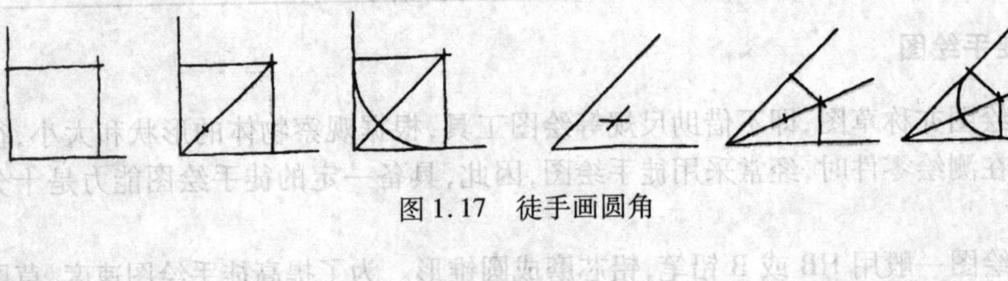

图 1.17　徒手画圆角

3. 角度的画法

在绘制一些常用角度30°、45°、60°时，可根据它们的斜率近似比值画出，如图1.18所示。

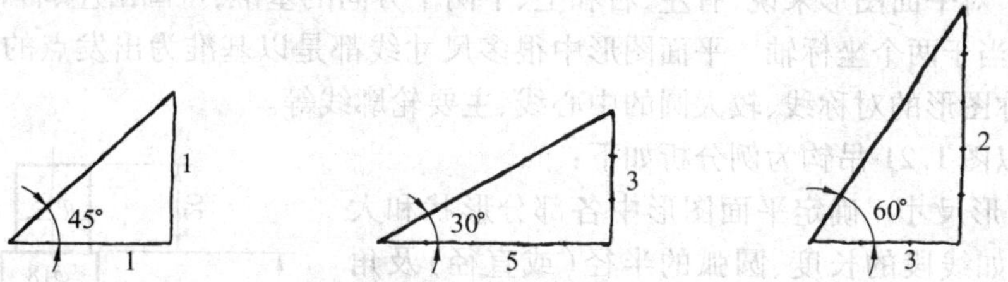

图1.18　徒手画角度

4. 椭圆的画法

绘制椭圆时，先定出椭圆的长短轴，目测定出四个点的位置，再过这四个点作矩形，然后作椭圆与该矩形相切，如图1.19所示。或利用外接平行四边形画椭圆，如图1.20所示。

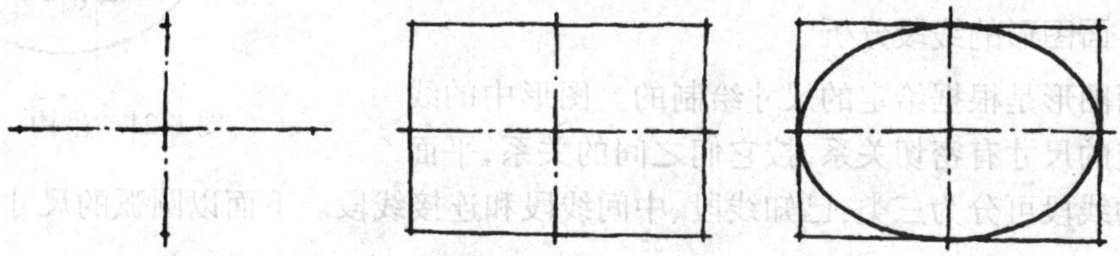

图1.19　利用矩形徒手画椭圆

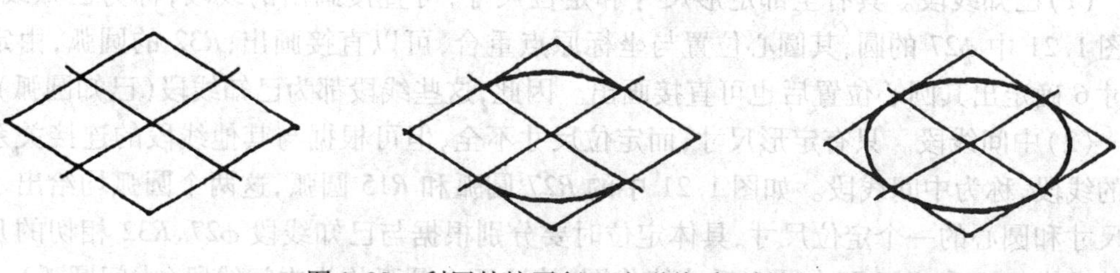

图1.20　利用外接平行四边形徒手画椭圆

第四节　平面图形的分析与画图方法

绘制平面图形时，有些线段由于给出了足够的尺寸，可以直接画出；有些线段则要根据两线段相切的几何条件作图。因此，学习机械制图时，需要掌握几何图形的分析方法，才能正确地画出平面图形。为此，在绘制平面图形之前，需要对平面图形的尺寸及线段进行分析才能确定正确的作图方法和步骤，提高绘图的质量与速度。

一、平面图形的分析

1. 平面图形的尺寸分析

平面图形的尺寸分析，就是分析平面图形中每个尺寸的作用以及图形和尺寸间的关系。

平面图形中的尺寸按其所起的作用分为定形尺寸和定位尺寸两类。

要想理解定形、定位尺寸的意义，就要了解"基准"的概念。所谓"基准"，就是标注尺寸的起点。对平面图形来说，有左、右和上、下两个方向的基准，可画出左、右和上、下两条基准线，相当于两个坐标轴。平面图形中很多尺寸线都是以基准为出发点的。基准线一般采用对称图形的对称线、较大圆的中心线、主要轮廓线等。

下面以图 1.21 吊钩为例分析如下：

(1)定形尺寸。确定平面图形中各部分形状和大小的尺寸，如线段的长度、圆弧的半径（或直径）及角度大小等尺寸。图 1.21 中不带"▲"的尺寸均为定形尺寸。

(2)定位尺寸。确定平面图形中各部分之间相对位置的尺寸。图 1.21 中带"▲"的尺寸均为定位尺寸。

在图 1.21 中，一对相互垂直的中心线便是该图形的尺寸基准。

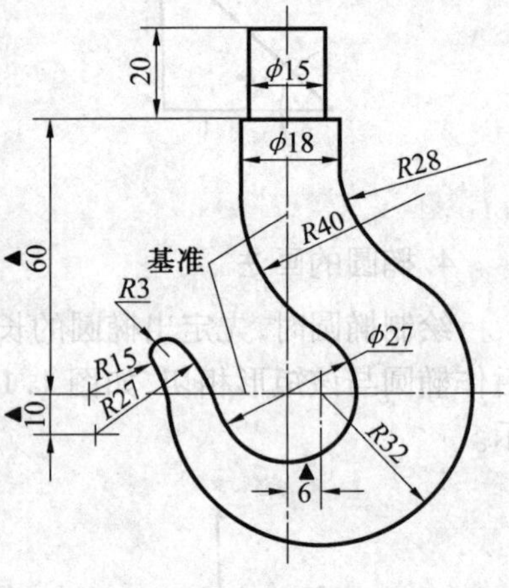

图 1.21　吊钩

2. 平面图形的线段分析

平面图形是根据给定的尺寸绘制的。图形中的线段与给定的尺寸有密切关系，按它们之间的关系，平面图形中的线段可分为三类：已知线段、中间线段和连接线段。下面以圆弧的尺寸为例进行分析。

(1)已知线段。具有全部定形尺寸和定位尺寸，可直接画出的线段，称为已知线段。如图 1.21 中 ϕ27 的圆，其圆心位置与坐标原点重合，可以直接画出；R32 的圆弧，由定位尺寸 6 确定出其圆心位置后也可直接画出。因此，这些线段都为已知线段（已知圆弧）。

(2)中间线段。只有定形尺寸，而定位尺寸不全，但可根据与其他线段的连接关系画出的线段，称为中间线段。如图 1.21 中的 R27 圆弧和 R15 圆弧，这两个圆弧均给出了定形尺寸和圆心的一个定位尺寸，具体定位时要分别根据与已知线段 ϕ27、R32 相切的几何条件求出 R27 和 R15 两个圆心后才能作图，故这两个圆弧均为中间线段（中间圆弧）。

(3)连接线段。只有定形尺寸而没有定位尺寸，只能在其他线段画出后，根据两线相切的几何条件才能画出的线段，称为连接线段。如图 1.21 中的 R28、R40、R3 的圆弧，它们各自同心的两个定位尺寸均没有给出，必须根据与其他线段的连接关系才能画出，故称为连接线段（连接圆弧）。

综上所述，可知平面图形线段分析的目的是：

(1)分析图形中的尺寸有无多余或遗漏，以便确定图形是否可以画出。

(2)分析图形中各线段的性质，以便确定画图步骤，即先画已知线段（已知弧），再画出中间线段（中间弧），最后画连接线段（连接弧）。

二、平面图形的绘图方法与步骤

下面以图 1.22 所示的手柄为例，说明平面图形的绘图方法和步骤。

1. 分析

手柄上下对称，其水平对称中心线是宽度方向的尺寸基准，通过 $R15$ 圆心的竖直线为长度方向的尺寸基准。

已知线段——$\phi15$、20 构成的方框，$R15$、$R8$ 的圆弧。

中间线段——$R60$ 的圆弧。

连接线段——$R20$ 的圆弧。

2. 绘图步骤

(1)根据图形大小选择比例及图纸幅面。

(2)固定好图纸后，画出图形的基准线，并根据各个封闭图形的定位尺寸确定其位置，如图 1.22(a)所示。

(3)画出已知线段，如图 1.22(b)所示。

(4)画出中间线段，如图 1.22(c)所示。

(5)画出连接线段，如图 1.22(d)所示。

(6)将图线加粗加深，如图 1.22(e)所示。

(7)标注尺寸，完成全图，如图 1.22(f)所示。

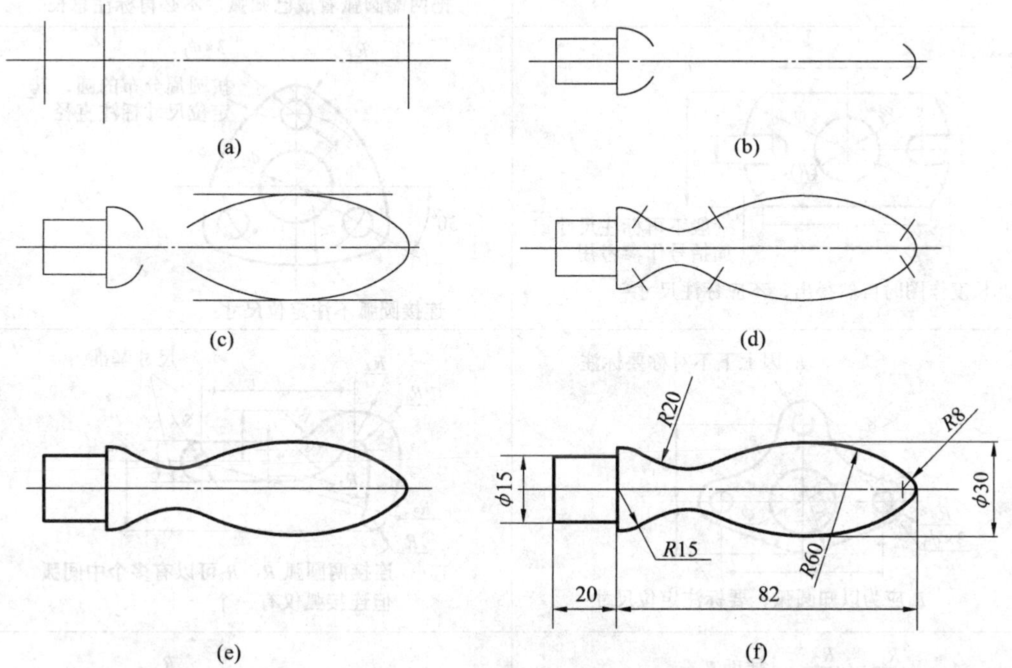

图 1.22　平面图形的画图步骤

图 1.22 所示画图步骤中的(a)~(d)是画底稿图的步骤，画完后要进行检查和擦去多余的图线，然后将图线加深。加深的顺序是：先加深所有的粗实线圆和圆弧，再加深粗实线直线，先从上到下加深所有水平的粗实线，再从左到右加深所有垂直的粗实线，即先曲后直；其次按线型要求与加深粗实线的同样顺序加深所有的虚线、点画线、细实线，先粗后细。标注尺寸应在底稿图完成后即画出尺寸界线、尺寸线、尺寸箭头，图形加深完后再注写尺寸数字，这样可以保证图面的质量。

三、平面图形的尺寸标注

图形与尺寸的关系极其密切，同一图形如果标注的尺寸不同，则画图的步骤也就不同。但能不能正确地画出图形，主要是根据所给的尺寸是否齐全。标注平面图形的尺寸时，应对组成图形的各线段进行必要的分析，选定尺寸基准，再根据各图线不同的尺寸要求，注出平面图形必要的定位尺寸和全部的定形尺寸。表 1.11 为几种平面图形的尺寸标注示例，供分析参考。

表 1.11　平面图形的尺寸标注示例

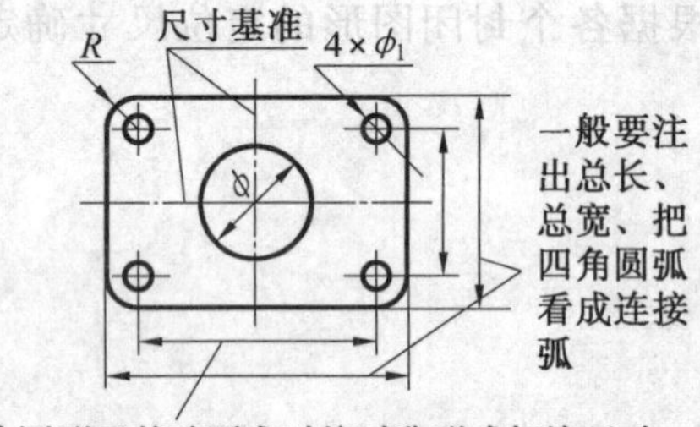

对称图形无特殊要求时按对称形式标注尺寸

标注直径尺寸便于测量

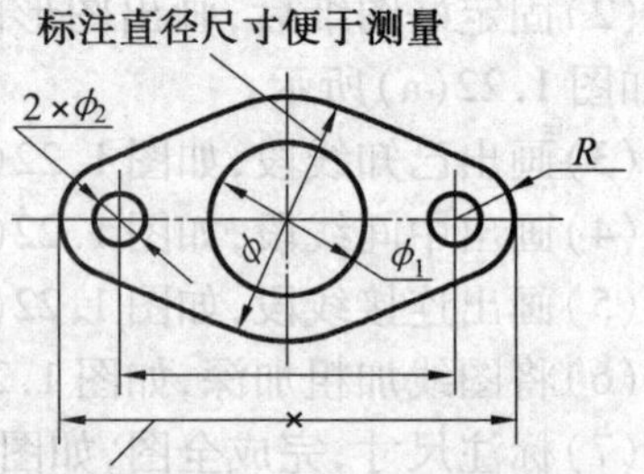

把两端圆弧看成已知弧，不必再标注总长

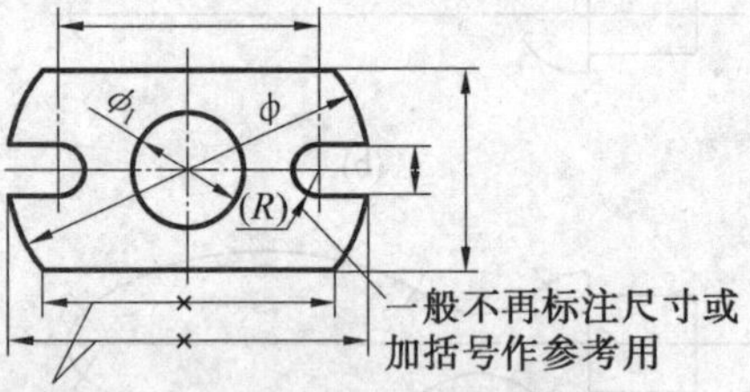

此长度作图时自然得出，不应标注尺寸

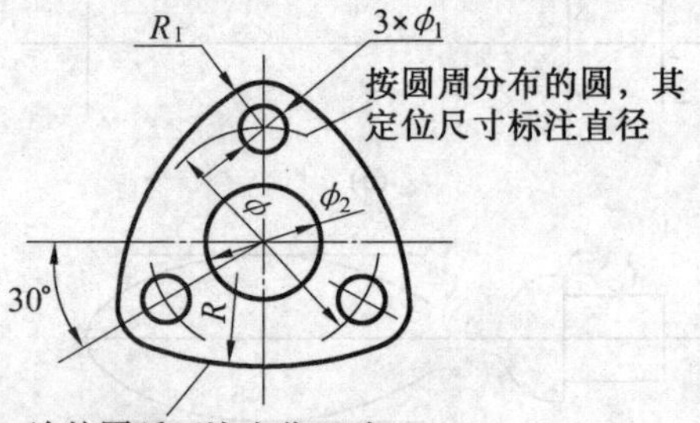

连接圆弧不注定位尺寸

R_2因上下不对称要标注

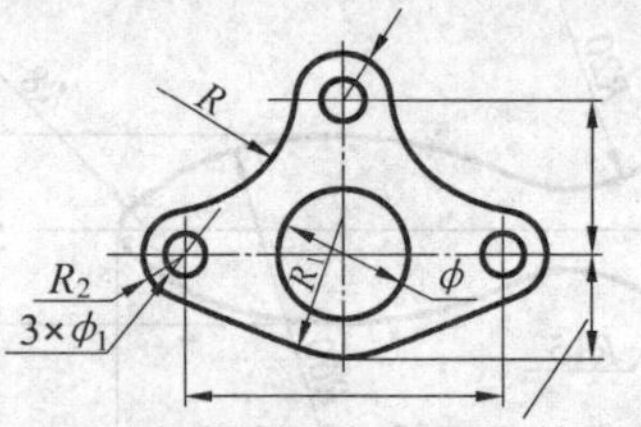

R_1应为以知圆弧，要标注定位尺寸

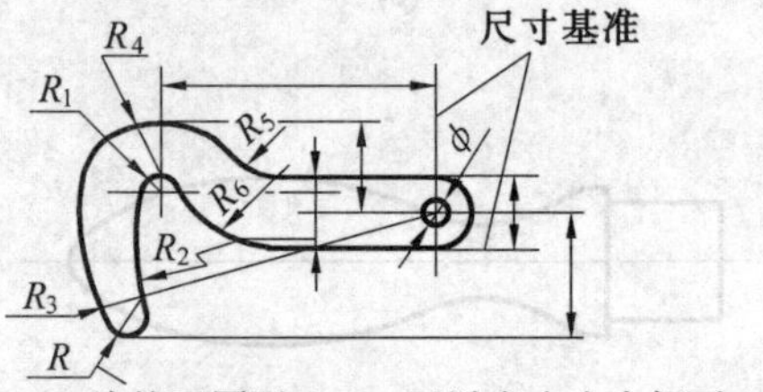

连接两圆弧 R_1、R_3可以有多个中间弧，但连接弧仅有一个

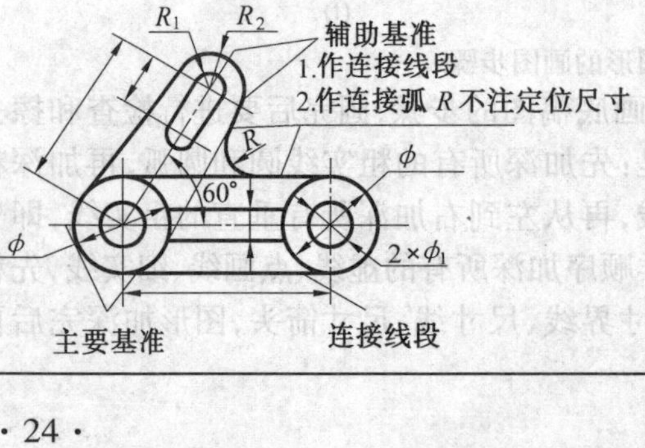

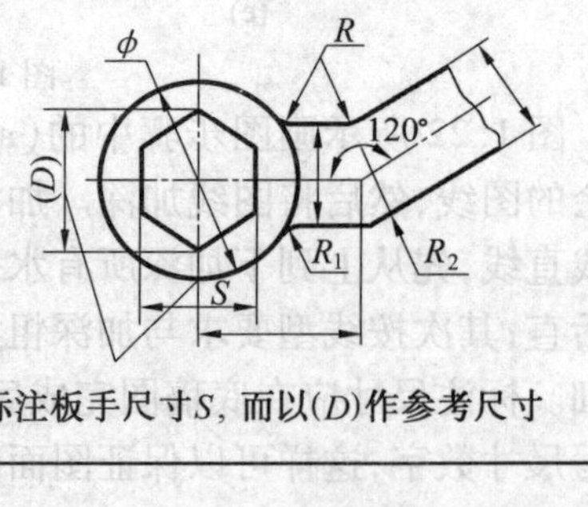

通常标注板手尺寸S，而以(D)作参考尺寸

第二章　点、直线和平面的投影

在工程实际中，我们遇到的各种工程图样，都是用不同的投影方法绘制出来的。本章主要介绍投影法的基本知识和组成物体的基本几何元素——点、直线和平面的投影特性及投影规律，为今后的学习奠定基础。

第一节　投影法的基本知识

一、投影法的概念

当灯光或日光照射物体时，在地面上或墙壁上就出现了该物体的影子。人们根据这种自然现象经过科学想象和逐步总结归纳，形成了绘制图样的方法——投影法。

在图 2.1 中，设平面 P 以及不在该平面上的一点 S，需作出空间点 A 在平面 P 上的图形。将 S、A 连成直线，作出 SA 与平面 P 的交点 a，即为点 A 的图形。点 S 称为投射中心，平面 P 称为投影面，直线 SA 称为投射线，点 a 称为点 A 在投影面 P 上的投影，这种产生图形的方法称为投影法。同样，点 b 是空间点 B 在投影面 P 上的投影。在投影面和投射中心确定的条件下，空间点在投影面上的投影是唯一确定的。

二、投影法的种类

根据投射线是否平行，投影法分为中心投影法和平行投影法两种。

1. 中心投影法

投射中心位于有限远处，投射线汇交于一点的投影法，称为中心投影法，如图 2.2 所示。中心投影法通常用来绘制建筑物或产品的富有逼真感的立体图。

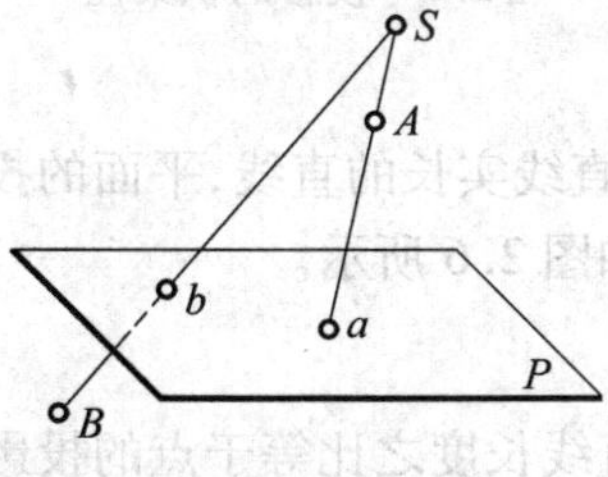

图 2.1　投影法

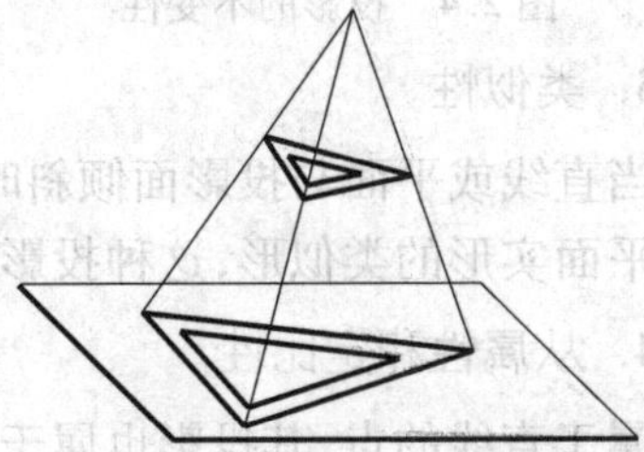
图 2.2　中心投影法

2. 平行投影法

若投射中心位于无限远处，投射线互相平行，这种投影法称为平行投影法，如图 2.3 所示。根据投射方向与投影面所成角度不同，平行投影法又分为斜投影法和正投影法。

(1) 当平行的投射线对投影面倾斜时，称为斜投影法，如图 2.3(a) 所示。

(2) 当平行的投射线与投影面垂直时，称为正投影法，如图 2.3(b) 所示。

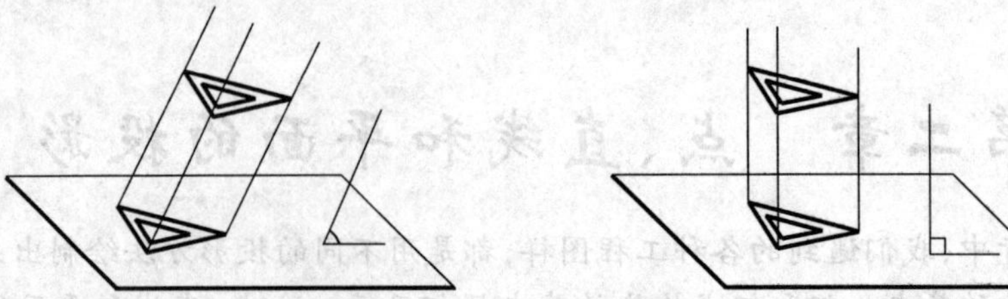

(a) 斜面投影法　　(b) 正投影法

图 2.3　平行投影法

在机械工程中主要采用正投影法，因为这种投影法能正确地表达物体的真实形状和大小，并且作图方便，所以今后主要学习这种投影法。

三、正投影法的基本性质

1. 不变性

当直线或平面与投影面平行时，则直线的投影反映实长，平面的投影反映实形，这种投影性质称为投影不变性，如图 2.4 所示。

2. 积聚性

当直线或平面与投影面垂直时，则直线的投影积聚为一点，平面的投影积聚为一直线，这种投影性质称为投影积聚性，如图 2.5 所示。

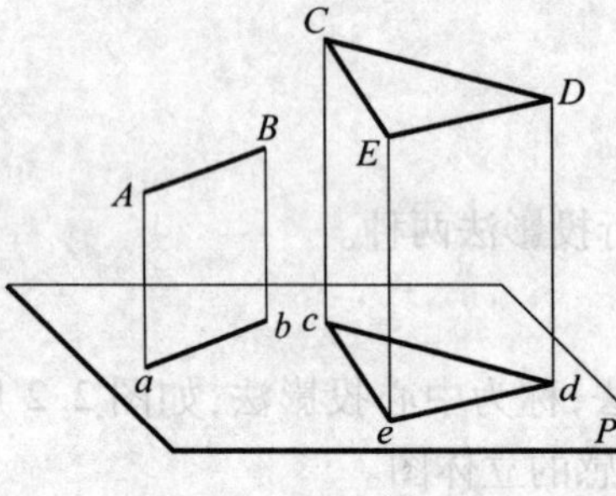

图 2.4　投影的不变性

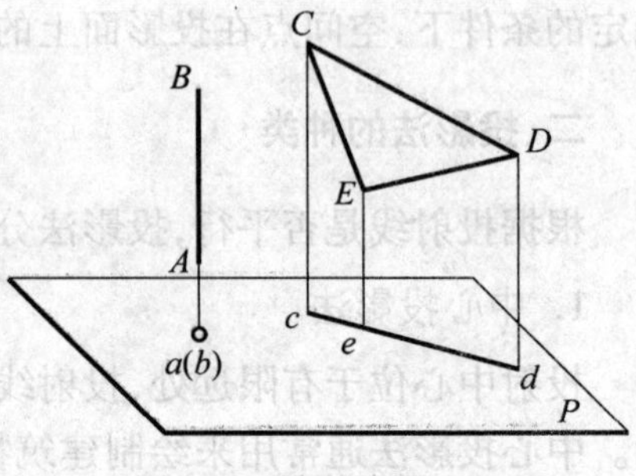

图 2.5　投影的积聚性

3. 类似性

当直线或平面与投影面倾斜时，则直线的投影为小于直线实长的直线，平面的投影为小于平面实形的类似形，这种投影性质称为投影类似性，如图 2.6 所示。

4. 从属性和定比性

属于直线的点，其投影也属于此直线的投影，且点分直线长度之比等于点的投影分直线投影长度之比，如图 2.7 所示，$AS:SB=as:sb$，这种性质称为从属性和定比性。

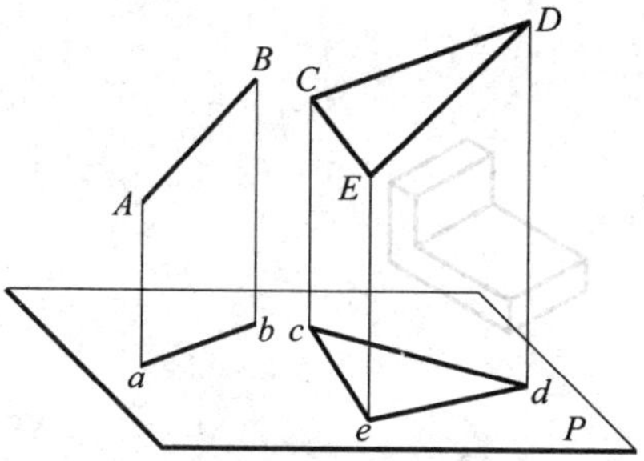

图 2.6　投影的类似性

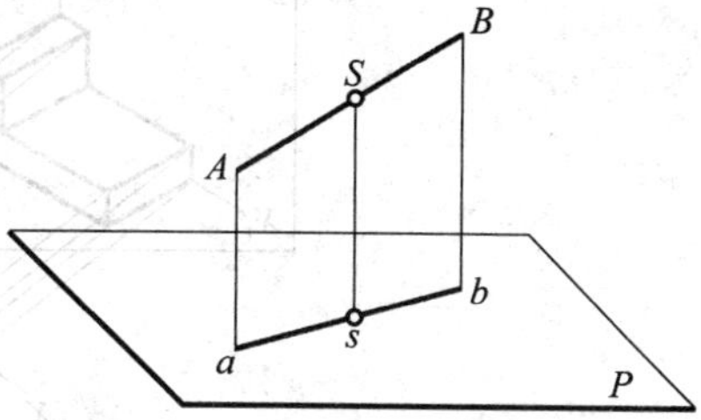

图 2.7　投影的从属性和定比性

第二节　工程上常用的投影图

一、正投影图

正投影图是一种多面投影图，它采用相互垂直的两个或两个以上的投影面，在每个投影面上分别采用正投影法获得几何原形的投影。由这些投影便能确定该几何原形的空间位置和形状。

图 2.8 是某一几何体的正投影。

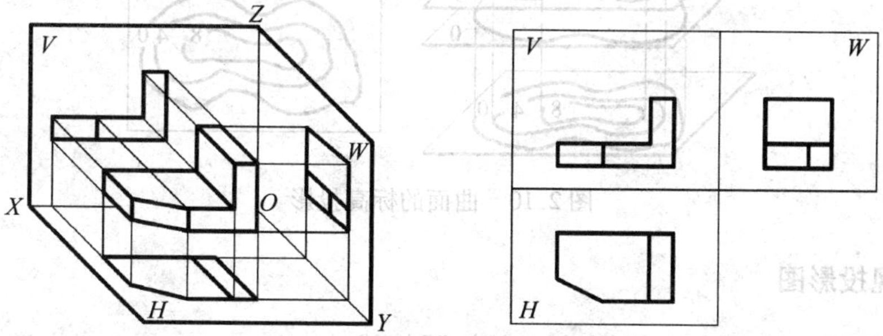

图 2.8　几何体的正投影

采用正投影图时，常使几何体的主要平面与相应的投影面相互平行。这样画出的投影图能反映出这些平面的实形。因此说正投影图有很好的度量性，而且正投影图作图也较简便。因此在机械制造行业和其它工程部门中，正投影图被广泛采用。

二、轴测投影图

轴测投影图是单面投影图。先设定空间几何原形所在的直角坐标系，采用平行投影法，将三根坐标轴连同空间几何原形一起投射到投影面上。

图 2.9 是某一几何体的轴测投影图。由于采用平行投影法，所以空间平行的直线，投影后仍平行。

采用轴测投影图时，将坐标轴对投影面成一定的角度，使得投影图上同时反映出几何体长、宽、高三个方向上的形状，增强了立体感。

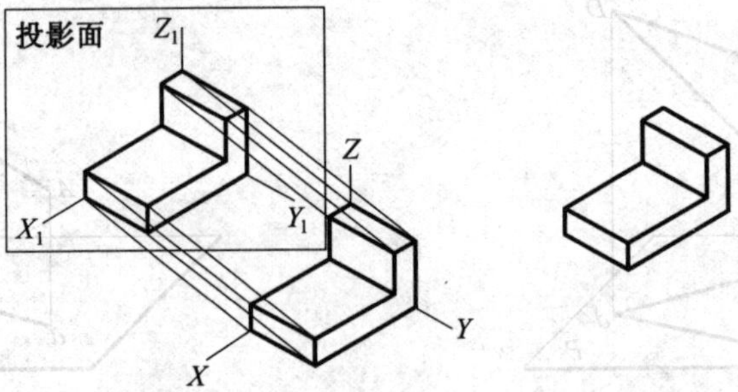

图 2.9　几何体的轴测投影图

三、标高投影图

标高投影图是采用正投影法获得空间几何元素的投影之后，再用数字标出空间几何元素对投影面的距离，以在投影图上确定空间几何元素的几何关系。

图 2.10 是曲面的标高投影。图中一系列标有数字的曲线称为等高线。

标高投影图常用来表示不规则曲面，如船舶、飞行器、汽车曲面及地形等。

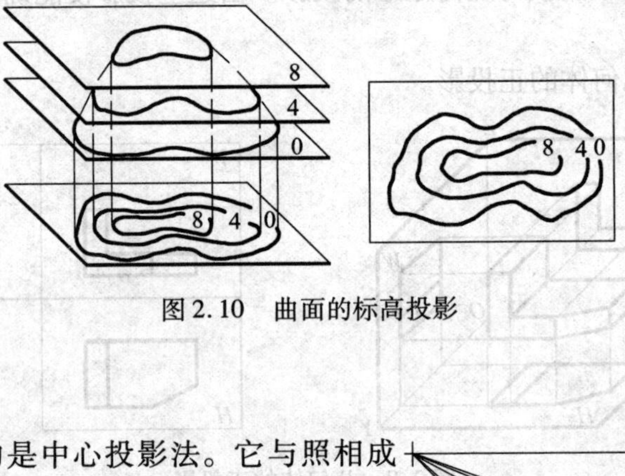

图 2.10　曲面的标高投影

四、透视投影图

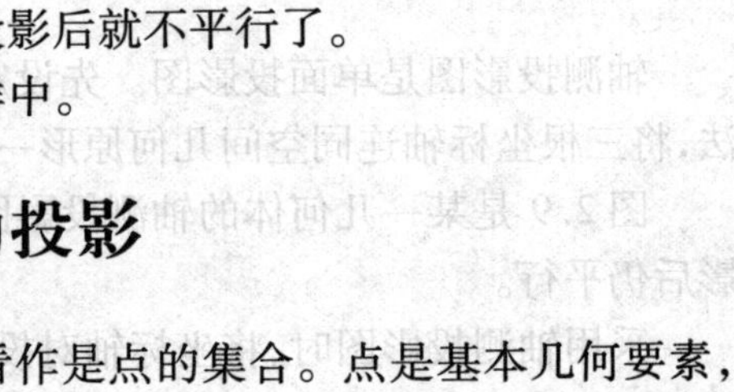

图 2.11　几何体的透视投影图

透视投影图用的是中心投影法。它与照相成影的原理相似，图像接近于视觉映像。所以透视投影图富有逼真感、直观性强。按照特定规则画出的透视投影图，完全可以确定空间几何元素的几何关系。

图 2.11 是某一几何体的一种透视投影图。由于采用中心投影法，所以空间平行的直线，有的在投影后就不平行了。

透视投影图广泛用于工艺美术及宣传广告图样中。

第三节　点的投影

物体是由点、线和面组成的，任何物体都可以看作是点的集合。点是基本几何要素，研究点的投影规律是掌握其它几何要素投影的基础。

如图 2.12(a) 所示，过空间点 A 向水平投影面 H 作垂线，垂足 a 为空间点 A 在投影面上的正投影。一个空间点可以得到唯一的投影。反之，如果已知点的投影 a，是否能确定空间点 A 的位置呢？如图2.12(b)所示，点 A_1、A_2、A_3…都可能是对应的空间点。所以，已知点的一面投影不能唯一确定空间点的位置。

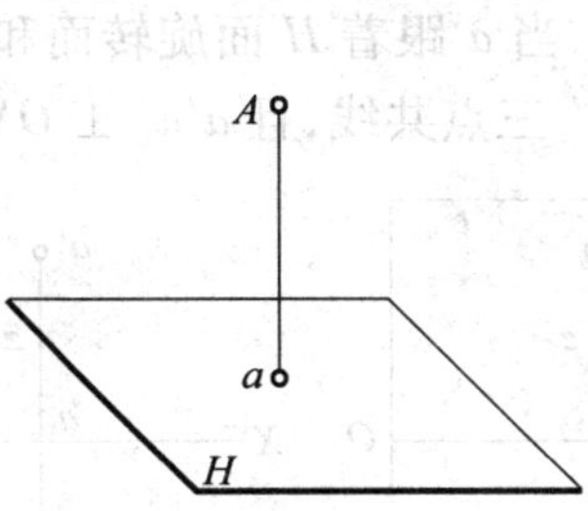

图2.12　点的单面投影

一、点在两投影面体系中投影

1．点的两个投影能唯一地确定该点的空间位置

如图2.13所示，设立互相垂直的水平投影面 H 及正立投影面 V，组成两面投影体系。两投影面的交线称投影轴，用 OX 表示。其间有一空间点 A，它向 H 面投影后得投影 a，向 V 面投影后得投影 a'，投射线 Aa 及 Aa' 是一对相交线，故处于同一平面内。

规定空间点用大写字母(如 A、B…)表示；在 H 面上的投影称水平投影，用相应小写字母(如 a、b…)表示；在 V 面上的投影称正面投影，用相应小写字母加一撇(如 a'、b'…)表示。

从图2.13可知，若移去空间点 A，由点的两个投影 a、a' 就能确定该点的空间位置。另外，由于两个投影平面是相互垂直的，可在其上建立笛卡儿坐标体系，如图2.14所示。已知 a，即已知 x、y 两个坐标，已知 a'，即已知 x、z 两个坐标，因此，得知空间点 A 的两个投影 a 及 a'，即确定了空间点 A 的 x、y 及 z 三个坐标，也就唯一地确定该点的空间位置。

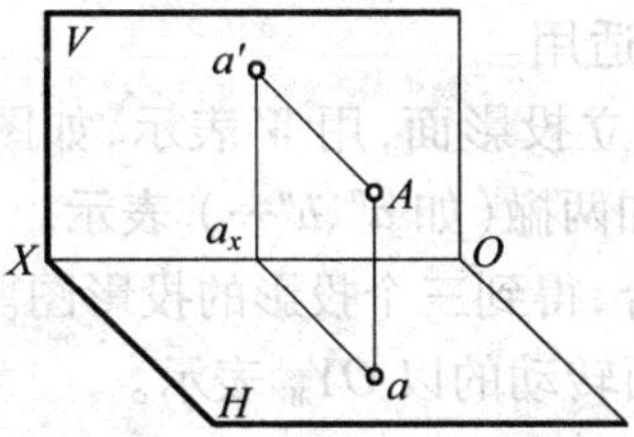

图2.13　点的两面投影

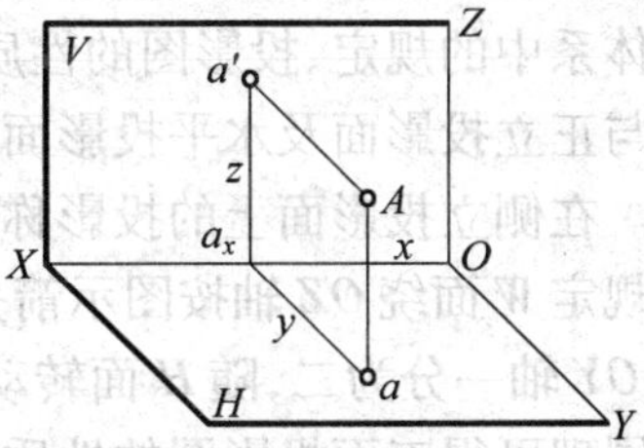

图2.14　两个投影能唯一确定空间点

2．两面投影图的性质

如图2.15(a)所示，为使两个投影 a 和 a' 画在同一平面(图纸)上，规定将 H 面绕 OX 轴按图示箭头方向旋转90°，使它与 V 面重合。这样就得到如图2.15(b)所示点 A 的两面投影图。投影面可以认为是任意大的，通常在投影图上不画它们的范围，如图2.15(c)所示。投影图上细实线 aa' 称为投影连线。

由于图纸的图框可以不用画出，所以常常利用图2.15(c)所示的两面投影图来表示空间的几何原形。

因为投射线 Aa 和 Aa' 构成了一个平面 Aaa_xa'，如图2.15(a)所示。它垂直于 H 面，也垂直于 V 面，则必垂直于 H 面和 V 面的交线 OX。所以处于平面 Aaa_xa' 上的直线 aa_x 和 $a'a_x$ 必垂直于 OX，即 $aa_x \perp OX$ 和 $a'a_x \perp OX$。当 a 跟着 H 面旋转而和 V 面重合时，则 $aa_x \perp OX$ 的关系不变。因此投影图上的 a、a_x、a' 三点共线，且 $a'a_x \perp OX$。

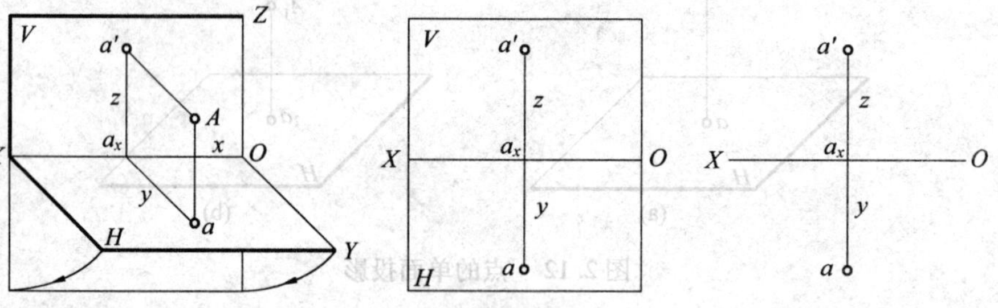

(a) 两投影面体系　(b) 两面投影图　(c) 不画投影面的范围

图 2.15　两面投影图的画法

点的水平投影到 OX 轴的距离(aa_x)等于该点到 V 面的距离(Aa')，都反映 y 坐标($aa_x = Aa' = y$)；其正面投影到 OX 轴的距离($a'a_x$)等于该点到 H 面的距离(Aa)，都反映 z 坐标($a'a_x = Aa = z$)。

由此可概括出点的两面投影特性：

(1) 点的水平投影和正面投影的连线垂直于 OX 轴，即 $aa' \perp OX$。

(2) 点的投影与投影轴的距离，等于该点与相邻投影面的距离，即 $a'a_x = Aa$，$aa_x = Aa'$。

二、点在三投影面体系中的投影

虽然由点的两面投影已能确定该点的空间位置，但有时为更清楚地表达某些几何形体，需采用三面投影图。由于三投影面体系是在两投影面体系基础上发展而成，因此两投影面体系中的规定、投影图的性质，在三投影面体系中仍适用。

与正立投影面及水平投影面同时垂直的投影面称侧立投影面，用 W 表示，如图2.16所示。在侧立投影面上的投影称侧面投影，用小写字母加两撇(如 a''、b''…)表示。

规定 W 面绕 OZ 轴按图示箭头方向转90°和 V 面重合，得到三个投影的投影图。投影图中 OY 轴一分为二，随 H 面转动的以 OY_H 表示，随 W 面转动的以 OY_W 表示。

同理可得三面投影图的性质

(1) 点的侧面投影与正面投影连线垂直于 OZ 轴，即 $a'a'' \perp OZ$。

(2) 点的水平投影 a 到 OX 轴的距离等于侧面投影 a'' 到 OZ 轴的距离，即 $aa_x = a''a_z$。为作图方便，也可自点 O 作45°辅助线，以实现这个关系，如图2.16(b)所示。

以上的性质是画点的投影图必须遵守的重要依据。

三、特殊位置点的投影

特殊情况下，点有可能处于投影面上、投影轴上。

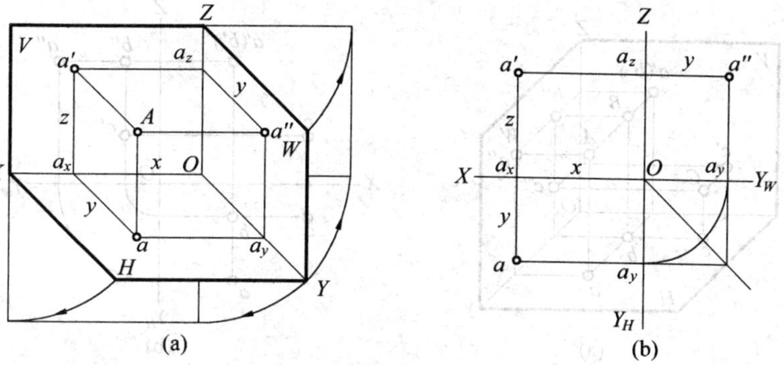

图 2.16　三面投影图性质和画法

1. 在投影面上的点

如图 2.16(a) 所示，点 A、B、C 分别处于 V 面、H 面、W 面上，它们的投影如图 2.17(b) 所示，由此得出处于投影面上的点的投影性质：

(1) 点的一个投影与空间点本身重合。

(2) 点的另外两个投影，分别处于不同的投影轴上。

2. 在投影轴上的点

如图 2.17 所示，当点 D 在 OY 轴上时，点 D 和它的水平投影、侧面投影重合于 OY 轴上，点 D 的正面投影位于原点。

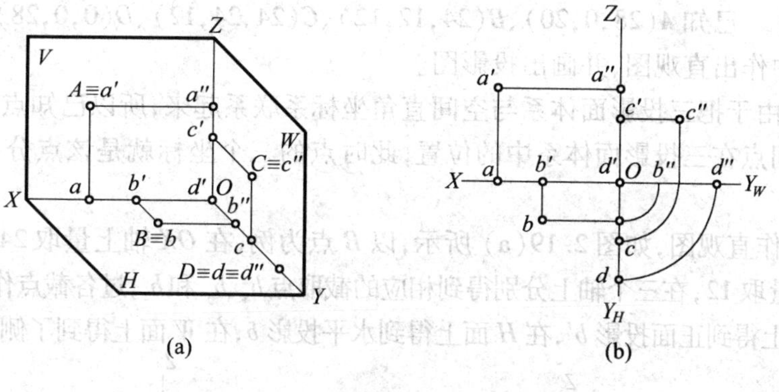

图 2.17　投影面及投影轴上的点

四、两点的相对位置及重影点

1. 两点相对位置的确定

立体上两点间相对位置，是指在三面投影体系中，一个点处于另一个点的上、下、左、右、前、后的问题。两点相对位置可用坐标的大小来判断，Z 坐标大者在上，反之在下；Y 坐标大者在前，反之在后；X 坐标大者在左，反之在右。图 2.18 中，A、C 两点的相对位置：$Z_A > Z_C$，因此点 A 在点 C 之上；$Y_A > Y_C$，点 A 在点 C 之前；$X_A < X_C$，点 A 在点 C 之右，结果是点 A 在点 C 的右前上方。

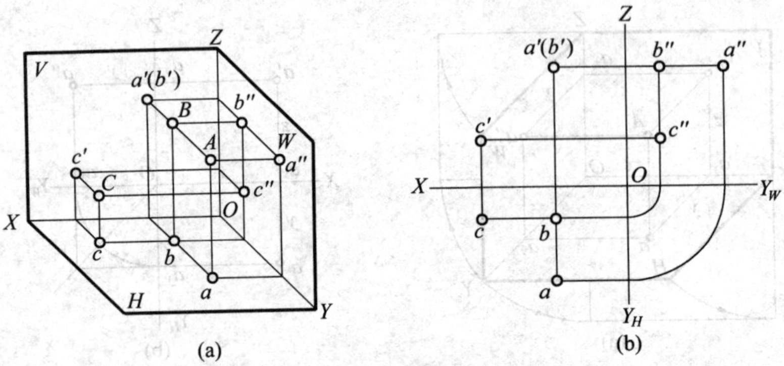

图 2.18 两点的相对位置及重影点

2. 重影点

当空间两点的某两个坐标相同，即位于同一条投射线上时，它们在该投射线垂直的投影面上的投影重合于一点，此空间两点称为对该投影面的重影点。

如图2.18中，A、B两点位于垂直于V面的同一条投射线上（$X_A = X_B$，$Z_A = Z_B$），正面投影a'和b'重合于一点。由水平投影（或侧面投影）可知$Y_A > Y_B$，即点A在点B的前方。因此点B的正面投影b'被点A的正面投影a'遮挡，是不可见的，规定在b'上加圆括号以示区别。

总之，某投影面上出现重影点，判别哪个点可见，应根据它们相应的第三个坐标的大小来确定，坐标大的点是重影点中的可见点。

【例2.1】 已知$A(28,0,20)$、$B(24,12,12)$、$C(24,24,12)$、$D(0,0,28)$四点，试在三投影面体系中作出直观图，并画出投影图。

分析 由于把三投影面体系与空间直角坐标系联系起来，所以已知点的三个坐标就可以确定空间点在三投影面体系中的位置，此时点的三个坐标就是该点分别到三个投影面的距离。

作图 作直观图，如图2.19(a)所示，以B点为例，在OX轴上量取24，OY轴上量取12，OZ轴上量取12，在三个轴上分别得到相应的截取点b_x、b_y和b_z，过各截点作对应轴的平行线，则在V面上得到正面投影b'，在H面上得到水平投影b，在W面上得到了侧面投影b''。

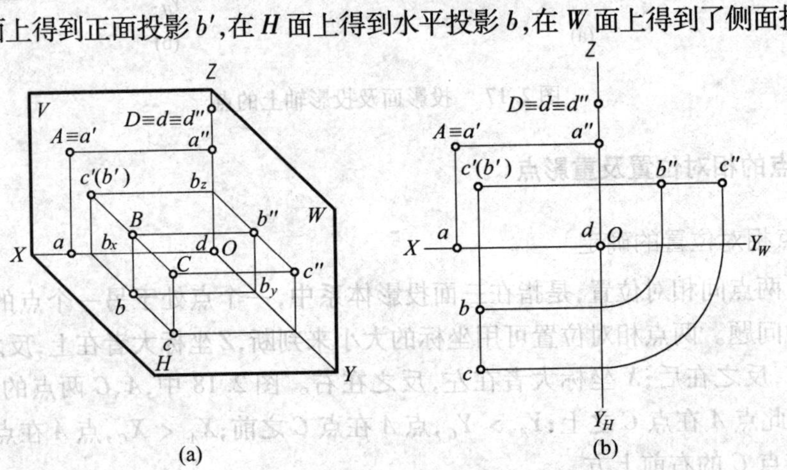

图 2.19 由点的坐标作直观图和投影图

同样的方法，可作出点 A、C、D 的直观图。其中点 A 在 V 面上（因为 $Y_A=0$），其正面投影 a' 与 A 重合，水平投影 a 在 OX 轴上，侧面投影 a'' 在 OZ 轴上。点 D 在 OZ 轴上（$X_D=Y_D=0$），其正面投影 d'、侧面投影 d'' 与点 D 重合于 OZ 轴上，水平投影 d 在原点 O 处。

点 B 和点 C 有两个坐标相同（$X_B=X_C$，$Z_B=Z_C$），所以它们是对 V 面的重影点。它们的第三个坐标 $Y_B<Y_C$，正面投影 c' 可见，b' 不可见加上圆括号。

根据各点的坐标作出投影图，如图 2.19(b)。

第四节　直线的投影

一、直线的投影

一般说来，直线的投影仍是直线，特殊情况下积聚为一点。两点确定一条直线，只要作出属于直线上任意两点的投影，然后将两点的同面投影连接起来，便得到直线的三面投影图。图 2.20(a) 所示的是直线 AB 投影的直观图，图 2.20(b) 为直线 AB 的三面投影图。

直线与其在某一投影面上投影所成的锐角，称为直线对该投影面的倾角。规定：直线对 H、V 及 W 三个投影面的倾角分别用 α、β 和 γ 表示，如图 2.20(a) 所示。

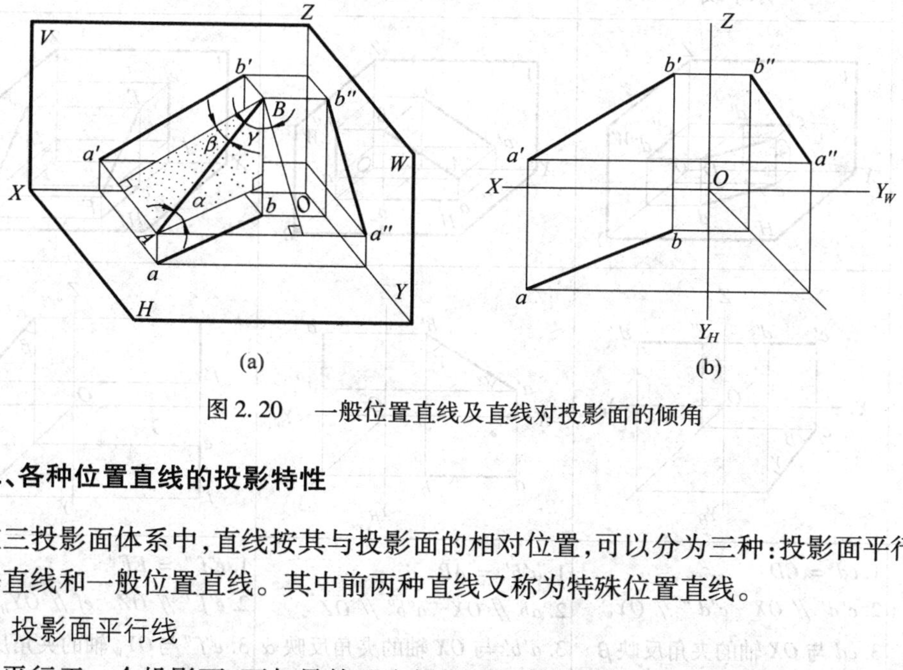

图 2.20　一般位置直线及直线对投影面的倾角

二、各种位置直线的投影特性

在三投影面体系中，直线按其与投影面的相对位置，可以分为三种：投影面平行线、投影面垂直线和一般位置直线。其中前两种直线又称为特殊位置直线。

1. 投影面平行线

仅平行于一个投影面，而与另外两个投影面倾斜的直线，称为投影面的平行线。

投影面平行线又分三种：仅平行于 V 面的直线，称为正平线；仅平行于 H 面的直线，称为水平线；仅平行于 W 面的直线，称为侧平线。

下面以正平线为例，讨论投影面平行线的投影特性。如图 2.21 所示为正平线 AB 的投影，AB // V 面，倾斜于 H 面和 W 面，它的投影具有如下性质：

(1) 正面投影 $a'b'$ 反映直线 AB 的实长，即 $a'b' = AB$。

(2) 正面投影 $a'b'$ 与 OX 轴的夹角 α 及 $a'b'$ 与 OZ 轴的夹角 γ，分别反映直线 AB 对 H 面和 W 面倾角的真实大小。

(3) 水平投影和侧面投影分别平行于相应的投影轴，即 $ab \parallel OX$，$a''b'' \parallel OZ$。（这是因为 $AB \parallel V$ 面，AB 直线上各点的 Y 坐标相等，即到 V 面等距。）两个投影均小于实长。

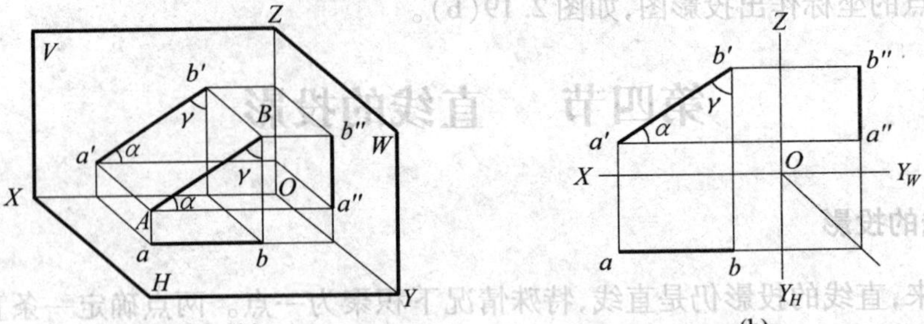

(a) (b)

图 2.21 正平线的直观图和投影图

水平线和侧平线也有类似的投影性质，见表 2.1。

表 2.1 投影面平行线的投影特性

名称	水平线	正平线	侧平线
直观图	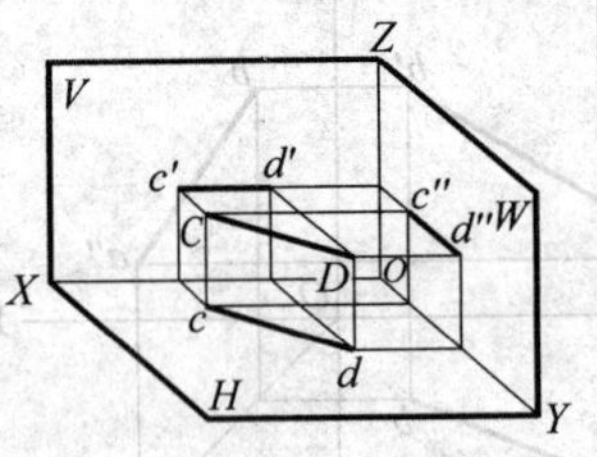	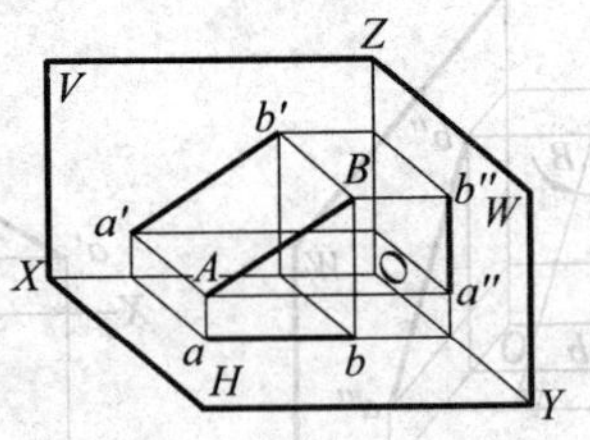	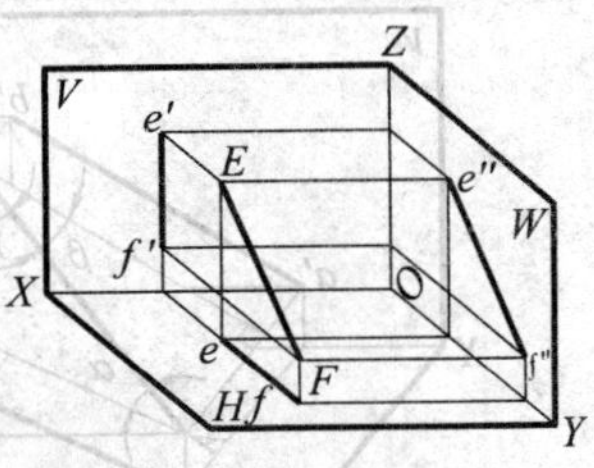
投影图	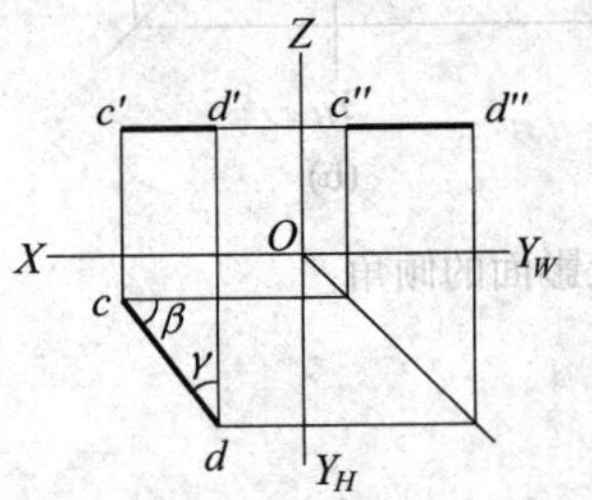	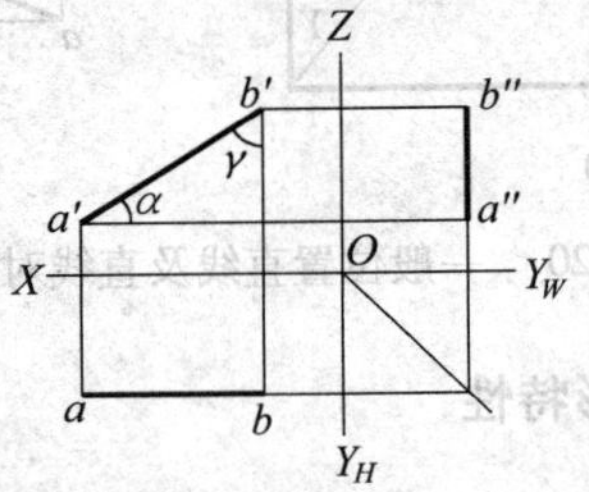	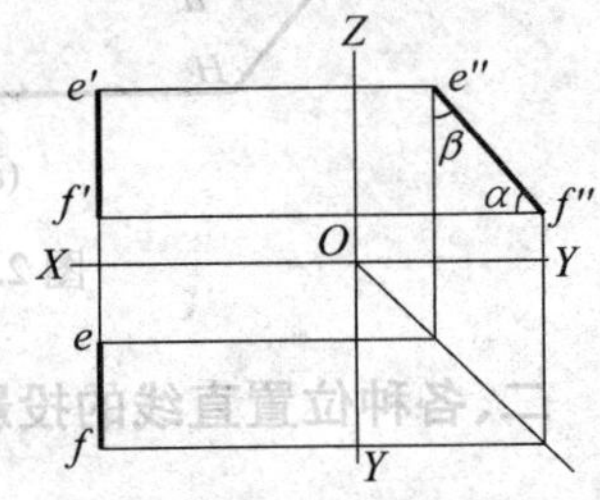
投影特性	1. $cd = CD$ 2. $c'd' \parallel OX$　$c''d'' \parallel OY_W$ 3. cd 与 OX 轴的夹角反映 β cd 与 OY_H 轴的夹角反映 γ	1. $a'b' = AB$ 2. $ab \parallel OX$　$a''b'' \parallel OZ$ 3. $a'b'$ 与 OX 轴的夹角反映 α $a'b'$ 与 OZ 轴的夹角反映 γ	1. $e''f'' = EF$ 2. $e'f' \parallel OZ$　$ef \parallel OY_H$ 3. $e''f''$ 与 OY_W 轴的夹角反映 α $e''f''$ 与 OZ 轴的夹角反映 β

综上所述，可归纳出投影面平行线的投影特性：

(1) 直线在所平行的投影面上的投影反映直线的实长，该投影与两投影轴的夹角反映直线与另两个投影面的倾角。

（2）直线的其余两个投影分别平行于相应的投影轴且都小于实长。

因此，当我们从投影图上判断直线的空间位置时，若三投影中，有两个投影平行于相应的投影轴，另一投影成倾斜位置，则它一定是投影面的平行线。

2. 投影面垂直线

垂直于一个投影面而与另外两个投影面平行的直线，称为投影面的垂直线。

投影面垂直线分三种：垂直于 V 面的直线，称为正垂线；垂直于 H 面的直线，称为铅垂线；垂直于 W 面的直线，称为侧垂线。

下面以铅垂线为例，讨论投影面垂直线的投影特性。如图 2.22 所示为铅垂线 CD 的投影，$CD \perp H$ 面，平行于 V 面和 W 面，它的投影具有如下性质：

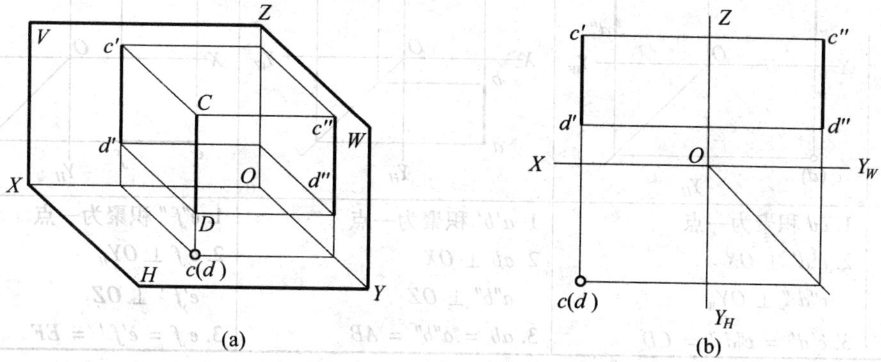

图 2.22　铅垂线的直观图和投影图

（1）水平投影 cd 积聚成一点，即 $c(d)$ 为一点。

（2）正面投影和侧面投影均反映 CD 实长，即 $c'd' = CD$，$c''d'' = CD$。

（3）正面投影和侧面投影分别垂直于相应的投影轴，即 $c'd' \perp OX$，$c''d'' \perp OY_W$。

正垂线和侧垂线也有类似的投影性质，如表 2.2 所示。

综上所述，可归纳出投影面垂直线的投影特性：

（1）直线在所垂直的投影面上的投影积聚成一点。

（2）直线的另外两个投影均反映线段的实长，且分别垂直于相应的投影轴。

因此，当我们从投影图上判断直线的空间位置时，若三投影中，有一个投影积聚成一点，则它一定是该投影面的垂直线。

3. 一般位置直线

与三个投影面都处于倾斜位置的直线，称为一般位置直线。

如图 2.20 所示，空间直线 AB 与 H、V 及 W 面都倾斜，其倾角分别为 α、β 和 γ，属于一般位置直线。由图 2.20(b) 可得，直线 AB 的三面投影均小于直线的实长。

由此可以归纳出一般位置直线的投影特性：

（1）直线的三个投影都与投影轴倾斜，且都小于实长。

（2）直线的各个投影与投影轴的夹角都不反映该直线对各投影面的倾角。

表 2.2　投影面垂直线的投影性质

名称	铅垂线	正垂线	侧垂线
直观图	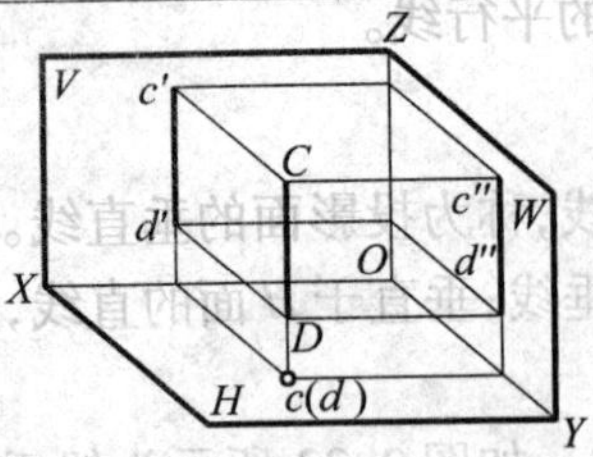	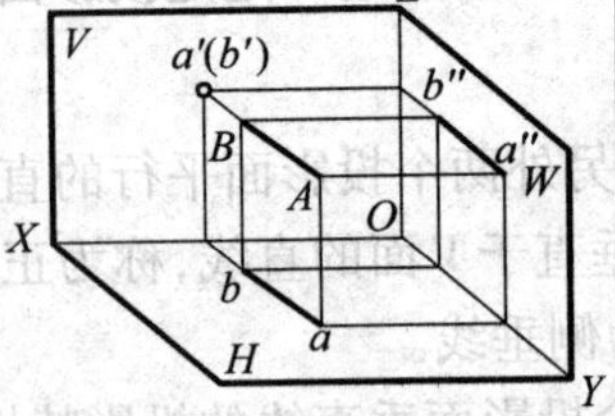	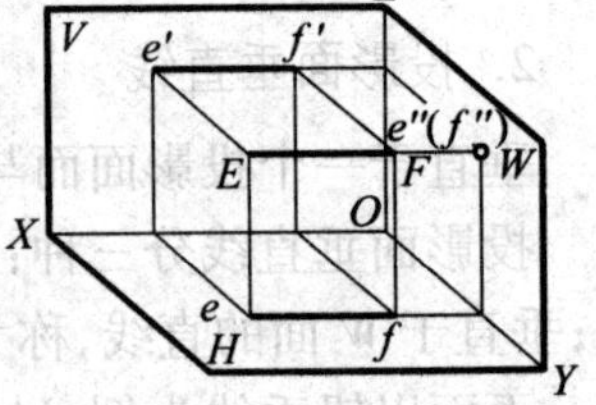
投影图	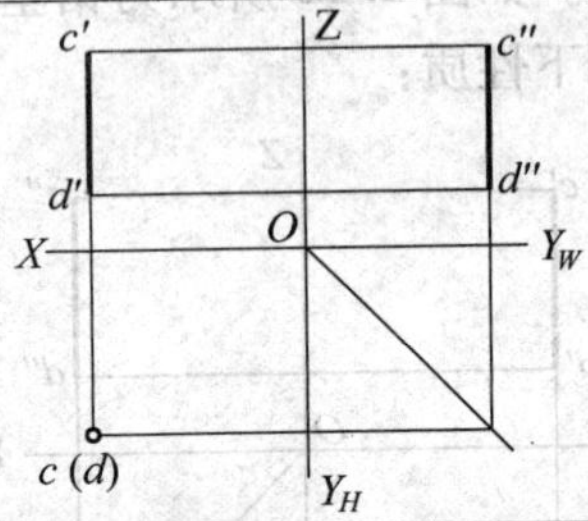	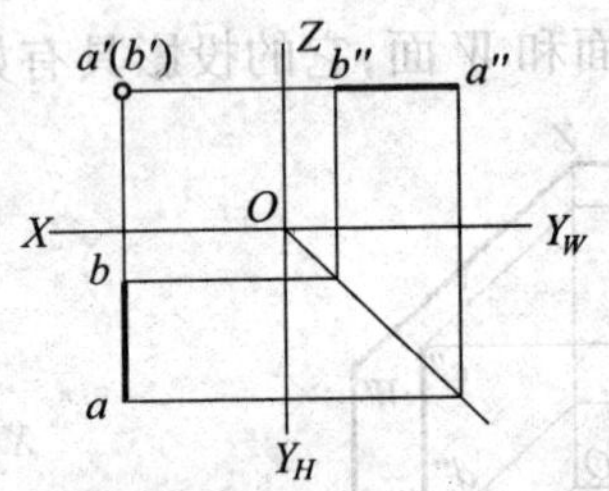	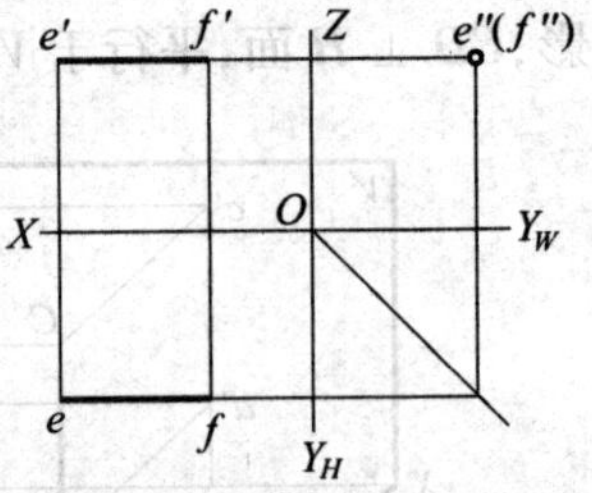
投影特性	1. cd 积聚为一点 2. $c'd' \perp OX$ $c''d'' \perp OY_W$ 3. $c'd' = c''d'' = CD$	1. $a'b'$ 积聚为一点 2. $ab \perp OX$ $a''b'' \perp OZ$ 3. $ab = a''b'' = AB$	1. $e''f''$ 积聚为一点 2. $ef \perp OY_H$ $e'f' \perp OZ$ 3. $ef = e'f' = EF$

*4. 一般位置线段的实长及其对投影面的倾角

一般位置直线的三个投影，既不反映线段的实长，也不反映其对投影面的真实倾角。通常用直角三角形法根据一般位置直线的投影图求其实长及对投影面的倾角。

如图2.23(a)所示，线段AB为一般位置直线，过点B作$BA_1 /\!/ ba$，构建直角$\triangle ABA_1$。线段AB反映实长；$BA_1 = ba$，$AA_1 = z_A - z_B$（点A和点B的z坐标差），也是投影a'、b'到X轴的距离差，$\angle ABA_1$为直线AB对H面的倾角α。如图2.23(b)所示，以ab为一直角边，$aa_1 = z_A - z_B$为另一直角边，作直角$\triangle aba_1$，则$\triangle ABA_1 \cong \triangle aba_1$，斜边$a_1b$为$AB$的实长，$\angle aba_1 = \alpha$。

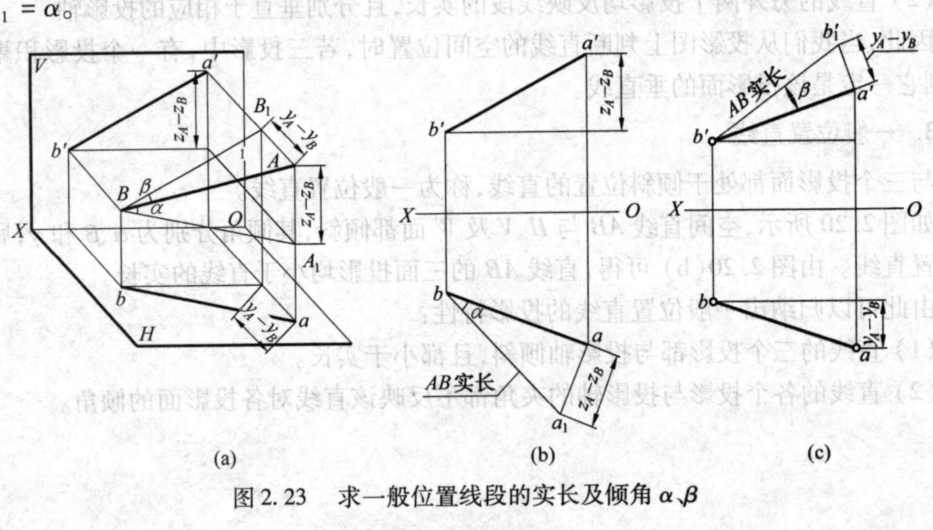

(a)　(b)　(c)

图2.23　求一般位置线段的实长及倾角α、β

同理,过点 B 作 $BB_1 \parallel a'b'$,构建直角 $\triangle ABB_1$。直角边 $BB_1 = b'a'$,$AB_1 = y_A - y_B$(点 A 和点 B 的 y 坐标差),也是投影 a、b 到 X 轴的距离差,$\angle ABB_1$ 为直线 AB 对 V 面的倾角 β。

如图 2.23(c) 所示,以 $a'b'$ 为一直角边,$a'b'_1 = y_A - y_B$ 为另一直角边,作直角 $\triangle a'b'b'_1$,则 $\triangle ABB_1 \cong \triangle a'b'b'_1$,斜边 $b'b'_1$ 为线段 AB 的实长,$\angle a'b'b'_1$ 为 β。两种方法所求实长一样,只是反映的倾角不同。

思考:若用侧面投影 $a''b''$、点 A 和点 B 的 x 坐标差,构建直角三角形,求出的是线段 AB 对哪一个投影面的倾角。

【例 2.2】 如图 2.24(a) 所示,已知线段 AB 的水平投影 ab 和点 B 的正面投影 b',且 AB 的实长为 l,求 AB 的正面投影 $a'b'$。

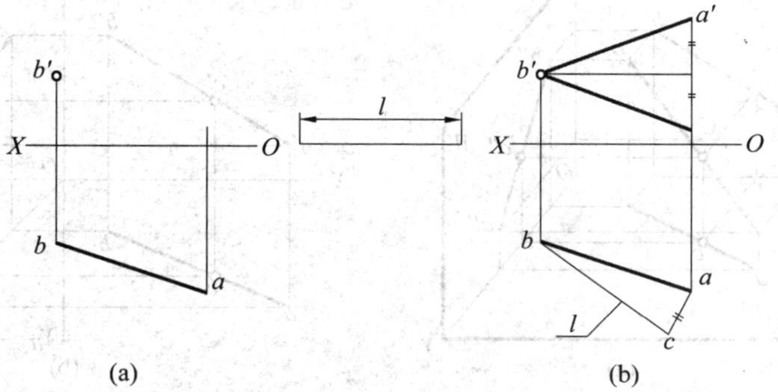

图 2.24 求 AB 的正面投影 $a'b'$

分析 由于 ab 与 X 轴倾斜,且小于已知实长 l,所求线段为一般位置直线。

作图 以 ab 为直角边,$bc = l$ 为斜边,作一直角 $\triangle abc$,ac 即为点 A、B 的 z 坐标差,从而求得 a',连接 a'、b' 即为线段 AB 的正面投影,如图 2.24(b) 所示。本题有两解。

思考 上例改为已知线段 AB 的水平投影 ab、点 B 的正面投影 b' 及 $\alpha = 30°$。

求线段 AB 的正面投影 $a'b'$,如图 2.25(a) 所示。

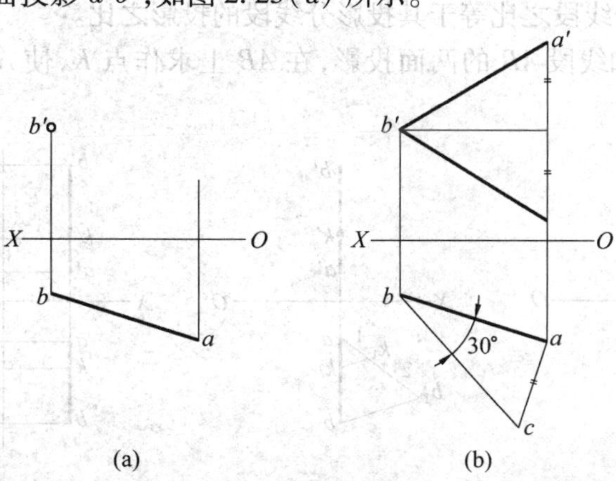

图 2.25 求线段 AB 的正面投影 $a'b'$

分析 已知 ab 及倾角 α,可作出以 ab 为一直角边的直角三角形,另一直角边即为点 A、B 的 z 坐标差。

作图 以 ab 为直角边作一直角 $\triangle abc$,使 $\angle abc = 30°$,另一直角边 ac 为 A、B 两点的

z 坐标差，用 z 坐标差求出 a'，如图 2.25(b) 所示。本题有两解。

三、直线上点的投影

如图 2.26 所示，点 C 属于直线 AB。由点 C 向 H 面作投射线 Cc，必属于平面 $ABba$，它与 H 面的交点 c（垂足）也必属于平面 $ABba$ 与 H 面的交线，即点 C 的水平投影 c 必属于直线 AB 的水平投影 ab。同理，c' 属于 $a'b'$，c'' 属于 $a''b''$。又因为投射线 $Aa \parallel Cc \parallel Bb$，$Aa' \parallel Cc' \parallel Bb'$，$Aa'' \parallel Cc'' \parallel Bb''$，所以 $AC : CB = ac : cb = a'c' : c'b' = a''c'' : c''b''$。

由此得出直线上的点的投影的性质：

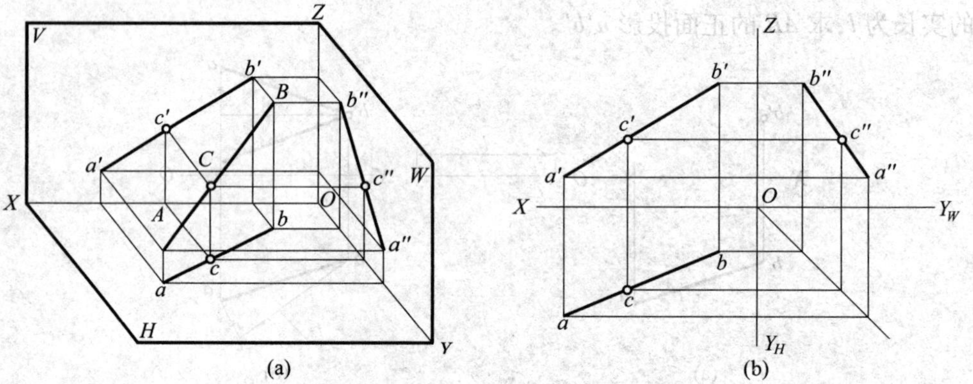

图 2.26　直线上的点的投影

1. 从属性

若点在直线上，则此点的三面投影分别属于直线的同面投影。反之，若一点的三面投影分别属于直线的同面投影，则该点必在此直线上。

2. 定比性

属于线段的点分线段之比等于其投影分线段的投影之比。

【例 2.3】　已知线段 AB 的两面投影，在 AB 上求作点 K，使 $AK : KB = 1 : 2$，如图 2.27 所示。

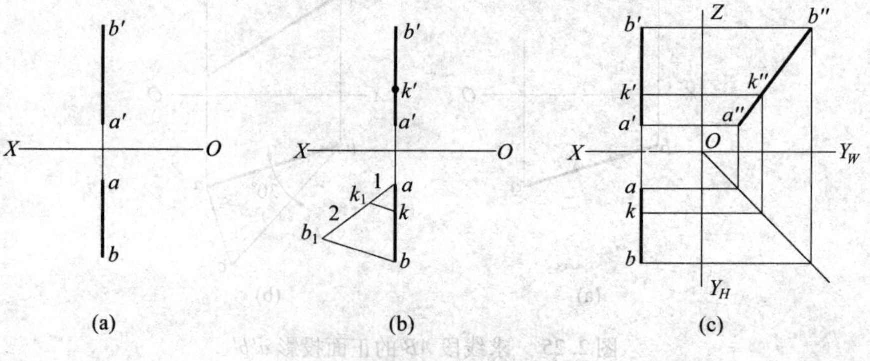

图 2.27　求属于直线上点的投影

分析　由直线 AB 的两面投影，可知 AB 为一侧平线，利用定比关系，即按直线上的点将线段分割成定比的原理作出点的投影。

作图 过 a 作直线 ab_1，并取 $ak_1 : k_1b_1 = 1 : 2$，然后连 bb_1，过 k_1 作 bb_1 的平行线并与 ab 相交，即得点 K 的水平投影 k，如图 2.27(b) 所示。k' 亦可用同样的方法求出。

当然也可利用第三投影，先由 k 求出 k''，再由 k'' 求出 k'，如图 2.27(c) 所示。

四、两直线的相对位置

两直线的相对位置有平行、相交、交叉（异面）三种情况。

1. 两直线平行

平行两直线的投影具有以下性质：

(1) 空间平行的两直线的同面投影互相平行。反之，若两直线的各同面投影平行，则此两直线在空间也一定互相平行，如图 2.28 所示。

(2) 空间平行的两线段之比等于其投影之比，但反之并不一定成立。

利用上述性质，可以解决空间平行两直线的作图及判断等问题。

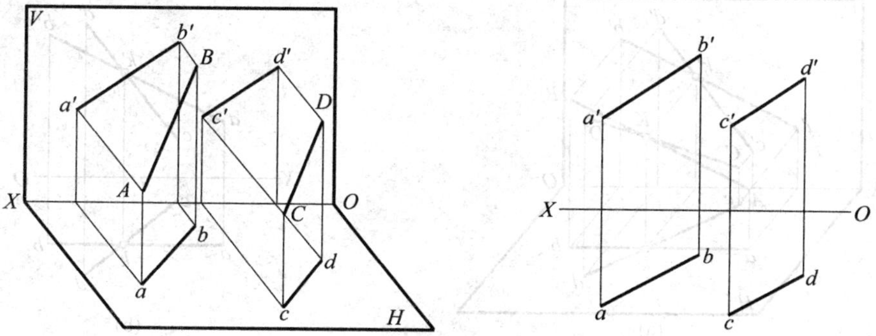

图 2.28 平行两直线

需要指出，对于一般位置直线，只要有两组同面投影互相平行，即可判断两直线在空间是互相平行的，而不必作出第三投影后再判断，但当两直线同时是某个投影面的平行线时，根据具体情况的不同，有如下几种判断方法：

(1) 检查倾斜方向。如图 2.29(a) 所示，AB 和 CD 的两端点在两投影面上的字母符号的顺序不一致，可知两线段倾斜方向不同，故 AB 和 CD 不平行。

(2) 若两线段倾斜方向相同，则要检查两线段的投影长度之比是否相等。如图 2.29(b) 所示，AB 和 CD 的两端点在两投影面上的字母符号的顺序一致，可知两线段倾斜方向相同，但两线段的投影长度之比不相等，所以，此两线段不平行。

(3) 检查它们在所平行的那个投影面上的投影是否平行。如图 2.29(c) 所示，由于两线段的侧面投影不平行，所以，此两线段不平行。

2. 两直线相交

若空间两直线相交，则它们在各投影面上的投影也必然相交，且其交点符合点的投影规律。反之，若两直线的各同面投影都相交，且交点符合点的投影规律，则它们在空间也一定是相交的。

如图 2.30 所示，直线 AB 和 CD 相交于点 K，此点为两直线之公有点。根据属于直线

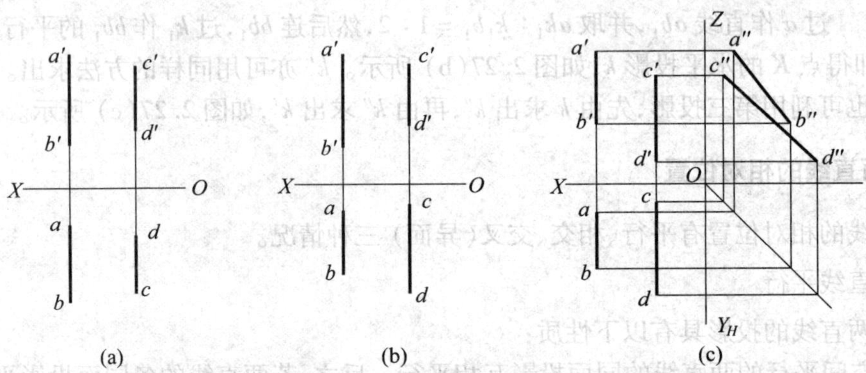

图 2.29　判断两直线是否平行

的点的投影，则点 K 的正面投影 k' 为 $a'b'$ 和 $c'd'$ 的交点，点 K 的水平投影 k 为 ab 和 cd 的交点，并且 k' 和 k 的连线垂直于 OX 轴。

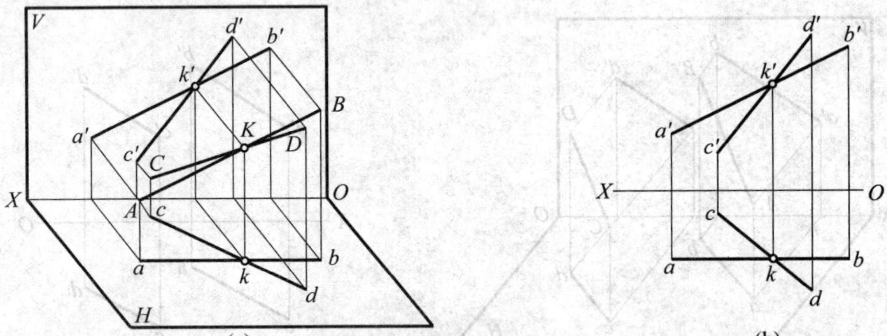

图 2.30　相交两直线

利用上述性质，可以解决空间两直线相交的作图及判断等问题。

3. 两直线交叉

当空间两直线既不平行又不相交时，称为两直线交叉。如图 2.31 所示，空间直线 AB 和 CD 为交叉两直线，它们的三面投影既没有平行两直线又没有相交两直线的投影特性。

交叉两直线的投影可能有一组、二组或三组同面投影相交，但投影的交点不会符合点的投影规律。也可能出现一组或两组同面投影相互平行，但不可能三组同面投影都平行。

交叉两直线在投影图上的交点，是两条直线上不同点的重影，利用重影点可判别可见性问题。如图 2.31 所示交叉两直线，其水平投影 ab 和 cd 交于一点 $m(n)$，即为交叉两直线对 H 面的一对重影点 M 和 N 的水平投影。点 M 属于直线 CD，点 N 属于直线 AB，由于点 M 在点 N 的上方，故可判定直线 CD 上点 M 的水平投影为可见，而直线 AB 上点 N 的水平投影为不可见。

*** 五、直角投影定理**

空间两直线垂直相交，若其中一直线为投影面平行线，则两直线在该投影面上的投影互相垂直，此投影特性称为直角投影定理。反之，相交两直线在某一投影面上的投影互相

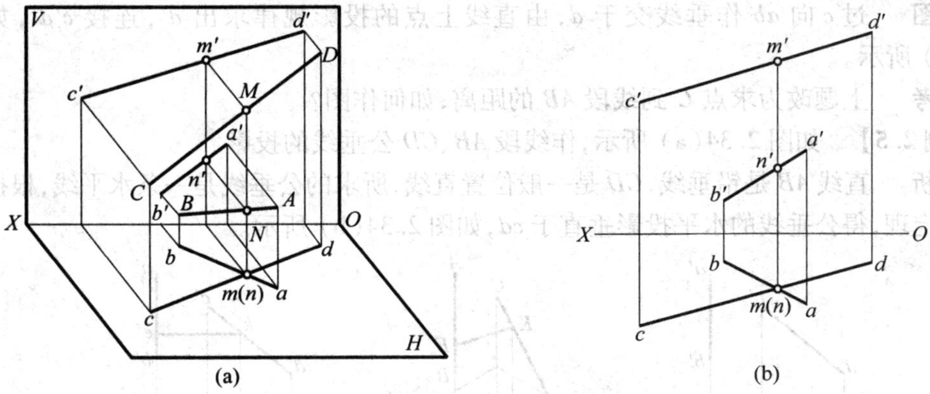

图 2.31　交叉两直线

垂直，其中有一直线为该投影面的平行线，则这两直线在空间互相垂直。该定理同样适用于垂直交叉直线。

证明：如图 2.32(a) 所示，线段 AB、BC 垂直相交，其中线段 BC // H 面，因 $BC \perp AB$，$BC \perp Bb$，所以 BC 垂直于平面 $ABba$。又因 BC // H，即 BC // bc，所以 bc 也垂直于平面 $ABba$，则 $bc \perp ab$，如图 2.32(b) 所示，水平投影 $\angle abc$ 为直角。同理，如图 2.32(c) 所示，线段 DE 为正平线，当空间 $\angle DEF$ 为直角时，正面投影 $\angle d'e'f'$ 为直角。

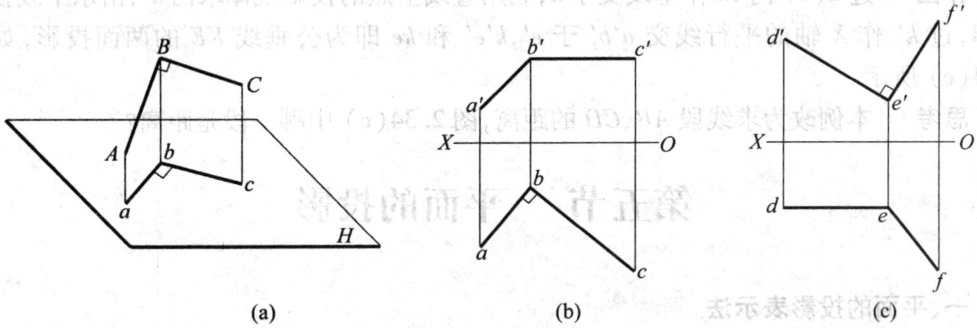

图 2.32　一边平行于投影面的直角的投影特性

【例 2.4】　如图 2.33(a) 所示，过点 C 作线段 CD 与线段 AB 垂直相交。

分析　线段 AB 是水平线，线段 CD 与线段 AB 垂直相交，根据直角投影定理作图。

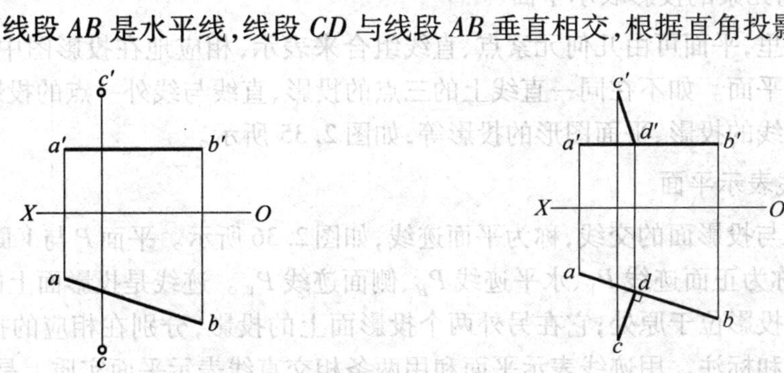

图 2.33　过点作线段的垂线

作图　过 c 向 ab 作垂线交于 d，由直线上点的投影规律求出 d'，连接 $c'd'$，如图 2.33(b) 所示。

思考　上题改为求点 C 到线段 AB 的距离，如何作图?

【例 2.5】　如图 2.34(a) 所示，作线段 AB、CD 公垂线的投影。

分析　直线 AB 是铅垂线，CD 是一般位置直线，所求的公垂线是一条水平线，根据直角投影定理，得公垂线的水平投影垂直于 cd，如图 2.34(b) 所示。

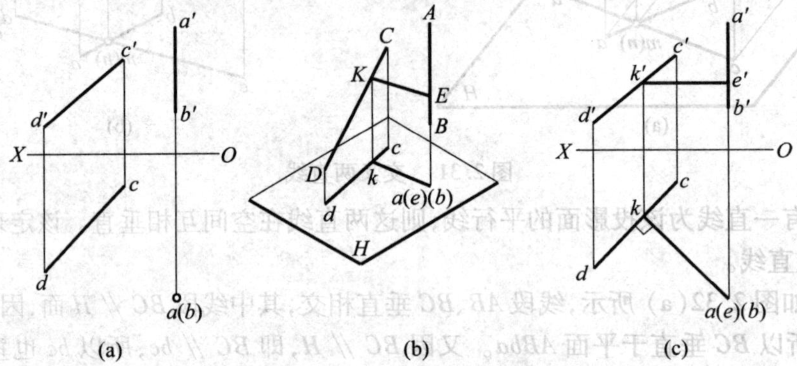

图 2.34　作线段 AB、CD 的公垂线

作图　过 $a(b)$ 向 cd 作垂线交于 k，利用直线上点的投影规律求出 k'，由水平线投影规律，过 k' 作 X 轴的平行线交 $a'b'$ 于 e'，$k'e'$ 和 ke 即为公垂线 KE 的两面投影，如图 2.34(c) 所示。

思考　本例改为求线段 AB、CD 的距离，图 2.34(c) 中哪一段是距离?

第五节　平面的投影

一、平面的投影表示法

平面通常用确定该平面的几何元素的投影表示，也可以用迹线表示。

1. 用几何元素的投影表示平面

在几何学里，平面可由几何元素点、直线组合来表示，相应地在投影图中也可以用它们的投影表示平面。如不在同一直线上的三点的投影、直线与线外一点的投影、相交两直线或平行两直线的投影、平面图形的投影等，如图 2.35 所示。

2. 用迹线表示平面

空间平面与投影面的交线，称为平面迹线，如图 2.36 所示。平面 P 与 V 面、H 面、W 面的交线，分别称为正面迹线 P_V、水平迹线 P_H、侧面迹线 P_W。迹线是投影面上的直线，它在该投影面上的投影位于原处；它在另外两个投影面上的投影，分别在相应的投影轴上，不需作任何表示和标注。用迹线表示平面和用两条相交直线表示平面实质上是一样的。

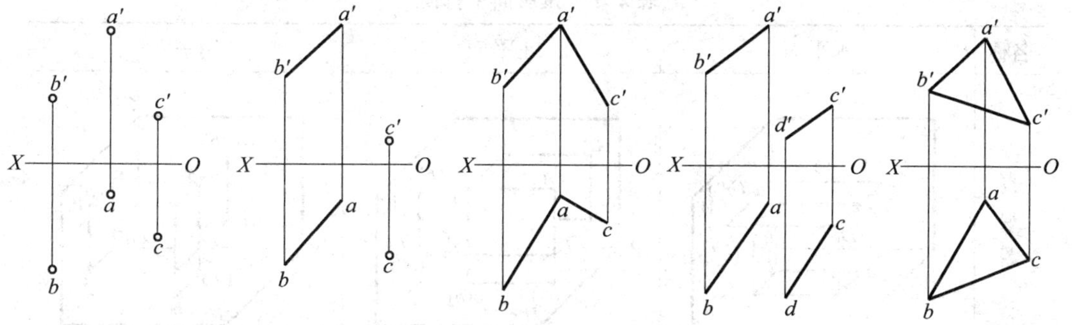

(a)不在同一直线上的三点 (b)直线与直线外一点 (c)相交两直线 (d)平行两直线 (e)平面图形

图 2.35　用几何元素表示平面

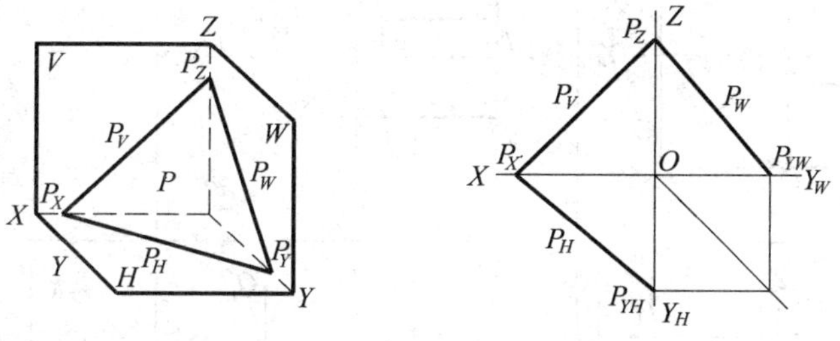

(a)　　(b)

图 2.36　用迹线表示平面

二、各种位置平面的投影特性

平面按对投影面的相对位置可分为三种:投影面平行面、投影面垂直面和一般位置平面。其中投影面平行面和投影面垂直面称为特殊位置平面。

1. 投影面平行面

投影面平行面是指平行于一个投影面,且垂直于其余两个投影面的平面。它有三种情况:平行于 H 面的平面称为水平面;平行于 V 面的平面称为正平面;平行于 W 面的平面称为侧平面。表 2.3 列出了三种投影面平行面位置的平面图形的直观图、投影图、迹线表示法和投影特性。

由表中处于水平面位置的平面 $ABCD$ 可知:水平面的水平投影反映实形;水平面的正面投影和侧面投影积聚为一直线,且分别平行于 OX 轴和 OY 轴;水平面的正面投影和侧面投影分别和它的正面迹线 P_V 和侧面迹线 P_W 相重合。

投影面平行面的投影特性,可归纳为:

(1) 在平面所平行的投影面上的投影反映平面图形的实形。

(2) 在另外两个投影面上的投影积聚为直线,并且平行于相应的投影轴。

表 2.3　投影面平行面

名称	水平面	正平面	侧平面
直观图	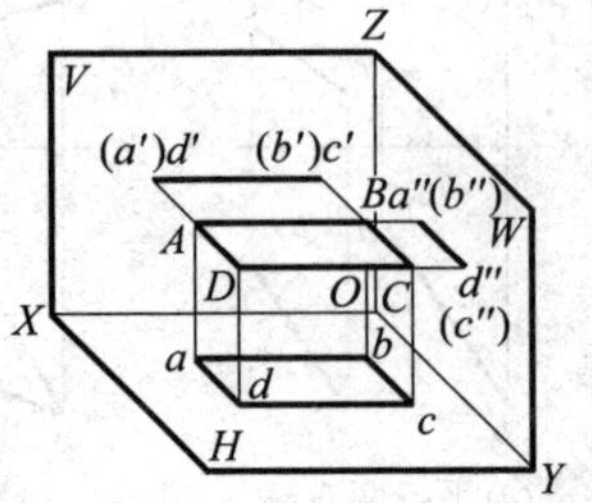	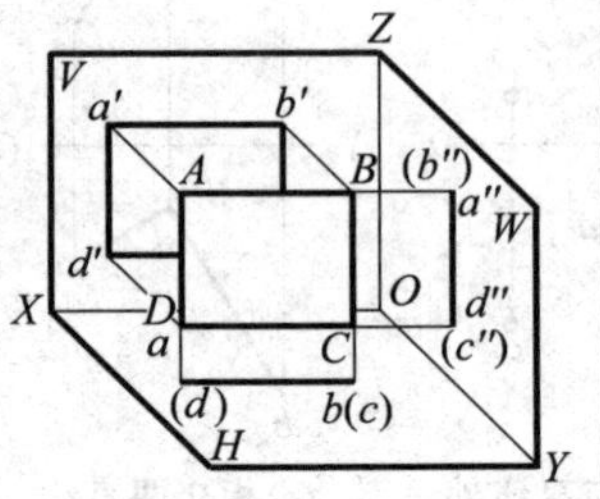	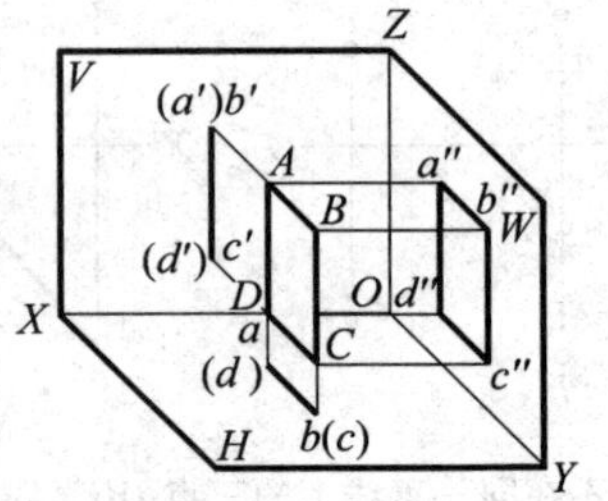
投影图	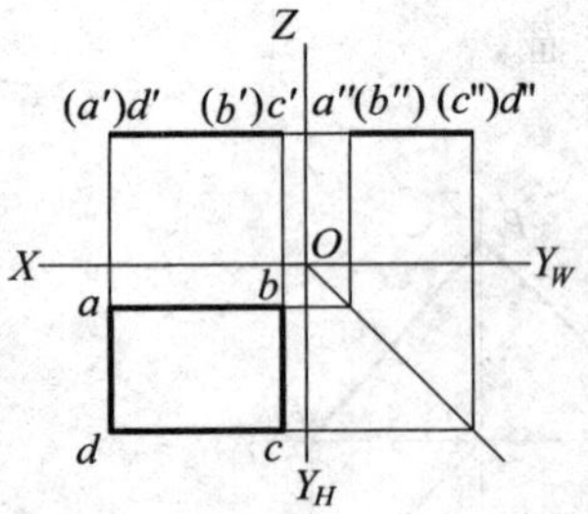	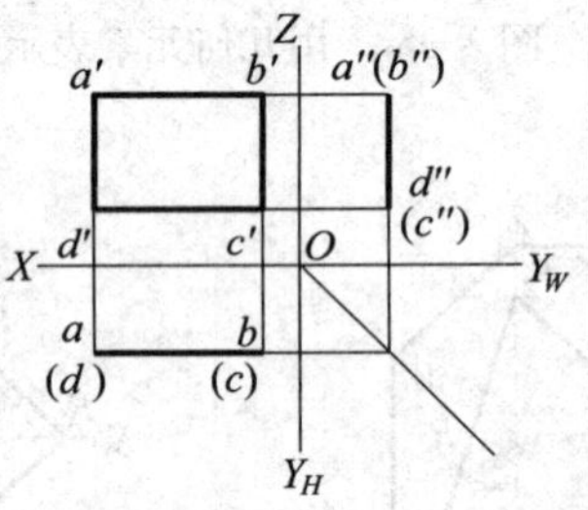	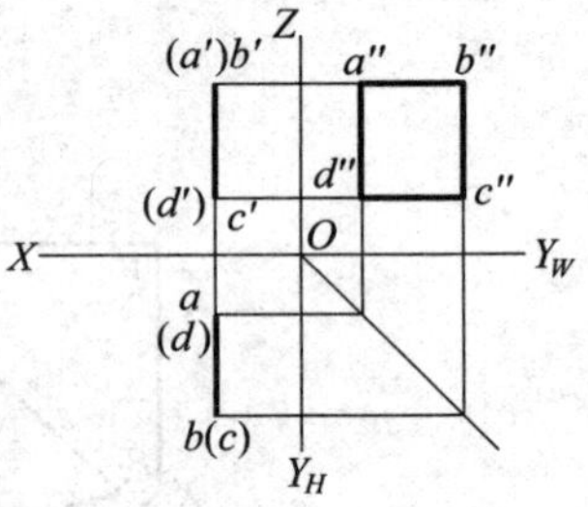
迹线表示法	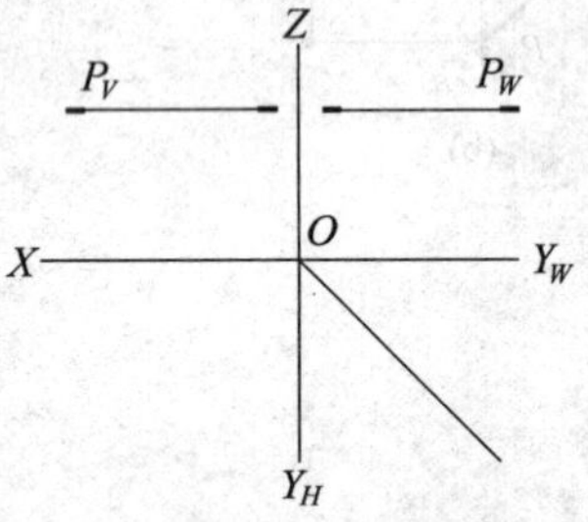	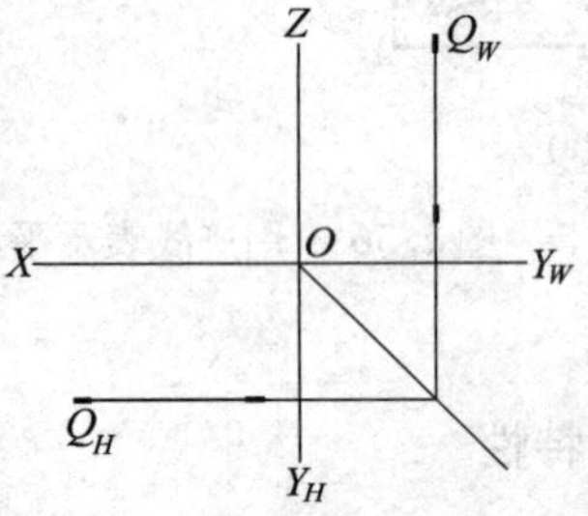	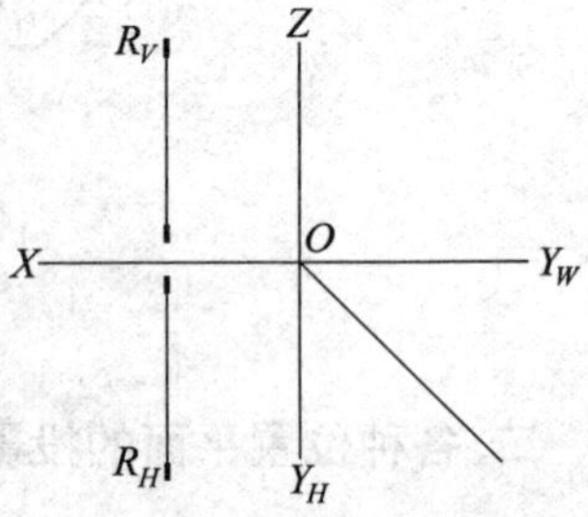
投影特性	(1) 水平投影反映实形 (2) 正面投影有积聚性与 P_V 重合,且平行 OX 轴;侧面投影有积聚性与 P_W 重合,且平行 OY_W 轴	(1) 正面投影反映实形 (2) 水平投影有积聚性与 Q_H 重合,且平行 OX 轴;侧面投影有积聚性与 Q_W 重合,且平行于 OZ 轴	(1) 侧面投影反映实形 (2) 水平投影有积聚性与 R_H 重合,且平行 OY_H 轴;正面投影有积聚性与 R_V 重合,且平行于 OZ 轴

2. 投影面垂直面

投影面垂直面是指垂直于一个投影面,且倾斜于其余两个投影面的平面。它有三种情况:垂直于 V 面的平面称为正垂面; 垂直于 H 面的平面称为铅垂面;垂直于 W 面的平面称为侧垂面。

表 2.4 列出了三种投影面垂直面位置平面图形的直观图、投影图、迹线表示法和投影特性。由表中处于铅垂面位置的平面 $ABCD$ 可知:铅垂面的水平投影积聚为一直线;铅垂面的水平投影与它的水平迹线相重合,水平迹线有积聚性;铅垂面的水平投影与 OX 轴的夹角反映该平面对 V 面的倾角 β,铅垂面的水平投影与 OY 轴的夹角反映该平面对 W 面的倾角 γ。

表 2.4　投影面垂直面

名称	铅垂面	正垂面	侧垂面
直观图	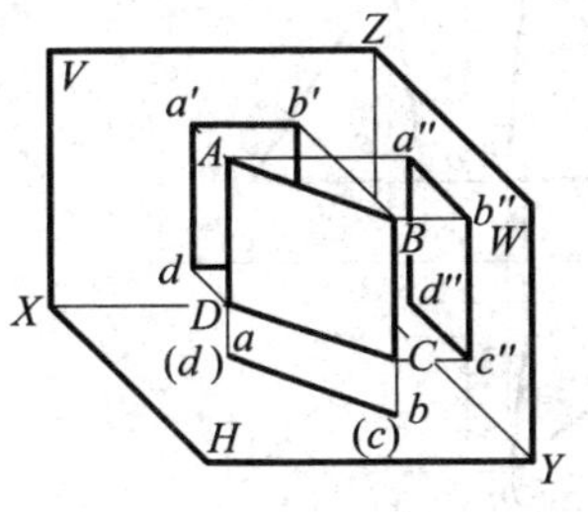	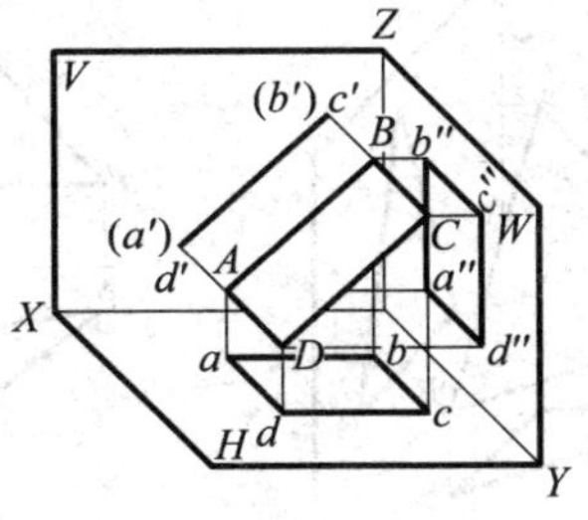	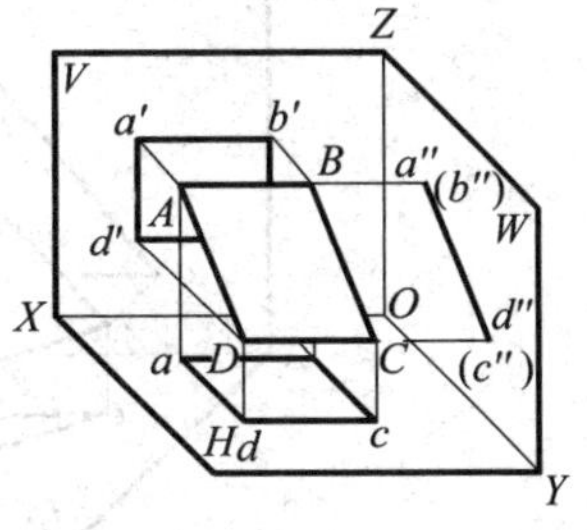
投影图	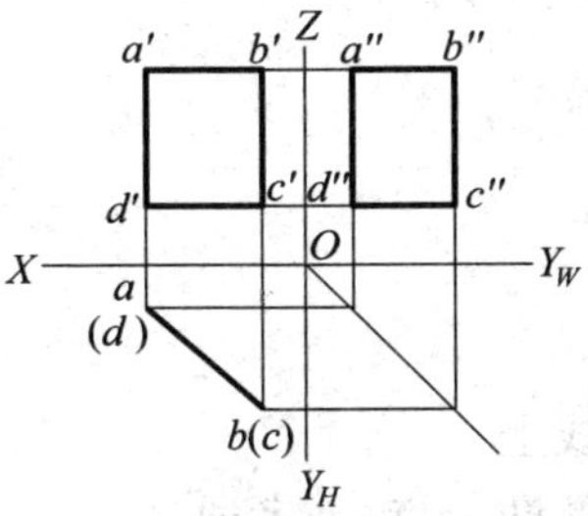	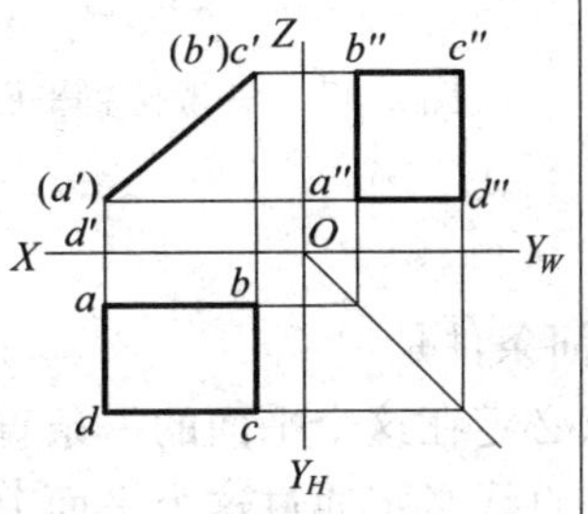	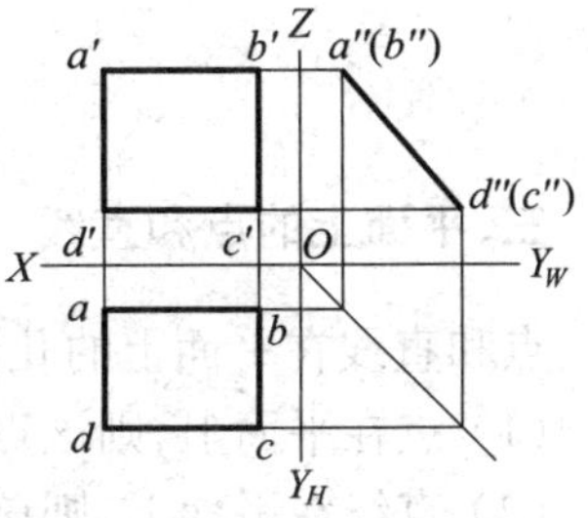
迹线表示法	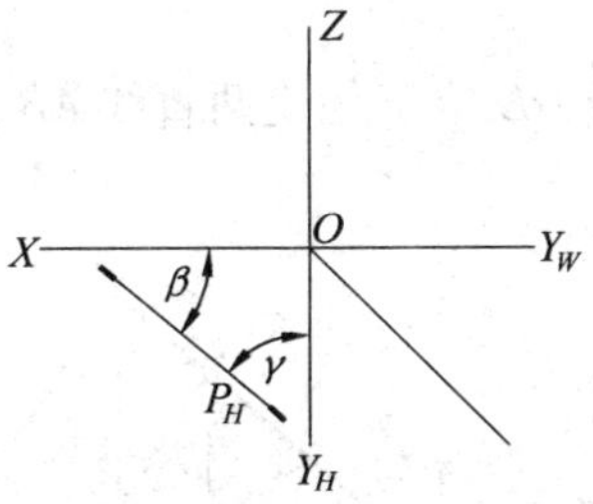	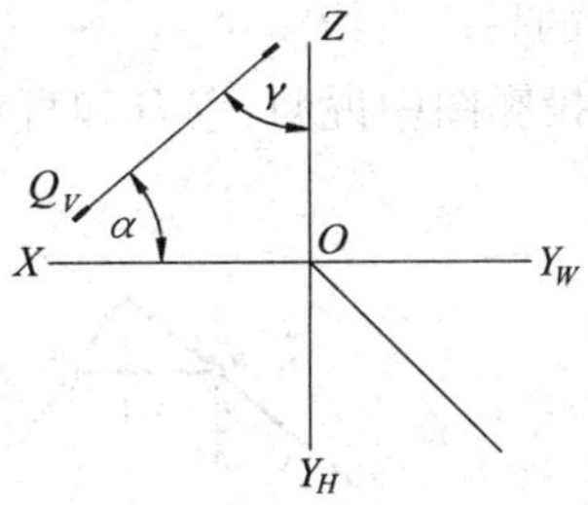	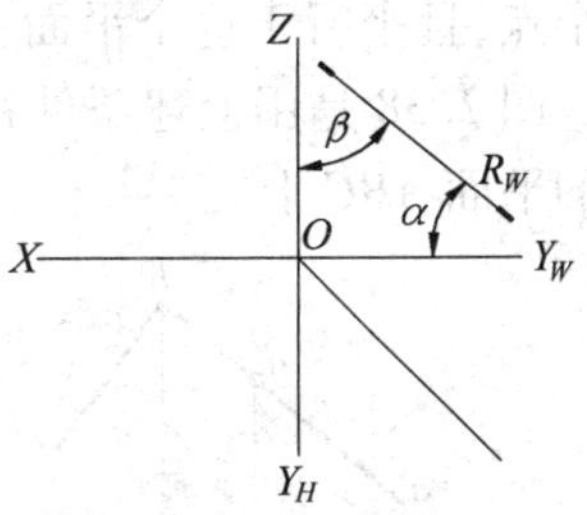
投影特性	(1) 水平投影有积聚性，且与其水平迹线重合 (2) 水平投影与 OX 轴的夹角反映 β 角，与 OY_H 轴的夹角反映 γ 角	(1) 正面投影有积聚性且与其正面迹线重合 (2) 正面投影与 OX 轴的夹角反映 α 角，与 OZ 轴的夹角反映 γ 角	(1) 侧面投影有积聚性且与其侧面迹线重合 (2) 侧面投影与 OY_W 轴的夹角反映 α 角，与 OZ 轴的夹角反映 β 角

对特殊位置平面，为突出有积聚性的迹线，一般不画无积聚性的迹线，仅用两段短的粗实线表示有积聚性的迹线位置。中间以细实线相连，并在粗实线附近标以 P_H、Q_H 等。

投影面垂直面的投影特性，可归纳为：

(1) 在平面所垂直的投影面上的投影，积聚成直线；它与两投影轴的夹角，分别反映该平面与相应的投影面的真实倾角。

(2) 在另外两个投影面上的投影是小于实形的类似的平面图形。

3. 一般位置平面

对三个投影面都处于倾斜位置的平面，称为一般位置平面。如图 2.37 所示，它的投影特点是：在三个投影面上的投影是小于实形的类似形，既不反映实形，也不会积聚为直线；各个投影也不反映平面对投影面 H、V、W 的倾角。

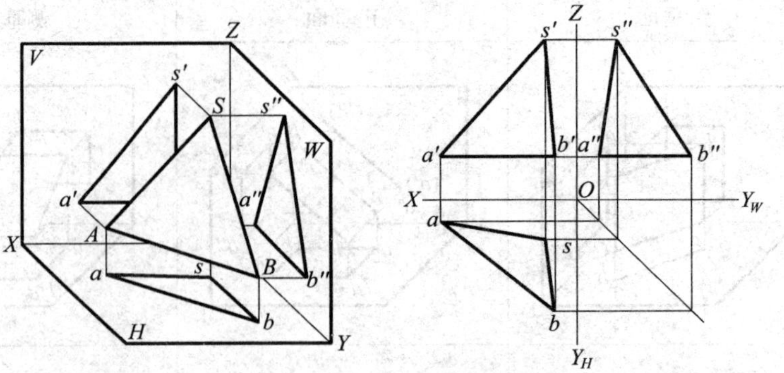

图 2.37　一般位置平面

三、平面上的点和直线

点和直线在平面上的几何条件是：

（1）点在平面上，则该点必定在这个平面的一条直线上。

（2）直线在平面上，则该直线必定通过这个平面上的两个点；或者通过这个平面上的一个点，且平行于这个平面上的另一直线。

图 2.38 是用上述条件在投影图中说明：点 D 和直线 DE 位于相交两直线 AB、BC 所确定的平面 ABC 上。

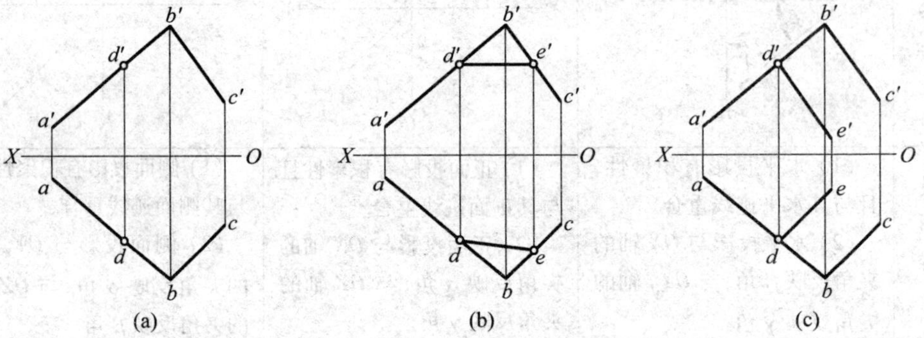

图 2.38　平面上的点和直线

【例 2.6】　已知属于平面 $\triangle ABC$ 的一点 N 的水平投影 n，作出其正面投影 n'；已知点 M 的两面投影，判断点 M 是否属于平面 $\triangle ABC$，如图 2.39(a) 所示。

分析　点属于平面，则点必属于平面上的一条直线，点属于直线，点的投影必属于直线的同面投影。

作图　如图 2.39(b) 所示。

（1）在平面 $\triangle ABC$ 的水平投影上，过 n 作一直线 AN 的水平投影 an 交 bc 于点 1。

（2）由点 1 向上作投影线交 $b'c'$ 于 $1'$，连接 $a'1'$，即为直线 AⅠ 的正面投影。

（3）由 n 向上作投影线交 $a'1'$ 的延长线于 n'，即为所求。

同理，在平面 $\triangle ABC$ 内作直线 CⅡ，使其正面投影 $c'2'$ 通过 m'，求出 CⅡ 的水平投影

$c2$，由于 m 不属于 $c2$，所以点 M 不属于平面 $\triangle ABC$。

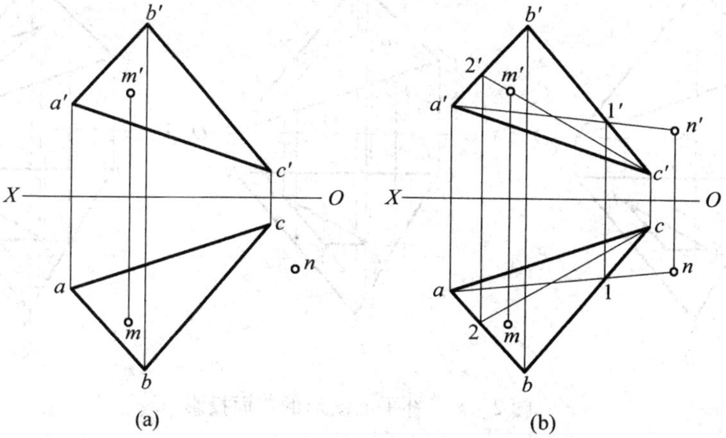

图 2.39 补属于平面的点的投影及判断点面从属关系

【**例2.7**】 过平面 $\triangle ABC$ 的点 C 作属于此平面的水平线和正平线，如图2.40所示。

分析 根据平行线的投影特性，水平线的正面投影和正平线的水平投影必平行于 OX 轴，而要作属于平面的直线，必须使之通过属于平面的两个点。要作的直线均通过一个已知点，再各求一点即可。

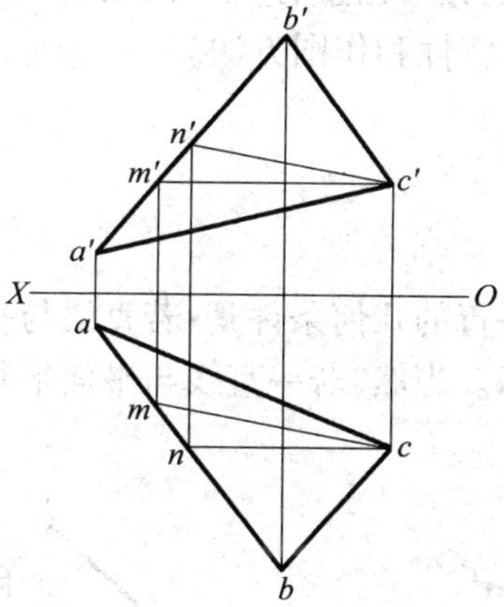

图 2.40 作属于平面的水平线和正平线

作图 （1）过 c' 作 $c'm' \parallel OX$ 轴，与 $a'b'$ 交于 m'，$M \in AB$。在 ab 上求出 m，连接 cm；$CM(c'm', cm)$ 即为所求的水平线。

（2）过 c 作 $cn \parallel OX$ 轴，与 ab 交于 n，$N \in AB$。在 $a'b'$ 上求出 n'，连接 $c'n'$；$CN(c'n', cn)$ 即为所求的水平线。

【**例2.8**】 已知 $\triangle DEF$ 平面属于 $\triangle ABC$ 平面，完成 $\triangle DEF$ 的正面投影，如图2.41所示。

分析 运用点、直线和平面的从属几何条件可完成作图。

作图 （1）延长 de 交 ab 于1，交 bc 于2，在 $a'b'$ 上求出点 $1'$，在 $b'c'$ 上求出点 $2'$，连接 $1'2'$，求出 d' 和 e'。

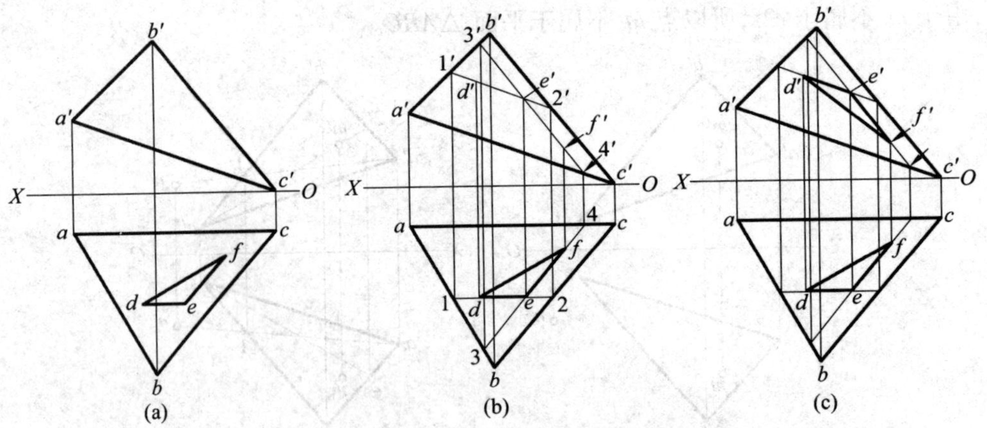

图 2.41　补平面图形的正面投影

（2）同理可以求出 f'。

（3）连接 d'、e' 和 f'，即为所求 $\triangle DEF$ 的正面投影。

第六节　直线与平面、两平面的相对位置

直线与平面、平面与平面的相对位置有：平行、相交和垂直。垂直是相交的一种特殊情况。本节将介绍它们的投影特性和作图方法。

一、平行

1. 直线与平面平行

平面外一直线与该平面平行的几何条件是：若直线与平面内某一直线平行，则此直线平行于该平面，如图 2.42 所示。当然，若一直线与平面平行，则在平面内可作无数条直线与该直线平行。

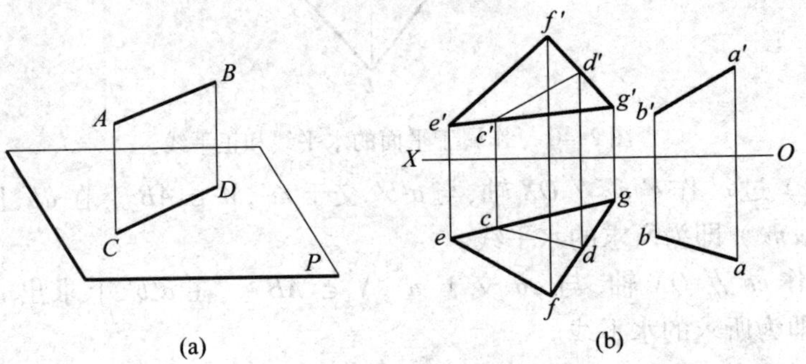

图 2.42　直线与平面平行

若直线与某一投影面垂直面平行，则该垂直面具有积聚性的投影与直线的投影。如图 2.43 所示，直线 AB 的水平投影 ab 平行于铅垂面 P 的水平迹线 P_H，所以它们在空间上是相互平行的。

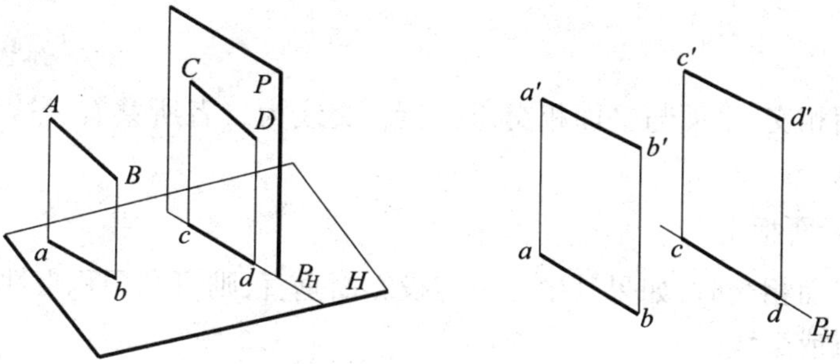

图 2.43　直线与投影面垂直面平行

2. 平面与平面平行

由几何定理可知：若属于平面的两条相交直线都对应平行于另一平面的两条相交直线，则此两平面相互平行。如图 2.44 所示，属于平面 Q 内的相交两直线 AB 和 AC 对应平行于属于平面 P 的相交两直线 FG 和 DE，则平面 P 与 Q 互相平行。

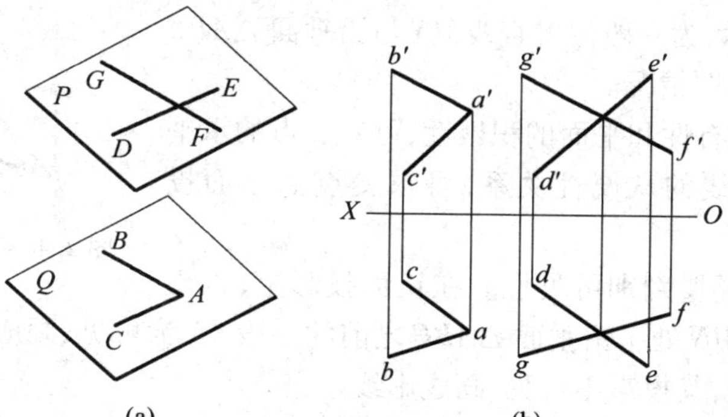

图 2.44　两平面平行

若两投影面垂直面相互平行，则它们具有积聚性的投影必然相互平行。如图 2.45 所示，两个铅垂面 P 和 Q，它们的水平投影分别积聚成直线 P_H 和 Q_H。如果 P 面和 Q 面相互平行，则直线 P_H 和 Q_H 也必定相互平行，这是因为 P_H 和 Q_H 是两平行平面 P 和 Q 与 H 面的交线。

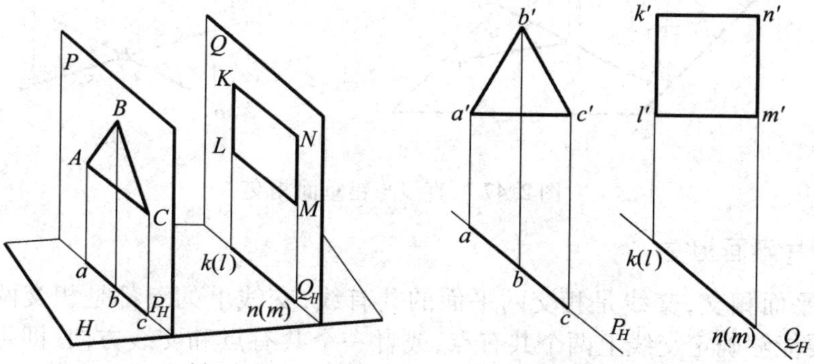

图 2.45　两投影面垂直面相互平行

二、相交

直线与平面相交，平面与平面相交，其交点、交线为二者所共有。这种共性是求作交点和交线的依据。

1. 直线与平面相交

当直线与平面相交时，如果其中之一与投影面垂直，则可利用积聚性在所垂直的投影中直接求出交点或交线。

(1) 特殊位置直线与一般位置平面相交

如图2.46所示，为一铅垂线 L 与平面 $\triangle ABC$ 相交求交点 K 的作图情况。由于直线垂直于 H 面，其水平投影积聚成一点，因此它们的交点 K 的水平投影 k 必与之重合。又交点 K 属于 $\triangle ABC$，则可在 $\triangle ABC$ 上过点 K 作辅助线 AD 可求出 k'。

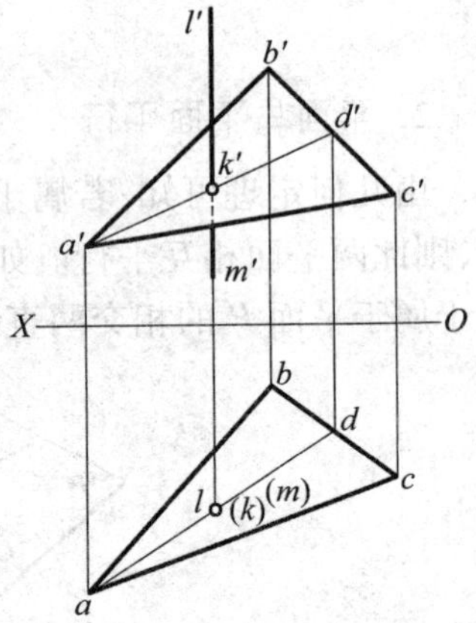

图2.46　铅垂线与平面相交

(2) 一般位置直线与特殊位置平面相交

如图2.47所示，为一般位置直线 MN 与铅垂面 $\triangle ABC$ 相交求交点 K 的作图情况。

根据交点的公有性和平面的积聚性，可知交点的水平投影，再由点和直线的从属性关系，可求交点的正面投影。

交点求出后，还要判别可见性。在正面投影上，以交点 K 为分界，直线 MN 处于铅垂面 $\triangle ABC$ 之前的一段 KN 为可见，画成粗实线，而平面后面的一段被平面遮挡，其投影不可见，画成虚线。

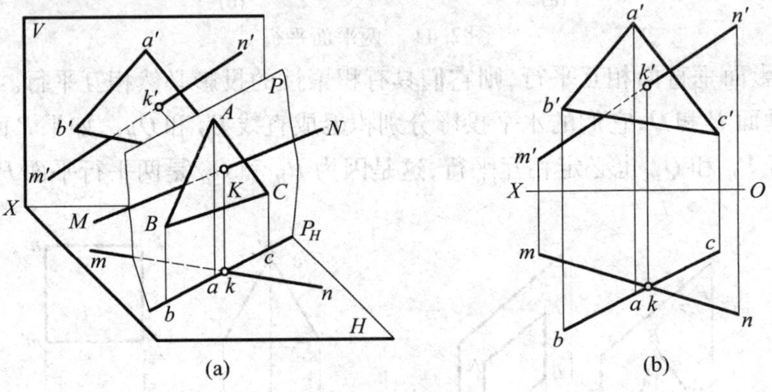

图2.47　直线与铅垂面相交

2. 平面与平面相交

平面与平面相交，交线是相交两平面的共有线，交线上的点都是相交两平面的共有点，因此只要能够确定交线上两个共有点，或者一个共有点和交线方向，即可作出两平面的交线。

(1) 两特殊位置平面相交

【例 2.9】 求铅垂面 $\triangle ABC$ 与铅垂面 $\triangle DEF$ 的交线 MN，并判别可见性，如图 2.48(a) 所示。

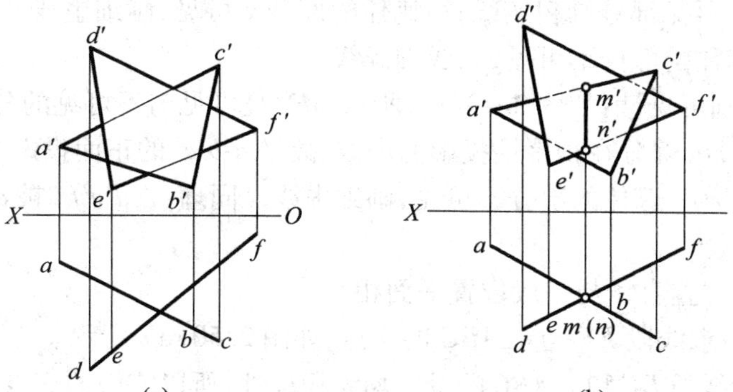

(a)　　　　(b)

图 2.48　求两铅垂面的交线

分析　因为两个平面都是铅垂面，所以交线为铅垂线，其水平投影积聚为点，正面投影垂直于 OX 轴。

作图　如图 2.48(b) 所示，定出交线 MN 的水平投影 $m(n)$；过 $m(n)$ 作 x 轴垂线，在两个三角形正面投影相重合部分作出 $m'n'$，就得到交线 MN 的正面投影。

判别可见性：如图 2.48(b) 所示，从水平投影可看：在交线 MN 的左侧，$\triangle DEF$ 在 $\triangle ABC$ 的前方，故 $\triangle d'e'f'$ 在 $m'n'$ 左侧可见，而 $\triangle a'b'c'$ 在 $m'n'$ 左侧的 $\triangle d'e'f'$ 范围内不可见，右侧则相反。

(2) 特殊位置平面与一般位置平面相交

【例 2.10】 如图 2.49(a) 所示，求铅垂面 $\triangle DEF$ 与一般位置平面 $\triangle ABC$ 的交线 MN，并判别可见性。

分析　由于铅垂面 $\triangle DEF$ 的水平面投影有积聚性，交线 MN 的水平面投影在其积聚性投影上，交线的水平投影已知，利用直线上点的投影特性，求出交线 MN 的正面投影。

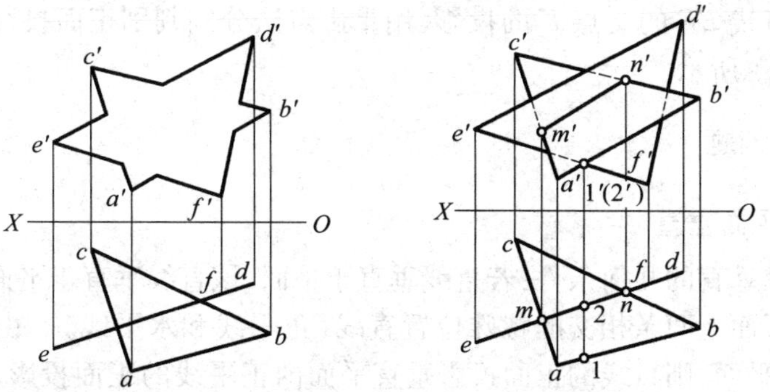

(a)　　　　(b)

图 2.49　求铅垂面与一般位置平面的交线

作图　如图 2.49(b) 所示，依据铅垂面 $\triangle DEF$ 的积聚性投影，求出交线 MN 的水平投影 mn。点 M 在 AC 上，过 m 作 OX 轴垂线，交 $a'c'$ 于 m'；同理，求出交点 N 的正面投影

n'。连接 $m'n'$ 即为所求交线 MN 的正面投影。

用重影点法判别可见性:如图 2.49(b) 所示,1′(2′)是线段 AB、EF 上点 Ⅰ、Ⅱ 在正面投影的重影点,点 Ⅰ 在前,点 Ⅱ 在后,点 Ⅰ 在线段 AB 上,点 Ⅱ 在线段 EF 上,线段 AB 可见,则 $a'b'n'm'$ 可见部分画粗实线,被遮住的部分不可见,画细虚线。同理,$e'f'$ 可见部分画粗实线,被遮住的部分不可见,画成细虚线。

用目测法判别可见性:如图 2.49(b) 所示,MN 是可见与不可见的分界线。以水平投影 mn 为界,因 $abmn$ 部分在积聚性投影的前方,故 $\triangle a'b'c'$ 的正面投影中,$a'b'n'm'$ 可见,画粗实线,被 $\triangle d'e'f'$ 遮住的部分不可见,画细虚线。同理,$\triangle d'e'f'$ 被 $a'b'n'm'$ 遮住的部分不可见。

＊(3) 一般位置直线与一般位置平面相交

【例 2.11】 求线段 EF 与 $\triangle ABC$ 的交点,如图 2.50(a) 所示。

分析 由于线段 EF 和 $\triangle ABC$ 的投影均无积聚性,所以它们的交点不能直接求出,须采用作辅助平面的方法。如图 2.50(b) 所示,过 EF 作铅垂面 S,MN 即为铅垂面 S 与 $\triangle ABC$ 的交线。这样就转化为特殊位置平面与一般位置平面相交求交线的问题。

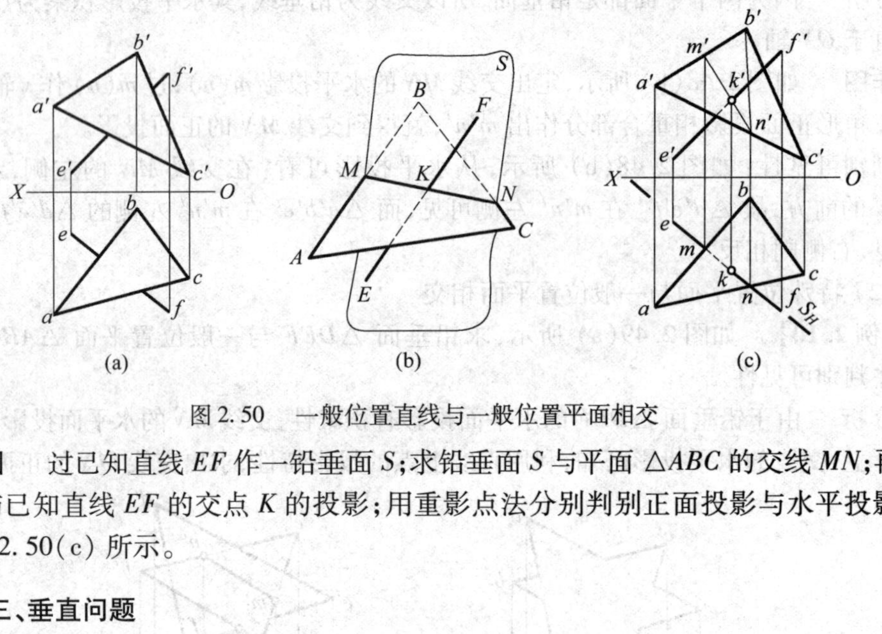

图 2.50 一般位置直线与一般位置平面相交

作图 过已知直线 EF 作一铅垂面 S;求铅垂面 S 与平面 $\triangle ABC$ 的交线 MN;再求交线 MN 与已知直线 EF 的交点 K 的投影;用重影点法分别判别正面投影与水平投影可见性,如图 2.50(c) 所示。

＊三、垂直问题

1. 直线与平面垂直

直线与平面垂直的几何条件:若直线垂直于平面,该直线垂直于平面内所有直线。为了作图方便取平面上两条相交的特殊位置直线(正平线和水平线)。由直角投影定理可知,直线垂直于平面,则直线的正面投影垂直平面内正平线的正面投影,直线的水平投影垂直平面内水平线的水平投影,如图 2.51 所示。

若平面为投影面垂直面,则垂直于该平面的直线必为投影面平行线。在与平面垂直的那个投影面上,直线的投影垂直于平面的积聚性投影,如图 2.52 所示。

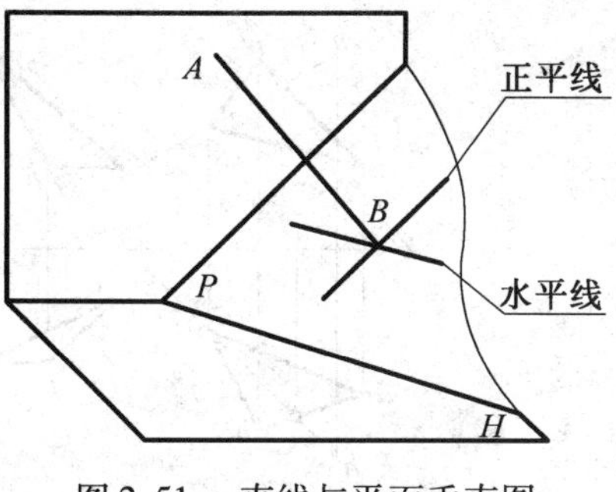

图 2.51　直线与平面垂直图

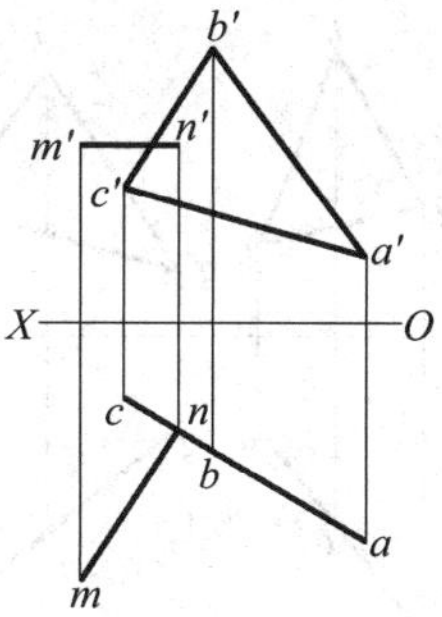

图 2.52　直线垂直于铅垂面

【例 2.12】　过平面外点可作直线垂直于 $\triangle ABC$ 所确定的平面，如图 2.53(a) 所示。

分析　过平面外点作平面的垂线，可作直线分别垂直于平面内的水平线和正平线。

作图　在 $\triangle ABC$ 上任作一水平线 AⅠ（两投影为 $a'1'$ 和 $a1$）和一正平线 AⅡ（两投影为 $a'2'$ 和 $a2$），利用直角投影定理，过 m' 作 $m'k' \perp a'2'$，过 m 作 $mk \perp a1$，则直线 MK 垂直于 $\triangle ABC$，如图 2.53(b) 所示。

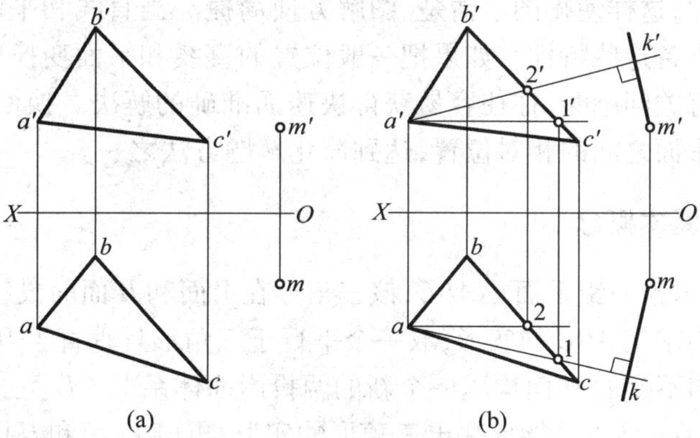

(a)　　(b)

图 2.53　过点作直线垂直于平面

2. 两平面垂直

由立体几何可知，若一平面包含另一平面的垂线，则两平面相互垂直。两面垂直问题又归结为线与面垂直的问题。

若两相互垂直的平面垂直于同一投影面，则两平面在该投影面上的积聚性投影互相垂直，如图 2.54 所示。

【例 2.13】　判别 $\triangle ABC$ 与 $\triangle EFG$ 是否相互垂直，如图 2.55 所示。

分析　$\triangle EFG$ 中 EF 和 FG 分别是水平线和正平线，要判别两平面是否垂直，可在 $\triangle ABC$ 面上取一点，作 $\triangle EFG$ 的垂线，检查垂线是否在 $\triangle ABC$ 上即可。

作图　过 $\triangle ABC$ 内点 A 作平面 $\triangle EFG$ 的垂线 AH，作 $ah \perp ef$，再作 $a'h' \perp e'f'$。ah 和 $a'h'$ 分别与 bc 和 $b'c'$ 相交，交点的连线不垂直 OX 轴，AH 不在 $\triangle ABC$ 面上，故两平面不垂直。

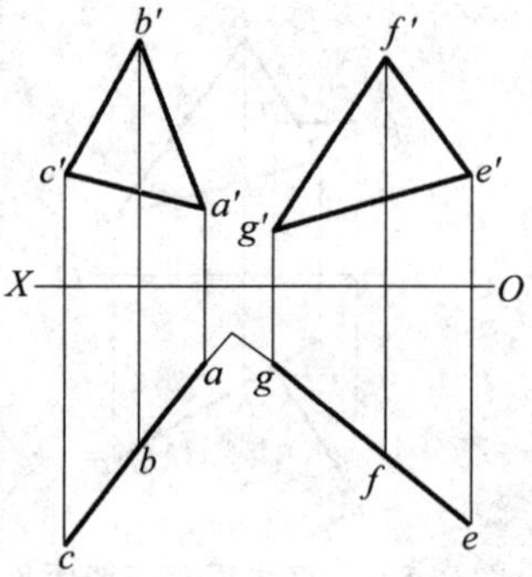

图 2.54　两铅垂面互相垂直

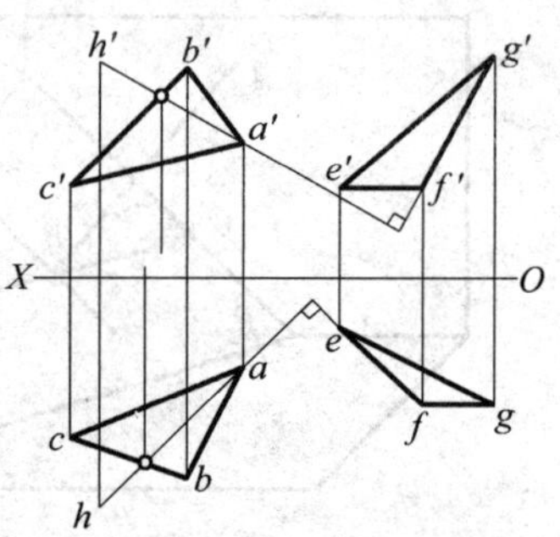

图 2.55　判别两平面是否垂直

第七节　换 面 法

当空间的直线与平面对投影面处于平行或垂直的特殊位置时，其投影能够直接反映实形或具有积聚性，这样使得图示清楚、图解方便简捷。当直线和平面处于一般位置时，它们的投影就不具备这些特性。如果把一般位置的直线和平面变换成特殊位置，在解决空间几何元素的有关问题时，往往容易获得快速而准确的解决。换面法就是研究如何改变几何元素与投影面之间的相对位置，达到简化解题方法之一。

一、换面法的基本概念

如图 2.56 所示为一铅垂面 $\triangle ABC$，该三角形在 V 面和 H 面的投影体系中的两个投影都不反映实形。为求 $\triangle ABC$ 的实形，取一个平行于三角形且垂直于 H 面的 V_1 面来代替 V 面，则新的 V_1 面和不变的 H 面构成一个新的两投影面体系 V_1/H。三角形在 V_1/H 体系中使 V_1 面上的投影 $\triangle a_1'b_1'c_1'$ 能反映出三角形的实形，再以 V_1 面和 H 面的交线 O_1X_1 为轴，使 V_1 面旋转到与 H 面重合，就得出 V_1/H 体系的投影图，这样的方法就称为变换投影面法，简称换面法。

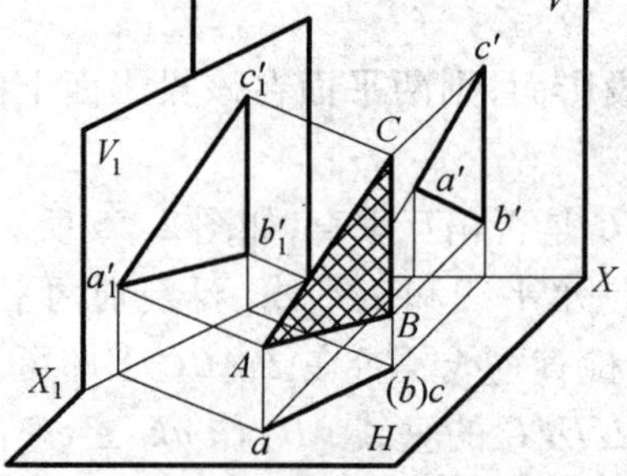

(a) 直观图

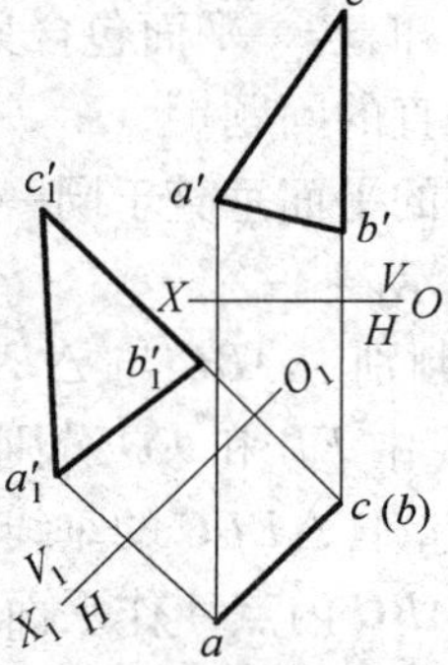

(b) 投影图

图 2.56　V/H 体系变为 V_1/H 体系

采用换面法时，新投影面不能任意选择，必须符合以下两个基本条件：

(1) 新投影面必须和空间几何元素处于有利于解题的位置。

(2) 新投影面必须垂直于一个不变的投影面。

二、点的投影变换规律

1. 点的一次变换

点是最基本的几何元素,因此,在变换投影面时,首先要了解点的投影变换规律。

如图2.57(a)所示,点A在V/H体系中的正面投影为a',水平投影为a。现在保留H面不变,取一铅垂面V_1($V_1 \perp H$)来代替正立面V,使之形成新的两投影面体系V_1/H。V_1面与H面的交线是新的投影轴O_1X_1。过点A向V_1投影面引垂线,垂线与V_1面的交点a_1'即为点A在V_1面上的新投影,这样就得到了在V_1/H体系中点A的两个投影a_1'和a。

因为新旧两投影体系具有同一水平面H,因此,点A到H面的距离(即z坐标)在新旧体系中都是相同的,即$a'a_x = Aa = a_1'a_{X1}$。当V_1面绕X_1轴旋转到与H面重合时,根据点的投影规律可知,点A的两投影a和a_1',其连线$a\,a_1'$应垂直于O_1X_1轴。

根据以上分析,可以得出点的投影变化规律:

(1) 点的新投影和不变投影的连线垂直于新的投影轴。

(2) 点的新投影到新投影轴的距离等于被变换的旧投影到旧投影轴的距离。

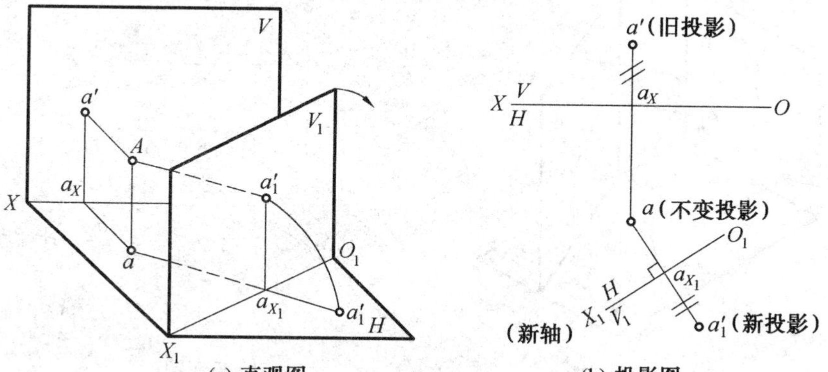

(a) 直观图　　(b) 投影图

图2.57　点的一次变换(变换H面)

图2.57(b)所示为将V/H体系中的旧投影(a, a')变换成V_1/H体系中的新投影(a, a'_1)的作图过程。首先按要求条件画出新的投影轴O_1X_1,新投影轴确定了新投影面在投影体系中的位置,然后过点a作$aa_1' \perp O_1X_1$,在垂线上截取$a_1'a_{X1} = a'a_X$,则a_1'即为所求的新投影。

图2.58(a)所示为更换水平面的作图过程。取正垂面H_1来代替H面,H_1面和V面构成新投影体系V/H_1,新旧两体系具有同一个V面,因此$a_1a_{X1} = Aa' = aa_X$。图2.58(b)表示在投影图上,由a, a'求作a_1的过程。首先作出新投影轴O_1X_1,然后过a'作$a'a_{X1} \perp O_1X_1$。在垂线上截取$a_1a_{X1} = aa_X$,则a_1即为所求的新投影。

2. 点的两次变换

在运用换面法解决实际问题时,更换一次投影面有时不能解决问题,需更换两次或更

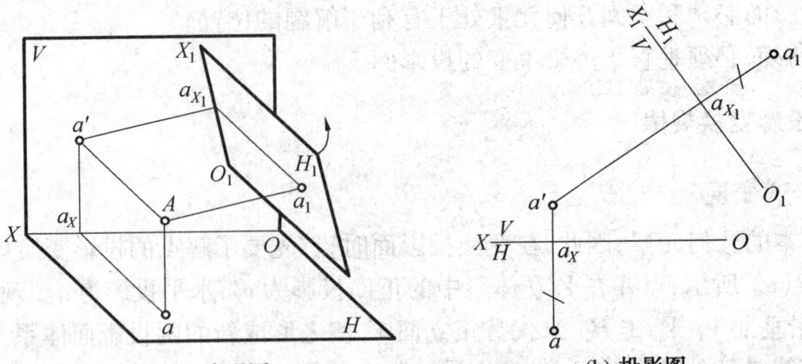

(a) 直观图　　　　　　　　　　(b) 投影图

图 2.58　点的一次变换(变换 V 面)

换多次。图 2.59 表示更换两次投影面时,求点的新投影的作图方法,其原理和更换一次投影面相同。但必须指出:在更换投影面时,新投影面的选择必须符合前面所述的两个基本条件,而且不能一次更换两个投影面,必须一个更换完以后,在新的两面体系中,交替地再更换另一个。如图 2.59 所示,先由 V_1 面代替 V 面,构成新体系 V_1/H;再以 V_1/H 体系为基础,取 H_2 面代替 H 面,又构成新体系 V_1/H_2。

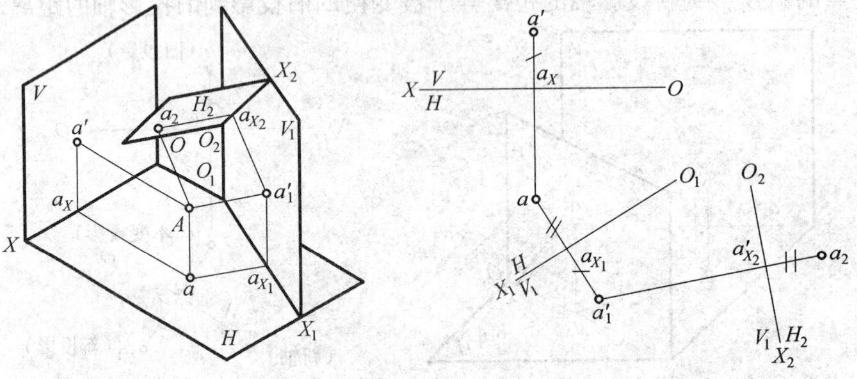

(a) 直观图　　　　　　　　　　(b) 投影图

图 2.59　点的二次变换

三、四个基本作图问题

1. 将一般位置直线变为投影面平行线

图 2.60(a) 表示将一般位置直线 AB 变为投影面平行线的情况。在这里,新投影面 H_1 平行于直线 AB,且垂直于原有投影面 V,直线 AB 在新投影面体系 V/H_1 中为水平线。图 2.60(b) 所示为投影图。作图时,先在适当位置画出与不变投影 $a'b'$ 平行的新投影轴 O_1X_1,然后运用投影变换规律求出 A、B 两点的新投影 a_1、b_1,再连成直线 a_1b_1。

2. 将投影面平行线变为投影面垂直线

图 2.61(a) 表示将水平线 CD 变为投影面垂直线的情况。在这里,由于新投影面 V_1 垂直于水平线 CD,因此它必定垂直于原有投影面 H。直线 CD 在新投影面体系 V_1/H 中为

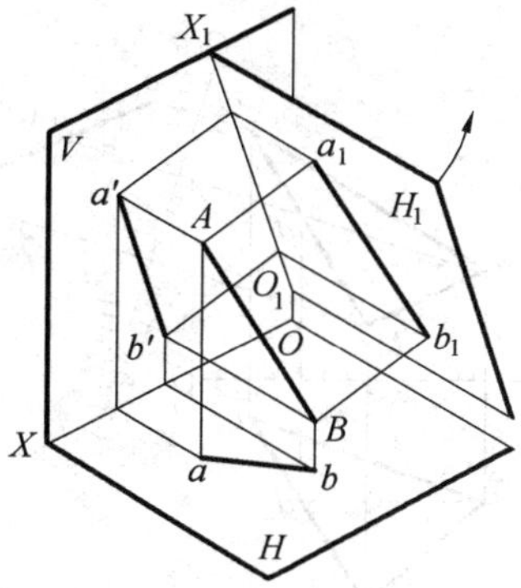

(a) 直观图

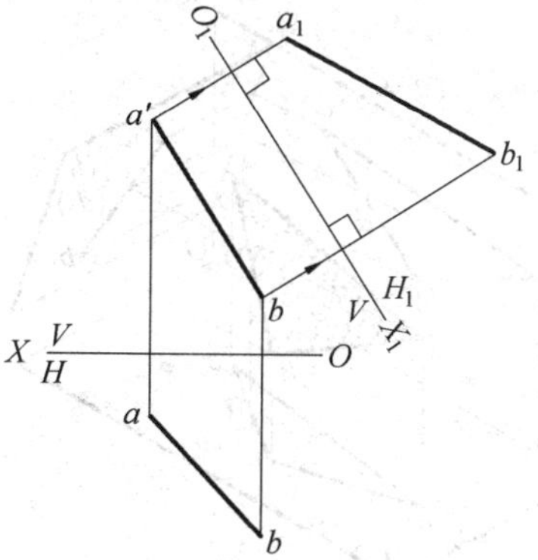

(b) 投影图

图 2.60　将一般位置直线变为投影面平行线

正垂线。

图 2.61(b) 所示为它的投影图。作图时,先在适当位置画出与水平投影 cd 垂直的新投影轴 O_1X_1,再应用投影变换规律作出直线的新投影 $c_1'(d_1')$,$c_1'(d_1')$ 应积聚为一点。

3. 将一般位置平面变为投影面垂直面

图2.62(a) 表示将一般位置平面 $\triangle ABC$ 变为新投影面体系中铅垂面的情况。由于新投影面 H_1 既要垂直于 $\triangle ABC$ 平面,又要垂直于原有投影面 V,因此,它必须垂直于 $\triangle ABC$ 平面内的正平线。图 2.62(b) 所示为它的投影图。作图时,先在 $\triangle ABC$ 平面内取一条正平线 AD 作为辅助线,再将 AD 变为新投影面体系 V/H_1 中的铅垂线,就可使 $\triangle ABC$ 平面变为 V/H_1 中的铅垂面。

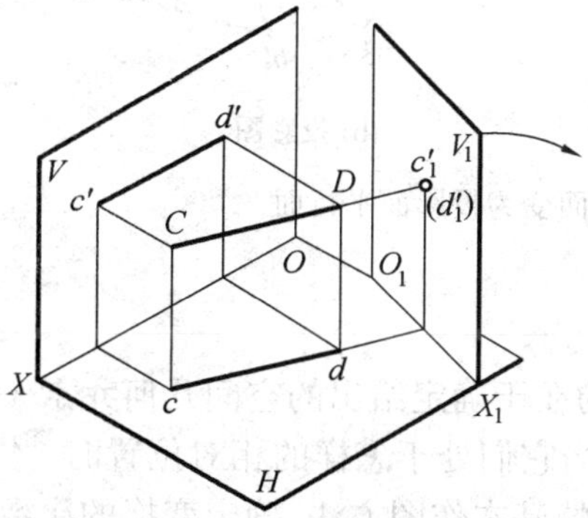

(a) 直观图

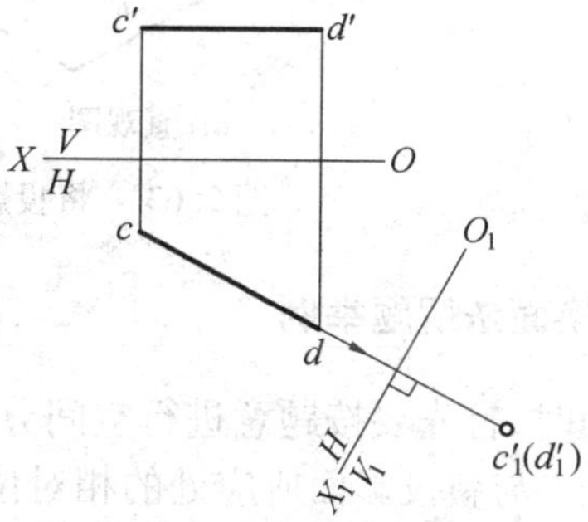

(b) 投影图

图 2.61　将投影面平行线变为投影面垂直线

同理,也可以将 $\triangle ABC$ 平面变为新投影面体系 V_1/H 中的正垂面。

4. 将投影面垂直面变为投影面平行面

图 2.63(a) 表示将铅垂面 $\triangle ABC$ 变为投影面平行面的情况。由于新投影面 V_1 平行于 $\triangle ABC$,因此它必定也垂直于投影面 H,并与 H 面组成 V_1/H 新投影面体系。$\triangle ABC$ 在新体系中是正平面。图 2.63(b) 所示为它的投影图。作图时,先画出与 $\triangle ABC$ 的积聚性的水平投影平行的新投影轴 O_1X_1,再运用投影变换规律求出 $\triangle ABC$ 各顶点的新投影 a_1'、b_1'、c_1',然后连接成 $\triangle a_1'b_1'c_1'$。

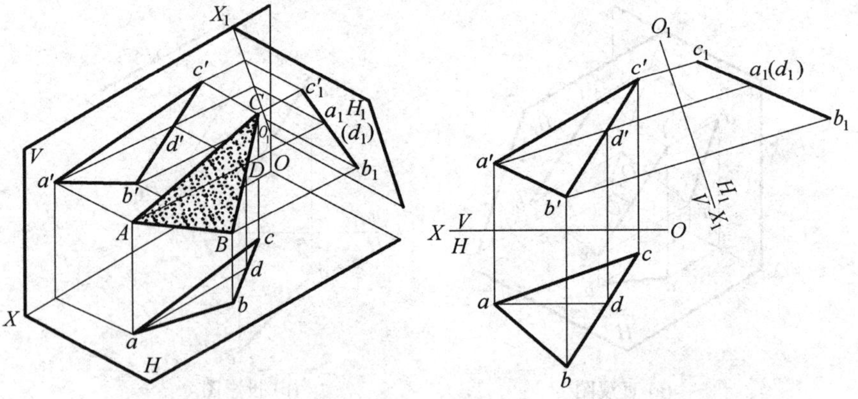

(a) 直观图　　　(b) 投影图

图 2.62　将一般位置平面变为投影面垂直面

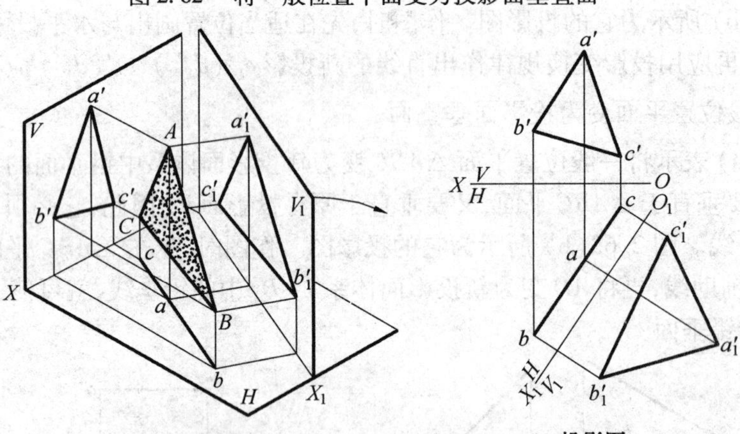

(a) 直观图　　　(b) 投影图

图 2.63　将投影面垂直面变为投影面平行面

四、换面法解题举例

解题时，首先要按题意进行空间分析，目的在于确定给出的空间几何元素（或者其中的一部分）与新投影面所应处的相对位置，即当它们处于怎样的相对位置时，才能在投影图上最容易求得解答；然后再根据上面所介绍的基本作图方法，确定变换的次数和变换的步骤；最后进行具体作图。

为了使图形清晰易看，应尽量避免作新投影时所画的图线与旧投影中的图线交错重叠，为此，作图时必须将新投影轴画在适当位置。

【例 2.14】　求 $\triangle ABC$ 和 $\triangle ABD$ 之间的夹角，如图 2.64 所示。

分析　当两三角形平面同时垂直于某一投影面时，则它们在该投影面上的投影直接反映两平面夹角的真实大小，如图 2.64(a) 所示。为使两三角形平面同时垂直于某一投影面，只要使它们的交线垂直该投影面即可。根据给出的条件，交线 AB 为一般位置直线，若变为投影面垂直线则需要换两次投影面，即先变为投影面平行线，再变为投影面垂直线。

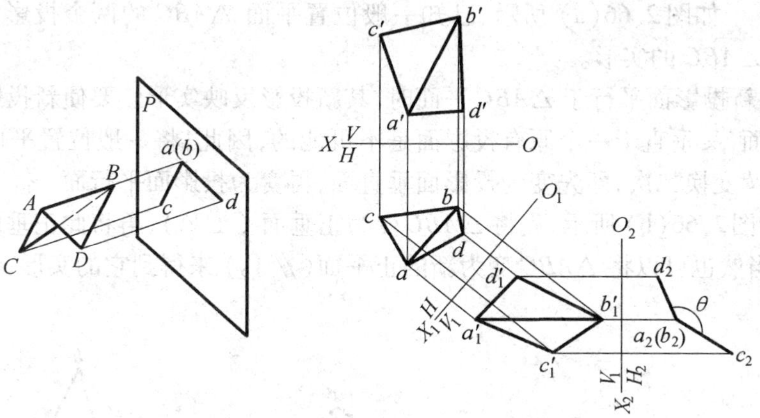

(a) 直观图　　　　(b) 作图过程

图 2.64　求两三角形之间的夹角

作图

(1) 作 O_1X_1 // ab，使交线 AB 在 V_1/H 体系中变为投影面平行线。

(2) 作 $O_2X_2 \perp a_1{}'b_1{}'$，使交线 AB 在 V_1/H_2 体系中变为投影面垂直线。这时两三角形的投影积聚为一对相交线 $a_2(b_2)c_2$ 和 $a_2(b_2)d_2$，则 $\angle c_2a_2d_2$ 即为两面夹角 θ。

【例 2.15】　平行四边形 $ABCD$ 给定一平面，试求点 S 至该平面的距离（如图 2.65 所示）。

分析　当平面变成投影面垂直面时，则直线 SK 变成平面所垂直的投影面的平行线，由此问题得解，如图 2.65(a) 所示。当平面变成 V_1 面的垂直面时，反映点至平面距离的垂线 SK 为 V_1 面的平行线，它在 V_1 面上的投影 $s_1{}'k_1{}'$ 反映实长。当然，如将平面变为 H 面的垂直面也可。一般位置平面变成投影面垂直面，只需变换一次投影面。

作图

(1) 将一般位置平面 $ABCD$ 变成投影面垂直面，点 S 随同一起变换成 $s_1{}'$。

(2) 过 $s_1{}'$ 作直线 $s_1{}'k_1{}' \perp a_1{}'(d_1{}')b_1{}'(c_1{}')$，$s_1{}'k_1{}'$ 即为所求。

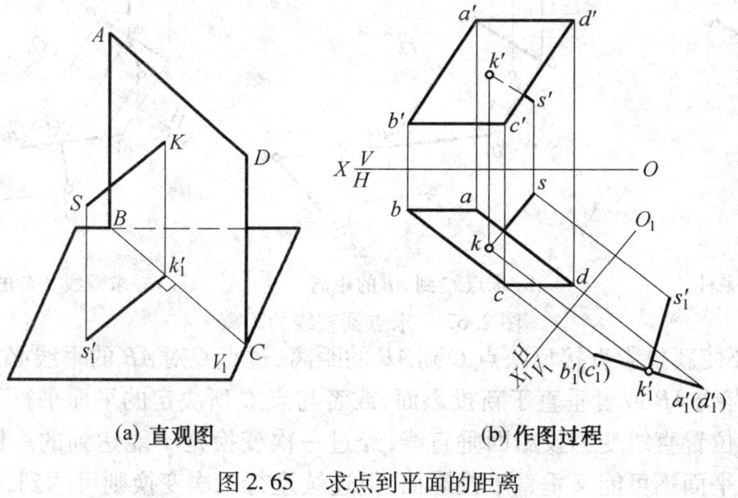

(a) 直观图　　　　(b) 作图过程

图 2.65　求点到平面的距离

【例 2.16】 如图 2.66(a) 所示,已知一般位置平面 $\triangle ABC$ 的两个投影 $\triangle a'b'c'$ 和 $\triangle abc$,试求出 $\triangle ABC$ 的实形。

分析 当新投影面平行于 $\triangle ABC$ 平面时,其新投影反映实形。要使新投影面既平行于一般位置平面,又垂直于一个原有投影面是不可能的,因此,将一般位置平面变为投影面平行面要连续变换二次,即先变为投影面垂直面,再变为投影面平行面。

作图 如图2.66(b) 所示,先将 $\triangle ABC$ 变为正垂面($\perp V_1$),再将此正垂面变为水平面($/\!/ H_2$)。当然也可以将 $\triangle ABC$ 变为新的正平面($/\!/ V_2$)来得到它的实形,建议读者试作一下。

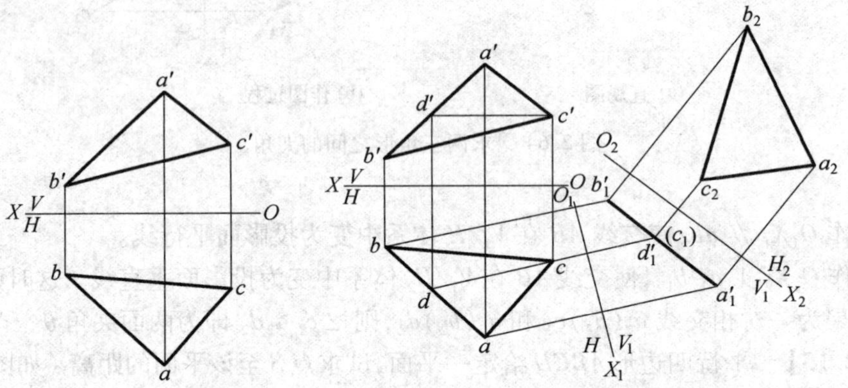

(a) 直观图 (b) 作图过程

图 2.66 求平面的实形

【例 2.17】 如图 2.67(a) 所示,已知线段 AB 和线外一点 C 的两个投影,试求点 C 至直线 AB 的距离,并作出过 C 对 AB 的垂线的投影。

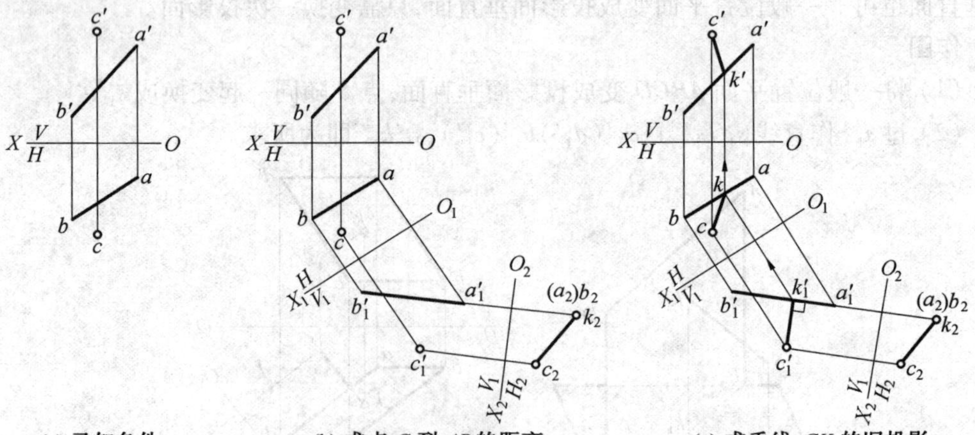

(a) 已知条件 (b) 求点 C 到 AB 的距离 (c) 求垂线 CK 的旧投影

图 2.67 求点到直线的距离

分析 要使新投影直接反映点 C 到 AB 的距离,过点 C 对 AB 的垂线必须平行于新投影面。这时,直线 AB 或者垂直于新投影面,或者与点 C 所决定的平面平行于新投影面。

要将一般位置直线变为投影面垂直线,经过一次变换是不能达到的。因为垂直于一般位置直线的平面不可能又垂直于投影面,但连续进行二次变换则可达到,即先将一般位置直线变为投影面平行线，再由投影面平行线变为投影面垂直线。

作图

(1) 求点 C 到 AB 的距离。在图2.67(b)中，先将 AB 变为平行线（$/\!/ V_1$），然后将此正平线变为铅垂线（$\perp H_2$），点 C 的投影也随着变换过去，线段 c_2k_2 即等于点 C 至直线 AB 的距离。

(2) 作出点 C 对 AB 的垂线的旧投影。图2.67(c)所示为求垂线 CK 旧投影的方法。由于 AB 的垂线 CK 在新体系 V_1/H_2 中平行于 H_2 面，因此它在 V_1 面上的投影 $c_1'k_1'$ 应与 O_2X_2 轴平行，而与 $a_1'b_1'$ 垂直。据此，过作 c_1' 作 O_2X_2 轴的平行线，就可得到 k_1'，利用直线上点的投影特性，由 k_1' 返回去在直线 AB 的相应投影上，先后求得垂足 K 的两个旧投影 k 和 k'，垂线的两个旧投影即可画出。

第三章　立体的投影

立体是由若干表面围成的实体，根据其表面构成不同，分为平面立体和曲面立体。表面均为平面的立体称为平面立体；表面为曲面或曲面与平面围成的立体称为曲面立体。工程制图中，通常把棱柱、棱锥、圆柱、圆锥、球、圆环等简单立体称为基本几何体，简称基本体。大部分机器零件都可看作由若干基本体组成的，本章主要讲解基本体的投影。

第一节　平面立体的投影

表面由平面组成的立体称为平面立体。常见的简单平面立体有棱柱、棱锥等，如图3.1所示。组成平面立体的每个平面多边形称为棱面；多边形的边即相邻两棱面的交线称为棱线；各棱线的交点称为平面立体的顶点。

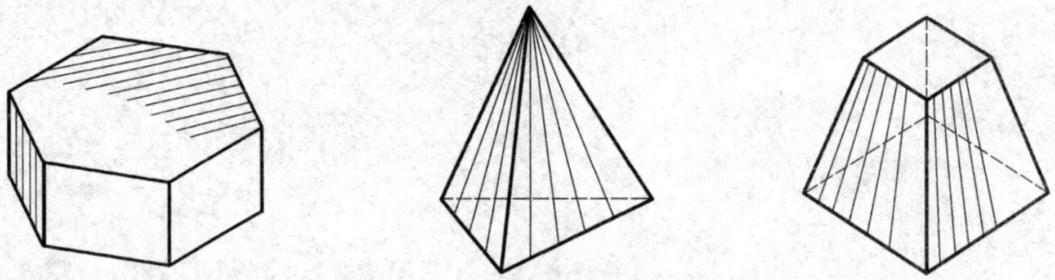

(a) 正六棱柱　　(b) 正三棱锥　　(c) 正四棱台

图3.1　平面立体

立体的投影符合"三等关系"。如图3.2所示，主视图和俯视图都反映物体的长；主视图和左视图都反映物体的高；俯视图和左视图都反映物体的宽。三个视图之间的投影关系可归结为：

主视图和俯视图——长对正；

主视图和左视图——高平齐；

俯视图和左视图——宽相等。

"长对正、高平齐、宽相等"是三视图的投影特性，也称"三等关系"，它不仅适用于整个物体的投影，也适用于物体表面的点、线、面的投影。

作平面立体的投影就是把组成立体的平面和棱线表示出来。作图时首先应根据所设定的平面立体的位置，分析其各棱面、棱线相对于投影面的位置，再按合理的作图顺序，画出各棱线及顶点的投影。各棱线的投影应辨别其可见性，可见的棱线画成实线，不可见的棱线画成虚线。

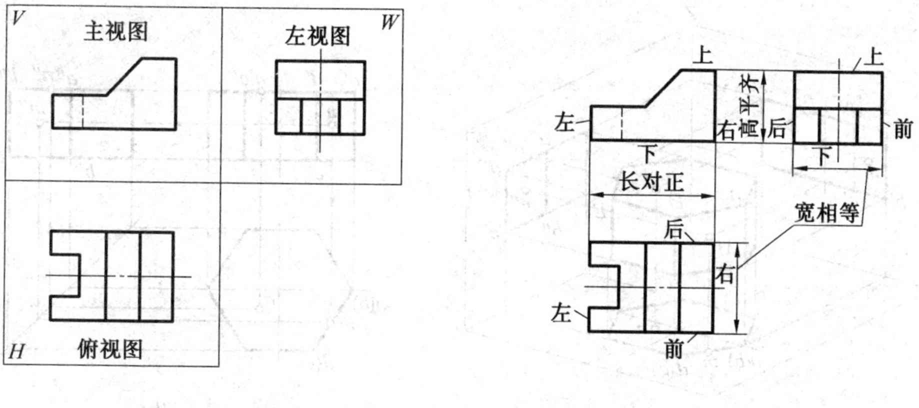

(a)展开后的三视图 (b)三视图的投影规律

图 3.2 物体三视图的形成及投影规律

一、棱柱

棱柱是由棱面及上下底面组成，其棱线都相互平行。其上下底面为相互平行且全等的多边形。若上下底面的多边形的边数为 n，则称 n 棱柱。当 n 棱柱的侧棱面都是矩形时，称之为直 n 棱柱；其侧棱面都是平行四边形时，称之为斜 n 棱柱；上、下底面均为正 n 边形的直棱柱又称为正 n 棱柱。如图 3.1(a)所示的正六棱柱。

1. 棱柱的投影

常见的棱柱体有三棱柱、四棱柱、五棱柱和六棱柱等。下面以正六棱柱为例说明其投影特性及表面上取点的方法。

(1)正六棱柱的投影。如图 3.3(a)所示，正六棱柱由上、下两个底面和六个侧棱面围成。它的上、下底面平行于 H 面，而垂直于 V、W 面，因此它的水平投影反映实形（正六边形），且上、下底面的水平投影重合，其正面和侧面投影都积聚为水平线段。正六棱柱的前、后两个棱面平行于 V 面，其正面投影反映实形（矩形），水平投影和侧面投影分别积聚成水平线段和铅垂线段。正六棱柱的其余四个棱面都垂直于 H 面倾斜于另两个投影面，它们的正面和侧面投影均为类似形，其水平投影积聚性成线段，如图 3.3(a)所示。

棱线 AB 为铅垂线水平投影积聚为一点 $a(b)$，正面投影 $a'b'$ 和侧面投影 $a''b''$ 均反映实长。顶面的边 DE 为侧垂线，侧面投影积聚为一点 $d''(e'')$，水平投影 de 和正面投影 $d'e'$ 均反映实长。底面的边 BC 为水平线，水平投影 bc 反映实长，正面投影 $b'c'$ 和侧面投影 $b''c''$ 均小于实长，其余棱线可做类似分析。

(2) 六棱柱三面投影的画法。作图方法和步骤如图 3.4 所示，先用点划线画出水平投影正六边形的中心线，正面投影和侧面投影的轴线(a)，再画出反映实际形状的水平投影正六边形(b)，最后根据投影规律和棱柱高度做出其它两个投影(c)、(d)。

2. 正六棱柱表面取点

在棱柱表面上取点，其原理和方法与平面上取点相同。正六棱柱的各个面都处于特殊位置，因此作图时首先确定点所在的平面，并分析该平面的投影特性，若该平面垂直于

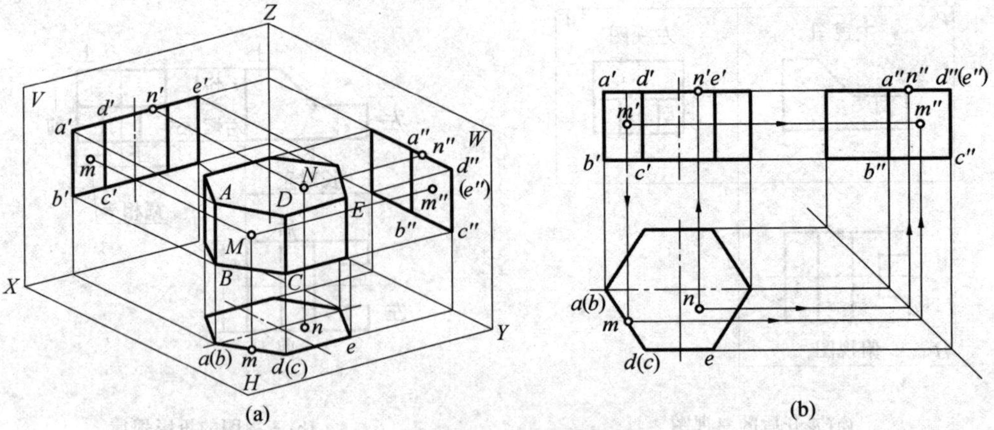

图 3.3　正六棱柱的投影及表面上取点

某一投影面，则点在该投影面上的投影必定落在该平面的积聚性投影上。

【例 3.1】　如图 3.3(b)所示，已知棱柱表面上点 M 的正面投影 m'，求水平投影 m 和侧面投影 m''，又知点 N 的水平投影，求其它两个投影。

分析　由于点 m' 是可见的，则点 M 必定在 $ABCD$ 棱面上，而该棱面为铅垂面，水平面投影积聚为线段 ad，因此 m 必在 ad 上。根据 m' 和 m 可求出 m''。因为 n 可见，因此点 N 必定在六棱柱顶面，n'、n'' 分别在顶面的积聚直线上。

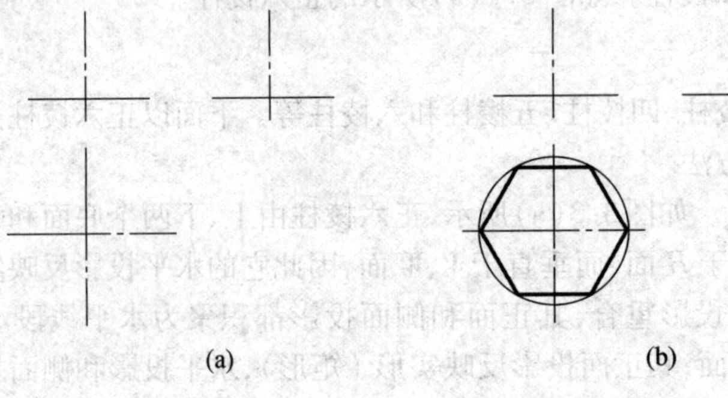

图 3.4　正六棱柱的画图方法和步骤

作图　由 m' 向水平投影做垂线与 ad 的交点即为 m，由“三等”关系得 m''，同理可得点 N 的另两个投影 n'、n''。

判别可见性：判别可见性的原则是若点所在的平面投影可见或有积聚性，则点的投影可见。因为点 M 在 $ABCD$ 棱面上，该棱面的水平投影有积聚性，侧面投影可见，所以 m、m''均可见。同理 n'、n''可见。

棱柱表面上取线的方法与取点的方法类似，用面上取点的方法作出两点，然后连线即可。

二、棱锥

底面为多边形，各棱面是有一个公共顶点的三角形组成的立体称为棱锥。除底边外各棱线都汇交于锥顶。棱锥底面多边形若为 n 边形，则称为 n 棱锥，底边若是正 n 边形，且锥顶对底面的投影是正 n 边形的中心，则称为正 n 棱锥。图 3.1(b)是正三棱锥。

1. 棱锥的投影

如图 3.5(a) 所示为一正三棱锥，锥顶点为 S，棱锥底面为正三角形 ABC，且处于水平位置，其水平投影 $\triangle abc$ 反映实形，正面投影和侧面投影分别积聚为直线。棱面 SAC 为侧垂面，其侧面投影积聚为一直线，水平投影和正面投影仍为三角形。棱面 SAB 和 SBC 均为一般位置平面，它们的三面投影均为类似形。

棱线 SB 为侧平线，SA、SC 为一般位置直线；底棱 AC 为侧垂线，AB、BC 为水平线。它们的投影可根据不同位置直线的投影性质进行分析。

画图时，先画出反映实际形状的底面三角形的各面投影，再作出锥顶 S 的各面投影，然后，将点 S 与 $\triangle ABC$ 各顶点的同面投影相连，即得三棱锥的三面投影。

2. 棱锥表面取点

首先确定点所在的平面，再分析该平面的投影特性。凡表面上的点，其投影可利用平面投影的积聚性直接求得。点所属平面为一般位置平面时，其投影可采用辅助直线法求得。

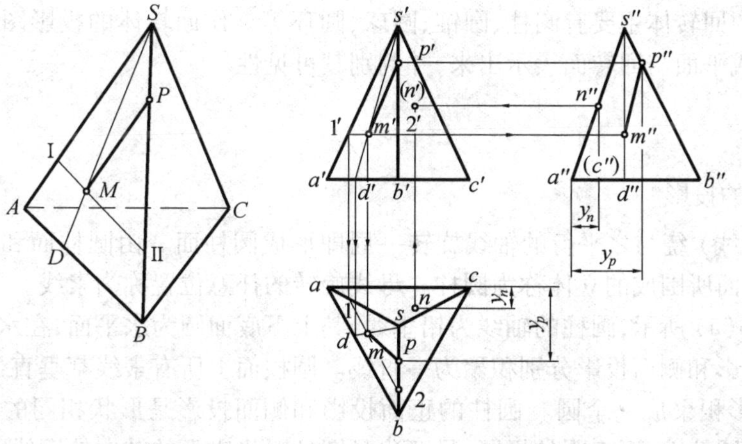

图 3.5　正三棱锥的投影及表面取点

【例3.2】 如图3.5(b) 所示，已知棱锥表面上点 N 的水平投影 n，求其另两面投影。

分析　点 N 属于侧垂面 SAC，因此，可以由平面投影的积聚性直接求得侧面投影 n''，

再由 n 和 n'' 求得点 N 的正面投影 n'。

作图　根据“三等”规律,在水平、侧面投影上量取 y_n 即得 n'',由 n 和 n'' 作出 n'。

判别可见性:因为点 N 属于侧垂面 SAC,该平面的正面投影不可见所以 n' 不可见,该平面的侧面投影有积聚性所以 n'' 可见。

【例3.3】　如图3.5(b) 所示,正三棱锥表面上有一点 M,已知它的正面投影 m',求作另外两面投影。

分析　由于 m' 是可见的,得知点 M 属于棱面 SAB,$\triangle SAB$ 是一般位置平面,所以点 M 的另外两个投影可利用辅助线法求出。

作图

方法一(辅助线法):在 $\triangle SAB$ 过点 M 及锥顶点 S 作一辅助直线 SD,与底边交于点 D,作出直线 SD 的三面投影。根据点的从属关系求出点 M 其它两个投影。

方法二(平行线法):过点 M 在 $\triangle SAB$ 内作平行于底棱 AB 的直线 Ⅰ Ⅱ,同样可以求得点 M 的另外两个投影。

判别可见性:点 M 属于棱面 SAB,该棱面的水平、侧面投影均可见,所以 m、m'' 可见。

棱锥表面上取线的方法与平面内取点的方法相同,可先求出属于直线的两点的投影,然后同面投影连线即可。如已知直线 PM 的正面投影 $p'm'$,求其水平投影和侧面投影,如图3.5(b) 所示。由已知投影可知直线 PM 在棱面 SAB 上,点 P 在棱线 SB 上,因此可根据属于直线上点的投影特性求出 p 和 p'',连接 pm、$p''m''$ 即为所求。

第二节　曲面立体的投影

表面由曲面或由平面与曲面组成的立体称为曲面立体。工程上常见的曲面立体是回转体,就是表面有回转面的立体。回转面是一直线或曲线绕一直线为轴旋转所形成的曲面。最常见的回转体主要有圆柱、圆锥、圆球、圆环等。作回转体的投影图就是把组成立体的回转面或平面与回转面表示出来,并判别其可见性。

一、圆柱

1. 圆柱的投影

直线(母线) 绕与之平行的轴线旋转一周即形成圆柱面。由圆柱面和垂直其轴线的上、下两圆平面所围成的立体称为圆柱。母线旋转的任意位置称为素线。

如图3.6(a) 所示,圆柱的轴线为铅垂线,其上下底面圆为水平面,在水平投影上反映实形,正面投影和侧面投影分别积聚为一直线。圆柱面上所有素线都垂直于 H 面,故圆柱面的水平投影积聚成一个圆。圆柱的正面投影和侧面投影是形状相同的矩形。矩形的上、下两边是圆柱上、下底圆的投影;另两边是圆柱对投影面的转向轮廓线的投影,即为圆柱面可见部分与不可见部分的分界线投影。在正面投影上分界线是它的最左、最右的两条素线 AA 和 BB 的投影 $a'a'$ 和 $b'b'$;AA、BB 把圆柱面分成前后两部分,在正面投影中,前半个圆柱面是可见的,后半个圆柱面是不可见的。在侧面投影上分界线是最前、最后两条素线 CC 和 DD 的投影 $c''c''$ 和 $d''d''$;CC、DD 把圆柱面分成左右两部分,在侧面投影中,左半个圆柱面是可见的，右半个圆柱面是不可见的，如图3.6(b)所示。

圆柱三视图的作图步骤如下：

(1) 画俯视图的中心线，画圆柱积聚性的投影——圆。

(2) 画正面、侧面投影的轴线；根据“三等”关系画主、左视图的矩形。

2. 圆柱表面取点

【例3.4】 已知圆柱表面上点 M 的正面投影 m'，求 m 和 m''。如图3.6(b)所示。

分析 圆柱面的水平投影积聚为圆，点 M 的水平投影一定在圆周上。由于 m' 可见，因此点 M 必定在前半个圆柱面上，其水平投影 m 在圆的前半个圆周上。由 m' 和 m 利用“三等”关系可求出 m''。因点 M 在圆柱的左半部，故 m'' 可见。

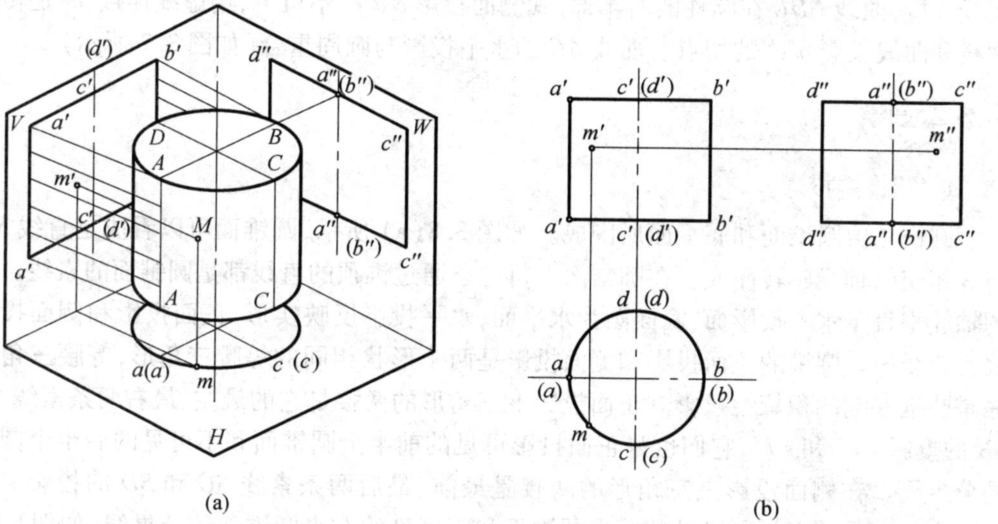

图3.6 圆柱的投影及表面上取点

【例3.5】 已知圆柱体表面上曲线 AE 的正面投影 $a'e'$，求其他两投影，如图3.7所示。

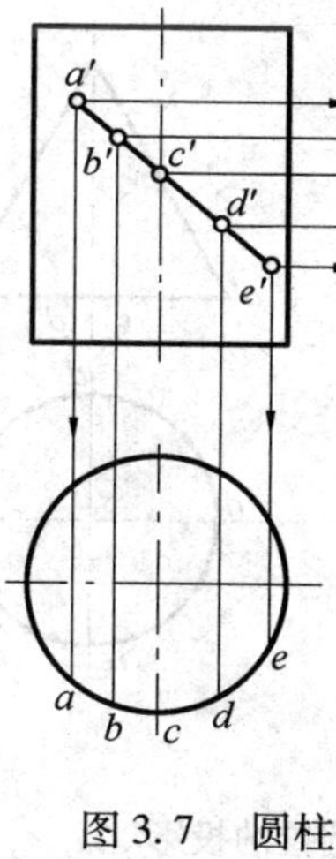

图3.7 圆柱体表面上取线

分析　曲线是由若干点组成，求作曲线的投影，可先在曲线已知的投影上选取一系列点（包括曲线与转向线的交点），求出其另外两投影，判断可见性，然后顺次光滑连接这些点的同面投影，可见部分用粗实线连接，不可见部分用虚线连接。

作图

（1）在 $a'e'$ 上选取若干点 a'、b'、c'、d'、e'。

（2）利用积聚性求出 a、b、c、d、e。

（3）根据正面投影和水平投影求出 a''、b''、c''、d''、e''。

（4）判断可见性并连线，点 C 为侧面转向线上的点，它的侧面投影 c'' 为曲线侧面投影可见与不可见部分的分界点，曲线 ABC 在圆柱面的左半部，其侧面投影 $a''b''c''$ 可见，用粗实线连接，曲线 CDE 在圆柱的右半部，其侧面投影 $c''d''e''$ 不可见，用虚线连接，c'' 是转向轮廓线和曲线投影 $a''e''$ 的切点。曲线 AE 的水平投影与圆周重合（如图 3.7 所示）。

二、圆锥

1．圆锥的投影

圆锥是由圆锥面和底平面所围成。如图 3.8(a) 所示，圆锥面可以看成是直线 SA 绕与其相交的轴线旋转而成。在圆锥面上每一条通过锥顶的直线都是圆锥面的素线。圆锥的轴线垂直于水平投影面，底面圆为水平面，水平投影反映实形，正面投影和侧面投影积聚为直线段。圆锥的正面投影和侧面投影是两个形状相同的等腰三角形，等腰三角形的底是圆锥底圆的积聚性投影。正面投影上三角形的两腰是它的最左、最右两条素线 SA 和 SB 的投影 $s'a'$ 和 $s'b'$，它们也是正面投影可见的前半个圆锥面和不可见的后半个圆锥面的分界线。在侧面投影上三角形的两腰是最前、最后两条素线 SC 和 SD 的投影 $s''c''$ 和 $s''d''$，它们也是侧面投影可见的左半圆锥面和不可见的右半圆锥面的分界线，如图3.8(b) 所示。

作图时，先画出中心线和轴线的各投影，再画出底面圆的各个投影，再画出锥顶的投影，然后分别画出其外形轮廓素线，即完成圆锥的各个投影。

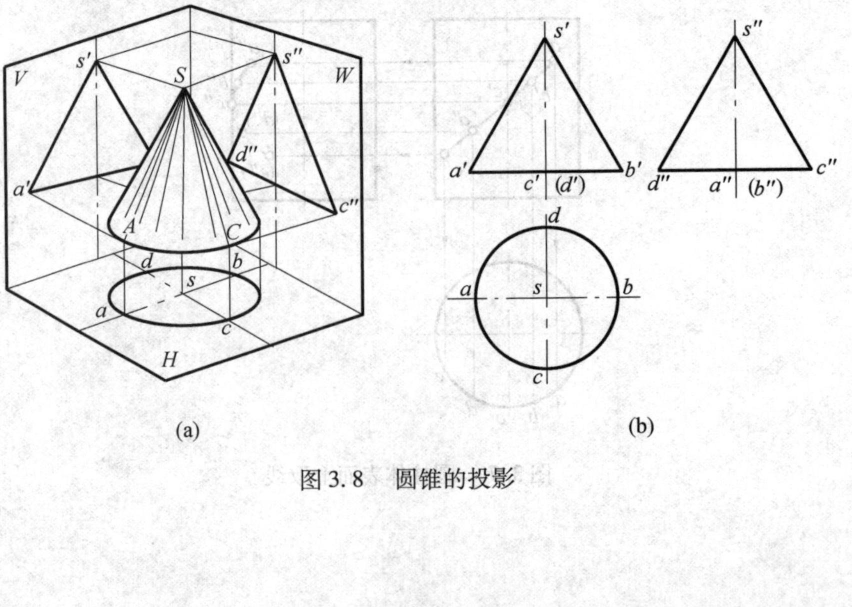

图 3.8　圆锥的投影

2. 圆锥面上取点、线

如图3.9所示,已知圆锥表面上点 M 的正面投影 m',求 m 和 m''。因为 m' 可见所以点 M 必在前半个圆锥面上。因圆锥面的三个投影均无积聚性,故不能像圆柱面上那样利用积聚性求其表面上点的投影。可根据圆锥面形成特性,利用素线和纬线圆来作图。

(1) 辅助线法。过锥顶 S 和点 M 作一辅助线即圆锥的一条素线 SI。在投影图上分别作出 SI 的各个投影后,即可按线上取点的方法由 m' 求出 m 和 m'',如图3.9(a)所示。

(2) 纬线圆法。过点 M 在圆锥面上作一与轴线垂直的水平辅助圆。该圆的正面投影为过 m' 且垂直于轴线的直线段,它的水平投影为与底圆同心的圆,m 必在此圆周上,由 m' 可求出 m,再由 m' 和 m 求得 m'',如图3.9(b)所示。

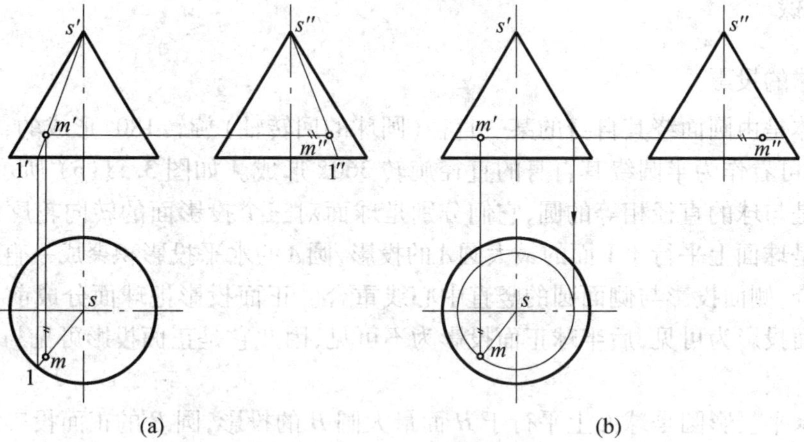

图3.9　在圆锥表面上取点

【例3.6】　已知属于圆锥面曲线 AE 的正面投影 $a'e'$,如图3.10所示,试求其它两投影。

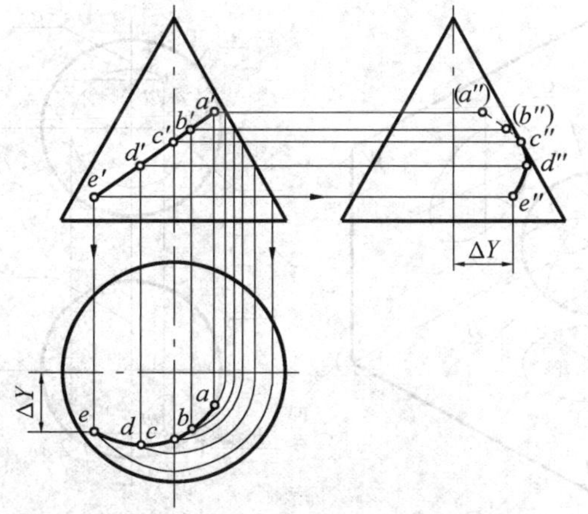

图3.10　在圆锥体表面上取线

分析　将曲线 AE 看成由若干点组成,在曲线已知投影上选取一系列点,然后求出它们的另外两投影,判断可见性,顺次光滑连接即可求出曲线的投影。

作图

(1) $a'e'$ 上选取若干点，a'、b'、c'、d'、e'。

(2) 利用纬线圆，先求出各点的水平投影 a、b、c、d、e。

(3) 根据各点的正面投影和水平投影，利用各点与锥顶的 Y 坐标差，求出 a''、b''、c''、d''、e''。

(4) 判断可见性并光滑顺次连线，因为圆锥的锥顶在上边，所以 AE 曲线的水平投影都可见，曲线 AE 上的点 C 属于圆锥面的侧面转向线，点 C 把曲线分为两部分，其中 ABC 段在圆锥面的右半部分，其侧面投影 $a''b''c''$ 为不可见，画成虚线，CDE 段在圆锥面的左半部分，其侧面投影 $c''d''e''$ 为可见，画成粗实线。

三、圆球

1. 圆球的投影

圆球体是由圆面绕其自身的某一直径（圆球的回转轴）旋转180°形成的，圆母线形成了球面，也可看作为半圆绕其自身的直径旋转 360° 形成。如图 3. 11(a) 所示，圆球的三个投影都是与球的直径相等的圆，它们分别是球面对三个投影面的转向轮廓线。球的正面投影圆是球面上平行于 V 面的最大圆 A 的投影，圆 A 的水平投影积聚成一直线并与水平中心线重合；侧面投影与侧面圆的竖直中心线重合。正面投影把球面分成前、后两部分，前半球正面投影为可见，后半球正面投影为不可见，因此它是正面投影可见与不可见面的分界线。

球的水平投影圆是球面上平行于 H 面最大圆 B 的投影，圆 B 的正面投影积聚成一直线并重合在正面圆的水平中心线上；它的侧面投影重合在侧面圆的水平中心线上。水平投影圆把球面分成上、下两部分，上半球水平投影为可见，下半球水平投影为不可见，它是水平投影可见与不可见面的分界线。

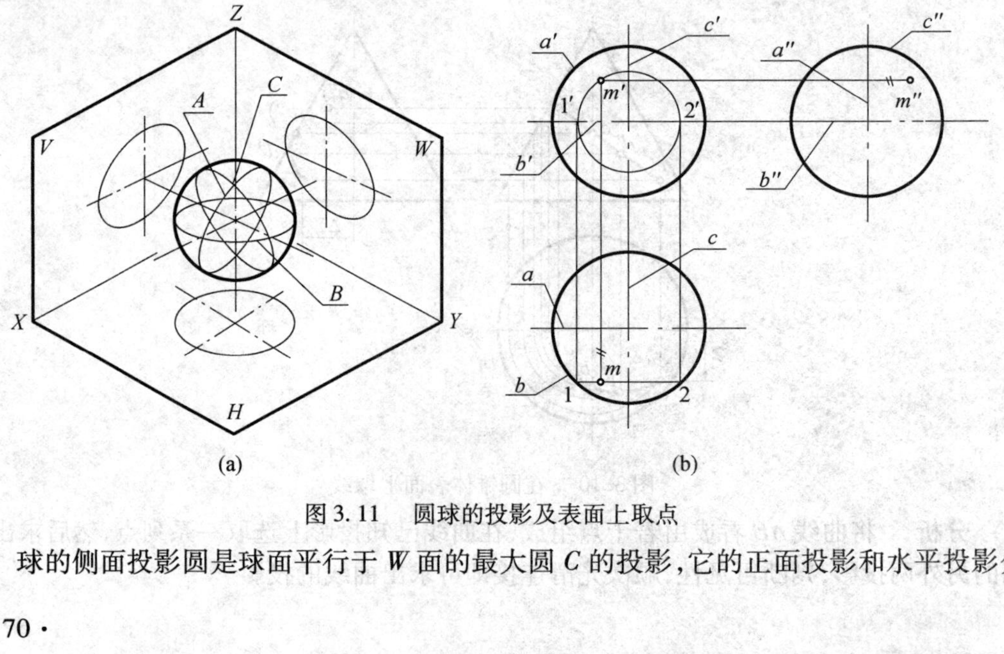

图 3. 11　圆球的投影及表面上取点

球的侧面投影圆是球面平行于 W 面的最大圆 C 的投影，它的正面投影和水平投影分别重合于相应的投影圆的竖直中心线上。侧面投影圆把球面分成左、右两部分，左半球侧面投影为可见，右半球侧面投影为不可见，它是侧面投影可见与不可见面的分界线。

2. 圆球表面上取点

如图 3.11(b) 所示，已知圆球表面上点 M 的水平投影 m，求 m' 和 m''。因球面的投影均无积聚性，故采用在球面上作平行于投影面的圆为辅助线的方法作图。可过点 M 作一平行于正面的辅助圆，它的水平投影为过 m 且平行于 X 轴的线段 12，正面投影是以 $1'2'$ 为直径的圆，m' 必在该圆上，由 m 可求得 m'，再由 m' 和 m 可求得 m''。由于点 M 位于左、上半球，故正面投影 m' 和侧面投影 m'' 均是可见的。

当然，也可以过点 M 作平行于水平面或平行于侧面的纬圆来作图，结果是一样的。

【例 3.7】 已知属于圆球面曲线 AD 的正面投影 $a'd'$，求 AD 的侧面投影和水平投影（如图 3.12 所示）。

分析 可将曲线 AD 看成由一系列点构成，作图时可在 AD 上选若干点，求出各点的投影，判别可见性，然后同面投影顺次光滑连接，可见部分用粗实线画，不可见部分投影用虚线画，即可作出曲线的投影。

但要注意，在曲线上选点时应包括曲线投影与圆球面轮廓线的交点。

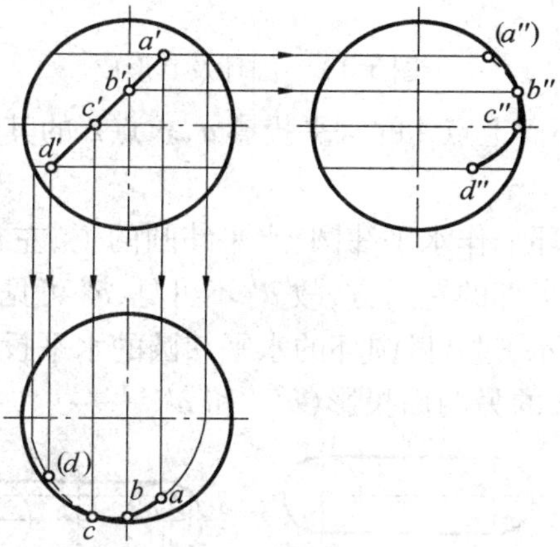

图 3.12 在圆球表面上取线

作图

(1) 在 $a'd'$ 上先选若干点 a'、b'、c'、d'。

(2) 利用纬圆求出各点的水平投影 a、b、c、d。

(3) 根据各点的正面投影、水平投影，利用各点与球心的 Y 坐标差，求出 a''、b''、c''、d''。

(4) 判断可见性并顺次光滑连线 AB 在右半球面上，其侧面投影 $a''b''$ 不可见，用虚线画出，BCD 在左半球面上，其侧面投影 $b''c''d''$ 可见，用粗实线画出，ABC 在上半球面上，其水平投影 abc 可见，用粗实线画出，CD 在下半球面上，其水平投影不可见，用虚线画出。

四、圆环

1. 圆环的投影

圆环面可看成是由一个圆作母线，以其同平面但位于圆周之外的直线为轴线回转而成，如图3.13所示。圆环外面的一半表面称为外环面，里面的一半表面称为内环面。

当圆环的轴线为铅垂线时，圆环的投影如图3.14(a)所示。圆环的水平投影有直径不等的三个同心圆，其中直径最大和最小的轮廓线圆是环面上的最大纬圆和最小纬圆的投影。点画线圆是母线圆心轨迹的投影。正面、侧面投影两端的圆分别是圆环最左、最右、最前、最后素线圆的投影，上下两水平公切线是最高、最低纬圆的投影。

2. 圆环表面上取点

圆环的母线是曲线，其表面取点只能采用纬圆法。为作图方便，选择垂直于圆环轴线的纬圆作辅助圆。

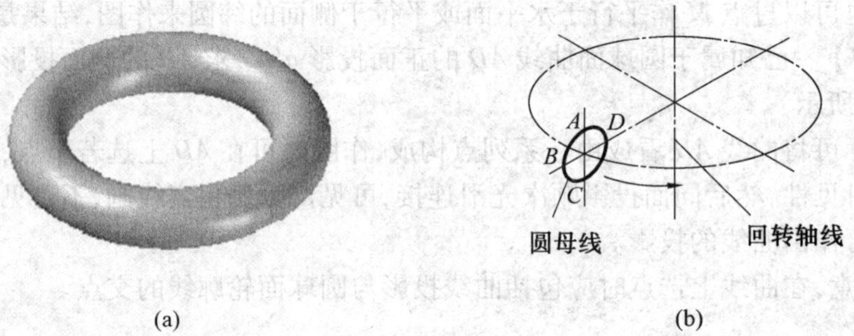

图3.13　圆环及其形成

【例3.8】　已知圆环面上点A的水平投影a，求点A的其它两面投影。如图3.14(a)所示。

分析　过点A在圆环上作水平纬圆，水平纬圆的主、左视图均积聚为线段。因a可见，可判断点A在圆环上半部的左后方，故a'不可见，a''可见。

作图　如图3.14所示，过a做圆环的水平纬圆的水平投影$1'a'$和侧面投影$1''a''$；由线上取点的方法求出点A的另两面投影(a')和a''。

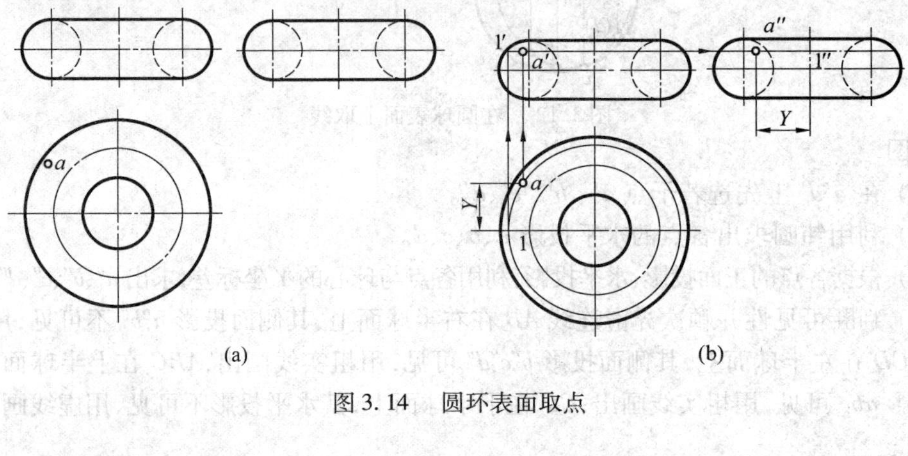

图3.14　圆环表面取点

第四章　立体表面的交线

机器零件多是由一些基本立体的组合或相互切割而成的，因此在立体表面就会出现一些交线。平面截切基本立体，在立体表面产生的交线称为截交线，工程上还常遇到立体与立体表面相交的交线，称为相贯线。如图 4.1 所示为截交线和相贯线的图例。为了清楚地表达机件的形状，应正确画出这些交线的投影。本章主要讨论截交线和相贯线的性质和作图方法。

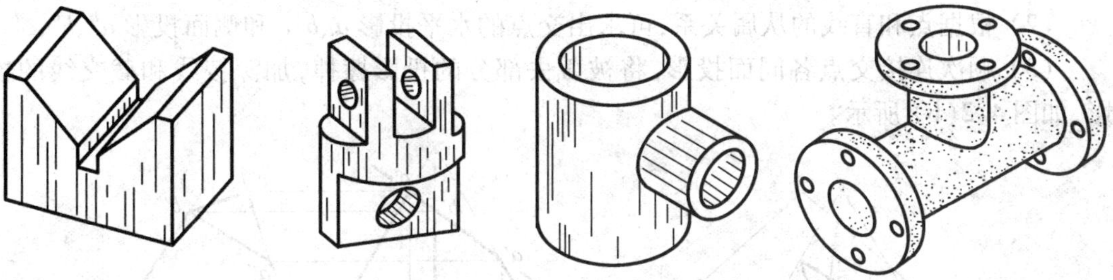

(a)　(b)　(c)　(d)

图 4.1　机件表面的截交线和相贯线

第一节　平面与立体表面的交线——截交线

一、概述

平面与立体表面相交，可以认为是立体被平面所截切。通常将截切立体的平面称为截平面，截平面与立体表面的交线称为截交线，如图 4.2(a) 所示。截交线的性质如下：

(1) 共有性。截交线是截平面与曲面立体表面的共有线，截交线上的点是截平面与曲面立体表面的共有点。

(2) 封闭性。由于立体表面是封闭的，因此截交线一般是封闭的平面多边形、平面曲线或由平面曲线和直线段组成的线框。

(3) 截交线的形状取决于被截立体的形状及截平面与立体的相对位置。

根据截交线的性质可知求截交线可归结为找共有点，当截平面处于特殊位置时，截平面的投影具有积聚性，截交线的一个投影已知，然后用面上取点线的方法求交线其它投影。方法与步骤如下：

(1) 空间及投影分析。首先分析截交线的形状（是平面多边形还是平面曲线），然后分析截交线的投影（即分析截交线的投影在哪个面有积聚性，在哪个面上反映实形，在哪个面上是类似形）。

(2)求出一系列共有点,依次连接,并判断可见性,最后整理轮廓线。

二、平面与平面立体相交

平面与平面立体相交,其截交线是一条平面多边形,该多边形的每一条边都是截平面与立体棱面、顶面或底面相交形成的交线。

【例4.1】 画出三棱锥被切割后的水平投影和侧面投影,如图4.2(a)所示。

空间及投影分析:由图4.2(b)所示可知,立体为正三棱锥,被正垂面所截,截面是三角形,截交线正面投影具有积聚性,另两个投影均为类似三角形。

作图

(1) 利用正面投影上垂直面的积聚性,确定正垂面与各棱线交点的正面投影 a'、b'、c'。

(2) 根据点和直线的从属关系,可求出交点的水平投影 a、b、c 和侧面投影 a''、b''、c''。

(3) 顺次连接交点各同面投影,将被截去部分的投影擦掉,加深棱线和截交线的投影,如图4.2(b) 所示。

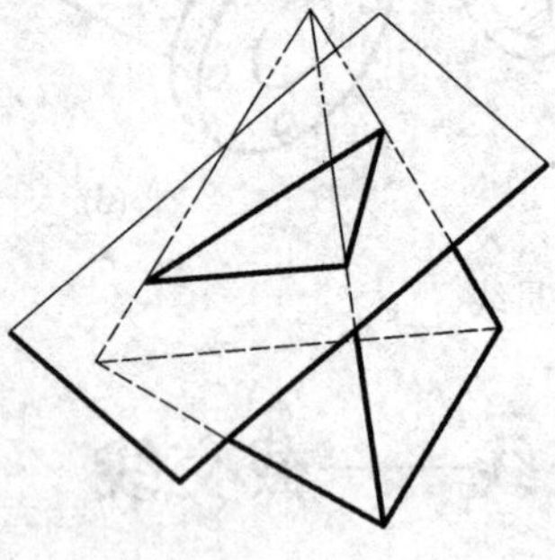
(a)

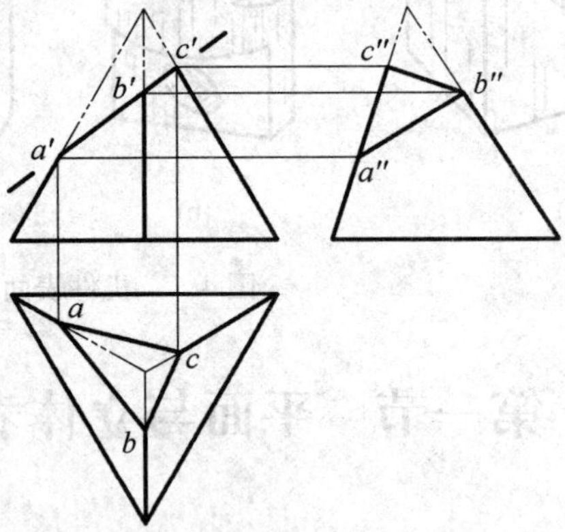

(b)

图4.2　三棱锥被正垂面截切

【例4.2】 如图4.3所示,三棱锥改为被相交的正垂面和水平面截切,求截切后的水平投影和侧面投影。

空间及投影分析:正三棱锥被正垂面和水平面所截,截交线均为四边形。根据投影图可知,正垂面截切所得四边形在正面投影具有积聚性,在另两面投影均为类似四边形。水平面截切所得四边形在正面投影和侧面投影均有积聚性,水平投影反映实形,如图4.3(a)。

作图

(1) 画出三棱锥截切前的左视图,由点的投影规律,利用平行线法作水平截面的水平投影实形,过1′作铅垂线交 sa 于1,过1作 ac 的平行线交 sc 于3,作23//bc,过4′作铅垂线得4、7。水平截面的侧面投影积聚为线段1″(4″)7″2″。同理找出正垂截面点Ⅴ、Ⅵ的水平和侧面投影5、6和5″、6″。

(2) 两截面交线的水平投影47不可见,画虚线。整理轮廓线,棱线上 SA 上线段ⅠⅤ

和棱线 SB 上 ⅡⅥ 被切去，因此，三棱锥的三个棱线投影上 15、$1'5'$ 和 $1''5''$，26、$2'6'$ 和 $2''6''$ 断开。最后检查加深俯视图及左视图，如图 4.3(b) 所示。

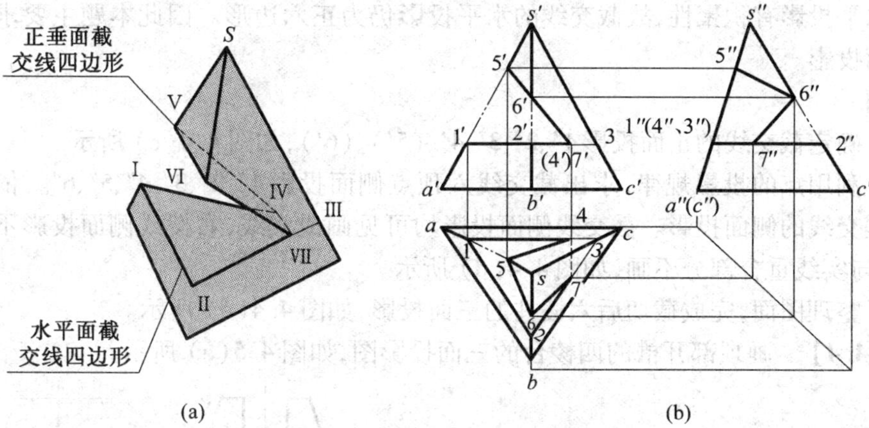

图 4.3　正三棱锥被正垂面和水平面截切

【例 4.3】　完成被正垂面截切后的六棱柱的投影，如图 4.4 所示。

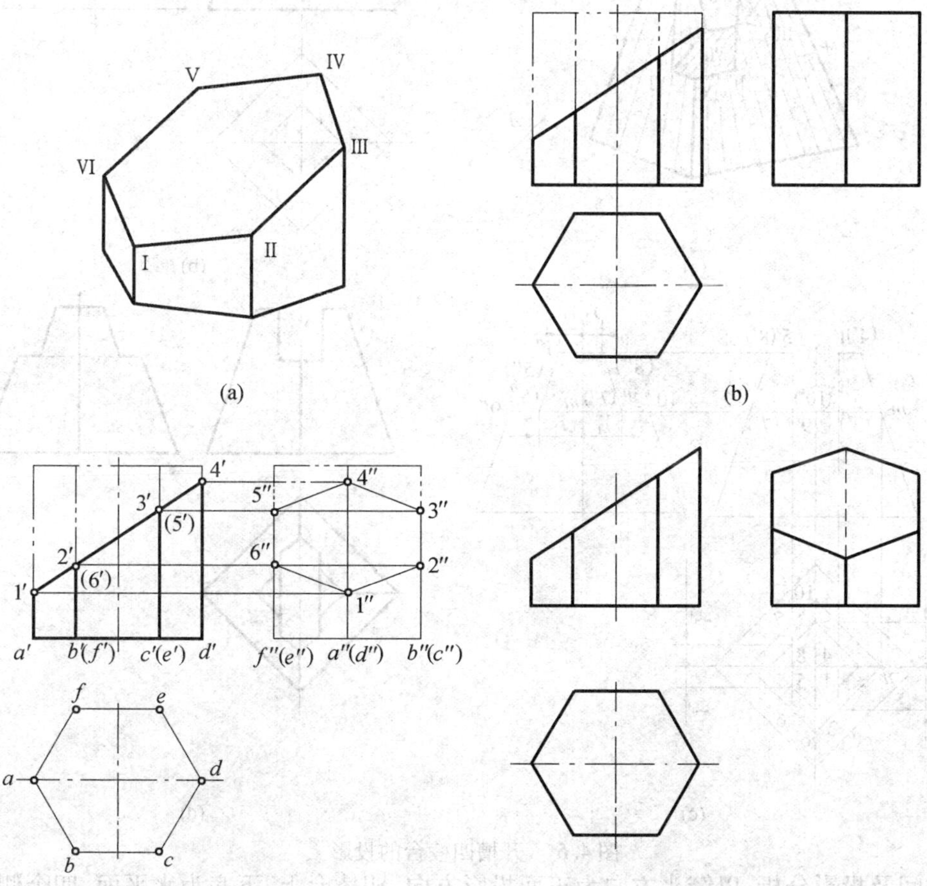

图 4.4　六棱柱截切后的投影

空间及投影分析：截平面与六棱柱的六条棱线都相交故截交线仍为六边形，如图4.4(a)所示。由于截平面是正垂面，故截交线的正面投影积聚成直线；由于六棱柱六个棱面的水平投影有积聚性，故截交线的水平投影仍为正六边形。因此本题主要求解截交线的侧面投影。

作图

(1) 确定截交线的正面投影1′、2′、3′、4′、(5′)、(6′)，如图4.4(c)所示。

(2) 利用点的投影规律，求出截交线六顶点侧面投影1″、2″、3″、4″、5″、6″。依次连接六点即是交线的侧面投影。截交线侧面投影均可见画成实线，右棱线侧面投影不可见画成虚线，与实线重合部分不画，如图4.4(d)所示。

(3) 整理图面，完成截切后六棱柱的三面投影，如图4.4(d)所示。

【例4.4】 画顶部开槽的四棱台的三面投影图，如图4.5(a)所示。

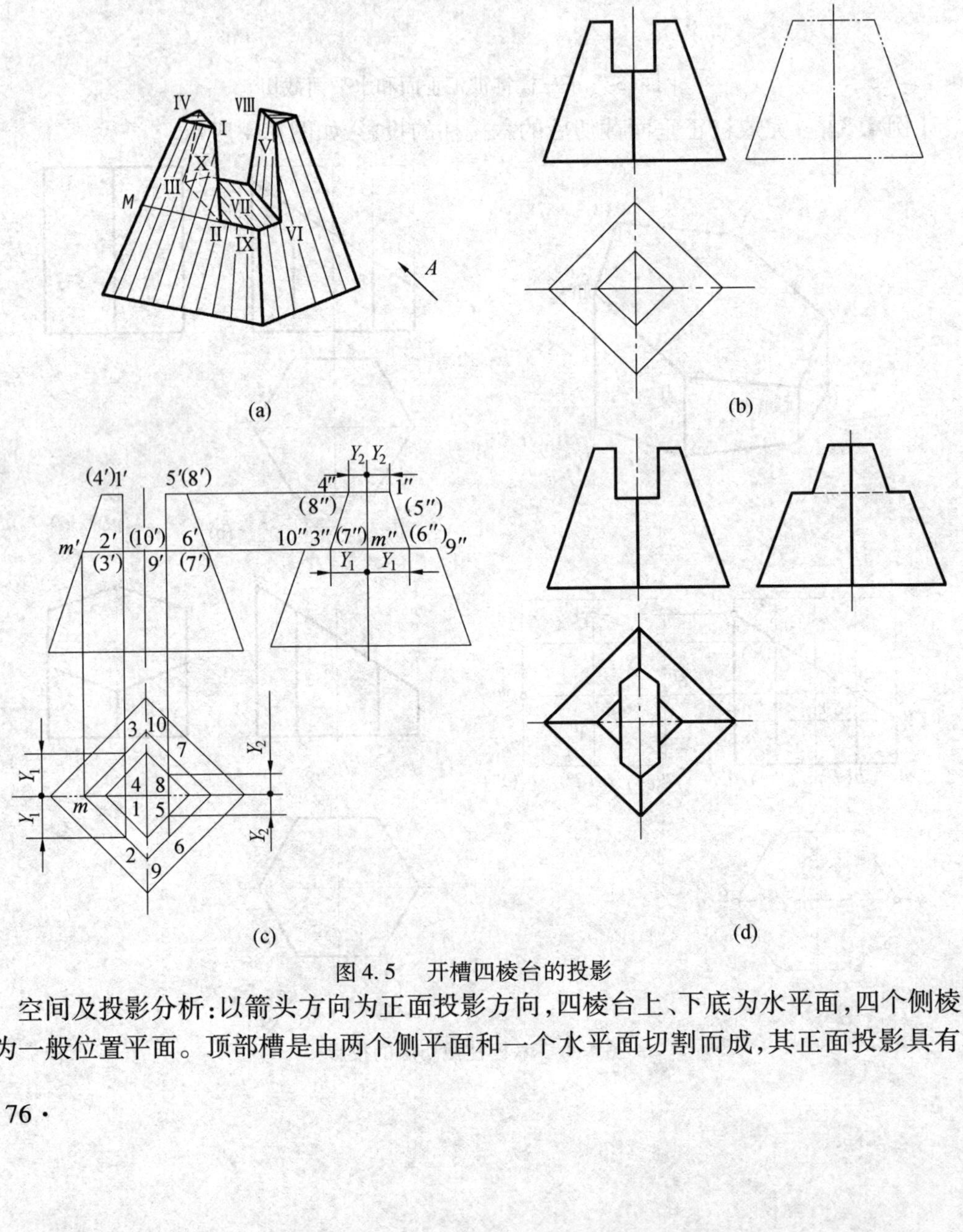

图4.5 开槽四棱台的投影

空间及投影分析：以箭头方向为正面投影方向，四棱台上、下底为水平面，四个侧棱面均为一般位置平面。顶部槽是由两个侧平面和一个水平面切割而成，其正面投影具有积聚性。由图4.5(b)可看出，开槽的三个面与四棱台表面交线的十个端点中，Ⅰ、Ⅳ、Ⅴ、Ⅷ是在四棱台顶面边线上，Ⅸ、Ⅹ是在前后棱线上，其余四点分别在四个棱面上。

作图

(1) 画出四棱台的三面投影之后，再画出开槽正面投影，如图4.5(b)所示。

(2) 在正面投影上可直接得出1′、2′、…、10′。因Ⅰ、Ⅳ、Ⅴ、Ⅷ四点在顶面的四条边上，所以其水平投影1、4、5、8在顶面水平投影的相应边上。ⅡⅨ、ⅢⅩ、ⅦⅩ和ⅥⅨ的连线与相应底边平行，为此，延长2′9′与侧棱交于m'，由此得到m。过m作底边投影的平行线，在此线上定出2和9。用同样方法可求出ⅢⅩ、ⅥⅨ、ⅦⅩ等线段水平投影。依次连接各点，即得开槽的水平投影。根据"高平齐"、"宽相等"，可画出开槽的侧面投影，如图4.5(c)所示。

(3) 整理，加粗描深。由于ⅡⅢ、ⅥⅦ线段的侧面投影被四棱台左上部遮住，所以其侧面投影画成虚线，如图4.5(d)所示。

三、平面与回转体相交

平面与回转体相交时，交线一般情况下为平面曲线，特殊情况为直线。求取的方法与步骤同平面立体截切。当截交线为非圆曲线时，为使其投影作图准确，先求出截交线上某些特殊位置点投影，如最高、最低点，最左、最右点，最前、最后点，曲面立体投影轮廓线上点(可见性分界点)等。为使截交线连接光滑，还应求出截交线上一系列一般位置点的投影。最后，判别可见性，依次光滑连接各点的同面投影，即得截交线的投影。

1. 平面与圆柱相交

截平面与圆柱交线的形状取决于截平面与圆柱轴线的相对位置，位置不同截交线分别得到三种不同的情况：矩形、圆和椭圆，如表4.1所示。从中可以看出，当截平面对投影面处于特殊位置(平行或垂直)时，求截交线的投影将得到简化。此时，截交线的一个投影必重影在截平面的积聚性投影上，可以直接确定。

表4.1 平面与圆柱的截交线

<table>
<tr><td>截平面位置</td><td>平行于圆柱轴线</td><td>垂直于圆柱轴线</td><td>倾斜于圆柱轴线</td></tr>
<tr><td>截交线形状</td><td>矩形</td><td>圆</td><td>椭圆</td></tr>
<tr><td>直观图</td><td>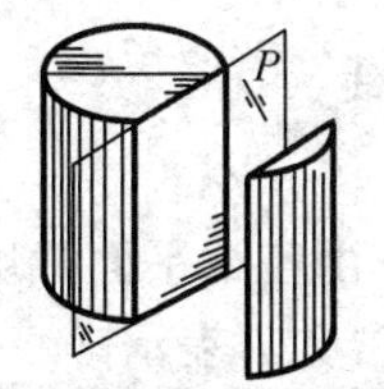
</td><td>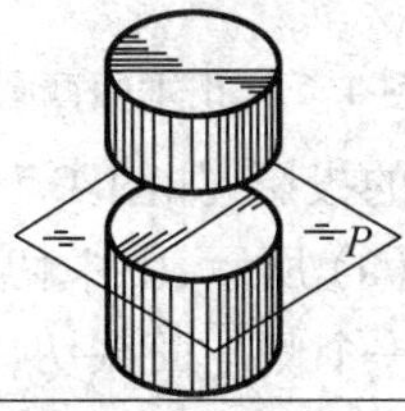
</td><td>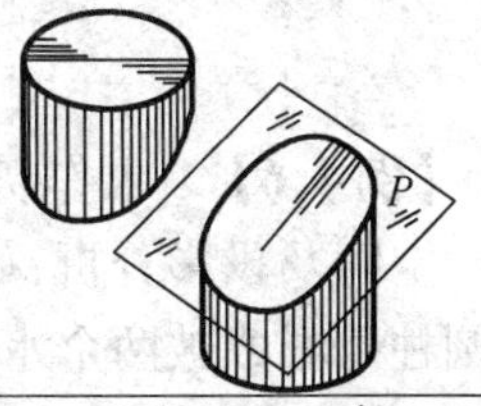
</td></tr>
<tr><td>投影图</td><td>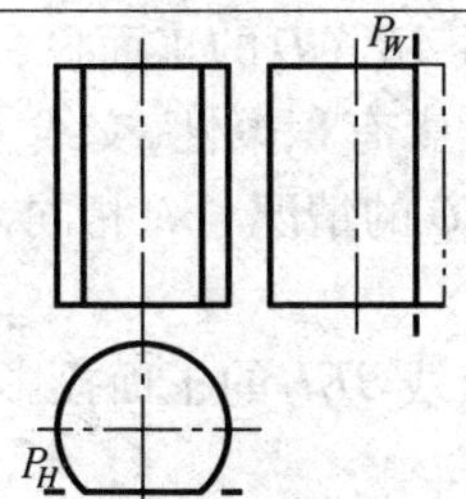
</td><td>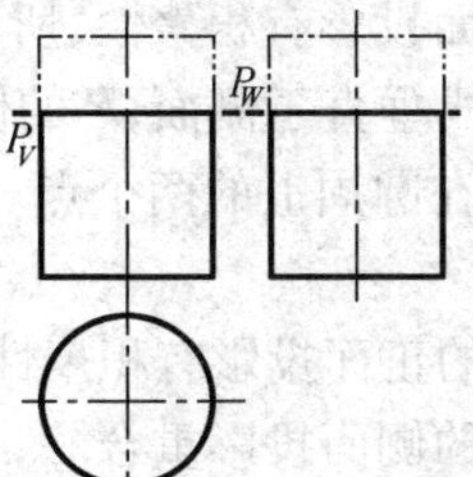
</td><td>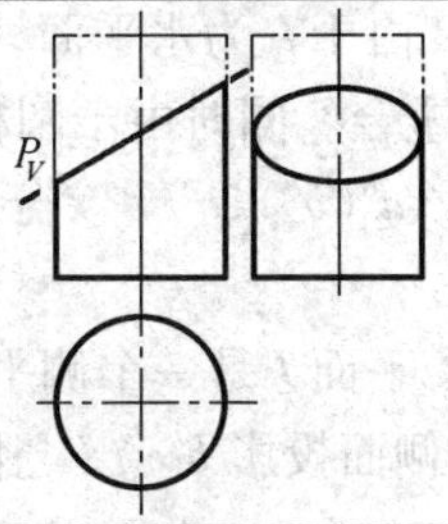
</td></tr>
</table>

【例 4.5】 圆柱被正垂面 P 所截，求截交线的投影，如图 4.6 所示。

空间及投影分析：圆柱的轴线为铅垂线，截平面 P 为正垂面，与圆柱轴线斜交，截交线为一椭圆。其正面投影与截平面 P 的正面投影 P_V 重合，是一段直线；水平投影与圆柱面的水平投影 —— 圆重合；它的侧面投影为不反映截交线实形的椭圆，需求出一系列点才能作出。

作图

(1) 求特殊位置点。根据上述分析，Ⅰ、Ⅱ 两点是椭圆的最低和最高点，位于圆柱最左、最右两条素线上，也是最左、最右点。Ⅲ、Ⅳ 是椭圆的最前和最后点，位于圆柱的最前、最后两条素线上。同时，Ⅰ、Ⅱ、Ⅲ、Ⅳ 又是椭圆长、短轴的四个端点。这些点的正面投影是1′、2′、3′、(4′)；水平投影为1、2、3、4。根据投影规律可求出它们的侧面投影1″、2″、3″、4″，如图 4.6(b) 所示。

(2) 求一般位置点。首先在正面投影和水平投影中取若干一般位置点的投影，如 Ⅴ、Ⅵ、Ⅶ、Ⅷ 点的投影 5′、(6′)、7′、(8′) 和 5、6、7、8，然后，求出它们的侧面投影 5″、6″、7″、8″，如图 4.6(b) 所示。

(3) 连线。光滑连接所求各点的侧面投影，即得截交线的侧面投影 —— 椭圆。

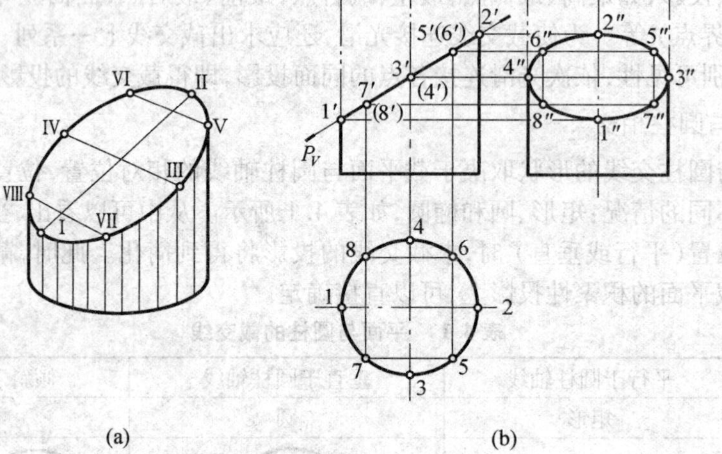

图 4.6　正垂面截圆柱的截交线

【例 4.6】 求作切口圆柱的投影，如图 4.7(a) 所示。

空间及投影分析：如图 4.7(a) 所示，图中切口可看作由三个平面截切圆柱所形成的，即圆柱可看成被两个水平面和一个侧平面截切，分别用 P、Q、T 表示。

由于 P 为水平面，它的正面投影有积聚性，所以交线 AB、CD 的正面投影 $a'b'$ 和 $c'd'$ 与 P_V 重合。同时由于圆柱的轴线垂直于侧面，P 的侧面投影有积聚性，交线 AB、CD 的侧面投影 $a''(b'')$、$c''(d'')$ 分别积聚在圆周上的两个点。平面 Q 的情况与 P 相同，请读者自行分析。

平面 T 是一个侧平面，它的正面投影有积聚性，截交线 BEF 的正面投影 $b'e'f'$ 与 T_V 重合，侧面投影 $b''e''f''$ 与圆柱面的侧面投影重合。

作图

(1) 作出整个圆柱的水平投影。

(2) 作出截交线的水平投影。根据$a'b'$、$a''b''$和$c'd'$、$c''d''$作出线段ab、cd。根据$b'e'f'$和$b''e''f''$作出线段bef。由于该立体前后对称,所以水平投影d后面的部分作法同bef。必须指出,在水平投影中,圆柱面上对水平面的转向轮廓线被切去的部分,不应画出,如图4.7(b)所示。

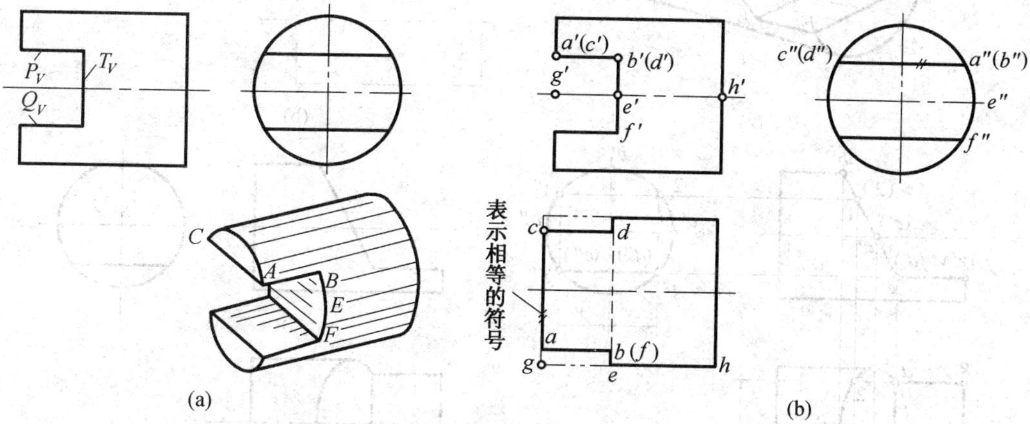

图4.7 开槽圆柱的投影

【例4.7】 已知圆柱被正垂面P及水平面Q截切之后的正面投影,如图4.8所示,求圆柱被截切后的另两投影。

空间及投影分析:圆柱轴线垂直侧面,正垂面Q倾斜于圆柱轴线,与圆柱面的截交线是椭圆;水平面P平行于圆柱轴线,与圆柱面的交线为两平行圆柱轴线的直线,与左端面的交线为正垂线。两截平面P、Q的交线为正垂线。截交线的正面投影与P_V、Q_V重合,截交线的侧面投影与圆柱面的投影圆及P_W重合。故本题主要求截交线的水平投影。

作图

(1) 求出平面Q与圆柱的截交线。平面Q与圆柱的截交线为椭圆弧。特殊点有A、B、C。点A、C为对H面的转向点;点B为正面转向点。点D、E是平面P、Q和圆柱面的共有点,见图4.8(c)。

(2) 求出平面P与圆柱的截交线。平面P与圆柱面的交线为平行于圆柱轴线的两平行线EF、DG。水平投影可过d、e作圆柱轴线的平行线。平面P与圆柱的左端面的交线FG为正垂线,其侧面投影与P_W重合,水平投影与圆柱左端面有积聚性的投影重合。

(3) 整理轮廓线。画出两点a、c右方的圆柱平行于H面的转向轮廓线,还应画出平面P与平面Q交线DE的水平投影de,光滑依次连接$abcdea$,如图4.8(d)所示。

【例4.8】 求带槽圆柱筒的侧面投影,如图4.9所示。

空间及投影分析:圆柱筒轴线垂直于水平投影面,可将圆柱筒看作两个同轴而直径不同的圆柱表面——圆柱筒外表面和内表面。圆柱筒上端所开通槽可以认为是被两个侧平面和一个水平面所截而成。三个截平面与圆柱筒的内、外表面均产生截交线。两个侧平面截圆柱筒的内、外表面及上端面均为直线,水平面截圆柱筒内、外表面为圆弧。截交

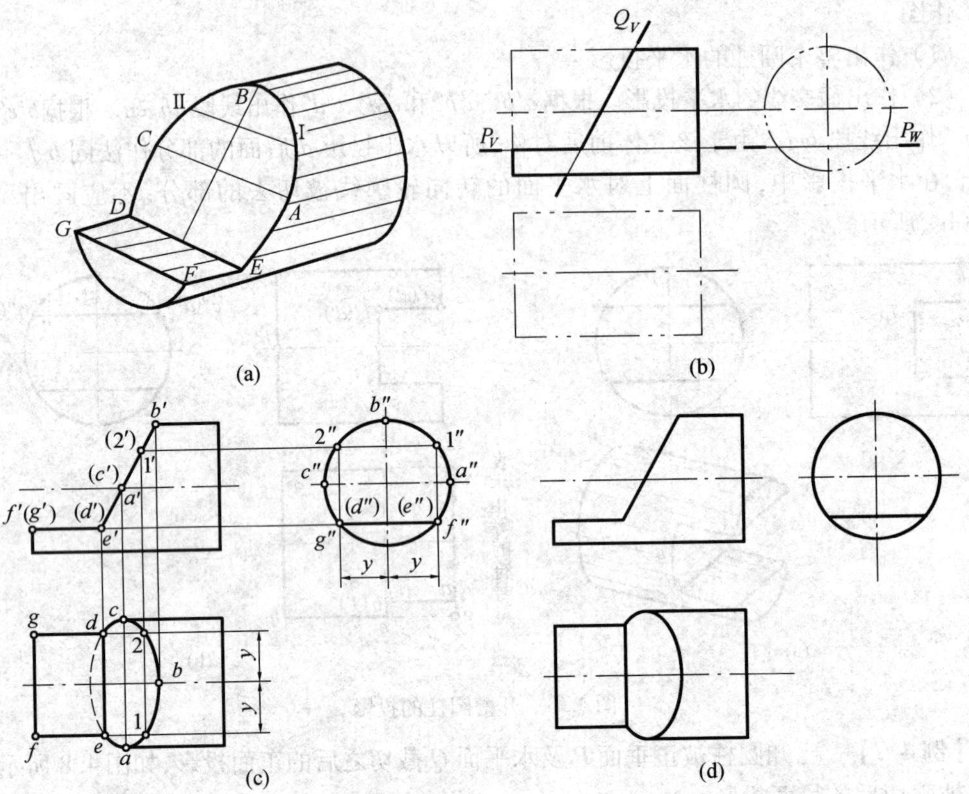

图 4.8　圆柱被截切后的投影

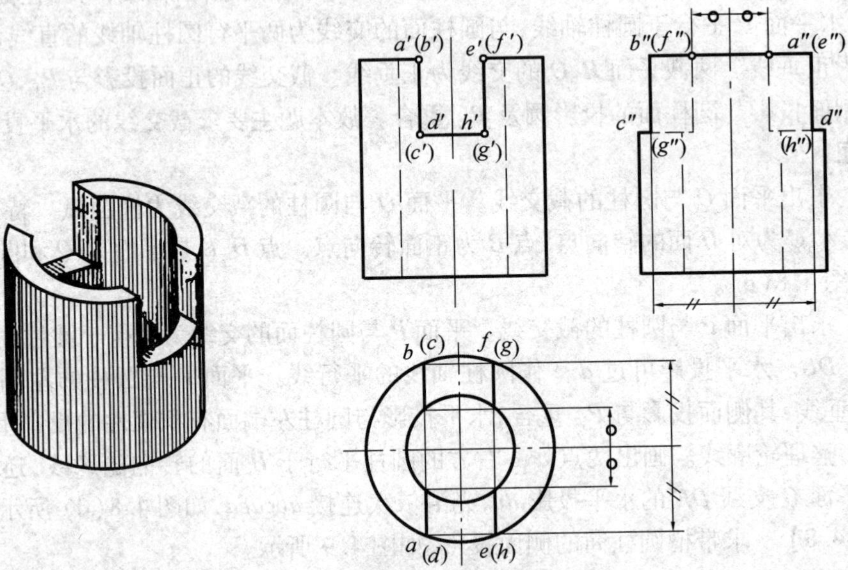

图 4.9　求带槽圆筒的投影

线的正面投影重影为三段直线，水平投影重影为四段直线和四段圆弧，这四段圆弧都重影在圆柱筒的内、外表面的水平投影圆上。可以根据截交线的正面投影和水平投影，求得其侧面投影。

作图

（1）根据圆柱筒外表面截交线上点的正面投影 a'、(b')、(c')、d'、e'、(f')、(g')、h' 和水平投影 a、b、(c)、(d)、e、f、(g)、(h)，利用投影规律求出侧面投影 a''、b''、c''、d''、(e'')、(f'')、(g'')、(h'')。

（2）用相同的方法可以求得圆柱筒内表面截交线上各点的侧面投影。

（3）依次连接截交线上各点的侧面投影。因圆柱筒内表面的侧面投影是不可见的，故截交线为虚线。另外，槽底的侧面投影大部分是不可见的，故有两段虚线。

由于开通槽缘故，圆柱筒内、外表面的最前、最后两条素线在开槽部分被截去一段，因此，在侧面投影中，槽口部分的轮廓不再是圆柱面的投影轮廓线。

2. 平面与圆锥相交

当平面与圆锥相交时，截平面与圆锥轴线或素线的相对位置不同，其截交线的性质和形状也不同。表 4.2 所示为圆锥截交线的五种情况。

由于锥面的投影没有积聚性，所以为了求解截交线的投影，可依据具体情况，采用点在素线上或纬圆上的方法求出截交线上的点；将共有点的同面投影光滑连成曲线，并判别可见性，整理图面完成作图。

【例 4.9】 已知被截切后的圆锥的正面投影，完成其余两投影，如图 4.10(a) 所示。

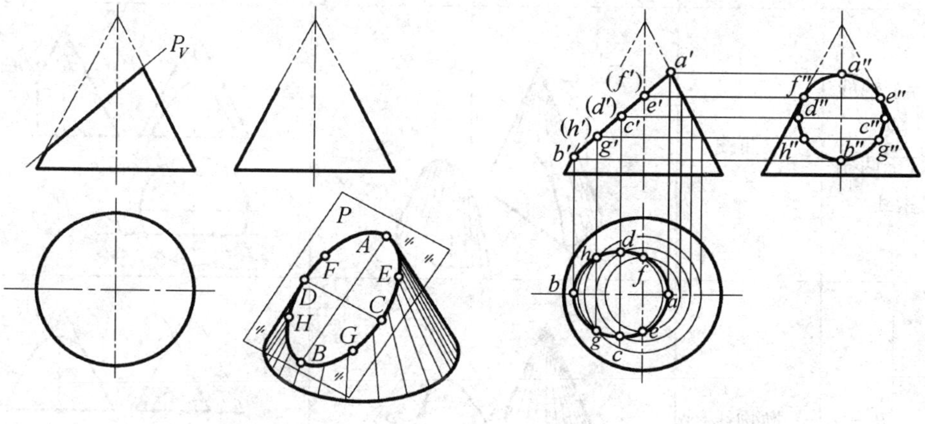

图 4.10 求截切后的圆锥的水平投影和侧面投影

空间及投影分析：截平面 P 为倾斜于圆锥轴线（$\theta > \alpha$）的正垂面，所以截交线为椭圆，正面投影积聚在 P_V 上。截交线的水平投影和侧面投影均为椭圆。

作图 如图 4.10(b) 所示。

（1）求特殊点。圆锥正面投影轮廓线上的点 a'、b'，为椭圆长轴两端点 A、B 的正面投影，也是截交线的最高点和最低点的正面投影。其水平投影 a、b 和侧面投影 a''、b''，可由 a'、b' 直接作出。正面投影的中点 c'、(d')，是椭圆短轴端点 C、D 的正面投影，其水平投影 c、d 和侧面投影 c''、d''，可用纬线圆法求得。e'、(f') 是截交线侧面投影轮廓线上的点 E、F 的正面投影。其侧面投影 e''、f'' 在圆锥侧面投影轮廓线上可直接找到。

（2）求一般点。在正面投影上以 g'、(h') 为例，用纬线圆法，求得 g、h 和 g''、h''。

(3) 连线。依次光滑连接各点的同面投影，即得椭圆的水平投影和侧面投影，均为可见。

(4) 加粗描深图线，完成全图，侧面投影的轮廓线应加粗到 e'' 和 f'' 处为止。

表 4.2　平面与圆锥的截交线

截交线位置	截交线形状	直观图	投影图
垂直于轴线	圆	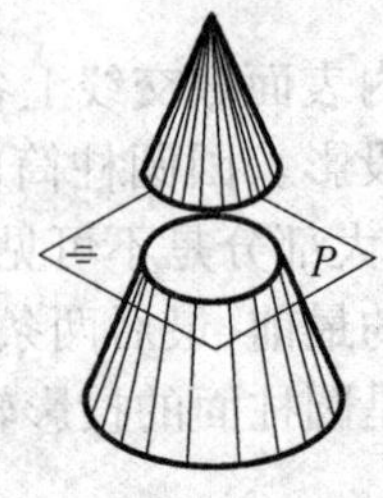	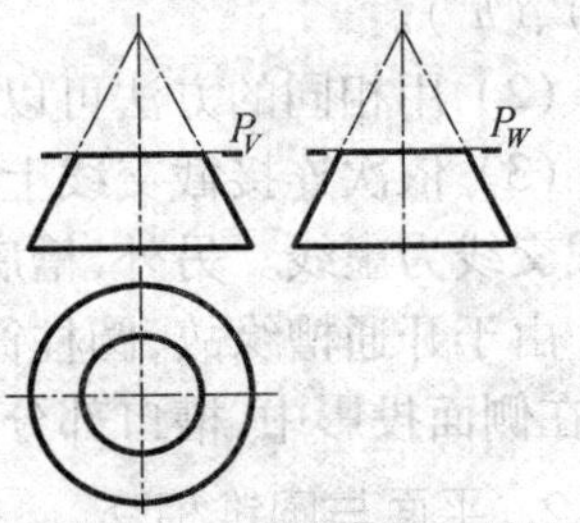
过锥顶	三角形	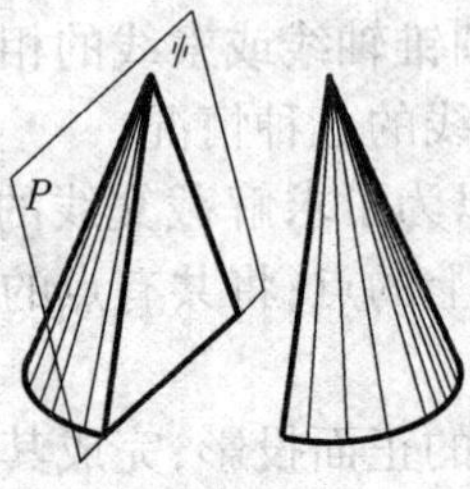	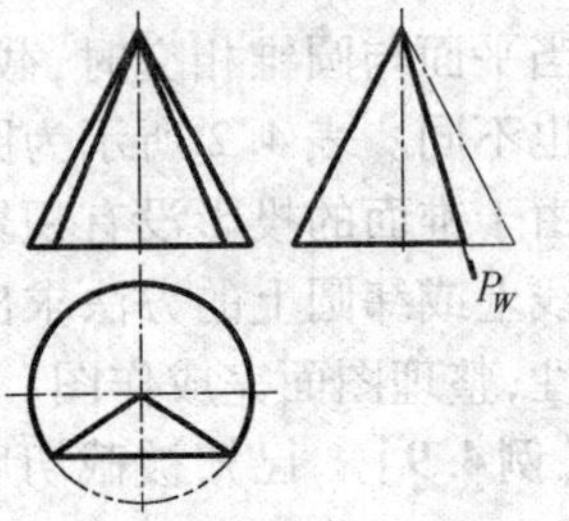
平行于轴线或平行于两条素线	双曲线	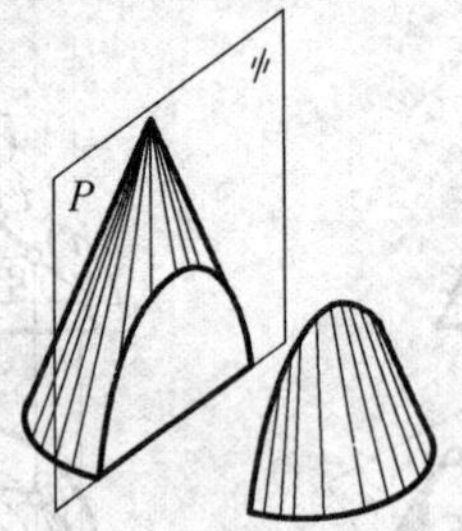	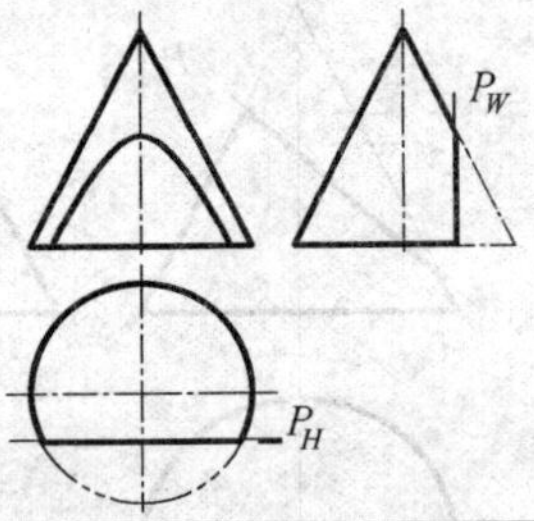
倾斜于轴线　$\theta = \alpha$	抛物线	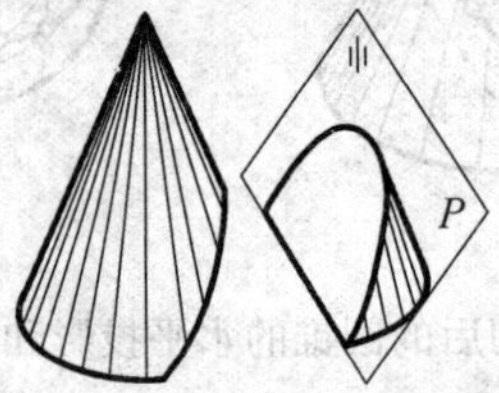	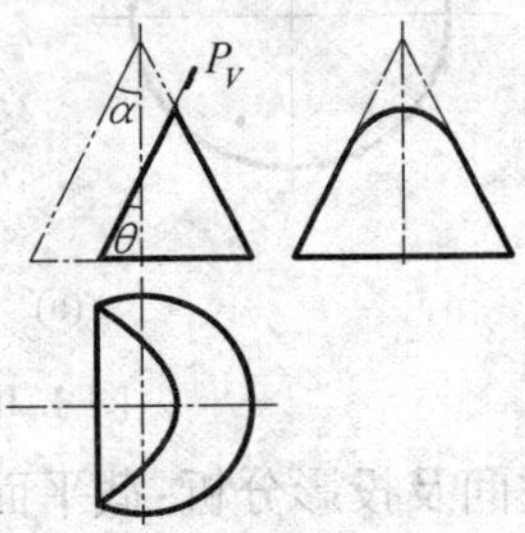
倾斜于轴线　$\theta > \alpha$	椭　圆	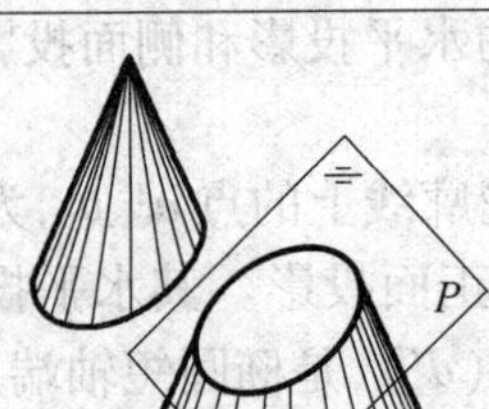	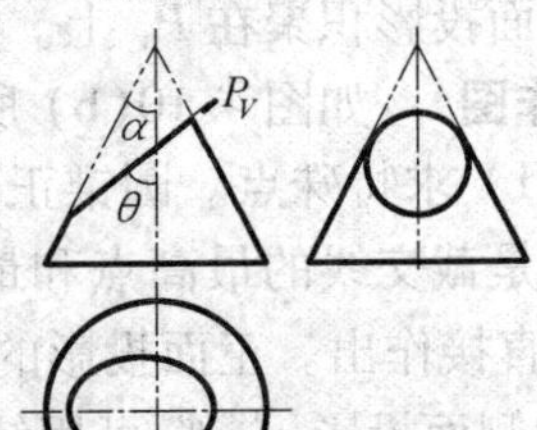

【例 4.10】 已知切口圆锥的正面投影，补出其余两投影，如图 4.11(a) 所示。

空间及投影分析：圆锥被两个平面截切，过锥顶的正垂面，与圆锥面的截交线为两段直线；另一截平面为垂直轴线的水平面，与圆锥面的截交线为一段圆弧；两截平面的交线为一条正垂线。

作图　如图 4.11(b) 所示，先求出两段为直线的截交线，再求出为一段圆弧的截交线。两截平面的交线 Ⅱ Ⅲ 为正垂线，其水平投影为虚线。

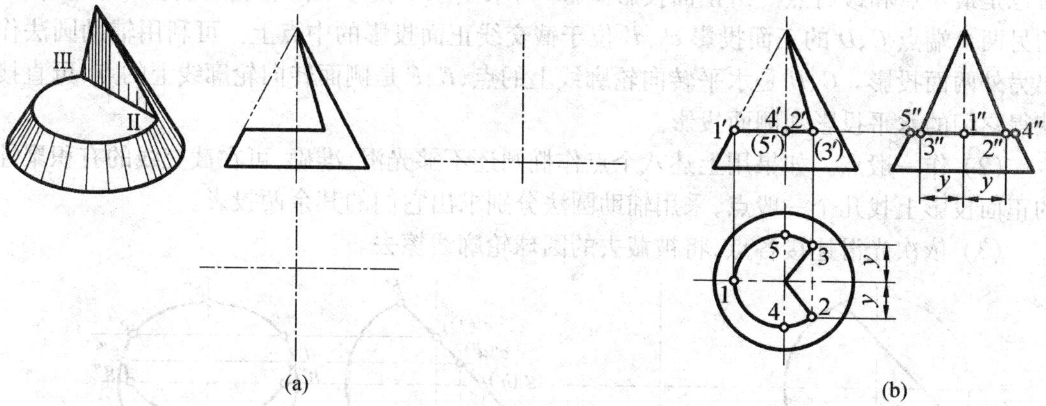

图 4.11　切口圆锥的投影

3. 平面与圆球相交

平面与圆球相交，不论截平面与球的轴线相对位置如何，其截交线均为圆。当截平面与圆球相交，且截平面为投影面的平行面时，截交线在截平面所平行的投影面上的投影反映实形；当截平面是投影面的垂直面时，截交线在截平面所垂直的投影面上的投影为直线，另两投影为椭圆，如表 4.3 所示。

表 4.3　平面与圆球截交线

截平面的位置	截平面为正平面	截平面为水平面	截平面为正垂面
立体图	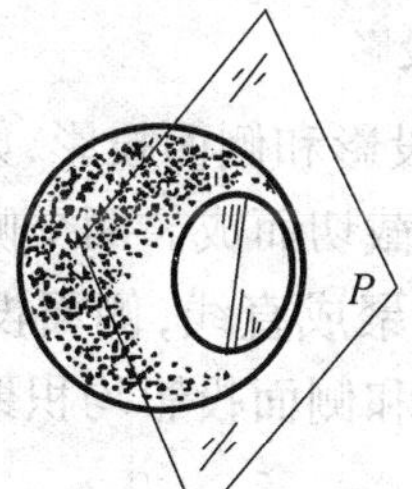	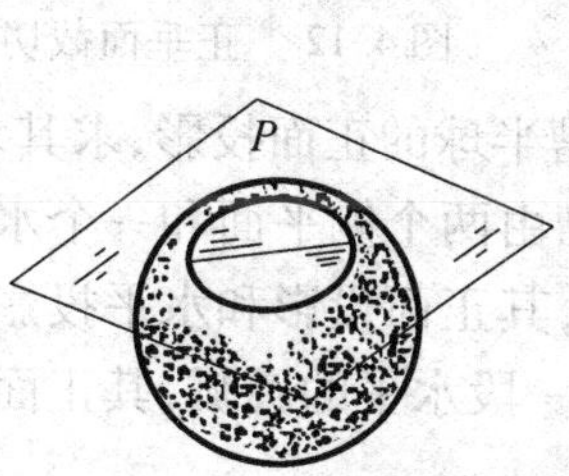	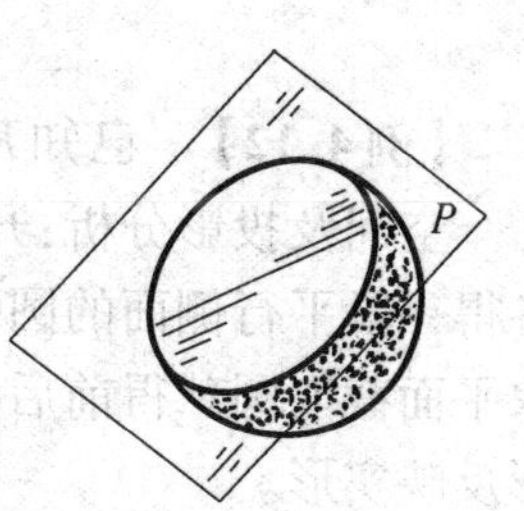
投影图	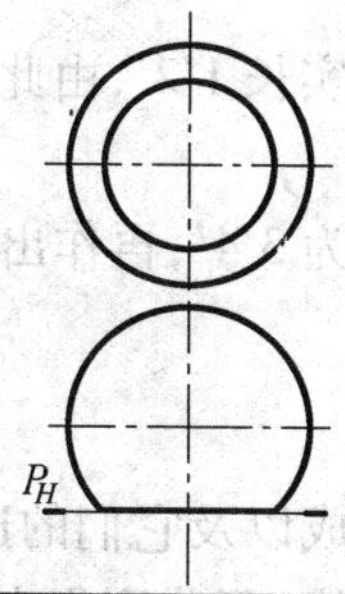	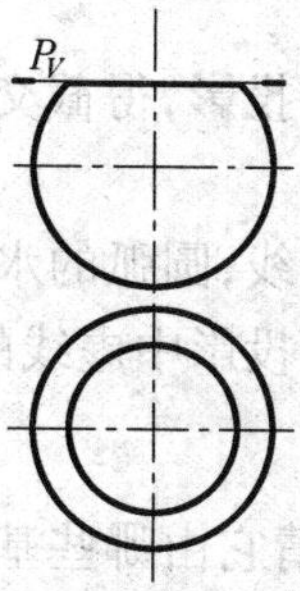	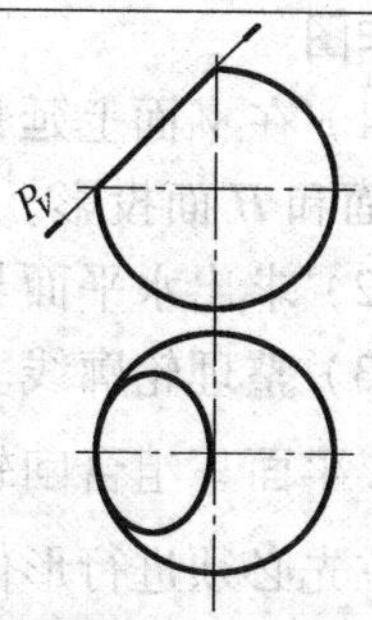

【例 4.11】 已知正垂面所截切球的正面投影,求其余两面投影,如图 4.12 所示。

空间及投影分析:因圆球是被正垂面截切,所以截交线的正面投影积聚为直线,其水平投影和侧面投影均为椭圆。

作图

(1) 作特殊点。即椭圆长、短轴的四个端点。作最低点 A 和最高点 B 的投影,它们同时也是最左点和最右点。由正面投影 a'、b' 可求出水平投影 a、b 和侧面投影 a''、b''。椭圆的另两个端点 C、D 的正面投影 c'、d' 位于截交线正面投影的中点上。可利用辅助圆法作出另外两面投影。G、H 是水平转向轮廓线上的点,E、F 是侧面转向轮廓线上的点,可直接获得它们的水平投影和侧面投影。

(2) 作一般点。如果用上述八个点作椭圆还不够光滑、准确,可在截交线的有积聚性的正面投影上找几个一般点,采用辅助圆法分别求出它们的其余两投影。

(3) 依次光滑连接各点,将被截去的圆球轮廓线擦去。

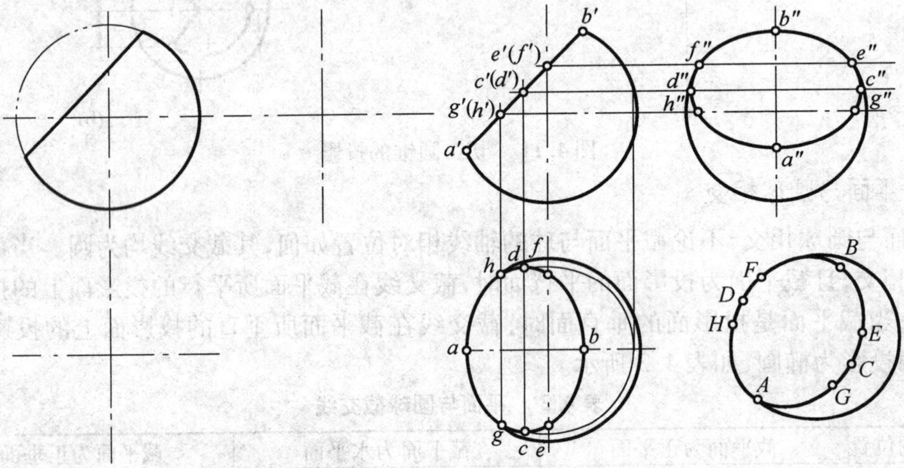

图 4.12 正垂面截切球的投影

【例 4.12】 已知开槽半球的正面投影,求其水平投影和侧面投影,如图 4.13 所示。

空间及投影分析:开槽由两个侧平面和一个水平面截切而成。两个侧平面截取圆球,各得一段平行侧面的圆弧,其正面投影和水平投影均积聚成直线,侧面投影反映实形;而水平面截取圆球得前后各一段水平的圆弧,其正面投影和侧面投影均积聚成直线,水平投影反映实形。

作图

(1) 在 V 面上延长侧平面的投影,得截交线圆弧半径实长 $1'2'$,由此作出截交线圆弧的 W 面和 H 面投影。

(2) 求出水平面与球的截交线,圆弧的水平投影半径为 $3'4'$,再作出 W 面投影。

(3) 整理轮廓线。注意侧面投影中虚线的起止位置。

4. 平面与组合回转体相交

首先必须进行形体分析,弄清它由哪些基本回转体组成以及它们的连接关系,当同一个平面和几个回转面相交时,应先找出相邻回转体的分界线,再分别作出每个回转体和该

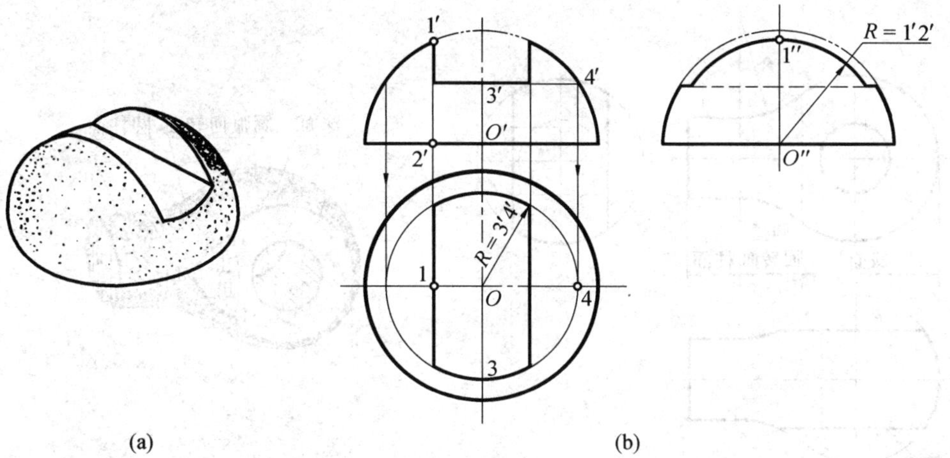

图 4. 13　求开槽半圆球的投影

平面的交线,并依次将其连接,然后判断可见性、整理轮廓线。

【例 4. 13】　完成图 4. 14(a) 所示组合体的主视图。

空间及投影分析:从给出的投影图可以看出,该立体是由轴线垂直于侧面的、同轴线的、其表面在分界处彼此相切的球(具有一个前后贯通的圆柱孔)、圆弧回转体和圆柱体组成的组合体,被平行于轴线的两个前、后对称的平面 P 切去两块而形成的。平面 P 与回转体之间产生了截交线。

从水平投影可知,在组合回转体的外表面上,平面 P 只与球面和圆弧回转体相交,因此截交线由圆弧和平面曲线组成,这两线段彼此相切。

平面 P 平行于正面,因此截交线的水平投影和侧面投影都积聚成直线段,所要画的只是它的正面投影。

作图

(1) 作特殊点,如图 4. 14(b) 所示。特殊点包括球面和圆弧回转面分界线上的点 Ⅰ 和最右点 Ⅱ。为了找出 Ⅰ 的正面投影,须先作出球面和圆弧回转面的轮廓线(两段圆弧) 的切点 a'(即两圆弧的连心线与圆弧的交点),再作出分界线的正面投影 $a'a'$。球面截交线(圆弧) 正面投影与 $a'a'$ 连线的交点 1′、1′ 即为点 Ⅰ、Ⅰ 的正面投影,点 Ⅱ 的正面投影 2′ 可直接由水平投影求得。

(2) 作一般点并连接成光滑曲线,如图 4. 14(c) 所示。在点 Ⅰ 和 Ⅱ 之间选择一般点,从侧面投影入手,过 1″ 和 2″ 之间的任一点 3″ 作辅助纬圆,可求得上、下对称的两个一般点 Ⅲ、Ⅲ 的正面投影 3′、3′,最后依次光滑连接。

第二节　两立体表面的交线 —— 相贯线

一、概述

两立体相交其表面产生的交线称为相贯线。相贯线可以分为平面立体与平面立体相

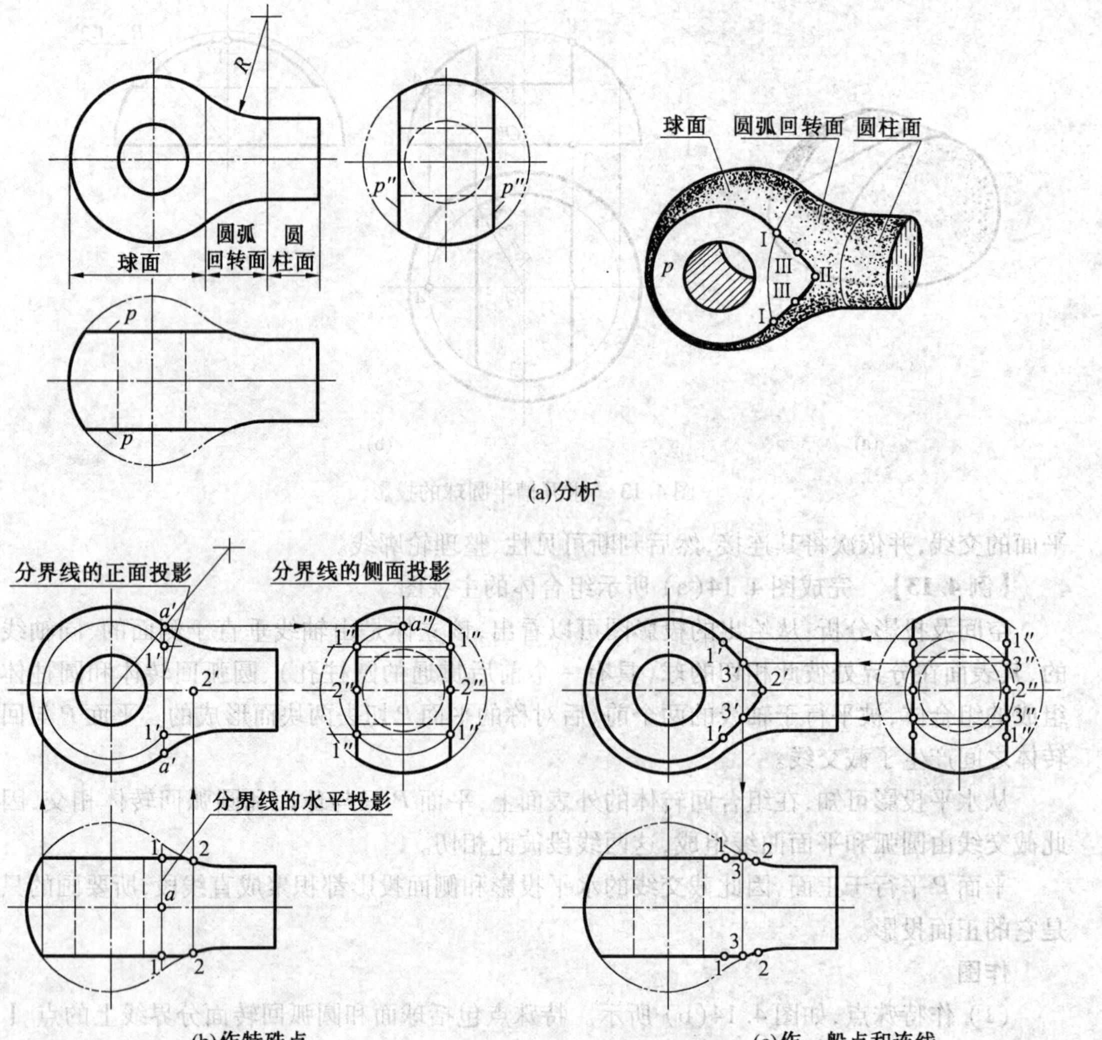

(a)分析

(b)作特殊点

(c)作一般点和连线

图 4.14　组合回转体表面的截交线

贯、平面立体与曲面立体相贯、曲面立体与曲面立体相贯三类,如图 4.15 所示。

相贯线具有下述性质:

(1) 共有性。相贯线是两立体表面的共有线,也是两立体表面的分界线。相贯线上的点是两立体表面的共有点。

(2) 封闭性。相贯线一般情况下是封闭的空间曲线(一条或两条),特殊情况下是平面曲线或线段。

(3) 相贯线的形状和数量取决于两立体的形状、大小和相对位置。

如图 4.15(a) 所示,三棱柱与三棱柱相交的情况,除了建筑结构(建筑制图重点研究),在一般结构中很少见到,而图 4.16 所示的开槽、穿孔情况较为常见。它们可以看成是侧垂四棱柱与正垂四棱柱相交,图 4.16(a) 是在四棱柱上开槽,其相贯线为一条空间折线,这种相交形式被称为互贯;图 4.16(b) 是在四棱柱上穿孔,其相贯线为分开的两条空

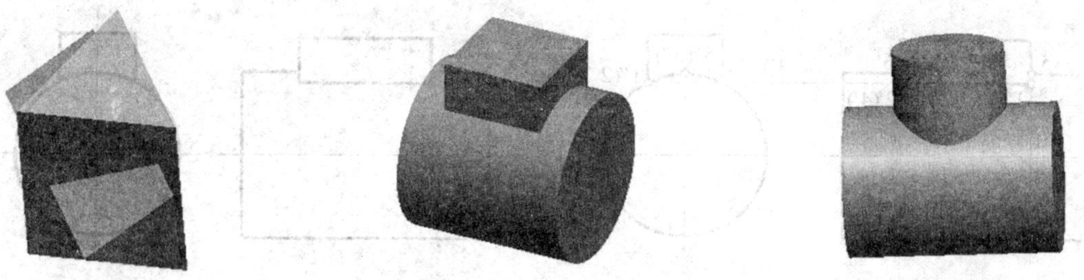

(a) 两平面立体相贯　　(b) 平面立体与曲面立体相贯　　(c) 两曲面立体相贯

图 4.15　相贯线的分类

间折线，被称为全贯。具体作图方法请读者自行分析，注意分析判断开槽与穿孔情况下棱线与交线的可见性。此外，这种结构也可认为是由挖切形成的组合体，作图方法将在下一章介绍。

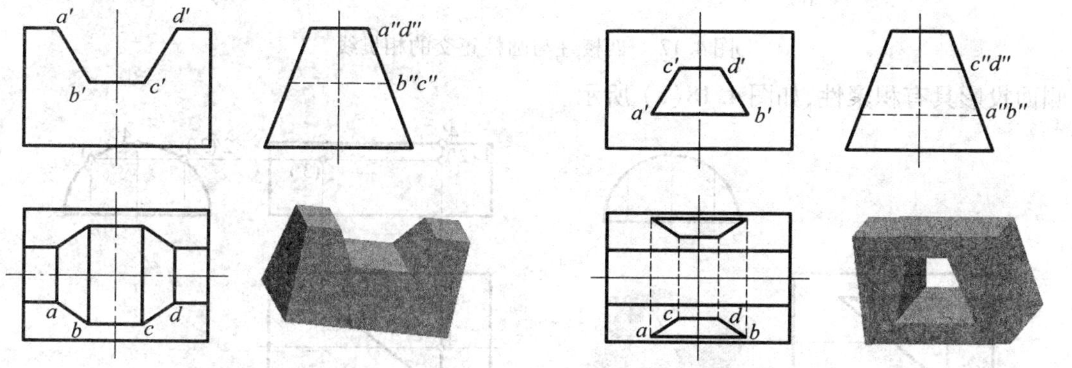

(a)　　(b)

图 4.16　开槽（互贯）与穿孔（全贯）

二、平面立体与回转体相贯

平面立体与回转体相贯，相贯线为多段直线或曲线组成的封闭空间图形。因此，求相贯线的实质就是求平面立体的棱面与回转体表面的交线。

【例 4.14】　已知四棱柱与圆柱相交的俯视图及左视图，补画主视图。

空间及投影分析：四棱柱前后两面与圆柱面的交线为素线，左右两面与圆柱面的交线为圆弧。相贯线为两段素线和两段圆弧组成的空间图形，且前后左右对称。左视图和俯视图具有积聚性，投影已知，求相贯线的正面投影，如图 4.17（a）所示。

作图　利用三等关系，作素线的正面投影 1′(3′)、2′(4′)，圆弧的正面投影 1′(3′)5′、2′(4′)6′。依次连接，去掉 5′6′ 之间的轮廓线，如图 4.17（a）、（b）所示。

【例 4.15】　已知半圆柱上挖三棱柱孔的俯视图及左视图，补画主视图，如图 4.18(a)。

空间及投影分析：三棱柱正平面与圆柱面的交线为素线，侧平面与圆柱面的交线为圆弧，铅垂面与圆柱面的交线为一段圆弧，圆柱面的相贯线由素线、圆弧和椭圆弧组成的空间图形，前后左右均不对称，相贯线的侧面、水平投影均有积聚性，投影已知，求相贯线的正面投影。三棱柱与底面的交线为直角三角形，其水平投影与三棱柱孔的水平投影重合，

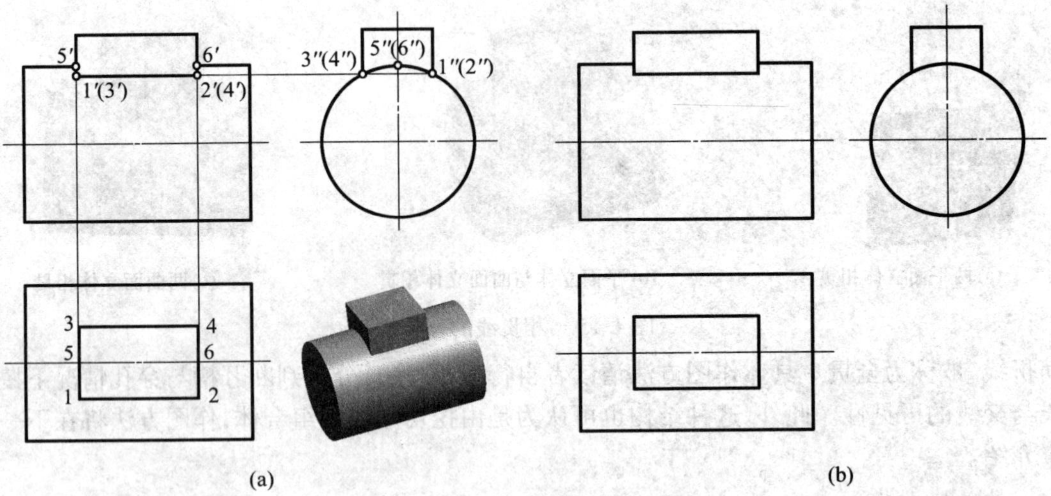

图 4.17　四棱柱与圆柱正交的相贯线

侧面投影具有积聚性,如图 4.18(a) 所示。

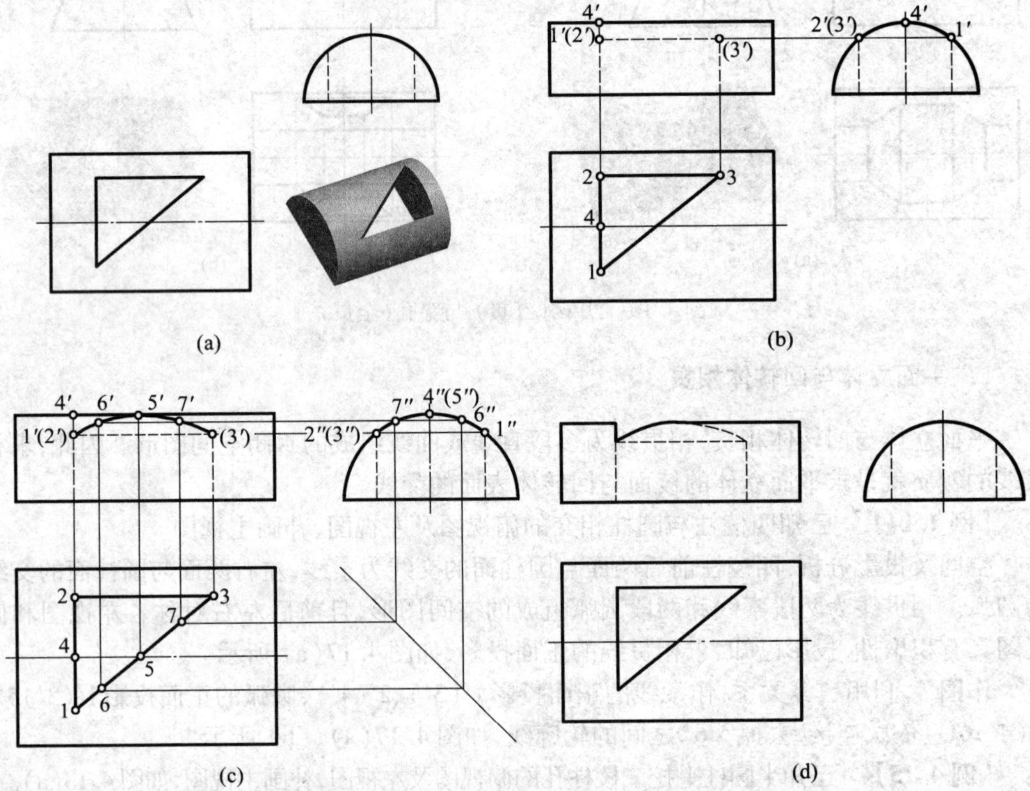

图 4.18　半圆柱上挖三棱柱孔的相贯线

作图

(1) 利用三等关系作素线的正面投影 2′3′,不可见,画虚线。作圆弧的正面投影 1′(2′)4′,1′4′ 可见画粗实线。三棱柱孔的三条棱线的正面投影均可不见,画虚线,如图

4.18(b) 所示。

(2) 作椭圆弧的投影,先作特殊点的正面投影 1′、3′、5′,再作一般点的正面投影 6′、7′,椭圆弧的正面投影 1′6′5′ 可见,画粗实线。5′7′3′ 不可见,画虚线,如图 4.18(c) 所示。

(3) 整理轮廓线。平行正面转向轮廓线上的点 Ⅳ、Ⅴ 之间的轮廓线被切,其投影应擦掉,检查、加深图形,如图 4.18(d) 所示。

三、回转体与回转体相贯

两回转体相贯的相贯线一般为闭合的空间曲线,特殊情况下为平面曲线或直线。求两回转体交线投影的方法与步骤和求平面与回转体相交的截交线相似:首先分析回转体表面的相对位置,确定相贯线的形状,分析投影情况,看是否具有积聚性;然后选择适当的作图方法,当交线的投影为非圆曲线时,则先求特殊点、再求一般点,最后将一系列共有点的投影光滑连接。下面以求共有点投影的方法为依据,介绍两种常用方法:表面取点法和辅助平面法。

1. 表面取点法

两回转体相交,如果其中有一个是轴线垂直于投影面的圆柱,则相贯线在该投影面上的投影就积聚在圆柱面的投影 —— 圆周上。这样就可以在相贯线上取一些点,按回转体表面取点的方法作出相贯线的其余投影。

【例 4.16】 求正交圆柱的相贯线,如图 4.19 所示。

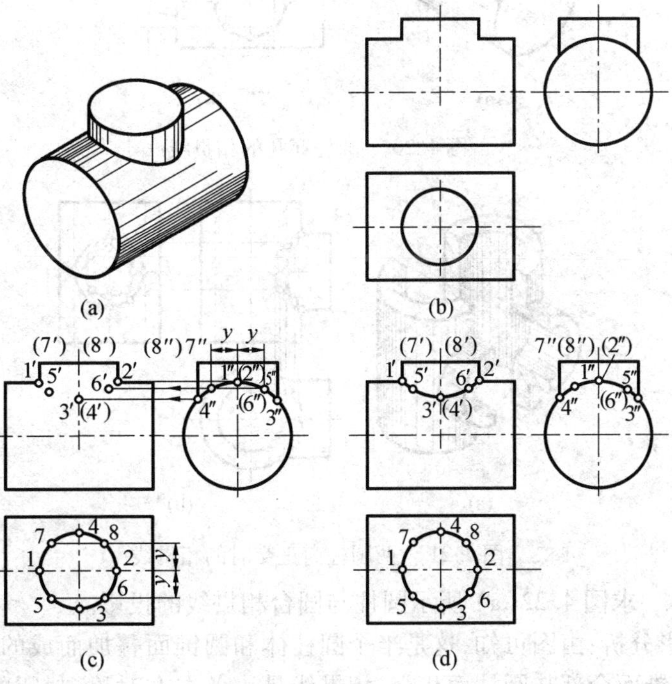

图 4.19 两圆柱垂直相交

空间及投影分析：两圆柱轴线垂直相交（正交），如图 4.19（a）、（b）所示。大圆柱轴线为侧垂线，该圆柱面的侧面投影积聚成圆，相贯线的侧面投影为此圆上的一段圆弧。小圆柱轴线为铅垂线，该圆柱面的水平投影具有积聚性，相贯线的水平投影在小圆柱面的水平投影上，为一个圆。现仅需求相贯线的正面投影。

作图 如图 4.19（c）、（d）所示：

（1）求特殊点。由相贯线最高点 Ⅰ、Ⅱ，最前、最后点 Ⅲ、Ⅳ 的侧面投影 1″、（2″）、3″、4″ 和水平投影 1、2、3、4，求出正面投影 1′、2′、3′、（4′）。

（2）求一般点。以 Ⅴ、Ⅵ 为例，按照投影规律由侧面投影 5″、（6″）和水平投影 5、6，求得正面投影 5′、6′。

（3）依次光滑连线，即得到相贯线的正面投影，其中前半部分 1′、5′、3′、6′、2′ 可见，后半 1′、7′、4′、8′、2′ 不可见，但由于相贯线前后对称，因此投影前后重合。

两圆柱轴线正交是零件中最常见的情况，除了上述两实心圆柱外表面相交以外，还有圆柱穿孔的外表面与内表面相交（见图 4.20）和两圆柱筒相交（见图 4.21）等方式，其相贯线的求法均相同。

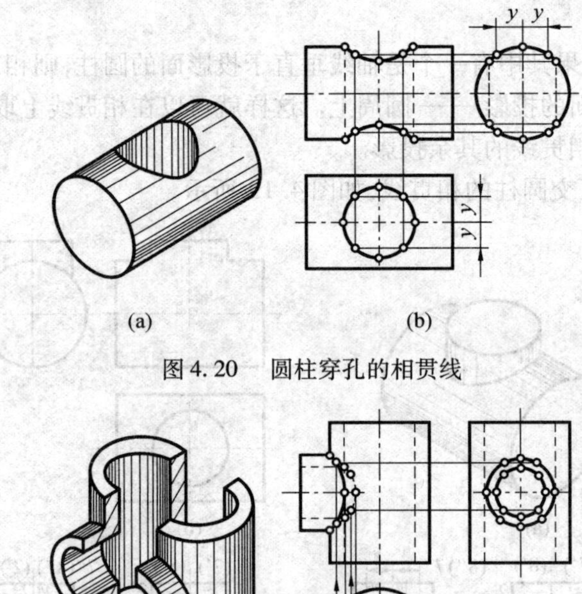

图 4.20 圆柱穿孔的相贯线

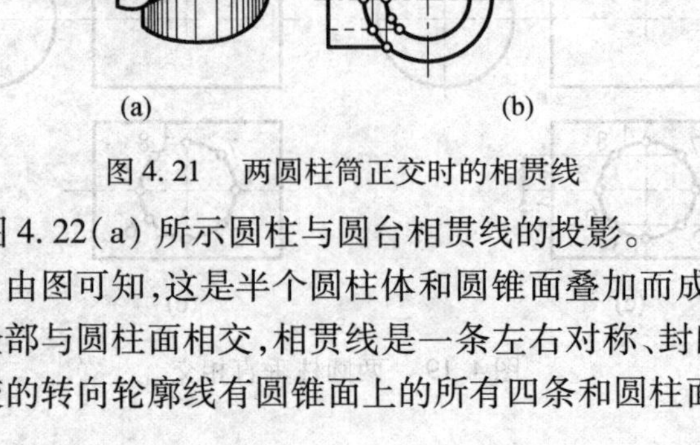

图 4.21 两圆柱筒正交时的相贯线

【例 4.17】 求图 4.22（a）所示圆柱与圆台相贯线的投影。

空间及投影分析：由图可知，这是半个圆柱体和圆锥面叠加而成的组合体，它们的轴线垂直交叉，圆锥面全部与圆柱面相交，相贯线是一条左右对称、封闭的空间曲线。左视图清楚表明，参与相交的转向轮廓线有圆锥面上的所有四条和圆柱面上的一条，双方对正面的转向轮廓线是交叉的，如立体图所示。由于圆柱的轴线垂直于侧面，所以相贯线的侧面投影是一段圆弧，其余两面投影需要作出。

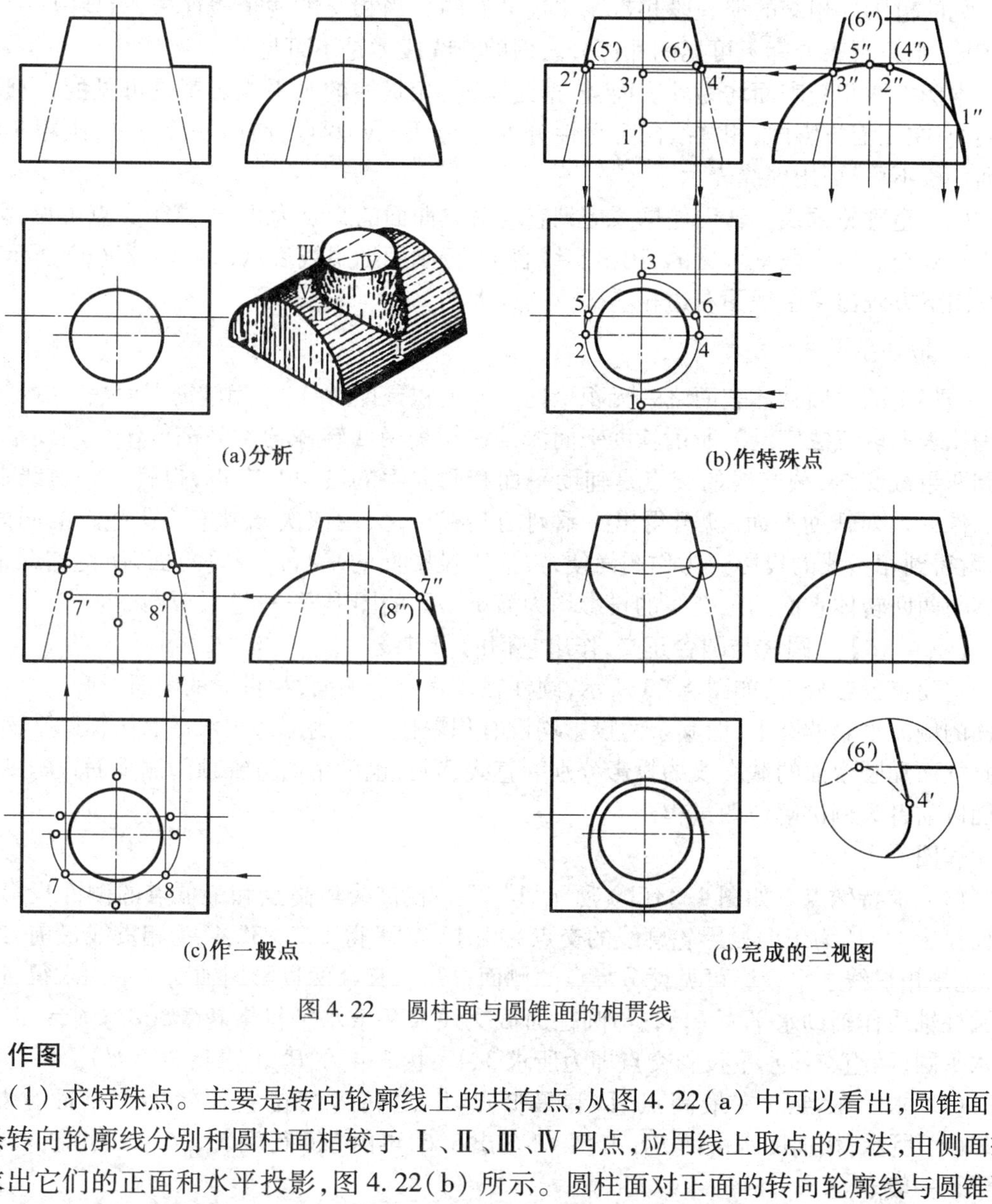

(a)分析　(b)作特殊点　(c)作一般点　(d)完成的三视图

图 4.22　圆柱面与圆锥面的相贯线

作图

(1) 求特殊点。主要是转向轮廓线上的共有点，从图 4.22(a) 中可以看出，圆锥面的四条转向轮廓线分别和圆柱面相较于 Ⅰ、Ⅱ、Ⅲ、Ⅳ 四点，应用线上取点的方法，由侧面投影求出它们的正面和水平投影，图 4.22(b) 所示。圆柱面对正面的转向轮廓线与圆锥面相交于 Ⅴ、Ⅵ 两点，从 5″、6″ 入手用圆锥面取点法，通过辅助纬圆作出它们的水平和正面投影。这里需要注意的是，在主视图中，两回转面的转向轮廓线投影的交点不是相贯线上的点，它们是重影点的投影。

(2) 求一般点。从侧面投影入手，把相贯线看成圆锥面上的线，用面上取点法作图。图中以 Ⅶ、Ⅷ 两点为例，通过辅助纬圆作出其水平和正面投影的方法，如图 4.22(c) 所示。

(3) 依次光滑连接各共有点的水平和正面投影，左半部分 Ⅰ、Ⅶ、Ⅱ、Ⅴ、Ⅲ，右半部

分 Ⅲ、Ⅵ、Ⅳ、Ⅷ、Ⅰ,并判断可见性。

相贯线可见性的判断原则是:当相交的两个立体表面都是外表面时,只有在两个表面都可见的范围内相交的那一段相贯线才是可见的。当相交的两个表面中,只要有一个是内表面,则只有双方都不可见的那部分表面的交线段才是不可见的。

本例中两相交表面均为外表面,依据此原则,相贯线的水平投影都是可见的,应画成粗实线;在正面投影中,相贯线的可见性分界点为 Ⅱ、Ⅳ 两点,前面一段可见,画粗实线,后面一段不可见,用虚线表示。

(4) 整理轮廓线。转向轮廓线应到它与对方曲面的交点为止,若这个交点可见,则从重影点到交点这一段是可见的,用粗实线表示,否则用细虚线表示,如图 4.22(d) 所示,在左视图下方画出了主视图右边相应部位的放大图。

2. 辅助平面法

当相交的两回转体表面之一无积聚性或均无积聚性时,可采用辅助平面法,它的适用范围比表面取点法广泛。所谓辅助平面法是在相交两回转体的恰当部位作一辅助平面,得到两组截交线,截交线的交点是辅助平面和两曲面的三面共有点,也就是相贯线上的点。作一系列辅助平面,就可得出一系列的共有点,然后依次光滑连接这些点的同面投影,就得到相贯线的投影。为作图简便,常选用投影面的平行面或垂直面,使得辅助平面及其与两回转体表面的截交线的投影均为简单易画的图形 —— 直线或圆。

【例 4.18】 圆柱与圆台正交,作出它们的相贯线。

空间及投影分析:如图 4.23 所示,圆柱轴线垂直于侧面,相贯线的侧面投影重合在圆柱面的侧面投影的圆上,但其余两投影均没有积聚性。本例可选用水平面作辅助平面,它与圆柱面和圆台面的截交线的投影分别为直线和圆,也可用通过锥顶的侧垂面作辅助面,下面以前者为例讲解作图过程。

作图

(1) 求特殊点。如图 4.23(b) 所示,1″、2″ 为相贯线最高点和最低点的侧面投影,其正面投影 1′、2′ 为正面投影轮廓线的交点。由 1′、2′ 求得 1、2。3″、4″ 为相贯线最前、最后点,也是相贯线水平投影可见性分界点的侧面投影。其余两投影用辅助水平面求得,过水平圆柱轴线作辅助水平面 P_1,它与圆柱面截交线为两条水平投影轮廓线,与圆台相交于一水平圆,两组交线水平投影交点即为所求 3、4。由 3、4 在 P_1 上求得 3′、(4′)。

(2) 求一般点。在最高点 Ⅰ 和最低点 Ⅱ 之间适当位置作辅助水平面。如图 4.23(c) 所示,作辅助水平面 P_2,由 5″、6″ 求出 5、6,再由 5、6 得到 5′、(6′)。如此,再求得若干个一般点。

(3) 依次光滑连线并判别可见性。整个立体前后对称,相贯线正面投影前后重合。水平投影以 3、4 为界,上半圆柱面上相贯线可见,即 4、6、1、5、3 可见,而 4、2、3 为不可见,画虚线。

(4) 加粗图线,完成全图。圆柱的水平投影轮廓线应加粗到 3、4,被圆柱挡住的圆台底面部分圆弧应画成虚线,如图 4.23(d) 所示。

【例 4.19】 圆台与半圆球相交,求其三面投影,如图 4.24 所示。

空间及投影分析:从图 4.24(a) 中可以看出,圆台的轴线不通过球心,但圆台和球前

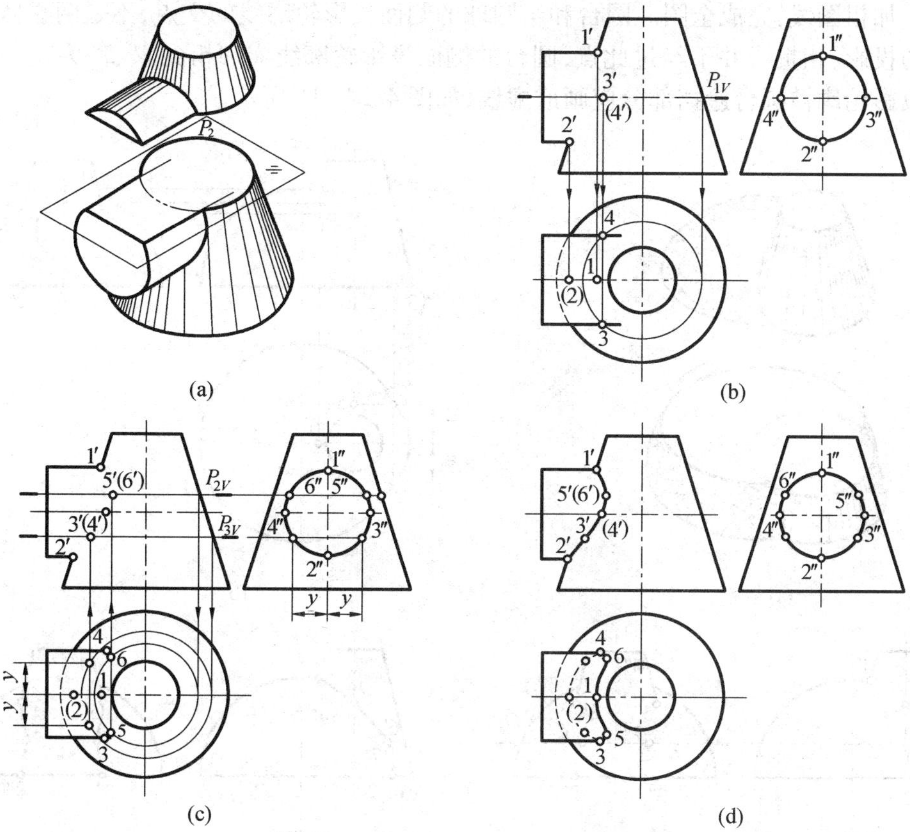

图 4.23　圆柱和圆台正交时的相贯线

后对称，相贯线是一条前后对称的封闭空间曲线，前半段和后半段的正面投影重合。由于两个立体表面都没有积聚性投影，因此仅能用辅助平面法求相贯线投影。根据辅助平面选择原则，对于圆球面应选择投影面的平行面，对于圆锥面，应选过锥顶或垂直于轴线的特殊位置平面。因此，本例选择过锥顶的侧垂面及一系列水平面为辅助平面。

作图

(1) 求特殊点。如图4.24(b) 所示，由于立体前后对称，所以正面投影轮廓线的交点1′为相贯线最高点的正面投影。由1′求出1和1″。圆台底面和半球底面在同一个水平面上，其水平投影交点2、3，即为相贯线最低点的水平投影。由2、3求出2′、(3′) 和2″、3″。过圆台轴线作辅助侧平面 P，它与圆台截交线为侧面投影轮廓线，与球面交于一个平行于侧面的半圆，两者交点的侧面投影4″、5″，为相贯线侧面投影轮廓线上的点，是可见性分界点。由4″、5″求出4′、(5′) 和4、5。

(2) 求一般点。作辅助水平面 Q，它与圆台和半球的交线均为水平圆，两圆的水平投影交点为6、7，由6、7在 Q_V 上求得6′、(7′)，在 Q_W 上求得6″、7″，如图4.24(c) 所示。

(3) 依次光滑连线，判别可见性。相贯线正面投影前后重合，相贯线水平投影全可见，相贯线侧面投影以4″5″为界，在圆台左半锥面的相贯线5″、7″、3″和4″、6″、2″可见，而5″、(1″)、4″为不可见，画成虚线。

（4）加粗图线，完成全图。圆台和半圆球的侧面投影轮廓线的交点，不是两立体表面共有点的投影，相贯线并不经过此点，圆台的侧面投影轮廓线应加粗到 4″、5″ 为止。半圆球侧面投影轮廓被圆台遮挡部分应画成虚线，如图 4.24(d) 所示。

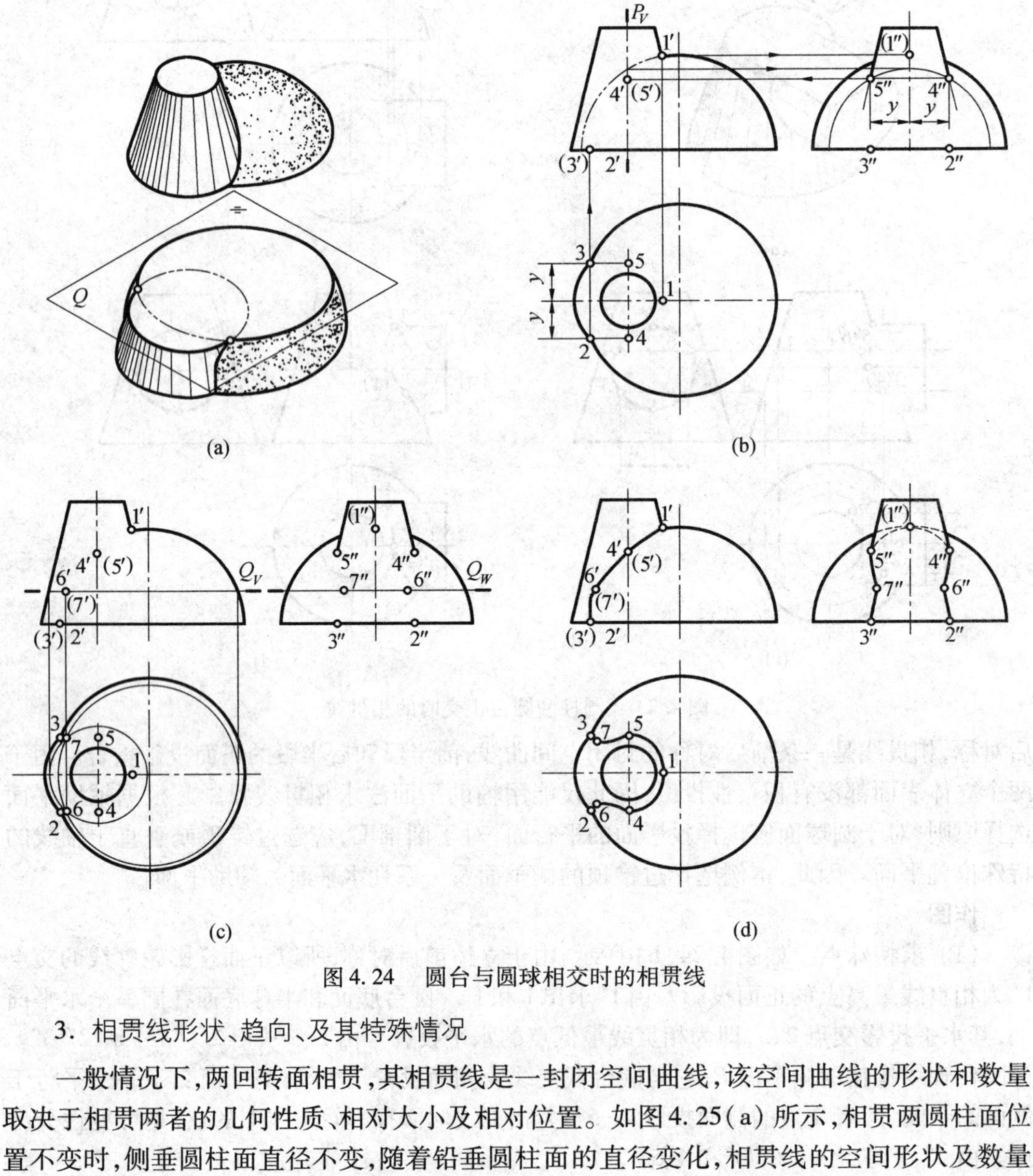

图 4.24　圆台与圆球相交时的相贯线

3. 相贯线形状、趋向、及其特殊情况

一般情况下，两回转面相贯，其相贯线是一封闭空间曲线，该空间曲线的形状和数量取决于相贯两者的几何性质、相对大小及相对位置。如图 4.25(a) 所示，相贯两圆柱面位置不变时，侧垂圆柱面直径不变，随着铅垂圆柱面的直径变化，相贯线的空间形状及数量发生变化；如图 4.25(b) 所示，相贯两圆柱面的直径不变时，侧垂圆柱面位置不变，随着铅垂圆柱面的位置变化，相贯线形状和数量也发生变化。圆柱与圆锥面相贯时相贯线的变化情况如图 4.26 所示。当相贯两者的相对位置、相对大小处于某个特殊条件时，相贯线就会变成为平面曲线或直线，这类相贯线被称为特殊相贯线，以下介绍几种特殊相贯线。

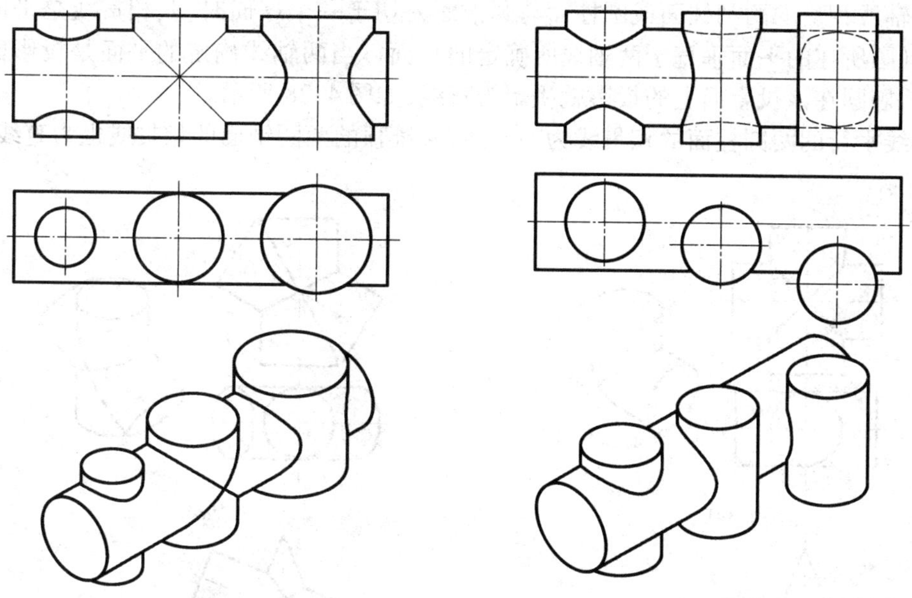
(a) (b)

图 4.25　圆柱轴线位置变动相贯线变化情况

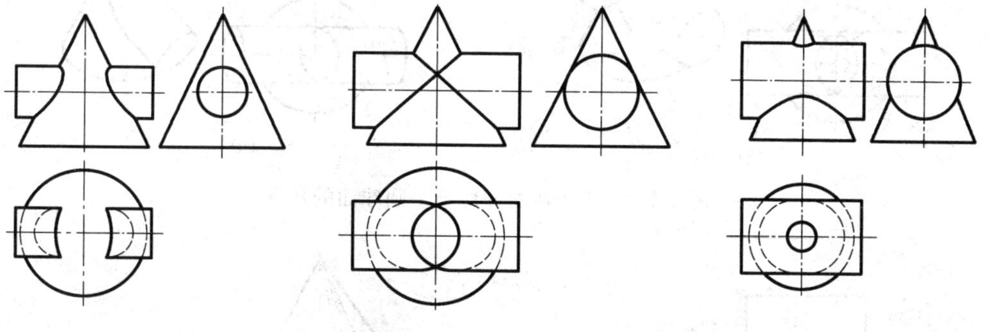

图 4.26　正交圆锥、圆柱相贯线的变化情况

相贯两回转面的轴线重合时，其相贯线为垂直于公共轴线的圆，如图 4.27 所示。

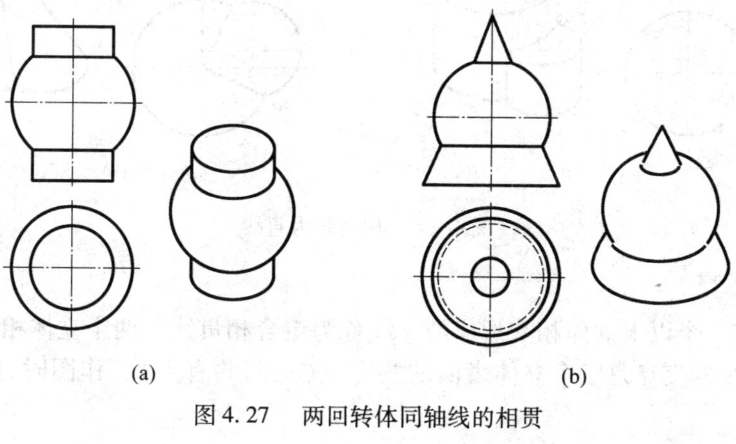
(a) (b)

图 4.27　两回转体同轴线的相贯

当轴线相交的两圆柱面或圆柱面与圆锥面公切于一个球面时，其相贯线是平面曲线椭圆，椭圆所在的平面垂直于两轴线所确定的平面。当两轴线确定的平面是投影面的平行面时，椭圆在该投影面上的投影就积聚为直线，如图 4.28 所示。

轴线平行的两圆柱面的相贯线为一直线，共锥顶的两圆锥面的相贯线也为直线，如图 4.29 所示。

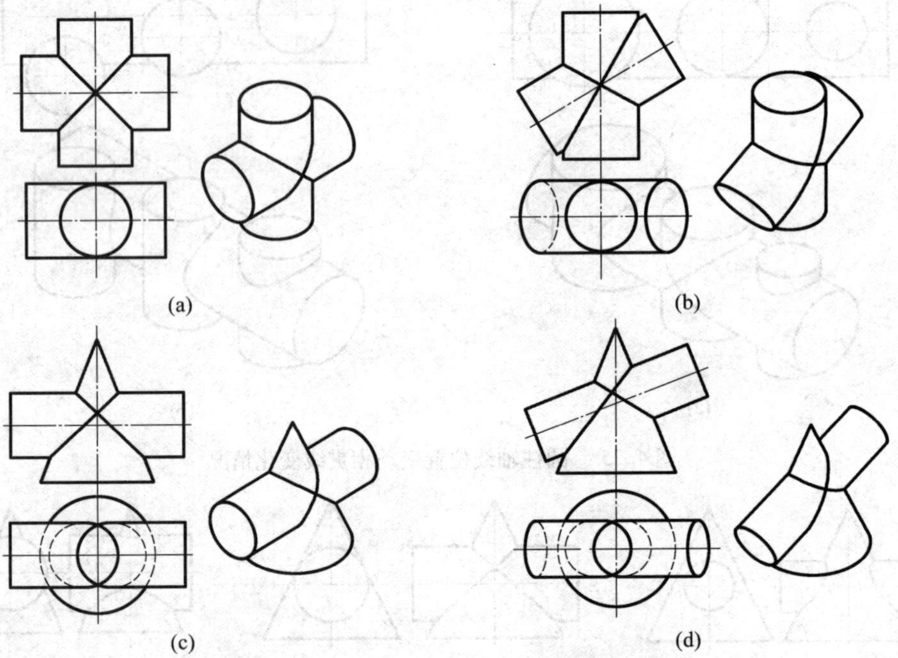

图 4.28　两回转面公切于一圆球面的相贯

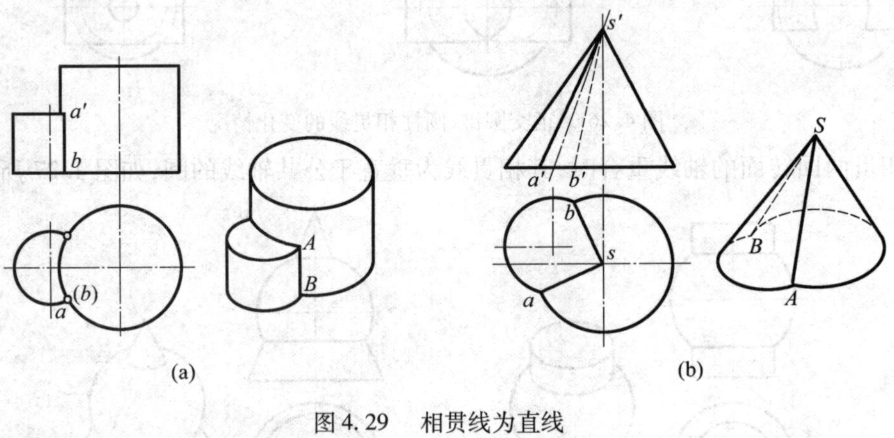

图 4.29　相贯线为直线

4. 多体相贯

由三个或三个以上立体相交形成的交线称为组合相贯线。两个立体相贯有一条相贯线，两条相贯线的交点是三个立体表面的共有点（三面共有点）。作图时，要注意找三面共有点。

【例 4.20】 如图 4.30(a) 所示,补画主视图。

空间及投影分析:组合体前后对称,由一个水平半圆柱 A、一个垂直圆柱 B 和一个 U 形柱 C 组成。A、B、C 三个基本体分别在水平或侧面投影上具有积聚性,因此相贯线在这两个投影面上同样具有积聚性。圆柱 A、B 等径相贯,相贯线是椭圆的一部分,正面投影是一条直线段。水平半圆柱 A 和垂直 U 形柱 C 正交,其相贯线分为两部分。一部分是半圆柱与水平圆柱相交的相贯线(两曲面立体相贯);另一部分是四棱柱与水平圆柱相交的相贯线(平面立体与曲面立体相贯),正面投影向垂直圆柱 B 轴线弯折;相贯线前后对称。垂直圆柱 B 和 U 形柱 C 是平面立体和曲面立体相贯,相贯线由多条线段组成。其中 Ⅰ、Ⅲ 是三面共有点,如图 4.30(a) 所示。

作图

(1) 先画水平半圆柱 A 和垂直 U 形柱 C 相贯线的投影。利用三等关系,找特殊点,2′1′ 段相贯线向水平圆柱 A 的轴线弯曲,画四棱柱与水平圆柱相贯线的投影,1′3′ 段与水平圆柱 A 的轴线平行,相贯线可见,如图 4.30(b) 所示。

(2) 画 U 形柱 C 和圆柱 B 相贯线的投影,向垂直圆柱 B 的轴线弯折,相贯线可见,如图 4.30(c) 所示。

(3) 画圆柱 A、B 相贯线,连接三面共有点 3′ 与两圆柱轴线的交点。最后,检查、加深线段,如图 4.30(d) 所示。

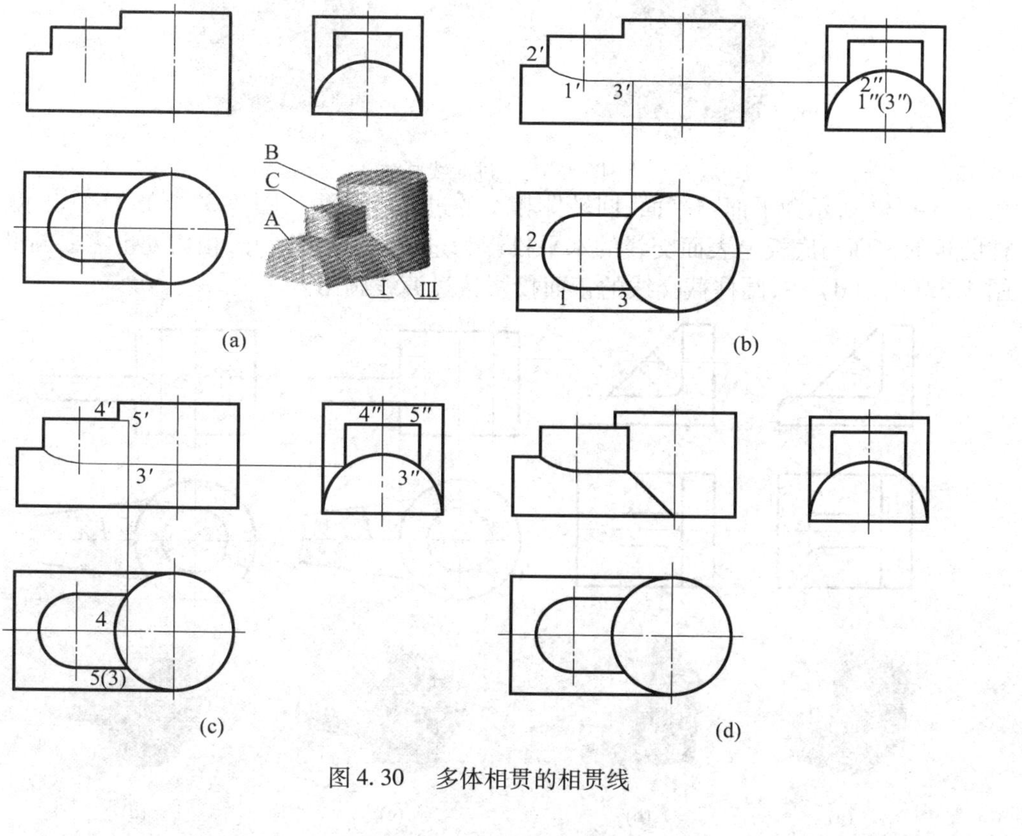

图 4.30 多体相贯的相贯线

第三节　过渡线的画法

有些零件采用铸造成型,铸造有铸造圆角和拔模斜度(具体内容在第九章零件图中介绍),使得铸件表面的交线(截交线、相贯线) 变得不太明显,这种线称为过渡线。当过渡线的投影和面的投影重合时,按面的投影画出;当过渡线的投影不与面的投影重合时,过渡线按其理论交线的投影用细实线画出,但线的两端要与其它轮廓线断开。过渡线的画法有三种形式,图 4. 31 所示为过渡线的画法一,两圆柱在相交处有圆角,相贯线为过渡线,在俯视图和左视图中,过渡线与圆柱面的投影重合;而在主视图中,相贯线的投影不与任何表面的投影重合,所以相贯线的两端与轮廓线断开。当两个柱面直径相等时,在相切处也应该断开。

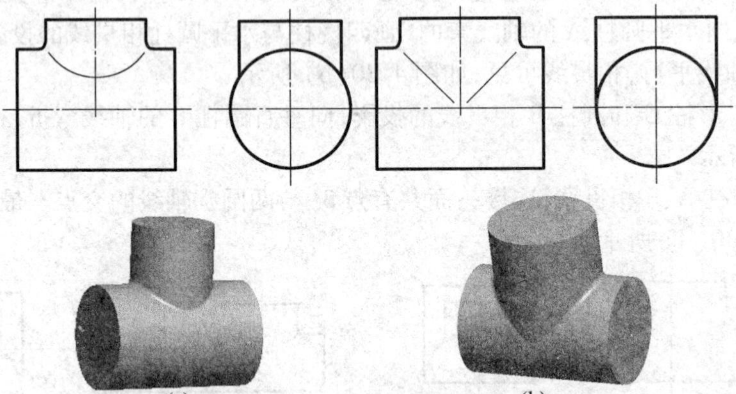

(a)　(b)

图 4. 31　过渡线画法一

图 4. 32 所示为平面与平面、回转体相交的过渡线画法。图 4. 32(a)、(b) 表示,三棱柱肋板的斜面与底板上表面交线的水平投影为过渡线,两端断开,相切处也需要断开。在图 4. 32(c)、(d) 中,圆柱截交线的正面投影按过渡线画出。

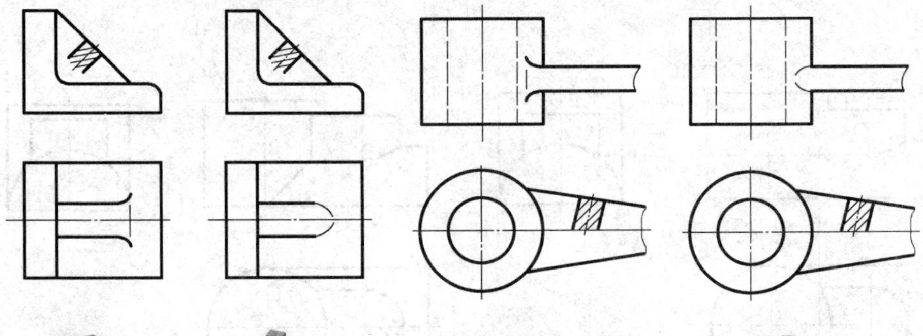

(a)　(b)　(c)　(d)

图 4. 32　过渡线画法二

图 4. 33(a) 中,过渡线是底板与圆柱面相交,交线处在大于或等于 60 °的位置时,过渡线按两端带小圆角的细实线画出。图 4. 33(b) 中,压板与圆柱面相交,交线处在小于 45 °的位置时,过渡线按两端不到头的细实线画出。

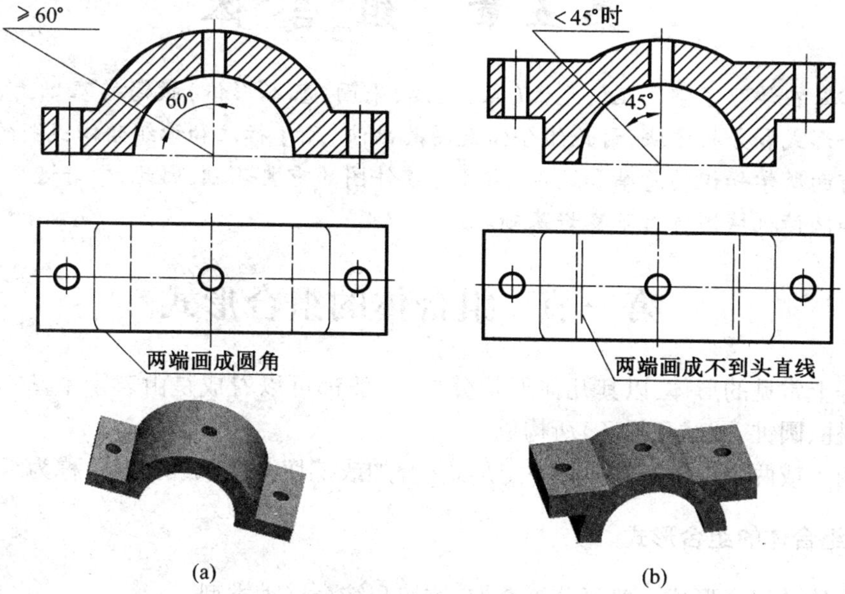

图 4. 33　过渡线画法三

第五章 组 合 体

本章是在学习了空间几何元素(点、直线、平面、基本形体)投影的基础上,研究组合体的组合形式和分析方法,讨论组合体视图的画法、尺寸标注和读组合体视图的方法。它不仅是前面所学知识的总结和运用,而且是零件图的重要基础,因此,学好这部分内容,可为绘制和阅读机械图样打下良好基础。

第一节 组合体的组合形式

工程上常见的形体,以其几何形状分析,一般都可以看成是由若干个基本体(棱柱、棱锥、圆柱、圆锥、圆球和圆环)所构成。

由两个或两个以上基本体按一定形式(叠加或挖切)所组成的物体,称为组合体。

一、组合体的组合形式

组合体的组合形式一般可分为叠加、挖切和综合三种类型。

(1) 叠加型。由若干个基本形体按不同形式(像搭积木一样)组合在一起而形成的组合体,它是构成组合体的基本形式,如图 5.1(a)所示。

(2) 挖切型。在一个基本体上切除或挖掉若干个基本体而形成的组合体,它是构成组合体的另一种基本形式,如图 5.1(b)所示。

(3) 综合型。由若干个基本体经叠加及挖切综合所得到的组合体,如图 5.1(c)所示。

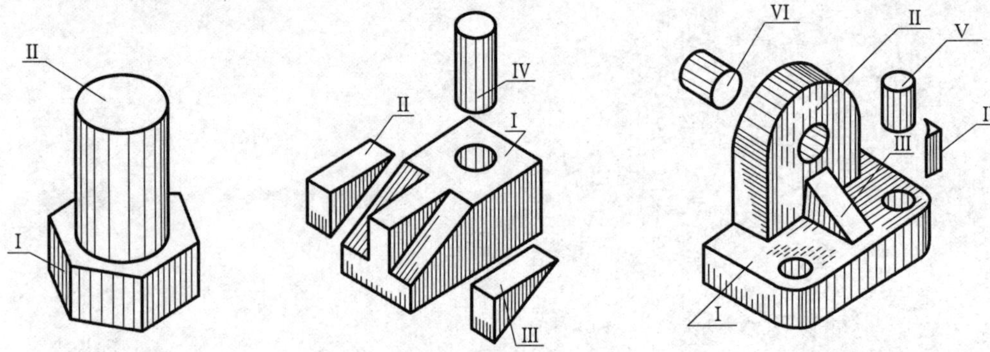

(a)叠加型　(b)挖切型　(c)综合型

图 5.1　组合体的组合形式

需要注意的是,实际形体中单纯运用叠加或挖切的组合方式较少,大多数为这两种方式的综合运用,即综合型。此外,组合体是一个整体,组合形式只是分析组合体的方法,而不是组合体成形的方法。

二、组合体中邻接表面关系

在组合体中，各基本体表面之间的连接关系可分为平齐、相错、相交、相切四种情况。连接关系不同，连接处投影的画法也不同。

(1) 平齐。相邻两形体的相应表面平齐连成一个平面，在共面处两形体的相接表面不画分界线，如图 5.2(a)、(b)所示。

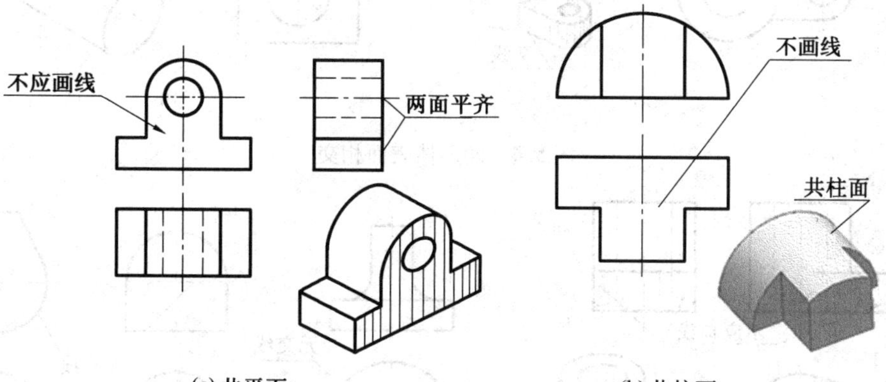

图 5.2　两形体表面平齐

(2) 相错。相邻两形体的相应表面没有对齐，不在同一平面内，应画出两表面的分界线，如图 5.3 所示。

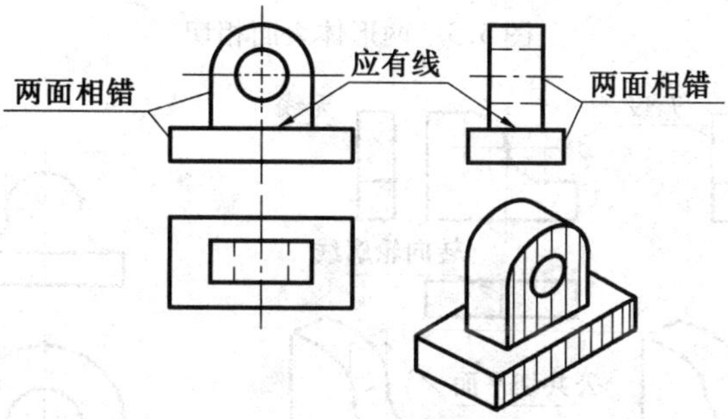

图 5.3　两形体表面相错

(3) 相交。相邻两基本形体的表面彼此相交时，其表面交线是它们的分界线，在相交处要按投影关系画出表面交线。另外，当两形体相贯时，相贯线即为两形体的交线，如图 5.4(a)、(b)所示。

(4) 相切。当相邻两形体表面相切时，相切处光滑过渡，该处投影不应该有分界线，相邻表面的投影应画到切点，如图 5.5(a)、(b)所示。

注：在两圆柱面相切处，一般情况下不必画出切线，如图 5.6(a)所示。如果它们的公切面垂直于某一投影面，则应在该面上画出转向轮廓线的投影，如图 5.6(b)、(c)所示。

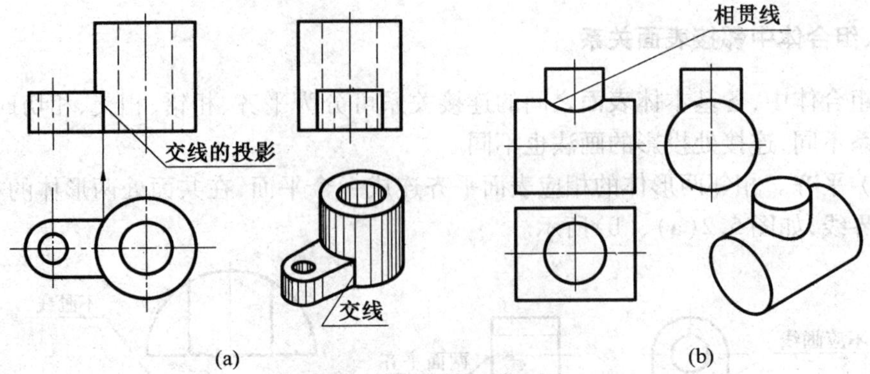

图 5.4　两形体表面相交

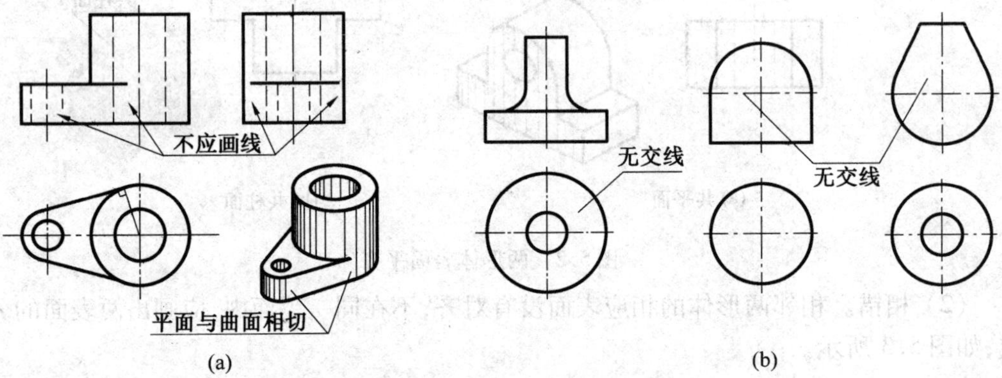

图 5.5　两形体表面相切

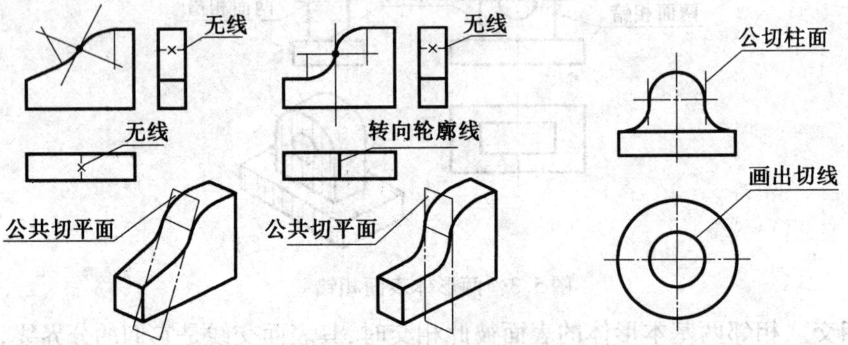

图 5.6　相切时的规定画法

三、典型结构的画法

1. 阶梯孔的画法

常见的阶梯孔有圆形阶梯孔、方形阶梯孔、锥形阶梯孔及混合型阶梯孔，一般情况下，规定阶梯孔分界处要有线，如图 5.7 所示。

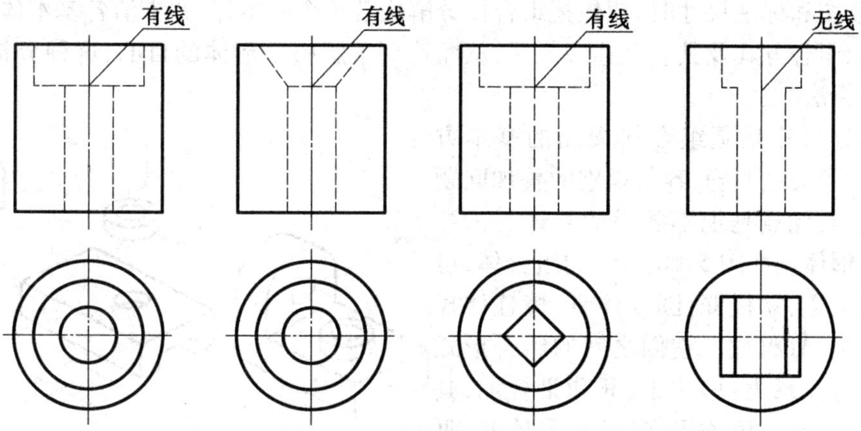

图 5.7　阶梯孔的画法

2．圆柱切角与切槽的画法

圆柱切角与切槽的画法，如图 5.8、图 5.9 所示。

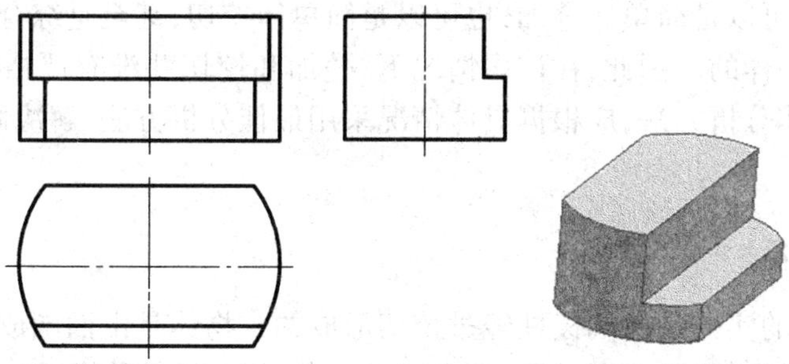

图 5.8　圆柱切角的画法

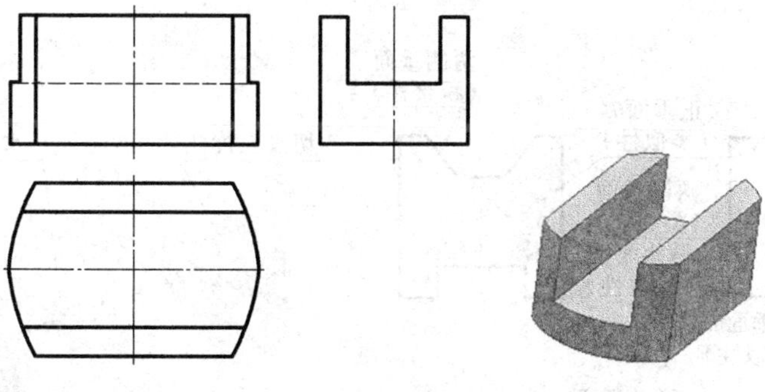

图 5.9　圆柱切槽的画法

第二节　组合体的分析方法

一、形体分析法

上面我们讨论了组合体的构成、组合形式和表面之间的相对位置关系，在对组合体进行画图、读图和标注尺寸时,假想把组合体分解成若干个基本体,并弄清各基本体的形状、相对位置、组合方式及其表面连接关系,从而达到了解整个形体的目的,这种分析方法称为形体分析法。

形体分析法是画组合体视图的基本方法,尤其对于关系明确,容易识别的叠加问题更为有效,其优点是把不熟悉的立体变为熟悉的简单形体。如图 5.10 所示的组合体,可看成由底板Ⅰ、立板Ⅱ、圆柱体Ⅲ、棱柱体Ⅳ和圆柱体Ⅴ、Ⅵ组成。它们之间的组合形式及相对位置关系为:形体Ⅰ、Ⅱ和Ⅲ叠加,其中Ⅰ、Ⅱ前后及右侧均平齐,并且形体Ⅱ、Ⅲ与Ⅰ的前后对称面都重合;形体Ⅳ、Ⅴ、Ⅵ分别是形体Ⅰ、Ⅱ及Ⅲ上挖切掉的部分。

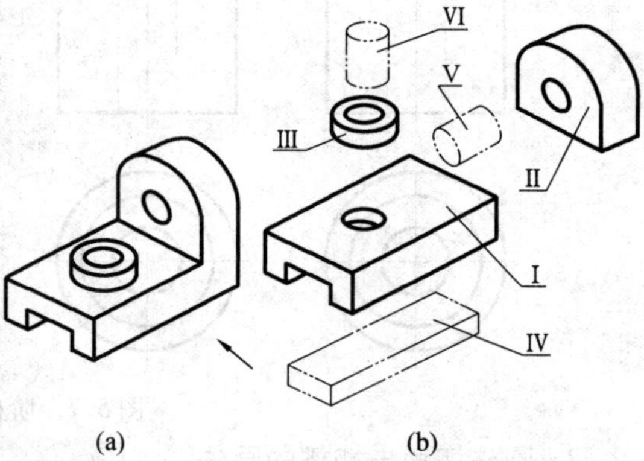

图 5.10　形体分析

注:运用形体分析法分解组合体时,分解过程不是唯一的,可以是简单体叠加,也可以是简单体挖切,甚至是综合的组合方式,但是分析的结果都是一样的。因此,在许多情况下,叠加和挖切并没有严格的界限,同一物体可能有不同的形体分析方法,应根据具体情况采用最佳分析方法,解决画图或读图中的问题。

二、线面分析法

图 5.11 所示的实体是由四棱柱经过挖切形成的。物体是由面围成的,面由线或线框表示,不同的线或线框表示不同的面,用此规律分析物体表面形状、相对位置及投影的方法,称为线面分析法。该方法解决切割类问题较好。它是组合体画图和读图的辅助方法。

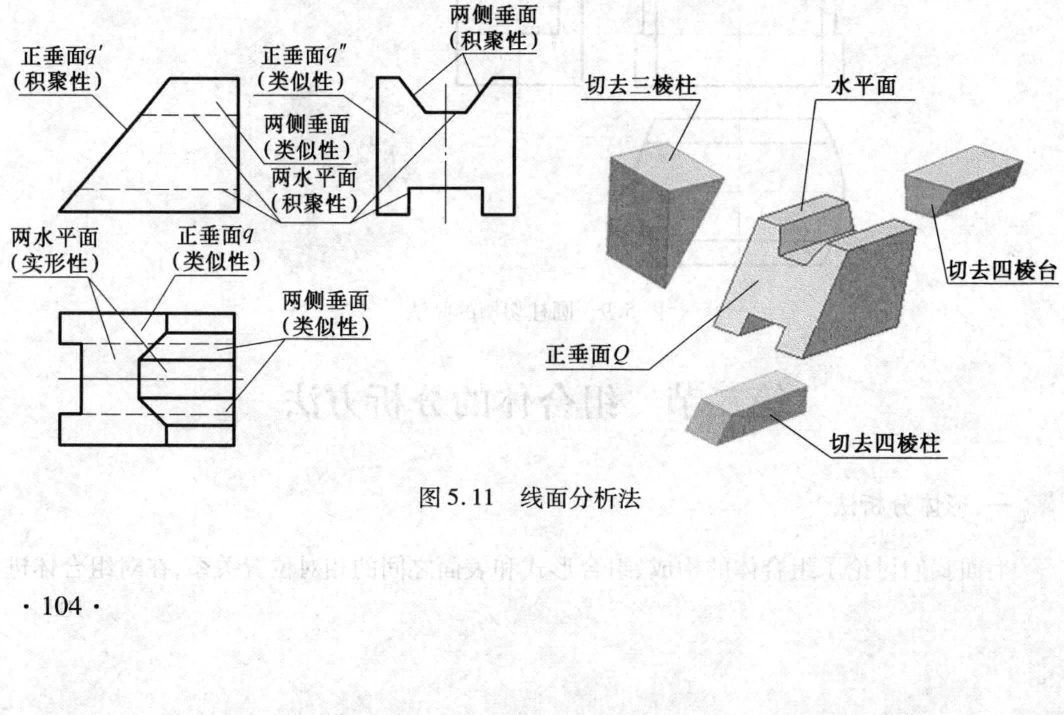

图 5.11　线面分析法

第三节 组合体视图的画法

一、形体分析法画图

现以图 5.12 所示的轴承座为例,说明形体分析法画组合体视图的一般步骤。

1. 形体分析

画视图之前,应对组合体进行形体分析,了解该组合体由哪些基本体组成,它们的相对位置、组合形式、表面间的连接关系及其是否对称等,为画视图作好准备。

如图 5.12(a)所示的轴承座,可假想地分解成九个部分,即五个实体(底板 1、竖板 2、圆筒 3、肋板 4、凸台 5)和四个虚体(即 6、7、8、9 四个圆柱体)。其中底板 1 与竖板 2 的后表面平齐;竖板与圆筒 3 的左右方向相切;肋板 4 与底板 1、圆筒 3 为相交;凸台 5 与圆筒 3 相贯;圆柱体 9 与圆柱体 8 相贯,轴承座的总体构形左右对称,如图 5.12(a)所示。

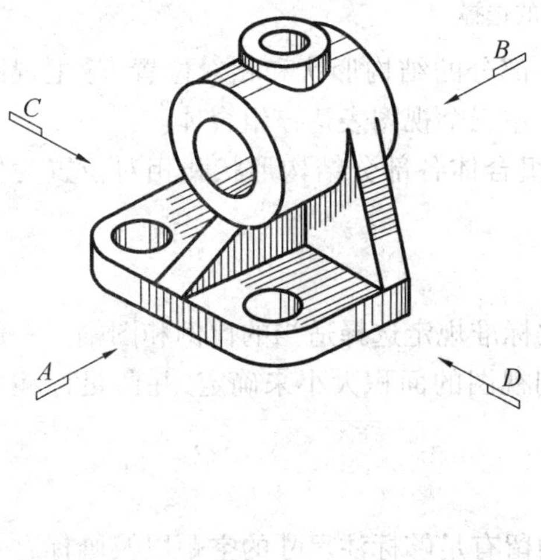

(a)

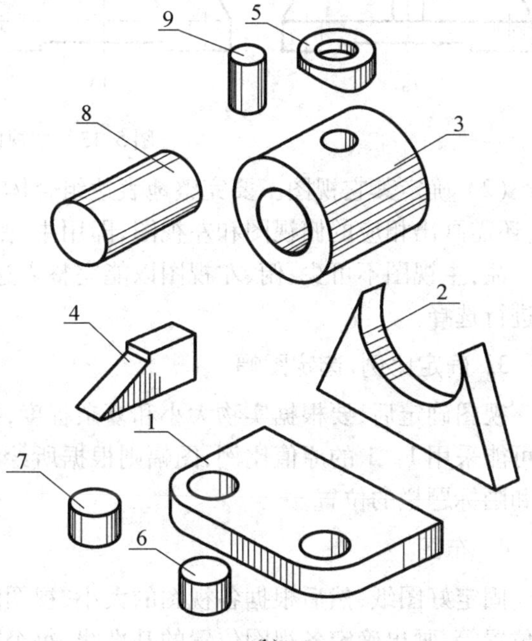

(b)

图 5.12 轴承座的形体分析

2. 视图选择

(1) 选择主视图。主视图是三视图中最主要的视图,因为画图或读图大多从主视图开始考虑,因此主视图的选择非常重要。主视图一般应选择能较明显地反映组合体各组成部分形状和相对位置的方向为投影方向,并力求使主要平面平行于投影面,以便投影反映实形,同时考虑物体应按正常位置安放,自然平稳,并兼顾其它视图表达的清晰性(使视图中尽量少出现虚线)。

具体做法如下：

① 先选择组合体的摆放位置。如图 5.13 所示，底面在下，物体具有稳定感，符合人们日常放置物体的习惯。

② 确定图 5.13 所示四个可能投影方向，再对(a)、(b)、(c)、(d)四个投影方向进行比较，确定投影方向。图示可知，(b)向虚线太多，不合适作主视图；(a)向和(c)向进行比较，(c)向作为主视图投影方向时，对应的左视图会出现较多虚线，不如(a)向好；再比较(a)向和(d)向，(a)向反映轴承座各部分的形状特征较多，(d)向反映轴承座各部分的位置关系较多，二者均可作为主视图的投射方向。

③ 考虑到合理利用图纸幅面，这里选用(a)向视图作为主视图。

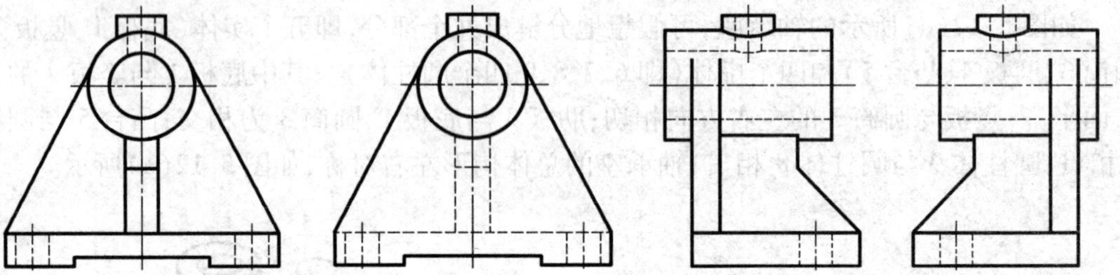

(a)　　(b)　　(c)　　(d)

图 5.13　主视图的选择

(2) 确定其它视图。要完整地表达组合体各部分的结构形状和相对位置，除主视图外，还需画出相应的俯视图和左视图，即用主、俯、左三个视图表达该组合体。

注：主视图不可少，俯、左视图以能完整表达组合体各部分结构形状和相对位置为依据进行选择。

3. 确定比例，选定图幅

视图确定后，要根据实物大小和复杂程度，按标准规定选择适当的比例和图幅。一般尽可能采用 1 : 1 的原值比例，图幅则根据所绘制视图的面积大小来确定，并留足标注尺寸和画标题栏的位置。

4. 布图

固定好图纸，然后根据各视图的大小、视图间留有足够标注尺寸的空距以及画标题栏的位置等，画出确定各视图位置的基准线，每个视图需要两个方向的基准线。一般常用轴线、较大的平面(底面、端面)、对称平面、对称中心线的投影作为基准线，如图 5.14(a)所示。

5. 绘制底稿

视图位置确定后，根据形体分析法逐个绘制各形体的三视图，如图 5.14(b)、(c)、(d)、(e)所示。

要迅速而又正确地画出组合体的三视图底稿，应注意：

(1) 按照先主后次、先叠加后切割、先大后小的顺序画图。

(2) 画每一个形体视图时，应先画特征视图后画另两个视图，并且每画一个视图都要

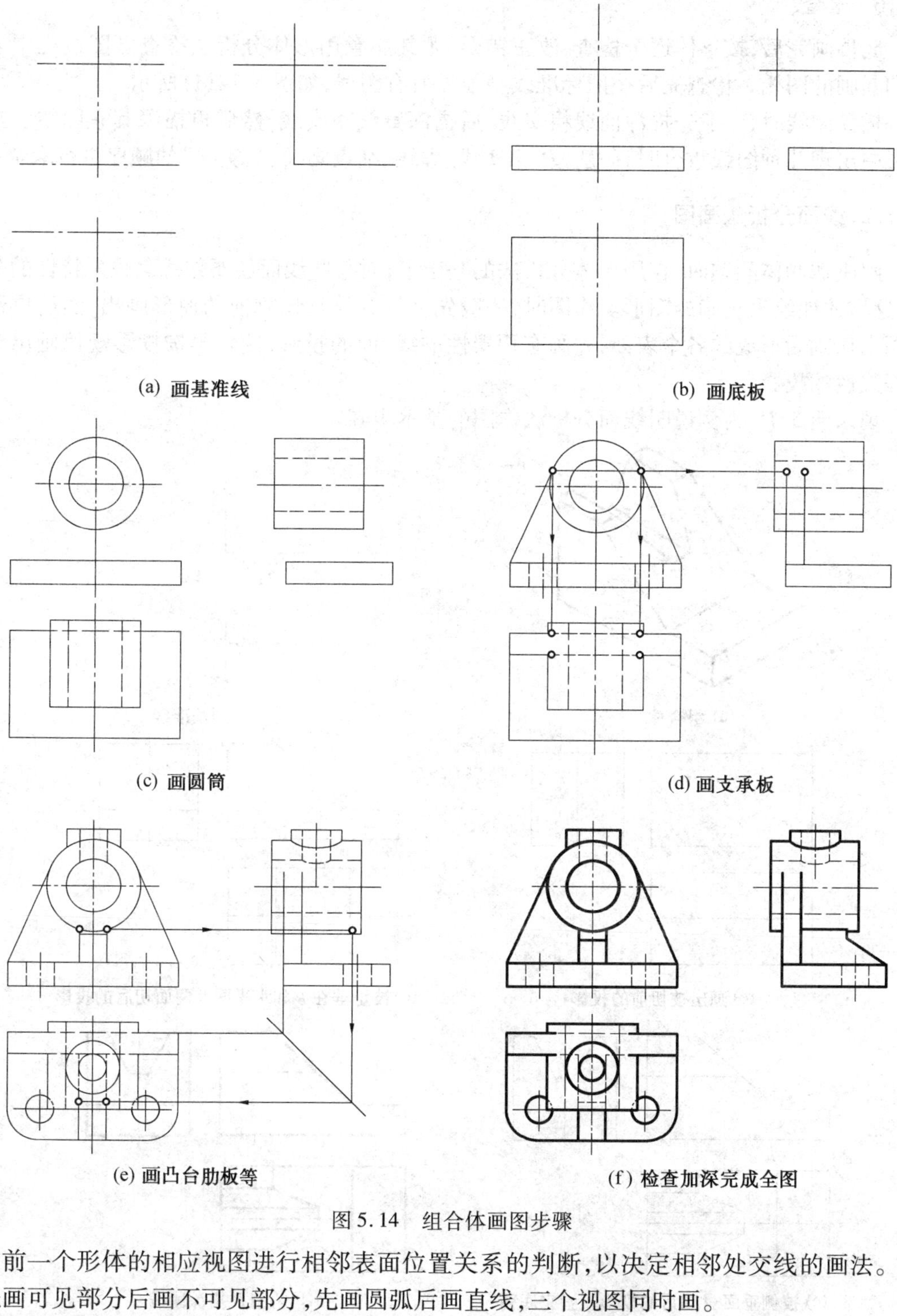

(a) 画基准线　(b) 画底板　(c) 画圆筒　(d) 画支承板　(e) 画凸台肋板等　(f) 检查加深完成全图

图 5.14　组合体画图步骤

与前一个形体的相应视图进行相邻表面位置关系的判断，以决定相邻处交线的画法。要先画可见部分后画不可见部分，先画圆弧后画直线，三个视图同时画。

（3）尽量减少测量次数以保证作图的准确性，底稿图线要细、轻、准。

6. 检查、加深

底稿画完后，按形体逐个检查，改正错误，尤其注意用形体分析法检查画图过程中多画和漏画的图线。检查完后按照标准线型描深所有图线，如图 5.14(f)所示。

描深图线时，一般先描深曲线粗实线，后描深直线粗实线，然后再描深其它图线。当图形中出现几种图线重合时，一般按“粗实线、虚线、细点画线、细实线”的顺序进行取舍。

二、线面分析法画图

解决切割体问题时，在用形体分析法的基础上，对某些线面还要作线面投影特性的分析，这样才能绘出正确的图形。作图时，一般先将组合体被切割前的原形画出，然后再逐一画出切割后形成的各个表面，先画有积聚性的线、面的投影，接着再按投影规律画出没有积聚性的投影。

现以图 5.15 为例说明线面分析法作图的基本步骤。

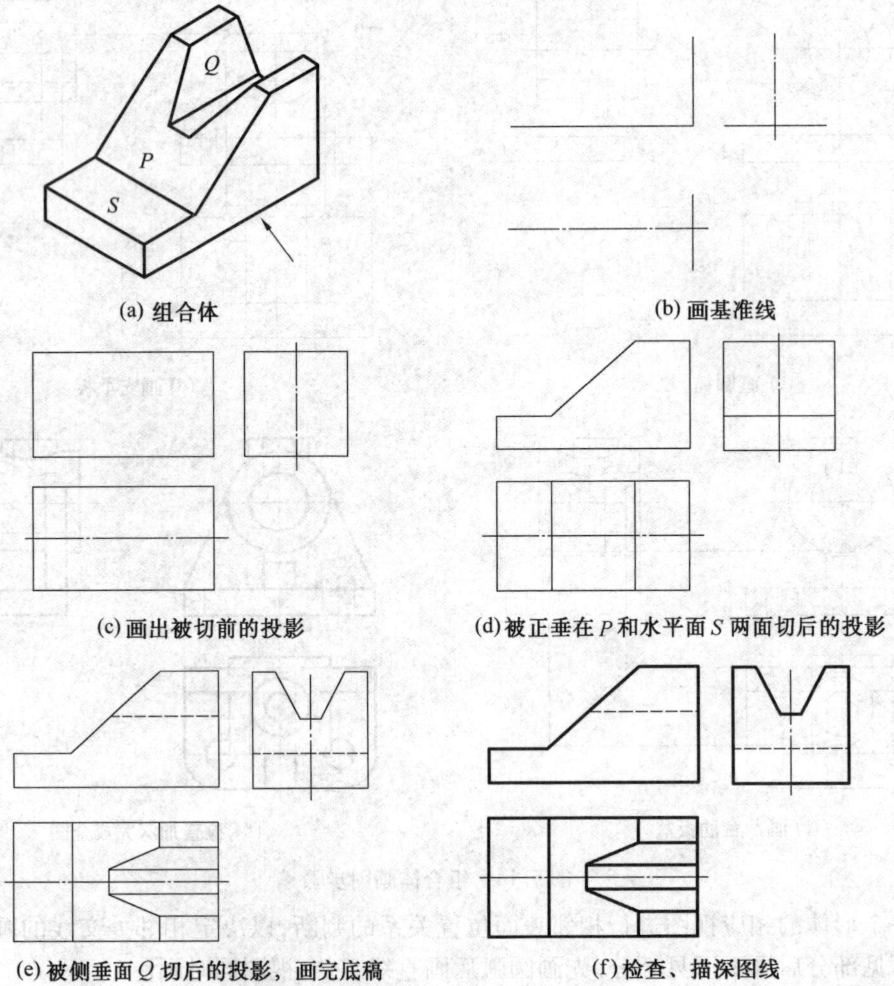

(a) 组合体　(b) 画基准线

(c) 画出被切前的投影　(d) 被正垂在 P 和水平面 S 两面切后的投影

(e) 被侧垂面 Q 切后的投影，画完底稿　(f) 检查、描深图线

图 5.15　用线面分析法画组合体三视图

(1)形体分析。图5.15(a)所示组合体的原形为一四棱柱，它的左边和上边各被切去了一个四棱柱。P 面为正垂面，Q 面为侧垂面，S 面为水平面。

(2)选择主视图。以图5.15(a)中箭头所指方向作为主视图的投影方向。

(3)选择比例、确定图幅，按1∶1画图。

(4)布置视图。以立体的底面、对称面和右面为基准作图，如图5.15(b)所示。

(5)绘制底稿。先画被切割前的四棱柱的三视图，然后运用线面分析法从其左端切掉一个四棱柱(先画主视图，正垂面 P 和水平面 S)，然后在其上方切掉一梯形(先画左视图，侧垂面 Q)，最后画出相应的另外两投影，如图5.15(c)、(d)、(e)所示。

(6)检查后描深。图5.15(f)为描深后的该组合体的三视图。

第四节　读组合体视图

画组合体视图是把空间的组合体用正投影法表达在平面上，而读组合体的视图是根据已知的视图，运用投影规律，想象出空间形体结构形状的过程。要能正确地读懂视图，必须掌握读图的基本知识和基本方法，培养空间想象力和形体构思能力。形体分析法和线面分析法也是读组合体视图的基本方法。

一、读图的基本要领

1. 几个视图联系起来看

一般情况下，一个视图不能唯一确定形体的实形，它只反映两个方向的大小和相对位置关系。如图5.16所示的五组视图，它们的主视图相同，但实际上是五种不同形状的物体。一般需要两个或两个以上的视图才能表达清楚一个形体。有时，两个视图也不能唯一确定物体的形状，如图5.17所示，三个视图的主、俯视图都相同，但也表示三种不同形状的物体。

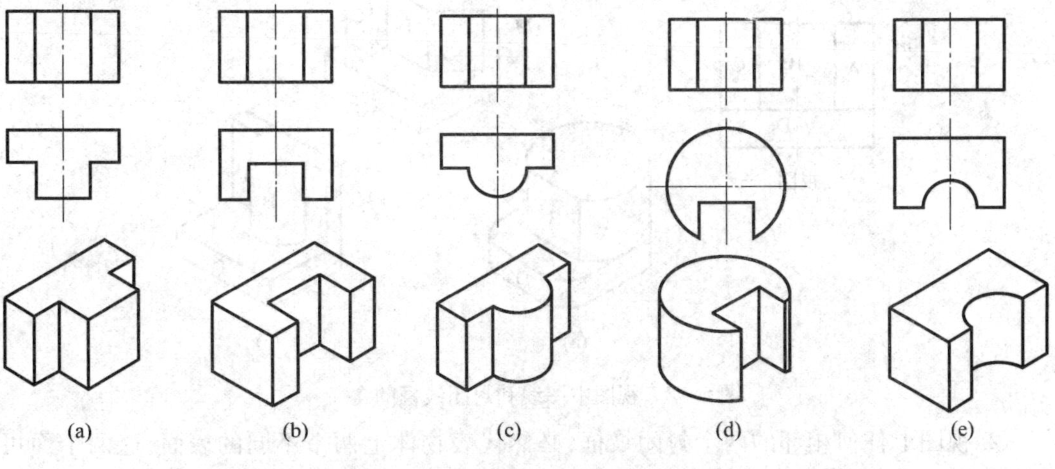

图5.16　一个视图不能确定物体的形状

因此，读组合体视图时，应将几个视图联系起来看，综合分析和构思，才能准确识别各形体的几何形状和相对位置。

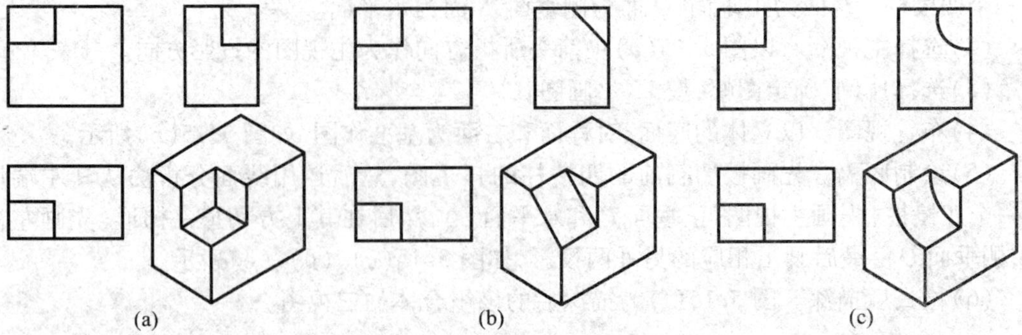

图 5.17　两个视图相同的不同物体

2. 明确视图中线框和图线的含义

线框是指由图线围成的封闭图形,明确线框和线的含义,对读图十分重要。

(1) 线框的含义

① 图形中一个封闭的线框必表示形体上的一个表面(平面、曲面)的投影、一个孔洞的投影,还可能表示平面与曲面或两曲面相切的投影。

a. 平面。如图 5.18 中的封闭线框 A 可以是物体上的垂直面的投影,如图 5.18(b)所示,或平行面的投影,如图 5.18(c)所示。

b. 曲面。如图 5.18 中的封闭线框 B 可以是物体上圆柱面的投影,如图 5.18(c)。

c. 曲面和其切平面。如图 5.18 中的封闭线框 D 可以是物体上圆柱面以及和它相切平面上的投影,如图 5.18(a)所示。

d. 通孔的投影。如图 5.21 所示三视图中,两条对应虚线与其它线共同组成的矩形即为通孔的投影。

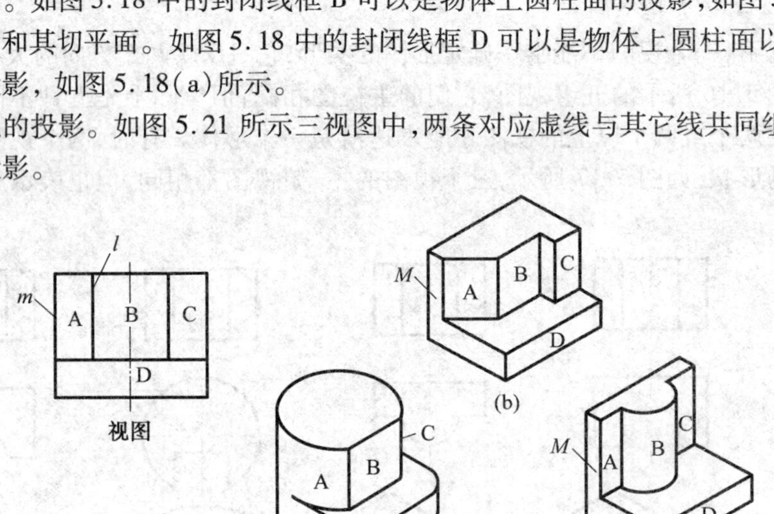

图 5.18　视图中图线和封闭线框的含义

② 视图上任何相邻的两个封闭线框,必然代表物体上两个不同的表面,这两个面可以相交,也可以平行或错开。如图 5.18(b)中,线框 A 和 B 表示相交的两个面,线框 B 和 C 表示前后的两个相错面。

③ 在同一个大封闭线框内所包含的小线框,表示大平面或曲面上凸出或凹下的小平面或曲面,如图 5.21 中的 A 和 D 为平板上的圆孔。

(2) 图线的含义

视图上的每一条线都是物体某一要素的投影。粗实线(虚线)表示面有积聚性的投影、回转体转向轮廓线的投影、立体表面交线。视图中的细点划线表示回转体的轴线、圆的中心线、对称形体的对称平面迹线等。

① 两表面的交线。如视图上的直线可以是物体上两平面交线的投影, 如图 5.18(b)所示,或平面与曲面交线的投影, 如图 5.18(a)、(c)所示。

② 垂直面的投影。如视图上的直线 ,可以是物体上平面的投影,如图 5.18(b)所示。

③ 曲面的转向轮廓线。如视图上的直线 ,可以是物体上圆柱的某一转向轮廓线的投影,如图 5.18(a)所示。

3. 善于抓特征视图

特征视图是指最充分反映物体的“形状特征”或“位置特征”的视图。“形状特征”视图是指最能反映形体形状特征的那个视图,如图 5.19 所示。这一组视图中的左视图为形状特征视图。“位置特征”视图是指最能反映物体相互位置关系的视图,如图 5.20 所示。这组图中形状特征已在主视图中表达出来了,但这组图中关键的在于表示位置特征的左视图。

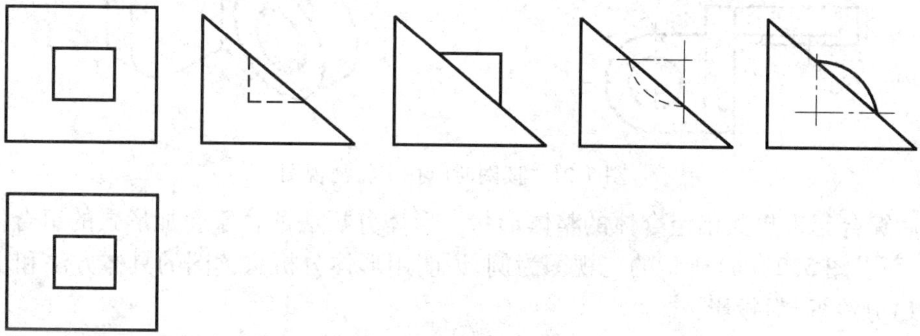

图 5.19 形状特征视图举例

由于组合体的组合方式不同,物体的形状特征及相对位置并非总是集中在一个视图上,而是分散于多个视图。如图 5.21 中的支架就是由四个形体叠加构成的,主视图反映形体的 A、B 特征,俯视图反映物体 D 的特征,所以在读图时,要抓住反映物体特征较多的视图。

二、读图的基本方法及步骤

1. 形体分析法读图

形体分析法是读图的基本方法。这种读图方法的思路是:先从反映物体形状特征最多的主视图着手,对照其它视图,初步分析出物体的组成部分及通过什么连接关系形成的,再利用投影规律注意找出每一个基本体的形状,接下来分析各基本体的相对位置关

(a) 位置特征不明显　　(b) 位置特征明显

图 5.20　位置特征视图举例

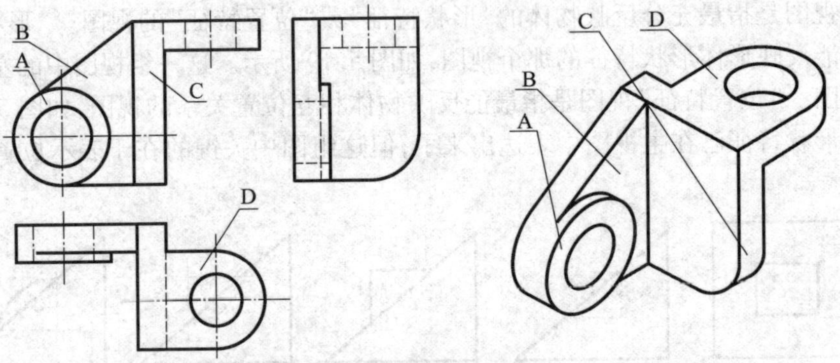

图 5.21　读图时应找出特征视图

系，最后综合起来想象出组合体的整体形状。形体分析法适合于叠加形式的组合体读图。

下面以图 5.22(a)所示的三视图为例，说明用形体分析法读图的具体方法和步骤。

(1)分线框、对投影

图 5.22(a)中主视图为特征视图，将主视图划分为三个封闭的实线线框 1′、2′、3′，每个封闭线框代表一个形体，并分别找出这些线框在另外两视图中的相应位置。

(2)想形体、定位置

根据各基本体的投影特征，逐一确定各线框表示的基本体形状。具体做法是：首先找出形体Ⅰ的特征视图(图 5.22(b)主视图中阴影部分)，用拉伸法形象出形体Ⅰ的形状，如图 5.22(b)所示。然后以此类推，想象出形体Ⅱ和形体Ⅲ的基本体形状，如图 5.22(c)、(d)所示。

(3)综合起来，想整体

弄清了各部分形状后，再分析它们之间的相对位置和表面间的连接关系，最后综合起来可想象出组合体的整体形状，如图 5.22(e)、(f)所示。

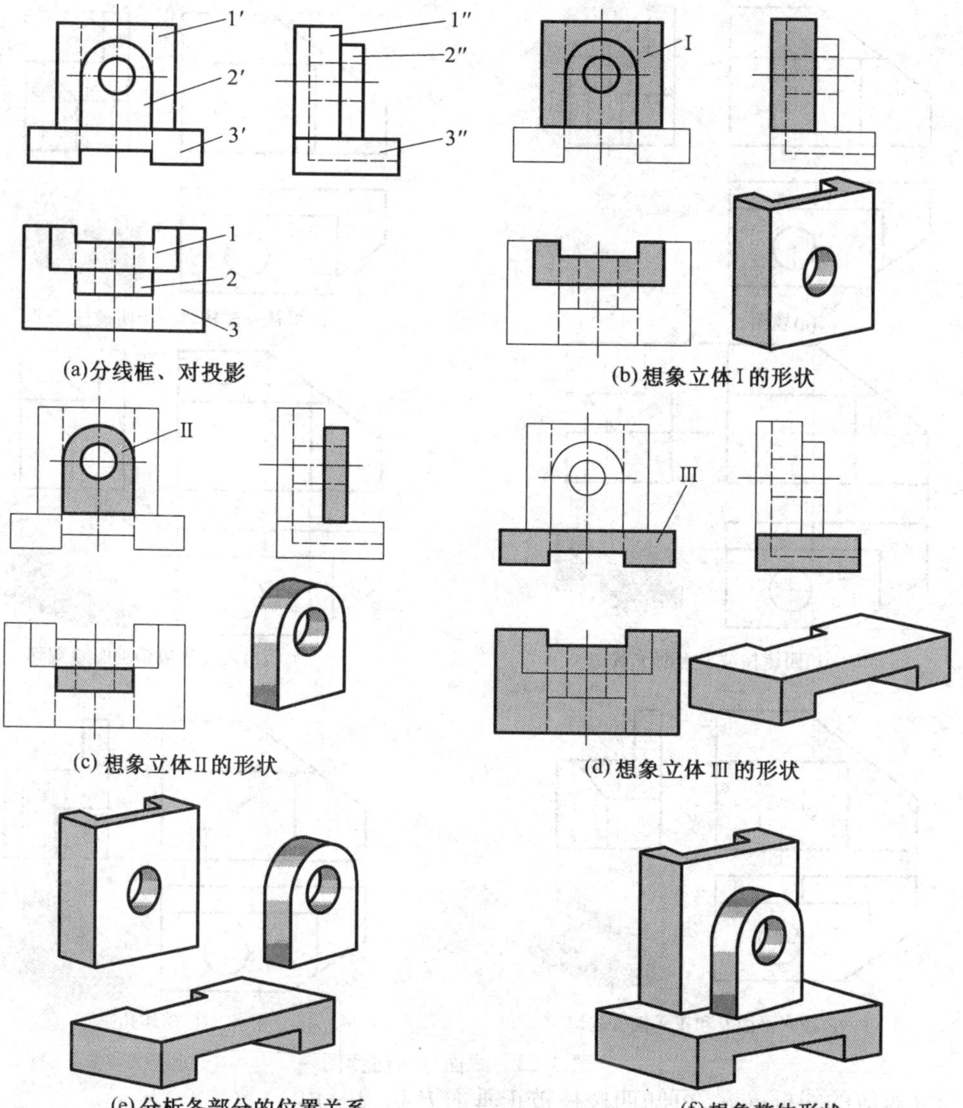

(a)分线框、对投影　(b)想象立体Ⅰ的形状

(c)想象立体Ⅱ的形状　(d)想象立体Ⅲ的形状

(e)分析各部分的位置关系　(f)想象整体形状

图 5.22　形体分析法读图

2. 线面分析法读图

对于挖切类组合体,常采用线面分析法。首先用分线框、对投影的方法分析出组合体挖切前的基本形状(俗称补齐法),接着分析截平面的位置,找出截平面的特征视图,并用对投影的方法找出另外两个视图,从而分析出形体表面的特征,最后综合想象出组合体的总体形状。

下面根据图 5.23(a)所示的压板三视图,想象出压板的形状。

(1)如图 5.23(b)所示,用补齐法将主、俯、左三个视图的缺角补齐,则三个视图的轮廓都是矩形,说明该组合体是由四棱柱切割而成。

(2)如图 5.23(c)所示,主视图中斜线段 p 是正垂面的积聚性投影,在俯、左视图中找

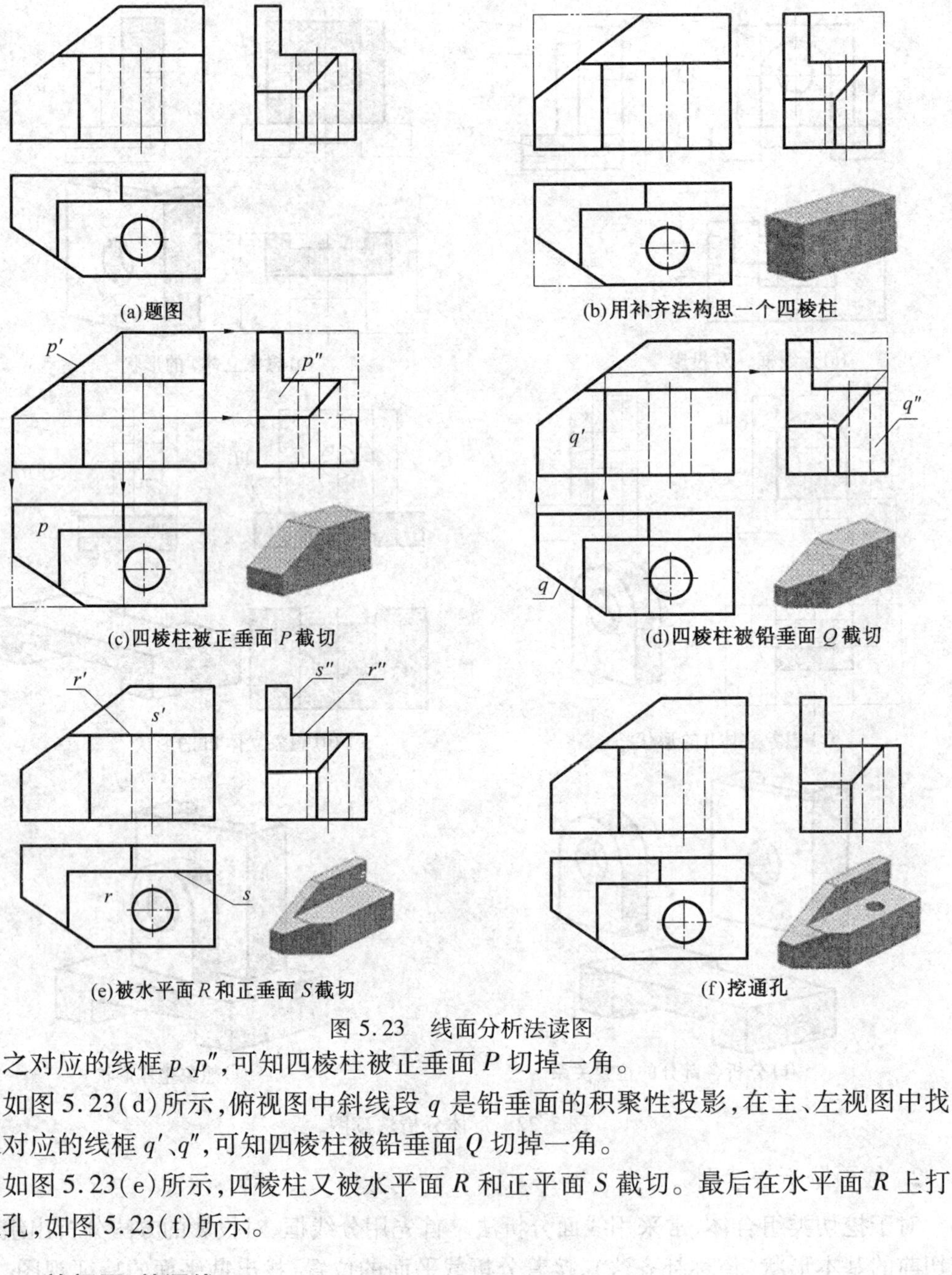

(a)题图　(b)用补齐法构思一个四棱柱　(c)四棱柱被正垂面 P 截切　(d)四棱柱被铅垂面 Q 截切　(e)被水平面 R 和正垂面 S 截切　(f)挖通孔

图 5.23　线面分析法读图

出与之对应的线框 p、p''，可知四棱柱被正垂面 P 切掉一角。

如图 5.23(d)所示，俯视图中斜线段 q 是铅垂面的积聚性投影，在主、左视图中找出与之对应的线框 q'、q''，可知四棱柱被铅垂面 Q 切掉一角。

如图 5.23(e)所示，四棱柱又被水平面 R 和正平面 S 截切。最后在水平面 R 上打一个通孔，如图 5.23(f)所示。

三、补视图、补漏线

由已知的两视图补画第三视图或对不完整的三视图补画视图中所缺的图线，既是对看图和画图的一种综合训练，又是对加深投影概念的理解以及培养看图、绘图能力的一种行之有效的手段。

【例 5.1】　运用形体分析法补画第三视图。如图 5.24(a)所示，已知支座组合体的主、俯视图，补画左视图，具体步骤如下：

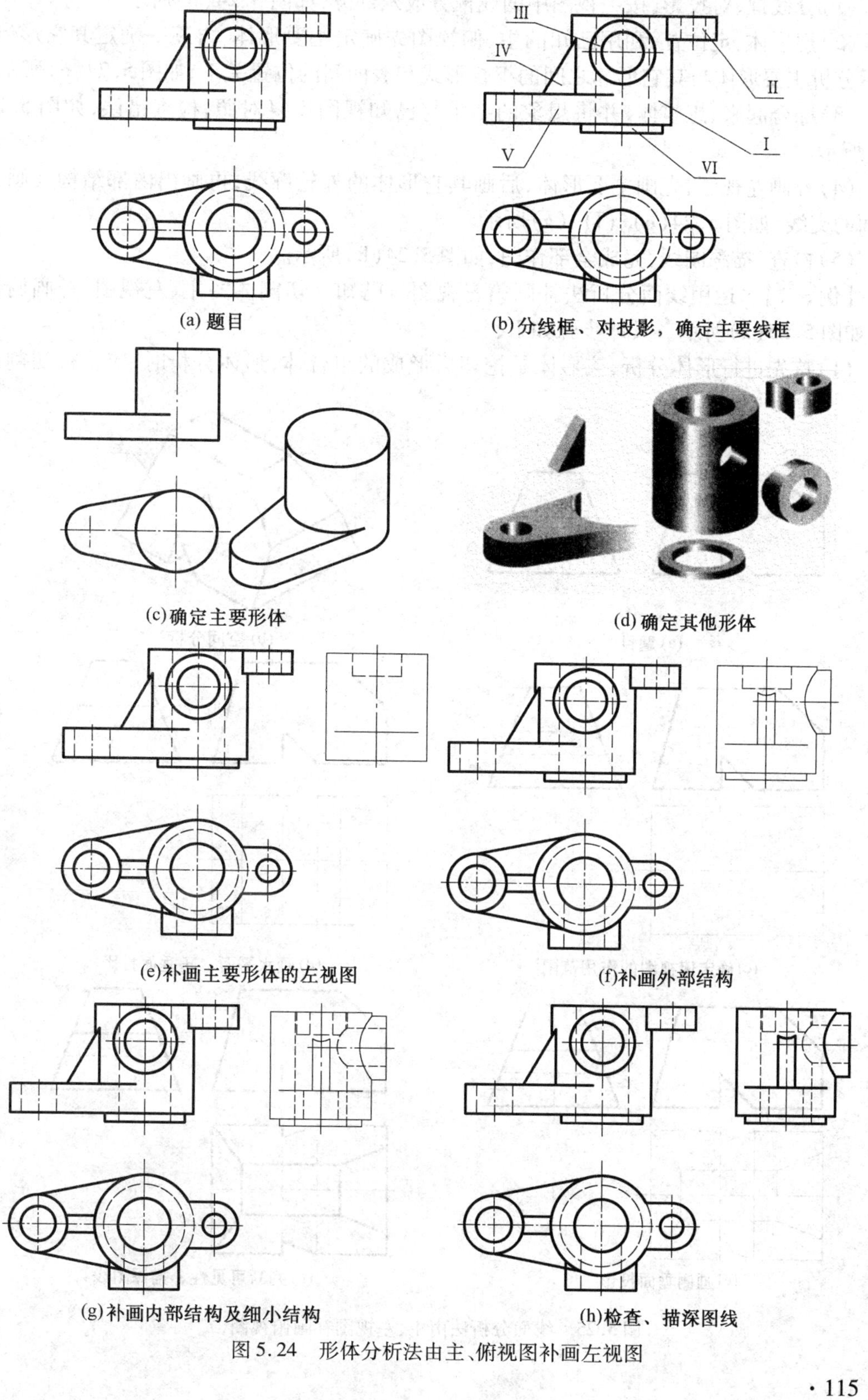

(a) 题目

(b) 分线框、对投影，确定主要线框

(c) 确定主要形体

(d) 确定其他形体

(e) 补画主要形体的左视图

(f) 补画外部结构

(g) 补画内部结构及细小结构

(h) 检查、描深图线

图 5.24　形体分析法由主、俯视图补画左视图

(1)分线框、对投影，按主视图中的线框分成六部分，如图5.24(b)所示。

(2)想形体、定位置，利用已知的主、俯视图先确定主要形体，再逐一确定其它形体，然后分析主要形体与其它形体之间的组合形式和表面间的位置关系，如图5.24(c)所示。

(3)综合起来、想整体，并将想象的结果与已知视图反复对照，检查错误，如图5.24(d)所示。

(4)补画左视图，先画主要形体，后画其它形体的外轮廓线，再画出内部结构及画出表面的交线，如图5.24(e)、(f)、(g)所示。

(5)检查、描深图线，完成全部作图，如图5.24(h)所示。

【例5.2】 运用线面分析法补画第三视图。已知一切割体的主、左视图，补画俯视图，如图5.25(a)所示。具体步骤如下：

(1)首先进行形体分析，该形体是挖切后形成的组合体，形体分析时，应将被切割前

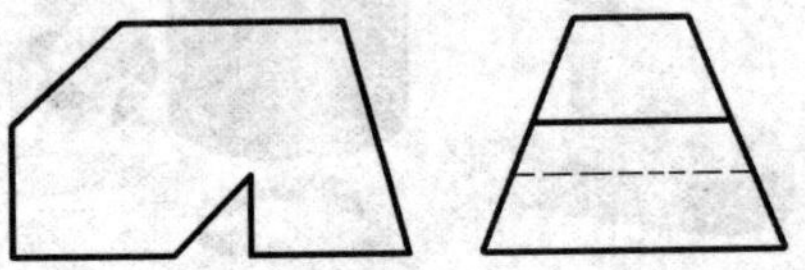

(a) 题目

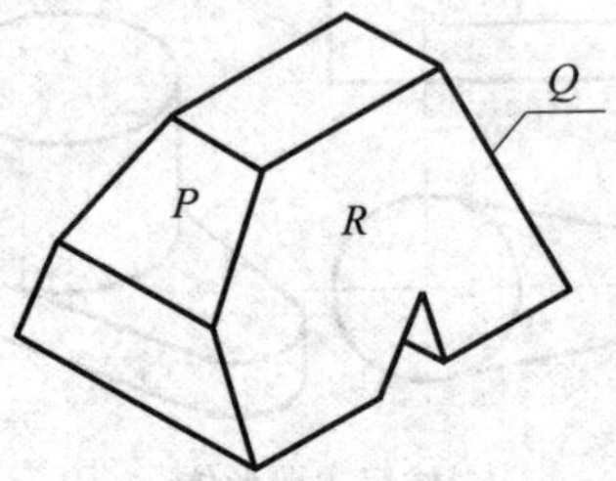

(b) 空间分析

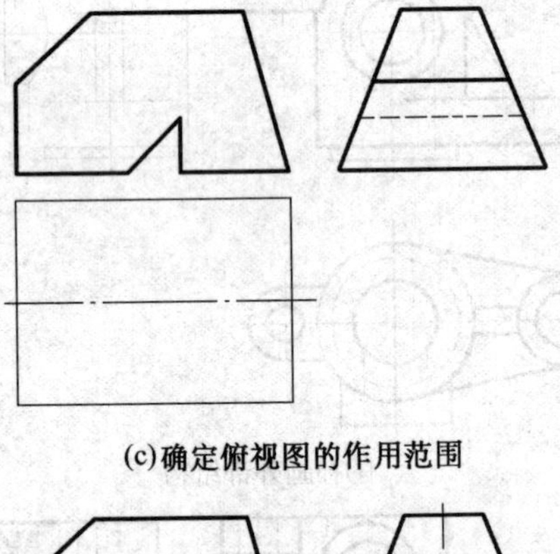

(c)确定俯视图的作用范围

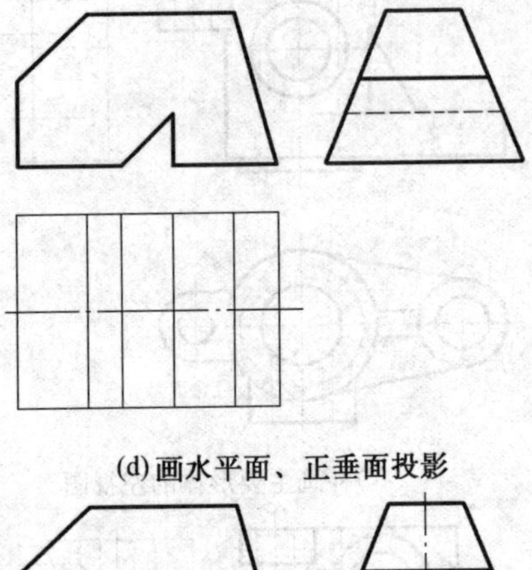

(d)画水平面、正垂面投影

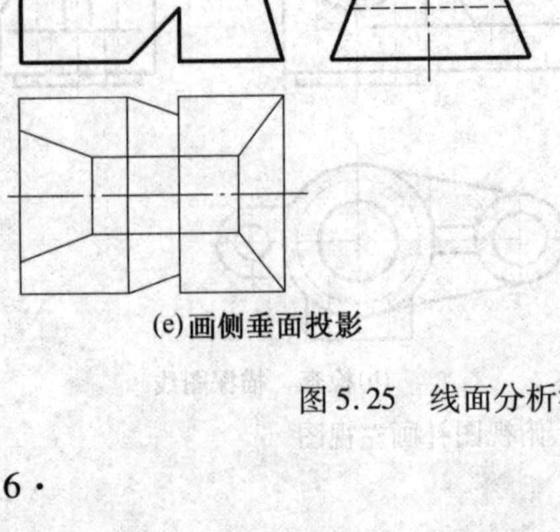

(e)画侧垂面投影

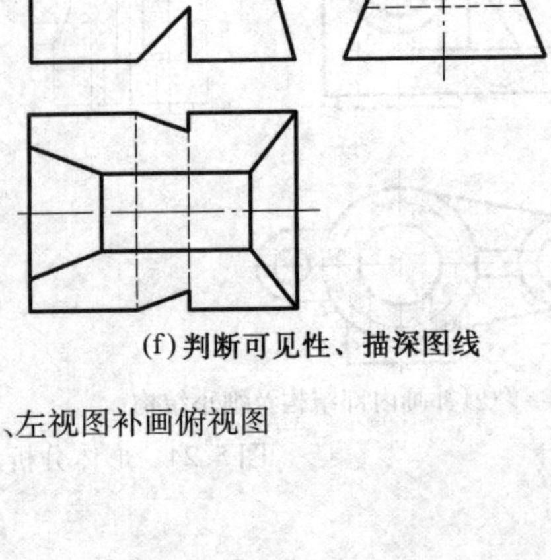

(f)判断可见性、描深图线

图5.25 线面分析法由主、左视图补画俯视图

的形体想象出来，该形体是由一个四棱柱在左上角和右上角被正垂面所截形成的，底部的缺口是被正垂面和侧平面所截形成的，从侧面投影看整个形体又被两个侧垂面所截。

(2)进行线面分析，正垂面 P 和 Q 的俯、左视图的形状必为空间平面的类似形，即四边形；侧垂面 R 的正面及水平投影必为空间平面的类似的八边形；两正垂面和两侧垂面的交线分别为四条倾斜线；正垂面与水平面的交线为正垂线，水平面与侧垂面的交线为侧垂线。

(3)补画俯视图

① 先确定俯视图的作图范围，也就是画出四棱的水平投影。

② 画出水平面、正垂面。

③ 画出侧垂面，进而完成俯视图底稿。

④ 判别可见性，擦去多余作图线，描深视图。

【例 5.3】 试补全压块主、左视图中所缺的图线，如图 5.26(a)所示。

(1)首先看懂三个投影的已知图线，想象整体形状。该立体可看作由一长方体切割而成，用来切割的面分别是正垂面 P、铅垂面 Q(前后各一个)、由水平面 S 和正平面 R 组合的面(前后对称)以及圆柱形沉孔。然后用线面分析法分析每一截平面与立体表面产生交线的投影情况，查找有无漏线。经查找发现：P、Q 与立体产生的截交线缺侧面投影；圆柱形沉孔缺正面投影。把漏线考虑进去，综合起来可想象出压块的形状为图 5.26(b)所示。

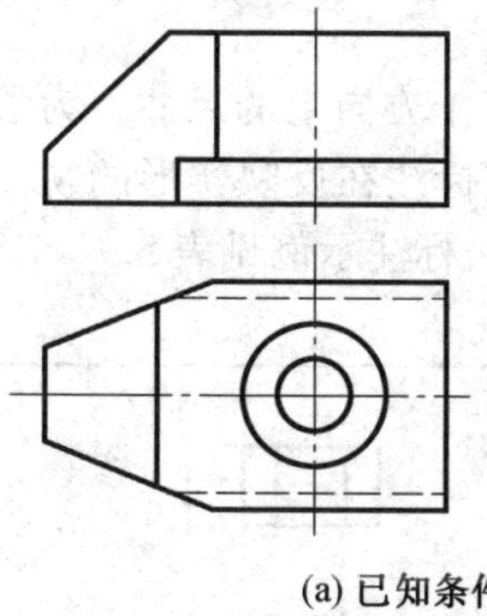

(a) 已知条件

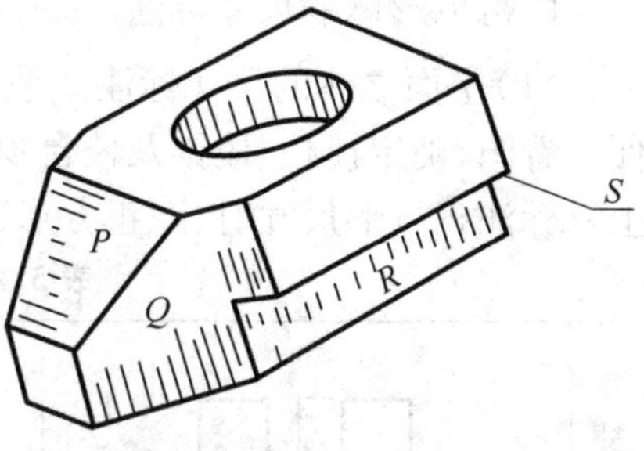

(b) 根据已知条件想象出压块形状

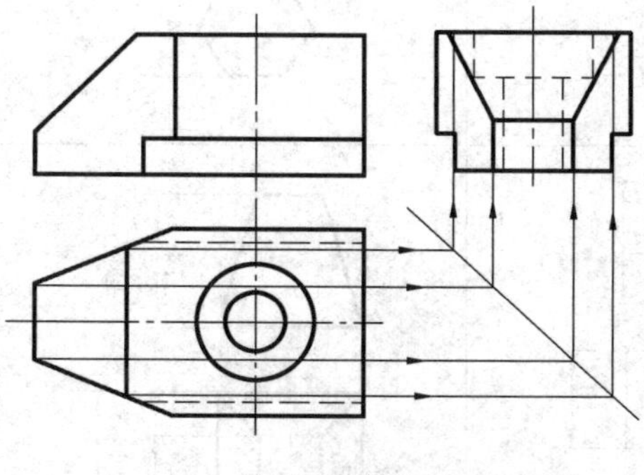

(c) 补画左视图上的漏线

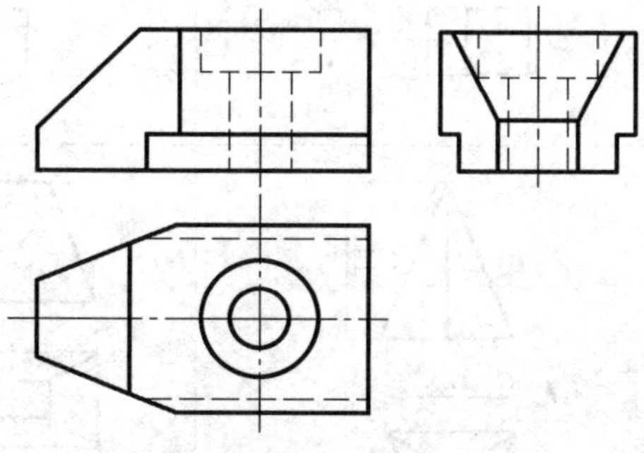

(d) 补画主视图上的漏线

图 5.26 补画视图中漏线的方法

(2)根据所想象出的立体形状，结合投影关系补全图形中所缺图线。作图过程如图5.26(c)、(d)所示。

第五节　组合体的尺寸标注

组合体的三视图表达了组合体的形状，要表达它的大小则需要在视图上标注其尺寸。

本节是在前面所介绍的尺寸标注标准及平面图形、尺寸注法的基础上进一步介绍基本体尺寸、相贯体尺寸与组合体尺寸标注的基本要求和基本方法。

一、组合体尺寸标注的基本要求

(1)正确。所注尺寸应符合国家标准中有关尺寸注法的规定，尺寸数值和单位必须正确。

(2)完整。所注尺寸必须能完全确定物体的形状大小和位置关系，既不遗漏也不重复。

(3)清晰。尺寸应配置在最能反映物体特征的视图上，且布置整齐，便于读图。

(4)合理。尺寸标注要保证设计要求，便于加工和测量，具体将在零件图中介绍。

二、基本形体及常见底板、法兰的尺寸标注

1. 常见形体的尺寸标注

(1)平面立体的尺寸标注。平面立体一般应标注长、宽、高三个方向上的尺寸。为了便于看图，确定棱柱、棱锥及棱台顶面和底面形状大小的尺寸，应标注在反映实形的视图上。标注正方形尺寸时，在正方形边长尺寸数字前加注符号“□”，标注示例见表5.1。

表5.1　平面立体的尺寸标注示例

棱柱尺寸标注	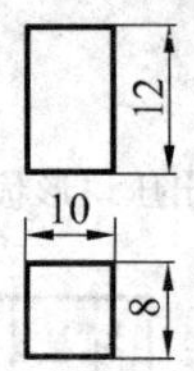	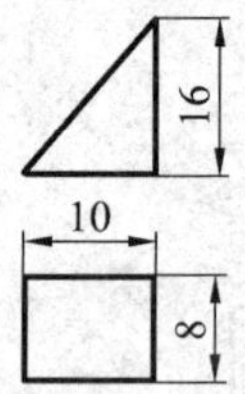	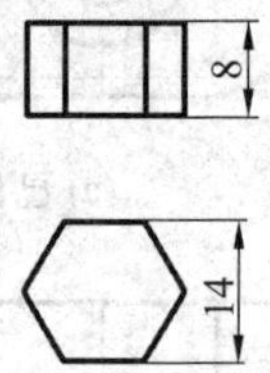
棱锥（台）尺寸标注	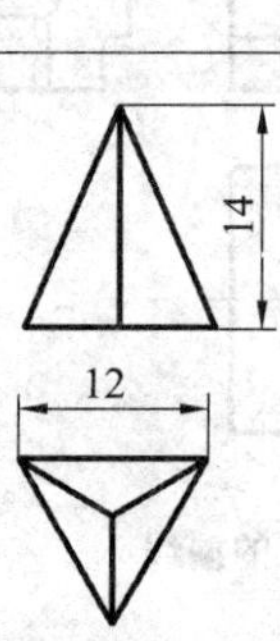	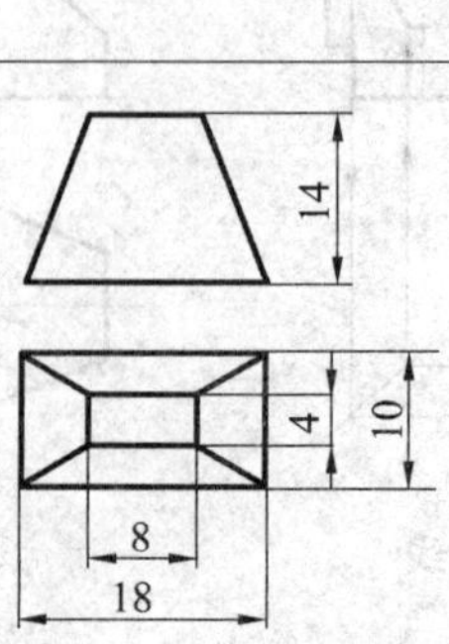	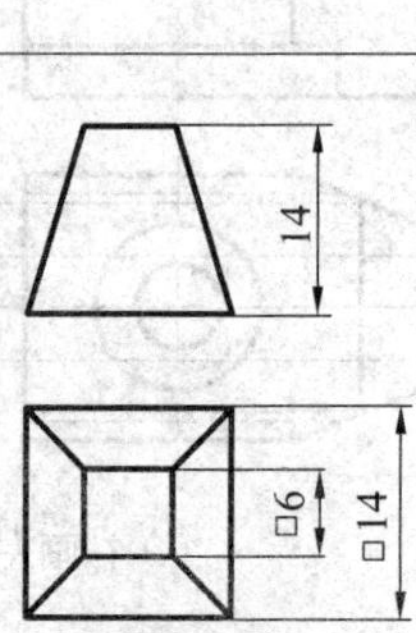

（2）回转体的尺寸标注。圆柱、圆锥（圆台），应标注底（顶）面圆直径和高度尺寸。直径尺寸一般标注在非圆视图上，并在尺寸数字前加注符号“ϕ”；标注圆球尺寸时，需在直径数字前加注“$S\phi$”，标注示例见表 5.2。

表 5.2　回转体的尺寸标注示例

圆柱	圆锥（台）	圆球
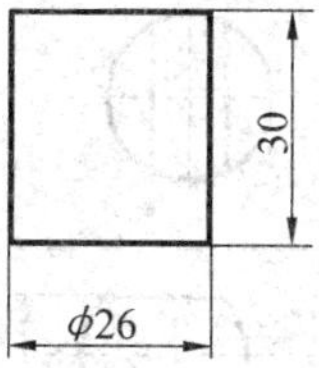	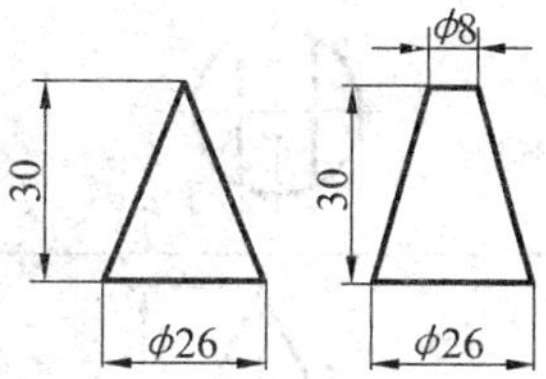	

2. 常见底板、法兰的尺寸标注，标注示例见表 5.3。

表 5.3　常见底板、法兰的尺寸标注示例

底板尺寸标注	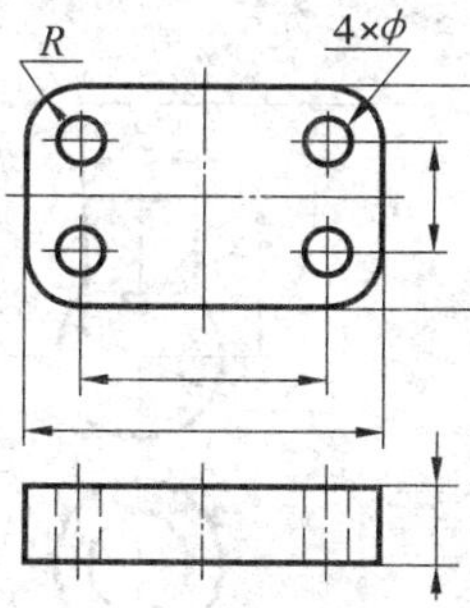	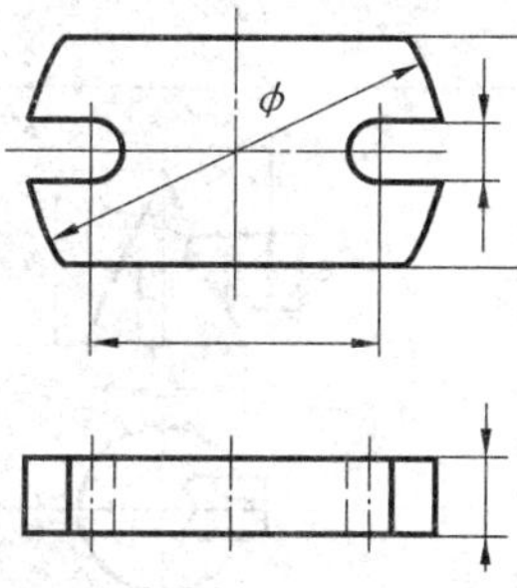	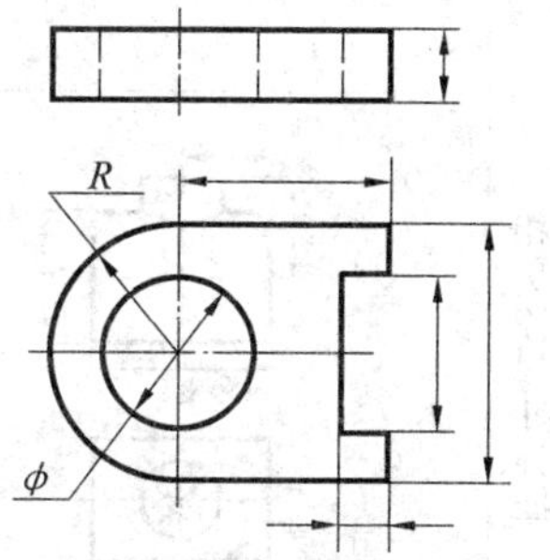
法兰尺寸标注	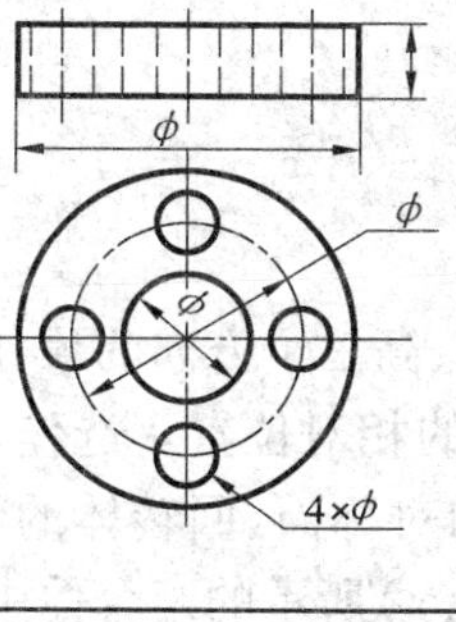	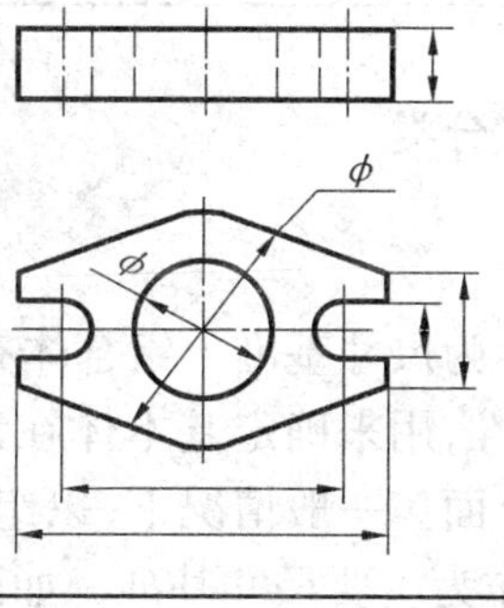	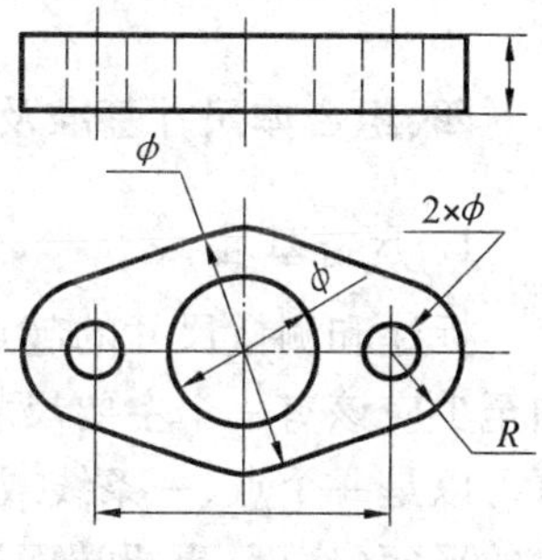

三、截切体、相贯体的尺寸标注

标注截切体的尺寸时，除了标注基本体的尺寸外，还应注出截平面的定位尺寸。当基本形体的形状和大小、截平面的相对位置确定后，截交线的形状、大小及位置也就确定了，因此不必对截交线标注尺寸。标注相贯体尺寸时，除了标出相交两基本体尺寸外，还要注出相交两基本体的相对位置尺寸。当相交两基本体的形状、大小和相对位置确定后，相贯线的形状、大小和位置也就确定了，因此，不对相贯线标注尺寸。截切体、相贯线的尺寸标注示例见表5.4。

表5.4　截切体、相贯体尺寸标注示例

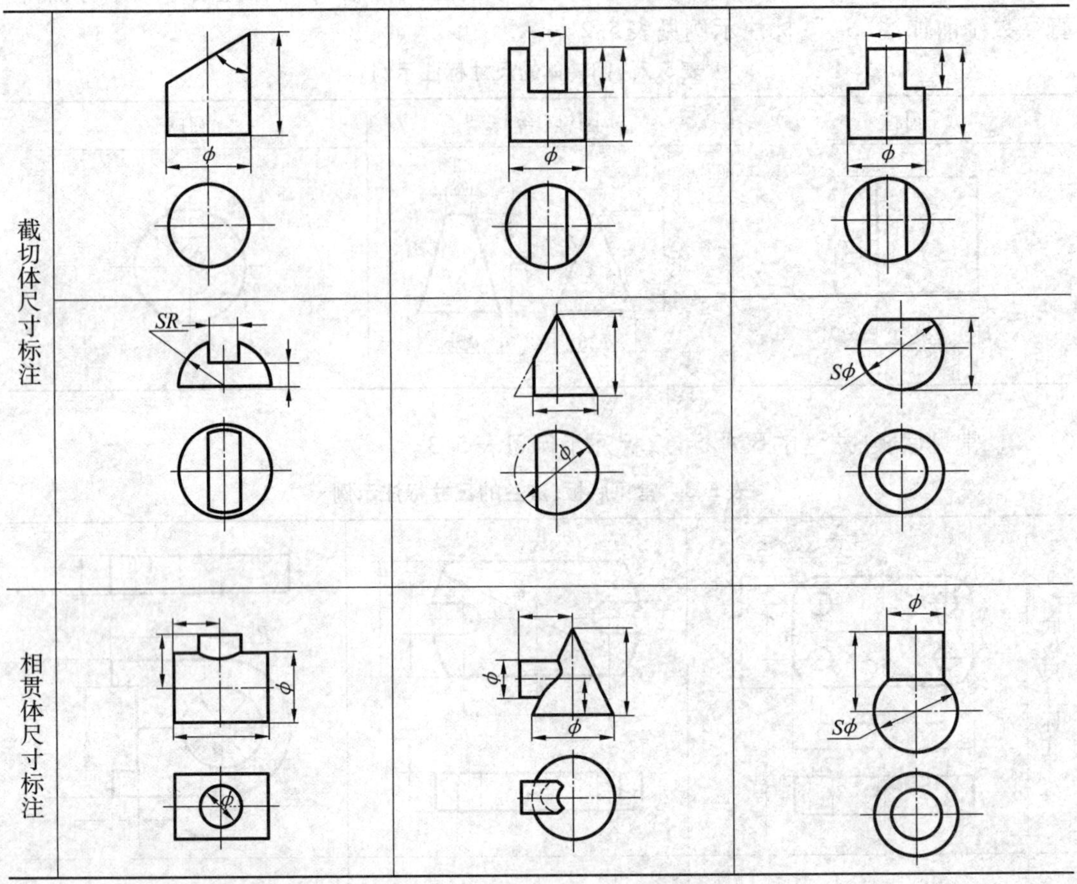

四、组合体尺寸基准及尺寸分类

1. 尺寸基准

标注和测量尺寸的起点，称为尺寸基准。组合体有长、宽、高三个方向的尺寸，每个方向至少应该有一个主要尺寸基准，用来确定基本体在该方向的相对位置。选作基准的位置可以是一个点、一条线或一个面。一般情况下，以组合体的对称面、回转体的轴线或较大的平面（底面、重要端面）等作为主要尺寸基准。如图5.27(a)所示的组合体中，以底面作为高度方向的主要尺寸基准；以上下的平齐面作为宽度方向的主要尺寸基准；以底板的左右对称面位置或（ϕ14 轴线位置）作为长度方向的主要尺寸基准。

如图5.27(b)所示，三视图中的尺寸52、24、42分别是从长、宽、高三个方向的主要尺寸基准出发进行标注的。

有时每个方向上除确定一个主要基准外，还需要选择若干个辅助基准，如图5.27(b)所示，ϕ28 是以 ϕ14 轴线、15 是以底板上面为辅助基准进行标注的。

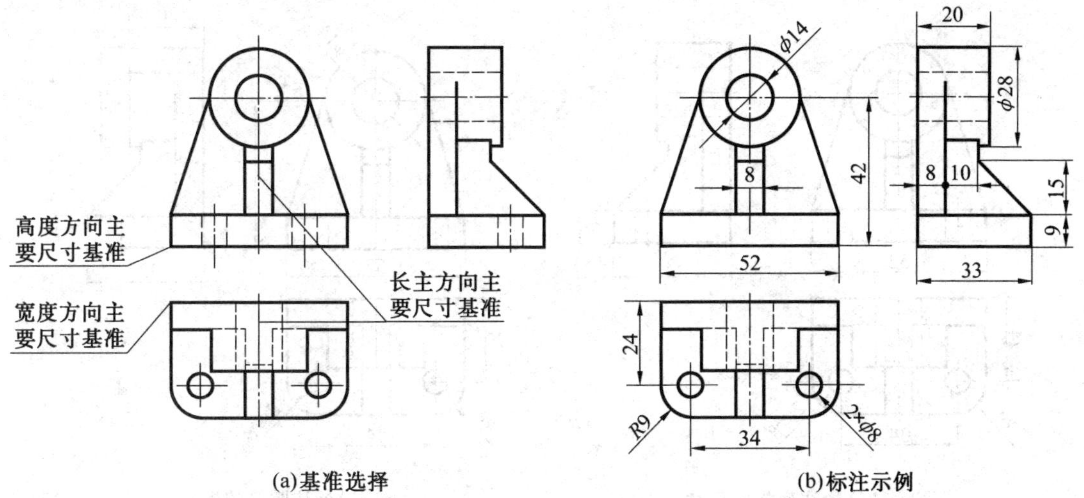

图 5.27　组合体尺寸分析

2. 组合体尺寸标注的种类

(1)定形尺寸。确定组合体各组成部分形状大小的尺寸。如图 5.27(b) 所示,底板的定形尺寸为长 52、宽 33、高 9、圆角 $R9$ 以及板上两圆孔直径 8;圆筒定形尺寸分别是 $\phi14$、$\phi28$、20;支撑板的定形尺寸为宽 8;肋板的定形尺寸为 8、10、15 。

(2)定位尺寸。确定组合体各组成部分相对位置的尺寸。如图 5.27(b)所示,主视图中的尺寸 42 是圆筒高度方向的定位尺寸,俯视图中的尺寸 34、24 是圆孔长度方向和宽度方向的定位尺寸。由于支撑板、肋板与底板左右对称、相互接触,支撑板与底板后面平齐,它们之间的相对位置均已确定,无需标注定位尺寸。

(3)总体尺寸。表示组合体外形总长、总宽、总高的尺寸。如图 5.27(b)所示,底板的长度尺寸 52 即总长,底板宽度尺寸 33 即总宽,尺寸 42 + 14 决定了支架的总高尺寸。

注:当组合体的端部为回转体时,一般不直接注出该方向的总体尺寸,而是由确定回转体轴的定位尺寸加上回转面的半径尺寸来间接体现,如图 5.27(b)所示的总高尺寸,及表 5.3 右边一列的底板和法兰的总长尺寸不标。

五、组合体尺寸标注的方法和步骤

标注组合体尺寸的基本方法是形体分析法。先假想将组合体分解为若干基本体,选择长、宽、高三个方向上的尺寸基准,然后逐一注出各基本形体的定形尺寸和定位尺寸,最后标注总体尺寸,并对已注的尺寸检查、调整,如图 5.28 所示。

六、组合体尺寸标注应注意的问题

为了便于看图,标注尺寸除了要求正确、齐全以外,还要求清晰。

(1) 尺寸应尽量标注在表示形体特征最明显的视图上。如图 5.29 所示,肋板的高度标注在反应肋板形状特征最明显的主视图上。

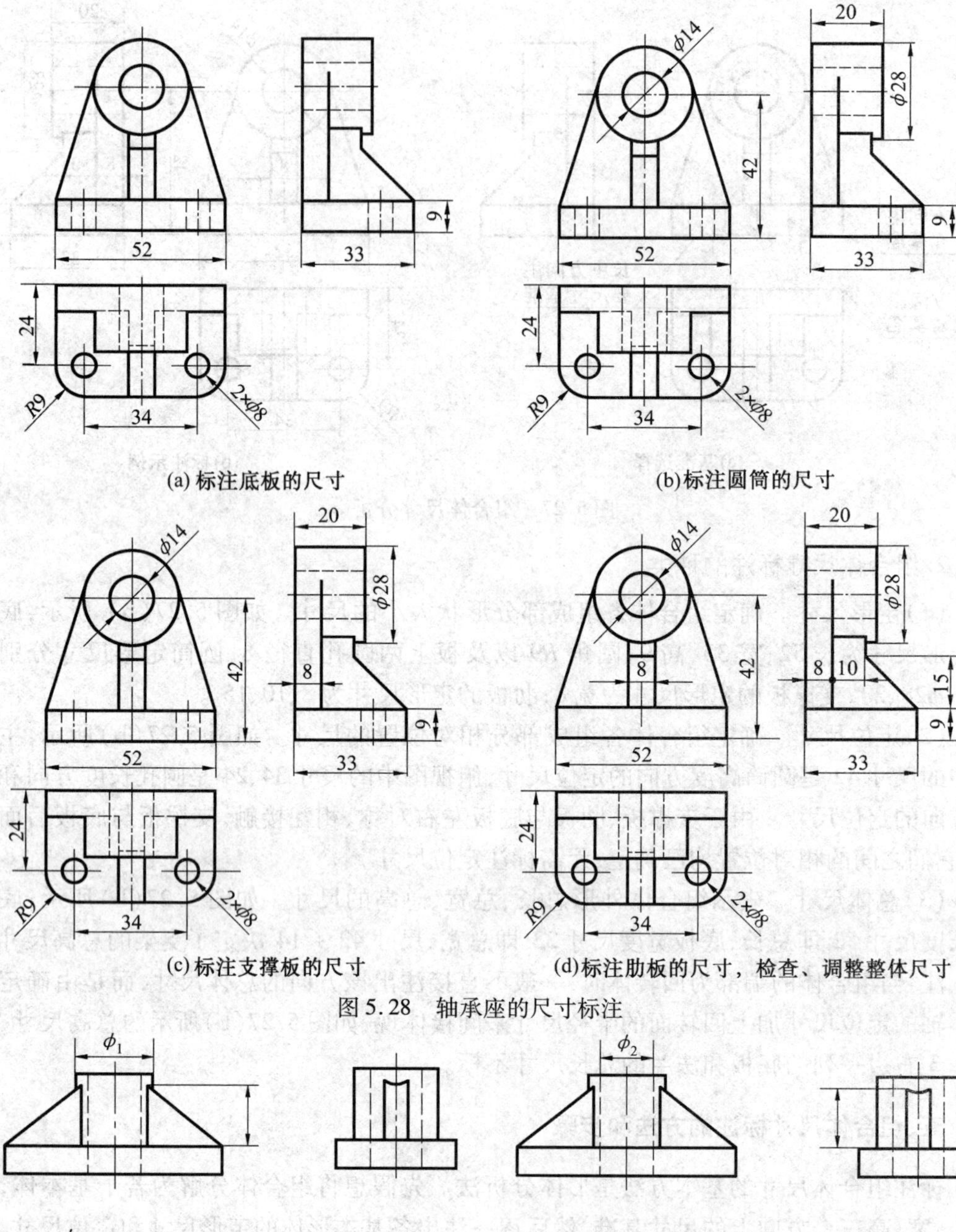

图 5.28　轴承座的尺寸标注

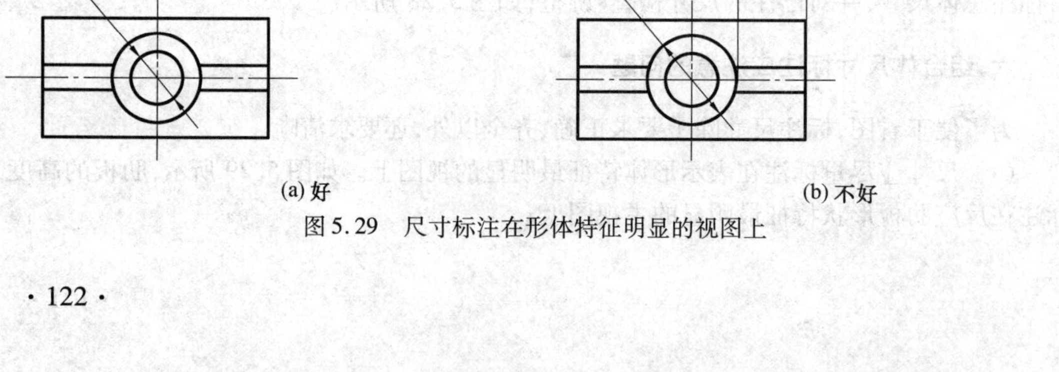

图 5.29　尺寸标注在形体特征明显的视图上

（2）同一形体的尺寸尽量集中标注，对两个视图都有作用的尺寸，尽量标注在两视图之间，如图 5.30 所示，圆柱及其截切的定形尺寸和定位尺寸都尽量标注在主视图上。

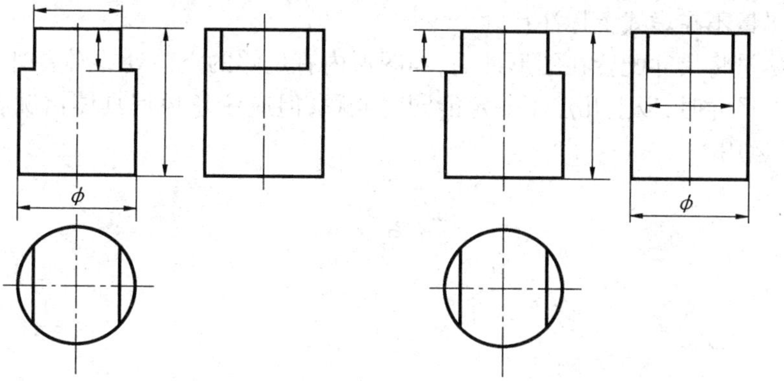

(a) 好　　(b) 不好

图 5.30　尺寸要集中标注

（3）同一方向上连续标注的尺寸，应排列整齐，尽量配置在少数几条线上，并避免尺寸链封闭，如图 5.31 所示。

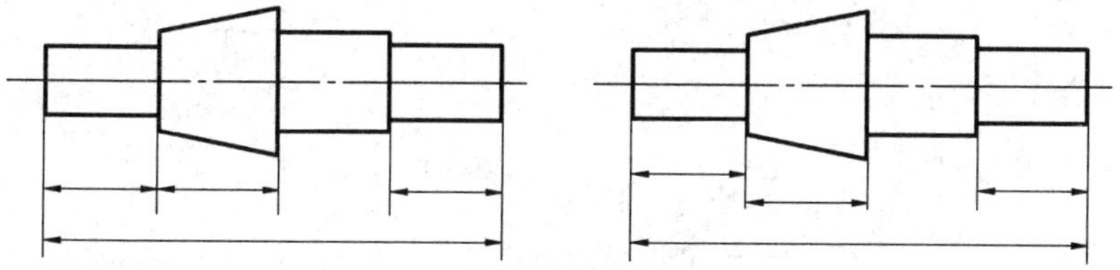

(a) 好　　(b) 不好

图 5.31　同一方向的尺寸标注

（4）回转体的直径应该尽量标注在投影为非圆视图上，如图 5.32 所示；其中圆柱面半径应尽量标在反映为圆的视图上，如表 5.3 所示。

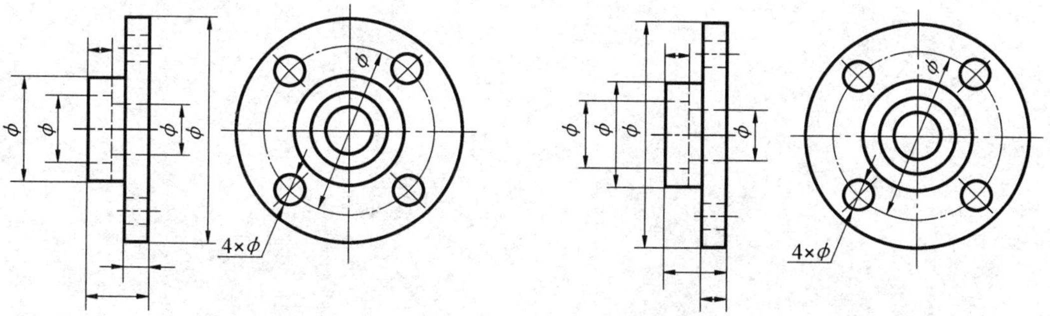

(a) 好　　(b) 不好

图 5.32　尺寸排列要清晰

(5) 相互平行的尺寸，小尺寸在内，大尺寸在外，避免出现多个尺寸的尺寸线、尺寸界线相交，如图 5.32 所示。

(6) 尽量不在虚线上标注尺寸。

(7) 尽量将尺寸配置在图形外面，当图形内有足够的空白处或必要时才注在图形内。

在标注尺寸时，以上几点不一定能同时兼顾，但应注意根据具体情况合理布置、统筹兼顾、灵活运用。

第六章　轴 测 图

多面正投影图是工程上最常用的图样，它的优点是可以准确地表达出物体的形状和大小，且度量性好、作图方便，但立体感不强，需要对照几个视图和运用正投影原理进行阅读，缺乏读图基础的人很难看懂。因此，工程上还采用轴测投影图来表达物体，如图 6.1 所示。轴测投影图能同时反映物体长、宽、高三个方向的尺度，尽管物体的一些表面形状有所改变，但形象比多面正投影图生动，富有立体感，因此，轴测投影图常用作帮助读图的辅助性图样。

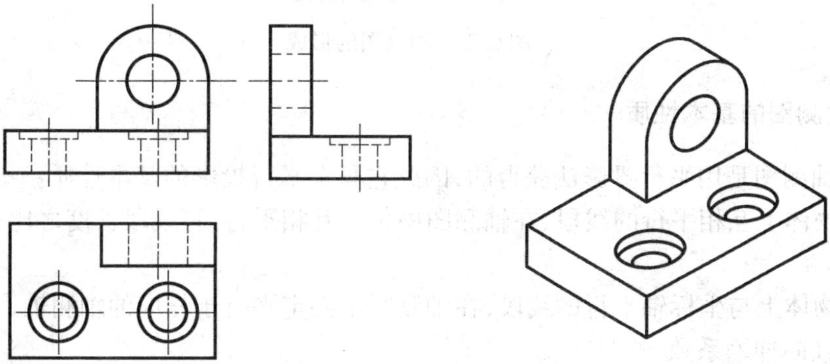

(a) 正投影图　　(b) 轴测投影图

图 6.1　正投影图与轴测投影图的比较

第一节　轴测图的基本知识

一、轴测图的形成

将物体连同其直角坐标系，沿不平行于任一坐标平面的方向，用平行投影法将其投射到选定的单一投影面（如 P 面）上所得的图形称为轴测投影图，简称轴测图，如图 6.2 所示。

轴测图的基本概念如下：

（1）轴测投影面。用来进行轴测投影的投影面称为轴测投影面，通常用 P 表示。

（2）轴测轴。空间直角坐标轴 OX、OY、OZ 在轴测投影面上的投影 O_1X_1、O_1Y_1、O_1Z_1，称为轴测投影轴，简称轴测轴。

（3）轴间角。两轴测轴之间的夹角 $\angle X_1O_1Y_1$、$\angle Y_1O_1Z_1$、$\angle Z_1O_1X_1$，称为轴间角。

（4）轴向伸缩系数。轴测轴上的单位长度与空间直角坐标轴上对应单位长度的比值，称为轴向伸缩系数。通常用 p、q、r 分别表示 OX、OY、OZ 轴的轴向伸缩系数，则：

OX 轴的轴向伸缩系数　$p = O_1A_1/OA$

OY 轴的轴向伸缩系数　$q = O_1B_1/OB$

OZ 轴的轴向伸缩系数　$r = O_1C_1/OC$

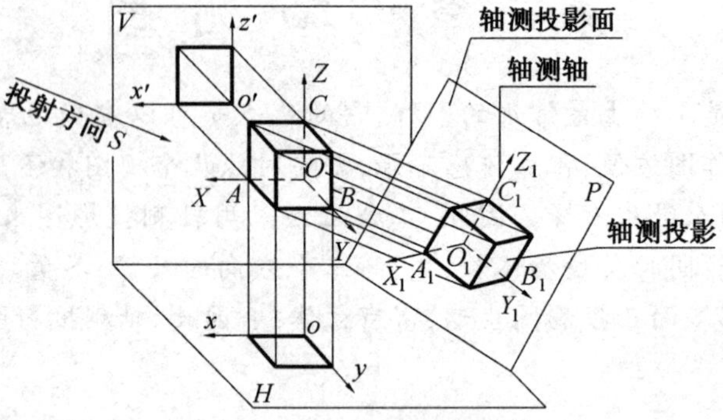

图 6.2　轴测图的形成

二、轴测图的基本性质

由于轴测图是用平行投影法获得的，因此它具有平行投影的基本性质：

(1) 物体上互相平行的线段，在轴测图中仍然互相平行，且线段长度之比等于其投影长度之比。

(2) 物体上与坐标轴平行的线段，在轴测图中必定平行于相应的轴测轴，且与该轴具有相同的轴向伸缩系数。

三、轴测图的分类

(1) 按投射方向 S 与轴测投影面 P 的夹角不同，轴测图可分为：

① 正轴测图。投射方向 S 垂直于轴测投影面 P。

② 斜轴测图。投射方向 S 倾斜于轴测投影面 P。

(2) 按轴向伸缩系数的不同，轴测图可分为：

① 正(或斜) 等轴测图，简称正(或斜) 等测　$p = q = r$。

② 正(或斜) 二轴测图，简称正(或斜) 二测　$p = q \neq r$ 或 $p \neq q = r$ 或 $p = r \neq q$。

③ 正(或斜) 三轴测图，简称正(或斜) 三测　$p \neq q \neq r$。

工程上最常用的是正等测和斜二测投影图。本章只介绍这两种轴测图的画法。

第二节　正等轴测图

一、轴间角和轴向伸缩系数

如图6.3(a) 所示，如果使三条坐标轴 OX、OY、OZ 对轴测投影面处于倾角都相等的位置，也就是将图中立方体的对角线 AO 放成垂直于轴测投影面的位置，并以 AO 的方向作为投射方向，这样所得到的轴测图就是正等轴测图。

在正等轴测图中，轴间角都是120°，各轴向伸缩系数都相等，$p=q=r\approx 0.82$，即沿着三根轴测轴方向画图时，空间线段长度都应缩短为0.82倍。为作图方便，在实际作图时通常采用简化伸缩系数 $p=q=r=1$，即沿着各轴测轴方向的线段投影长度都取等于空间线段的实际长度，因此，画轴测图时，可以从正投影图上直接量取物体的实长作图。用简化伸缩系数画出来的轴测图比实物放大了约1/0.82 = 1.22倍，但形状不变，不影响立体感。

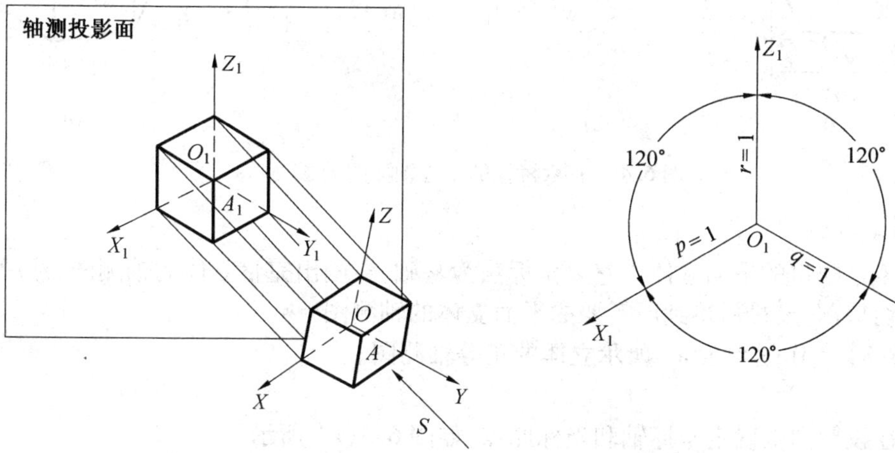

(a) 正等轴测图的形成　　(b) 正等轴测图的参数

图6.3　正等轴测图

二、平面立体正等轴测图的画法

绘制轴测图的最基本方法是坐标法，在绘制平面立体轴测图时，根据平面立体的具体组成情况，还可采用切割法和叠加法。

1. 坐标法

根据平面立体的特点，选定合适的坐标轴，再根据立体表面上各顶点的坐标，分别画出它们的轴测投影，然后依次连接成立体表面的轮廓线。

【例6.1】　作出如图6.4(a)所示正六棱柱的正等轴测图。

作图

(1) 在投影图上定出坐标轴和原点 O，取顶平面对称中心为原点 O，如图6.4(a)所示。

(2) 画轴测轴，按尺寸定出1、2、3、4各点的轴测投影，其中3、4为顶平面的两个顶点，如图6.4(b)所示。

(3) 过两点 1_1、2_1 作直线平行 O_1X_1，再分别以 1_1、2_1 为中点向两边截取 $a/2$ 得顶平面的另外四个顶点，连接各顶点，得顶面投影，过各顶点向下作 Z_1 轴平行线并截得棱线长度 h，得底面各顶点，如图6.4(c)所示。

(4) 连接上述各顶点，完成底平面(不可见线可不画)，整理加深，完成全图，如图6.4(d)所示。

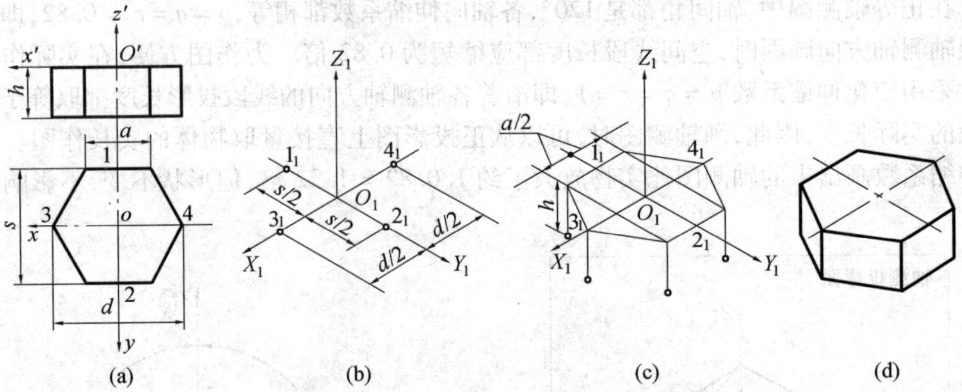

图 6.4　正六棱柱的正等轴测图的画法

2. 切割法

适用于带缺口的平面立体。它以坐标法为基础,先画出完整立体的轴测图,然后逐步画出各个切口部分,最后得到所需要的平面立体的轴测图。

【例 6.2】　作图 6.5(a) 所示立体的正等轴测图。

作图

(1) 在投影图上确定坐标轴和坐标原点,如图 6.5(a) 所示。

(2) 画轴测轴,作出未切割的四棱柱,如图 6.5(b) 所示。再根据投影图中尺寸画出四棱柱左上部被切去一个四棱柱后的正等轴测图,如图 6.5(c) 所示。

(3) 画出右前部被一个侧垂面切去三棱柱后的正等轴测图,如图 6.5(d) 所示。

(4) 画出左下部中间被切去四棱柱后的正等轴测图,如图 6.5(e) 所示。

(5) 擦去作图线,整理加深,完成全图,如图 6.5(f) 所示。

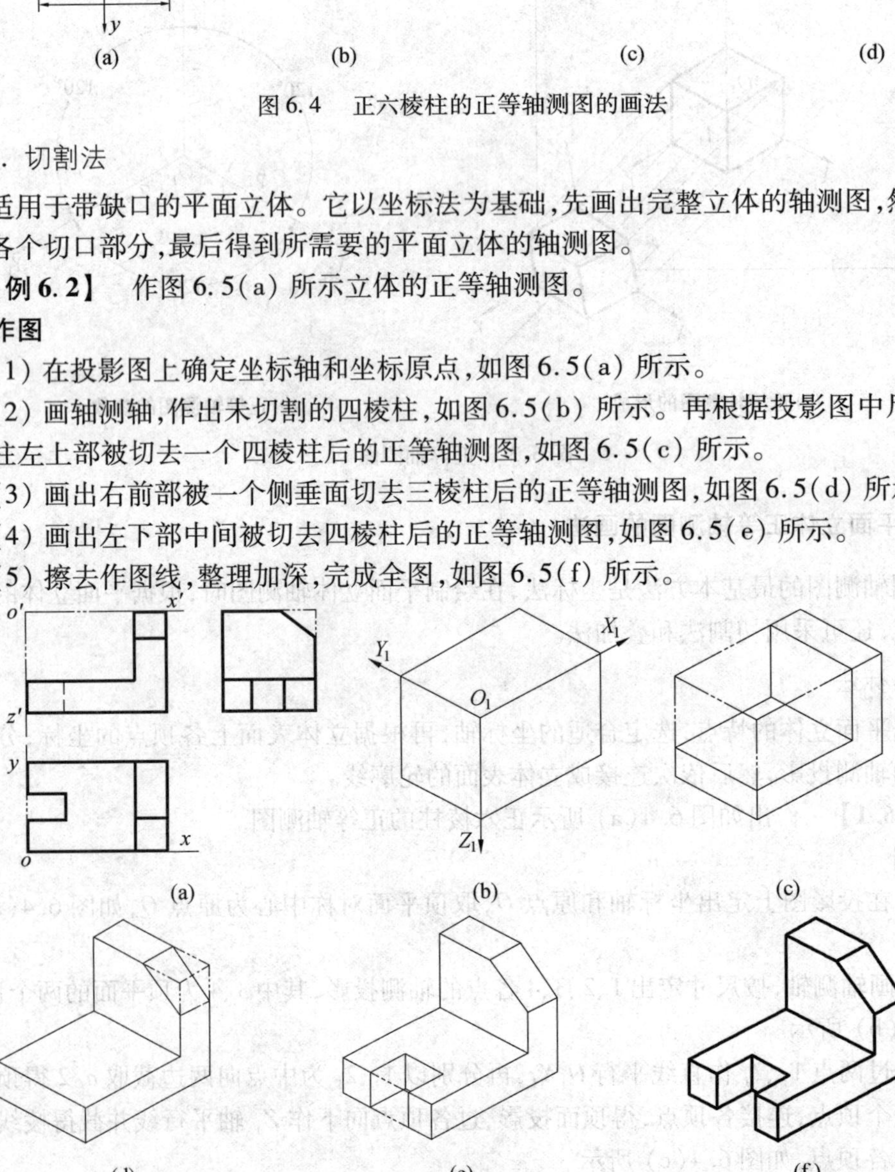

图 6.5　切割法画立体的正等测图

3. 叠加法

对于由几部分简单形体组合而成的立体，可将各部分轴测图按照它们之间相对位置叠加起来，画出各表面之间的连接关系，就可得到该立体的轴测图。

【例 6.3】 作图 6.6(a) 所示立体的正等轴测图。

作图

(1) 在平面立体的三面投影图上确定坐标轴和坐标原点，如图 6.6(a) 所示。

(2) 画轴测轴，先作出底板的正等轴测图，如图 6.6(b) 所示。

(3) 画出后侧立板的正等轴测图，并将同一表面上的分界线去除，如图 6.6(c) 所示。

(4) 画出右上部三棱柱的正等轴测图，如图 6.6(d) 所示。

(5) 擦去作图线，加深，完成全图，如图 6.6(e) 所示。

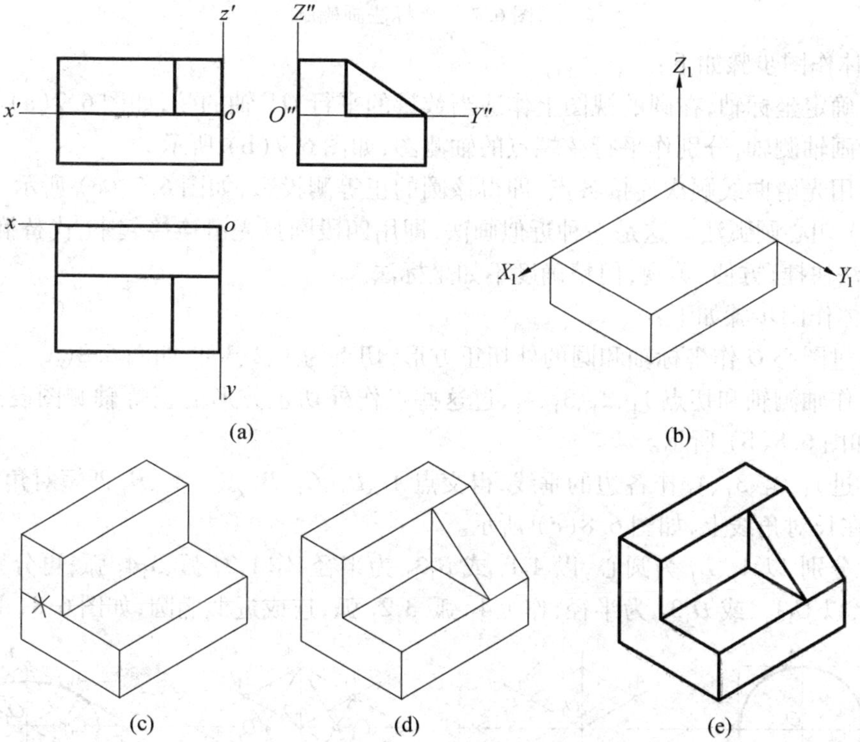

图 6.6 用叠加法画立体正等轴测图

三、曲面立体的正等测的画法

立体上经常带有圆柱面、圆锥面等曲面结构，不论是圆柱或是圆锥，其底面多为圆，所以绘制曲面立体的正等测，关键是要掌握圆的正等测画法。

1. 圆的正等轴测图的画法

一般情况下，圆的正等测是椭圆。下面以平行于水平面 *XOY* 的圆的正等轴测图为例，介绍椭圆的两种画法。

(1) 坐标法。用坐标法作出圆上一系列点的轴测投影,然后顺次光滑地连接起来. 即得到圆的轴测投影(椭圆)。圆上的一系列点是用作一系列平行弦的方法绘制的,故这种方法也称为平行弦法。这种方法作图比较精确,但作图繁琐。

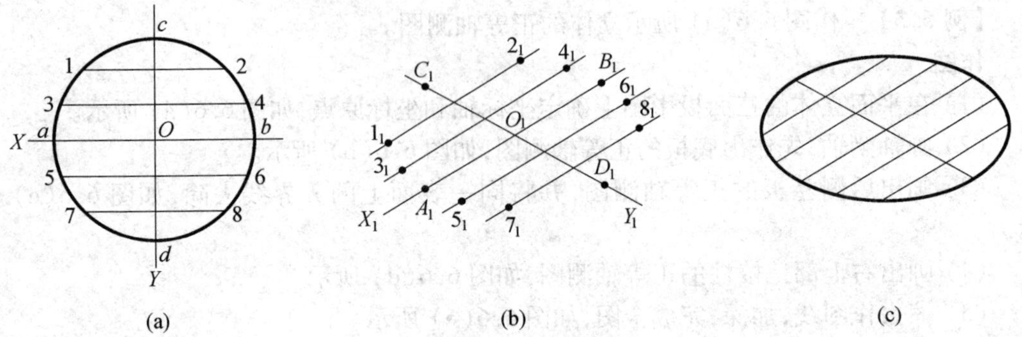

图 6.7　坐标法画椭圆

具体作图步骤如下:

① 确定坐标轴,在圆的视图上作适当数量的平行 OX 轴的弦,如图 6.7(a) 所示。

② 画轴测轴,分别作平行弦端点的轴测图,如图 6.7(b) 所示。

③ 用光滑曲线顺次连接各点,即得该圆的正等测投影,如图 6.7（c）所示。

(2) 四心圆弧法。这是一种近似画法,即用四段圆弧光滑连接起来,代替椭圆曲线。这种方法快捷、方便、美观,但精确度不如坐标法。

具体作图步骤如下:

① 过圆心 O 作坐标轴和圆的外切正方形,切点为 1、2、3、4,如图 6.8(a) 所示。

② 作轴测轴和切点 1_1、2_1、3_1、4_1,过这些点作外切正方形的正等轴测图菱形,并连对角线,如图 6.8(b) 所示。

③ 过 1_1、2_1、3_1、4_1 作各边的垂线,得交点 A_1、B_1、C_1、D_1 点。A_1、B_1 即短对角线的顶点,C_1、D_1 在长对角线上,如图 6.8(c) 所示。

④ 分别 以 A_1、B_1 为圆心,以 A_11_1 或 B_13_1 为半径,作 1_12_1 弧、3_14_1 弧;再分别以 C_1、D_1 为圆心,以 C_11_1、或 D_13_1 为半径,作 1_14_1 弧、3_12_1 弧,连成近似椭圆,如图 6.8(d) 所示。

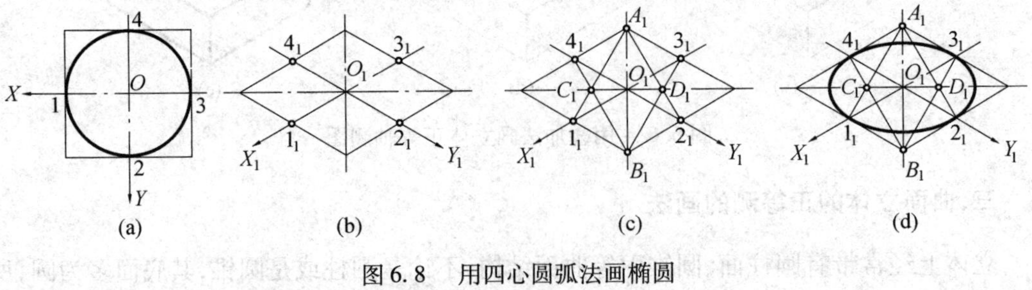

图 6.8　用四心圆弧法画椭圆

2. 平行于各坐标面圆的正等测投影的画法

平行于坐标面的圆的轴测投影为椭圆,平行于 XOY 面的圆的轴测投影(椭圆) 长轴垂直于 Z 轴,短轴平行于 Z 轴;平行于 XOZ 面的圆的轴测投影(椭圆) 长轴垂直于 Y 轴,短轴

平行于 Y 轴；平行于 YOZ 面的圆的轴测投影（椭圆）长轴垂直于 X 轴，短轴平行于 X 轴。用各轴向简化伸缩系数画出的正等轴测图椭圆，其长轴约等于 $1.22d$（d 为圆的直径），短轴约等于 $0.7d$，如图 6.9 所示。

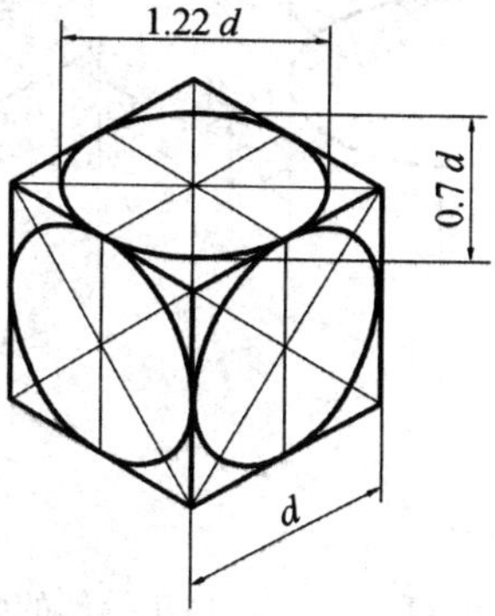

图 6.9　平行于各坐标面圆的正等测画法

3. 曲面立体正等轴测图的画法举例

【例 6.4】　绘制圆锥台的正等测轴测图，如图 6.10 所示。

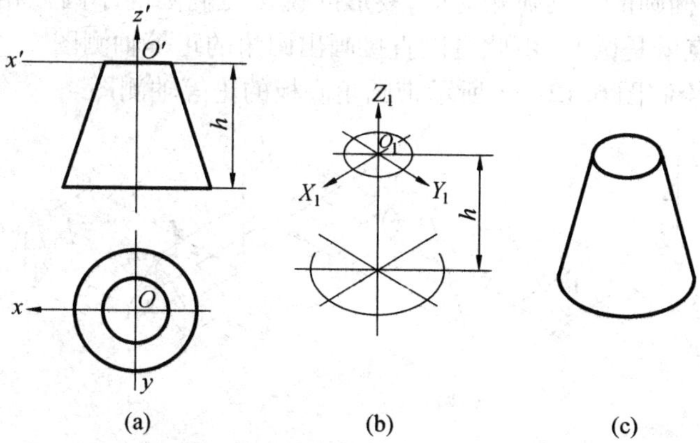

图 6.10　圆锥台的正等测画法

作图

（1）确定原点和坐标，如图 6.10(a) 所示。

（2）据圆锥台上、下底圆的直径和高度，先画出上、下底的椭圆，如图 6.10(b) 所示。

（3）作两椭圆公切线，擦去多余图线，整理加深，如图 6.10(c) 所示。

【例 6.5】　绘制图 6.11(a) 所示立体的正等测轴测图。

作图

（1）在基本视图上定坐标原点和坐标轴，如图 6.11(a) 所示。

（2）画轴测轴，作出完整圆柱的轴测图，根据尺寸 8 作出水平面所在的椭圆，如图 6.11(b) 所示。

（3）根据尺寸 8 作出两侧平面，如图 6.11(c) 所示。

（4）擦去多余线，整理描深，得圆柱切割体的正等轴测图，如图 6.11(d) 所示。

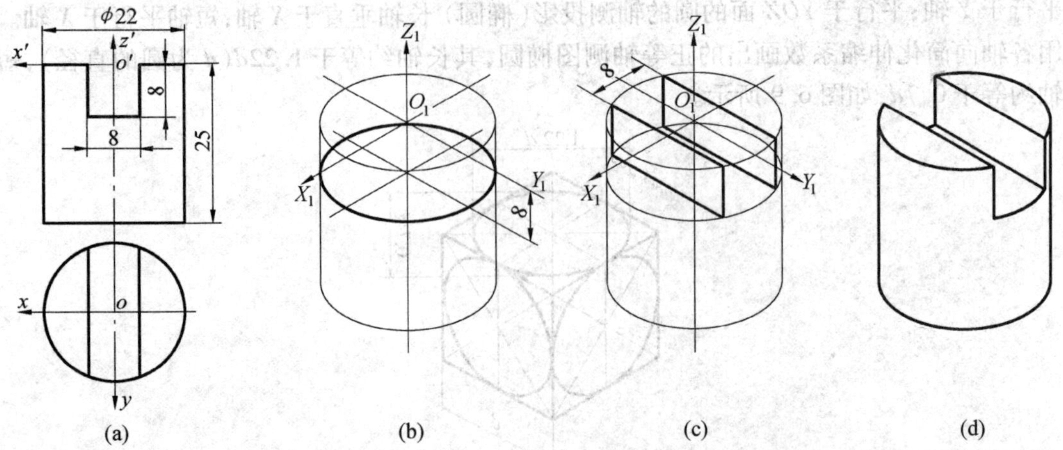

图 6.11　切割圆柱正等测的画法

4. 圆角的正等测画法

在立体上往往有大小不同的圆角,这些圆角实际上都是圆柱面的一部分,在正投影图中为圆弧,而在轴测图中就成为椭圆的一部分。从图 6.8 所示椭圆的近似画法中可以看出:菱形的钝角与椭圆的大圆弧相对应,菱形的锐角与椭圆的小圆弧相对应,菱形相邻两边的中垂线的交点就是圆心,由此可以直接画出圆角的正等轴测图。

【例 6.6】　绘制图 6.12(a) 所示带圆角底板的正等轴测图。

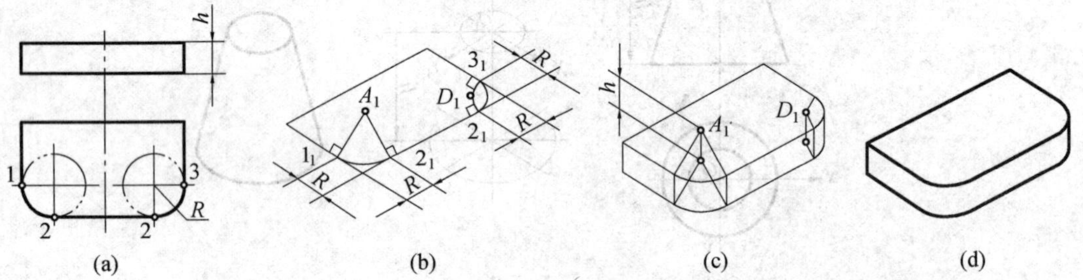

图 6.12　圆角正等测的画法

作图

(1) 画出底板顶面的正等轴测图。在作圆角的边上量取圆角半径 R,交得点 1_1、2_1、3_1,再分别过点 1_1、2_1、3_1 作所在边的垂线,然后以两垂线交点 A_1、D_1 为圆心,垂线长为半径画弧,得带圆角底板的顶面正等轴测图,如图 6.12(b) 所示。

(2) 将圆心下移高度 h,画出底面圆角及其他可见部分,如图 6.12(c) 所示。

(3) 整理加深,完成全图,如图 6.12(d) 所示。

四、组合体的正等测的画法

【例 6.7】　绘制图 6.13(a) 所示组合体的正等轴测图。

分析

该组合体由带圆角和圆孔的底板和带圆孔的竖板两部分组成。

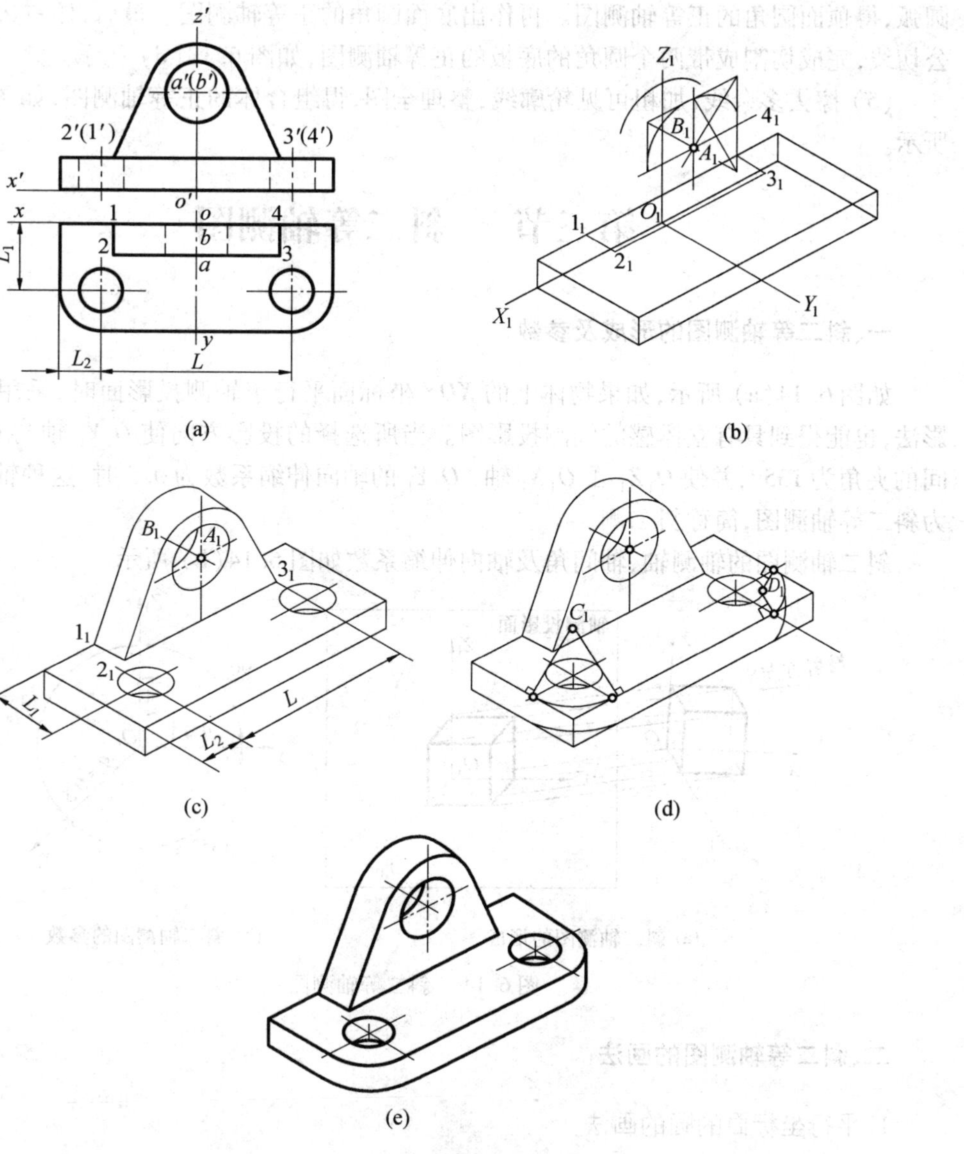

图 6.13　组合体正等轴测图的画法

作图

(1) 确定坐标原点和坐标轴,如图 6.13(a) 所示。

(2) 作轴测轴。先画出底板的轮廓,再画竖板与它的交线 1_12_1、3_14_1。确定竖板后孔口的圆心 B_1,由 B_1 定出前孔口的圆心 A_1,画出竖板顶部圆柱面的正等轴测近似椭圆弧,如图 6.13(b) 所示。

(3) 过 1_1、2_1、3_1 诸点做椭圆弧切线,再做出右上方两圆弧的公切线和竖板上的圆柱孔,完成竖板的正等轴测图。由 L_1、L_2 和 L 确定底板顶面上两个圆柱孔口的圆心,作这两个孔的正等轴测近似椭圆,如图 6.13(c) 所示。

(4) 从底板顶面上圆角的 4 个切点作相应边的垂线,交得圆心 C_1、D_1,分别在切点作圆弧，得顶面圆角的正等轴测图。再作出底面圆角的正等轴测图。最后，作右边两圆弧的公切线，完成切割成带两个圆角的底板的正等轴测图，如图 6.13(d) 所示。

(5) 擦去多余线，加粗可见轮廓线，整理全图，得组合体的正等轴测图，如图 6.13(e) 所示。

第三节　斜二等轴测图

一、斜二等轴测图的形成及参数

如图 6.14(a) 所示，如果物体上的 XOY 坐标面平行于轴测投影面时，采用平行斜投影法，也能得到具有立体感的轴测投影图。当所选择的投影方向使 O_1Y_1 轴与 O_1X_1 轴之间的夹角为 135°，并使 $O_1Z_1 \perp O_1X_1$ 轴，O_1Y_1 的轴向伸缩系数为 0.5 时，这种轴测图就称为斜二等轴测图，简称斜二测。

斜二轴测图的轴测轴、轴间角及轴向伸缩系数如图 6.14(b) 所示。

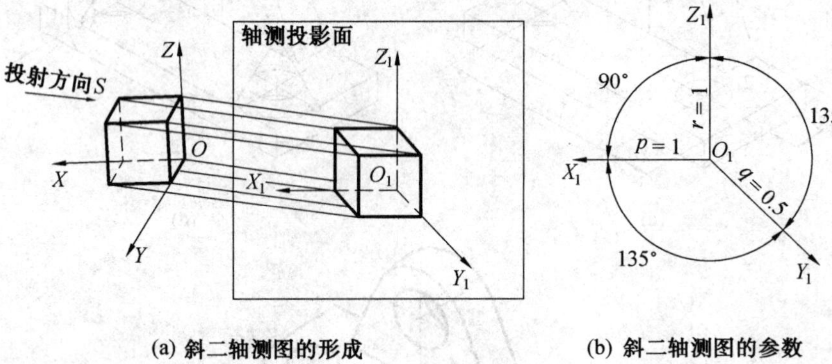

图 6.14　斜二等轴测图

二、斜二等轴测图的画法

1. 平行坐标面的圆的画法

图 6.15 为平行坐标面的圆的斜二轴测图。平行于 $X_1O_1Z_1$ 面上的圆的斜二测投影还是圆。平行于 $X_1O_1Y_1$ 和 $Z_1O_1Y_1$ 面上的圆的斜二测投影都是椭圆，且形状相同。它们的长轴与圆所在坐标面上的一根轴测轴成约 7° 的夹角。

2. 斜二等轴测图的画法

斜二等轴测图在作图方法上与正等轴测图基本相同，也可采用坐标法、切割法等作图方法。由于斜二轴测图 Y 轴的轴向伸缩系数为 0.5，因此在画图时，沿 Y 轴只取实长的一半，沿 X 轴、Z 轴按实长量取。

在确定坐标轴和原点时，应将形状复杂的平面或圆等放在与 XOZ 面平行的位置上，同时，为减少不必要的作图线，应从前向后依次画出各部分结构，一些被挡住的线可省去不画。

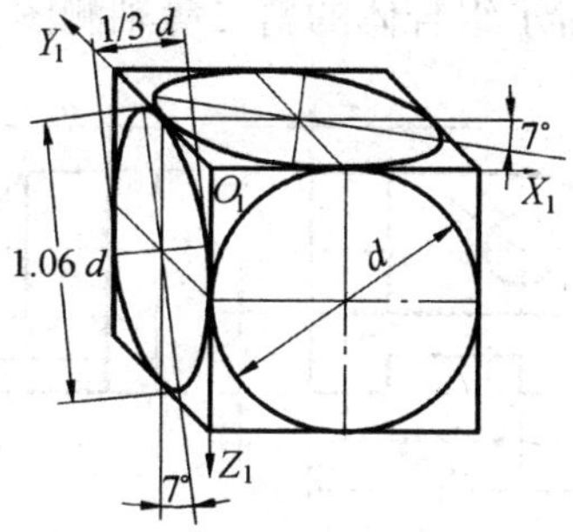

图 6.15　三坐标面上圆的斜二轴测图

【例 6.8】　绘制空心圆锥台的斜二轴测图,如图 6.16(a) 所示。

作图

(1) 在视图上确定坐标轴和坐标原点,如图 6.16(a) 所示。

(2) 画轴测轴,根据尺寸 y 在轴上截取 $L/2$ 长度,确定圆锥台后端面的圆心位置,如图 6.16(b) 所示。

(3) 画出圆锥台前后两端面的圆,如图 6.16(c) 所示,并画出两圆的公切线,然后画出内孔,如图 6.16(d) 所示。

(4) 擦去多余线,整理描深,得此立体的斜二轴测图,如图 6.16(e) 所示。

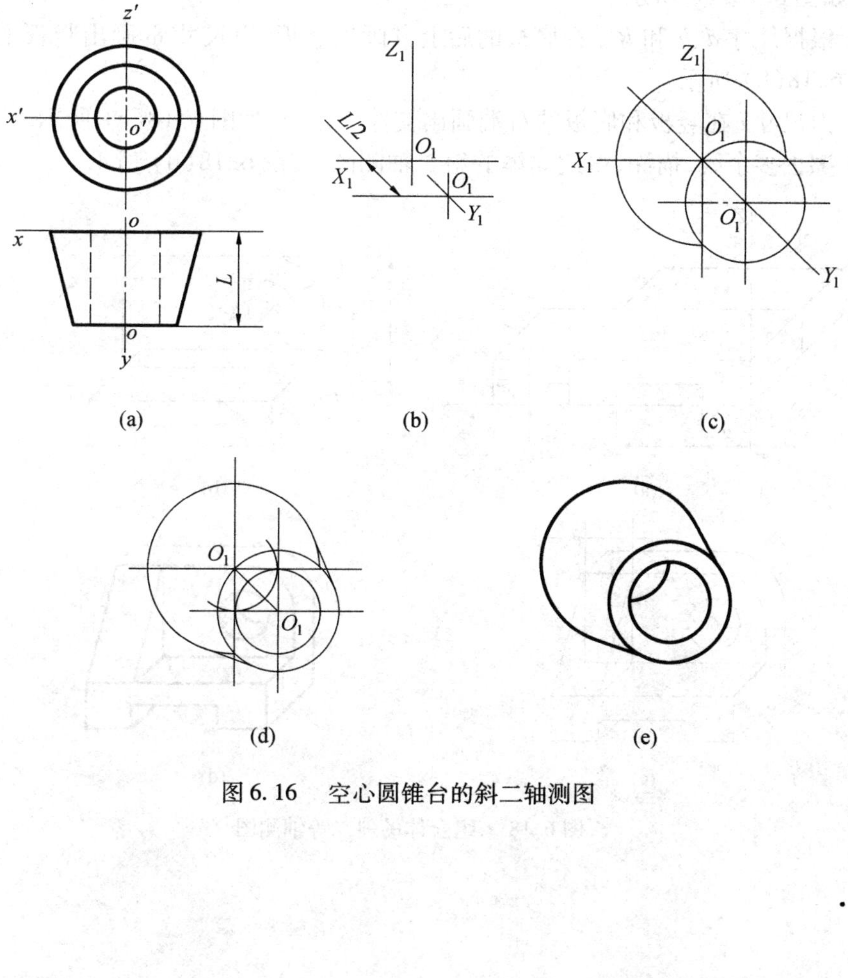

图 6.16　空心圆锥台的斜二轴测图

【例 6.9】 绘制图 6.17 所示组合体的斜二等轴测图。

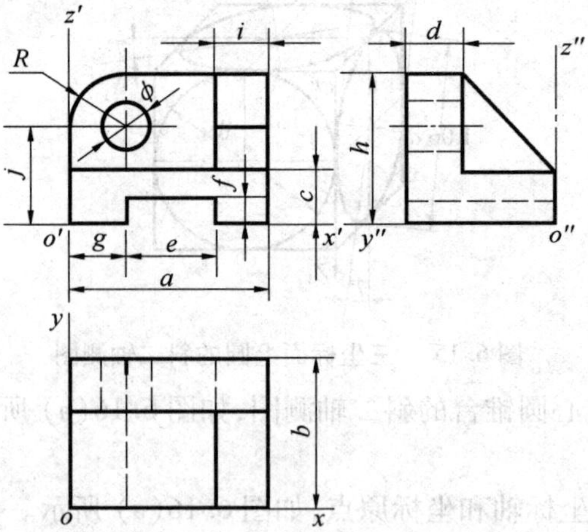

图 6.17 组合体的投影图

作图

(1) 在投影图上确定坐标轴和坐标原点,如图 6.17 所示。

(2) 画轴测轴,由三面投影图中所标注的尺寸 a、b、c 画出底板,由尺寸 e、f、g 画出底部的通槽,如图 6.18(a) 所示。

(3) 根据尺寸 d、h 和 R、j 在底板的后上方画出竖板,由尺寸 ϕ 画出竖板上的圆柱通孔,如图 6.18(b) 所示。

(4) 由尺寸 i 在竖板和底板的右端画出支撑三角板,如图 6.18(c) 所示。

(5) 擦去多余线,描深,得此立体的斜二轴测图,如图 6.18(d) 所示。

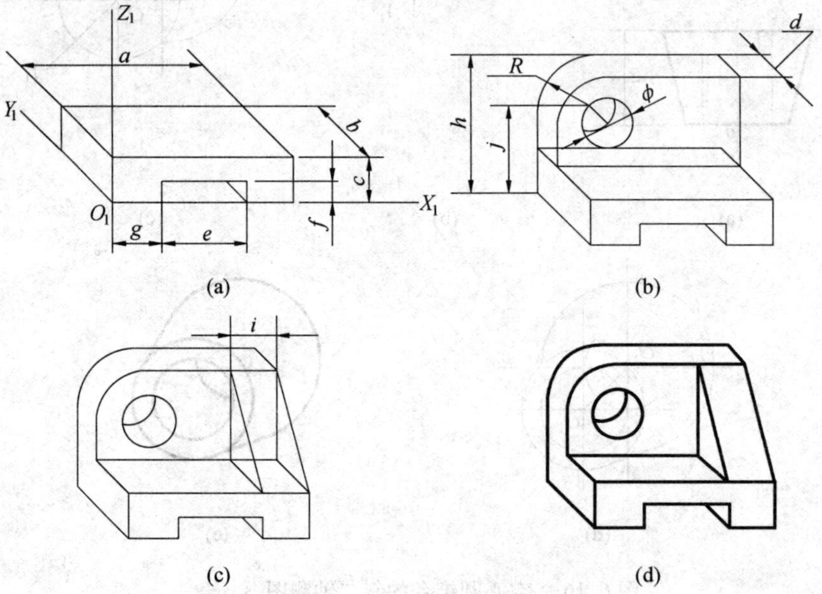

图 6.18 组合体的斜二等轴测图

第四节　轴测剖视图的画法

在轴测图中,为了表达物体的内部形状,可以假想用剖切平面将物体的一部分剖去,这种剖切后的轴测图称为轴测剖视图。为了使物体的内外结构都表达清楚,一般用两个平行于坐标面的相交平面剖开物体。

一、轴测图上剖面线的画法

在正投影图上剖面线(金属材料)的方向是与水平线成45°,在轴测图中也要符合这个关系。由于45°角的对边和底边是1∶1的比例关系,所以可以在轴测轴上按各个轴的简化系数取相等的长度画出剖面线的方向。如图6.19(a)所示,在X_1轴和Z_1轴上各取1长度单位,连以直线,即为$X_1O_1Z_1$平面上45°线的方向。凡平行于$X_1O_1Z_1$平面的剖面上,剖面线都应该与此线平行。对正等轴测图来说,该线与水平线成60°。斜二轴测图上剖面线的方向如图6.19(b)所示。

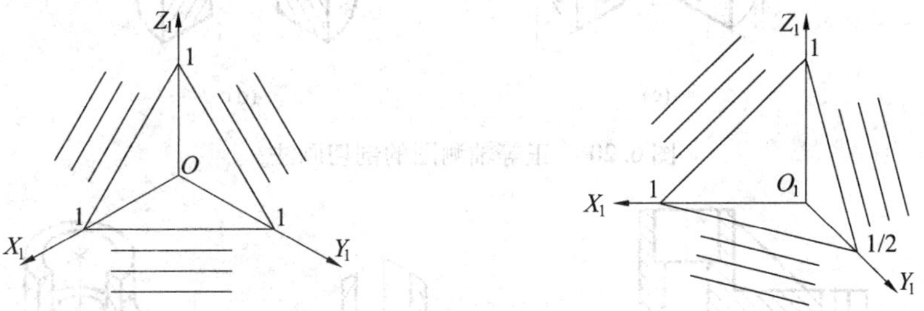

图6.19　常用轴测图上剖面线的方向

二、轴测剖视图的画法

1. 先画外形再剖切

【例6.10】　绘制如图6.20(a)所示物体的轴测剖视图。

作图　首先画完整的外形,并定出剖切平面的位置,如图6.20(b)所示;然后画出剖切平面与物体的交线,如图6.20(c)所示;最后加深,擦去多余线条,加画剖面线,如图6.20(d)所示。

2. 先画断面形状,后画外形

【例6.11】　绘制如图6.21(a)所示物体的轴测剖视图。

作图　先定出剖切平面的位置,画出断面形状,如图6.21(b)所示,然后画出断面后面可见部分的投影并加深,如图6.21(c)所示。这种方法可以少画切去部分的外形线。

画轴测剖视图时,若剖切平面通过肋或薄壁结构的对称面时,则这些结构要素的剖面内,规定不画剖面符号,用粗实线把它和连接部分分开。

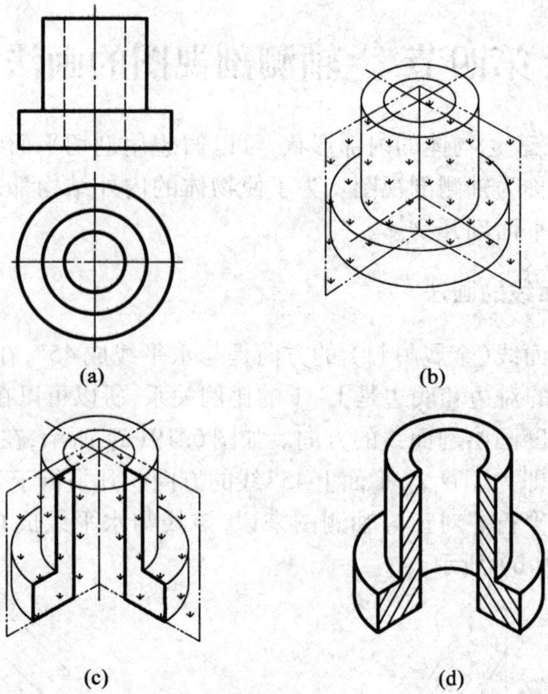

图 6.20　正等轴测图的剖切画法一

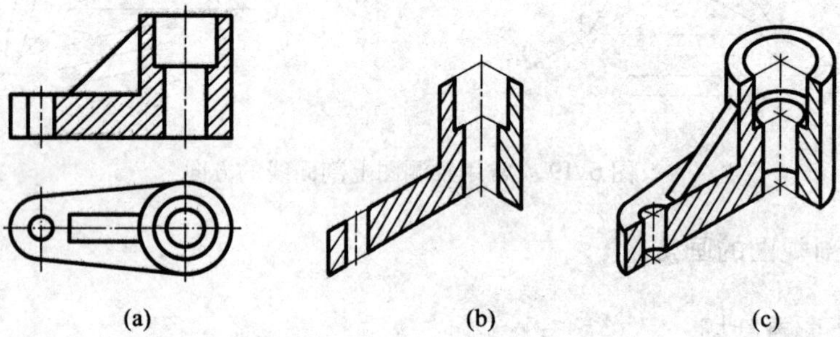

图 6.21　正等轴测图的剖切画法二

第七章　机件的表达方法

在生产实际中，机件的形状千变万化，当其结构比较复杂时，如果仍采用两视图或者三视图来表达，就很难把机件的内外形状和结构准确、完整、清晰地表达出来。为了满足这些实际的表达需要，国家标准《技术制图》与《机械制图》中规定了各种画法，如视图、剖视图、断面图、局部放大图、简化画法等，这些画法是机件的基本表达方法。

第一节　视　　图

根据有关标准和规定，用正投影法所绘制出的物体的图形，称为视图。它主要用来表达机件的外部结构和形状，一般只画出机件的可见部分，必要时才用虚线表达其不可见部分。

视图的种类通常有基本视图、向视图、局部视图和斜视图四种。

一、基本视图

在原有三个投影面的基础上，再增设三个投影面，构成一个正六面体，这六个面称为基本投影面，如图 7.1(a)所示。将机件放在正六面体内，分别向各基本投影面投射，所得的视图称为基本视图。除了前述的三视图外，还有从右向左投射所得的右视图，从下向上投射所得的仰视图，从后向前投射所得的后视图。

六个基本投影面的展开方法和各基本视图的配置关系如图 7.1(a)、(b)所示。

各基本视图按图 7.1(b)配置时，一律不标注视图的名称。

六个基本视图的投影对应关系：

(1)六个基本视图仍保持“三等”关系，即主、左、后、右视图高相等；左、右、俯、仰视图宽相等；主、后、俯、仰视图长相等。

(2)六个视图的方位关系，除后视图外，“远离主视图”的一侧，均表示机件的前面。主视图和后视图、左视图和右视图左右方位相反，俯视图和仰视图上下方位相反。

制图时应根据零件的形状和特点，选择其中几个必要的基本视图，既完整、清晰又简明地表达出机件的结构形状。如图 7.2 所示，是一个阀体的视图和轴测图。按自然位置安放这个阀体，选定比较能够全面反映阀体各部分主要形状特征和相对位置的视图作为主视图。如果用主、俯、左三个视图表达这个阀体，则由于阀体左右两侧的形状不同，左视图中将出现很多细虚线，影响图的清晰度和尺寸标注。因此，在表达时增加一个右视图，就能完整、清晰地表达这个阀体。表达时基本视图的选择完全是根据需要来确定的，而不是任何机件都需要用六个基本视图来表达。

绘制技术图样时，应首先考虑看图方便，要根据机件的结构特点，选用适当的表示方法。在完整、清晰地表达机件形状的前提下，力求制图简便。在图 7.2 中采用了四个视

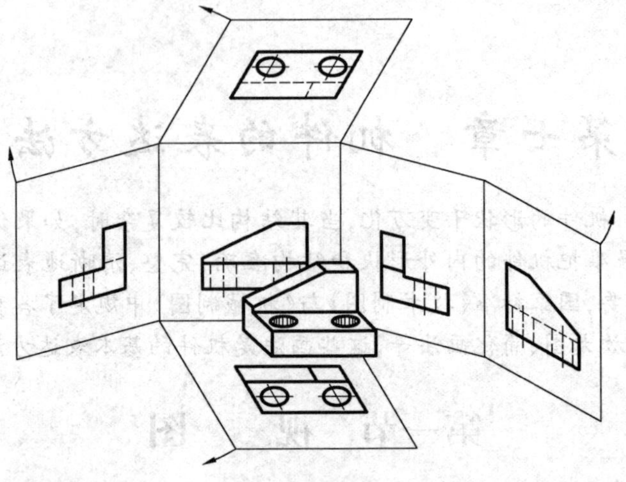

(a)基本视图的形成

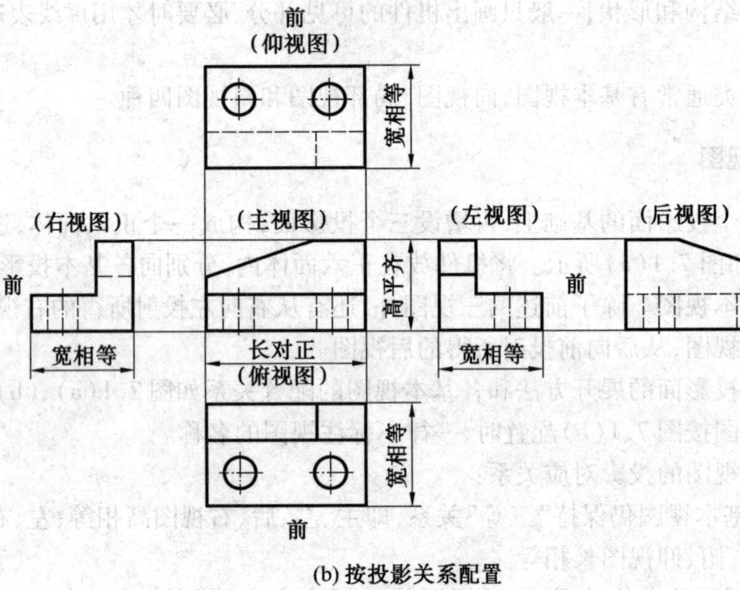

(b)按投影关系配置

图 7.1　基本视图

图,并在主视图中用细虚线画出了阀体的内腔结构以及各个孔的不可见投影。由于将这四个视图对照起来,已能清晰、完整地表达出阀体的结构和形状,所以根据视图一般只画机件的可见部分的原则,其它三个视图中的细虚线应省略不画。

二、向视图

向视图是可自由配置的视图。

在实际设计绘图过程中,往往不能同时将六个基本视图都放在同一张图纸上,或不能按图 7.1(b)所示配置时,可按向视图配置。

向视图配置时,应在视图的上方用大写拉丁字母标出视图的名称“X”,在相应视图附

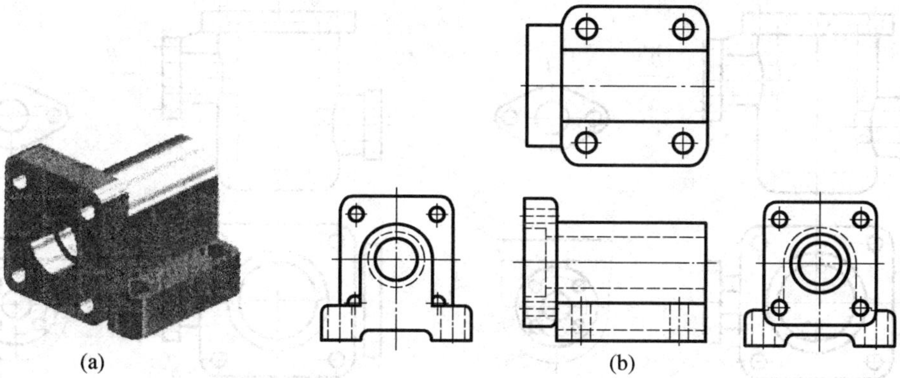

图 7.2　阀体的视图和轴测图

近画出指明投射方向的箭头,并注上相同大写字母“X”,如图 7.3 所示:

1. 箭头、字母均比图中尺寸箭头和数字大一号,字母一律水平书写,视图名称均注在图的上方。

2. 表示投射方向的箭头应尽可能配置在主视图上;在绘制以向视图方式配置的后视图时,应将箭头配置在左视图或右视图上,以便所获视图与基本视图一致。

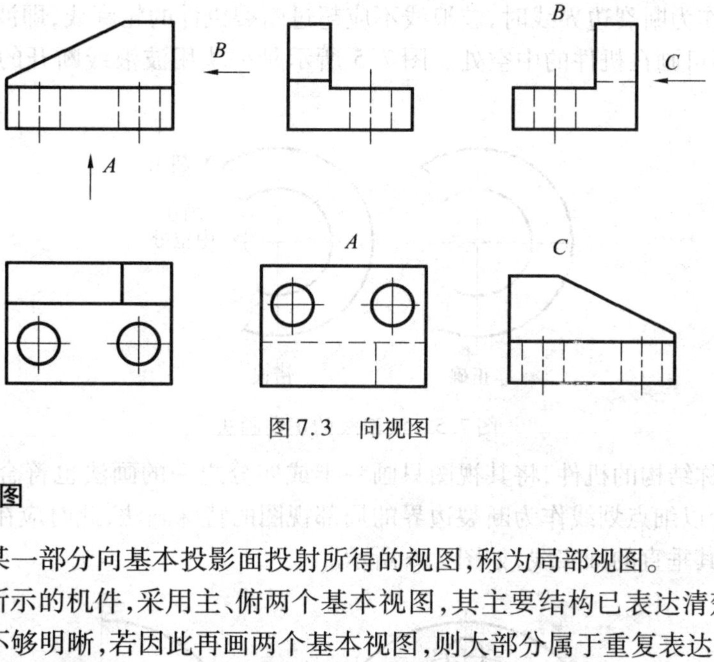

图 7.3　向视图

三、局部视图

将物体的某一部分向基本投影面投射所得的视图,称为局部视图。

如图 7.4 所示的机件,采用主、俯两个基本视图,其主要结构已表达清楚,但左、右两个凸台的形状不够明晰,若因此再画两个基本视图,则大部分属于重复表达。若只画出基本视图的一部分,即用两个局部视图来表达(见图 7.4 中的 *A* 和 *B*),则可使图形重点更为突出,左、右凸台的形状更清晰。

局部视图的画法、配置和标注:

1. 局部视图可按向视图的配置形式配置并标注。一般在局部视图上方标出视图的名称“X”,在相应的视图附近用箭头指明投射方向,并注上同样的字母,字母水平书写,如图 7.4(a)所示。当局部视图按基本视图的配置形式配置,中间又没有其它图形隔开时,则

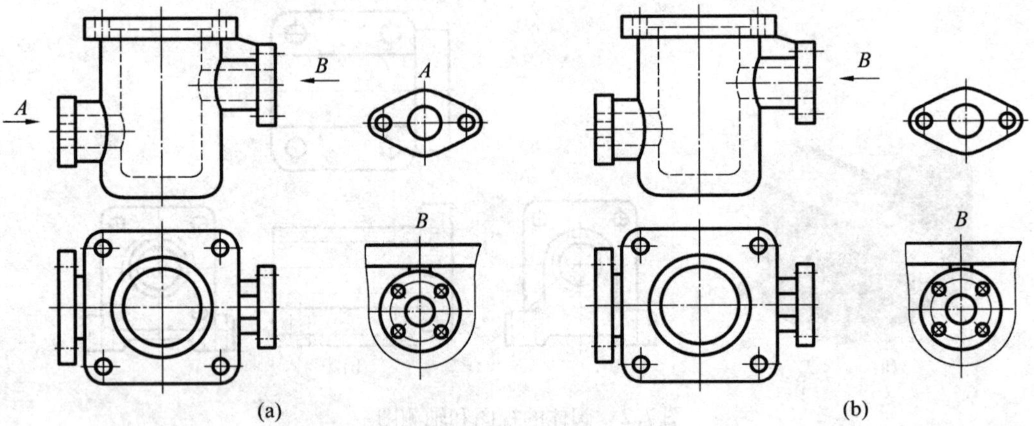

图 7.4　局部视图

不必标注，如图 7.4(b)所示。

2. 局部视图的断裂边界应以波浪线或双折线来表示，如图 7.4(a)所示的 *B* 向局部视图。当所表示的局部结构是完整的且外轮廓又封闭时，断裂边界可省略不画，如图 7.4(a)所示的 *A* 向局部视图。

用波浪线作为断裂边界线时，波浪线不应超过断裂机件的轮廓线，即波浪线应画在机件的实体上，不可画在机件的中空处。图 7.5 所示是一块用波浪线断开的空心圆板的正误对比画法。

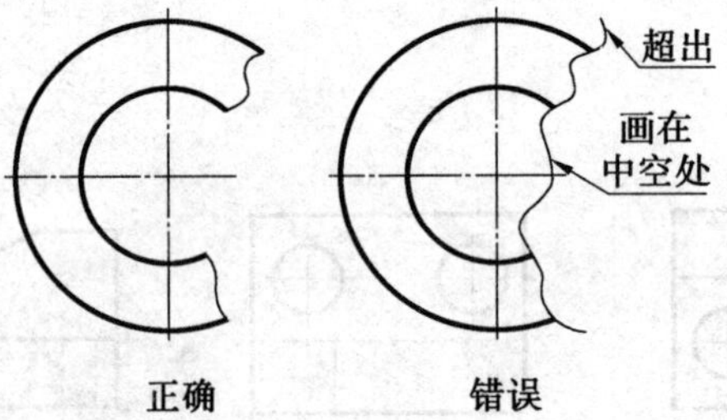

图 7.5　波浪线的正误画法

3. 对于对称结构的机件，将其视图只画一半或四分之一的画法也符合局部视图的定义，可将其视为以细点划线作为断裂边界的局部视图的特殊画法，此时应在细点划线的两端画出两条与其垂直的细实线，如图 7.6 所示。

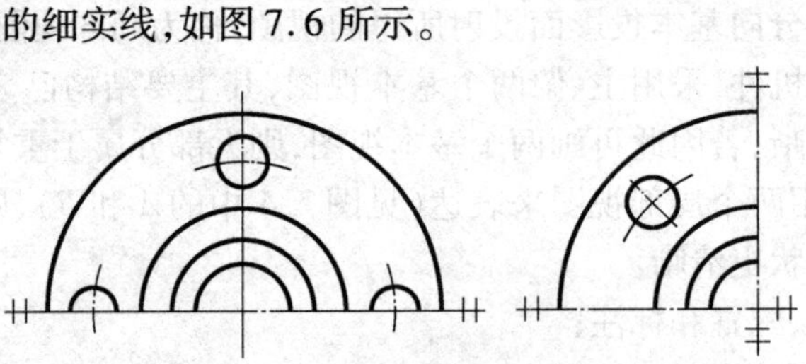

图 7.6　对称机件的局部视图

四、斜视图

机件向不平行于基本投影面的平面投射所得的视图，称为斜视图。

当机件某部分的倾斜结构不平行于任何基本投影面时，在基本视图中不能反映该部分的实形。如图 7.7(a)所示，由于压紧杆的耳板是倾斜的，所以它的俯视图和左视图都不反映实形，表达不够清晰，画图比较困难，读图也不方便。这时，可选择一个新的辅助投影面(H_1)，使它与机件上倾斜部分平行，且垂直于某一个基本投影面(V)。然后将机件上的倾斜部分，沿垂直于新投影面的箭头 A 方向投射，就可以得到反映倾斜机构实形的投影。向新的辅助投影面投射，再将新投影面按箭头所指方向，旋转到与其垂直的基本投影面重合的位置，就可得到该部分实形的视图，即斜视图，见图 7.7(b)中 A 视图(C 视图和另一图形均为局部视图)。因为画压紧杆的斜视图只是为了表达其倾斜结构的实形，故画出其实形后就可以用波浪线断开，不必画出其余部分的视图，如图 7.7(b)中 A 视图。

斜视图的画法、配置和标注：

斜视图上方必须标注视图的名称“X”，在相应的视图附近用带相同字母“X”的箭头指出投射方向，表示投射方向的箭头应垂直于倾斜结构表面，字母水平书写。斜视图通常按投射方向配置，并保持投影对应关系，必要时可将斜视图旋转后画出，但需加注旋转符号，如图 7.7(b)所示，该视图名称的字母应靠近旋转符号的箭头端，也允许将旋转角度标注在字母之后。斜视图可顺时针旋转或逆时针旋转，但旋转符号的方向要与实际旋转方向一致，以便于看图者识别。

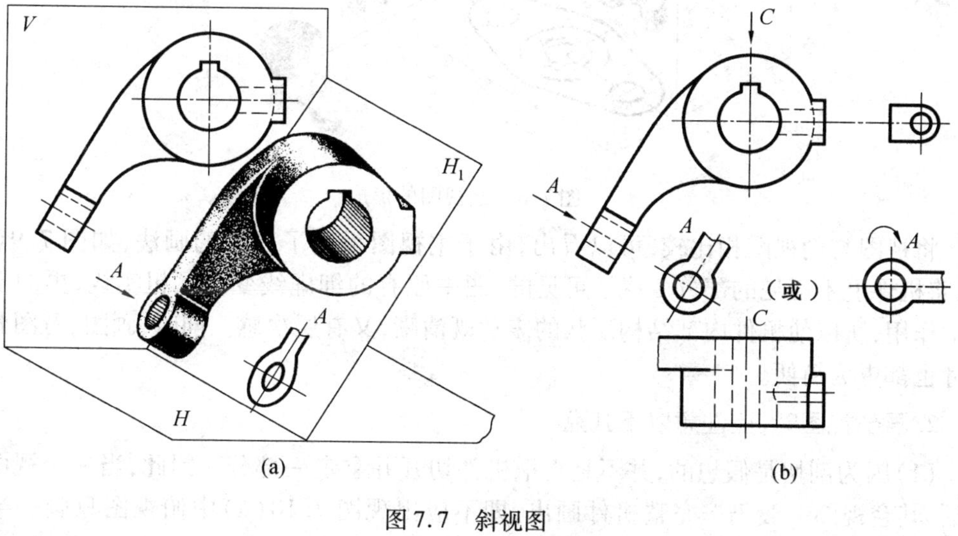

图 7.7　斜视图

第二节　剖视图

一、剖视图的概念

用视图表达机件的结构形状时，机件内部不可见的部分可用细虚线来表示。当机件内部结构复杂时，视图上会出现许多细虚线，使图形不清晰，给看图和标注尺寸带来困难。为了将内部结构表达清晰，同时又避免出现过多细虚线，可采用剖视图的方法来表达。

1. 剖视图的概念

假想用剖切面剖开机件，将处在观察者和剖切面之间的部分移去，而将其余部分向投影面投射所得的图形，称为剖视图，简称剖视，如图 7.8 所示。

图 7.8　剖视图的形成

将视图与剖视图相比较，可以看出，由于主视图采用了剖视的画法，如图 7.9(b)所示，将机件上不可见的部分变成了可见的，图中原有的细虚线变成了粗实线，再加上剖面线的作用，所以使机件内部结构形状的表达既清晰，又有层次感。同时，画图、看图和标注尺寸也都更为简便。

2. 画剖视图时，应注意以下几点

(1)因为剖切是假想的，并不是真把机件切开并拿走一部分。因此，当一个视图取剖视后，其余视图一般仍按完整机件画出，即不应出现图 7.10(a)中俯视图只画一半的错误。

(2)确定剖切面位置时一般选择所需表达的内部结构的对称面，并且平行于基本投影面。并用剖切符号表示。

(3)剖切后，留在剖切面之后的可见部分，一般均应向投影面投射，如图 7.11(a)、(b)、(c)所示，图(d)出现了少线的错误。初学者极易犯这样的错误，应引起重视。

(4)剖视图中细虚线的处理。不可见轮廓线或其它结构，在其它视图已表达清楚，虚

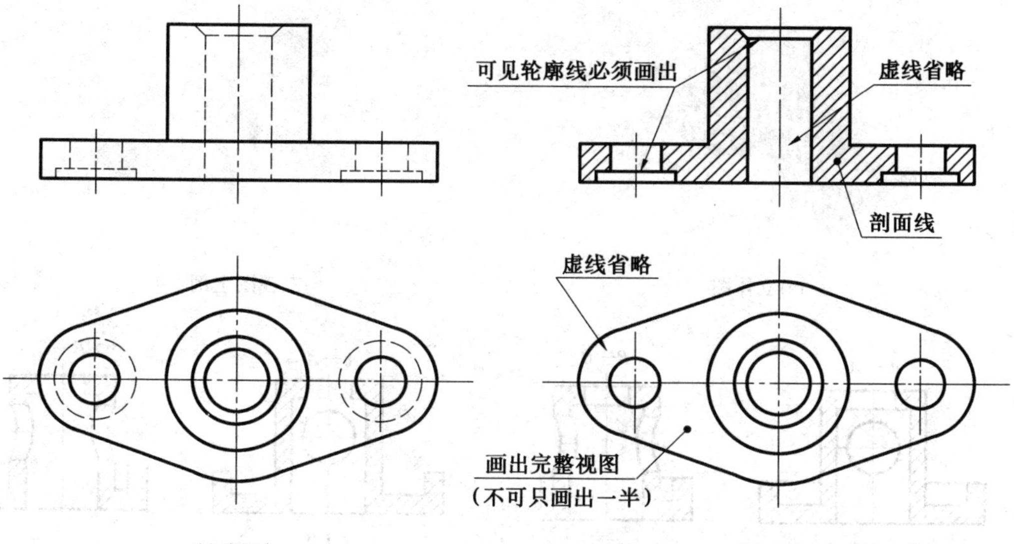

图 7.9　视图与剖视图的比较

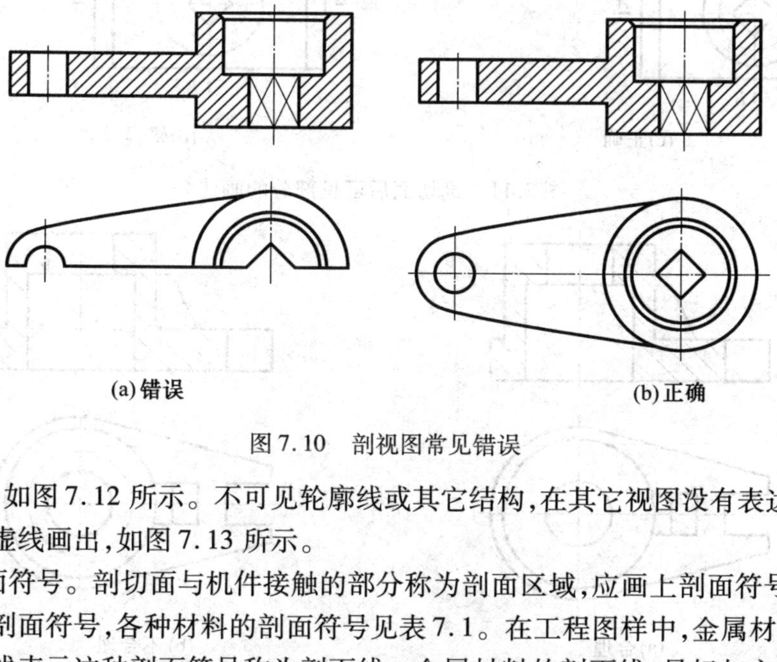

图 7.10　剖视图常见错误

线可以省略,如图 7.12 所示。不可见轮廓线或其它结构,在其它视图没有表达清楚时,允许有少量的虚线画出,如图 7.13 所示。

(5)剖面符号。剖切面与机件接触的部分称为剖面区域,应画上剖面符号,不同的材料画不同的剖面符号,各种材料的剖面符号见表 7.1。在工程图样中,金属材料常用互相平行的细实线表示这种剖面符号称为剖面线。金属材料的剖面线,最好与主要轮廓线或剖面区域的对称线成 45°角,并用平行的细实线绘制,如图 7.14 所示。应注意同一机件在各个剖视图中,其剖面线的画法均应一致(间距相等,方向相同)。

(6)机件上肋板剖切的画法。国家标准规定,对于机件的肋板(起加强支撑作用),纵剖时(剖切面过机件肋板的对称面),肋板按不剖处理,不画剖面线,用粗实线把肋板与邻接部分隔开;横剖时(剖切面与机件肋板的对称面垂直),肋板剖切,画剖面线,如图 7.15 所示。

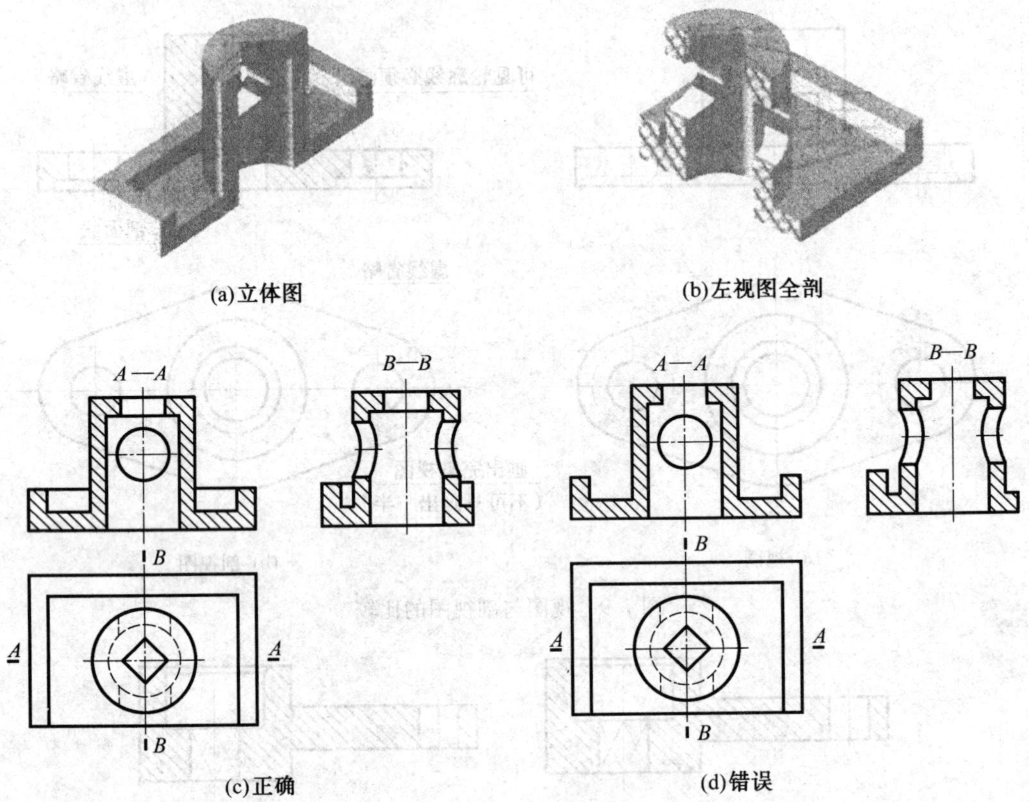

(a)立体图　(b)左视图全剖　(c)正确　(d)错误

图 7.11　剖切面后可见部分的画法

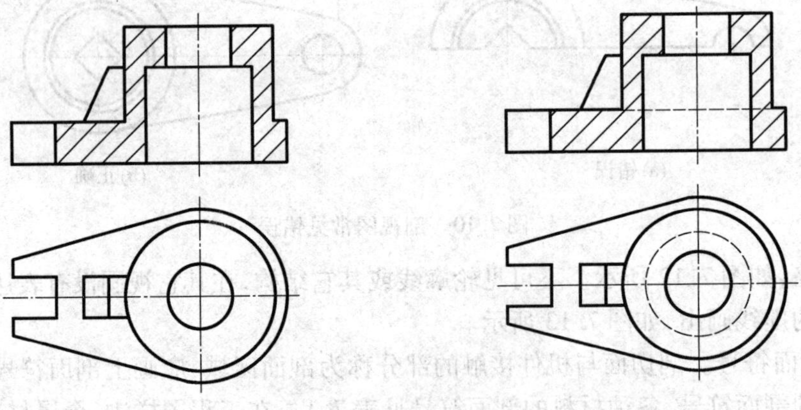
(a)合理　(b)不合理

图 7.12　剖视图中细虚线不画的情况

3. 剖视图的标注

剖视图一般应进行标注，标注的内容包括下述三方面要素：

(1)剖切线。指示剖切面位置的线，用细点画线表示，画在剖切符号之间，通常剖切线可省略不画。

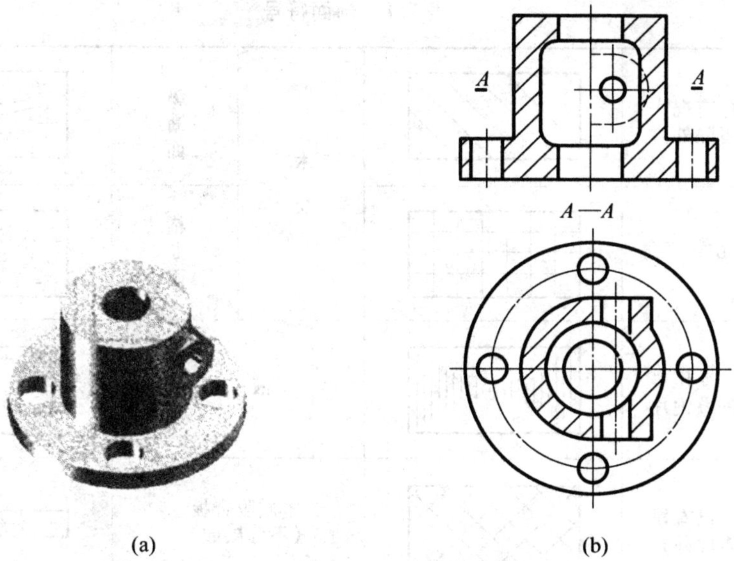

图 7.13　剖视图中画细虚线的情况

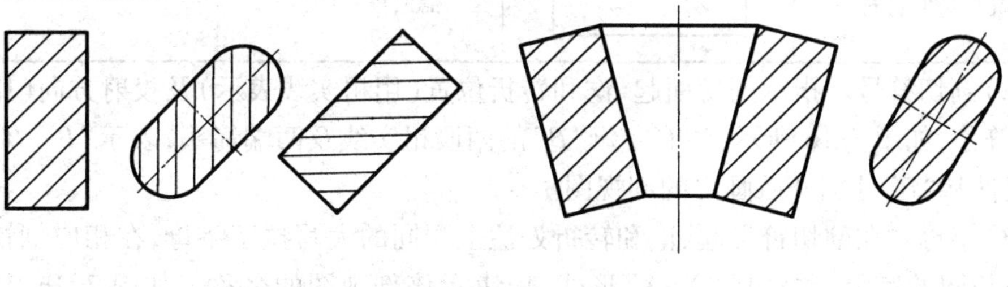

图 7.14　剖面线的画法

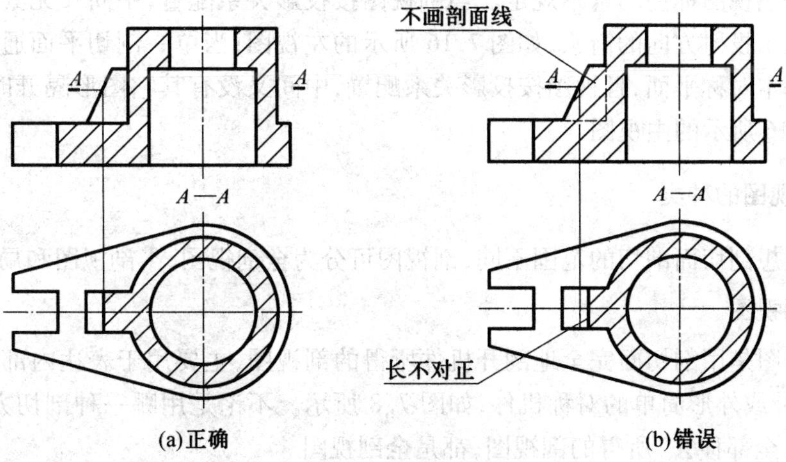

图 7.15　剖视图中机件的肋板结构处理

表 7.1　剖面符号

金属材料（已有规定剖面符号者除外）	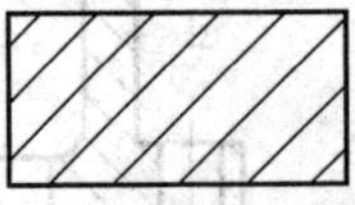	木材　纵断面	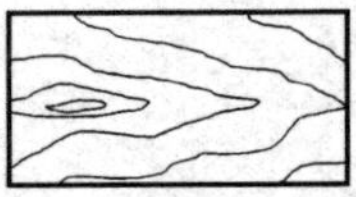
线圈绕组元件	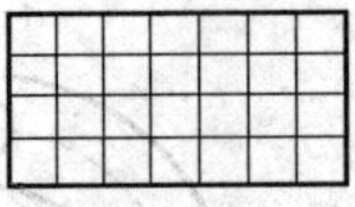	木材　横断面	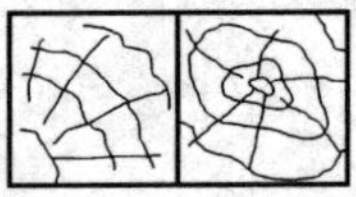
转子、电枢、变压器和电抗器等的叠钢片		液　体	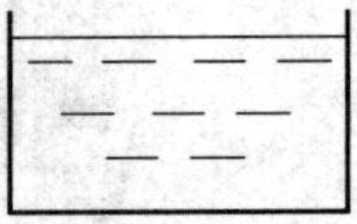
非金属材料（已有规定剖面符号者除外）		木质胶合板（不分层数）	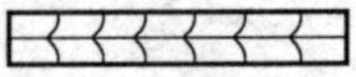
玻璃及供观察用的其他透明材料	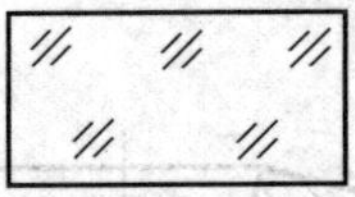	格网（筛网、过滤网等）	

(2)剖切符号。指示剖切面起、讫和转折位置(用粗实线表示)及投射方向(用箭头表示)的符号,如图 7.16 所示:注有字母“*B*”的两段粗实线及两端箭头,表示“*B*—*B*”剖视图是将机件从“*B*”处剖开后画出的剖视图。

(3)字母。在剖切符号起、讫和转折处注上相同的大写拉丁字母,在相应剖视图上方应注写相同的字母,并注成“*X*-*X*”形式,以表示该剖视图的名称。如图 7.16 中的“*A*—*A*”、“*B*—*B*”。

以上是剖视图标注的基本规定。当剖视图按投影关系配置,中间又无其它图形隔开时可省略表示投射方向的箭头,如图 7.16 所示的左视图;当单一剖切平面通过机件的对称平面或基本对称平面,且视图按投影关系配置,中间又没有其它图形隔开时,则不必标注,如图 7.16 所示的主视图。

二、剖视图的种类

根据假想剖切面剖切的范围不同,剖视图可分为全剖视图、半剖视图和局部剖视图。

1. 全剖视图

全剖视图是用剖切面完全地剖开机件所得的剖视图,主要用于表达内部形状复杂的不对称机件,或外形简单的对称机件,如图 7.8 所示。不论是用哪一种剖切方法,只要是“完全剖开,全部移去”所得的剖视图,都是全剖视图。

2. 半剖视图

当机件具有对称平面时,向垂直于对称平面的投影面上投射所得的图形,可以对称中

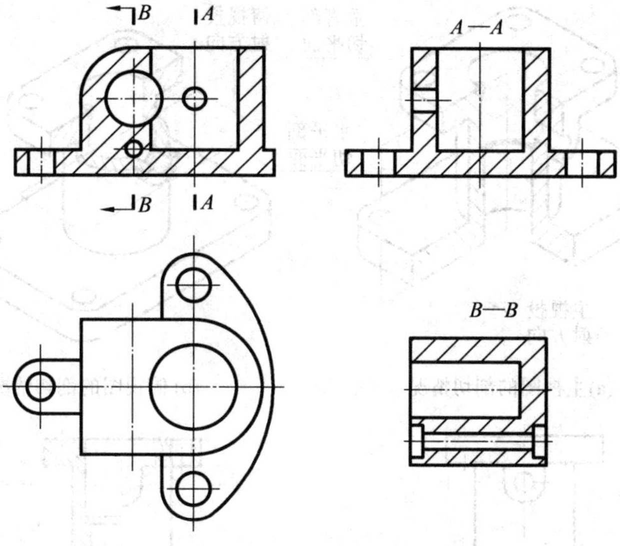

图 7.16　剖视图的标注

心线为界，一半画成剖视图，另一半画成视图，这种组合的图形称为半剖视图，如图 7.17 所示。

半剖视图既表达了机件的外形，又表达了它的内部结构，适用于内外形状都需要表达的对称机件。如图 7.17 所示，如果主视图采用全剖视图，则顶板下的凸台就不能表达出来；如果俯视图采用全剖视图，则长方形顶板及其四个小孔的形状和位置都不能表达，机件不宜用全剖视图表达。为了清楚地表达此机件的内、外部结构形状，可用如图 7.17(d)所示的剖切方法，将主视图和俯视图画成半剖视图。

半剖视图的标注方法与全剖视图相同。如图 7.17(d)所示，过前、后对称面剖切后所得的半剖视图，可省略标注；用水平面剖切后所得的半剖视图，剖切面不过机件的对称面，需要标注。由于半剖视图按投影关系配置，中间又没有其它图形隔开，可省略箭头。

画半剖视图时应注意的问题：

(1)表达外形的视图中，细虚线一般省略；若机件的某些内形在剖视图中没表达清楚则在表达外形的视图中应用细虚线画出。如图 7.17(d)所示，顶板和底板上的圆柱孔应用细虚线画出(或采用局部剖视图表达)。

(2)半剖视图一般画在主、俯视图的右半边，俯、左视图的前半边，主、左视图的上半边。

(3)只有当物体对称时，才能在与对称面垂直的投影面上作半剖视图，但当物体的形状接近于对称，且不对称部分已有图形表达清楚时，也可画成半剖视图，如图 7.18 所示。

(4)半个剖视图和半个视图必须以细点画线分界。如果机件的轮廓线恰好和细点划线重合则不能采用半剖视图，此时应采用局部剖视图，如图 7.19 所示。

3. 局部剖视图

用剖切面局部地剖开机件所得的剖视图，称为局部剖视图，如图 7.20(a)所示。

局部剖视图具有同时表达机件内、外结构的优点，且不受机件是否对称的限制，在什

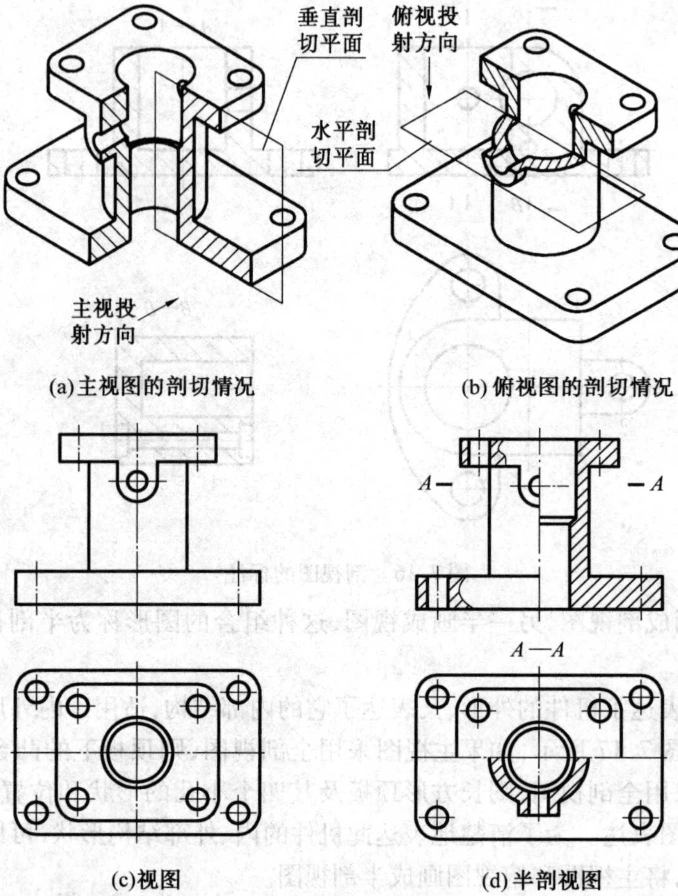

图 7.17　半剖视图

么位置剖切、剖切范围多大,均可根据需要而定,所以应用比较广泛。图 7.20(b)所示箱体顶部有一个矩形孔,底部是一块具有四个安装孔的底板,左下面有一个轴承孔。由于箱体的上下、左右、前后都不对称,为了清楚地表达箱体的内部和外部结构,它的两视图既不宜用全剖视图表达,也不宜用半剖视图表达,因此在两个视图中均采用局部剖视,这样既能表达清楚内部结构又能保留部分外形。

画局部剖视图时,应注意以下几点:

(1)局部剖视图中,可用波浪线或双折线作为视图部分与剖视部分的分界线。画波浪线时不应与其它图线重合。若遇可见的孔、槽等空洞结构,则不应使波浪线穿空而过,也不允许划到外轮廓线之外,如图 7.21 所示。

(2)在一个视图中,局部剖切的次数不宜过多,否则就会显得零乱甚至影响图形的清晰度。

(3)当被剖切的局部结构为回转体时,允许将该结构的中心线作为视图部分与剖视部分的分界线,如图 7.22 所示。

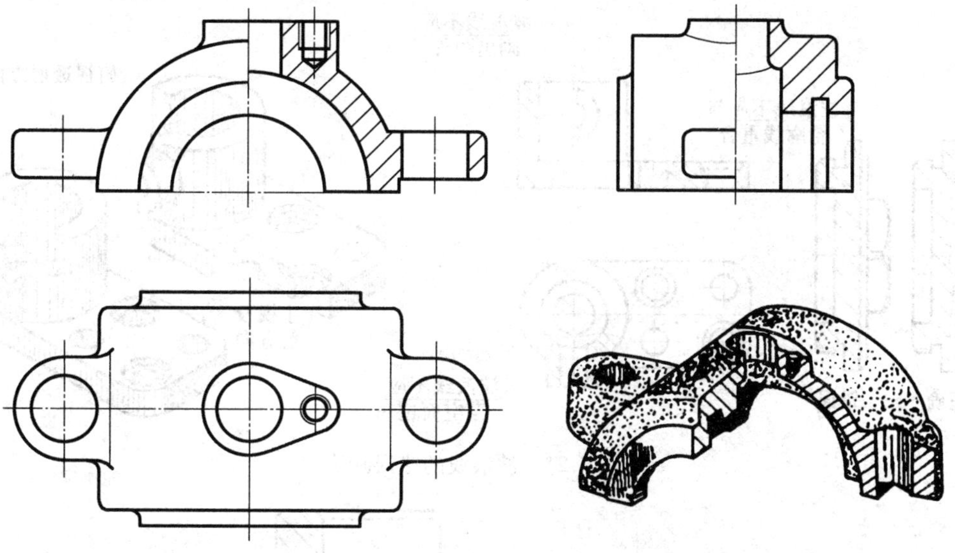

(a) (b)

图 7.18 用半剖视图表示基本对称的机件

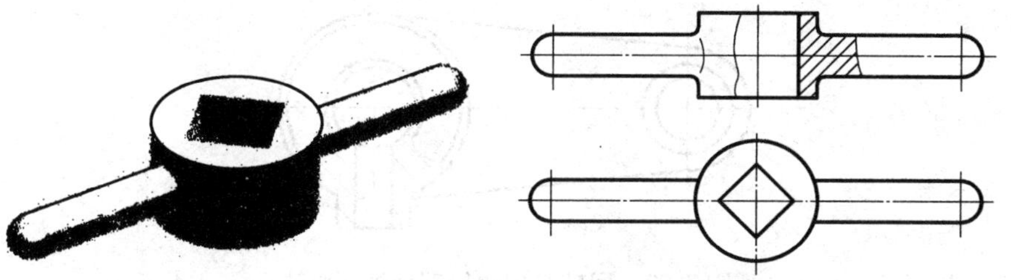

图 7.19 轮廓线与中心线重合,不宜作半剖视图

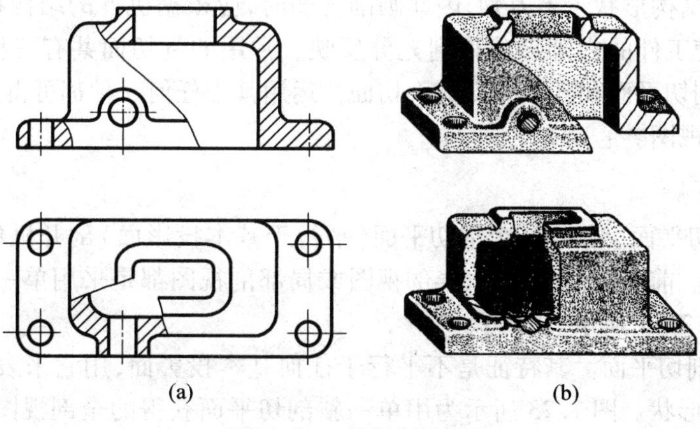

(a) (b)

图 7.20 局部剖视图

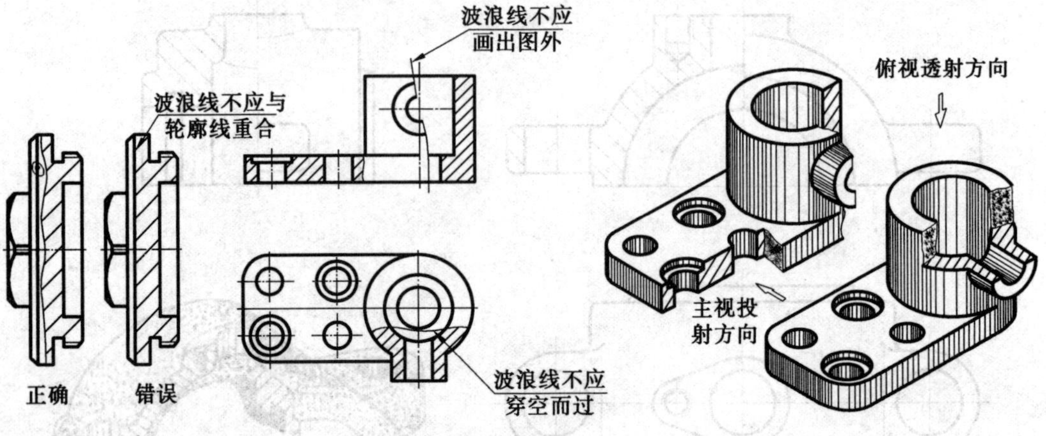

图 7.21　波浪线的错误画法

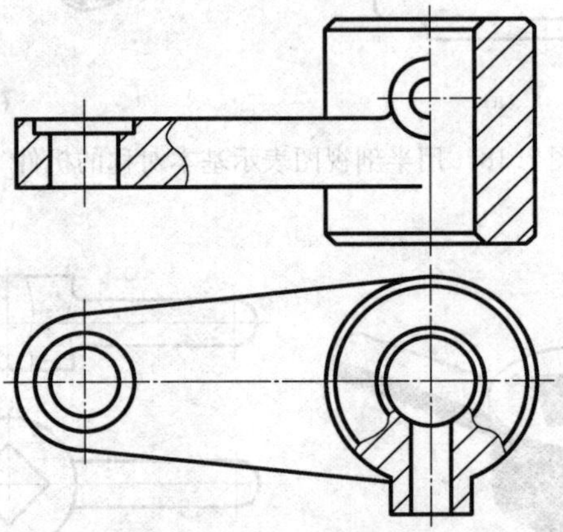

图 7.22　回转结构的局部剖视图画法

三、剖切面的种类

由于机件的结构形状千差万别，因此画剖视图时，应根据机件的结构特点，选用不同的剖切面，以便使工件的内部形状得到充分反映。常用的剖切面共有三种，即单一剖切面、几个平行的剖切平面和几个相交的剖切面。运用其中任何一种都可得到全剖视图、半剖视图和局部剖视图。

1. 单一剖切面

(1)单一剖切平面。仅用一个剖切平面(平行于基本投影面)剖开机件，这是最常用的一种剖切方式。前面的全剖视图、半剖视图或局部剖视图都是采用单一剖切平面获得的，如图 7.16、图 7.17 所示。

(2)单一斜剖切平面。其特征是不平行于任何基本投影面，用它来表达机件上倾斜部分的内部结构形状。图 7.23 所示为用单一斜剖切平面获得的全剖视图。这种剖视图通常按向视图或斜视图的形式配置并标注。一般按投影关系配置在与剖切符号相对应的位置上。在不致引起误解的情况下，也允许将图形旋转，此时应标注“*X*—*X* ↶”。

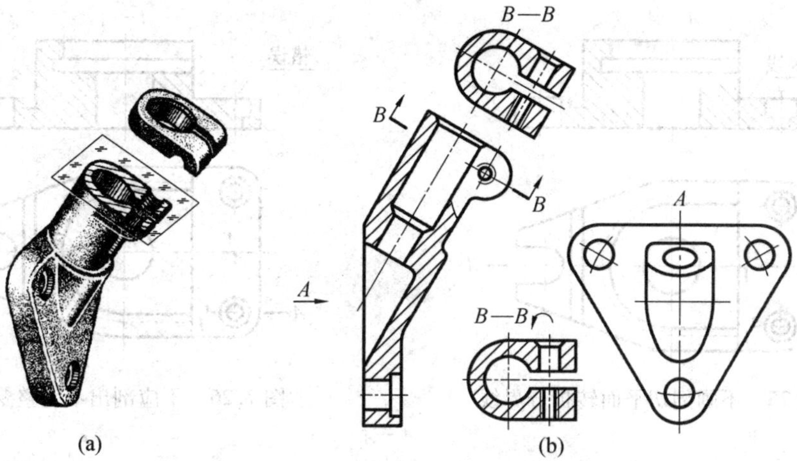

图 7.23　单一斜剖切平面获得的剖视图

2. 几个平行的剖切平面

当机件上有较多的内部结构形状（如孔、槽等），而它们的轴线或对称面位于几个相互平行的平面上时，这时可用几个平行于基本投影面的剖切平面剖开机体，再向投影面投影。这种剖切方法可称为阶梯剖，如图 7.24 所示。几个平行的剖切平面可能是两个或两个以上，各剖切平面的转折处必须是直角。

用这种方法画剖视图时应注意以下几点：

(1) 剖切符号转折处不应和图中的任何轮廓线重合。

(2) 在剖视图上不应画出剖切平面转折处的分界线，如图 7.25 所示。

(3) 不要剖出不完整的要素，如图 7.26 所示的剖出半个孔是错误的。

只有当两个要素在图形上具有公共对称中心线或轴线时，可各画一半，此时应以对称中心线或轴线为界，如图 7.27 所示。

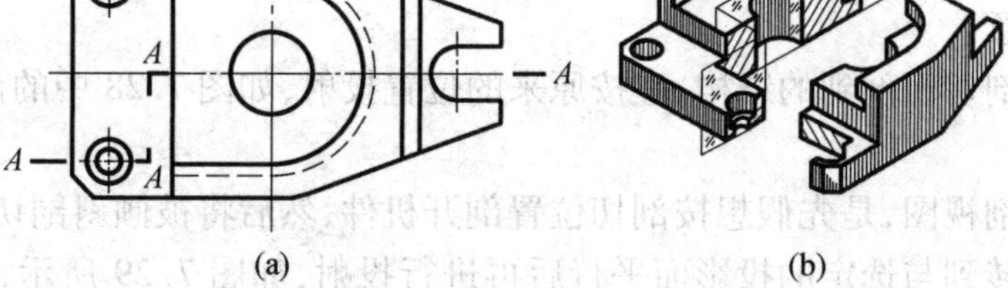

图 7.24　几个平行的剖切平面获得的全剖视图

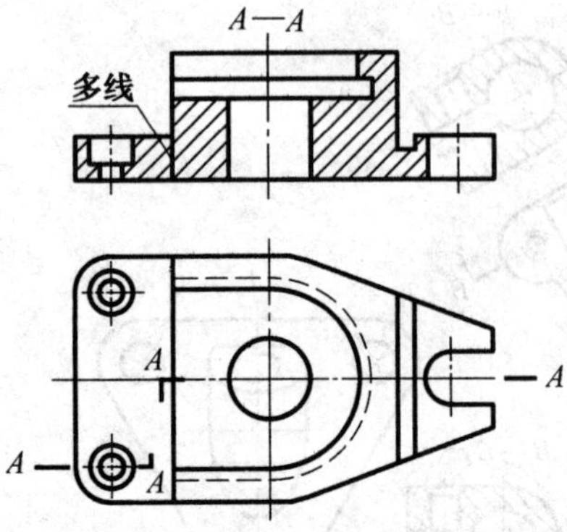

图 7.25　不画剖切平面转折分界线

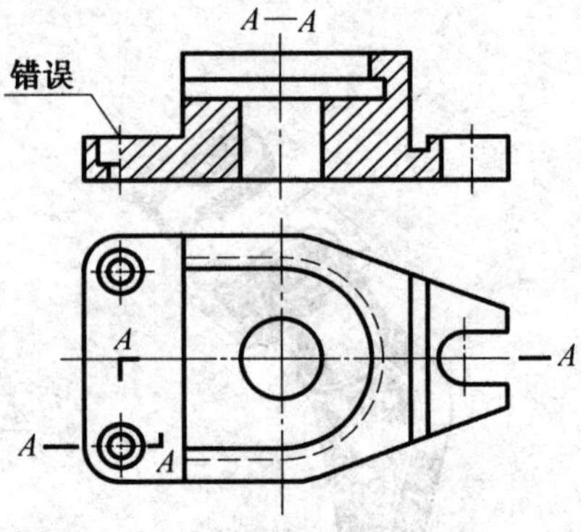

图 7.26　不应剖出不完整要素

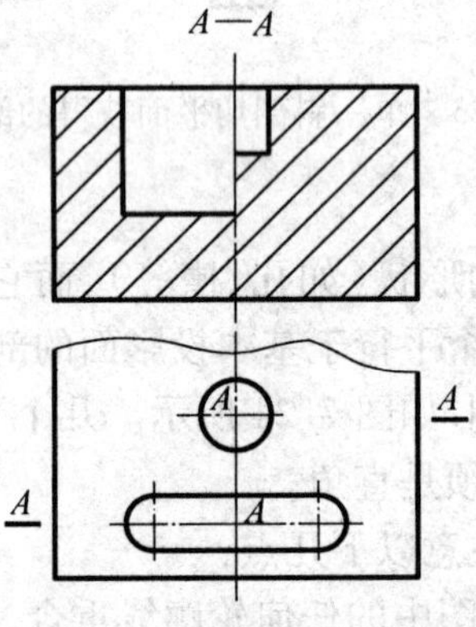

图 7.27　可剖出不完整要素

(4)用阶梯剖的方法画剖视图时必须标注。在剖切平面的起讫和转折处应画出剖切符号,并用与剖视图的名称"X—X"同样的字母标出。在起讫外端画出箭头(垂直剖切符号)表示投射方向。剖切平面转折处的剖切符号不应与视图中的轮廓线重合或相交。当转折处位置有限又不致引起误解时,允许省略字母。按投影关系配置,而中间又没有其它图形隔开时,可以省略箭头。

3. 几个相交的剖切面(交线垂直于某一投影面)

当机件的内部结构形状用一个剖切平面剖切不能表达完全,且这个机件在整体上又有回转轴时,可用几个相交的剖切平面(交线垂直于某一基本投影面)剖开机件,这种剖切方法一般可称为旋转剖,如图 7.28 所示。

画图时应注意:

(1) 没有被剖切面剖到的结构,应按原来的位置投射,如图 7.28 中的油孔,俯视图是椭圆而不是圆。

(2) 画这种剖视图,是先假想按剖切位置剖开机件,然后将被倾斜剖切面剖开的结构及其有关部分旋转到与选定的投影面平行后再进行投射,如图 7.29 所示,将下方倾斜截断面及被剖开的圆孔都旋转到与侧平面平行,再进行投射。由于被剖开的圆孔是旋转后进行投射的,因此在主、左视图中,圆孔的投影不再保持原位置"高平齐"的关系。

(3) 两个剖切平面的交线应与机件上的回转轴重合。

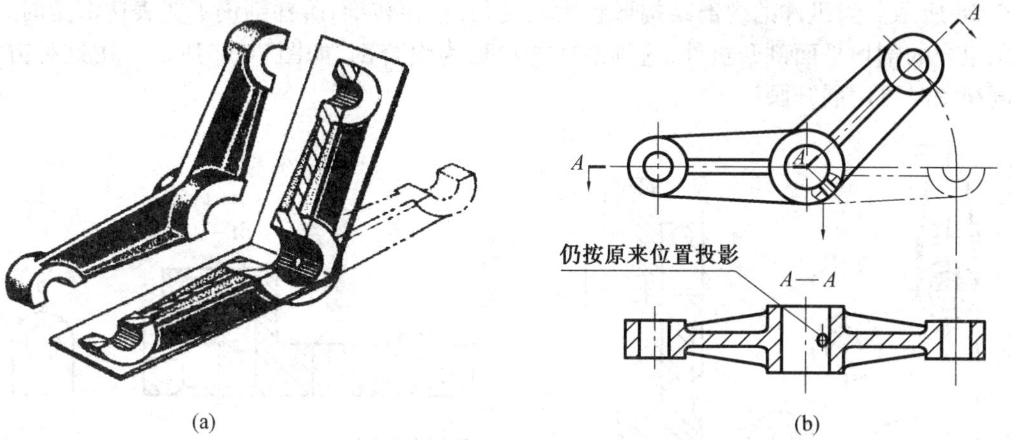

图 7.28　两个相交的剖切平面获得的全剖视图

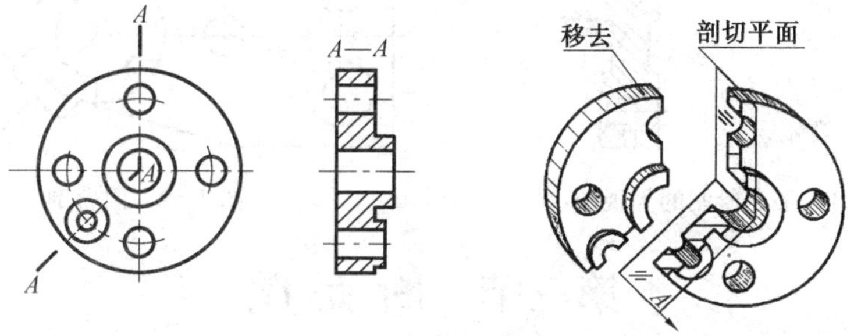

图 7.29　圆盘类零件剖视图的画法

（4）当剖切后产生不完整要素时，应将此部分按不剖绘制，如图 7.30 所示。

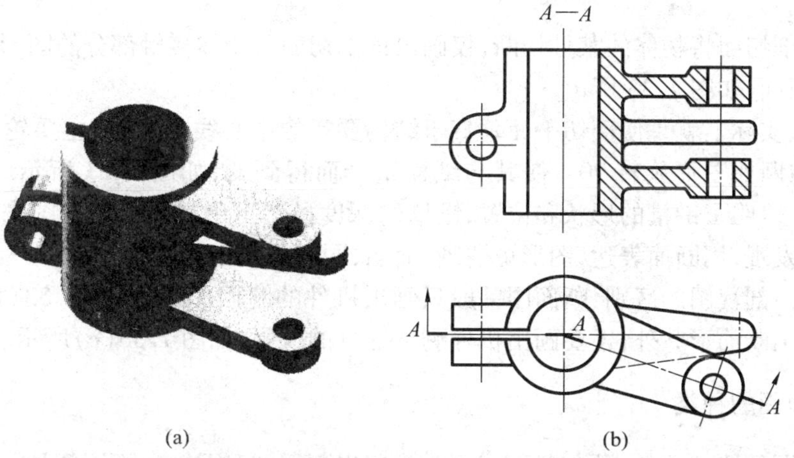

图 7.30　剖切后产生不完整要素时的画法

（5）如图 7.31 所示，采用 4 个相交平面剖切，由于其中三个剖切平面与投影面不平行，其剖视图一般采用展开画法，并在剖视图上方应标注“*X*—*X* 展开”。

用几个相交的剖切平面获得的剖视图与用几个平行的剖切平面获得的剖视图标注类似，在剖切平面的起始、转折和终止处，要画出带大写字母的粗短画线，在粗短画线两端画上箭头表明其投射方向，并在剖视图的上方用相同的字母注明剖视图的名称“*X*—*X*”，如

图 7.28 所示。当机件的内部结构形状比较复杂,用旋转剖、阶梯剖仍不能表达清楚时,可以用组合的剖切平面剖开机件,这种剖切方法称为组合剖,如图 7.32 所示。用这种方法画剖视图时可用展开画法。

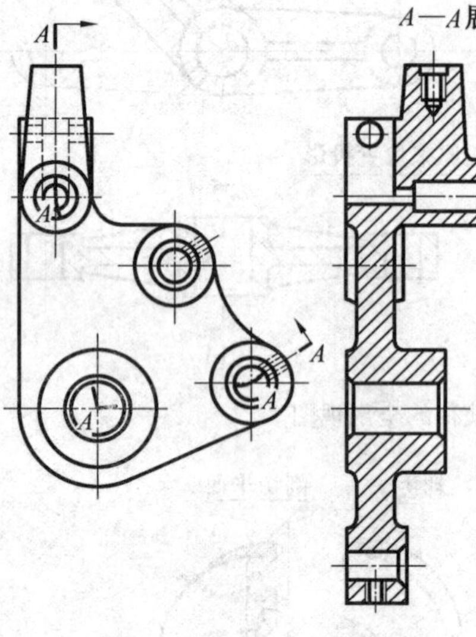

图 7.31　展开绘制的剖视图

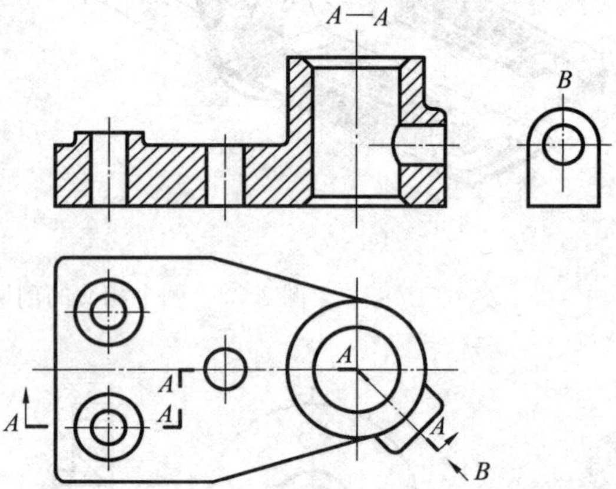

图 7.32　组合剖

第三节　断 面 图

一、断面图

假想用剖切面将物体的某处切断,仅画出该剖切面与物体接触部分的图形,称为断面图,可简称断面,如图 7.33 所示。

断面图,实际上就是使剖切平面垂直于结构要素的中心线(轴线或主要轮廓线)进行剖切,然后将断面图形旋转 90°,使其与纸面重合而得到的,如图 7.33 所示。该图中的轴,主视图上表明了键槽的形状和位置,键槽的深度虽然可由视图或剖视图来表达,但通过比较不难发现,用断面表达,图形更清晰、简明,同时也便于标注尺寸。

断面图与剖视图的区别,断面图一般只画出机件的断面形状,如图 7.33(b)所示;而剖视图除了画断面形状外,还要画出机件剩下部分的投影,如图 7.33(c)所示。

二、断面图的种类

按断面图配置位置的不同,断面图可分为移出断面图和重合断面图两种。

1. 移出断面

画在视图轮廓之外的断面,称为移出断面。移出断面轮廓线用粗实线绘制,如图 7.34(a)所示。

移出断面通常按以下原则绘制和配置:

(1)移出断面可配置在剖切符号的延长线上,或剖切线的延长线上如图 7.34(a)所

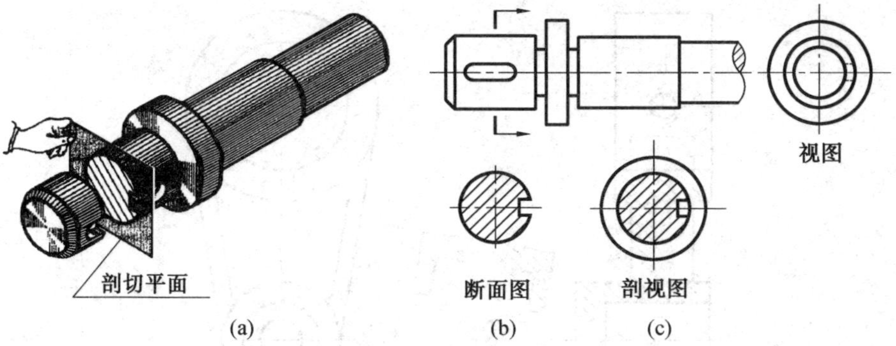

图 7.33　断面图

示。必要时也可画在其它适当位置,如图 7.34(b)所示。

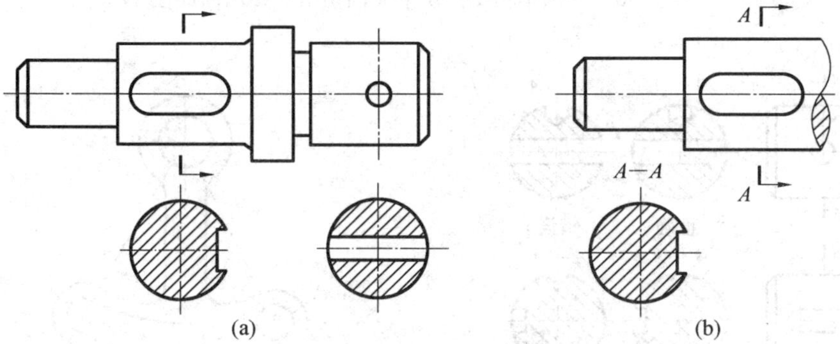

图 7.34　移出断面图的配置

(2)断面图形对称时,移出断面可配置在视图的中断处,如图 7.35 所示。

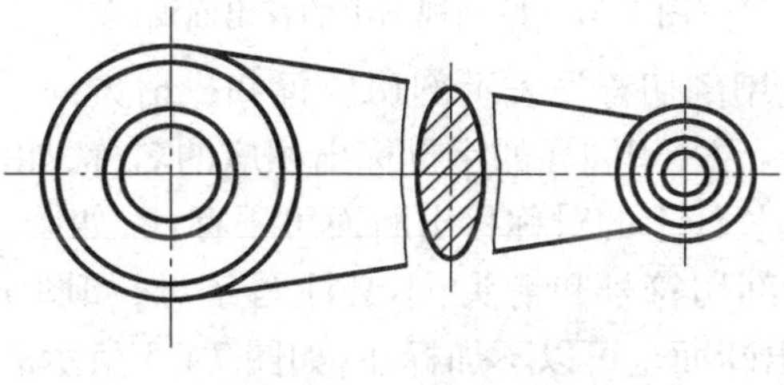

图 7.35　画在中断处的移出断面图

(3)剖切平面一般应垂直于被剖切部分的主要轮廓线。当遇到如图 7.36 所示的肋板结构时可用两个相交的剖切平面,分别垂直于左、右肋板进行剖切。这时所画的断面图,由两个或多个相交的剖切平面剖切所得到的断面图一般中间应断开。

画移出断面图时,应注意以下两点:

(1)当剖切面通过回转面形成的孔或凹坑的轴线时,这些结构应按剖视图绘制,如图 7.37(a)所示。

(2)当剖切面通过非圆孔,会导致出现完全分离的两个断面时,则这些结构应按剖视图绘制,如图 7.37(b)所示。

移出断面图的标注:

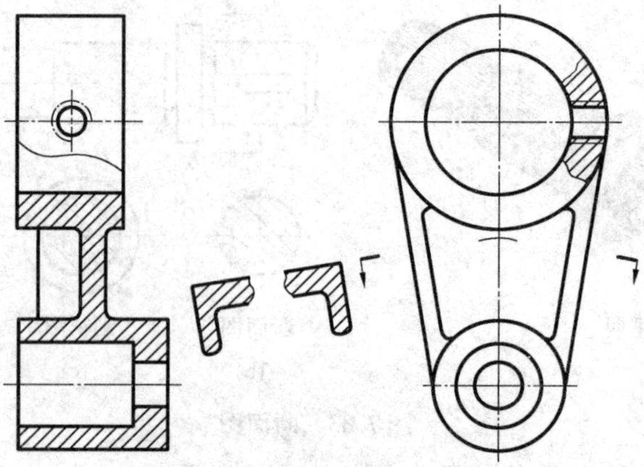

图 7.36　用两个相交剖切平面剖切出的移出断面图

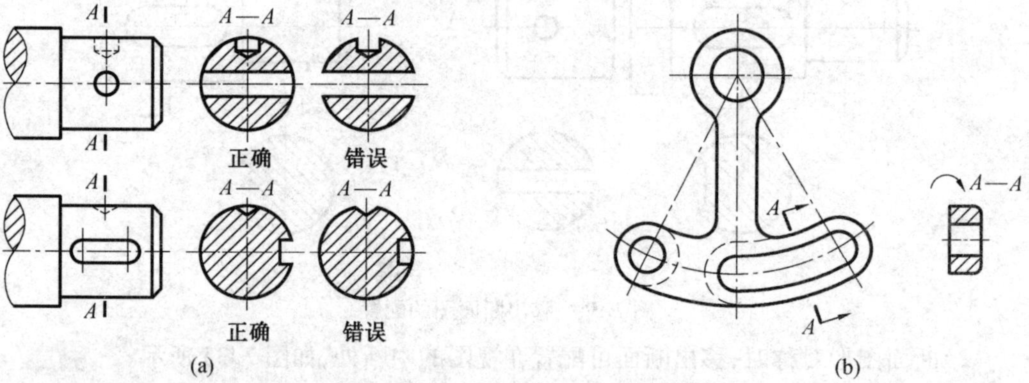

图 7.37　按剖视画出的移出断面图

(1)移出断面一般应用剖切符号表示剖切位置和投射方向(用箭头表示),并注上大写拉丁字母,在断面图的上方,用同样的字母标出相应的名称,如图 7.34 中的 *A—A*。

(2)画在剖切符号延长线上的对称移出断面可不标注,如图 7.34(a)中圆孔的断面。不对称移出断面,要画出剖切符号和箭头,不必注写字母,如图 7.34(a)中键槽的断面。配置在视图断开处的移出断面也可以不加标注,如图 7.35 所示。

(3)不画在剖切符号延长线上的对称移出断面,以及按投影关系配置的不对称移出断面需标注剖切符号及字母,箭头可以省略,如图 7.38 所示。

2. 重合断面

画在视图轮廓线内的断面,称为重合断面,如图 7.39 所示。

重合断面的轮廓线用细实线绘制。当视图中的轮廓线与重合断面的图形重叠时,视图中的轮廓线仍应连续画出,不可间断,如图 7.39 所示。

对称的重合断面不必标注,如图 7.39(a)所示。不对称的重合断面在不致引起误解时可省略标注,如图 7.39(b)所示。

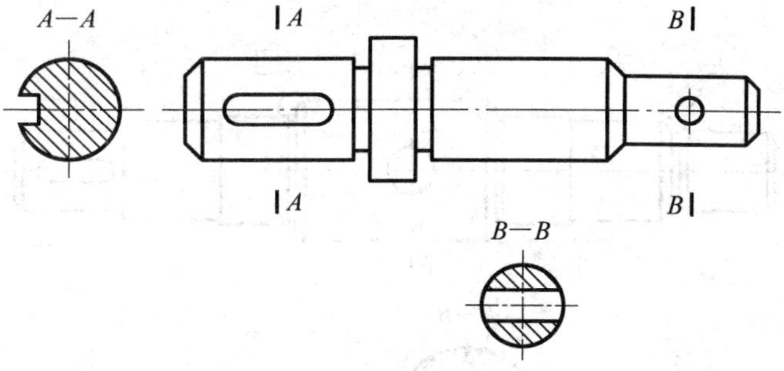

图 7.38　移出断面图标注的省略

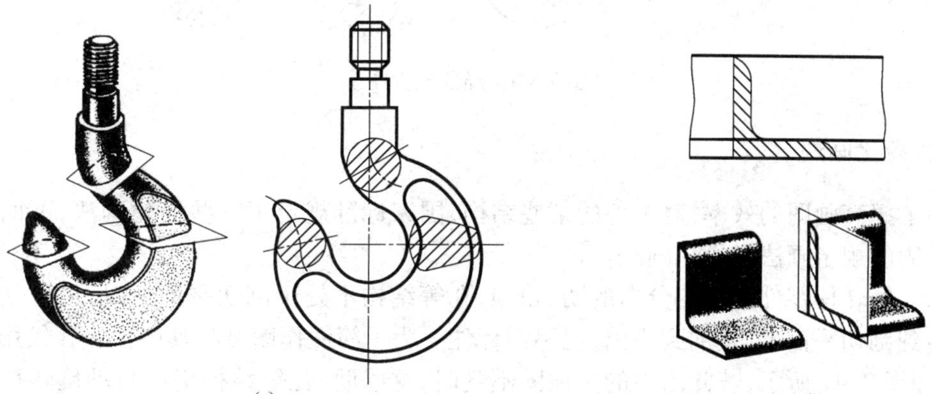

图 7.39　重合断面图

第四节　局部放大和简化画法

为了减少绘图量、提高绘图效率,国标 GB/T 16675.1—1996 规定了技术制图中的一些简化画法,现择要介绍如下。

一、局部放大图

机件上某些细小结构,按原图采用的比例表达不够清楚,或不便于标注尺寸时,可将这部分结构用大于原图所采用的比例画出,这种图形称为局部放大图。

局部放大图可画成视图、剖视图、断面图,它与被放大部分的表达方式无关,如图7.40所示,Ⅰ处采用局部视图表达,Ⅱ处采用局部剖视表达。同一机件上不同部位的局部放大图,当图形相同或对称时,只需要画出一个。如图 7.40 中Ⅱ处有两个相同的砂轮越程槽,只需要画出一个。

局部放大图应尽量配置在被放大部位的附近。绘制局部放大图时,除螺纹牙型、齿轮及链轮的齿形外,其余应在图上用细实线圆圈出被放大的部位。当机件上有多于一个的局部放大图时,必须用罗马数字依次标明被放大的部位,并在局部放大图上方注出相应的罗马数字和所采用的比例,如图 7.40 机件上只有一处放大时,在局部放大图上方只需注出比例。

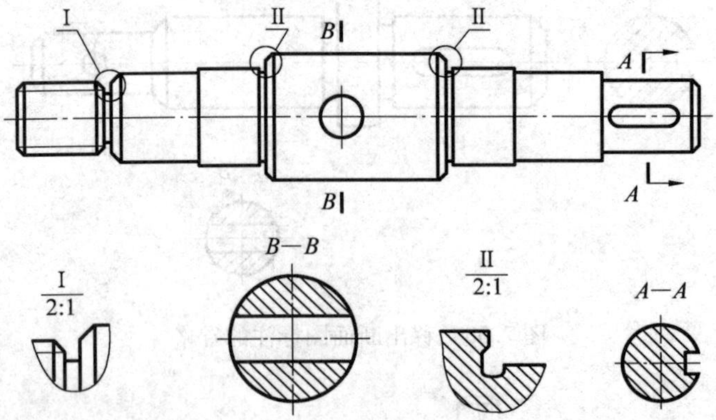

图 7.40　局部放大图

二、简化画法

为了提高画图的效率，对机件的某些结构，国家标准规定了一些简化画法，下面介绍一些常用的规定画法和简化画法。

(1) 回转体零件上均匀分布的肋、轮辐、孔等结构不处于剖切平面上时，可将这些结构旋转到剖切平面上，按剖到画出，但不需标注。为了简便作图可将其中任一孔仅用轴线代替，如图 7.41 所示，若此图中的主视图不剖时，这些肋、孔等结构仍应自动旋转按对称画出。

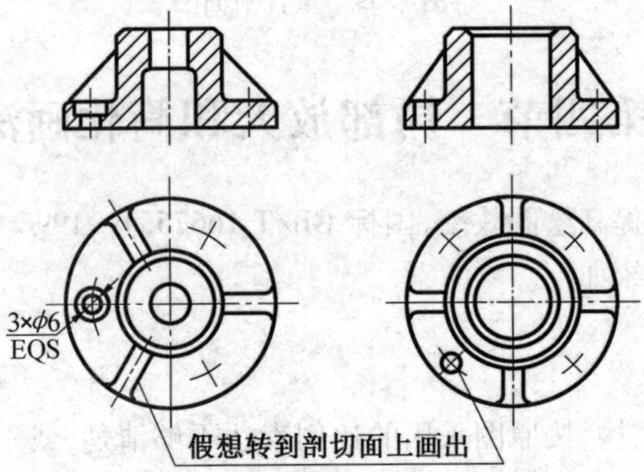

图 7.41　回转体机件上的肋、孔画法

(2) 当机件具有若干相同且成规律分布的孔(圆孔、螺孔、沉孔等)时，可以只画出一个或几个，其余用细点画线表示其中心位置，并在图中注明孔的总数，如图 7.42(a)中的孔。

(3) 机件上具有相同结构(齿、槽、孔等)若干个，并按一定规律分布时，只需画出几个完整的结构，其余用细实线连接或用点画线表示其中心位置，在图中注明该结构的总数即可，如图 7.42(b)所示。

(4) 当图形不能充分表达平面时，可用平面符号——相交两细实线表示，如图 7.43

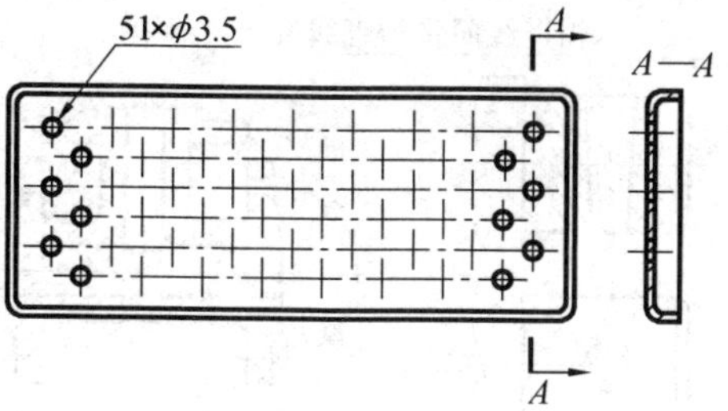

(a)

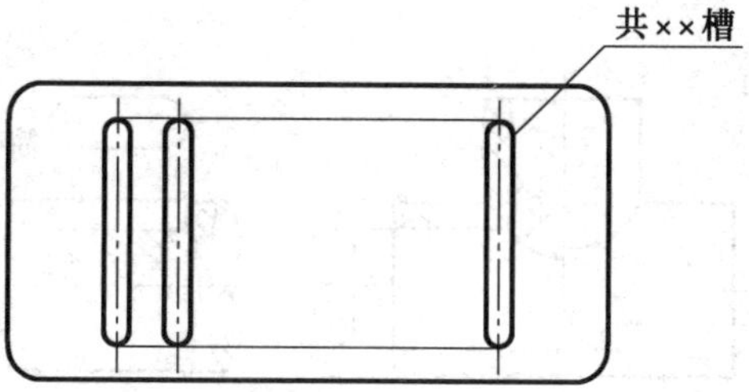

(b)

图 7.42　有规律分布的相同结构

所示。

(5) 机件上斜度不大的结构,如在一个图形中已表达清楚,其它图形可只画小端的投影,如图 7.44 所示。

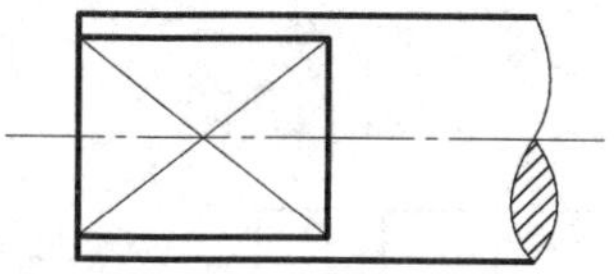

图 7.43　用符号表示平面图

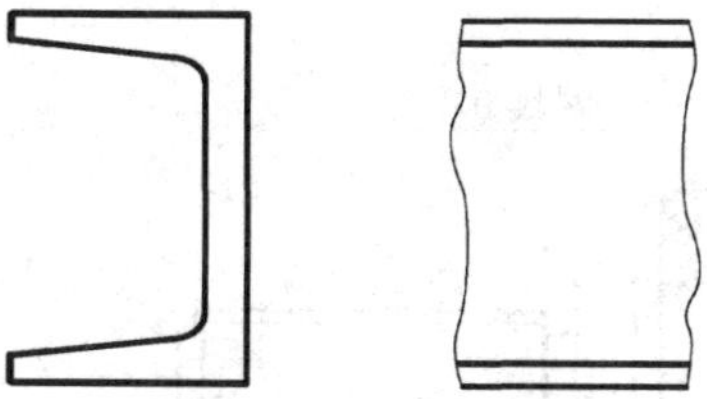

图 7.44　斜度的简化画法

(6) 较长的机件且长度方向的形状一致或按规律变化时,可以断开后缩短绘制,折断线一般采用波浪线或双折线,如图 7.45 所示。这种画法便于使细长的机件采用较大的比例画图,并使图面紧凑,但是机件采用断开画法后,尺寸仍应按机件的实际长度标出。

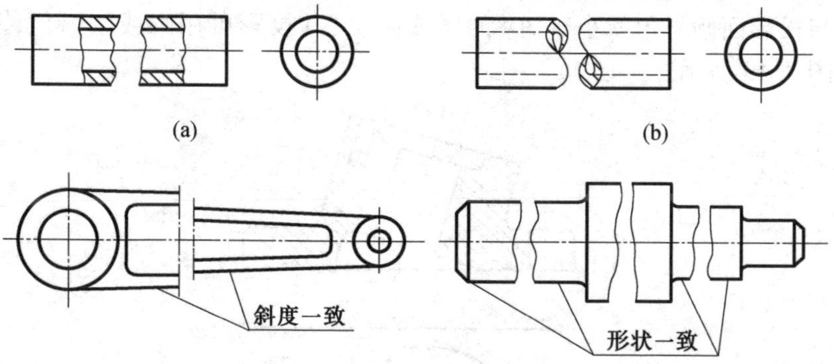

(a)　(b)　(c)　(d)

图 7.45　断开画法

(7) 相贯线、截交线、过渡线在不致引起误解时,允许画成圆弧或直线,代替非圆曲线,如图 7.46(b)(c)(d)所示,当两圆柱轴线垂直相交时,相贯线可用圆规直接画出,其半径为相交两圆柱中大圆柱的半径,如图 7.46(a),$R_1=D_1/2$,$R_2=D_2/2$。圆柱形法兰盘和类似的机件上均匀分布的孔,可按图 7.46(d)的方法表达。

(8) 网状物、编织物或机件上的滚花部分,可在轮廓线附近用细实线示意画出,并在

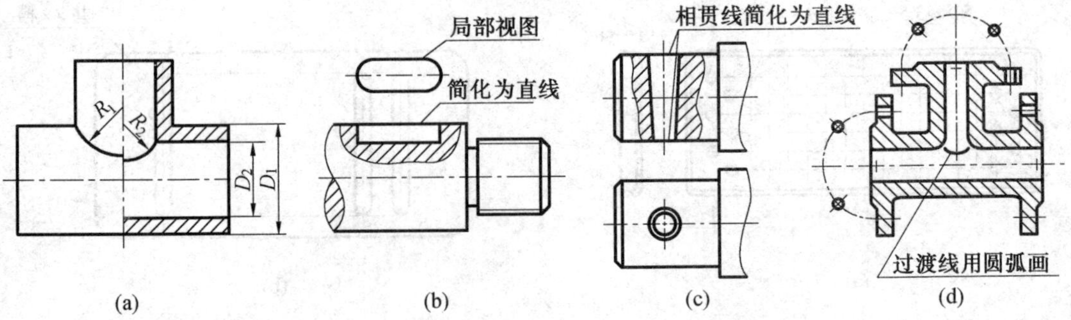

图 7.46　相贯线、截交线、过渡线的简化画法

零件图上或技术要求中注明这些结构的具体要求，如图 7.47 所示。

(9) 在不致引起误解时，零件图中的小圆角、锐边的小倒角或 45°小倒角可以省略，但必须注明尺寸或在技术要求中加以说明，如图 7.48 所示。

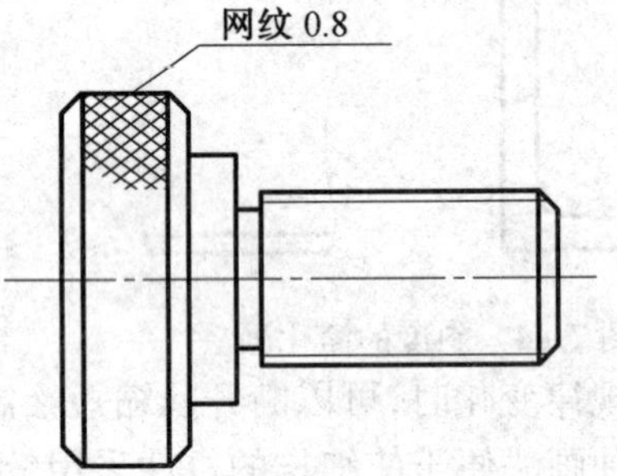

图 7.47　网纹滚花的简化画法

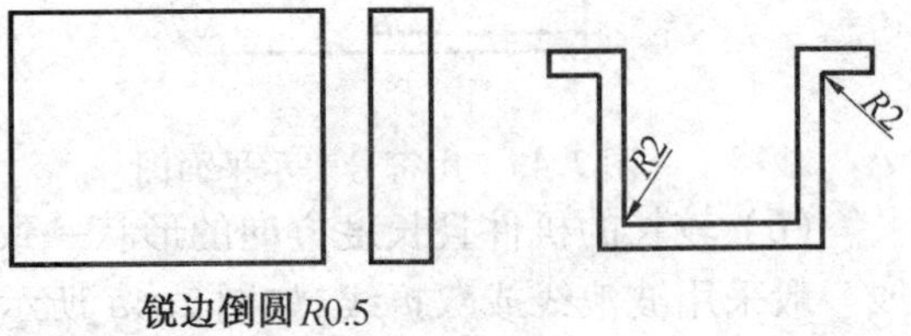

图 7.48　小圆角的简化画法

(10) 与投影面倾斜角度小于 30°的圆或圆弧，其投影可用圆或圆弧代替，而不必画出椭圆，如图 7.49 所示。

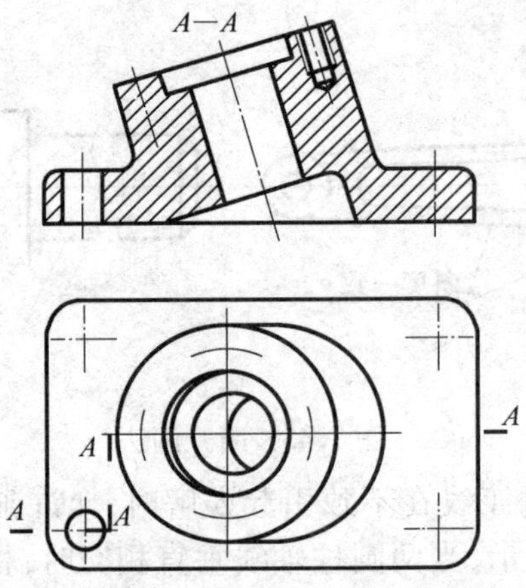

图 7.49　较小倾斜角度的圆的简化画法

第五节　表达方法应用举例

前述的机件各种表达方法，在实际应用中，应根据机件的结构特点加以分析选择，以恰当的表达方案把机件内外结构形状完整、清晰地表达出来。选择视图时首先考虑主体结构和整体结构的表达，然后针对次要结构及细小部位进行修改和补充。要使每个视图、剖视图或断面图等表达内容明确，又要注意它们之间的联系，以便读图。同时避免过多地重复表达，力求简化绘图。下面以支架为例说明它们的应用。图 7.50(a)为一支架的立体图，为能正确选用表达方法，确定好的表达方案，做如下选择。

1. 分析机件结构形状

支架是由下面倾斜底板，上面空心圆柱和中间的十字形肋板三部分组成。倾斜板上有四个通孔，整个支架前后对称。

2. 选择主视图

应选择能反映机件信息量最多的视图作为主视图，通常是机件的工作、安装或加工位置。为了便于画图，必须尽可能将机件的主要轴线或主要平面放置在平行于基本投影面的位置。根据支架的结构特点，应选用箭头 *A* 所指的方向作为主视图的投射方向，并把支架的主要轴线——空心圆柱的轴线水平放置，作为主视图。同时根据支架结构形状，应采用局部剖，这样在视图上，既能表达出其内部结构又保留了肋板的外形。

3. 选择其它视图

由于支架上的倾斜板与空心圆柱轴线相交成一角度，这样，在选用其它基本视图表达时，支架的倾斜部分就产生了变形，不方便画图和标注尺寸。因此不宜采用三个基本视图的表达方案。

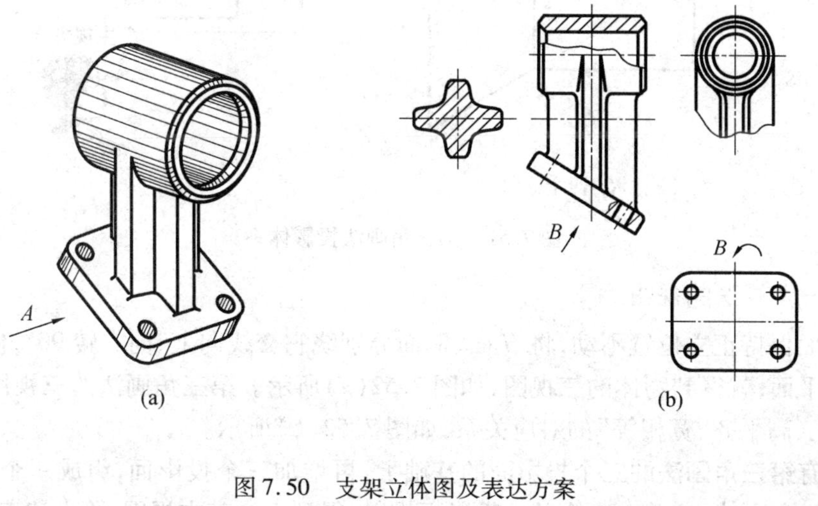

(a)　(b)

图 7.50　支架立体图及表达方案

根据支架的特点，除主视图采用局部剖表达空心圆柱内部和倾斜板上的小通孔外，左视图可采用局部视图(将倾斜板略去)表达。倾斜板的实形可采用“*B*”斜视图表达，而十字肋板可用移出断面表达。

这样的表达方案比较清晰简练，便于看图和画图。如图 7.50(b)所示为支架的表达方案。

第六节　第三角画法简介

用正投影法绘制工程图样时，有第一角投影法和第三角投影法两种画法，国际标准规定这两种画法具有同等效力。我国采用第一角投影法绘制图样，必要时使用第三角画法。而有些国家采用第三角投影法（如美国、日本等）为了适应国际技术交流需要，应对第三角画法有所了解。

1. 第三角投影体系的建立

三个相互垂直的投影面 V、H、W，将 W 面左侧空间划分为四个分角，其编号如图 7.51(a)所示。第一角画法是将物体置于第一角内，使其处于观察者与投影面之间而得到正投影的方法。第三角画法是将物体置于第三角内，使投影面处于观察者与物体之间（假设投影面是透明的，并保持人、面、物的位置关系）而得到正投影的方法，如图 7.51(b)所示。

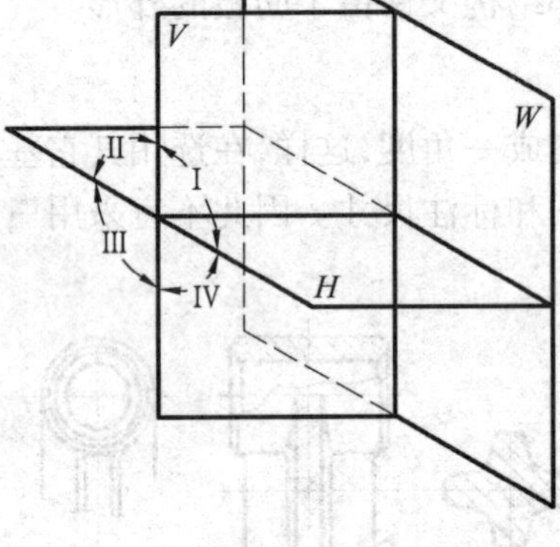

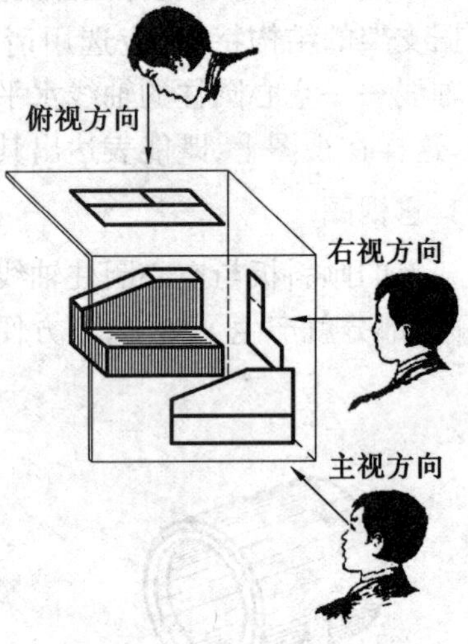

图 7.51　第三角画法投影体系

2. 第三角画法的视图

令 V 面保持正立位置不动，将 H 面、W 面分别绕它交线向上、向右转 90°，使这三个面展成同一平面，就得到物体的三视图，如图 7.52(a)所示。第三角画法的三视图之间仍保持“长对正、高平齐、宽相等”的对应关系，如图 7.52(b)所示。

在原有第三角画法的三个投影面的基础上，再增加三个投影面，组成一个正六面体。将机件置于六面体内，并向六个基本投影面投射，得到六个基本视图，除上述三个视图外，还有：由左向右投射所得的左视图，由下向上投射所得的仰视图，由后向前投射所得的后视图，如图 7.53 所示。投影面展开后各视图的配置关系——基本视图的“三等”关系仍

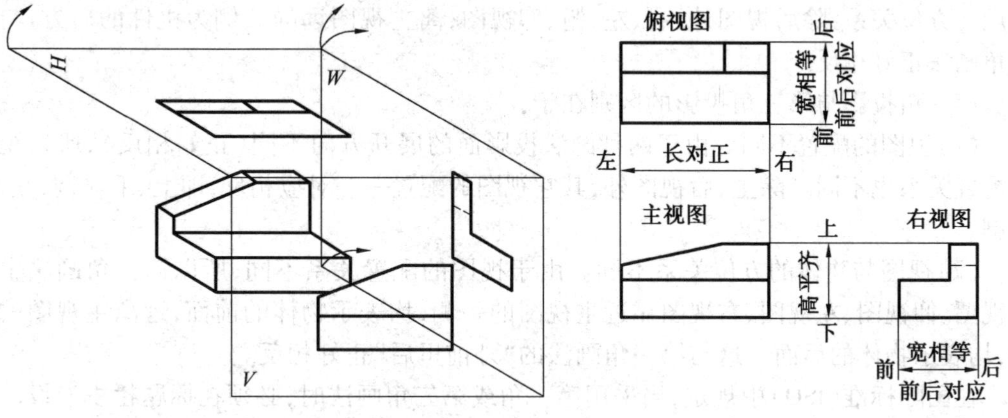

(a)　　　　　　　　　　　　　　(b)

图 7.52　第三角画法三视图

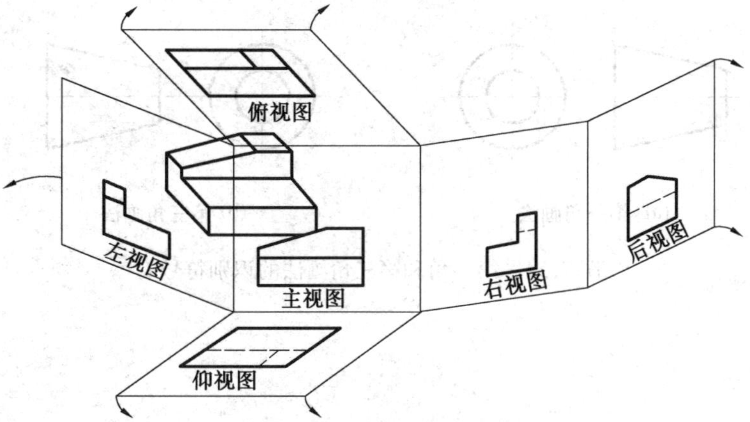

(a) 六个基本投影面及其展开

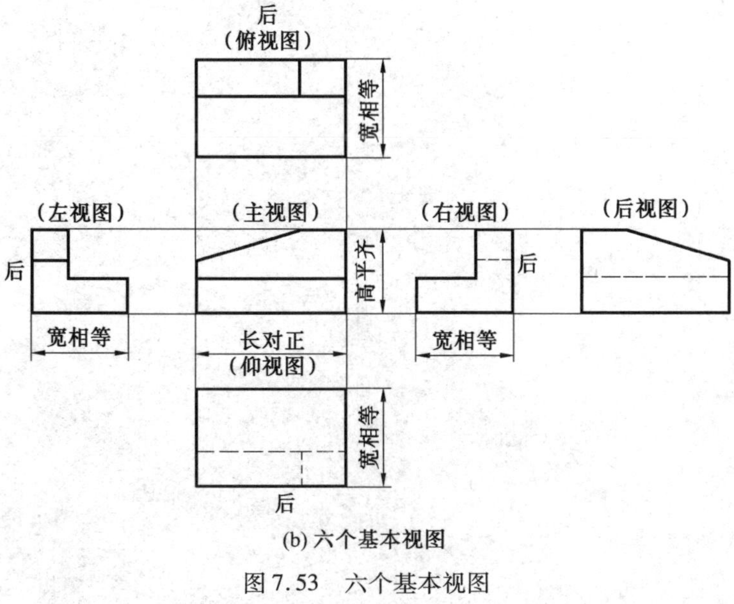

(b) 六个基本视图

图 7.53　六个基本视图

适用。方位关系:除后视图外,右、左、俯、仰视图,离主视图远的一侧为机件的后方,与第一角画法正好相反。

第一角投影与第三角投影的区别在于:

(1)视图的配置不同。由于两种画法投影面的展开方向不同(正好相反),所以视图的配置关系也不同。除主、后视图外,其它视图的配置一一对应相反,即上、下对调,左、右颠倒。

(2)视图与物体的方位关系不同。由于视图的配置关系不同,所以第三角画法中的俯视图、仰视图、左视图、右视图靠近主视图的一侧,均表示物体的前面,远离主视图的一侧,均表示物体的后面。这与第一角画法的"外前里后"正好相反。

在国际标准(ISO)中规定,当采用第一角或第三角画法时,必须在标题栏中专设的格内画出相应的识别符号,如图7.54所示。由于我国仍采用第一角画法,所以无需画出识别符号。当采用第三角画法时,则必须画出识别符号。

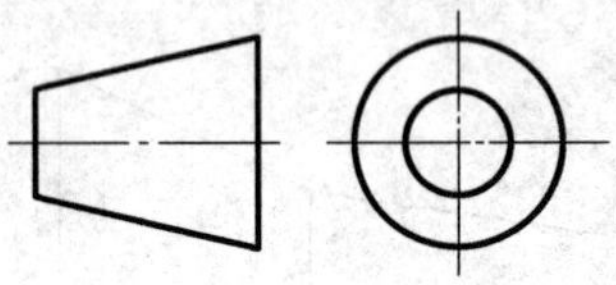

(a) 第一角画法

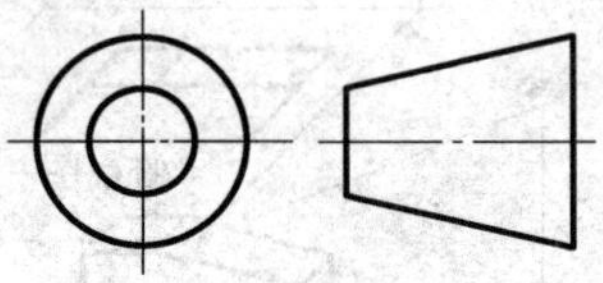

(b) 第三角画法

图7.54 第一角和第三角画法的识别符号

第八章　标准件及常用件

各种机器设备上大量使用螺栓、螺钉、螺母、垫圈、键、销和滚动轴承等零件，为了提高产品的质量，缩短产品设计周期和降低成本，这些零件和部件的结构、尺寸、表面质量和表示方法已全部标准化，称这些零件和部件为标准零件和标准部件，简称标准件，并由专门工厂生产。

还有一些零件，在机器设备中也常使用，如齿轮、蜗轮、蜗杆等。这些零件的结构也基本定型，零件上的某些尺寸也有统一标准，习惯上称这些零件为常用件。本章主要介绍标准件及常用件的基本知识、规定画法及标注。

第一节　螺　纹

一、螺纹的基本知识

1. 螺纹的形成

螺纹就是在圆柱或圆锥内、外表面上沿着螺旋线所形成的、具有相同轴向断面的连续凸起和沟槽，其断面形状有三角形、矩形和梯形等。圆柱外表面上的螺纹称为外螺纹；圆孔内表面上的螺纹称为内螺纹。图 8.1(a)和(b)为在车床上加工外螺纹和内螺纹的情况；图 8.1(c)为大量生产螺纹紧固件时，碾压螺纹的原理图；图 8.1(d)为手工加工螺纹用的丝锥和板牙，丝锥用于加工内螺纹，板牙用于加工外螺纹。

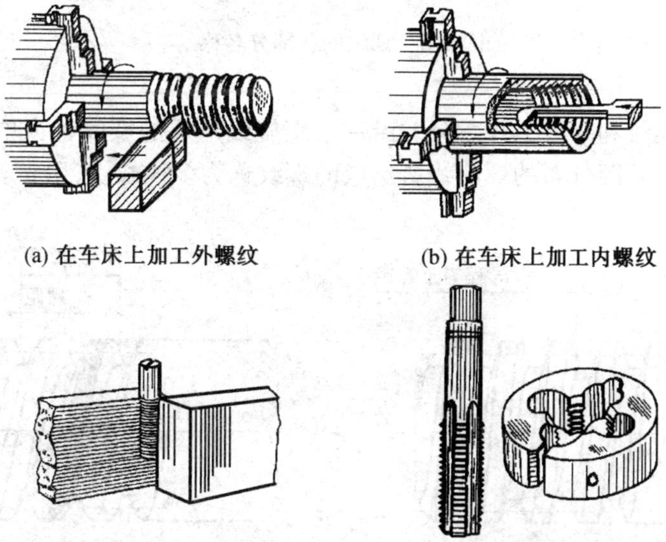

(a) 在车床上加工外螺纹　　(b) 在车床上加工内螺纹

(c) 辗压螺纹　　(d) 手工加工螺纹工具

图 8.1　螺纹的加工

2. 螺纹的基本要素及结构

螺纹的结构和尺寸是由牙型、大径、中径和小径、螺距和导程、线数、旋向等基本要素确定的。

(1)螺纹牙型

在通过螺纹轴线的剖面上,螺纹的轮廓形状称为螺纹牙型。不同的螺纹牙型有不同的用途,并由不同的代号表示。常用的螺纹牙型有三角形、矩形、梯形和锯齿形等,见表8.1。除了矩形螺纹尚未标准化外,其余牙型的螺纹均已标准化。

(2)公称直径

螺纹的直径有大径(d、D)、小径(d_1、D_1)和中径(d_2、D_2)。与外螺纹牙顶或内螺纹牙底相重合的假想圆柱面的直径称为大径。与外螺纹牙底或内螺纹牙顶相重合的假想圆柱面的直径称为小径。在大径与小径之间,即螺纹牙型的中部,可以找一个凸起和沟槽轴向宽度相等的位置,该位置对应的螺纹直径称为中径。

外螺纹的大径、小径和中径用符号 d、d_1、d_2表示;内螺纹的大径、小径和中径用符号 D、D_1、D_2表示。螺纹公称直径通常是指螺纹的大径,它代表了螺纹的直径尺寸,如图8.2所示。

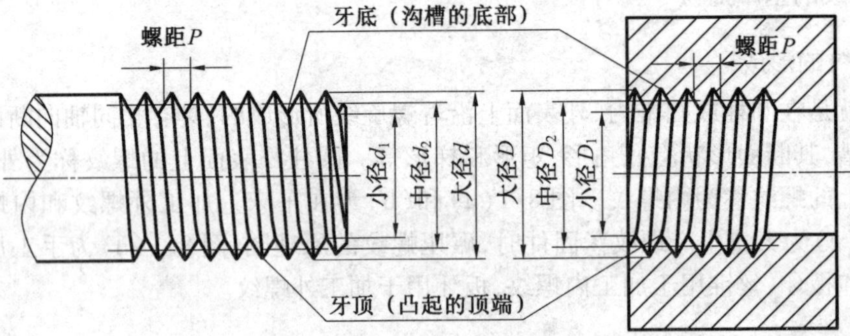

图8.2 螺纹的各部分名称

(3)线数

螺纹有单线螺纹和多线螺纹之分。沿一条螺旋线形成的螺纹称为单线螺纹,沿两条或两条以上在轴向等距分布的螺旋线所形成的螺纹称为多线螺纹,用 n 表示螺纹的线数,如图8.3所示。

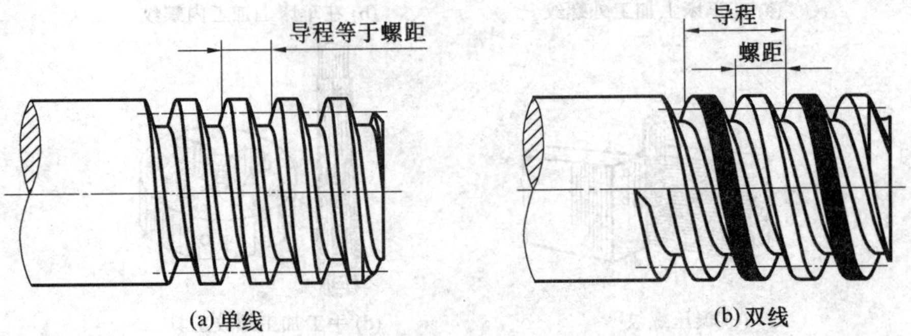

图8.3 螺纹的线数、螺距与导程

(4)螺距和导程

螺距:相邻两牙在中径线上对应两点间的轴向距离,用 P 表示。

导程:同一条螺旋线上的相邻两牙在中径线上对应点间的轴向距离,用 P_h 表示,如图 8.3 所示。螺距与导程的关系为:螺距=导程/线数,即:$P = P_h/n$。

(5)旋向

螺纹按旋进的方向分为右旋螺纹和左旋螺纹。顺时针方向旋入的螺纹为右旋螺纹(轴线直立时左低右高);逆时针方向旋入的螺纹为左旋螺纹(轴线直立时左高右低),如图 8.4 所示。工程上右旋螺纹应用较多。

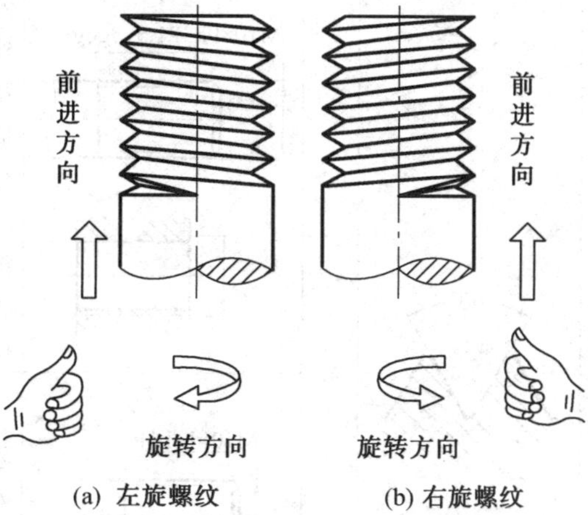

图 8.4　螺纹的旋向

内外螺纹必须成对使用,只有当螺纹的五个基本要素均相同时,内外螺纹才能互相旋合。

(6)螺尾、倒角及退刀槽

为了便于内、外螺纹的装配,通常在螺纹的起始端加工成 90°的锥面,称为倒角。在车削螺纹时,在螺纹的尾部由于刀具逐渐离开工件,使螺纹收尾部分牙型不完整,这一段牙型不完整的收尾部分称为螺尾。有时为了避免出现螺尾,在螺纹末端预先制出退刀槽,如图 8.5 所示。

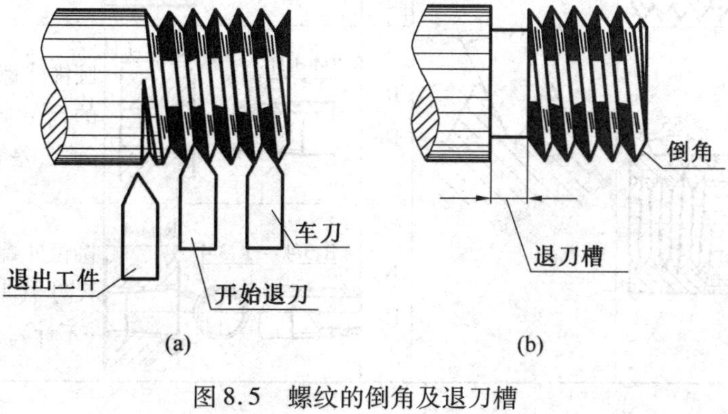

图 8.5　螺纹的倒角及退刀槽

3. 螺纹的种类

按标准化程度可分为:标准螺纹——螺纹的牙型、公称直径和螺距三要素均符合标准规定;特殊螺纹——只有牙型符合标准;非标准螺纹——牙型不符合标准。

按用途可分为连接螺纹、传动螺纹和专门用途螺纹(氧气瓶螺纹、自攻螺纹等)。

(1)连接螺纹:用于两个零件之间的连接,常用的有以下三种(见表8.1)。

表 8.1　常见螺纹的特征代号和标注示例

螺纹种类		外形图	牙型图	特征代号	标注示例	说明
连接螺纹	普通粗牙螺纹	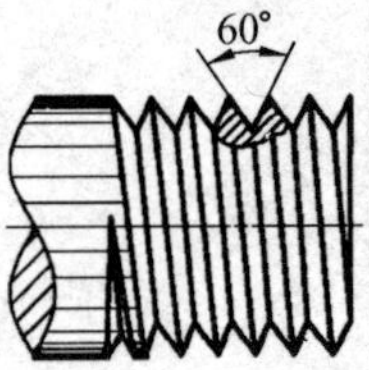	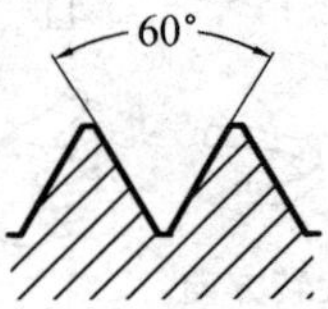	M	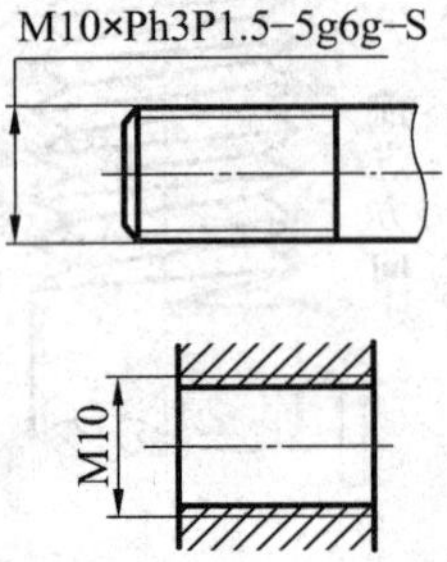	公称直径 $\phi10$, 外螺纹:导程3,螺距1.5,双线,中径公差带代号5g,顶径公差带代号6g,短旋合长度,右旋(不标); 内螺纹:螺距1.5,单线,中径和顶径公差带代号均为6H,中等旋合长度,右旋,均省略不标
	普通细牙螺纹				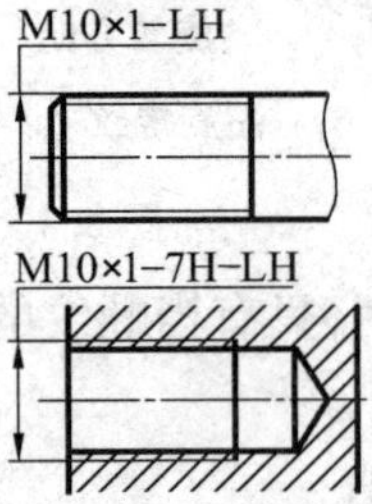	公称直径 $\phi10$,螺距1,左旋 外螺纹:中径和顶径公差带代号均为6g(不标),中等旋合长度; 内螺纹:中径和顶径公差带代号均为7H,长旋合长度
	55°非密封管螺纹	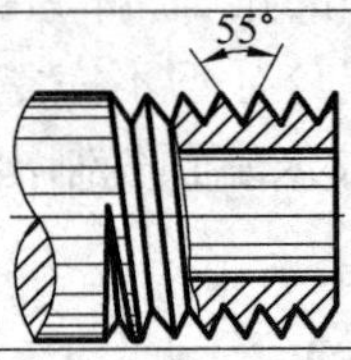	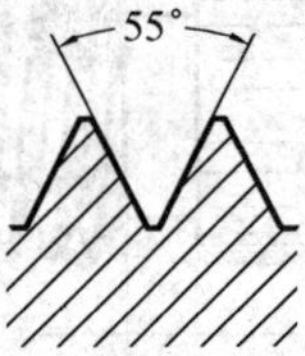	G	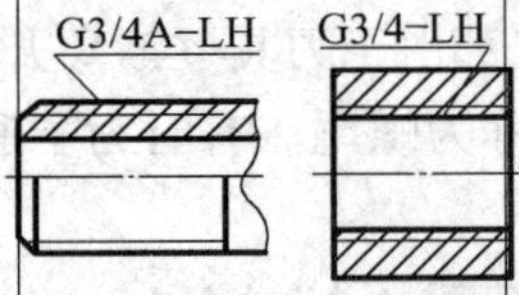	尺寸代号为3/4,左旋 外螺纹:公差等级为A级; 内螺纹:公差等级不标
	55°密封管螺纹	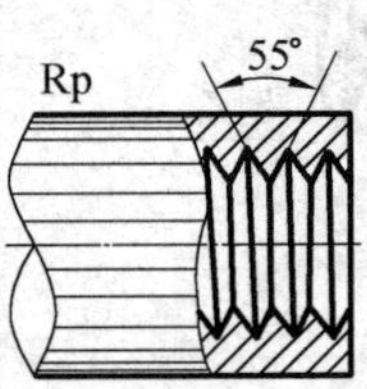		R_2 Rc	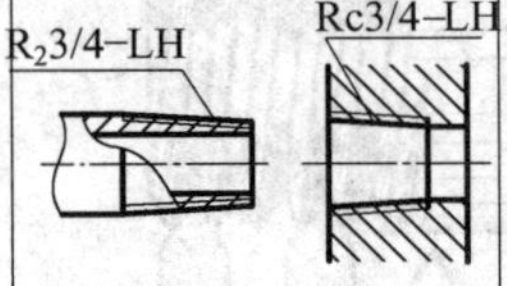	圆锥外螺纹和圆锥内螺纹的尺寸代号均为3/4,左旋,公差等级均不标
				R_1 Rp	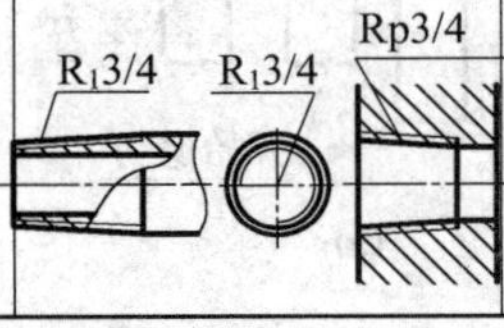	圆锥外螺纹和圆柱内螺纹尺寸代号均为3/4,右旋(不标),公差等级均不标

续表 8.1

螺纹种类		外形图	牙型图	特征代号	标注示例	说　明
传动螺纹	梯形螺纹	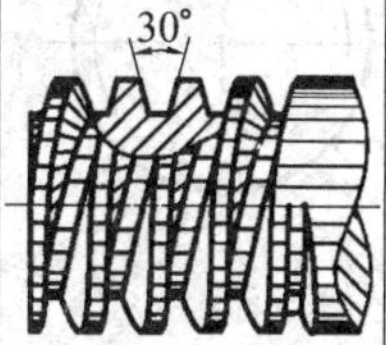	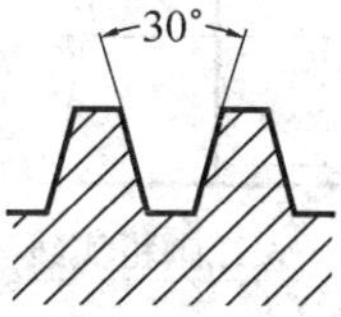	Tr	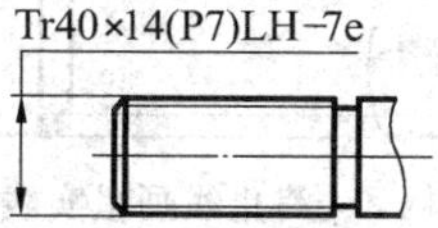	公称直径 $\phi40$，导程 14，螺距 7，双线，左旋，中径公差带代号 7e，中等旋合长度
	锯齿形螺纹	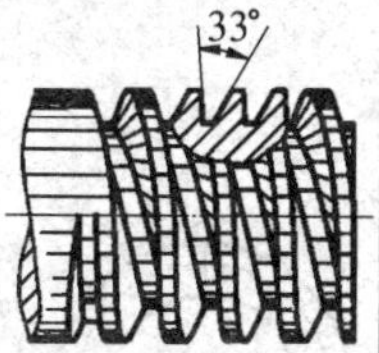	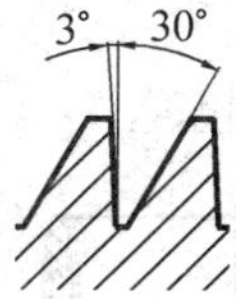	B	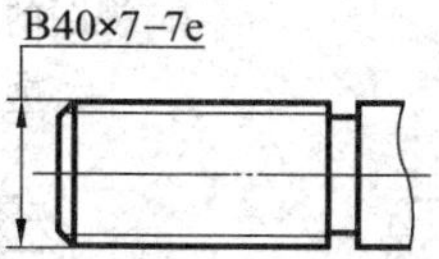	公称直径 $\phi40$，螺距 7，右旋，中径公差带代号 7e，中等旋合长度

① 粗牙普通螺纹：牙型为三角型，牙顶和牙底稍许削平，牙型角为 60°，特征代号为 M，是最常用的连接螺纹；

② 细牙普通螺纹：它与粗牙普通螺纹的区别是在相同的大径条件下螺距较小，特征代号也是 M，常用于细小的精密零件或薄壁零件；

③ 管螺纹：牙型为三角形，牙顶和牙底成圆弧形，牙型角为 55°，主要用于水管、油管、气管等的连接，非螺纹密封的圆柱管螺纹特征代号为 G，一般用于低压管路，用螺纹密封的圆柱管螺纹特征代号为 Rp，用于较大压力的管路。

(2) 传动螺纹：用于传递运动和动力，常用的传动螺纹有：

①梯形螺纹：牙型为梯形，牙型角为 30°，特征代号为 Tr，用于机床丝杠进行传动。

②锯齿形螺纹：牙型为不等腰三角形，牙型两侧面与轴线垂直线夹角分别为 3° 和 30°，特征代号为 B，只传递单方向的力。

③矩形螺纹：牙型为矩形，矩形螺纹为非标准螺纹，无特征代号，各部分的尺寸根据设计确定。

二、螺纹的规定画法

1. 外螺纹画法

外螺纹不论牙型如何，螺纹的大径 d（牙顶）和螺纹终止线用粗实线表示，螺纹的小径 d_1（牙底）用细实线表示，并应画入螺杆的倒角内。在投影为圆的视图上，大径画粗实线圆，小径画约 3/4 的细实线圆，由倒角形成的粗实线圆省略不画。一般小径尺寸可按大径的 0.85 倍画出，如图 8.6(a) 所示。

螺杆是空心时，可画成剖视图，终止线只画牙高的一小段，而剖面线需画到粗实线为止，如图 8.6(b) 所示。

2. 内螺纹画法

内螺纹不论牙型如何，在剖视图上，螺纹小径 D_1（牙顶）和螺纹终止线用粗实线表示，

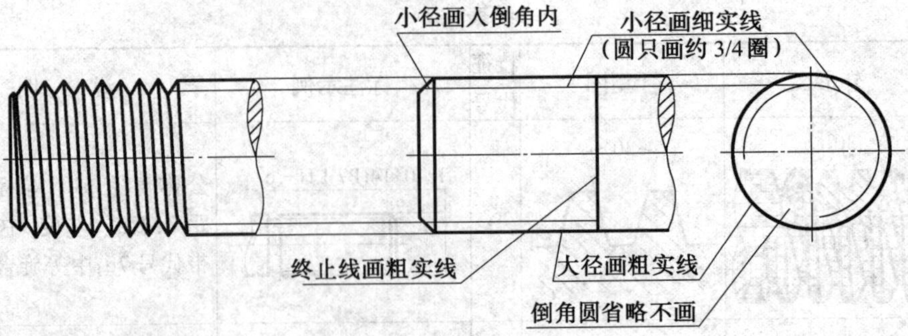

(a)视图的画法

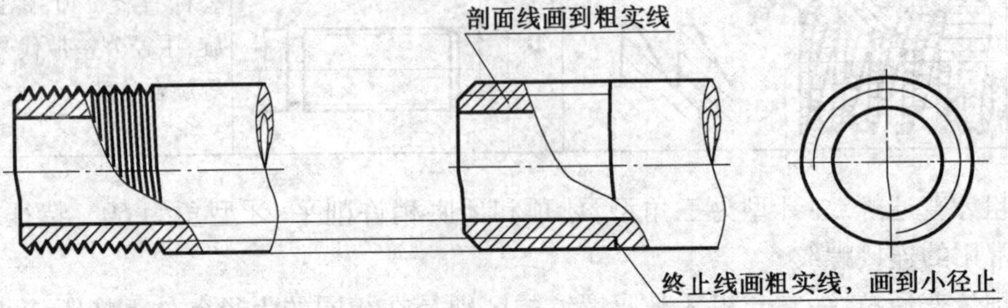

(b)剖视图的画法

图 8.6　外螺纹的画法

螺纹大径 D(牙底)用细实线表示。在剖视或断面图中剖面线都必须画到粗实线,在不剖的视图上,全用虚线表示。在投影为圆的视图上,大径画约 3/4 细实线圆,小径画粗实线圆,由倒角形成的圆不画,如图 8.7 所示。

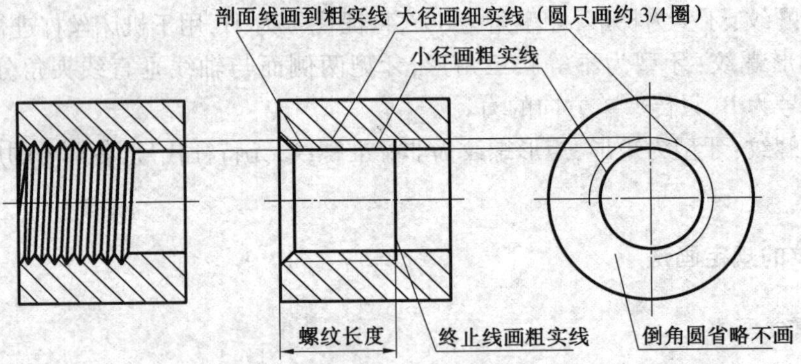

图 8.7　内螺纹的画法

对于不通孔的内螺纹,先用钻头加工光孔,再用丝锥攻出内螺纹;一般应将钻孔深度和螺孔深度分别画出,前者比后者深 $0.5D$(D 为内螺纹大径);钻孔底端锥顶角画成 120°,螺纹终止线用粗实线表示,如图 8.8 所示。内螺纹与孔相交时,画出螺纹小径与孔的交线,如图 8.9 所示。

3. 螺纹收尾的画法

螺尾部分一般不必画出,当需要表达螺纹收尾时,螺尾部分的牙底用与轴线成 30°角的细实线绘制,如图 8.10 所示。

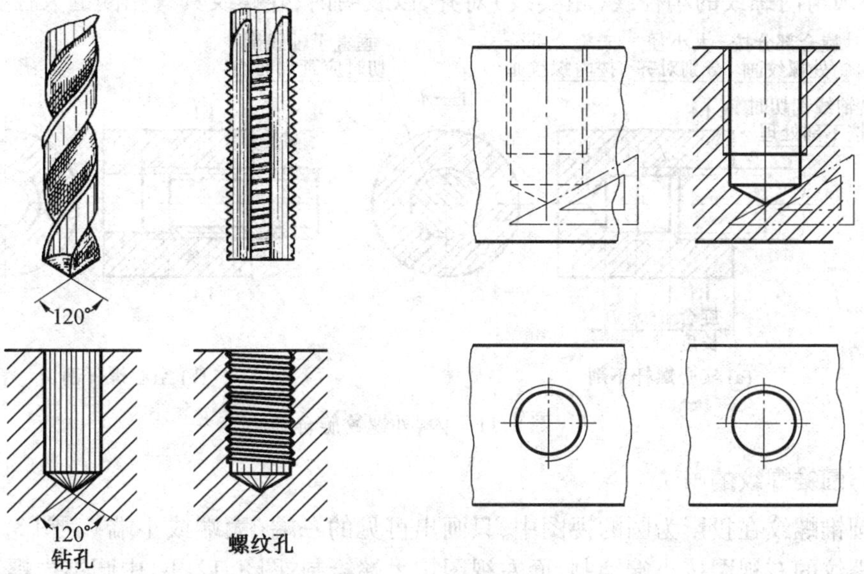

图 8.8　不通孔的内螺纹的画法

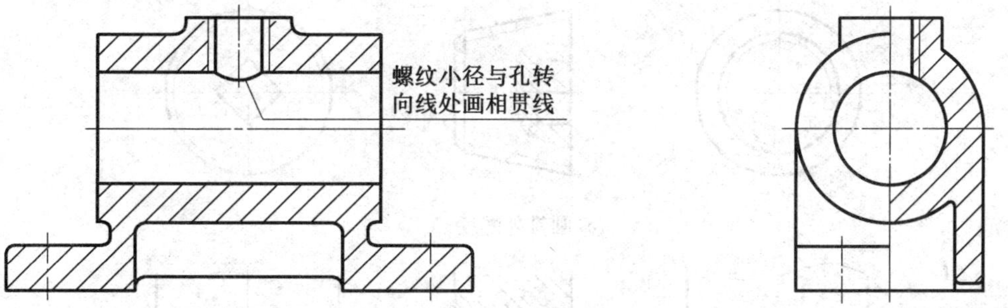

图 8.9　内螺纹与螺孔相交时相贯线的画法

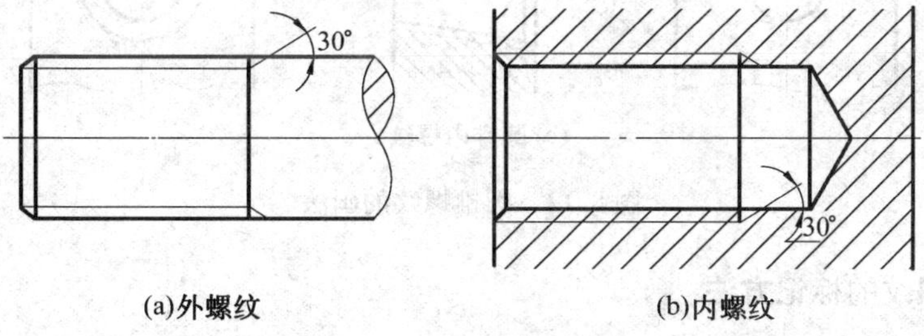

(a)外螺纹　　　　(b)内螺纹

图 8.10　螺纹收尾的画法

4. 内、外螺纹旋合画法

在剖视图中，内、外螺纹旋合部分应按外螺纹的规定画法绘制，其余部分仍按各自的规定画法表示。当实心螺杆沿轴线剖切时按不剖处理，如图 8.11(a)所示；但空心螺杆沿轴线剖切时，必须剖开，而且内、外螺纹的剖面线方向应相反，如图 8.11(b)所示。注意：外螺纹的大径线(粗实线)必须与内螺纹的大径线(细实线)对齐；外螺纹的小径线(细实线)必须与内螺纹的小径线(粗实线)对齐,以表明内、外螺纹具有相同的大径和小径。

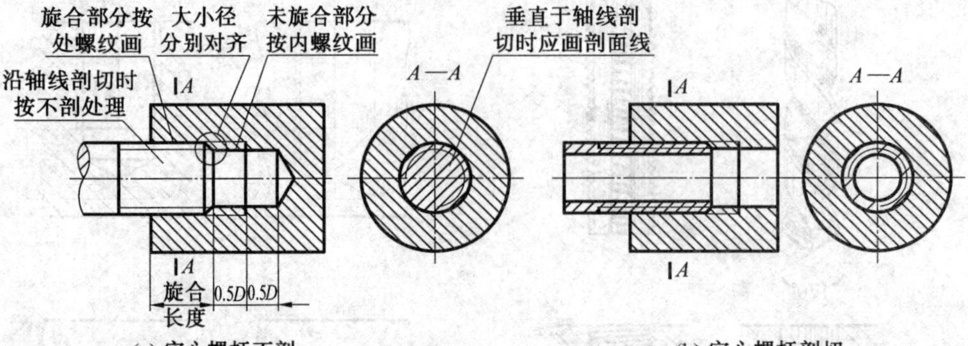

(a) 实心螺杆不剖　　(b) 空心螺杆剖切

图 8.11　内、外螺纹旋合画法

5. 圆锥螺纹的画法

圆锥螺纹在投影为圆的视图中,只画出可见的一端(大端或小端)。图 8.12(a)中圆锥外螺纹的右视图按小端绘制,而左视图按大端绘制;图 8.12(b)中圆锥内螺纹的左视图按大端绘制,右视图按小端绘制。

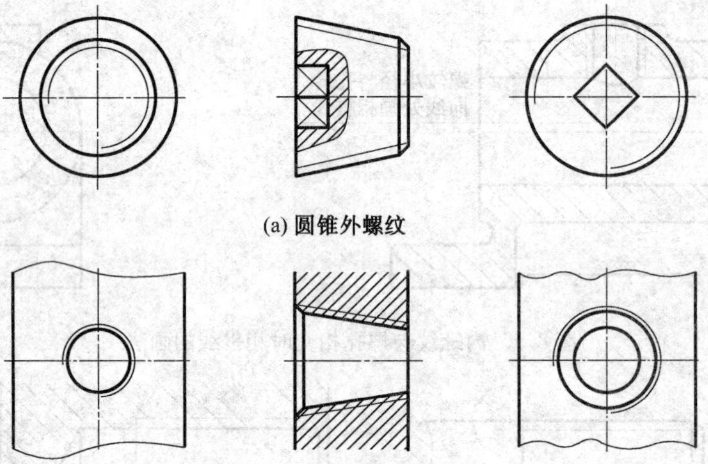

(a) 圆锥外螺纹

(b) 圆锥内螺纹

图 8.12　圆锥螺纹的画法

三、常用螺纹的标记方法

由于各种螺纹的画法都是相同的,图中不能反映螺纹的结构要素,因此国家标准规定,对于标准螺纹,必须用规定的标记在螺纹大径的尺寸线上或引出线上进行标注,以区别不同种类的螺纹。标准螺纹的标记(见表 8.1)大体可分为三大系列。

1. 普通螺纹的标记内容及格式(GB/T 197—2003)

特征代号 尺寸代号 - 公差带代号 - 旋合长度代号 - 旋向代号

螺纹的尺寸代号包括公称直径、导程和螺距。粗牙普通螺纹一个公称直径对应一个螺距，因此粗牙普通螺纹不标螺距，细牙要注出螺距；单线螺纹导程与螺距相同，尺寸代号为“公称直径 ×螺距”，多线螺纹为“公称直径 ×P_h（导程）P（螺距）”，公称直径为螺纹大径。如果要进一步表明螺纹的线数，可在后面增加括号说明（使用英语进行说明，例如双线为 two starts；三线为 three starts）。

螺纹的公差带代号包括中径公差带代号和顶径公差带代号，分别由数字和字母组成，数字表示公差等级，字母表示公差带位置（大写字母表示内螺纹，小写字母表示外螺纹）。当中径和顶径的公差带代号相同时，只注写一个代号，如 7H 或 7g；当中径和顶径的公差带代号不同时，需分别注出，如 5H6H、5g6g。在下列情况下，中等公差精度螺纹不标注其公差带代号（有关公差带的概念将在第 9 章中叙述）：

内螺纹：5H 公称直径小于和等于 1.4 mm 时；6H 公称直径大于和等于 1.6 mm 时。

外螺纹：6h 公称直径小于和等于 1.4 mm 时；6g 公称直径大于和等于 1.6 mm 时。

螺纹的旋合长度分短、中、长三种，其代号分别为 S、N、L，中等旋合长度代号“N”可省略不注。

螺纹的旋向分右旋和左旋，右旋螺纹不标旋向，而左旋螺纹要在尾部注写旋向代号“LH”。

标记示例：

左旋螺纹：M8×1-LH（公差带代号和旋合长度代号被省略）

M6×0.75-5h6h-S-LH

M14×Ph6P2-7H-L-LH 或 M14×Ph6P2（three starts）-7H-L-LH

右旋螺纹：M6（螺距、公差带代号、旋合长度代号和旋向代号被省略）

表示内、外螺纹配合时，内螺纹公差带代号在前，外螺纹公差带代号在后，中间用斜线分开。例如：公差带为 6H 的内螺纹与公差带为 5g6g 的外螺纹组成配合：M20 ×2-6H/5g6g。

2. 梯形螺纹（GB/T 5796.4—2005）和锯齿形螺纹（GB/T 13576.4—2008）的标记格式为

特征代号 尺寸代号 旋向代号-公差带代号-旋合长度代号

梯形螺纹和锯齿形螺纹的尺寸代号为“公称直径 ×螺距 或 导程（P 螺距）”；旋向标注位置为螺距之后；只注中径公差带代号。表示内、外螺纹配合时规定与普通螺纹相同，例如：公差带为 7H 的内螺纹与公差带为 7e 的外螺纹组成配合，长旋合长度：Tr40 ×7-7H/7e-L，B40 ×7-7H/7e-L。

3. 管螺纹的标记方法

（1）55°密封管螺纹，有圆柱内螺纹（Rp）与圆锥外螺纹（R_1）（GB/T 7036.1—2000）、圆锥内螺纹（Rc）与圆锥外螺纹（R_2）（GB/T 7036.2—2000）两种连接方式，这两种连接方式的螺纹副（内外螺纹装配在一起），本身具有一定的密封能力，其标记内容和格式为：

特征代号 尺寸代号-旋向代号

表示螺纹副时，螺纹的特征代号为“Rp/R_1”或“Rc/R_2”，前面为内螺纹的特征代号，后面为外螺纹的特征代号，中间用斜线分开。

标记示例：

由尺寸代号为 3 的右旋圆锥外螺纹与圆柱内螺纹所组成的螺纹副的标记为 Rp/R_1 3；

由尺寸代号为 3 的右旋圆锥内螺纹与圆锥外螺纹所组成的螺纹副的标记为 Rc/R_2 3。

(2)55°非密封管螺纹的标记内容和格式：

特征代号 尺寸代号 公差等级代号 - 旋向代号

55°密封管螺纹与 55°非密封管内螺纹因其仅有一种公差等级，则不必注出其公差等级代号；而 55°非密封管外螺纹有两种 A、B 公差等级，必须在标记中写明。表示螺纹配合时，仅标注外螺纹的标记代号。

以上两种螺纹的尺寸代号不是指螺纹大径的尺寸，而是近似等于管子的孔径(英制表示：1 英寸 = 25.4 mm)，作图时可根据尺寸代号在附表 2 中查得螺纹大径尺寸。

标注管螺纹时，应将标记写在指引线的横线上，指引线应从大径或对称重心处引出。

4. 特殊螺纹和非标准螺纹

牙型符合标准，公称直径或螺距中有一项不符合标准的螺纹称为特殊螺纹，标注时应在特征代号前加注“特”字，如“特 Tr40 ×5-7e”。

牙型未标准化的螺纹称为非标准螺纹，标注时应先画出螺纹的牙型，再注出所需要的尺寸。常见的矩形螺纹(又称方形螺纹)的标注方法如图 8.13(a)所示，也可采用局部放大图，为突出其对应关系，可重复标注尺寸，如图 8.13(b)所示。

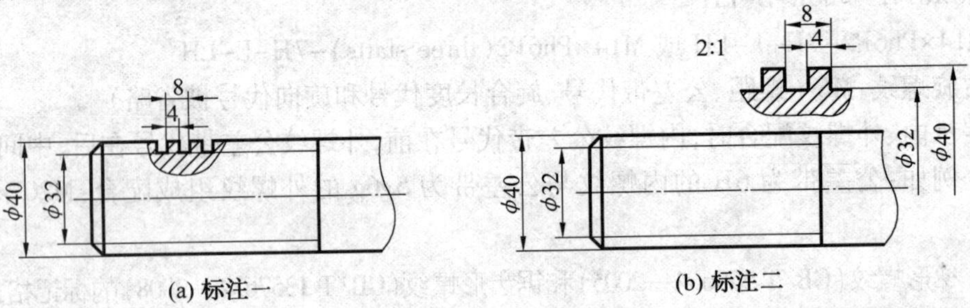

(a) 标注一　　(b) 标注二

图 8.13　非标准螺纹的标注

第二节　螺纹紧固件

常见的螺纹紧固件有螺栓、螺柱、螺钉、螺母、垫圈等，如图 8.14 所示，它们均属于标准件，由标准件厂统一生产。在设计时不需要画出它们的零件图，只需按规定进行标记，根据标记可从国家标准中查阅到它们的结构型式和尺寸。

一、螺纹紧固件的比例画法

画螺纹紧固件时，可先从标准中查出各部分尺寸，然后按数据画图。但为了提高绘图速度，通常将螺纹紧固件各部分的尺寸(公称长度除外)都与螺纹规格 $d(D)$ 建立比例关系，并按此画图，称为比例画法，常用螺纹紧固件的比例画法见表 8.2。

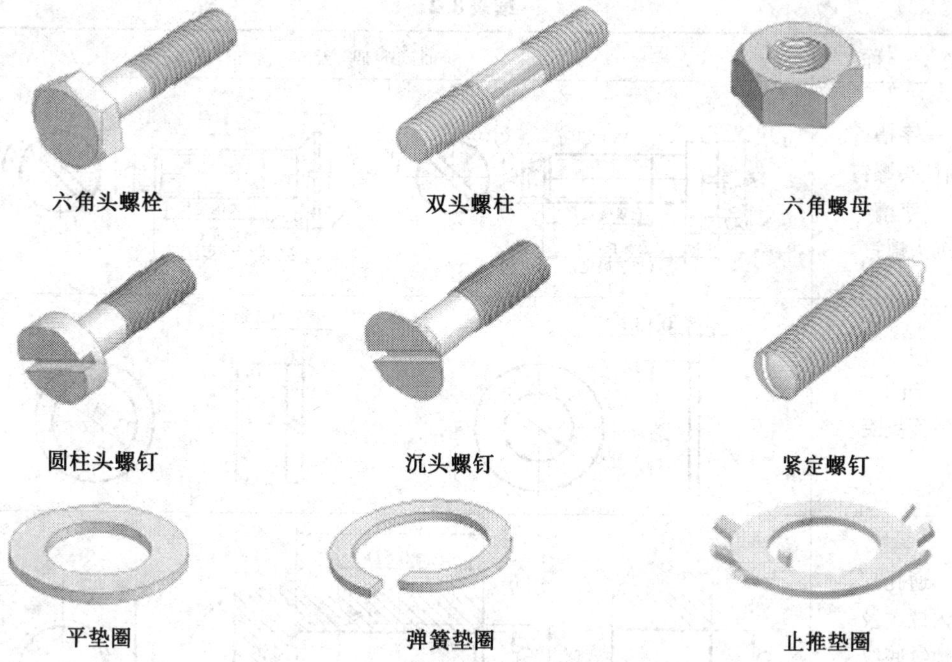

图 8.14　常见的螺纹紧固件

表 8.2　常用螺纹紧固件的比例画法

名　　称	比 例 画 法
六角头螺栓	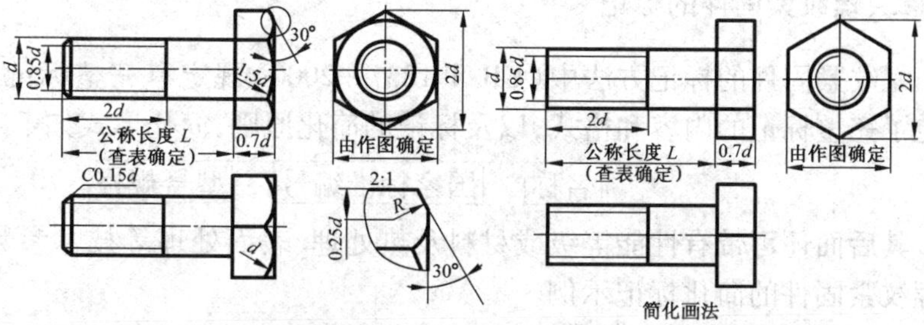
螺　　母	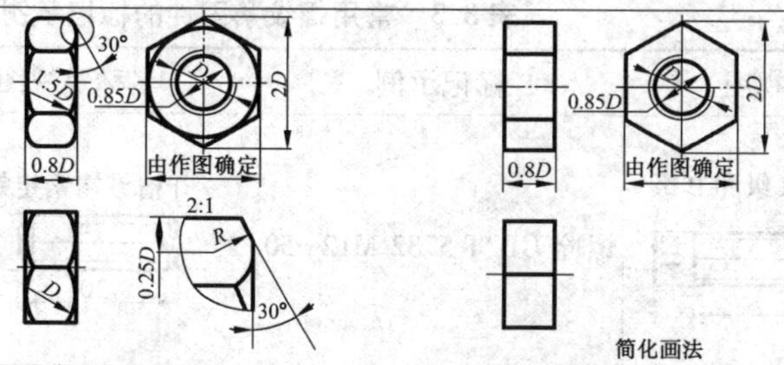
双头螺柱 内六角 圆柱头螺钉	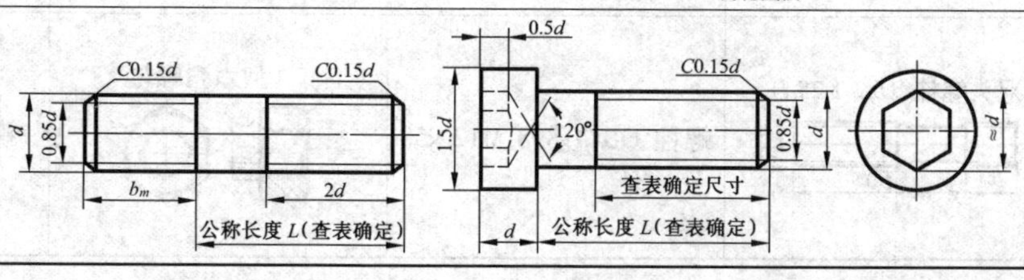

续表 8.2

名　　称	比 例 画 法
一字槽 圆柱头螺钉 一字槽 沉头螺钉	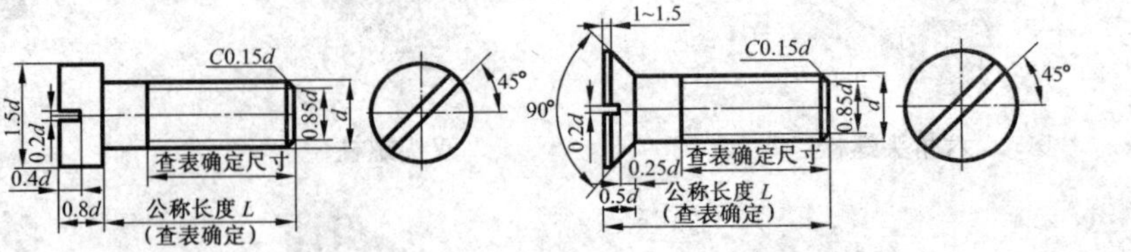
垫圈 弹簧垫圈	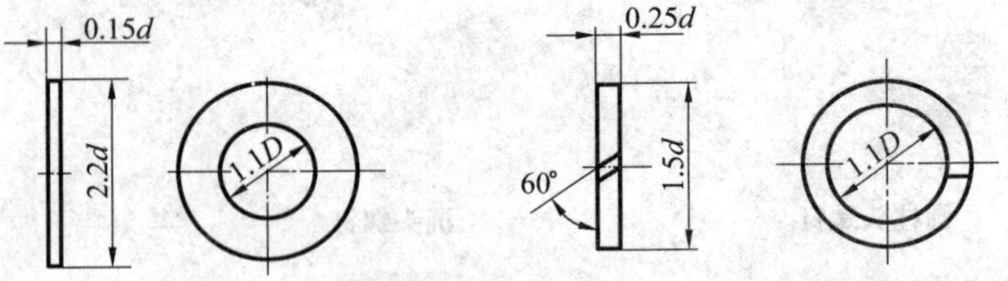
通孔 内螺纹及 螺纹底纹 （不通孔）	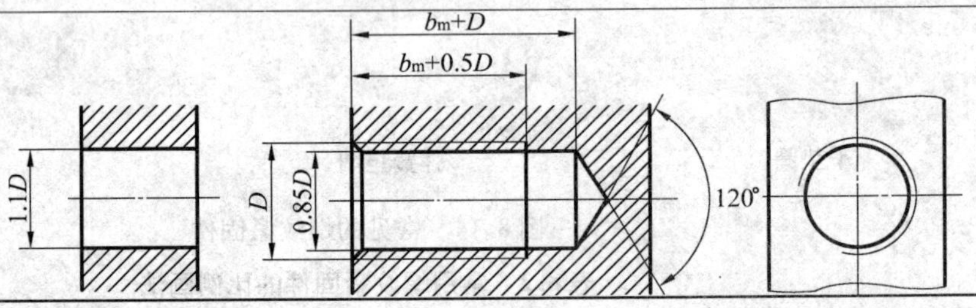

二、螺纹紧固件的标记

螺纹紧固件的标记方法中（GB/T 1237—2000）规定有完整标记和简化标记两种，并规定了完整标记的内容和格式，以及标记的简化原则，简化形式如下：

名称　国家标准编号　型号规格

其后面还可带有性能等级或材料及热处理、表面处理等技术参数。表 8.3 给出了常用螺纹紧固件的简化标记示例。

表 8.3　常用螺纹紧固件的标记示例

名称及视图	标记示例	名称及视图	标记示例
六角头螺栓 A 级和 B 级 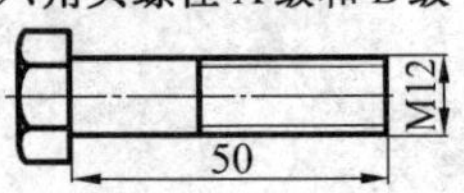	螺栓 GB/T 5782 M12 ×50	开槽锥端紧定螺钉 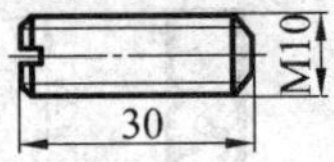	螺钉 GB/T 71 M10 ×30
双头螺柱（b_m=1.25d） 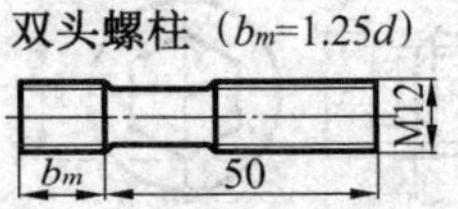	螺柱 GB/T 898 M12 ×50	1 型六角螺母 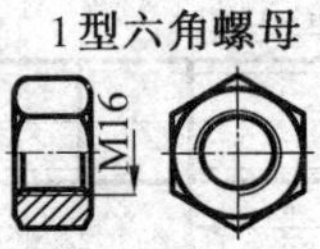	螺母 GB/T 6710 M16

续表 8.3

名称及视图	标记示例	名称及视图	标记示例
圆柱头内六角螺钉 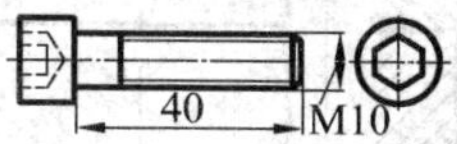	螺钉 GB/T 70.1 M10 ×40	I型六角开槽螺母 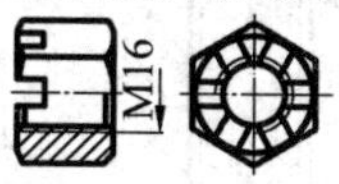	螺母 GB/T 6179 M16
圆柱头开槽螺钉 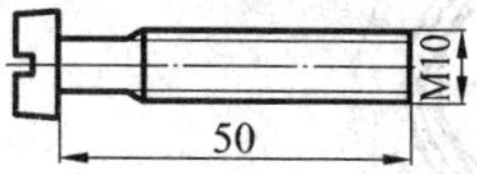	螺钉 GB/T 65 M10 ×50	平垫圈 A 级 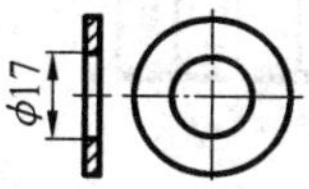	垫圈 GB/T 97.1 16
沉头开槽螺钉 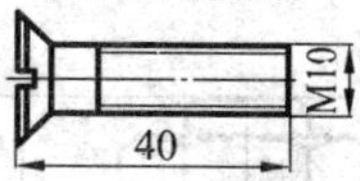	螺钉 GB/T 68 M10 ×40	弹簧垫圈 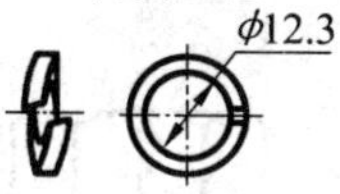	垫圈 GB/T 93 12

三、螺纹紧固件连接的画法

1. 螺纹紧固件连接的画法规定

(1)两零件的接触面画一条粗实线,非接触面画两条粗实线。

(2)被连接的两相邻零件剖面线方向相反或改变剖面线的间距,但同一零件在各剖视图中剖面线方向和间距要相同。

(3)当剖切平面通过螺杆轴线时,对于螺柱、螺栓、螺钉、螺母及垫圈等均按未剖切绘制。

2. 螺栓连接

在两被紧固的零件上允许钻成通孔,用螺栓、螺母、垫圈把它们紧固在一起,称为螺栓连接,如图 8.15 所示。装配时,在被紧固的零件一端装入螺栓,将螺杆穿过被连接两零件的通孔,而另一端用垫圈、螺母紧固,将两零件固定在一起。装配后的螺栓、螺母、垫圈和被紧固零件的装配图,应遵守装配图的规定画法,并按规定对标准件进行标记。

图中螺栓长度 l 可按下式计算确定:

$l=\delta_1+\delta_2+h$(垫圈厚度)$+m$(螺母厚度)$+a$(螺栓末端的伸出高度,$\approx 0.3d$)

螺栓的公称长度 L 可以根据上式计算出螺栓长度 l 后,从附表中选取相近的标准值。

3. 螺柱连接

在被连接零件之一较厚或不允许钻成通孔的情况下,用两端都有螺纹的双头螺柱,一端完全旋入被连接零件的螺孔内,因此旋入端的螺纹终止线与下连接板顶面平齐,如图 8.16 所示;另一端穿过另一零件的通孔后,套上垫圈,拧紧螺母,这样的连接称为螺柱连接。

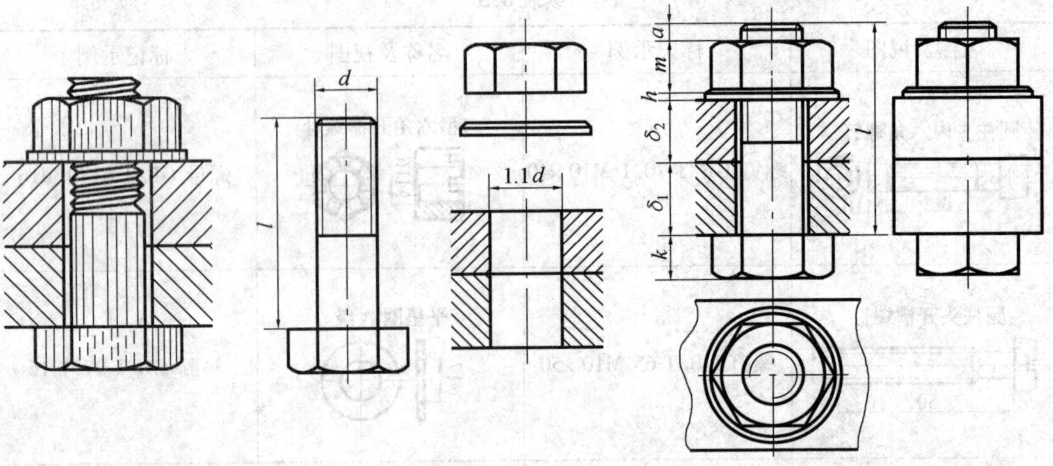

图 8.15　螺栓连接比例画法

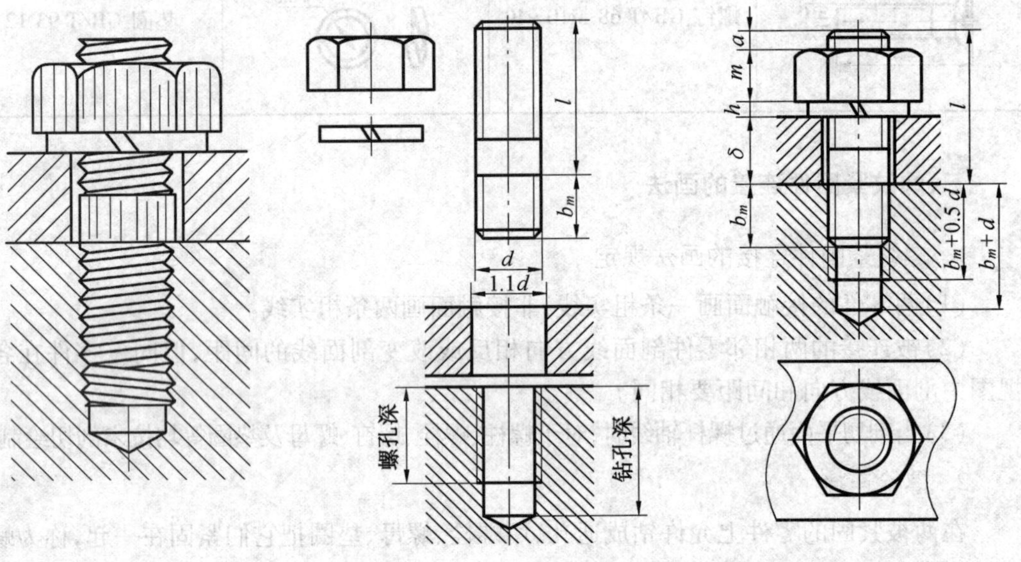

图 8.16　螺柱连接比例画法

在较厚的零件中，先加工一直径约为 $0.85d$ 的不通孔（螺纹底孔），孔深为 $b_m + d$，然后在孔内加工螺纹，螺孔深为 $b_m + 0.5d$。b_m 是双头螺柱旋入被连接零件的螺孔中螺纹长度，它与被旋入零件的材料有关：

旋入钢或青铜中取 $b_m = d$

旋入铸铁中取 $b_m = 1.25d$

旋入材料的强度在铸铁和铝之间取 $b_m = 1.5d$

旋入铝合金中取 $b_m = 2d$

螺柱的长度 l 计算公式为：

$l = \delta + h$（垫圈厚度）$+ m$（螺母厚度）$+ a$（螺栓末端的伸出高度，$\approx 0.3d$）

双头螺柱的公称长度 L 可以根据上式计算出的双头螺柱长度 l，再查附表选取与其相近的标准数值。

在装配图中，螺栓连接和螺柱连接提倡采用图 8.17 所示的简化画法，将螺杆端部及螺母、螺栓六角头部因倒角而产生的截交线省略不画；弹簧垫圈的开口也可涂黑表示，即画成一条加粗线。未钻通的螺孔可不画钻孔深度，仅按螺纹部分深度画出。

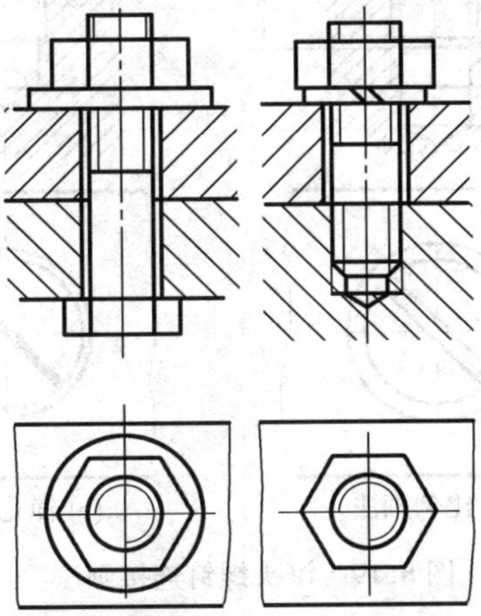

图 8.17　螺栓连接及螺柱连接简化画法

4. 螺钉连接

在被连接零件之一较厚或不允许钻成通孔，且受力较小，又不经常拆卸的情况下，使用螺钉连接。按其用途可分为连接螺钉和紧定螺钉，其尺寸规格可查附表。

图 8.18 为圆柱头螺钉连接画法，图 8.19 为沉头螺钉连接画法。公称长度 L 可以按公式 $l \geqslant \delta + b_m$ 计算（b_m 取值可参考螺柱连接），再从附表中选取相近的标准值。螺钉头部的槽在投影为圆的视图上画成与水平成 45° 角。当槽宽 ≤ 2 mm 时，槽的投影可涂黑表示。螺钉旋入深度与双头螺柱旋入金属端的螺纹长度 b_m 相同，但不能将螺纹长度全部旋入到螺孔中，旋入的长度一般为 $(1.5 \sim 2)d$，而螺孔的深度一般可取 $(2 \sim 2.5)d$。图 8.20

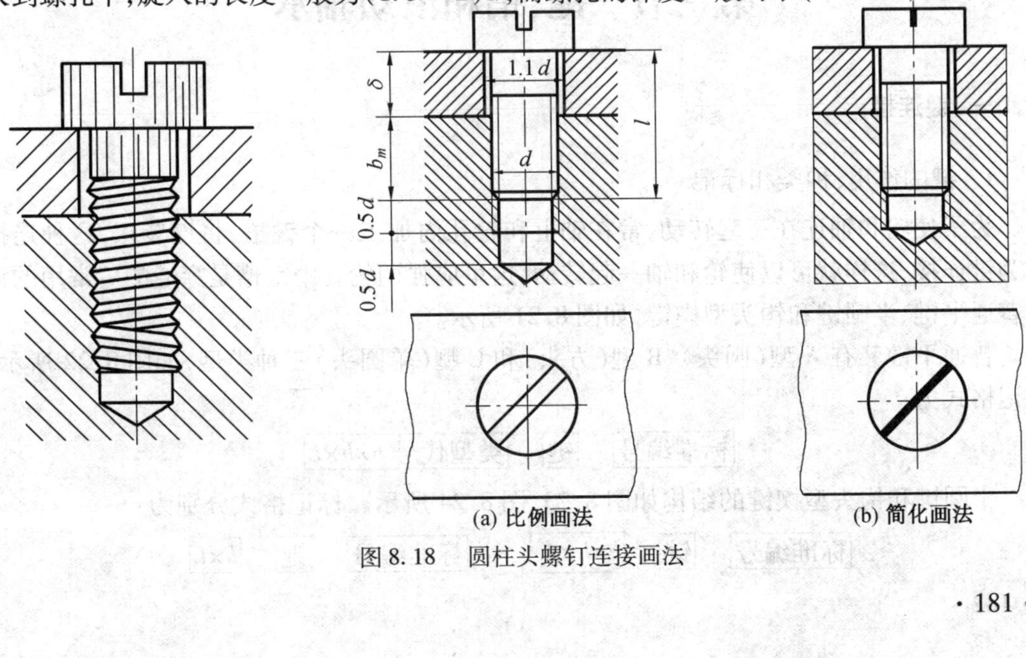

(a) 比例画法　　(b) 简化画法

图 8.18　圆柱头螺钉连接画法

为紧定螺钉连接画法。

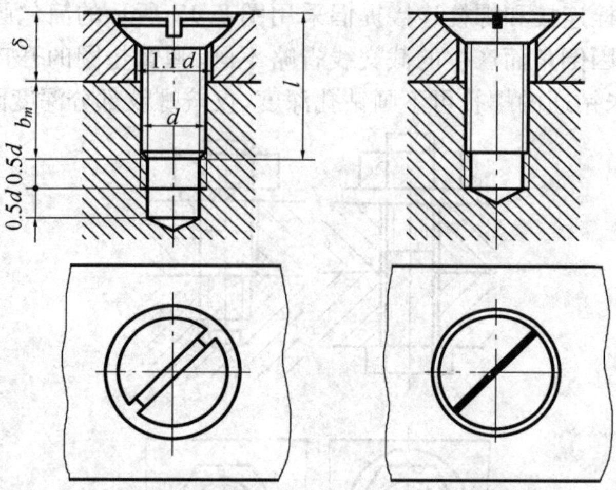

(a) 比例画法　　(b) 简化画法

图 8.19　沉头螺钉连接画法

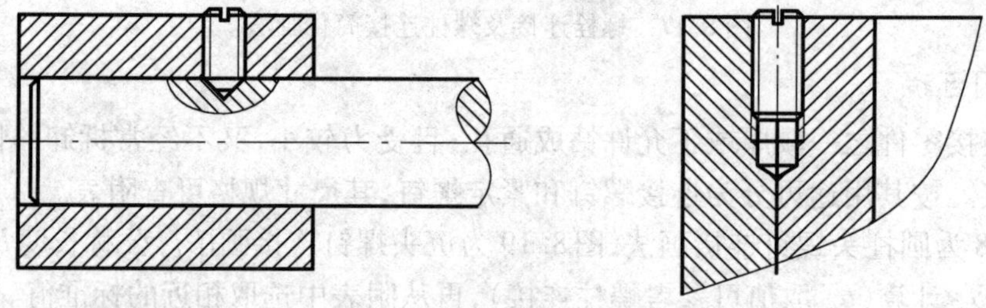

图 8.20　紧定螺钉连接比例画法

第三节　键、销和滚动轴承

一、键连接

1．键的作用、种类和标记

为了使轮和轴连在一起转动，常在轴上和轮孔内加工一个键槽，将键装入，这种连接称为键连接，这样就可以使轮和轴一起转动，这里应强调轮孔中键槽是穿通的。常用的键有普通平键、半圆键和钩头型楔键，如图 8.21 所示。

普通平键又有 A 型（圆头）、B 型（方头）和 C 型（单圆头）三种类型，如图 8.22 所示。标记格式为：

| 标准编号 | | 键 | | 类型代号 $b \times h \times L$ |

半圆键和钩头型楔键的结构如图 8.23，图 8.24 所示。标记格式分别为：

| 标准编号 | | 键 | | $b \times h \times d_1$ |　　| 标准编号 | | 键 | | $b \times L$ |

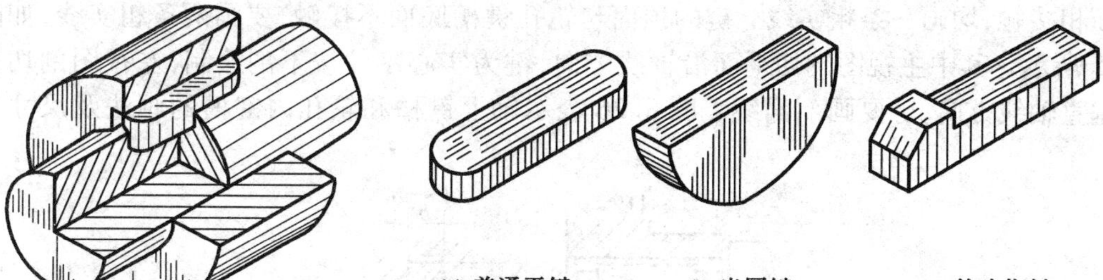

(a) 普通平键　　(b) 半圆键　　(c) 钩头楔键

图 8.21　键的作用和种类

其中:b 为键的宽度,h 为键的高度,L 为键的公称长度,d_1为半圆键的直径。

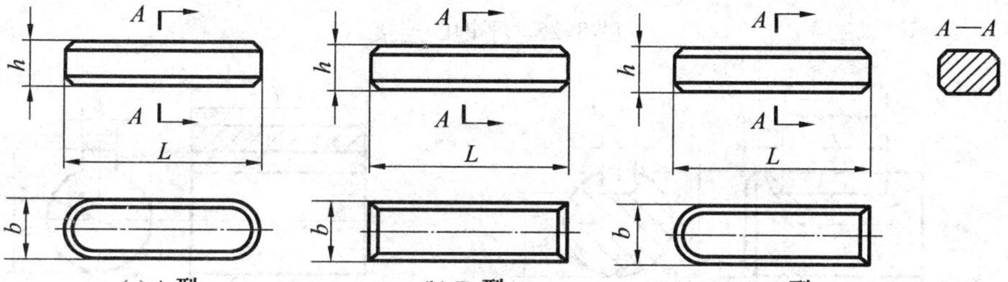

(a) A 型　　(b) B 型　　(c) C 型

图 8.22　普通平键

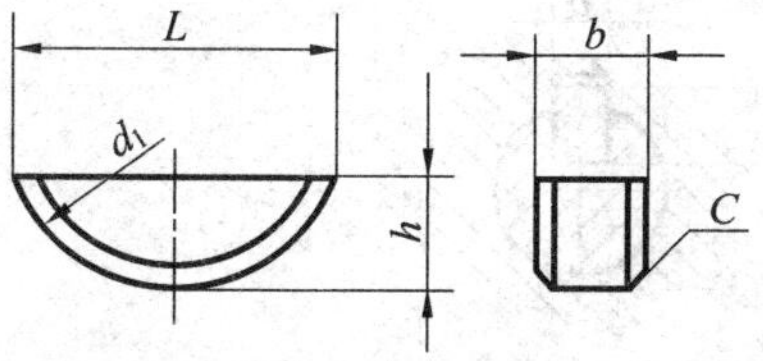

图 8.23　半圆键

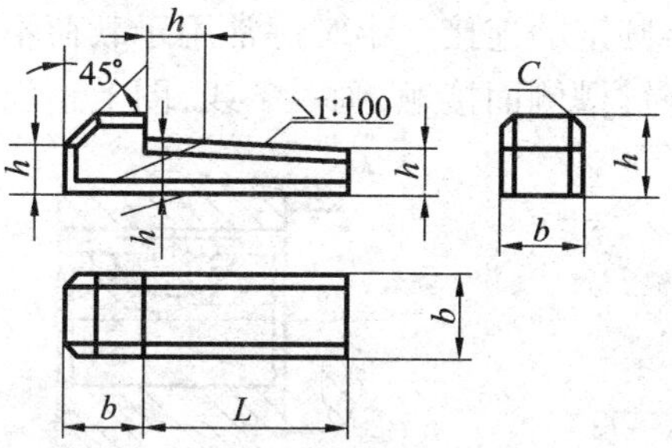

图 8.24　钩头型楔键

根据被连接轴的直径尺寸由附表 12 可查得键和键槽的尺寸。

标记示例:

GB/T 1096—2003 键 12×8×50 表示 A 型普通平键,宽 $b=12$ mm,高 $h=8$ mm,$L=50$ mm。其中 A 型 A 字省略不注,而 B 型、C 型分别标注 B、C,例如:GB/T 1096—2003 键 B12×8×50。

GB/T 1099.1—2003 键 6×10 ×25　表示半圆键,宽 $b=6$ mm,高 $h=10$ mm,直径 $d_1=25$ mm。

GB/T 1565—2003 键 16×100　表示钩头型楔键,宽 $b=16$ mm,高 $h=10$ mm,$L=100$ mm。高 $h=10$ mm 有从标准中查到的,有由宽度值确定的。

2. 键连接的画法

(1) 普通平键连接。普通平键的两侧面与键槽的两侧面相接触,键的底面与轴键槽底面相接触,均画一条粗实线。键的顶面与轮孔键槽底面不接触,要画两条粗实线,如图8.25所示。其中主视图剖切平面沿轴线方向,键为实心零件按不剖绘制,左视图剖切平面垂直轴线方向,键要画剖面线。图8.26表示轴上键槽和轮孔内键槽的画法及尺寸标注。

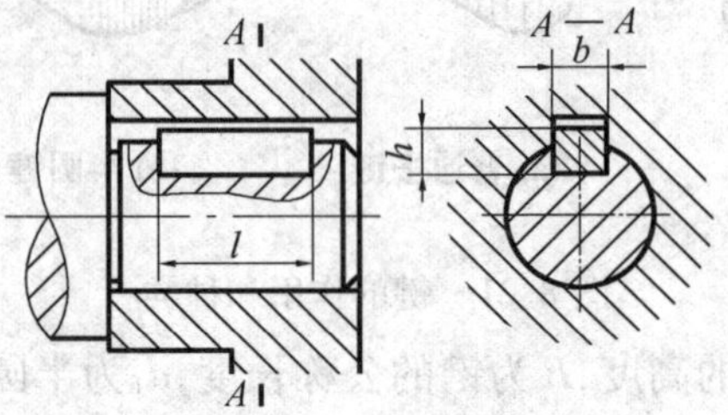

图8.25 平键的连接

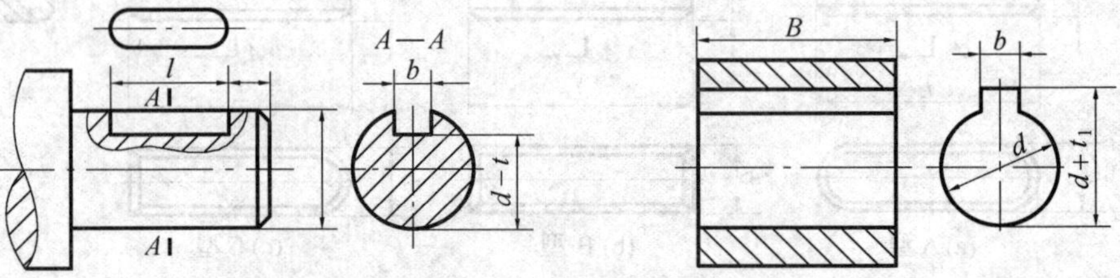

图8.26 键槽的画法及尺寸标注

(2) 半圆键的连接。半圆键常用于载荷不大的传动轴上,连接情况与普通平键相似,即两侧面与键槽侧面接触,画一条线,图上顶面留有间隙画两条线,如图8.27所示。

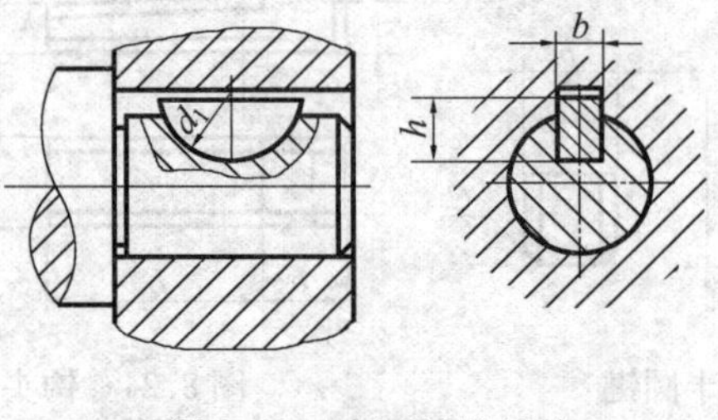

图8.27 半圆键的连接

(3) 钩头型楔键连接。钩头型楔键的顶面有1∶100的斜度,连接时沿轴向把键打入键槽内。依靠键的顶面和底面在轴和孔之间挤压的摩擦力而连接,故上下面为工作面,画一条线,而侧面为非工作面,但有配合要求也应画一条线,如图8.28所示。

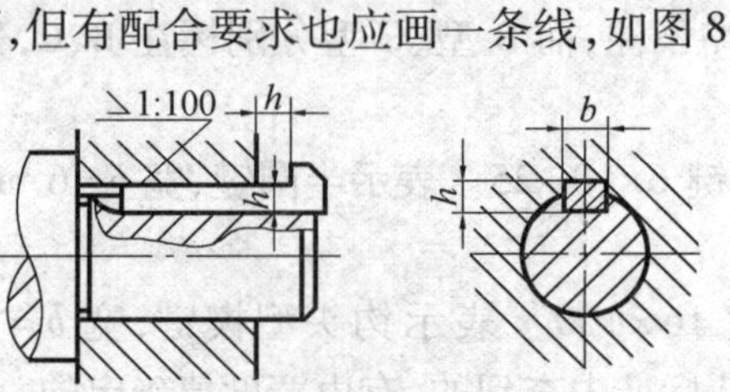

图8.28 钩头楔键连接

二、销

销主要用作装配定位，也可用作连接零件，还可作为安全装置中的过载剪断元件。常用的销有圆柱销、圆锥销和开口销，如图 8.29 所示。圆柱销常用于两零件的连接或定位，圆锥销常用于两零件的定位，而开口销一般与开槽螺母配合使用，它穿过螺母上的槽和螺杆上的孔，以防止螺母松脱。销的连接画法如图 8.30 所示。

(a) 圆锥销　　(b) 圆柱销　　(c) 开口销

图 8.29　销的种类

销的标记方法按 GB/T 1237—2000 规定，有完整标记和简化标记两种，完整标记见附录 13，常用的简化形式如下：

销　标准编号　$d\times l$

标记示例：

公称直径 $d=6$ mm、公差为 m6、公称长度 $l=30$ mm、材料为钢、普通淬火（A 型）、表面氧化处理的圆柱销标记：销　GB/T 119.2　6 ×30

公称直径 $d=6$ mm、公差为 m6、公称长度 $l=30$ mm、材料为 C1 组马氏体不锈钢、表面简单处理的圆柱销标记：销　GB/T 119.2　6 ×30-C1

公称直径 $d=6$ mm、公称长度 $l=30$ mm、材料为 35 钢、热处理硬度 28 ~ 38HRC、表面氧化处理的 A 型圆锥销的标记：销 GB/T 117 6 ×30

公称规格为 5 mm、公称长度 $l=50$ mm、材料为 Q215 或 Q235、不经表面处理的开口销的标记：销 GB/T 91 5 ×50

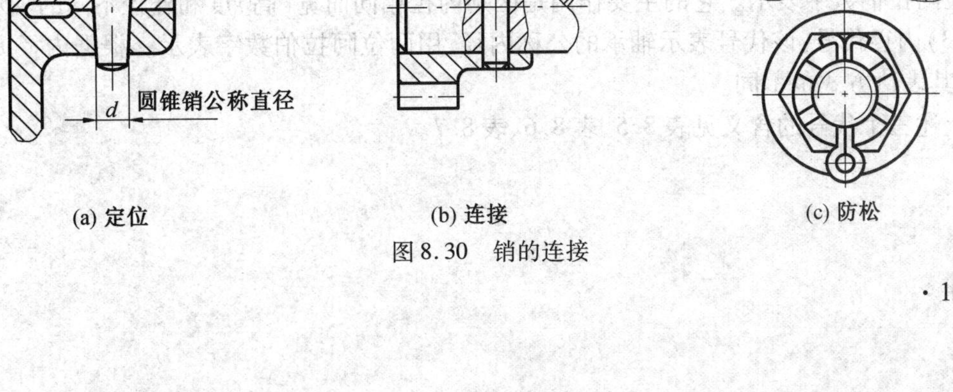

(a) 定位　　(b) 连接　　(c) 防松

图 8.30　销的连接

三、滚动轴承

1. 滚动轴承的类型和表示法

滚动轴承用于支承轴的旋转，因为它结构紧凑、摩擦阻力小、效率高，因而被广泛地使用在机器中。滚动轴承是标准部件，种类很多，它可以承受径向载荷，也可以承受轴向载荷或同时承受两种载荷，但它们的结构大致相同，一般由下面四部分组成：

内圈——装在轴上；

外圈——装在轴承座孔中；

滚动体——可以作成滚珠或滚子形状装在内外圈之间的滚道中；

保持架——用以把滚动体相互隔开，使其均匀分布在内外圈之间。

表 8.4 给出了常见滚动轴承的类型及国家标准 GB/T 4459.7—1998 规定的画法。

画滚动轴承时应注意的问题：

(1)各种符号、矩形线框和轮廓线均画粗实线；

(2)矩形线框或外形轮廓的大小与滚动轴承外形尺寸一致；

(3)用简化画法绘制滚动轴承时，应采用通用画法或特征画法，但同一图样中应采用同一种画法。通用画法可用矩形线框及位于线框中央正立的十字形符号来表示，十字形符号不与矩形线框接触。特征画法采用在矩形框内画出其结构要素符号表示结构特征。

(4)在滚动轴承的产品图、装配图等图样中，可采用规定画法绘制。规定画法剖视图一般绘制在轴的上方，此时，滚动体不画剖面线，其内外圈剖面线应画成同方向、同间隔，在轴的另一方按通用画法绘制；

(5)画图时所需的内径 d、外径 D 和宽度 B 等尺寸可根据滚动轴承的代号，在机械设计手册中查出。

2. 滚动轴承的代号

滚动轴承的标记形式如下：

[滚动轴承] [代号] [标准编号]

标记中的代号部分包括前置代号、基本代号和后置代号，一般常用的轴承用基本代号表示。基本代号表示滚动轴承的基本类型、结构和尺寸，是轴承代号的基础，它由轴承类型代号、尺寸系列代号和内径代号组成：

(1)类型代号：该代号用阿拉伯数字或大写拉丁字母表示。

(2)尺寸系列代号：该代号用轴承的宽(高)度系列代号和直径系列代号组合而成，均用两位阿拉伯数字表示。它的主要作用是区别内径相同而宽(高)度和外径不同的轴承。

(3)内径代号：该代号表示轴承的公称内径，用两位阿拉伯数字表示。根据内径大小不同，其表达方式也不同。

上述三个代号的含义见表 8.5、表 8.6、表 8.7。

表 8.4　常用滚动轴承的类型与画法

<table>
<tr><th rowspan="2">类别名称和
标准编号</th><th rowspan="2">结构形式</th><th colspan="2">简化画法</th><th rowspan="2">规定画法</th></tr>
<tr><th>通用画法</th><th>特征画法</th></tr>
<tr><td>深沟球轴承
GB/T 276—1994
主要承受径向力</td><td>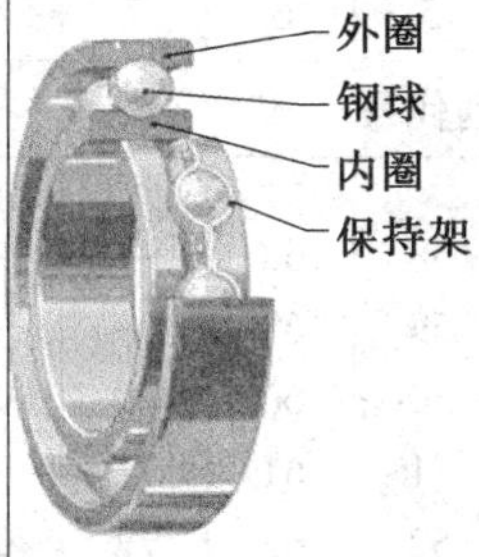</td><td rowspan="3">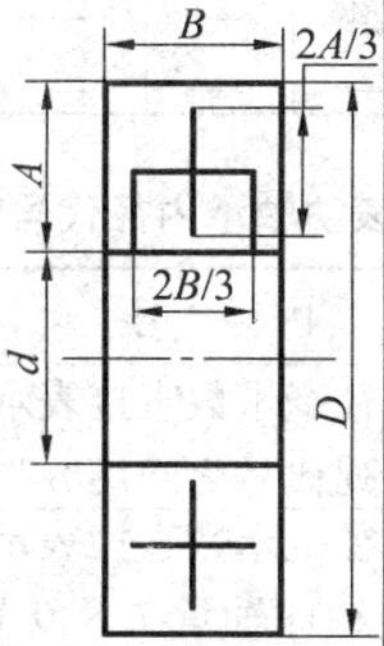</td><td>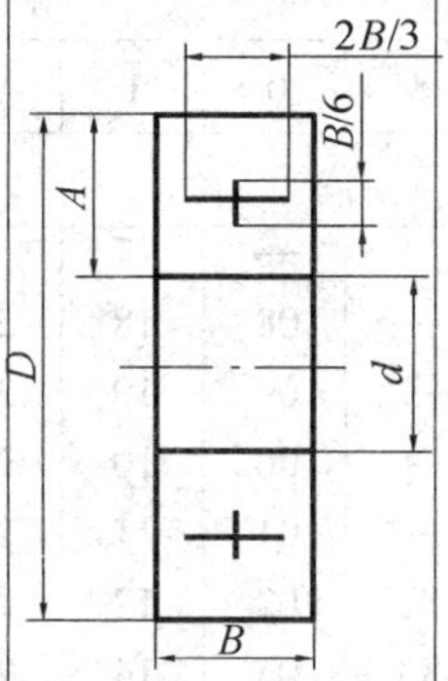</td><td>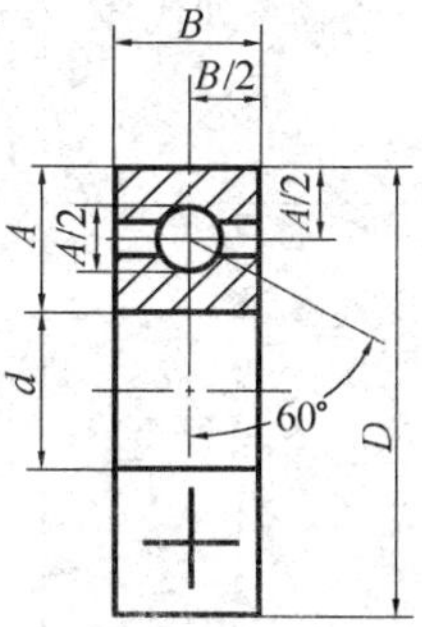</td></tr>
<tr><td>圆锥滚子轴承
GB/T 297—1994
可同时承受径
向力和轴向力</td><td>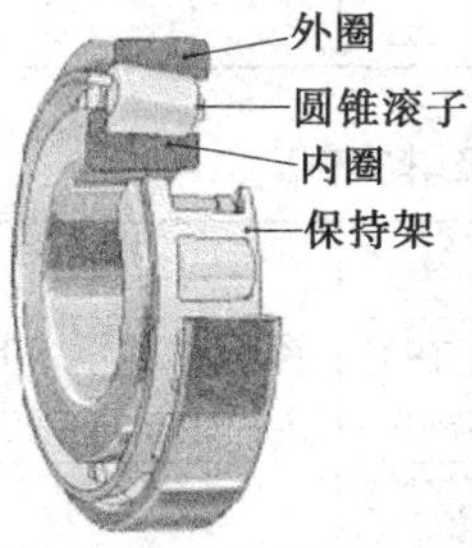</td><td>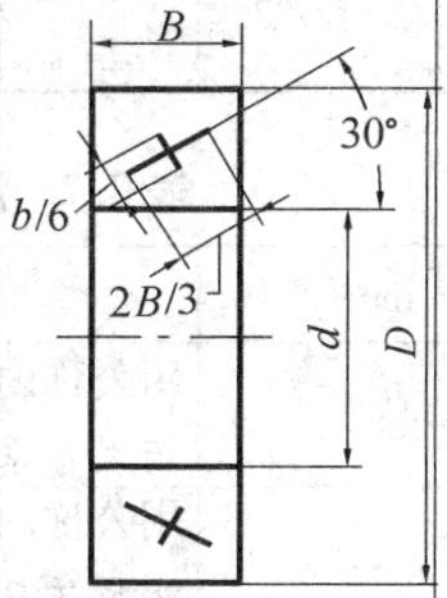</td><td>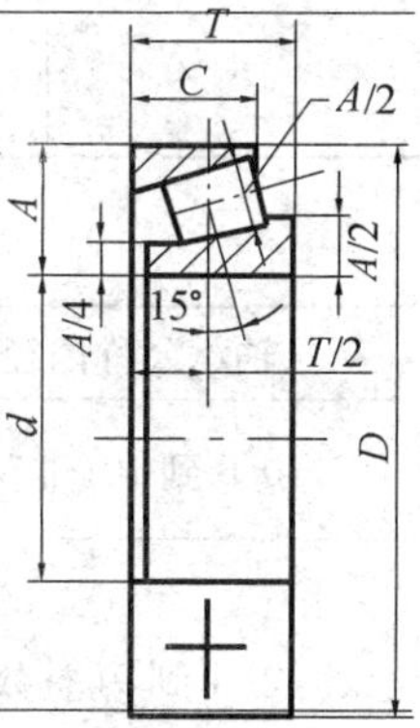</td></tr>
<tr><td>推力球轴承
GB/T 301—1995
承受单向轴向力</td><td>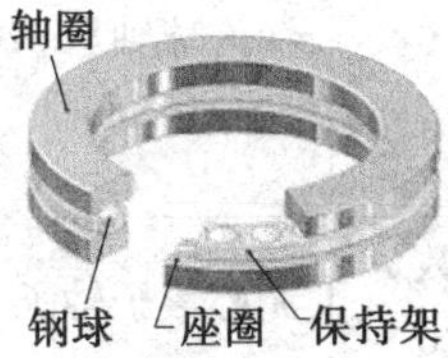</td><td>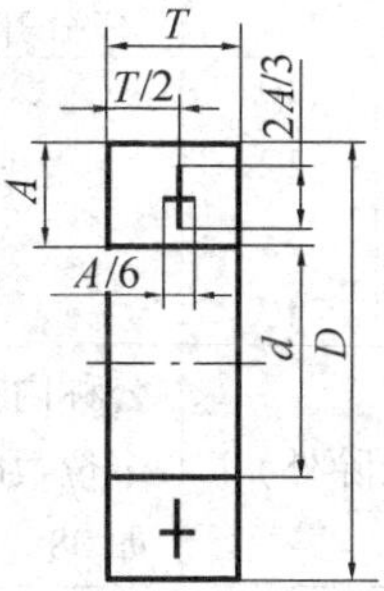</td><td>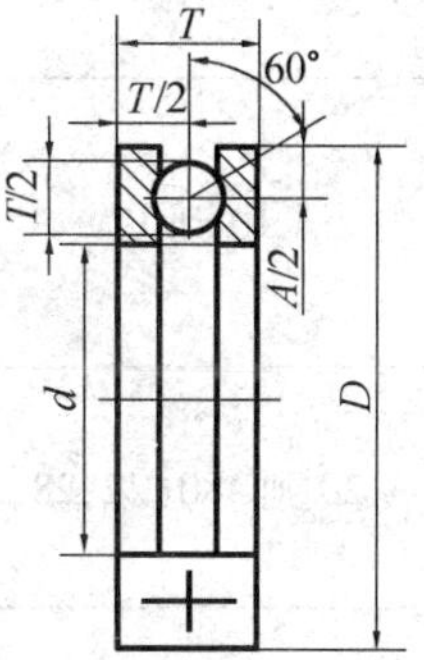</td></tr>
</table>

表 8.5　滚动轴承的类型代号

代号	轴承类型	代号	轴承类型
0	双列角接触球轴承	7	角接触球轴承
1	调心球轴承	8	推力圆柱滚子轴承
2	调心滚子轴承和推力调心滚子轴承	N	圆柱滚子轴承
3	圆锥滚子轴承	NN	双列或多列圆柱滚子轴承
4	双列深沟球轴承	U	外球面球轴承
5	推力球轴承	QJ	四点接触球轴承
6	深沟球轴承		

表 8.6　向心轴承/推力轴承尺寸系列代号

直径系列代号	向心轴承								推力轴承			
	宽度系列代号								高度系列代号			
	8	0	1	2	3	4	5	6	7	9	1	2
	尺寸系列代号											
7	—	—	17	—	37	—	—	—	—	—	—	—
8	—	08	18	28	38	48	58	68	—	—	—	—
9	—	09	19	29	39	49	59	69	—	—	—	—
0	—	00	10	20	30	40	50	60	70	90	10	—
1	—	01	11	21	31	41	51	61	71	91	11	—
2	82	02	12	22	32	42	52	62	72	92	12	22
3	83	03	14	23	33	—	—	—	73	93	13	23
4	—	04	—	24	—	—	—	—	74	94	14	24
5	—	—	—	—	—	—	—	—	—	95	—	—

表 8.7　滚动轴承内径代号及其实例

轴承公称内径/mm		内径代号	示　例
0.6 到 10(非整数)		用公称内径毫米数直接表示,在其与尺寸系列代号之间用“/”分开	深沟球轴承 618/2.5 d = 2.5 mm
1 到 9(整数)		用公称内径毫米数直接表示,对深沟及角接触球轴承 7、8、9 直径系列,内径与尺寸系列代号之间用“/”分开	深沟球轴承 625　618/5 d = 5 mm
10 到 17	10	00	深沟球轴承 6200 d = 10 mm
	12	01	
	15	02	
	17	03	
20 到 480(22,28,32 除外)		公称内径除以 5 的商数,商数为个位数时,需在商数左边加“0”,如 08	调心滚子轴承 23208 d = 40 mm
大于和等于 500 以及 22,28,32		用公称内径毫米数直接表示,但在与尺寸系列之间用“/”分开	调心滚子轴承 230/500 d = 500 mm, 深沟球轴承 62/22 d = 22 mm

下面通过实例说明轴承代号的含义:

滚动轴承　6　2　04　GB/T 276—1994

内径代号,内径 d=4×5 mm=20 mm

尺寸系列代号,宽度系列代号 0 省略,直径系列代号为 2

类型代号 6,深沟球轴承

滚动轴承　3　20　13　　GB/T 297—1994

- 13：内径代号，内径 d=13×5 mm=65 mm
- 20：尺寸系列代号，宽度系列代号 2 省略，直径系列代号为 0
- 3：类型代号 3，圆锥滚子轴承

第四节　齿　轮

一、齿轮的基本知识

齿轮被大量地使用在各种机器设备中，齿轮传动用于传递动力或改变运动方向、运动速度、运动方式等。齿轮成对使用，依靠其轮齿间的啮合运动来实现。

常见的齿轮传动有：

圆柱齿轮：一般用于两平行轴之间的传动，如图 8.31(a)所示。

圆锥齿轮：一般用于两相交轴之间的传动，如图 8.31(b)所示。

蜗轮蜗杆：用于两交叉轴之间的传动，如图 8.31(c)所示。

齿轮齿条：用于直线运动和旋转运动的相互转换，如图 8.31(d)所示。

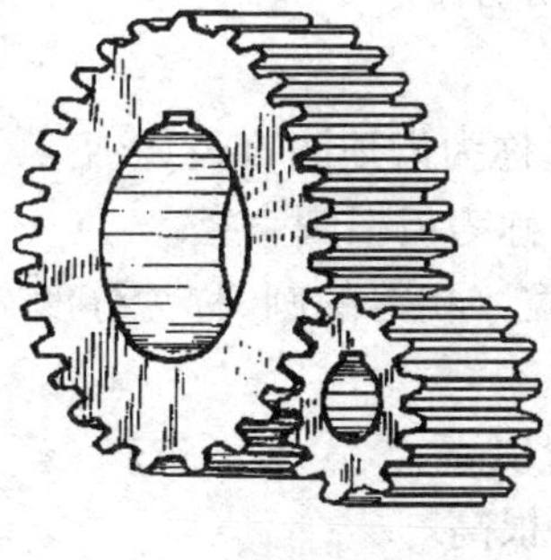

(a) 直齿圆柱齿轮传动

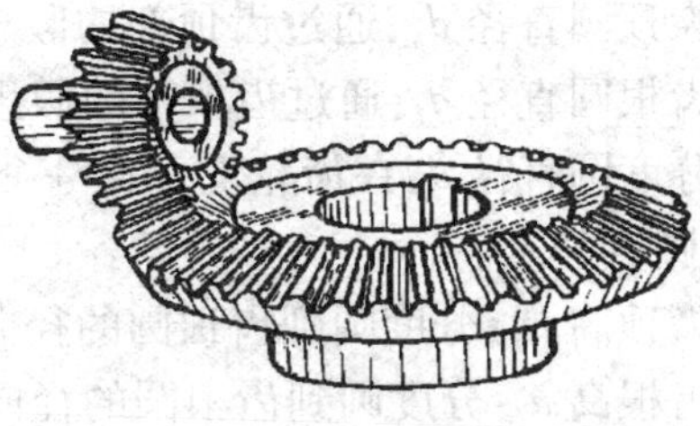

(b) 直齿圆锥齿轮传动

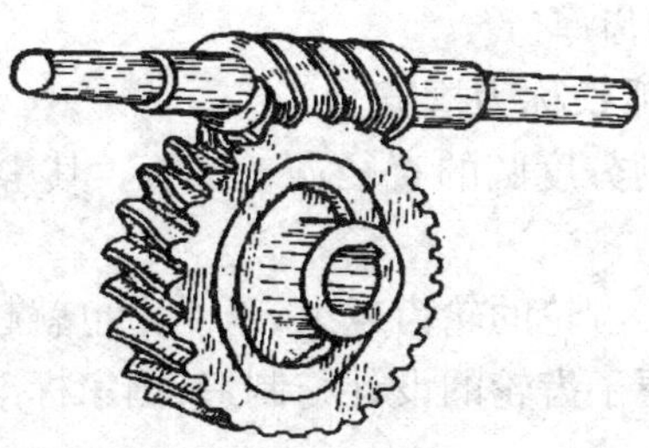

(c) 蜗轮蜗杆传动

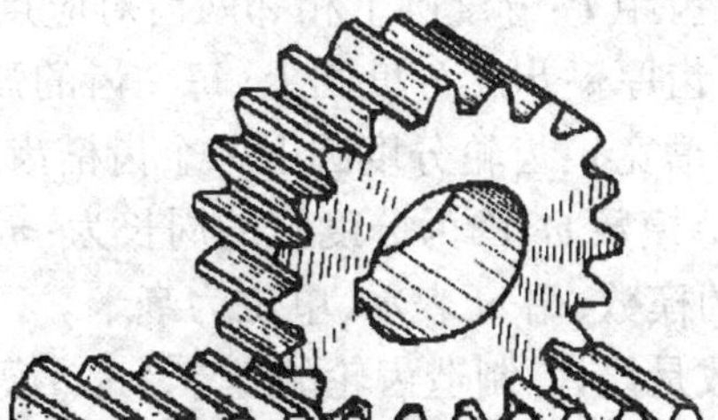

(d) 齿轮齿条传动

图 8.31　常见的齿轮传动

齿轮按齿的方向分为直齿、斜齿、人字齿及螺旋齿齿轮，按齿廓曲线可分为渐开线、摆线及圆弧齿轮等，一般机器中常用的为渐开线齿轮。

二、直齿圆柱齿轮的基本参数及尺寸

图 8.32(a) 表示相互啮合的一对齿轮的一部分，如果主动齿轮的齿数为 z_1，转速为 n_1，从动齿轮的齿数为 z_2，转速为 n_2，它们转速的比值为传动比

$$i=\frac{n_1}{n_2}=\frac{z_2}{z_1}$$

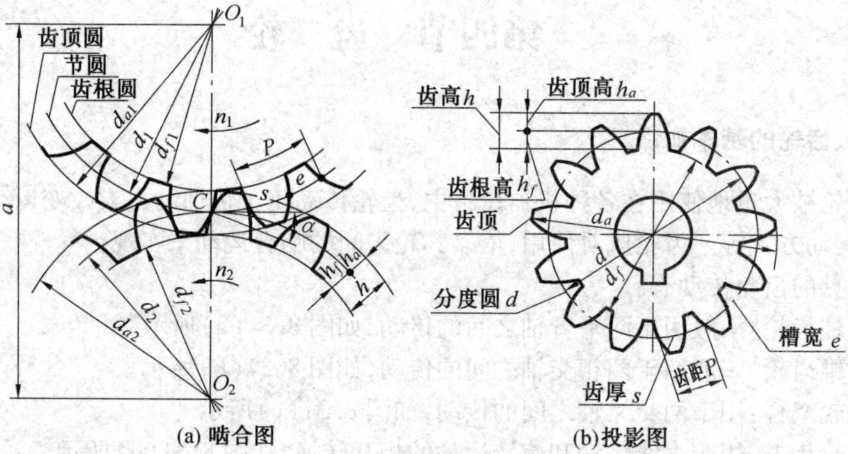

图 8.32　直齿圆柱齿轮各部分名称

齿轮各部分的名称如下：

(1) 齿顶圆直径 d_a：通过齿顶部的假想圆柱的直径称为齿顶圆直径。

(2) 齿根圆直径 d_f：通过齿根部的假想圆柱的直径称为齿根圆直径。

(3) 分度圆直径 d：在齿轮上存在一个齿厚 s 和槽宽 e 相等的圆，称为分度圆，其直径称为分度圆直径。

(4) 齿顶高 h_a：分度圆到齿顶圆的径向距离称为齿顶高。

(5) 齿根高 h_f：分度圆到齿根圆的径向距离称为齿根高。

(6) 全齿高 h：齿顶圆到齿根圆的径向距离。

(7) 齿距 P：分度圆上相邻两齿对应点的弧长。

(8) 齿厚 s：齿轮分度圆上，每一齿的弧长称为齿厚。

(9) 槽宽 e：齿轮分度圆上一个齿槽齿廓间的弧长称为槽宽。

(10) 模数 m：因为分度圆的周长为：$\pi d=Pz$，则分度圆的直径：$d=Pz/\pi$。其中 P/π 称为齿轮的模数，用 m 表示，单位为毫米。

模数是设计、制造齿轮的基本参数，模数越大，齿轮的轮齿越大，承受力也就越大。一对啮合的齿轮模数应该相等，分度圆相切。为了便于齿轮的设计与制造，国家标准规定了模数的标准数值，见表 8.8。

表 8.8　标准模数(GB 1357—87)

第一系列	1　1.25　1.5　2　2.5　3　4　5　6　7　8　10　12　16　20　25　32　40　50
第二系列	1.75　2.25　2.75　(3.25)　3.5　(3.75)　4.5　5.5　(6.5)　7　9　(11)　14　18　22　28　36　45

注:在选用模数时,应优先采用第一系列,其次第二系列,括号内的模数尽量不用。

(11)节圆(直径 d'):一对啮合齿轮的齿廓在其中心连线 O_1O_2 上的啮合接触点 P 称为节点,过节点 P 的两个圆称为节圆。在标准齿轮中,节圆与分度圆重合,$d'=d$。

(12)压力角 α:两个相互啮合的轮齿齿廓在接触点 P 处的受力方向(齿轮曲线的公法线)与运动方向(两节圆的公切线)间的夹角称为压力角,又称为啮合角或齿形角。我国标准齿轮的压力角为20°。

(13)中心矩 a:平行或交叉齿轮副两轴线之间的最短距离称为中心矩。

模数是齿轮的重要参数,已知齿轮的模数和齿数就可以算出各部分的尺寸,计算公式见表8.9。

表 8.9　标准直齿圆柱齿轮的计算公式及举例

基本参数:模数 m,齿数 z			计算举例
名　　称	符　　号	计算公式	已知:$m=2,z=40$
齿顶高	h_a	$h_a=m$	$h_a=2$
齿根高	h_f	$h_f=1.25m$	$h_f=2.5$
全齿高	h	$h=2.25m$	$h=4.5$
分度圆直径	d	$d=mz$	$d=80$
齿顶圆直径	d_a	$d_a=m(z+2)$	$d_a=84$
齿根圆直径	d_f	$d_f=m(z-2.5)$	$d_f=75$
齿距	P	$P=\pi m$	$P=6.28$
中心距	a	$a=1/2(z_1+z_2)m$	

三、直齿圆柱齿轮的画法

1. 单个齿轮的画法

表达单个齿轮通常用两个视图,轴线取水平方向。在反映圆的视图上,用粗实线画齿顶圆,用点画线画分度圆,用细实线画齿根圆,齿根圆也可省略不画。在非圆视图上,一般画成剖视图,齿顶线和齿根线用粗实线表示,分度线用细点画线表示,且细点画线要超出轮廓线,规定轮齿部分不画剖面符号。如果非圆视图不作剖视时,齿顶线用粗实线画,分度线用点画线画,齿根线用细实线 画或省略不画,如图 8.33 所示。

齿轮零件图除图形之外,还要标注尺寸、有关参数和技术要求,如图 8.34 所示为一直齿圆柱齿轮的工作图。

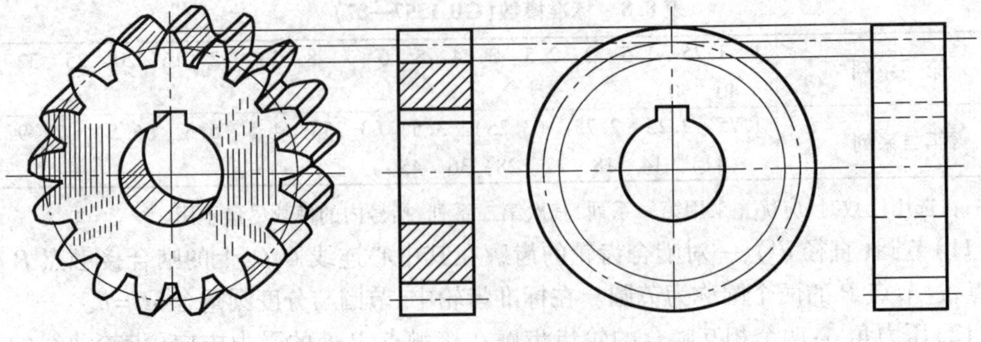

图 8.33 直齿圆柱齿轮画法

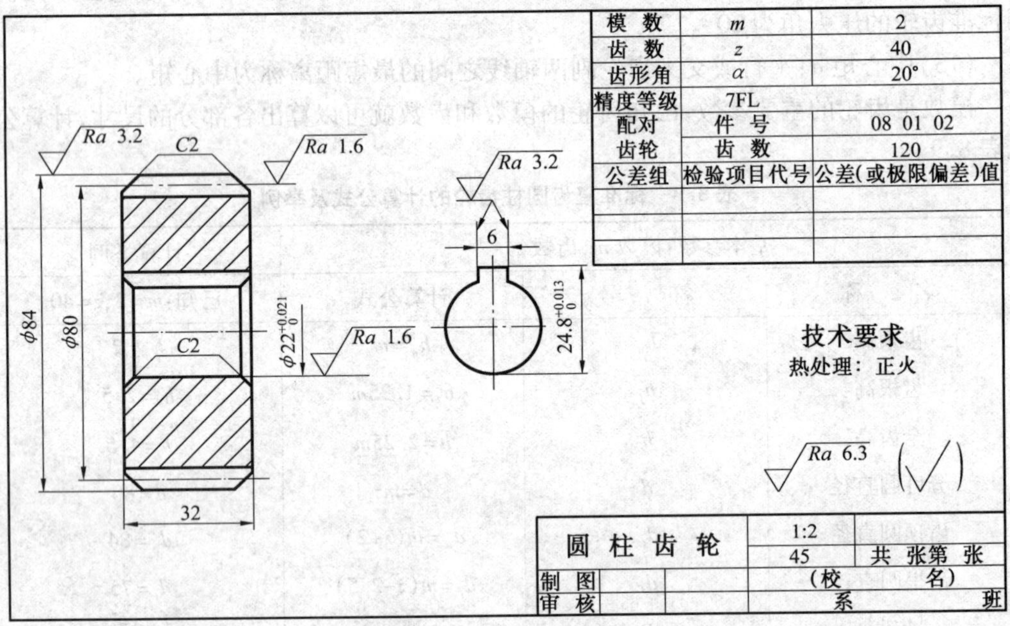

图 8.34 直齿圆柱齿轮工作图

2. 齿轮啮合画法

齿轮啮合一般画两个视图，在反映圆的视图上，齿顶圆用粗实线，齿根圆用细实线（可以省略不画），节圆用细点画线，注意两节圆要相切，啮合区部分的齿顶圆也可以不画，如图 8.35 所示。非圆视图一般画成剖视图，线型与单个齿轮的规定一样。注意在两个齿轮的啮合区部分，一个齿轮的齿顶圆（或齿顶线）与另一个齿轮的齿根圆（或齿根线）之间要有 $0.25m$（m 为模数）的间隙，如图 8.36 所示。在剖视图的啮合区部分应画出一条细点画线、三条粗实线和一条虚线，该虚线为一个齿轮的齿顶线，被另一个齿轮的轮齿挡住。非圆视图也可按照不剖绘制。

四、其它种类齿轮画法简介

1. 锥齿轮

传递两相交轴（一般是直角）间的旋转运动或动力可用成对的锥齿轮，如图 8.31(b)

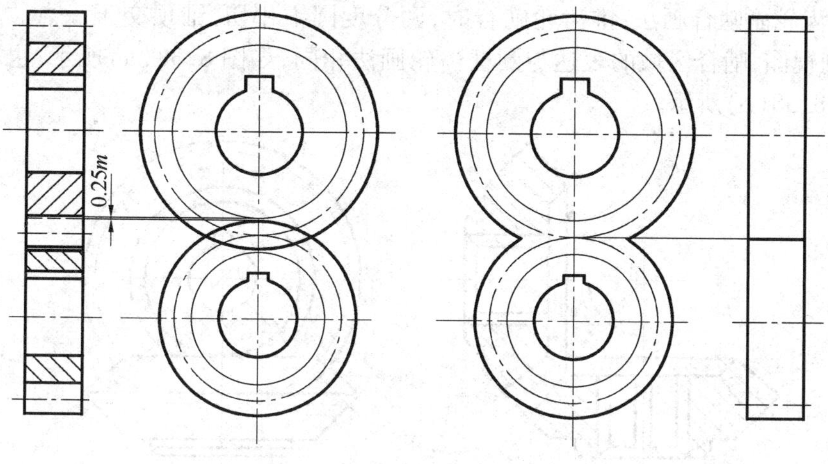

图 8.35　直齿圆柱齿轮啮合画法

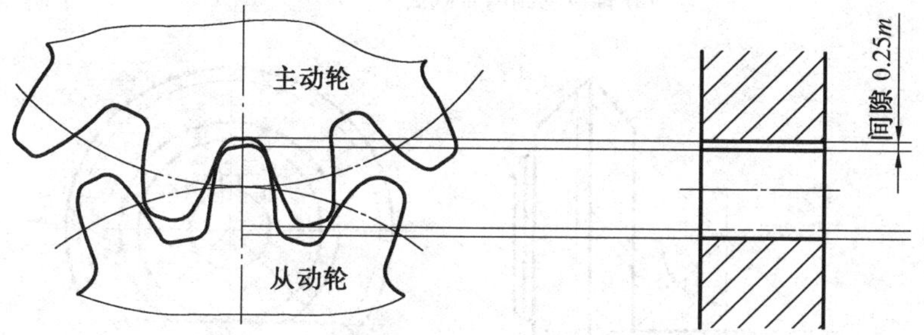

图 8.36　齿轮啮合区局部方法画法

所示。锥齿轮的轮齿加工在圆锥面上，因而圆锥齿轮一端大、一端小，其模数也是由大端到小端逐渐减少。为了设计和制造方便，规定根据大端模数来计算轮齿的有关尺寸。

(1)单个锥齿轮的画法：画锥齿轮时，常把锥齿轮的非圆视图作为主视图，并作全剖；在左视图中，用粗实线表示大端、小端的齿顶圆，用细点画线表示大端的分度圆，齿根圆和小端的分度圆规定不画。

锥齿轮的画法及各部分名称、符号、画法及齿线的画法如图 8.37 所示。

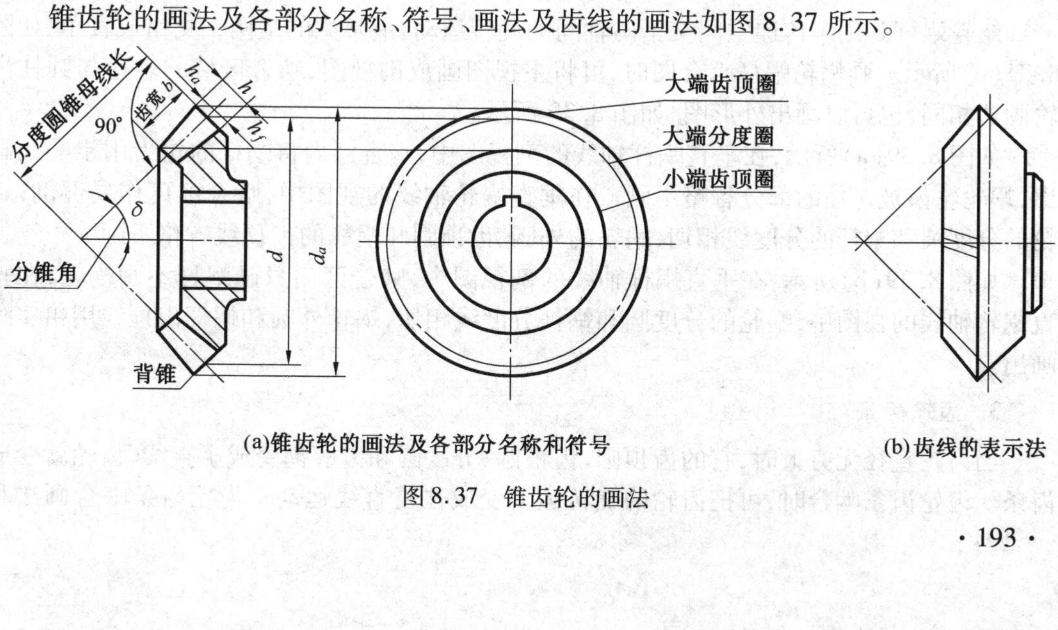

(a)锥齿轮的画法及各部分名称和符号　　(b)齿线的表示法

图 8.37　锥齿轮的画法

(2)锥齿轮副啮合画法:锥齿轮啮合时,两分度圆锥相切,锥顶交于一点。通常将主视图画成剖视图,啮合区域的表达与圆柱齿轮画法相同,如图 8.38(a)所示;也可画出外形图,如图 8.38(b)所示。

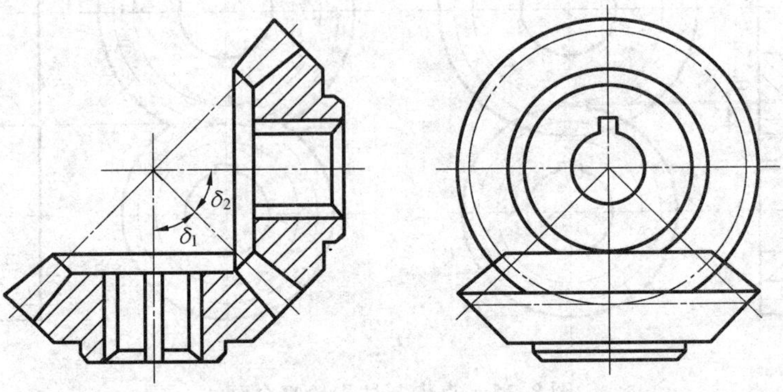

(a) 锥齿轮副啮合画法(一)

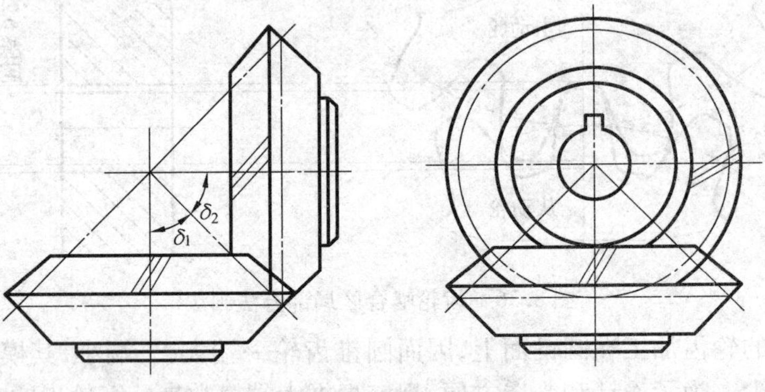

(b) 锥齿轮副啮合画法(二)

图 8.38　轴线正交的锥齿轮副啮合画法

2. 蜗轮蜗杆

蜗轮蜗杆是用来传递空间交错两轴间的旋转运动,最常见的是两轴交错成直角,如图 8.31(c)所示。画蜗轮蜗杆啮合图时,可将主视图画成剖视图,啮合区域的表达与圆柱齿轮画法相同,也可以画出外形图,如图 8.39 所示。

如图 8.39(a)所示,在垂直蜗杆轴线的剖视图中,啮合区内将蜗杆的轮齿用粗实线画出,蜗轮轮齿被遮住的部分省略不画。在垂直蜗轮轴线的视图中,啮合区可作局部剖,蜗轮的分度圆和蜗杆的分度线相切,蜗轮的外圆、齿顶圆和蜗杆的齿顶线省略不画。

如图 8.39(b)所示,在垂直蜗杆轴线的剖视图中,啮合区内只画蜗杆不画蜗轮,在垂直蜗轮轴线的视图中,蜗轮的分度圆和蜗杆分度线相切,蜗轮外圆和蜗杆齿顶线用粗实线画出。

3. 齿轮齿条

当齿轮直径无穷大时,它的齿顶圆、齿根圆、分度圆和齿廓都变成了直线,齿轮就变成齿条。齿轮齿条啮合时,可把齿轮的旋转运动变成往复直线运动。齿轮齿条啮合画法和

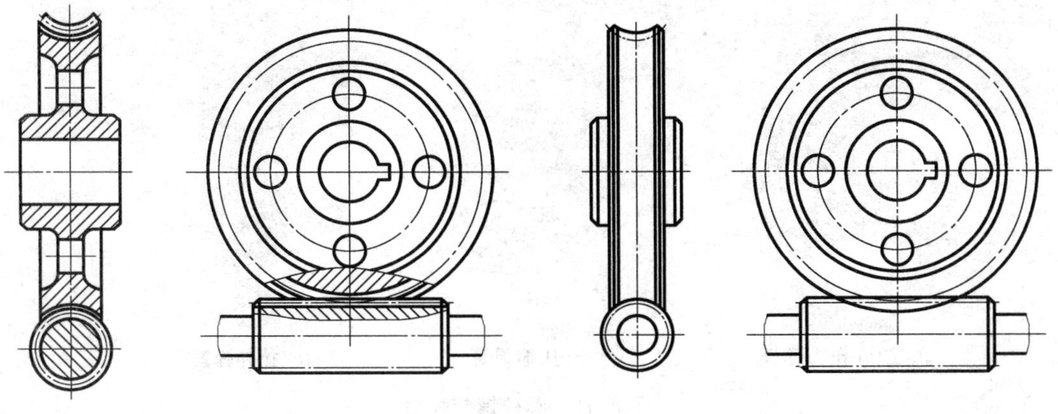

(a) 啮合画法（一）　　　　(b) 啮合画法（二）

图 8.39　圆柱蜗杆副的啮合画法

圆柱齿轮啮合画法基本相同,如图 8.40 所示。

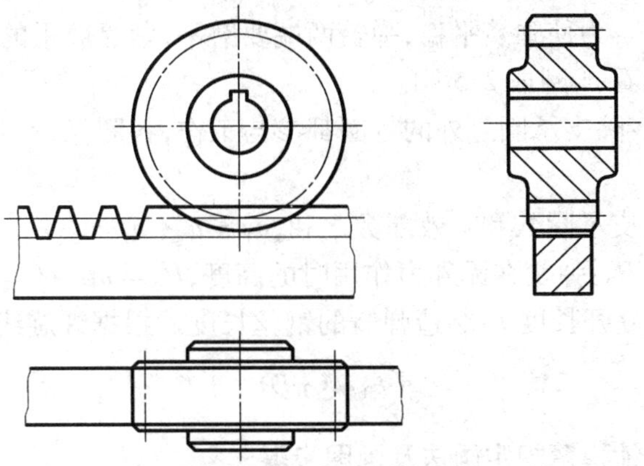

图 8.40　齿轮齿条副的啮合画法

第五节　弹　　簧

一、弹簧的种类和作用

弹簧是机器中常见的一种零件,具有缓冲、吸振、储能、测力和控制机构运动的功能。弹簧的种类很多,按形状不同可分为螺旋弹簧、碟形弹簧、环形弹簧、盘簧和板弹簧等,如图 8.41 所示为圆柱螺旋弹簧。

二、圆柱螺旋压缩弹簧各部分的名称和尺寸计算

(1) 材料直径 d:制造弹簧的钢丝直径。

(2) 弹簧外径 D_2:弹簧的最大直径。

(a) 扭力弹簧　　(b) 压缩弹簧　　(c) 拉伸弹簧

图 8.41　圆柱螺旋弹簧

(3) 弹簧内径 D_1:弹簧的最小直径,$D_1 = D_2 - 2d$。

(4) 弹簧中径 D:弹簧的平均直径,$D = (D_1 + D_2)/2$。

(5) 节距 t:除两端的支承圈外,相邻两圈对应点的轴向距离。

(6) 旋向:弹簧分为右旋和左旋两种。

(7) 支承圈数 n_2:为使弹簧平稳,弹簧两端要磨平,紧靠磨平的几圈起支承作用,称为支承圈数,可取 1.5 圈、2 圈或 2.5 圈。

(8) 有效圈数 n:除支承圈之外的各圈都参与工作,各圈保持相同的节距,这些圈数称为有效圈数。

(9) 总圈数 n_1:支承圈数和有效圈数之和,$n_1 = n + n_2$。

(10) 自由高度 H_0:弹簧在无外力作用时的高度,$H_0 = nt + (n_2 - 0.5)d$。

(11) 弹簧材料展开长度 L:制造弹簧的钢丝长度。根据螺旋线的展开可知

$$L \approx n_1\sqrt{(\pi D)^2 + t^2}$$

三、圆柱螺旋压缩弹簧规定画法及画图步骤

1. 规定画法

(1)在平行于螺旋弹簧轴线的视图上,螺旋弹簧各圈的轮廓应画成直线。

(2)螺旋弹簧均可画成右旋,但左旋弹簧无论画成左旋或右旋,一定要注明“左”字。

(3)有效圈数在四圈以上的螺旋弹簧,可以只画出两端一、二圈(支承圈除外),中间部分可以省略不画,用通过材料剖面中心的两条细点画线表示。

(4)无论支承圈的圈数多少,均可按 2.5 圈的形式绘制,如图 8.42 所示。

2. 画图步骤

绘制圆柱螺旋压缩弹簧时,要已知弹簧的自由高度 H_0、材料直径 d、弹簧中径 D 和有效圈数 n(或总圈数 n_1)。再根据公式计算出节距,作图步骤如图 8.43 所示。

(1) 画弹簧轴线,根据弹簧中径 D 和自由高度 H_0,画出矩形 $ABCD$。

(2) 画支承圈,在长方形的两端,按材料直径 d 在 AB 边画两整圆,CD 边画两半圆,与它们相切再画两整圆。

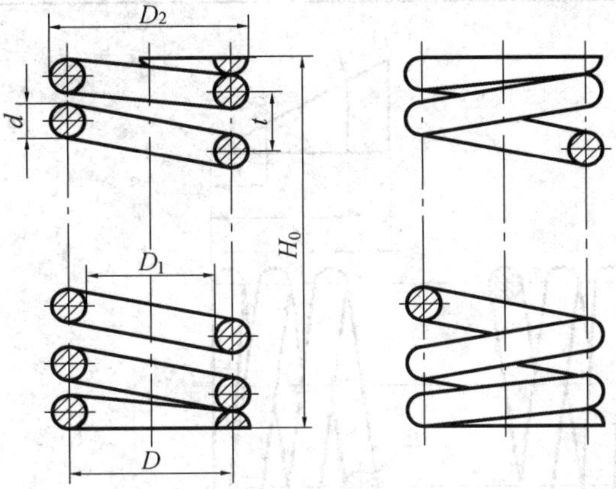

图 8.42　圆柱螺旋压缩弹簧

(3) 画有效圈,在 CD 边按节距 t 画出有效圈材料的圆,再取 $t/2$,作轴线的垂线,确定 AB 边材料中心,画圆,再取 t 画出有效圈材料的圆。

(4) 按螺旋线的方向作相应圆的公切线,在圆内画剖面线,完成剖视图。

图 8.44 为圆柱螺旋压缩弹簧零件图,图中应注明相应的参数和机械性能曲线(即主视图右上方的倾斜曲线,表示弹簧在不同负荷下其长度随着变化的情况)。当弹簧只需给定刚度要求时,可不画机械性能曲线,而在技术要求中说明刚度的要求。

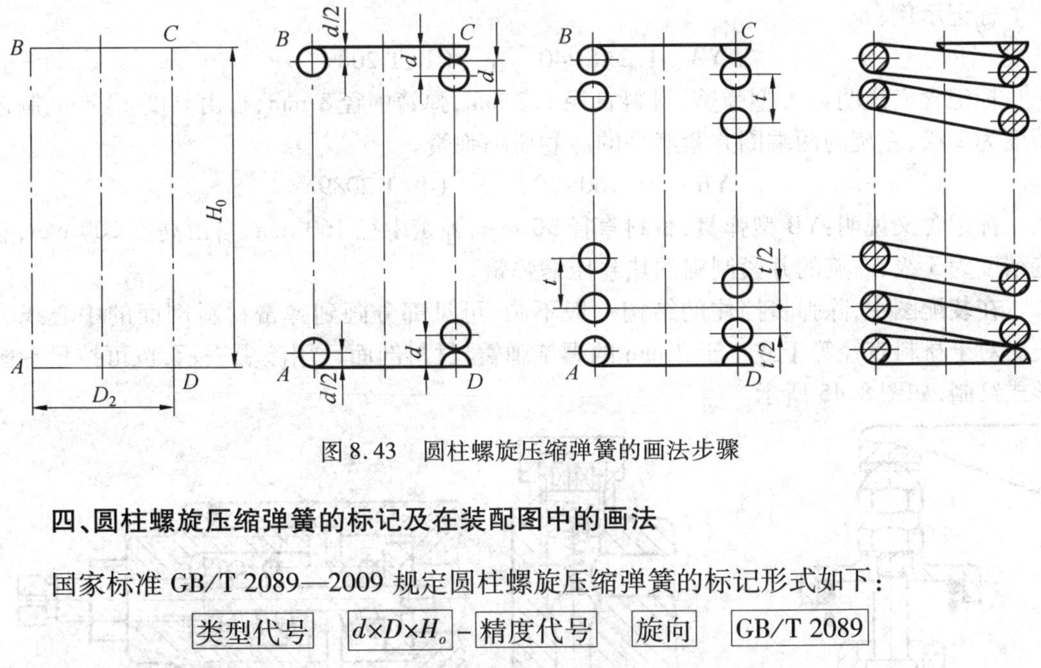

图 8.43　圆柱螺旋压缩弹簧的画法步骤

四、圆柱螺旋压缩弹簧的标记及在装配图中的画法

国家标准 GB/T 2089—2009 规定圆柱螺旋压缩弹簧的标记形式如下:

[类型代号] [$d \times D \times H_o$ - 精度代号] [旋向] [GB/T 2089]

各项内容说明如下:

(1)类型代号用“YA”或“YB”表示:YA 为两端圈并紧磨平的冷卷压缩弹簧,YB 为两端圈并紧制扁的热卷压缩弹簧。

(2)$d \times D \times H_0$,材料直径×弹簧中径×自由高度,尺寸单位为 mm。

(3)制造精度分为 2、3 级:2 级制造精度不需标注,3 级制造需标注“3”。

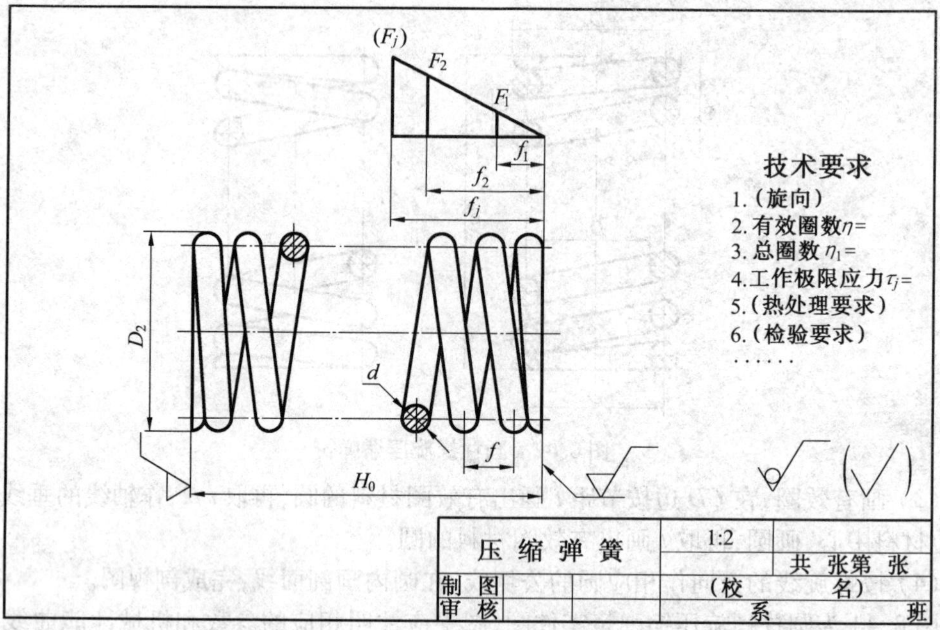

图 8.44　圆柱螺旋压缩弹簧零件图

(4)旋向为左旋时,应注明“左”,右旋不注。

标记示例:

YA　1.2×8×40　左　GB/T 2089

标记含义说明:YA 型弹簧,材料直径 1.2 mm,弹簧中径 8 mm,自由高度 40 mm,制造精度为 2 级,左旋的两端圈并紧磨平的冷卷压缩弹簧。

YB　30×160×200　3　GB/T 2089

标记含义说明:YB 型弹簧,材料直径 30 mm,弹簧中径 160 mm,自由高度 200 mm,制造精度为 3 级,右旋的并紧制扁的热卷压缩弹簧。

在装配图中,除弹簧挡住的结构一般不画,可见部分画到弹簧材料剖面的中心线为止。对于材料直径等于或小于 2 mm 的螺旋弹簧,材料剖面可用涂黑表示,也可按示意图形式绘制,如图 8.45 所示。

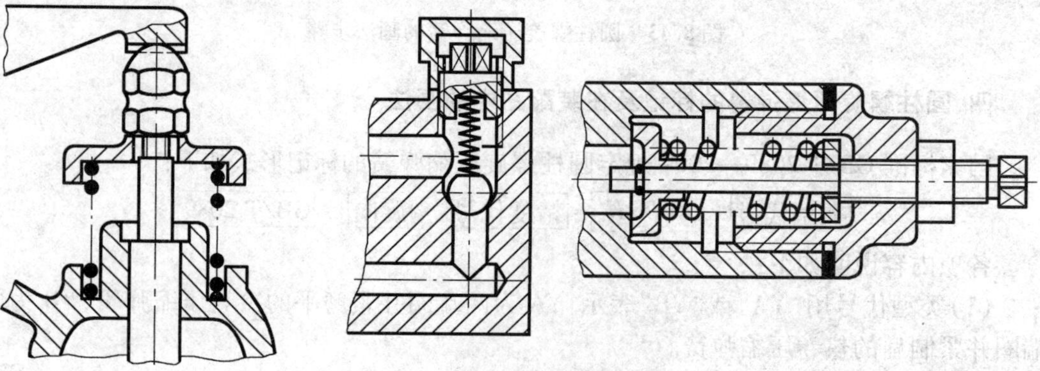

图 8.45　弹簧在装配图中的画法

第九章　零件图

机器或部件都是由若干零件按一定的装配关系和技术要求组装起来的。零件是组成机器或部件的基本单位。表示单个零件结构、形状大小及技术要求的图样称为零件图。它是设计部门提交给生产部门的重要技术文件,是制造和检验零件的依据。因此,零件图必须清楚地表示零件的结构形状,标注应有的尺寸,给出必要的技术要求。

零件通常可分为标准件(紧固件、键、销、滚动轴承、油杯等)和非标准件。非标准件又可分轴套类、盘盖类、叉架类、箱体类等。本章主要讨论零件图的内容和画法,同时也涉及一些绘制零件图时应了解的基本设计和工艺知识。

第一节　零件图的作用和内容

一、零件图的作用

零件图是零件生产和检验的依据,是设计和生产部门的重要技术文件。零件的毛坯制造、机械加工工艺路线的制定、工序图的绘制以及加工检验等,都要依据零件图来进行,因此在画零件图时必须使图样正确无误、清晰易懂。

二、零件图的内容

零件图是制造和检验零件的图样,因此,图样中必须包括制造和检验该零件所需的全部信息。图 9.1 是实际生产用的零件图,其具体内容如下:

(1)图形。用一组视图(其中包括视图、剖视图、断面图、局部放大视图和简化画法等),来正确、完整、清晰地表达零件的各部分结构形状。

(2)尺寸。用一组尺寸,正确、完整、清晰、合理地标注出确定零件形状、大小和各部分结构相对位置的全部尺寸。具体包括各基本体的定形尺寸、相邻体间的定位尺寸、零件的总体尺寸等。

(3)技术要求。用一些规定的符号、数字、字母和文字注解,简明准确地给出零件在使用、制造、检验等过程中应达到的一些技术要求(包括表面粗糙度、尺寸公差、形状和位置公差、热处理要求等)。技术要求的文字一般注写在标题栏上方图纸空白处。

(4)标题栏。标题栏位于图纸的右下角,应填写零件的名称、材料、数量、图的比例以及设计、描图、审核人的签字、日期等各项内容。

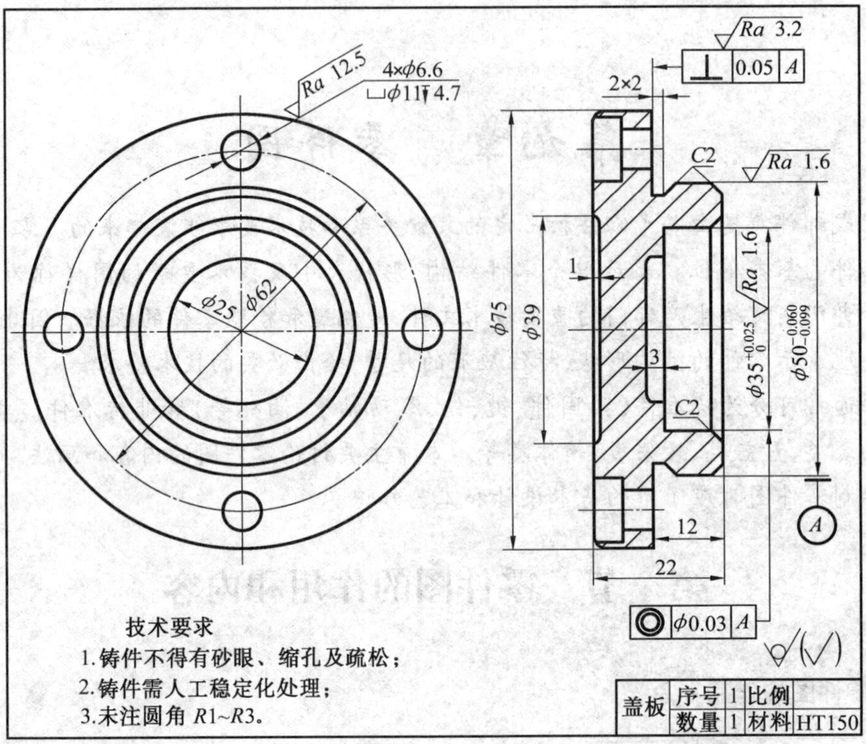

图 9.1 盖板的零件图

第二节 零件的视图选择

不同的零件有不同的结构形状,用怎样的一组图形表达该零件,首先要考虑的是便于看图。其次要根据它的结构特点,选用适当的表达方法,在完整清晰地表达各部分结构形状的前提下,力求画图简便。所以画零件图必须选择一个较好的表达方案,它包括:主视图的选择、视图的数量和表达方法的选择。

一、视图选择的一般原则

零件的视图选择原则是:在完整、正确、清晰地表达各部分结构形状和大小的前提下,力求画图简便,视图数量最少。

1. 主视图的选择

主视图表达了零件的核心内容,其选择是否合理,直接关系到画图和读图的简便与否。主视图的选择具体包括确定零件的安放位置和选择主视图的投影方向。

(1)零件的安放位置。零件的安放位置应符合加工位置原则或工作位置原则,即投影时零件在投影体系中的位置,应尽量符合零件在机床上加工时所处的主要位置或零件在机器中的工作(安装)位置。零件的加工位置是指零件被加工时在机床上的装夹位置。主视图与加工位置一致,可以图物对照,便于加工和测量。机床实物图,如图 9.2 所示。

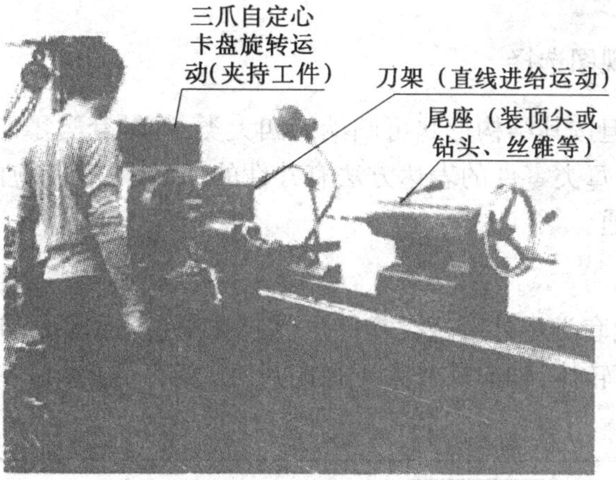

图 9.2　机床实物图

零件的工作位置是指零件在机器或部件中工作时所处的位置。主视图与工作位置一致,便于读图和装配。

(2)主视图的投影方向。选择主视图的投影方向应遵循形状特征原则,即选择最能明显地反映零件形状和结构特征,以及各组成形体之间相对位置的方向作为主视图的投影方向。

在零件摆放位置已定的情况下,主视图可以从前、后、左、右四个方向投射,如图9.3 *A*、*B*、*C*、*D* 四个方向。显然 *A* 向能反映出该零件的形状特征,图 9.3(b)所示主视图方案比较好。

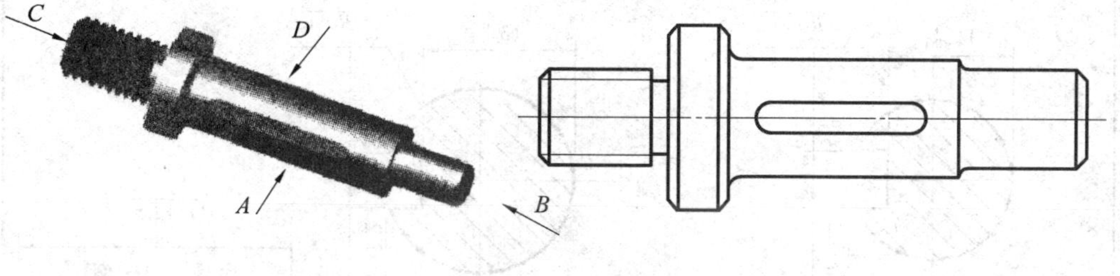

图 9.3　轴的主视图投射方向选择方案比较

2. 其它视图的选择

主视图确定以后,应根据零件结构形状的复杂程度,选取其它的视图,确定合理的表达方案,完整清晰地表达出零件的结构形状。其它视图的选择应该注意以下几点:

(1)优先选用基本视图,每个视图都要有明确的表达目的。要综合运用剖视、断面、局部视图等表达方法,合理布置视图的位置,确定合适的表达方案。

(2)视图的数量取决于零件结构的复杂程度,在完整、清晰地表达出零件结构的前提下,尽量减少视图的数量。但对于复杂的形体和尚未表达清楚的结构,适当地增加视图或者重复是必要的。

(3)表达方案不是唯一的,一般可拟出几种不同的表达方案进行比较,以选定一种比较好的表达方案。

二、典型零件的视图选择

零件形状繁多，但按其结构形状可归纳为四大类，即轴套类零件、轮盘类零件、叉架类零件和箱体类零件。每类零件的表达方法有共性的一面，掌握相应的表达方法后，可以做到举一反三、触类旁通。

1. 轴套类零件

图 9.4 所示为轴套类零件。这类零件主要起支撑、传递动力和轴向定位的作用。它的外形大多是同轴回转体，轴向尺寸大于径向尺寸，多有倒角、退刀槽、键槽、中心孔等结构。

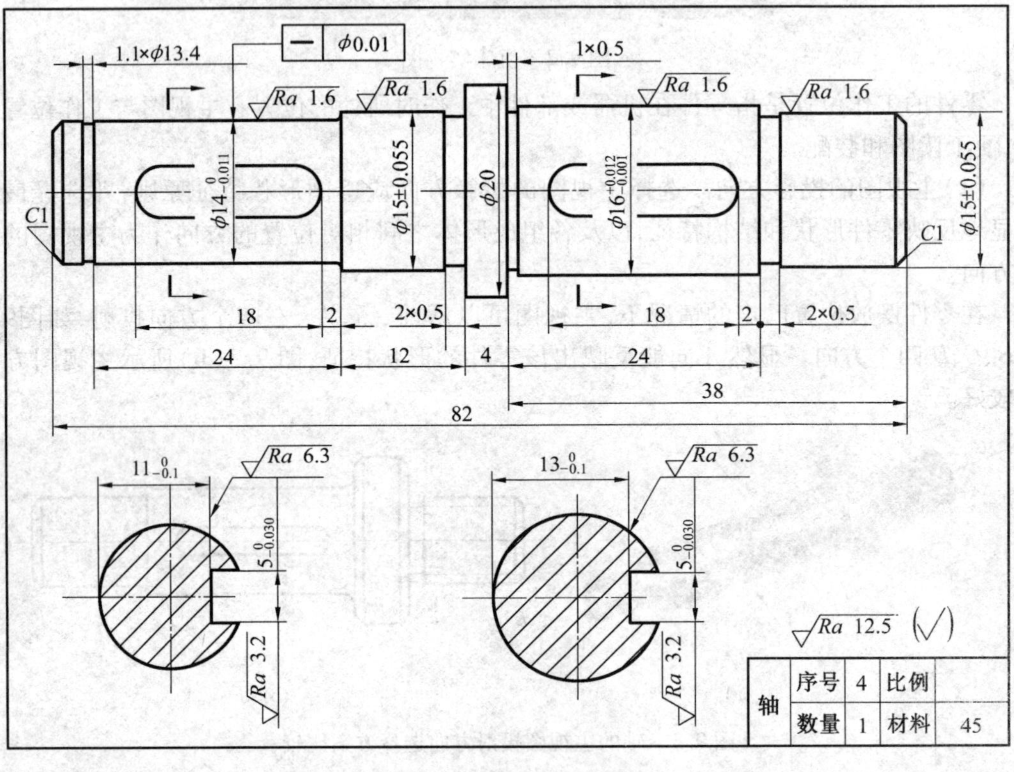

图 9.4　轴套类零件图

轴套类零件一般在车床上加工，通常按加工位置确定主视图，轴线水平放置，键槽和孔结构可以朝前。轴套类零件主要结构形状是回转体，因此一般只画一个主视图。对于零件上的键槽、孔等，可作移出断面。砂轮越程槽、退刀槽、中心孔等可用局部放大图表达其结构。

因此，轴套类零件采用一个主视图，若干断面图、局部放大视图等来表达其结构。

2. 轮盘类零件

轴承盖以及各种轮子、法兰盘、端盖等属于此类零件。轮类零件主要起传递动力和扭矩的作用；盘类零件主要起支撑、定位和密封的作用。它们的结构特点是由同一轴线的回转体构成，轴向尺寸较小、径向尺寸较大，其上常有孔、螺孔、键槽、凸台、轮辐等结构。图 9.5 为端盖零件图。

这类零件的毛坯有铸件和锻件，机械加工以车削为主，主视图一般按加工位置水平放置并作适当剖视，再选一个左视图。其它结构形状如轮辐和肋板等可用移出断面或重合断面，也可用简化画法。

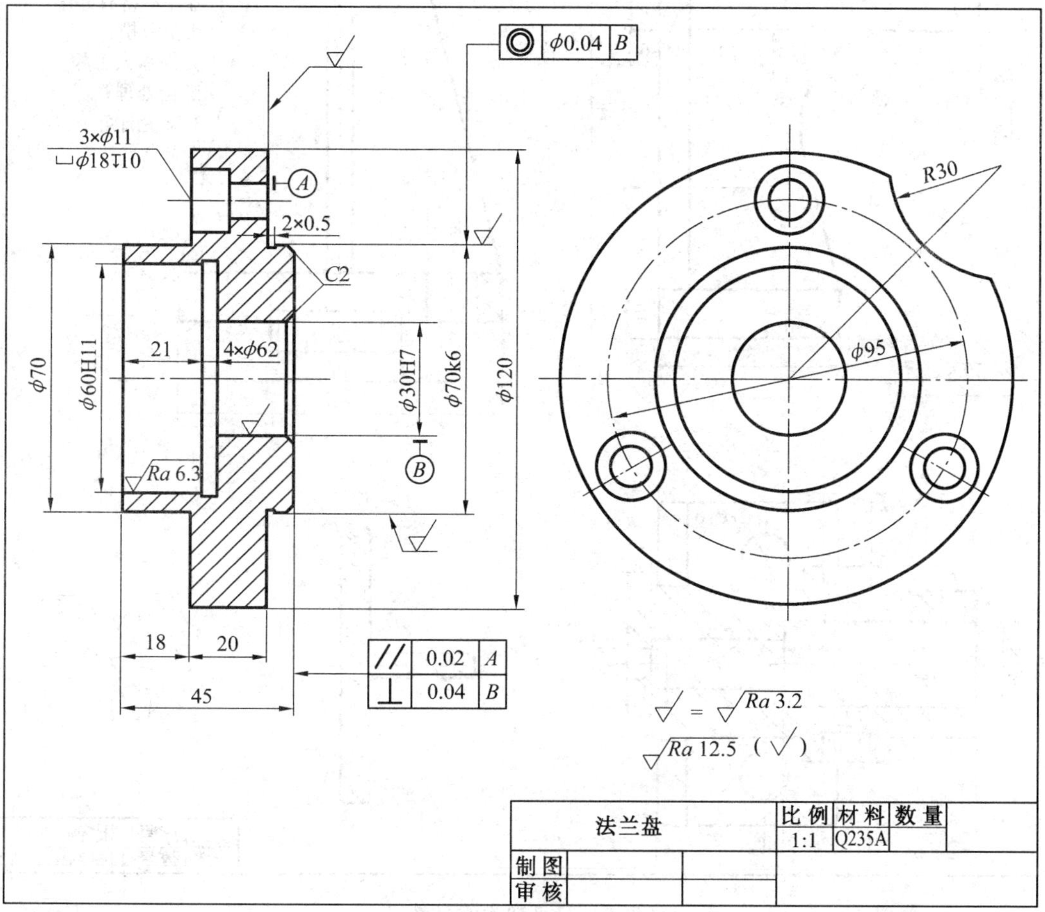

图 9.5　端盖的零件图

3. 叉架

图 9.6 所示叉架类零件包括各种用途的拨叉和支架。拨叉主要在机床、内燃机等各种机器的操纵机构上，用于操纵机器、调节速度。支架主要起支撑和连接的作用。

这类零件一般都是铸件或者锻件毛坯，毛坯的形状较为复杂，需经不同的机械加工，而加工位置难分主次，所以选择主视图主要由形状特征和工作位置来确定。一般需要两个以上基本视图，由于它的某些结构形状不平行于基本投影面，所以常常采用斜视图、斜剖视和断面来表示。对于某些较小的结构，也可采用局部放大视图。

4. 箱体类零件

壳体以及减速器箱体、泵体、阀座等属于这类零件，大多为铸件，一般起支承、容纳、定

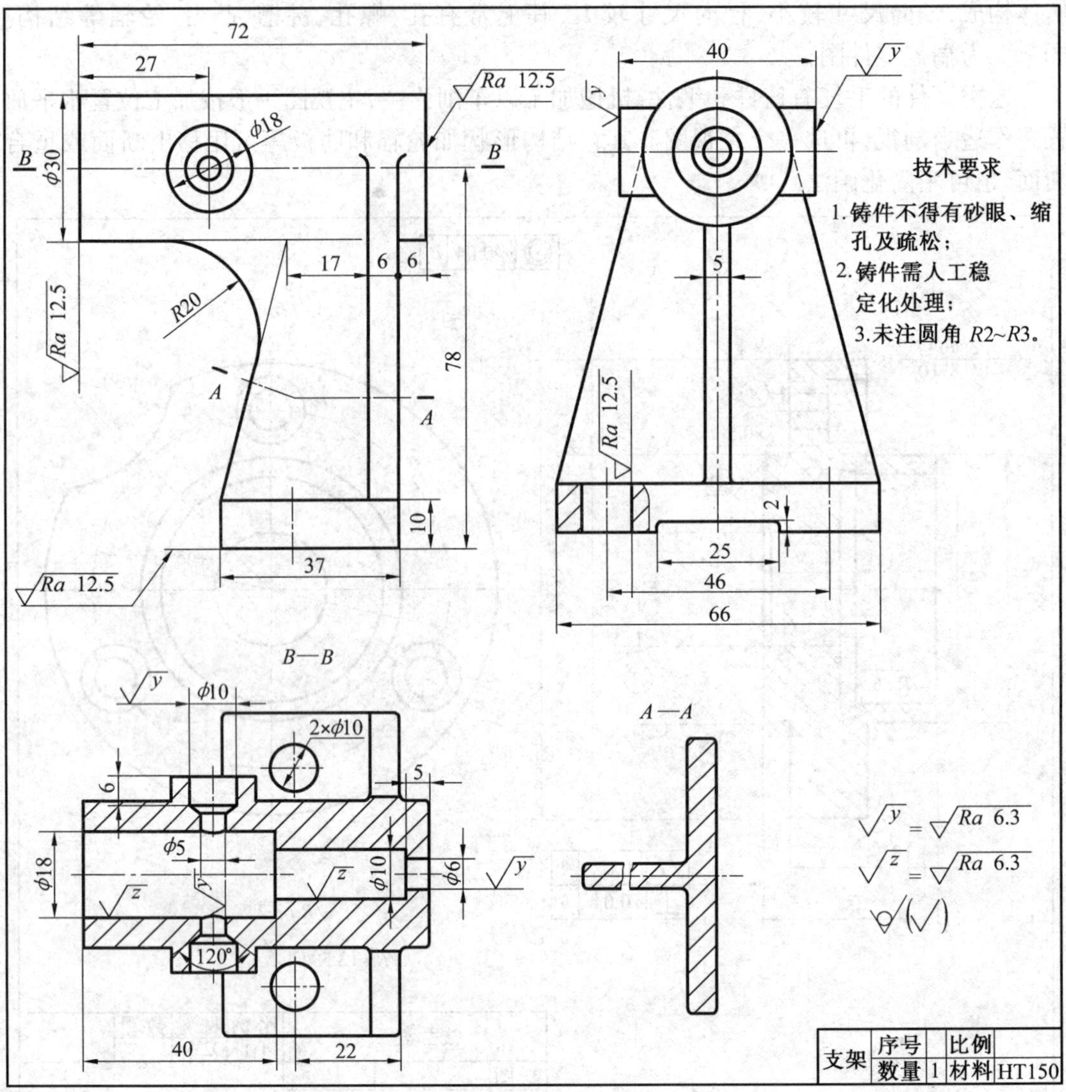

图 9.6　叉架类零件图

位和密封等作用。箱体类零件内外形状较为复杂，零件上多有底板、安装孔、螺孔、凸台、肋板等结构。

这类零件一般经多种工序加工而成，因而其加工位置多样，但其在机器中的工作位置是固定不变的，因此常按箱体类零件的工作位置摆放，以便对照装配图，从装配关系中来了解箱体类零件的结构形状，并选用形状特征明显的视图来做主视图。为了表达箱体类零件的内部结构，主视图一般采用剖视图，根据零件的复杂程度，可以采用全剖、半剖视图和局部视图来表达。

图 9.7 所示为壳体零件图。表达这类箱体类零件时，一般需要多个基本视图。主视图按工作位置和形状特征来选择，在各个视图中采用通过主要支持孔轴线的剖视图表示其内部结构形状。一些局部结构常用局部视图、局部剖视图等表达。

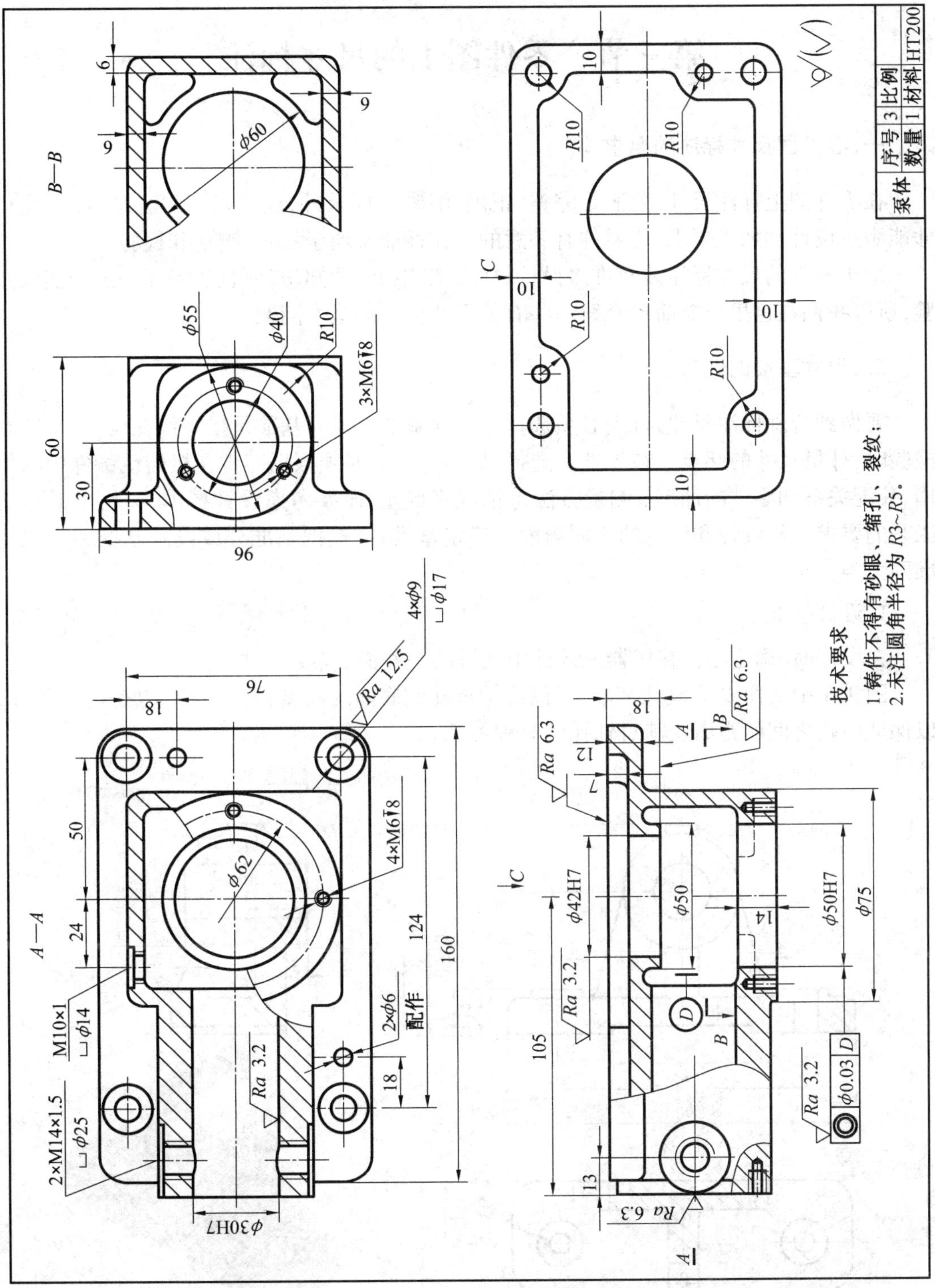

图 9.7　壳体零件图

第三节　零件图上的尺寸标注

一、零件图尺寸标注的要求

在零件图上标注尺寸，除满足完整、正确、清晰的要求外，还要求注得合理，即所注尺寸能满足设计和加工要求，使零件有满意的工作性能又便于加工、测量和检验。

由于零件的尺寸标注涉及许多设计、加工工艺和专业知识，而且还需要一定的实践经验，所以我们在这里只能简单介绍一些有关尺寸标注的基本问题。

二、尺寸基准的选择

要做到合理标注尺寸，首先必须选择好尺寸基准。尺寸基准是指零件在设计、制造和检验时，计量尺寸的起点。在零件上选择尺寸基准时，必须根据零件在机器或部件中的作用、装配关系和零件的加工、测量方法等情况来确定，既要考虑设计要求，又要考虑加工工艺的要求。从设计和工艺的不同角度来确定基准，一般把基准分成设计基准和工艺基准两大类。

1. 设计基准

在设计时，确定零件在机器或部件中位置的一些面、线或点。

图 9.8 中底面 B 为设计基准，以保证轴承孔到底面的高度；对称面 C 也是设计基准，以保证两孔之间的距离及其对轴孔的对称关系。

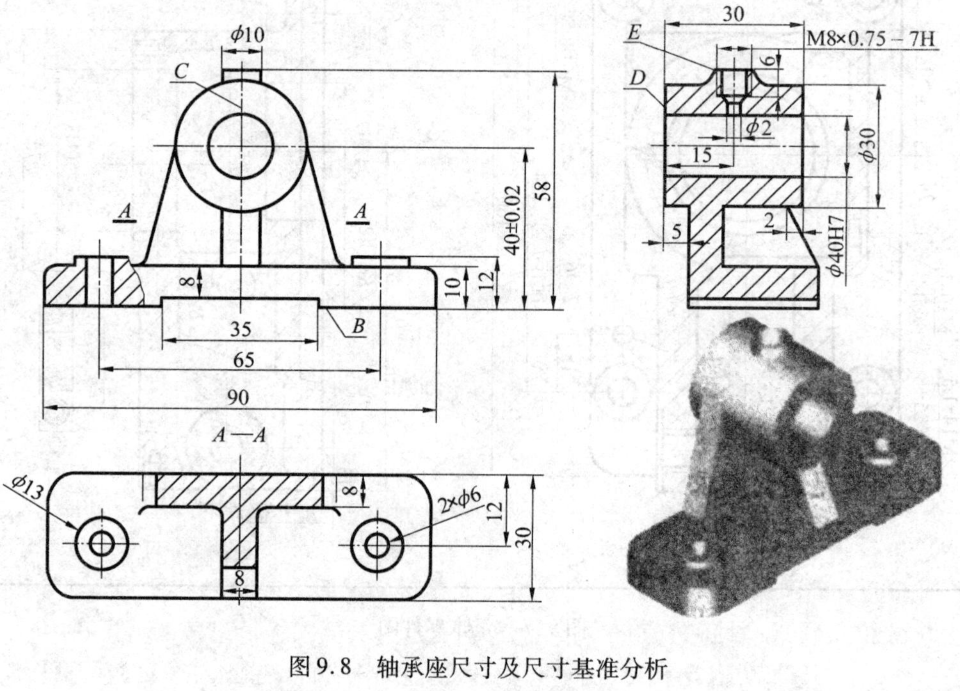

图 9.8　轴承座尺寸及尺寸基准分析

2. 工艺基准

在加工或测量时，确定零件位置的一些面、线或点。

图9.8中端面D为工艺基准，以保证轴承孔的长度尺寸为30和加油螺孔的定位尺寸15；端面E也是工艺基准，以便测量加油孔的深度6。

选择尺寸基准的原则：

（1）要使所注尺寸合理，应尽可能使设计基准与工艺基准一致。这样既能满足设计要求，又便于加工和测量。

（2）当设计基准与工艺基准不一致时，一般将零件的重要设计尺寸，从设计基准出发来标注，以满足设计要求。一些不重要的设计尺寸，则可从工艺基准出发标注，以便于加工和测量。

每个零件都有长、宽、高三个方向，因此，每个方向至少有一个尺寸基准。根据基准的重要程度，又可以分为主要基准和辅助基准。决定零件主要尺寸的基准称为主要基准。根据设计、加工测量上的要求，一般还要附加一些基准，把附加的基准称为辅助基准，但辅助基准必须与主要基准保持直接的尺寸联系。

在具体考虑零件图的尺寸基准时，通常选取零件的主要加工面、对称平面、安装底面、端面、主要轴线等作为尺寸基准。如图9.8所示，轴承座底面B为高度方向的主要基准，左右对称面C为长度方向的主要基准，轴承端面D为宽度方向的主要基准。

三、合理标注尺寸的原则

1. 满足设计要求

（1）主要尺寸应由设计基准直接注出。主要尺寸是指零件上对机器（或部件）的使用性能和装配质量有直接影响的尺寸，这些尺寸必须在图样上直接注出。一般指以下几种尺寸：

①直接影响机器传动精度的尺寸，如齿轮的中心距等；

②直接影响机器性能的尺寸，如齿轮油泵主动轴的中心高等；

③零件相互配合的尺寸，如轴与孔的配合尺寸等；

④决定零件安装位置的尺寸，如螺栓孔的中心距、孔的分布圆直径等。

如图9.9所示，标注支座的尺寸时，支座上部轴孔（轴套装在其内）的尺寸ϕ30H8，轴线到底面的距离（中心高）36，底板安装孔之间的距离82及22等都是主要尺寸，必须在零件图上直接标注。

（2）不要注成封闭尺寸链。在图样中每一个度量方向上，按一定的顺序依次连接起来的尺寸标注形式称为尺寸链，尺寸链中的每一部分称为环。若所有的环都标注尺寸，就形成了封闭尺寸链。这种尺寸标注会出现误差积累，而且可能恰好积累在某一重要的尺寸上，从而导致零件成次品或废品。因此，实际标注尺寸时，应在尺寸链中选一个不重要的环不注尺寸，将其它各环尺寸误差积累到该环中，如图9.10所示。

2. 满足工艺要求

（1）按加工顺序标注尺寸。轴套类零件或阶梯孔按加工顺序标注尺寸，便于加工测

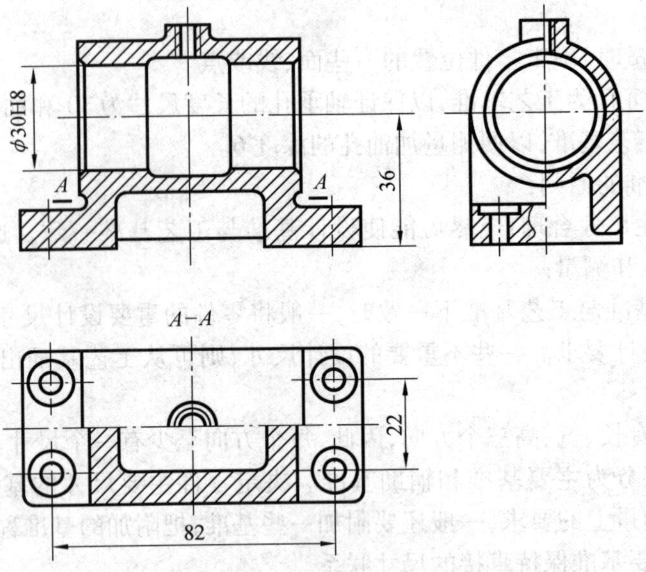

图 9.9　零件上的主要尺寸直接标注

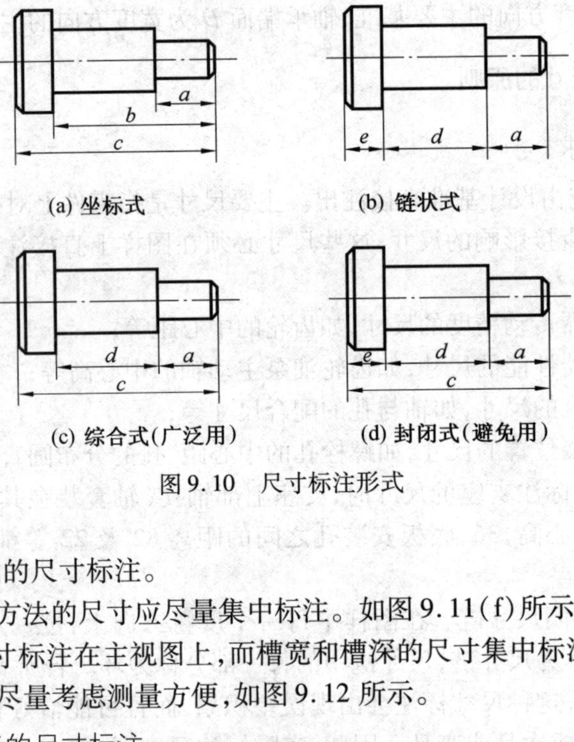

图 9.10　尺寸标注形式

量,如图 9.11 所示轴的尺寸标注。

(2)同一种加工方法的尺寸应尽量集中标注。如图 9.11(f)所示,轴上的键槽尺寸在铣床上加工,长度尺寸标注在主视图上,而槽宽和槽深的尺寸集中标注在断面图上。

(3)标注尺寸应尽量考虑测量方便,如图 9.12 所示。

3. 常见结构要素的尺寸标注

尺寸标注中,对一些零件上常见结构的简化注法和习惯注法,国家标准做了相应的规定,标注时必须符合这些规定,并在实践中逐渐熟记。常见结构的尺寸标注见表 9.1。

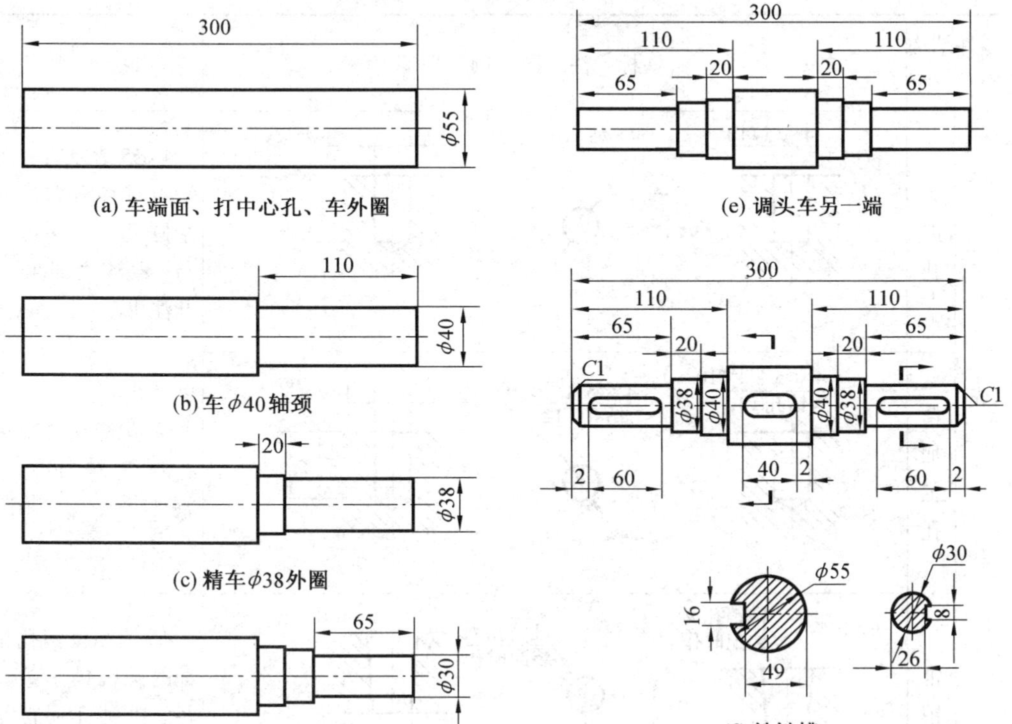

(a) 车端面、打中心孔、车外圈

(b) 车ϕ40轴颈

(c) 精车ϕ38外圈

(d) 精车ϕ30

(e) 调头车另一端

(f) 铣键槽

图 9.11　轴的加工顺序

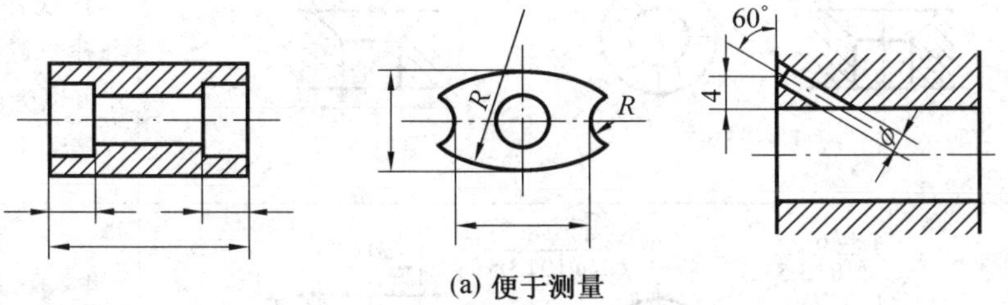

(a) 便于测量

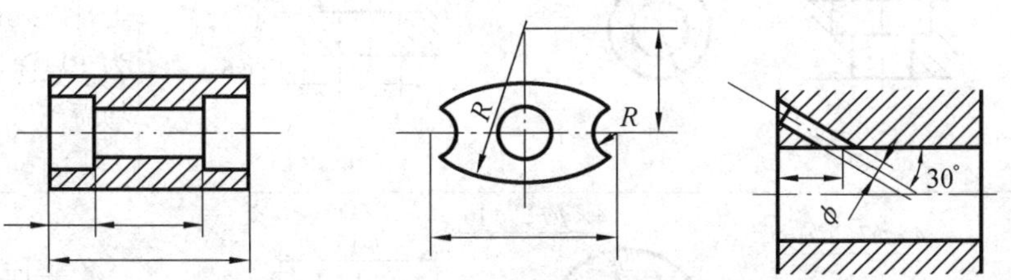

(b) 不便于测量

图 9.12　尺寸测量方便

表 9.1　常见结构的尺寸标注

零件结构类型		标注图例	说明
光孔	一般孔	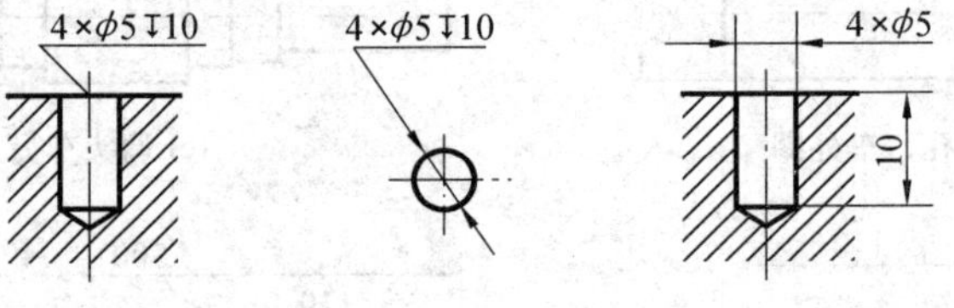	4×ϕ5 表示直径为5、有规律分布的四个圆孔。孔深可以与孔径连注,也可分开注出
光孔	精加工孔	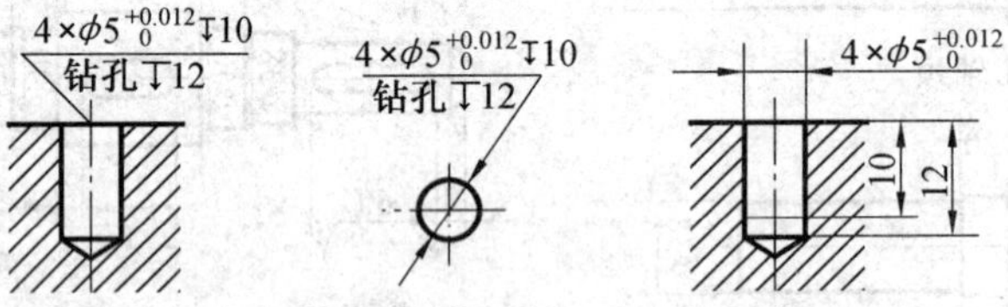	光孔深为 12,钻孔后需精加工至 $\phi5^{+0.012}_{0}$,深度为 10
光孔	锥销孔	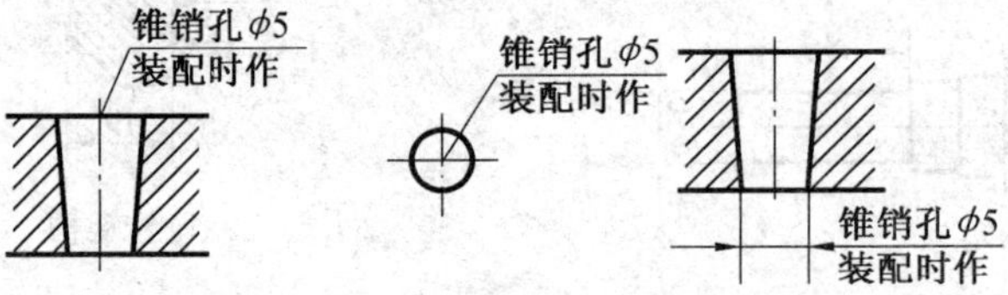	ϕ5 为与锥销孔相配的圆锥销小头直径。锥销孔通常是相邻两零件装配后一起加工的
沉孔	锥形沉孔	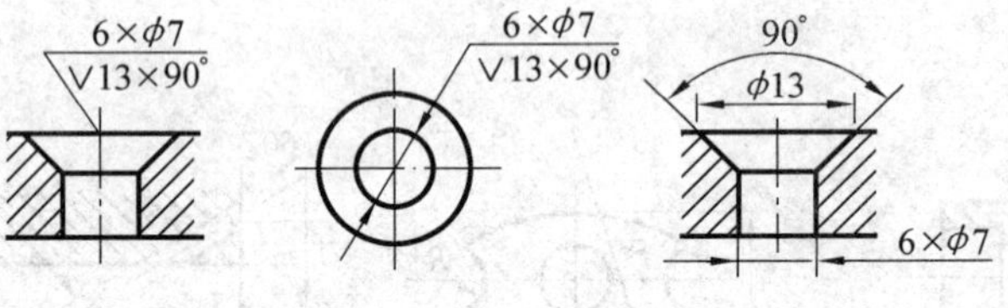	6×ϕ7 表示直径为7,有规律分布的 6 个孔。锥形部分尺寸可以旁注,也可以直接注出
沉孔	柱形沉孔	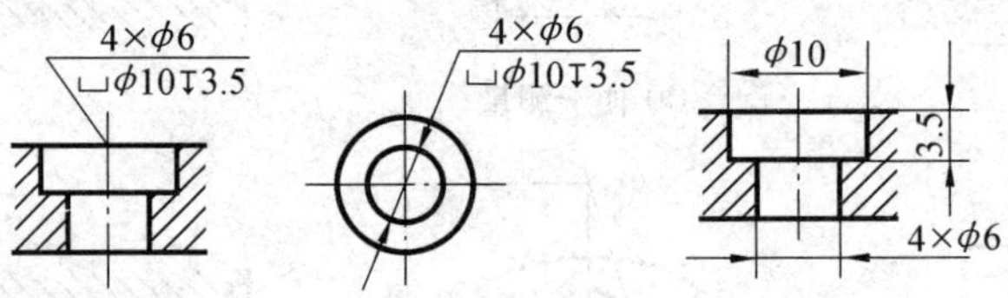	4×ϕ6 的意义同上,柱形沉孔的直径为 10,深度为 3.5,均需注出
沉孔	锪平孔	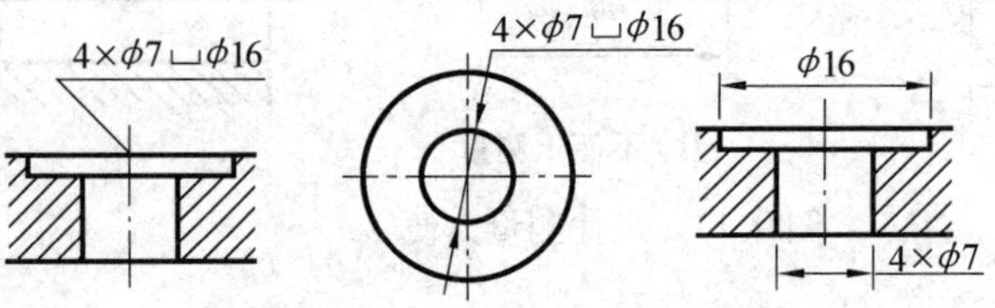	锪平面 ϕ16 的深度不需标注,一般锪平到不出现毛面为止

续表 9.1

零件结构类型		标注图例	说明
螺孔	通孔	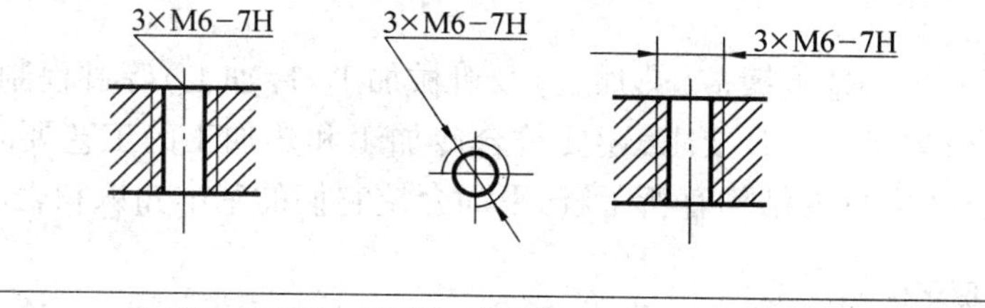	3×M6 表示大径为6，有规律分布的三个螺孔，可以旁注，也可直接注出
螺孔	不通孔	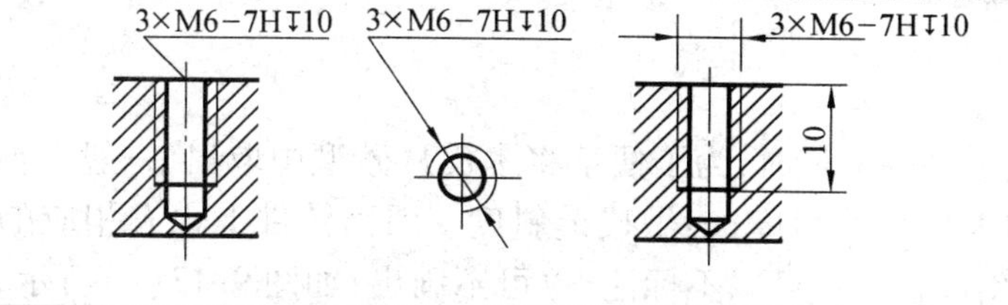	螺孔深度可与螺孔直径连注，也可分开注出
螺孔	不通孔	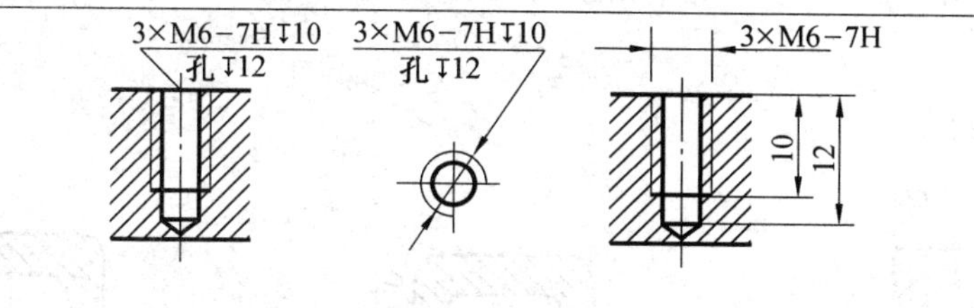	需要注出孔深时，应明确标注孔深尺寸
倒角		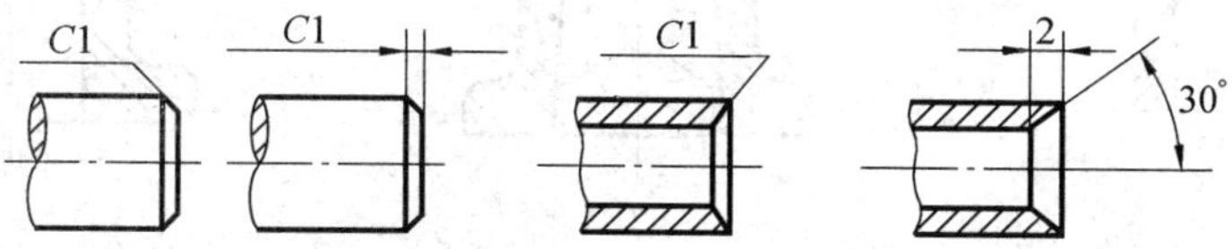	一般倒角为45°，标注形式为“宽度×角度”
退刀槽		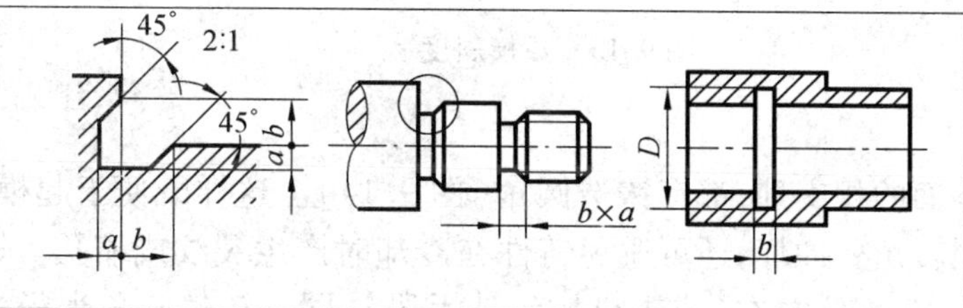	退刀槽可按“槽宽×直径”或“槽宽×槽深”形式标注
键槽	平键键槽	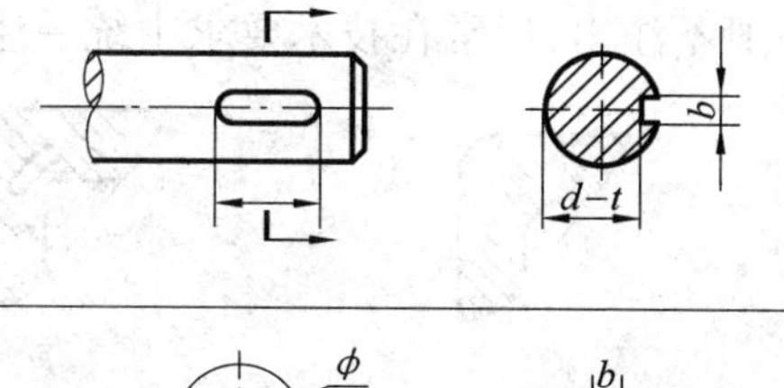	
键槽	半圆键键槽	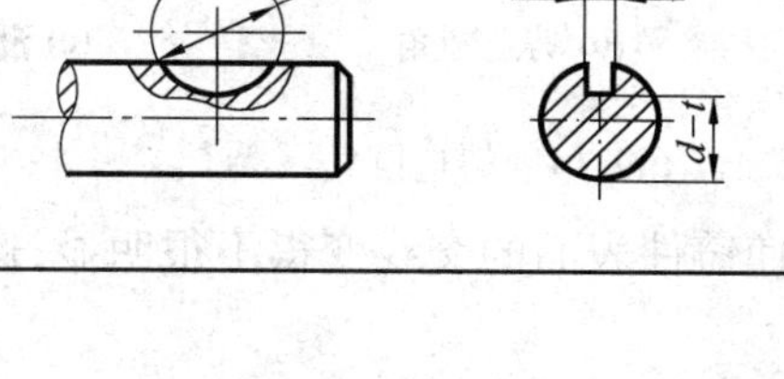	半圆键如图所示标注便于测量和选择铣刀直径

第四节　零件的常见工艺结构

大部分零件都要经过铸造或锻造(热加工)及机械加工(冷加工)等过程制造出来,因此零件的结构形状不仅要满足设计要求,还要符合冷加工和热加工的工艺要求。为了正确绘制图样,必须对一些常见的结构有所了解,下面介绍它们的基本知识和表示方法。

一、铸造零件的工艺结构

1. 拔模斜度

用铸造方法制造零件的毛坯时,为了便于将木模从砂型中取出,一般木模的内、外壁沿拔模的方向作成约 1 ∶ 20 的斜度,叫做拔模斜度。因而铸件上也有相应的斜度,如图 9.13(b)所示。这种斜度在图上可以不标注,也可不画出,如图 9.13(c)所示,必要时,可在技术要求中注明。

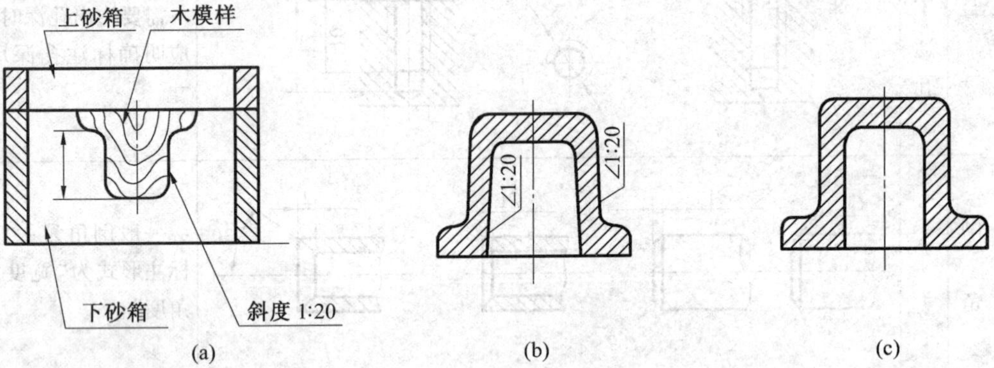

图 9.13　拔模斜度

2. 铸造圆角

在铸件毛坯各表面的相交处,都有铸造圆角(图 9.14)。这样既便于起模,又能防止在浇铸时铁水将砂型转角处冲坏,还可避免铸件在冷却时产生裂纹或缩孔。铸造圆角半径一般取壁厚的 0.2 ~ 0.4 倍左右(或查机械设计手册),同一铸件圆角半径的种类尽可能减少。铸造圆角半径在图上一般不注出,通常在技术要求中统一注明。

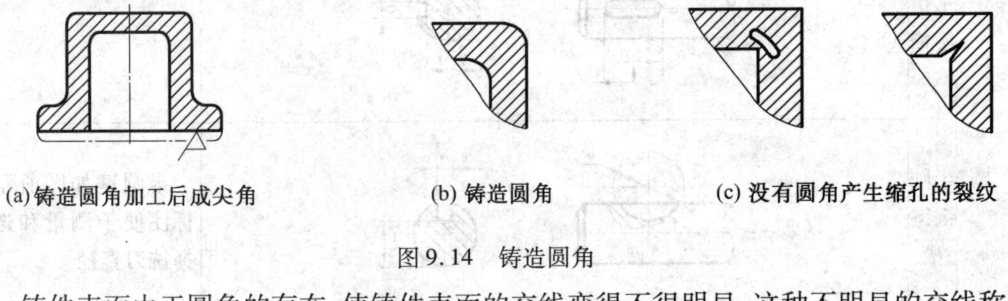

图 9.14　铸造圆角

铸件表面由于圆角的存在,使铸件表面的交线变得不很明显,这种不明显的交线称为过渡线。

3. 铸件壁厚

在浇铸零件时，为了避免各部分因冷却速度不同而产生缩孔或裂纹等铸造缺陷，铸件的壁厚应尽量保持均匀，或采用逐渐过渡的方法，图 9.15(a)和(b)所示结构合理，图 9.15(c)所示结构不合理。

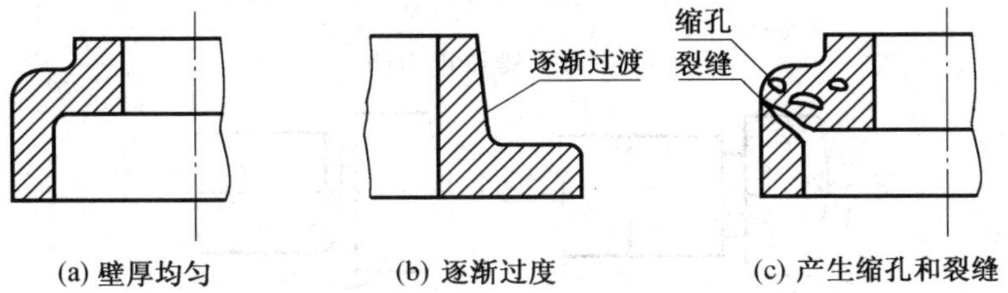

图 9.15　铸件壁厚

二、零件加工的工艺结构

1. 倒角与倒圆

在机械加工中，为了装配时起导向作用，以及保护装配面不受损伤，把轴和孔的端部加工成的锥面称为倒角。常见的倒角为 45°，也有 30°和 60°的倒角。在轴肩处，为减少应力集中，把轴肩处加工成的圆角称为倒圆。两者的画法和标注方法见图 9.16，其中 C 表示 45°倒角，n 表示倒角的轴向长度，倒角和倒圆的大小可根据轴（孔）直径由 GB/T 6403.4—2008（附录 19）查得。

2. 退刀槽和砂轮越程槽

为了在切削加工时不致于使刀具损坏，便于退刀，并且在装配时能与相邻零件贴紧，常在加工表面的轴肩处预先加工出一槽，称为退刀槽，其尺寸一般按“槽宽×直径”的形式标注，如图 9.17 所示。为了在磨削加工时，砂轮能稍微越过加工面，在被加工面的末端加工的退刀槽又称砂轮越程槽，其尺寸一般按“槽宽×槽深”或“槽宽×直径”的形式注出，如图 9.18 所示。退刀槽和砂轮越程槽的尺寸可由相关国家标准（GB/T 3—1997 和 GB/T 6403.5—2008）确定，见附录 20 和附录 21。

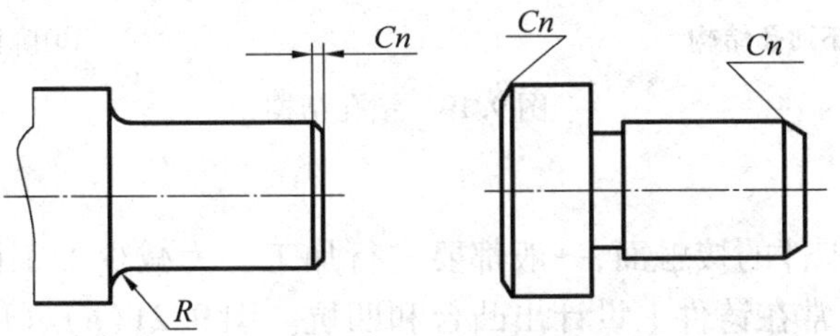

图 9.16　倒角与倒圆

3. 钻孔结构

用钻头钻出的盲孔，底部有一个 120°的锥顶角。圆柱部分的深度称为钻孔深度，不

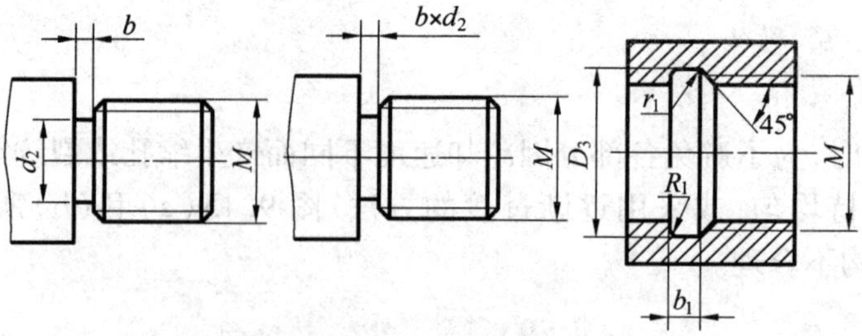

图 9.17　螺纹退刀槽

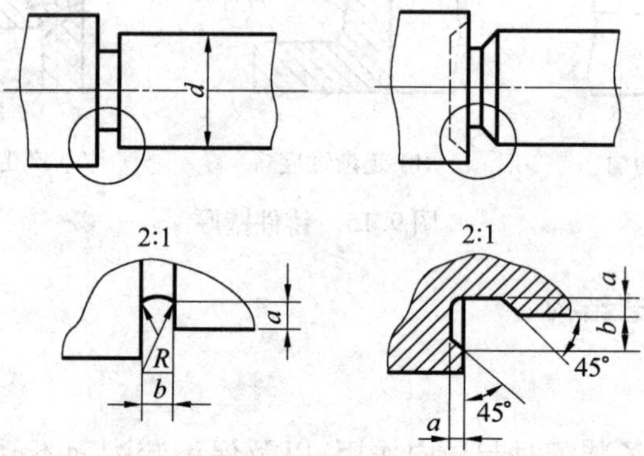

图 9.18　砂轮越程槽

包括锥坑深度，见图 9.19(a)。在钻阶梯孔时，过渡处有 120°的圆锥台，其画法及尺寸标注见图 9.19(b)。

用钻头钻孔时，要求钻头轴线尽量垂直于被钻孔的端面，以保证钻孔避免钻头折断。图 9.20 表示三种钻孔端面的正确结构。

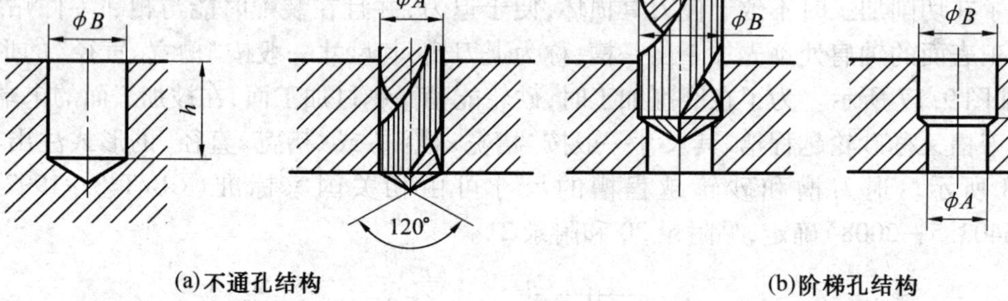

(a)不通孔结构　　(b)阶梯孔结构

图 9.19　钻孔结构

4. 凸台和凹坑

零件上与其它零件的接触面，一般都要进行加工。为减少加工面积并保证零件表面之间有良好的接触，常在铸件上设计出凸台和凹坑。图 9.21(a)、(b)表示螺栓连接的支承面做成凸台和凹坑形式，图 9.21(c)、(d)表示为减少加工面积而做成凹槽和凹腔结构。

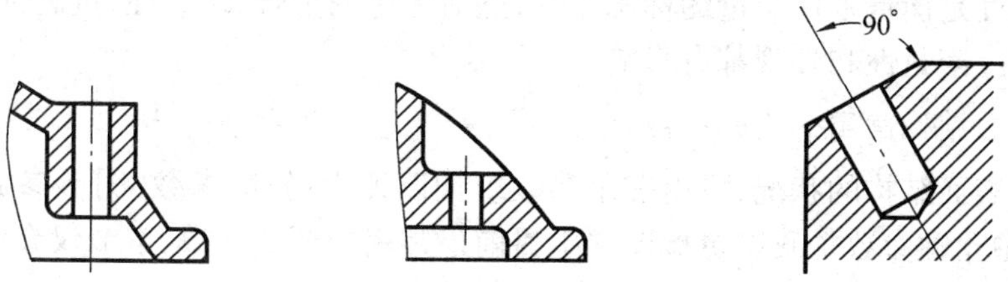

图 9.20　钻孔断面的正确结构

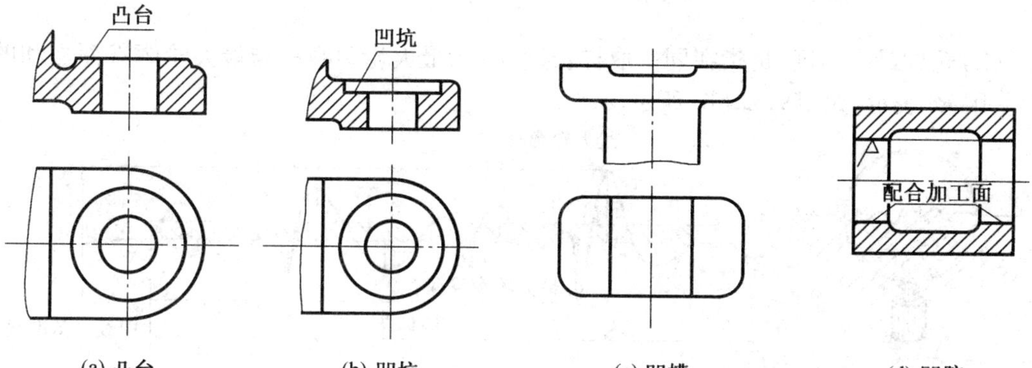

图 9.21　凸台和凹坑

第五节　零件图中的技术要求

零件图上除了有表达零件形状的图形和表达零件大小的尺寸外，还必须有制造该零件时应达到的一些技术要求。技术要求主要包括：表面粗糙度、尺寸公差、形状和位置公差，材料热处理和表面处理，零件的特殊加工要求、检验和试验说明等。

零件图上的技术要求如表面粗糙度、尺寸公差、形位公差应按国家标准规定的各种代（符）号标注在图形上，无法标注在图形上的内容，可用文字分条注写在图纸下方空白处。

本节主要介绍表面粗糙度和尺寸公差与配合。

一、表面结构的图样表示法

表面结构是表面粗糙度、表面波纹度、表面缺陷、表面纹理和表面几何形状的总称。表面结构的各项要求在图样上的表示法在 GB/T 131—2006 中均有具体规定。本节主要介绍常用的表面粗糙度表示法。

1. 表面粗糙度的概念

零件的各个表面，不管加工得多么光滑，置于显微镜下观察，都可以看到峰谷不平的情况，如图 9.22(a)所示。加工表面上具有较小间距的峰谷所组成的微观几何形状特征称为表面粗糙度。一般来说，不同的表面粗糙度是由不同的加工方法形成的。

表面粗糙度是衡量零件质量的标志之一，它对零件的配合、耐磨性、抗腐蚀性、接触刚度、抗疲劳强度、密封性和外观都有影响。

2. 评定表面结构常用的轮廓参数

对于零件表面结构的状况，可由三个参数组加以评定：轮廓参数、图形参数和支承率曲线参数；其中轮廓参数是我国机械图样中目前最常用的评定参数，本节仅介绍轮廓参数中评定粗糙度轮廓（R 轮廓）的两个高度参数 *Ra* 和 *Rz*：

（1）算术平均偏差：是指在取样长度 *lr* 内（用以判别具有表面粗糙度特征的一段基准线长度），轮廓偏距 $Z(x)$（轮廓上的点与基准线之间的距离）绝对值的算术平均值，用 *Ra* 表示。

（2）轮廓最大高度：是指在同一取样长度 *lr* 内，最大轮廓峰高与最大轮廓谷深之和的高度，用 *Rz* 表示，如图 9.22(b) 所示。

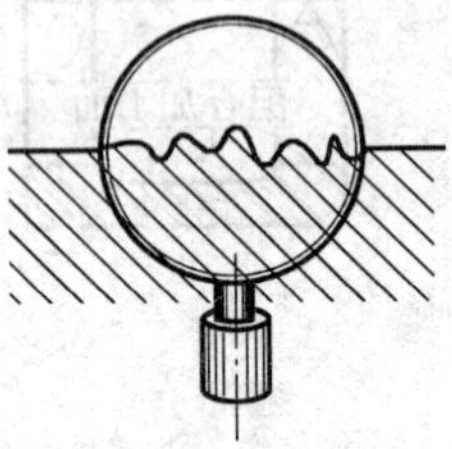

(a)

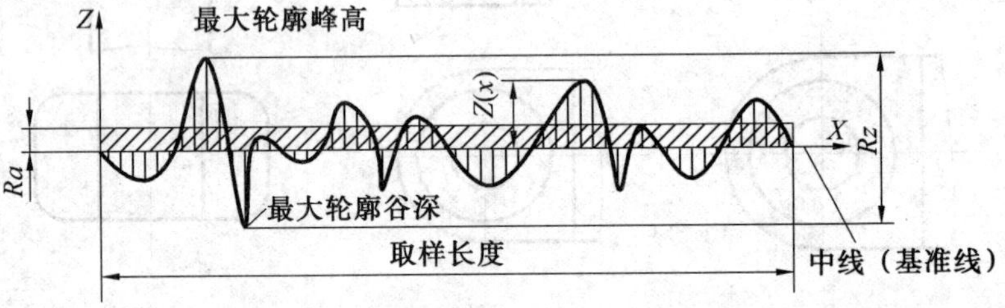

(b)

图 9.22 表面粗糙度

Ra 和 *Rz* 与取样长度的对应关系及两者系列见表 9.2，表中的第一系列为优先选用值。

表 9.2 *Ra* 和 *Rz* 的数值（GB/T 1031—2009）

Ra/μm		≥0.008 ~ 0.02	≥0.02 ~ 0.1	≥0.1 ~ 2.0	≥2.0 ~ 10.0	≥10.0 ~ 80.0
Rz/μm		≥0.025 ~ 0.10	≥0.10 ~ 0.50	≥0.50 ~ 10.0	≥10.0 ~ 50	≥50 ~ 320
取样长度 l_r/mm		0.08	0.25	0.8	2.5	8.0
Ra 系列	第一系列	0.012、0.025、0.05、0.1、0.2、0.4、0.8、1.6、3.2、6.3、12.5、25、50、100				
	第二系列	0.008、0.010、0.016、0.020、0.032、0.040、0.063、0.080、0.125、0.160、0.25、0.32、0.50、0.63、1.00、1.25、2.0、2.50、4.0、5.0、8.0、10.0、16.0、20、32、40、63、80				
Rz 系列	第一系列	0.025、0.05、0.1、0.2、0.4、0.8、1.6、3.2、6.3、12.5、25、50、100、200、400、800、1600				
	第二系列	0.032、0.040、0.063、0.080、0.125、0.160、0.25、0.32、0.50、0.63、1.00、1.25、2.0、2.5、4.0、5.0、8.0、10.0、16.0、20、32、40、63、80、125、160、250、320、500、630、1 000、1 250				

3. 表面粗糙度的选用

零件表面粗糙度数值的选用，应该既要满足零件表面的功能要求，又要考虑经济合理

性。具体选用时,可参照生产中的实例,用类比法确定,同时注意以下问题:

(1)在满足功能的前提下,尽量选用较大的 *Ra* 值,以降低生产成本。

(2)在同一零件上,工作面比非工作面 *Ra* 值小。

(3)配合性质相同时,零件尺寸大的比尺寸小的表面 *Ra* 值大;同一公差等级,小尺寸比大尺寸、轴比孔的 *Ra* 值要小。

(4)受循环载荷的表面及容易产生应力集中的表面的 *Ra* 值要小。

(5)运动速度高、单位压力大的摩擦表面,比运动速度低、单位压力小的摩擦表面 *Ra* 值小。

(6)一般说来,尺寸、表面形状要求精度高的表面 *Ra* 值小,不同的加工方法可以得到不同的 *Ra* 值,参照表 9.3。

表 9.3　表面粗糙度的表面特征、经济加工方法及应用示例

表面微观特征		*Ra*/μm	加工方法	应用举例
粗糙表面	明显见刀痕	≤20	粗车、粗刨、粗铣、钻、毛锉、锯断	半成品粗加工的表面,非配合的加工表面,如轴端面、倒角、钻孔、齿轮和带轮侧面、键槽底面、垫圈接触面等
半光表面	微见加工痕迹	≤10	车、刨、铣、镗、钻、粗铰	轴上不安装轴承、齿轮的非配合表面,紧固件的自由装配表面,轴和孔的退刀槽等
	微见加工痕迹	≤5	车、刨、铣、镗、拉、粗刮、滚压	半精加工表面、箱体、支架、端面和套筒等和其他零件结合而无配合要求的表面,需要发蓝的表面等
	看不清加工痕迹	≤2.5	车、刨、铣、镗、磨、拉、刮、压、铣齿	近于精加工表面,箱体上安装轴承的镗孔表面,齿轮的工作面等
光表面	可辨加工痕迹方向	≤1.25	车、镗、磨、拉、刮、精铰、磨齿、滚压	圆柱销、圆锥销、与滚动轴承配合的表面,普通车床导轨面,内、外花键定心表面等
	微辨加工痕迹方向	≤0.63	精铰、精镗、磨、刮、滚压	要求配合性质稳定的配合表面,工作时受交变应力的重要零件,较高精度车床的导轨面等
	不可辨加工痕迹方向	≤0.32	精磨、珩磨、研磨、超精加工	精密机床主轴锥孔、顶尖圆锥面,发动机曲轴,凸轮轴工作表面,高精度齿轮齿面
极光表面	暗光泽面	≤0.16	精磨、研磨、普通抛光	精密机床主轴颈表面,一般量规工作表面,汽缸套内表面,活销表面等
	亮光泽面	≤0.08	超精磨、精抛光、镜面磨削	精密机床主轴颈表面,滚动轴承的滚珠,高压油泵中柱塞和柱塞孔配合的表面等
	镜状光泽面	≤0.04		
	镜面	≤0.01	镜面磨削、超精磨	高精度量仪、量块的工作表面,光学仪器中的金属镜面等

4.表面结构图形符号以及含义(GB/T 131—2006)

(1)表面结构图形符号的比例见图 9.23,尺寸见表 9.4。

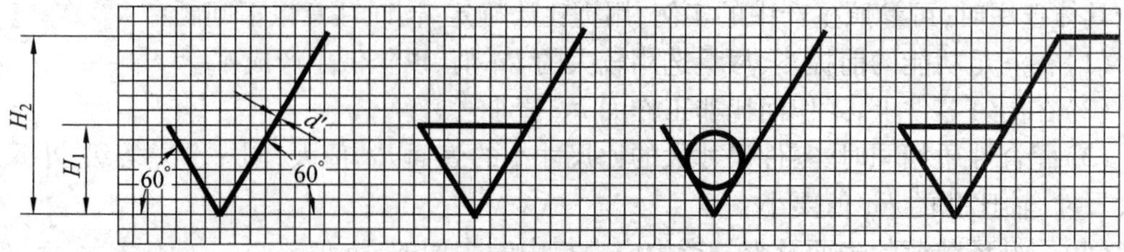

图 9.23　表面结构图形符号的画法

表 9.4　图形符号的尺寸

mm

数字和字母高度 h	2.5	3.5	5	7	10	14	20
符号线宽 d'和字母线宽	0.25	0.35	0.5	0.7	1	1.4	2
高度 H_1	3.5	5	7	10	14	20	28
高度 H_2(最小值)	7.5	10.5	15	21	30	42	60

注:H_2取决于标注内容。

(2)表面结构符号的意义见表 9.5。

表 9.5　表面结构图形符号

符　　号	意　　义
	基本符号,表示表面可用任何方法获得。当不加注粗糙度参数值或有关说明(例如:表面处理、局部热处理状况等)时,仅适用于简化代号标注。
	基本符号上加一短划,表示是用去除材料的方法获得表面粗糙度。例如:车、铣、钻、磨、剪切、抛光腐蚀、电火花加工等。
	基本符号上加一小圆,表示表面粗糙度是用不去除材料的方法获得。例如:锻、铸、冲压、变形、热轧、冷轧、粉末冶金等或是用于保持原供应状态的表面。
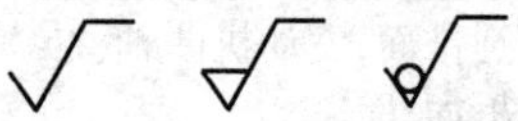	在上述三个符号的长边上均可加一横线,用于标注有关参数和说明。
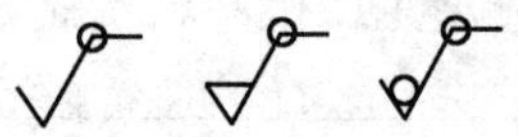	在上述三个符号均可加一小圈,表示所有表面具有相同的表面粗糙度要求。

5. 表面结构完整图形符号的组成(GB/T 131—2006)

为了明确表面结构要求,除了标注表面结构参数和数值外,必要时要标注补充要求,补充要求包括取样长度、加工工艺、表面纹理及方向、加工余量等。在完整图形符号中,对表面结构的单一要求和补充要求应注写在图 9.24 所示的位置。

纹理方向是指表面纹理的主要方向,通常由加工工艺决定。表 9.6 表示了几种符号与图样平面相应的纹理及方向。

6. *R* 轮廓参数的标注(GB/T 131—2006)

给出表面结构要求时,应标注其参数代号和极限值,并包括要求解释这两项元素所涉

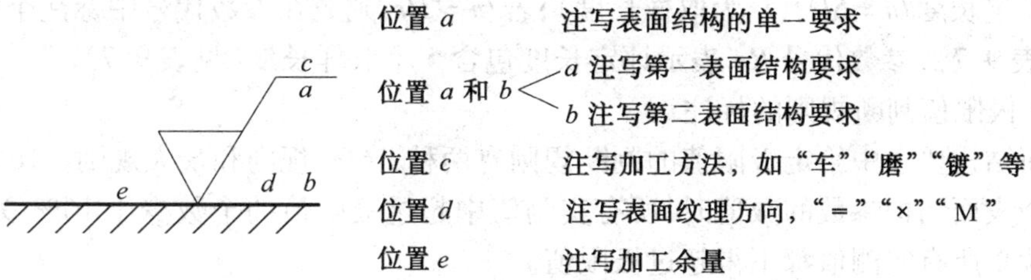

图 9.24　补充要求的注写位置

及的重要信息：评定长度或满足评定长度要求的取样长度个数或极限值判断原则。为了简化标注，对这些信息定义了默认值；当其中某一项采用默认定义时，则不需要注出。

表 9.6　表面纹理的标注

符号及意义	方　向	符号及意义	方　向
＝ 纹理平行于视图所在的投影面	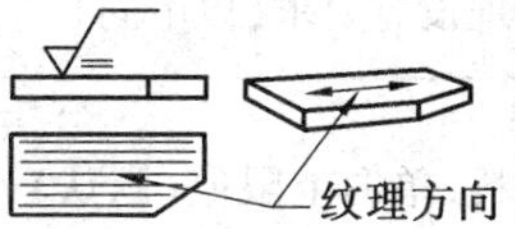	⊥ 纹理垂直于视图所在的投影面	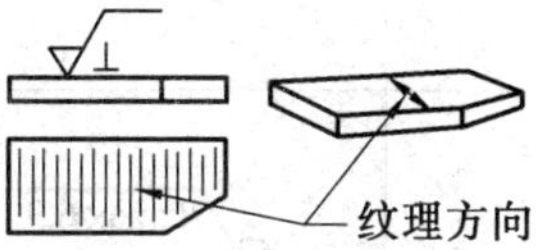
X 纹理呈两斜线交叉且与视图所在的投影面相交	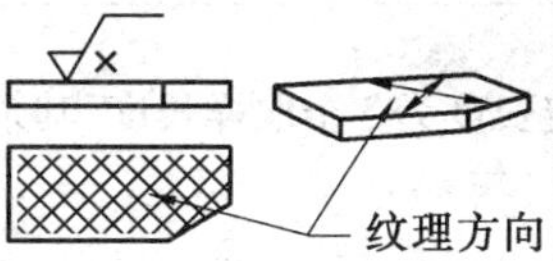	M 纹理呈多方向	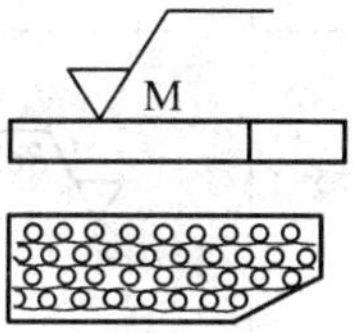
C 纹理呈近似同心圆且圆心与表面中心相关	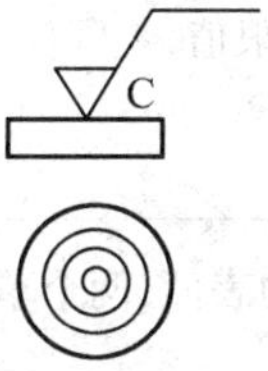	R 纹理近似呈放射状且与表面圆心相关	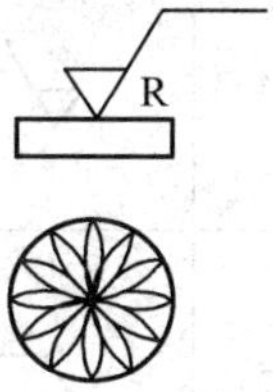
P 纹理呈微粒、凸起、无方向	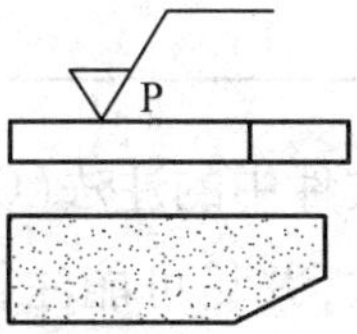	注：如果表面纹理不能清楚的用这些符号表示，必要时可以在图样上加注说明。	

下面举例说明 R 轮廓参数的标注（参见表 9.7），其他类型参数的标注与之大同小异。

（1）参数代号的标注

参数代号由字母和数字组成：例如：*Ra*、*Ra*3、*Ra*max、*Ra*3max。

（2）评定长度（*ln*）的标注

评定长度用于判断被评定轮廓的长度，用它所包含的取样长度的个数表示。标准中

默认的评定长度 $ln=5lr$,(lr 为取样长度);若 $ln=3lr$,则应在参数代号中标注个数“3”,如 *Ra*3(见表 9.7),参数代号 *Ra* 表示评定长度包含 5 个取样长度(见表 9.7)。

(3) 极限值判断规则的标注

表面结构要求中给定极限值的判断规则有两种:16% 规则和最大规则。16% 规则是测量某个表面结构参数的数值时,所有实测值中超过极限值的个数少于 16% 为合格;最大规则就是所有实测值都不得超过极限值。

16% 规则为默认规则;采用最大规则时参数代号中应加注“max”;例如 *Rz*max、*Ra*3 max,见表 9.7 序号 2。

表 9.7　表面结构代号示例

序号	代　　号	含义/解释
1	*Ra* 3.2	表示去除材料,单向上限值(默认),默认传输带,*R* 轮廓,粗糙度算术平均偏差极限值 3.2 μm,评定长度为 5 个取样长度(默认),“16% 规则”(默认);表面纹理没有要求(以下同)
2	*Rz*max 6.3	表示不允许去除材料,单向上限值(默认),粗糙度最大高度,极限值 6.3 μm,“最大规则”,其余元素均采用默认定义
3	*Ra*3 3.2	表示去除材料,评定长度为 3 个取样长度,其余元素的含义与序号 1 代号相同
4	*U Rz* 0.8 *L Ra* 0.2	表示去除材料,双向极限值,上限值为 *Rz* 0.8,下限值为 *Ra* 0.2。极限值都是“16% 规则”
5	磨 *Ra* 1.6 –2.5/*Rz*max 6.3	表示用磨削加工获得的表面,两个单向上限值: (1) *Ra* 1.6 (2) –2.5/*Rz*max 6.3

7. 表面结构要求在图样和其他技术产品文件中的注法(GB/T 131—2006)

表面结构要求对每一表面一般只标注一次,并尽可能注在相应的尺寸及其公差的同一视图上。除非另有说明,所标注的表面结构要求是对完工零件表面的要求。

(1) 标注原则

总的原则是使表面结构的注写和读取方向与尺寸的注写和读取方向一致(图 9.25)。这就是说:注写在水平线上时,代、符号的尖端应向下;注写在竖直线上时,代、符号的尖端应向右;注写在倾斜线上时,代、符号的尖端应向下倾斜。

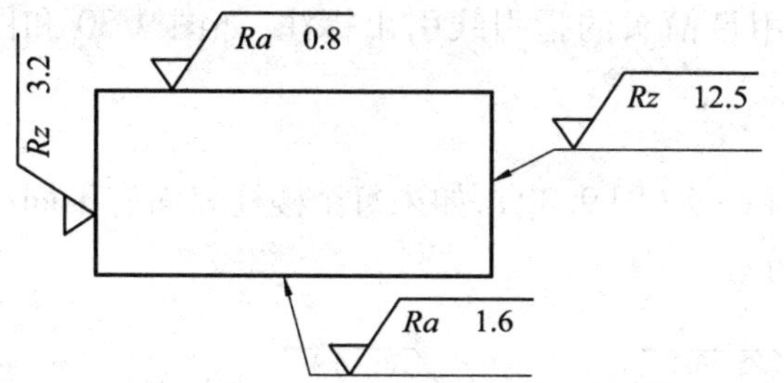

图 9. 25　表面结构要求的注写方向

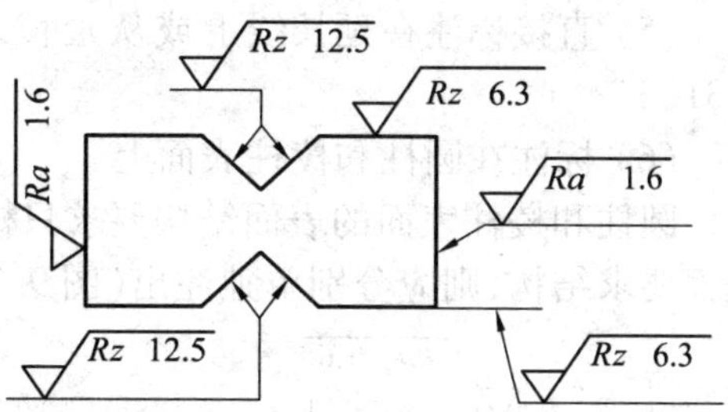

图 9. 26　表面结构要求在轮廓线上的标注

(2) 标注在轮廓线上或指引线上

表面结构要求可标注在轮廓线或指引线上,其符号应从材料外指向接触表面。必要时,表面结构符号用带箭头或黑点的指引线引出标注(图 9. 26,图 9. 27)。

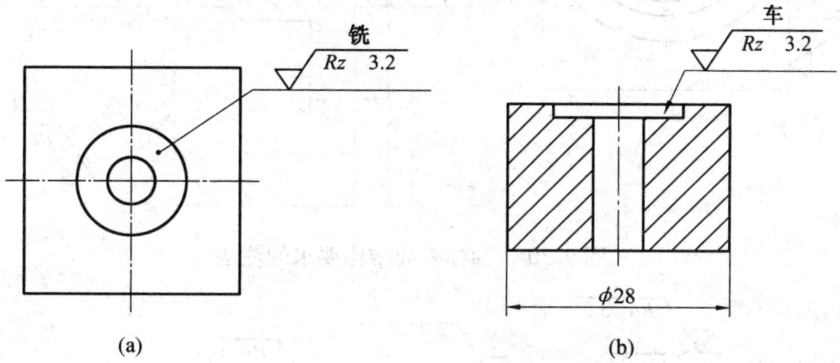

图 9. 27　用指引线引出标注表面结构要求

(3) 标注在特征尺寸的尺寸线上

在不致引起误解时,表面结构要求可以标注在给定的尺寸线上,见图 9. 28。

(4) 标注在形位公差框格的上方,见图 9. 29。

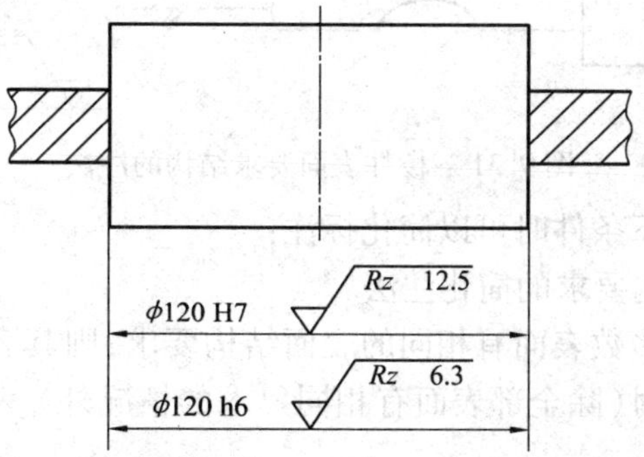

图 9. 28　表面结构要求标注在尺寸线上

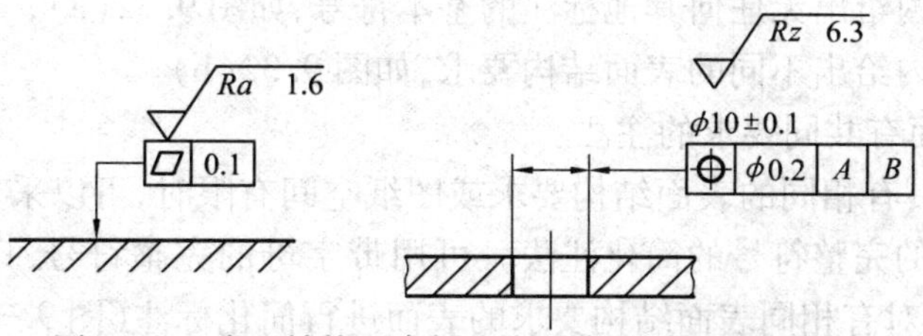

图 9. 29　表面结构要求标注在形位公差框格的上方

(5) 直接标注在延长线上或从延长线用带箭头的指引线引出标注，如图 9.30 和图 9.31。

(6) 标注在圆柱和棱柱表面上

圆柱和棱柱表面的表面结构要求只标注一次(图 9.30)，如果每个棱柱表面有不同的表面要求结构，则应分别单独注出(图 9.31)。

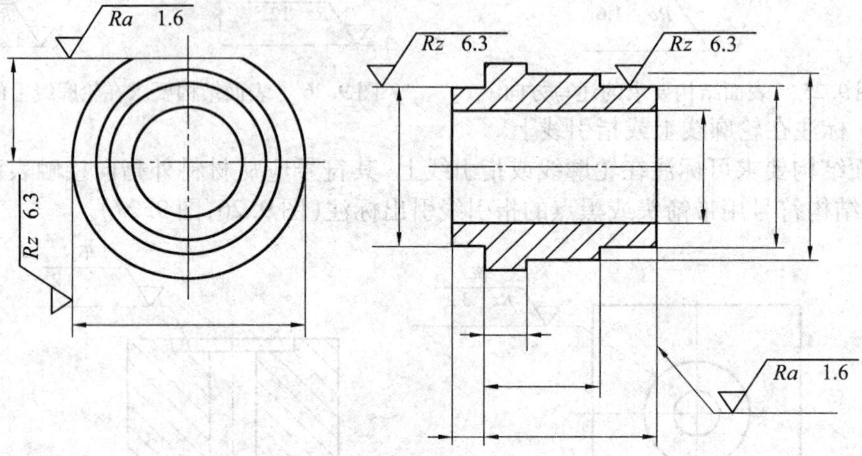

图 9.30　圆柱表面结构要求的注法

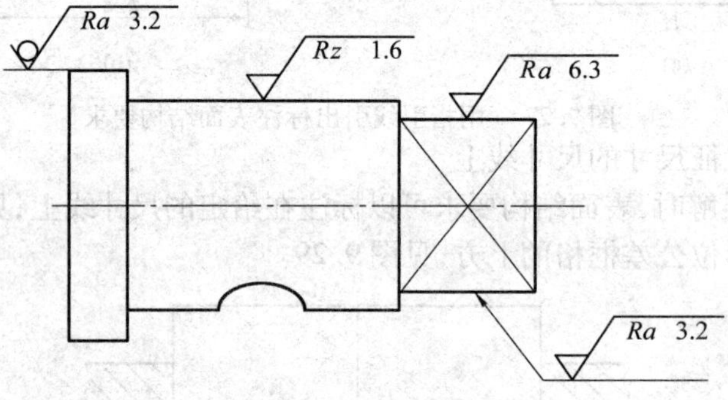

图 9.31　棱柱表面要求结构的注法

表面结构要求在如下条件时可以简化标注：

(1) 有相同表面结构要求的简化注法

如果工件的全部或多数表面有相同的表面结构要求，则其表面结构要求可统一标注在图样标题栏附近。此时(除全部表面有相同要求的情况外) 表面结构要求的代号后面应有：

① 在圆括号内给出无任何其他标注的基本符号，如图 9.32(a)；

② 在圆括号内给出不同的表面结构要求，如图 9.32(b)。

(2) 多个表面有共同要求的注法

当多个表面具有相同的表面结构要求或图纸空间有限时，可以采用简化注法。

① 用带字母的完整符号的简化注法。可用带字母的完整符号，以等式的形式，在图形或标题栏附近，对有相同表面结构要求的表面进行简化标注(图 9.33)。

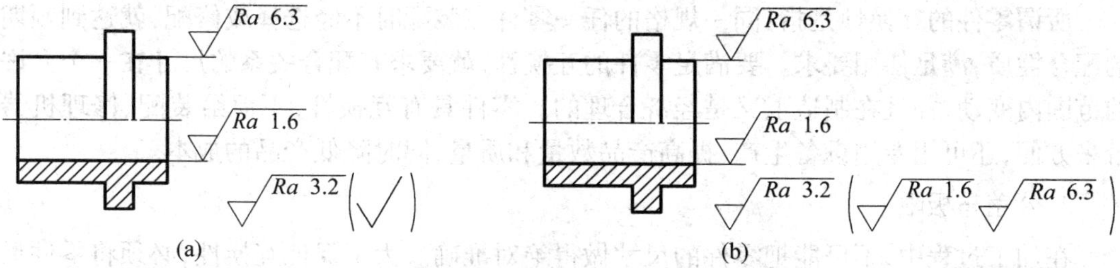

图 9.32　多数表面有相同表面结构要求的简化注法

② 只用表面结构符号的简化注法。根据被标注表面所用工艺方法的不同，相应地使用基本图形符号、应去除材料或不允许去除材料的扩展图形符号在图中进行标注，再在标题栏附近以等式的形式给出对多个表面共同表面结构要求，如图 9.34 所示。

由几种不同的工艺方法获得的同一表面，当需要明确每种工艺方法的表面结构要求时，在国家标准规定的图线上标注相应的表面结构代号。图 9.35 表示同时给出镀覆前后（两道工序）的表结构要求的注法。

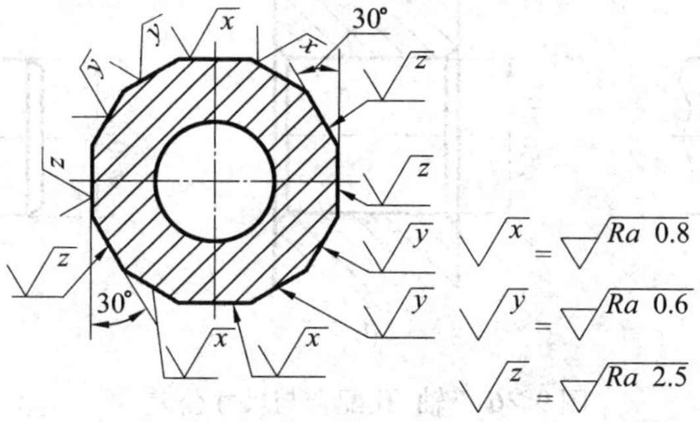

图 9.33　用带字母的完整符号对有相同表面结构要求的表面采用简化注法

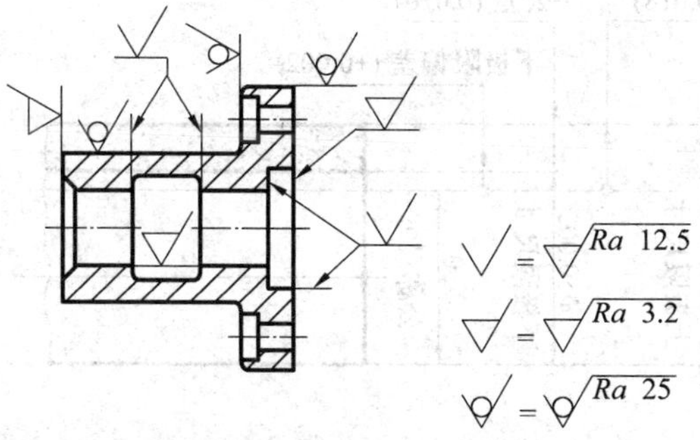

图 9.34　只用基本图形符号和扩展图形符号的简化注法

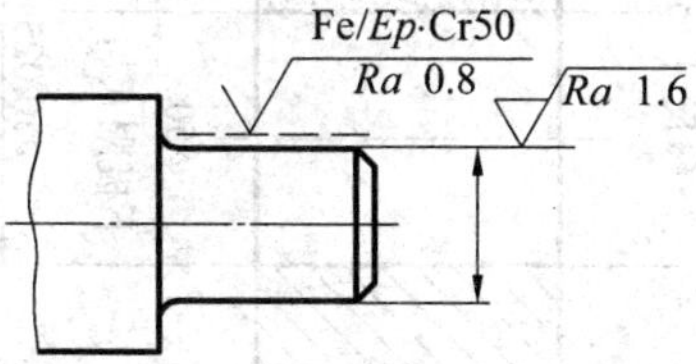

图 9.35　同时给出镀覆前后的表面结构要求的注法

二、极限与配合

1. 零件的互换性

在日常生活中，自行车或汽车的零件坏了，可买个新的换上，并能很好地满足使用要求。其所以能这样方便，就因为这些零件具有互换性。

所谓零件的互换性是指:同一规格的任一零件在装配时不经选择或修配,就达到预期的配合性质,满足使用要求。要满足零件的互换性,就要求有配合关系的尺寸在一个允许的范围内变动,并且在制造上又是经济合理的。零件具有互换性,不但给装配、修理机器带来方便,还可用专用设备生产,提高产品数量和质量,同时降低产品的成本。

2. 公差与极限

在加工过程中,不可能把零件的尺寸做得绝对准确。为了保证互换性,必须将零件尺寸的加工误差限制在一定的范围内,规定出加工尺寸的可变动量。这个变动范围的大小称为尺寸公差(简称公差)。

图9.36(a)表示轴和孔的配合尺寸为$\phi 50\frac{H7}{k6}$,图9.36(b)和(c)分别注出了孔径和轴径的允许变动范围。图9.37是图9.36(b)(c)所注尺寸的示意图。下面以轴的尺寸$\phi 50^{+0.018}_{+0.002}$为例,将有关公差的术语和定义介绍如下(GB/T 1800.1—2009),参看图9.37(b):

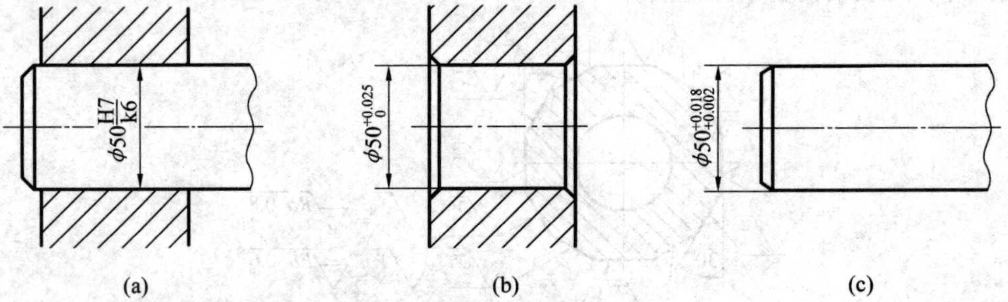

图9.36 轴、孔配合与尺寸公差

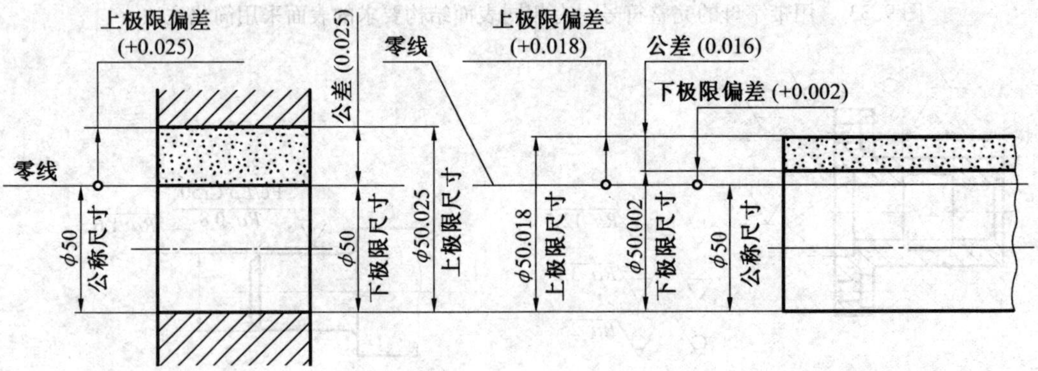

图9.37 公差术语图解

(1) 公称尺寸($\phi 50$):设计者根据零件所应具备的使用功能和结构工艺性而确定,并按照标准尺寸系列圆整后的尺寸。国家标准定义,通过它应用上、下极限偏差可算出极限尺寸的尺寸。

(2) 实际尺寸:即通过测量获得的某一孔、轴的实际尺寸。

(3) 极限尺寸:一个孔或轴允许尺寸的两个极端。

上极限尺寸(ϕ50.018):孔或轴允许的最大尺寸。

下极限尺寸(ϕ50.002):孔或轴允许的最小尺寸。

如果实际尺寸不超出两个极限尺寸所限定的范围,则为合格,否则为不合格。

(4) 偏差:某一尺寸减其公称尺寸所得的代数差。

上极限偏差(+0.018):上极限尺寸减其公称尺寸所得的代数差。

下极限偏差(+0.002):下极限尺寸减其公称尺寸所得的代数差。

上极限偏差和下极限偏差统称为极限偏差。偏差可以为正、负或零值。

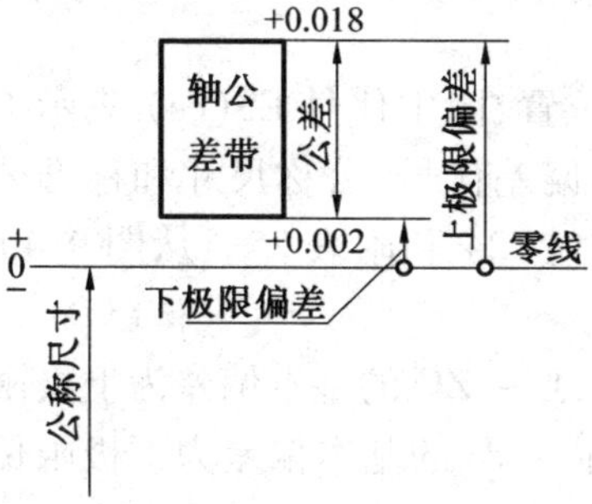

图 9.38　轴的公差带图

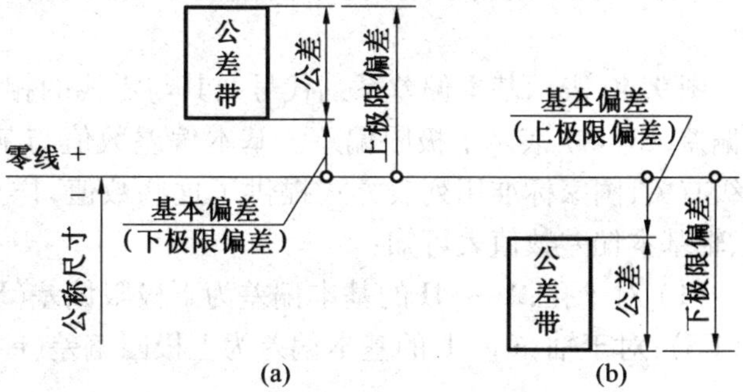

图 9.39　公差带的确定方法

(5) 尺寸公差(简称公差)(0.016):允许尺寸的变动量。

公差 = 上极限尺寸 −下极限尺寸 = 上极限偏差 −下极限偏差

公差是一个没有符号的绝对值。

(6) 零线:在极限与配合图解中,表示公称尺寸的一条直线,以其为基准确定偏差和公差(图 9.38),通常零线沿水平方向绘制。

(7) 公差带:在公差带图(图 9.39)中,由代表上、下极限偏差或上、下极限尺寸的两条直线所限定的一个区域。

公差带既反映了公差大小,又反映了公差带相对于零线的位置(公差带位置)。

3. 标准公差

(1) 公差带的确定方法

确定公差带就是要确定极限偏差。国家标准规定,公差带由“公差大小”和“公差带位置”组成,公差大小由标准公差确定,公差带位置由基本偏差确定,基本偏差是确定公差带相对零线位置的上极限偏差或下极限偏差。

根据公差和极限偏差的关系:公差 = 上极限偏差 −下极限偏差。

当已知公差和基本偏差时,就可算出另一个极限偏差。

当基本偏差为下极限偏差时,见图 9.39(a),上极限偏差 = 下极限偏差 + 公差。

当基本偏差为上极限偏差时,见图 9.39(b),下极限偏差 = 上极限偏差 −公差。

(2) 标准公差等级与标准公差数值

公差等级用来确定尺寸的精确程度。标准公差等级分为 20 级,其代号为 IT01、IT0、IT1、IT2、…、IT18。IT 表示标准公差,数字表示公差等级,IT01 的精度最高,即其公差数值最小,以下逐级降低。同一公差等级对所有公称尺寸的一组公差,被认为具有同等精确程度。在一般机器的配合尺寸中,孔用 IT6 ~ IT12 级,轴用 IT5 ~ IT12 级。在保证产品质量的条件下,应选用较低的公差等级。

标准公差的数值取决于公差等级和公称尺寸,公称尺寸至 3150 mm、公差等级由 IT1 至 IT18 级的标准公差数值,及公称尺寸至 500 mm、公差等级为 IT01 和 IT1 级的标准公差数值见附表 22 和附表 23。

4. 基本偏差系列

基本偏差一般是指上、下极限偏差中靠近零线的那个偏差。为了满足各种配合要求,国标规定了基本偏差系列;基本偏差代号用拉丁字母表示,大写为孔,小写为轴,各 28 个。

图 9.40 表示基本偏差系列代号及其与零线的相对位置,图中代号 ES(es) 表示上极限偏差,EI(ei) 表示下极限偏差。基本偏差数值与基本偏差代号、公称尺寸和标准公差等级有关,国家标准用列表方式提供了这些数值,详见附表 24 和附表 25。从图 9.40 和孔、轴基本偏差数值表可知:

(1) 对于孔,A ~ H 的基本偏差为下极限偏差(EI),J ~ ZC 的基本偏差为上极限偏差(ES);对于轴,a ~ h 的基本偏差为上极限偏差(es),j ~ zc 的基本偏差为下极限偏差(ei)。

(2) 孔 JS 和轴 js 的公差带对称分布于零线两边,其基本偏差为上极限偏差(+IT/2)或下极限偏差(-IT/2)。

孔、轴的公差带代号由基本偏差与公差等级代号组成,并且要用同一号字母书写。例如 $\phi50H8$ 的含义是:

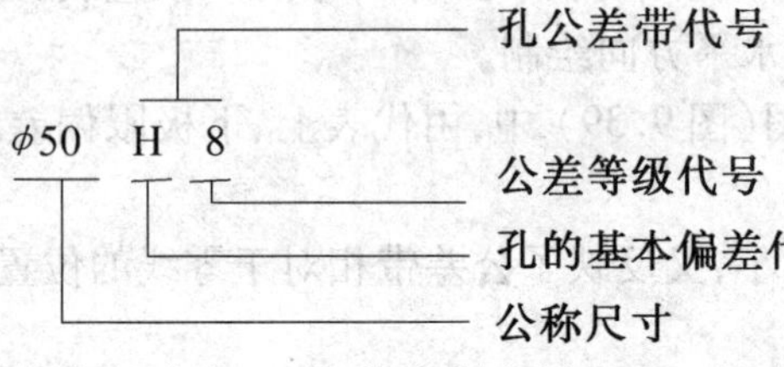

此公差带的全称是公称尺寸为 $\phi50$,公差等级为 8 级,基本偏差为 H 的孔的公差带。

又如 $\phi50f7$ 的含义是:

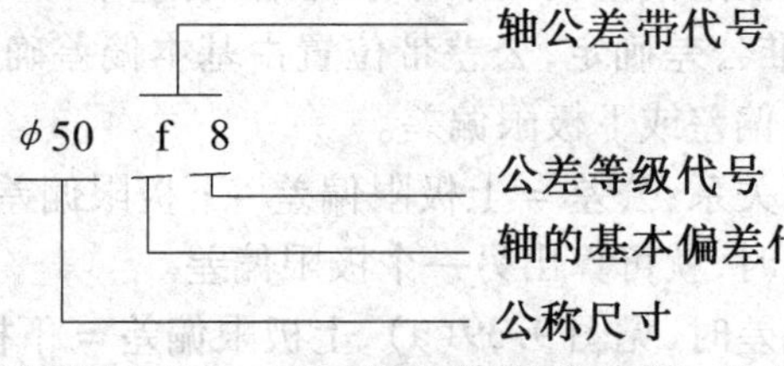

此公差带的全称是公称尺寸为 $\phi50$,公差等级为 8 级,基本偏差为 f 的轴的公差带。

5. 配合的有关术语

在机器装配中,将基本尺寸相同的、相互结合的孔和轴公差带之间的关系,称为配合。

(1) 间隙和过盈:孔和轴配合时,由于它们的实际尺寸不同,会产生间隙或过盈。孔的尺寸减去相配合的轴的尺寸之差为正时是间隙,为负时是过盈。

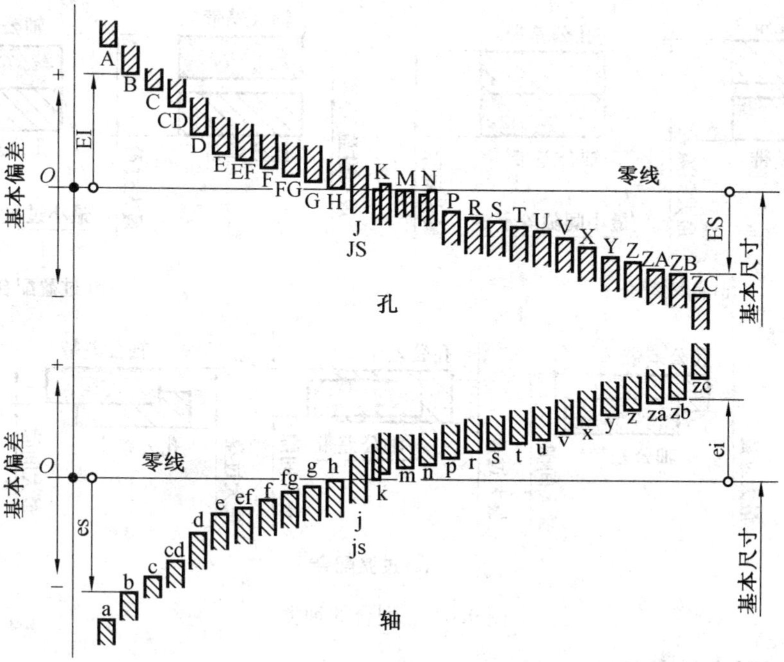

图9.40　基本偏差系列图

(2) 配合种类。根据机器的设计要求和生产实际的需要,国家标准将配合分为三类:

① 间隙配合　孔的公差带完全在轴的公差带之上,任取其中一对轴和孔相配都成为具有间隙的配合(包括最小间隙为零),如图9.41(a)。

② 过盈配合　孔的公差带完全在轴的公差带之下,任取其中一对轴和孔相配都成为具有过盈的配合(包括最小过盈为零),如图9.41(b)。

③ 过渡配合　孔和轴的公差带相互交叠,任取其中一对孔和轴相配合,可能具有间隙,也可能具有过盈的配合,如图9.41(c)。

(3) 配合的基准制。国家标准规定了两种基准制:

① 基孔制　基本偏差为一定的孔的公差带,与不同基本偏差的轴的公差带构成各种配合的一种制度称为基孔制。这种制度在同一公称尺寸的配合中,是将孔的公差带位置固定,通过变动轴的公差带位置,得到各种不同的配合,如图9.42(a) 所示。

基孔制的孔称为基准孔。国家标准规定基准孔的下偏差为零,"H" 为基准孔的基本偏差。

② 基轴制　基本偏差为一定的轴的公差带与不同基本偏差的孔的公差带构成各种配合的一种制度称为基轴制。这种制度在同一公称尺寸的配合中,是将轴的公差带位置固定,通过变动孔的公差带位置,得到各种不同的配合,如图9.42(b) 所示。

基轴制的轴称为基准轴。国家标准规定基准轴的上偏差为零,"h" 为基轴制的基本偏差。

从图9.40中不难看出:基孔制(基轴制)中,a ~ h(A ~ H) 用于间隙配合;j ~ zc(J ~

ZC）用于过渡配合和过盈配合。

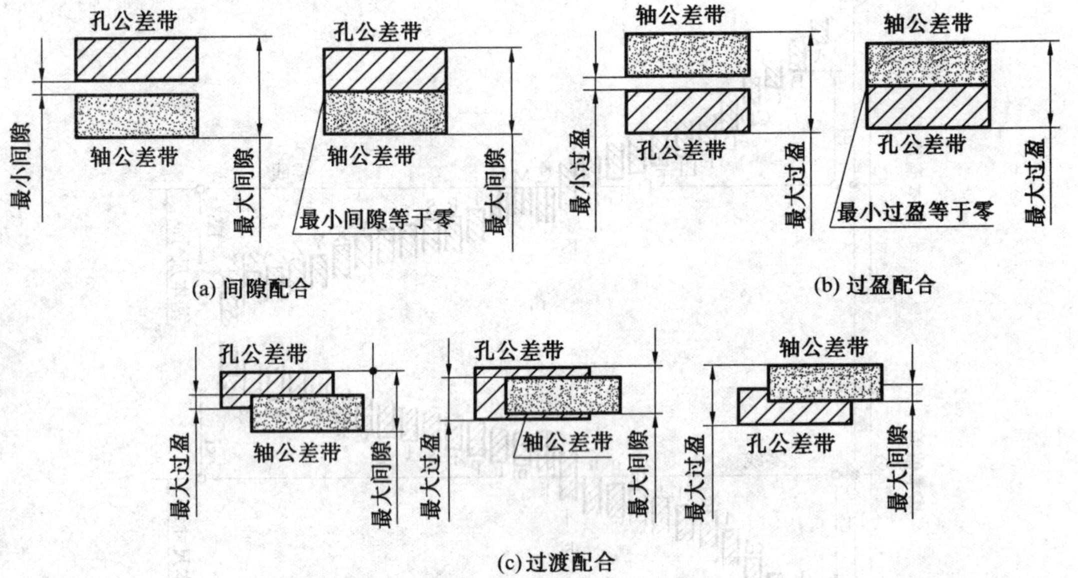

图 9.41　配合的种类

6. 公差与配合的选用

（1）选用优先公差带和优先配合。国家标准根据机械工业产品生产使用的需要，考虑到定值刀具、量具的统一，规定了一般用途孔公差带 105 种，轴公差带 119 种以及优先选用的孔、轴公差带。国标还规定轴、孔公差带中组合成基孔制常用配合 59 种，优先配合 13 种；基轴制常用配合 47 种，优先配合 13 种，见表 9.8 和表 9.9。应尽量选用优先配合和常用配合。

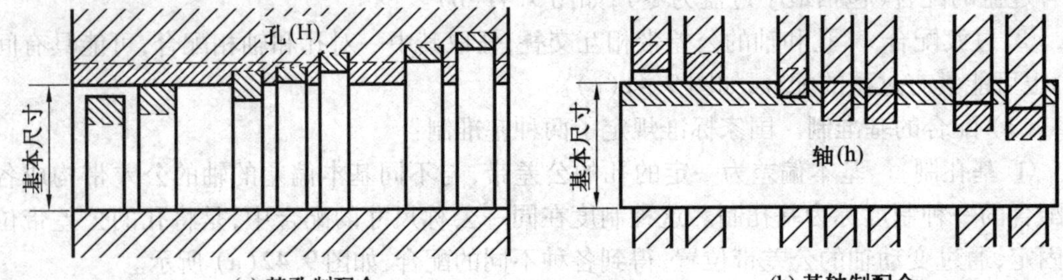

图 9.42　配合的基准制

（2）选用基孔制。一般情况下优先采用基孔制，这样可以限制定值刀具、量具的规格和数量。基轴制通常仅用于有明显经济效果和结构设计要求不适合采用基孔制的场合。一些标准滚动轴承的外环与孔的配合，也采用基轴制。

（3）选用孔比轴低一级的公差等级。在保证使用要求的前提下，为减少加工工作量，应当使选用的公差为最大值。加工孔较困难，一般在配合中选用孔比轴低一级的公差等级，如 H8/h7。

表 9.8　基孔制优先配合、常用配合(摘自 GB/T 1801—2009)

基准孔	轴																				
	a	b	c	d	e	f	g	h	js	k	m	n	p	r	s	t	u	v	x	y	z
	间隙配合								过渡配合			过盈配合									
H6						$\frac{H6}{f5}$	$\frac{H6}{g5}$	$\frac{H6}{h5}$	$\frac{H6}{js5}$	$\frac{H6}{k5}$	$\frac{H6}{m5}$	$\frac{H6}{n5}$	$\frac{H6}{p5}$	$\frac{H6}{r5}$	$\frac{H6}{s5}$	$\frac{H6}{t5}$					
H7						$\frac{H7}{f6}$	◣$\frac{H7}{g6}$	◣$\frac{H7}{h6}$	$\frac{H7}{js6}$	◣$\frac{H7}{k6}$	◣$\frac{H7}{m6}$	$\frac{H7}{n6}$	◣$\frac{H7}{p6}$	$\frac{H7}{r6}$	◣$\frac{H7}{s6}$	$\frac{H7}{t6}$	◣$\frac{H7}{u6}$	$\frac{H7}{y6}$	$\frac{H7}{x6}$	$\frac{H7}{y6}$	$\frac{H7}{z6}$
H8					$\frac{H8}{e7}$	◣$\frac{H8}{f7}$	$\frac{H8}{g7}$	◣$\frac{H8}{h7}$	$\frac{H8}{js7}$	$\frac{H8}{k7}$	$\frac{H8}{m7}$	$\frac{H8}{n7}$	$\frac{H8}{p7}$	$\frac{H8}{r7}$	$\frac{H8}{s7}$	$\frac{H8}{t7}$	$\frac{H8}{u7}$				
				$\frac{H8}{d8}$	$\frac{H8}{e8}$	$\frac{H8}{f8}$		$\frac{H8}{h8}$													
H9			$\frac{H9}{c9}$	◣$\frac{H9}{d9}$	$\frac{H9}{e9}$	$\frac{H9}{f9}$		◣$\frac{H9}{h9}$													
H10			$\frac{H10}{c10}$	$\frac{H10}{d10}$				$\frac{H10}{h10}$													
H11	$\frac{H11}{a11}$	$\frac{H11}{b11}$	◣$\frac{H11}{c11}$	$\frac{H11}{d11}$				◣$\frac{H11}{h11}$													
H12		$\frac{H12}{b12}$						$\frac{H12}{h12}$													

注:1. $\frac{H6}{n5}$、$\frac{H7}{p6}$在基本尺寸小于或等于 3 mm 和$\frac{H8}{r7}$在小于或等于 100 mm 时,为过渡配合。

2. 标注◣的配合为优选配合。

表 9.9　基轴制优先配合、常用配合(摘自 GB/T 1801—2009)

基准孔	轴																				
	A	B	C	D	E	F	G	H	JS	K	M	N	P	R	S	T	U	V	X	Y	Z
	间隙配合								过渡配合				过盈配合								
h5						$\frac{F6}{h5}$	$\frac{G6}{h5}$	$\frac{H6}{h5}$	$\frac{JS6}{h5}$	$\frac{K6}{h5}$	$\frac{M6}{h5}$	$\frac{N6}{h5}$	$\frac{P6}{h5}$	$\frac{R6}{h5}$	$\frac{S6}{h5}$	$\frac{T6}{h5}$					
h6						$\frac{F7}{h6}$	▲$\frac{G7}{h6}$	▲$\frac{H7}{h6}$	$\frac{JS7}{h6}$	▲$\frac{K7}{h6}$	▲$\frac{M7}{h6}$	$\frac{N7}{h6}$	▲$\frac{P7}{h6}$	$\frac{R7}{h6}$	▲$\frac{S7}{h6}$	$\frac{T7}{h6}$	▲$\frac{U7}{h6}$				
h7					$\frac{E8}{h7}$	▲$\frac{E8}{h7}$		▲$\frac{H8}{h7}$	$\frac{JS8}{h7}$	$\frac{K8}{h7}$	$\frac{M8}{h7}$	$\frac{N8}{h7}$									
h8				$\frac{D8}{h8}$	$\frac{E8}{h8}$	$\frac{F8}{h8}$		$\frac{H8}{h8}$													
h9				▲$\frac{D9}{h9}$	$\frac{E9}{h9}$	$\frac{F9}{h9}$		▲$\frac{H9}{h9}$													
h10				$\frac{D10}{h10}$				$\frac{H10}{h10}$													
H11	$\frac{A11}{h11}$	$\frac{B11}{h11}$	▲$\frac{C11}{h11}$	$\frac{D11}{h11}$				▲$\frac{H11}{h11}$													
H12		$\frac{B12}{h12}$						$\frac{H12}{h12}$													

注:标注▲的配合为优选配合。

7. 尺寸公差与配合在图样中的注法(GB/T 4458.5—2003)

(1) 零件图中有配合功能要求的尺寸,应在公称尺寸的右边标注公差,线性尺寸的公差应按下列三种形式之一标注。

① 标注公差带代号,见图 9.43(a)。

② 标注极限偏差(单位为 mm),上极限偏差应注在公称尺寸的右上方;下极限偏差应与公称尺寸注在同一底线上。上下极限偏差数字的字号应比公称尺寸数字的字号小一号,见图 9.43(b)。

③ 同时标注公差带代号和相应的极限偏差,但后者应加圆括号,如图 9.43(c) 所示。

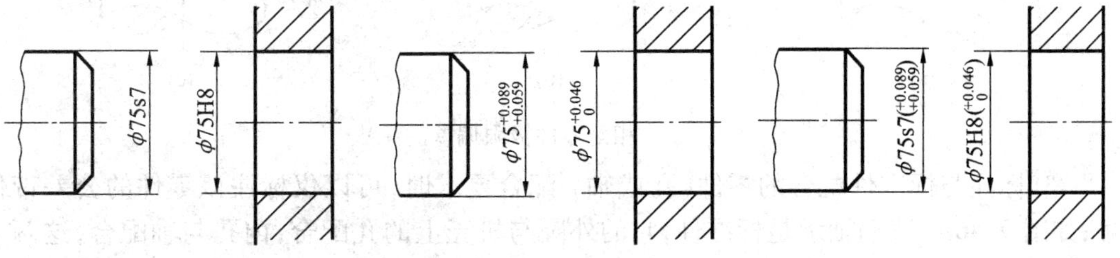

(a) (b) (c)

图 9.43　公差在零件图中的规定注法

当公差带相对于公称尺寸对称配置,即上下极限偏差的绝对值相同时,偏差数字可以只注写一次,并应在偏差数字与公称尺寸之间注出符号“ ±”,且两者数字高度相同,例如“50 ± 0.25”。

(2) 在装配图中要对有配合关系的线性尺寸标注配合要求的注法有三种:

① 在公称尺寸右边标注配合代号,如图 9.44(a) 所示;必要时也允许按图 9.44(b) 或图 9.43(c) 的形式标注。

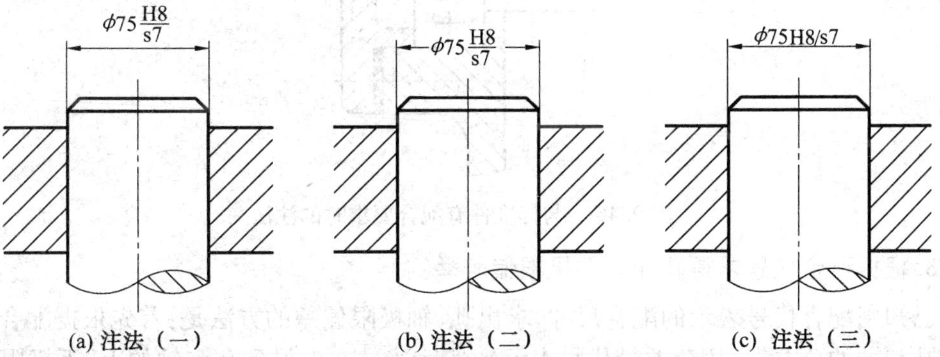

(a) 注法(一)　(b) 注法(二)　(c) 注法(三)

(配合尺寸 $\phi75\frac{H8}{s7}$ 表示公称尺寸为 75 的基孔制过盈配合,孔的公差等级为 8 级(IT8);轴的基本偏差代号为 s,公差等级为 7 级)

图 9.44　线性尺寸的配合代号注法

② 在公称尺寸右边标注相配零件的极限偏差,一般按图 9.45(a) 的形式标注:孔的公称尺寸和极限偏差注写在尺寸线的上方;轴的公称尺寸和极限偏差注写在尺寸线的下

方。也允许按图 9.45(b) 的形式标注。若需要明确指出装配件的代号时,可按图 9.45(c) 的形式标注。

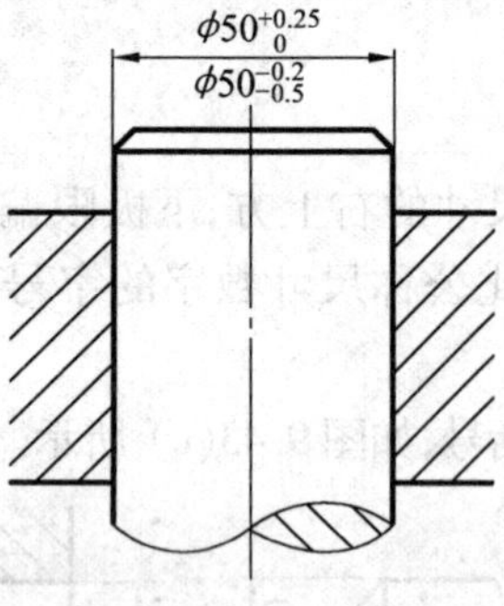

图 9.45　相配零件极限偏差的注法

③ 标注与标准件配合的零件(孔或轴) 配合要求时,可以仅标注该零件的公差带代号;如图 9.46 中滚动轴承是标准件,它的外圆与机壳上的孔配合,内孔与轴配合,这两个尺寸不注配合代号,在公称尺寸后仅标注孔和轴的公差带代号:ϕ62J7(机壳上孔的公差带代号) 和 ϕ30k6(轴的公差带代号)。

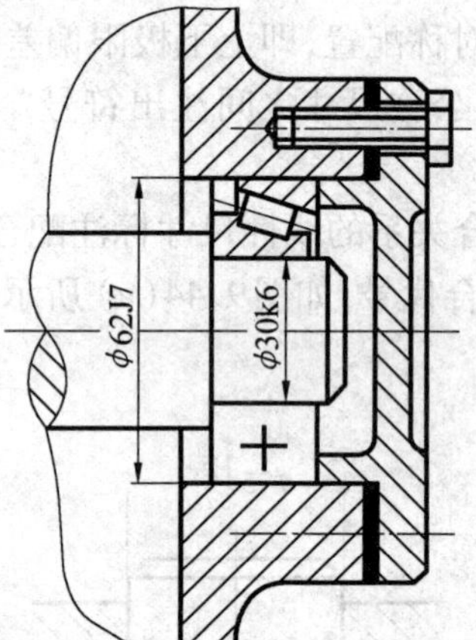

图 9.46　与标准件有配合要求时的注法

8. 根据配合代号求得孔和轴的极限偏差举例

已知用配合代号表示的配合尺寸,求出孔、轴极限偏差的方法是:首先根据配合尺寸,确定孔和轴的公差带(用公差带代号表示),然后通过查表得到孔和轴的上、下极限偏差,举例说明如下。

【例 9.1】　说明 $\phi 60\ \frac{H7}{n6}$ 的含义并查表写出其极限偏差。

说明:

由表 9.8 可知,$\phi 60\ \frac{H7}{n6}$ 为基孔制优先过渡配合。ϕ60 为公称尺寸;H7 是孔的公差带代号;H 为基准孔的基本偏差;7 是孔的公差等级;n6 是轴的公差带代号;n 为轴的基本偏差;6 为轴的公差等级。

ϕ60H7 基准孔的极限偏差可由附表25 查得。在该表中由公称尺寸 > 50 ~ 65 的行和公差带代号 H7 的列相交处查得$_{0}^{+30}$(μm),即$_{0}^{+0.030}$(mm)。由此 ϕ60H7 可写成 $\phi\,60_{0}^{+0.030}$。

ϕ60n6 为轴的极限偏差,可由附表 24 查得。在该表中由公称尺寸 > 50 ~ 65 的行和公差带代号 n6 的列相交处查得$_{+20}^{+39}$(μm),即$_{+0.020}^{+0.039}$(mm)。由此 ϕ60n6 可写成 $\phi\,60_{+0.020}^{+0.039}$。

查表应该注意的问题是:

(1) 处于尺寸段边界的尺寸应属于前一段,如公称尺寸为 30 mm,应在 > 18 ~ 30 尺寸段,而不能查 > 30 ~ 50 mm 尺寸段。

(2) 表中查出的公差或偏差值单位均为 μm,而图中标注的尺寸单位是 mm,因此应进行单位换算。

第六节　零件的测绘

零件的测绘就是根据实际零件画出它的图形,测量出它的尺寸并制订出技术要求。测绘时,首先以徒手画出零件草图,然后根据该草图画出零件工作图。

一、常用的零件测量工具及测量方法

1. 常用的测量工具

常用的测量工具有:直尺、内卡钳、外卡钳和测量较精密零件用的游标卡尺、千分尺等,如图 9.47 所示。

(a)直尺

(b)内卡钳

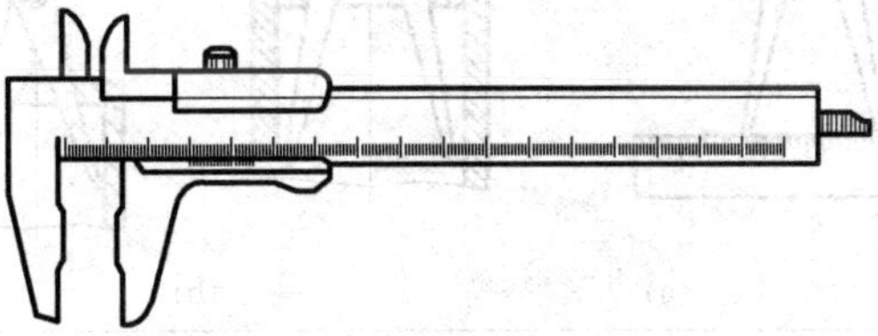
(c)游标卡尺

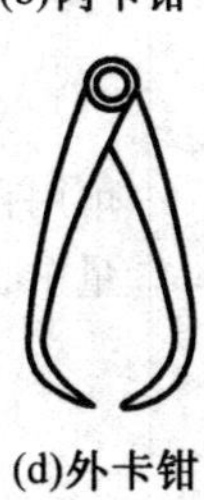
(d)外卡钳

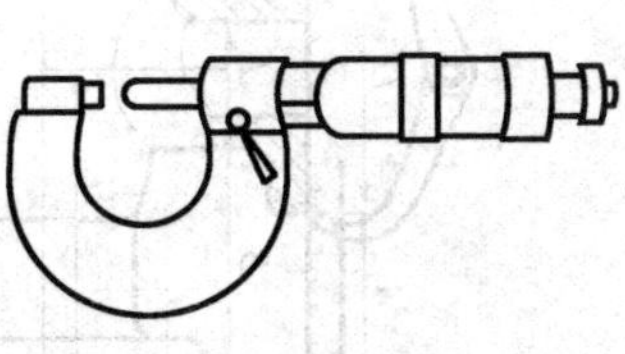
(e)千分尺

图 9.47　常用的测量工具

2. 常用的测量方法

常用的测量方法，见表9.10。

表9.10 常用的测量方法

类 型	简 化 图 例	说 明
线性尺寸	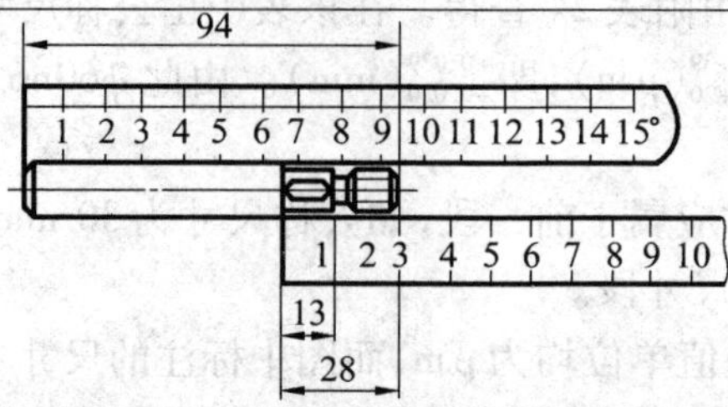	可用直尺测量线性尺寸
直径尺寸	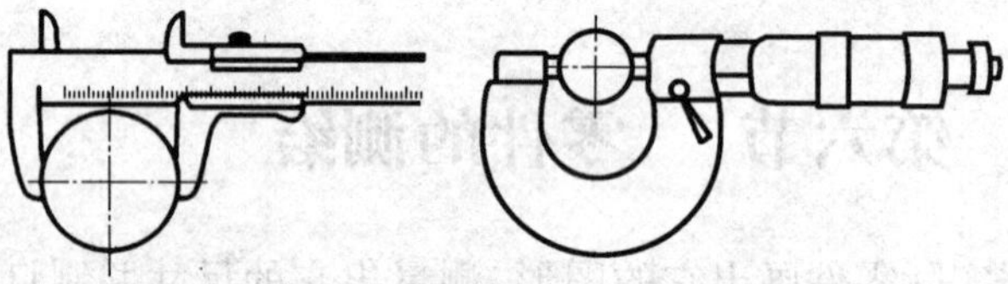	可用游标卡尺或千分尺测量直径
壁厚尺寸	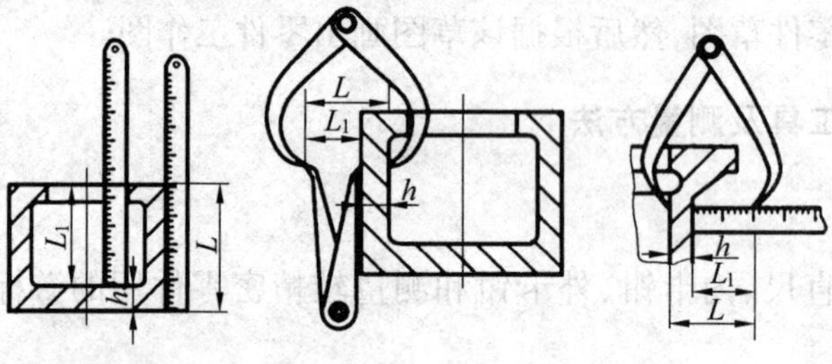 $h=L-L_1$	可用直尺测量壁厚尺寸。也可用内卡钳、外卡钳和直尺分步测量壁厚尺寸
阶梯孔直径	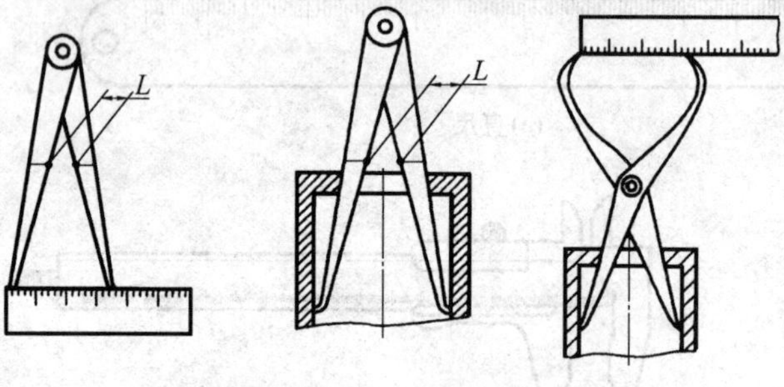 (a) (b)	用游标卡尺或直尺无法直接测量内孔直径时，可用内卡钳和直尺间接测量，如图(a)；或用内外卡钳和直尺测量，如图(b)
中心高	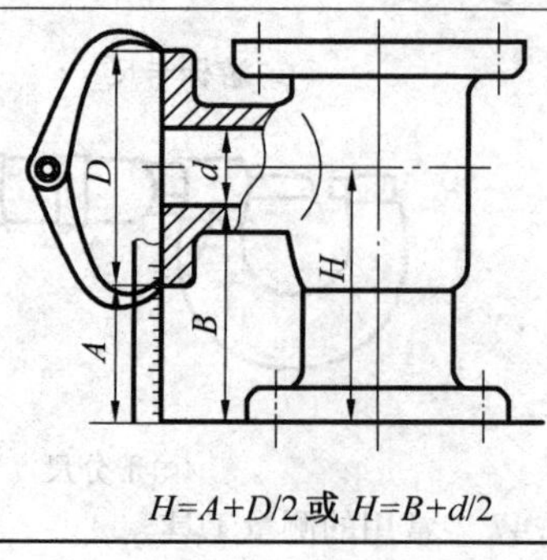 $H=A+D/2$ 或 $H=B+d/2$	可用直尺、外卡钳间接测量中心高

二、零件草图的作用和要求

在测绘零件时,先要画出零件草图,零件草图是画装配图和零件图的依据。在修理机器中往往将草图代替零件图直接交车间制造零件。因此,画草图时绝不能潦草从事,必须认真绘制。

零件草图和零件图的内容是相同的,它们之间的主要区别是在作图方法上,零件草图用徒手绘制,并凭目测估计零件各部分的相对大小,以控制视图各部分之间的比例关系。合格的草图应当:表达完整,线型分明,字体工整,图面整洁,投影关系正确。

三、零件草图的绘制步骤

(1)分析零件、选择视图。仔细了解零件的名称、用途、材料、结构形状、工作位置及与其它零件的装配关系等之后,确定表达方案。

(2)画视图。画视图也要分画底稿和加深两步完成。

(3)确定需要标注的尺寸,画出尺寸界线、尺寸线和箭头。

(4)测量尺寸并逐个填写尺寸数字。测量尺寸时要合理选用量具,并要注意正确使用各种量具。例如,测量毛面的尺寸时,选用钢尺和卡钳;测量加工表面的尺寸时,选用游标尺、分厘卡或其它适当的测量手段。这样既保证了测量的精确度,又维护了精密量具的使用寿命。对于某些用现有量具不能直接量得的尺寸,要善于根据零件的结构特点,考虑采用比较准确而又简便的测量方法。

(5)加深后注写各项技术要求。技术要求应根据零件的作用和装配关系来确定。

(6)填写标题栏,全面检查并改正草图中的错误。

图 9.48 是滑动轴承上"上轴瓦"零件的草图及其绘制步骤。

四、零件测绘时的注意事项

(1)零件的制造缺陷,如砂眼、气孔、刀痕、磨损等,都不应画出。

(2)零件上因制造、装配需要而形成的工艺结构,如铸造圆角、倒角等必须画出。

(3)有配合关系的尺寸(如配合的孔与轴直径),一般只要测出它的基本尺寸。其配合性质和相应的公差值,应在分析考虑后,再查阅有关手册确定。

(4)没有配合关系的尺寸或不重要的尺寸,允许将测量所得尺寸作适当调整。

(5)对螺纹、键槽、轮齿等标准结构的尺寸,应把测量的结果与标准值对照,一般均采用标准的结构尺寸,以利制造。

第七节　看零件图的方法

一、阅读零件图的目的

一张零件图的内容是相当丰富的,不同工作岗位的人看图的目的也不同,通常读零件图主要目的为:

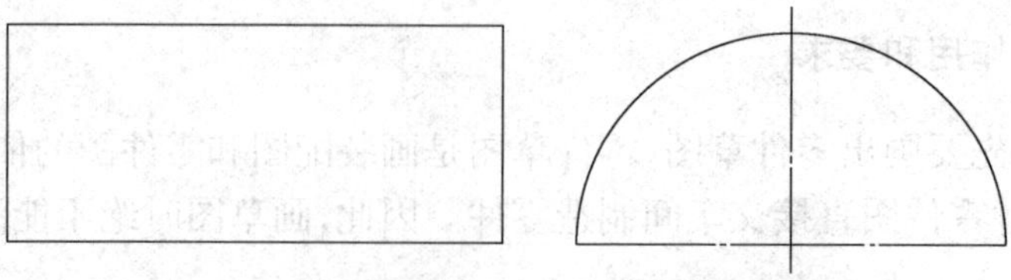

(a)根据目测比例关系，画出基本轮廓

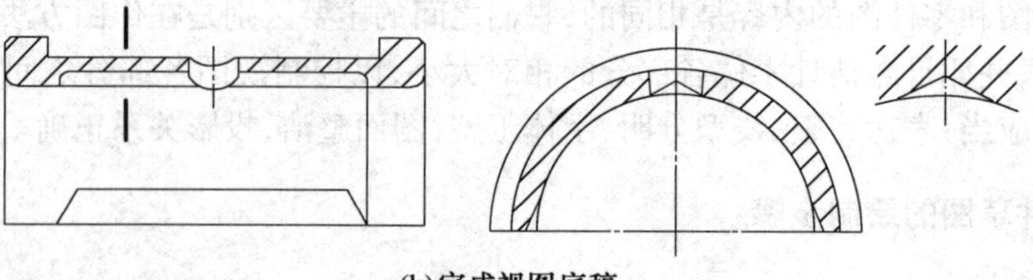

(b)完成视图底稿

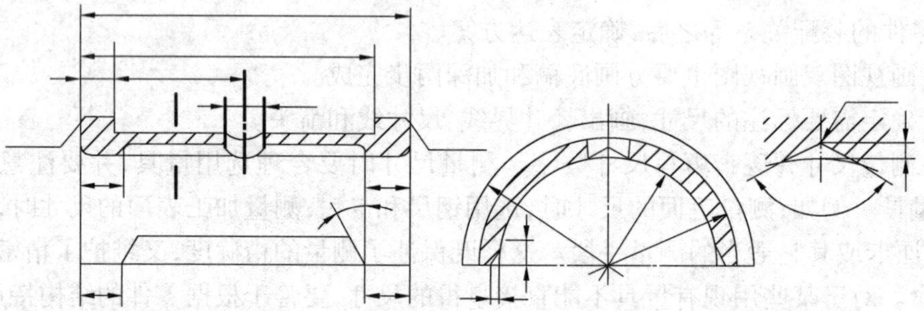

(c)画出尺寸界线、尺寸线和箭头

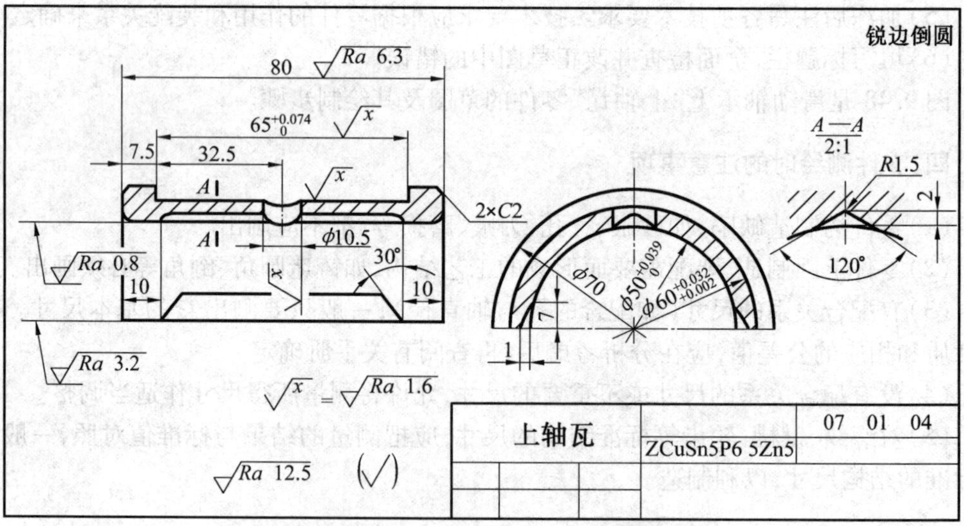

(d)测量并填写尺寸数字后加深，完成草图

图 9.48　零件草图的绘制步骤举例

(1)对零件有一个概括的了解，如名称、材料等。

(2)根据给出的视图，想象出零件的形状，进而明确零件在设备或部件中的作用及零各部分的功能。

(3)通过阅读零件图的尺寸,对零件各部分的大小有一个概念,进一步分析出各方向尺寸的主要基准。

(4)明确制造零件的主要技术要求,如表面粗糙度、尺寸公差、热处理及表面处理等要求,以便确定正确的加工方法。

二、阅读零件图的方法和步骤

阅读零件图的方法没有一个固定不变的程序,对于较简单的零件图,也许泛泛地阅读就能想出物体的形状及明确其精度要求。对于较复杂的零件,则需要通过深入分析,由整体到局部,再由局部到整体反复推敲,最后才能搞清其结构和精度要求。通常应按下述步骤阅读零件图。

1. 看标题栏

看一张图,首先从标题栏入手,标题栏内列出了零件的名称、材料、比例等信息,从标题栏可以得到一些有关零件的概括信息。

例如图 9.49 所示的机座零件图,从名称就能联想到,它是一个起支承作用的零件。从材料 HT200 知道,零件毛坯采用铸件,所以具有铸造工艺要求的结构。如铸造圆角、拔模斜度、铸造壁厚均匀等。

2. 明确视图关系

所谓视图关系,即视图表达方法和各视图之间的投影联系。

如图 9.49 所示的机座零件图,采用了主、俯、左三个基本视图,主视图采用半剖视,左视图采用局部剖视,俯视图采用全剖视。

3. 分析视图,想象零件结构形状

从学习阅读机械图来说,分析视图、想象零件的结构形状是最关键的一步。看图时,仍采用前述组合体的看图方法,对零件进行形体分析、线面分析。由组成零件的基本形体入手,由大到小,从整体到局部,逐步想象出物体的结构形状。

从图 9.49 机座零件图的三个视图可以看出零件的基本结构形状。它的基本形体由三部分构成,上部是圆柱体,下部是长方形底板,底板和圆柱体之间用“H”形肋板连接。

想象出基本形状之后,再深入到细部,这一点一定要引起高度重视,初学者往往被某些不易看懂的细节所困扰,这是抓不住整体造成的后果。对于本例来说,圆柱体的内部由三段圆柱孔组成,两端的 ϕ80H7 是轴承孔,中间的 ϕ96 是毛坯面。柱面端面上各有 3 个 M8 的螺孔。底板上有 4 个 ϕ11 的地脚孔,“H”形肋板和圆柱为相交关系。

4. 看尺寸,分析尺寸基准

分析零件图上尺寸的目的,是识别和判断哪些尺寸是主要尺寸,各方向的主要尺寸基准是什么,明确零件各组成部分的定形、定位尺寸。按上述形体分析的方法对图 9.49 机座进行形体分析,找出各部分形体的定形尺寸、定位尺寸和各方向的尺寸基准。

5. 看技术要求

零件图上的技术要求主要有表面粗糙度,极限与配合及文字说明的加工、制造、检验等要求。这些要求是制定加工工艺、组织生产的重要依据,要深入分析理解。

图 9.49 所示的机座零件图中,精度最高的是 ϕ80H7 轴承孔。表面粗糙度 Ra=1.6 μm。

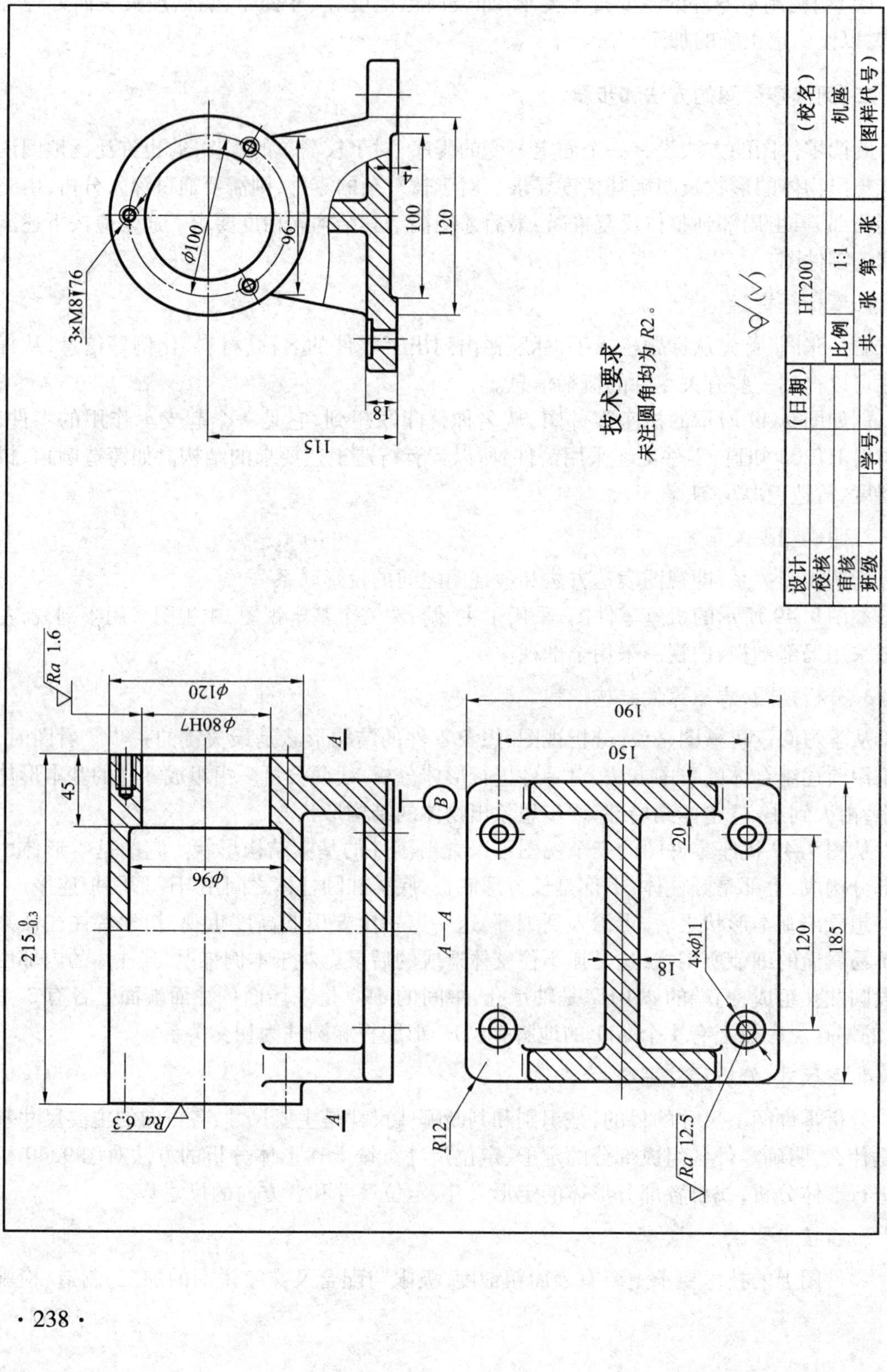

图9.49 机座零件图

第十章　装配图

机器(或部件)是由若干零件按照一定的装配关系和技术要求装配而成的,如图 10.1 所示。完成一定功用的若干零件的组合称为一个部件,一台机器由若干个零件和部件装配而成,表达一台机器或一个部件的图样称为装配图。本章以部件装配图为例介绍有关内容。

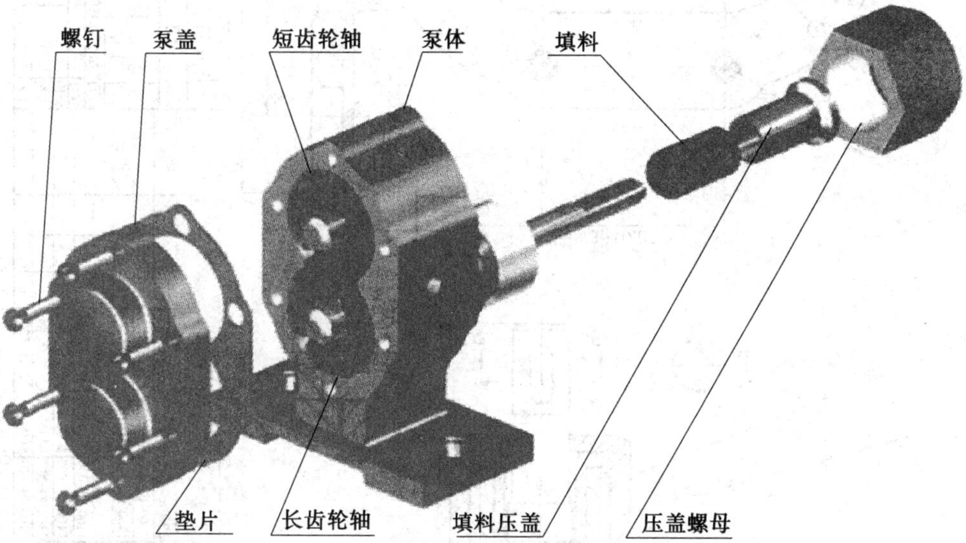

图 10.1　齿轮泵装配实体图

第一节　装配图的作用和内容

一、装配图的作用

装配图表示装配体的基本结构、各零件相对位置、装配关系和工作原理。在设计过程中,首先要画出装配图,然后按照装配图设计并拆画出零件图。在装配时,根据装配图中的技术要求,把单个零件先组装成部件,然后再由部件装配成机器。在使用产品时,装配图又是了解产品结构和进行调试、维修的主要依据。此外,装配图也是进行科学研究和技术交流的工具。因此,装配图是生产中的重要技术文件。

二、装配图的内容

(1)一组视图。装配图中用一组恰当的视图表达机器(或部件)的工作原理,各零件间的装配、连接关系和主要零件的结构形状。图 10.2 所示的齿轮泵装配图,采用一个全

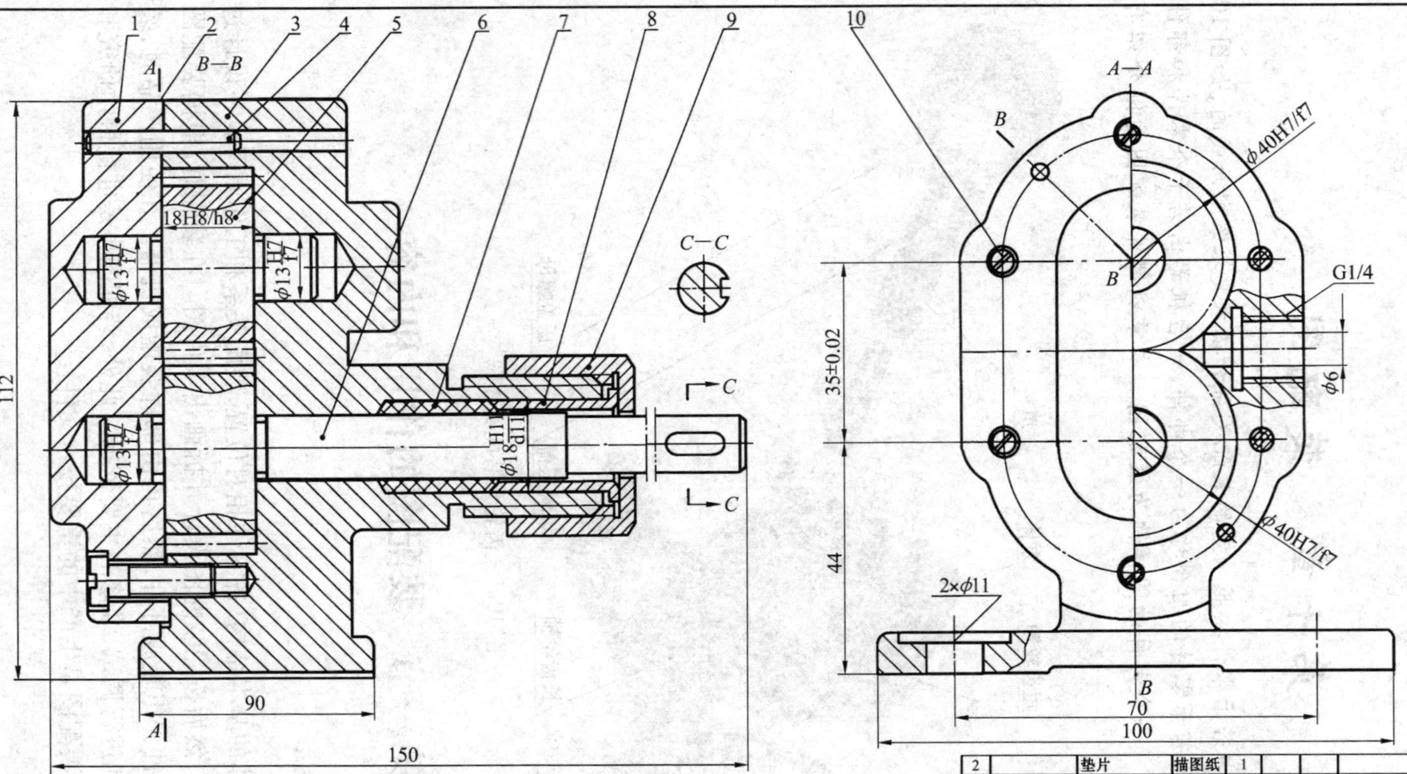

技术要求

1. 装配后应转动灵活，无卡阻现象；

2. 装配后未加工的外表面涂绿漆。

序号	代号	名称	材料	数量	单重	总重	备注
10	GB/T 65–2000	螺钉 M6×20	8.8	6			
9	T100–01–006	压紧螺母	Q235–A	1			
8	T100 01–005	填料压盖	Q235–A	1			
7		填料	橡胶	1			
6	T100–01–004	主动齿轮轴	45 钢	1			
5	T100–01–003	从动齿轮轴	45 钢	1			
4	GB/T119.1–2000	销 4m6×26	35 钢				
3	T100 01–002	泵体	HT200	1			
2		垫片	描图纸	1			
1	T100 01–001	泵盖	HT200	1			

标记	处数	分区	更改文件号	签名	年月日	装配图		齿轮泵
设计			标准化			阶段标记	重量	比例
制图								2:1
审核						共 张 第 张		T100 01–000
工艺								

图 10.2 齿轮泵的装配图

剖的主视图来表达齿轮泵的工作原理和各零件之间的装配关系;采用一个半剖左视图来表达齿轮泵主要零件(泵体)的结构形状,并用两个局部剖视表达泵体的进(出)油孔和安装孔;一个移出断面图表达长齿轮轴输出端的断面形状。

(2)必要的尺寸。装配图中一般只标注机器(或部件)的性能(规格)尺寸、配合尺寸、安装尺寸、总体尺寸以及其它重要尺寸。图 10.2 中油孔 $\phi 6$ 为性能(规格)尺寸;$\phi 18H8/h8$、$\phi 13\ H7/f7$、$\phi 18H11/d11$、$\phi 40H7f7$ 等为配合尺寸;70、$2\times\phi 11$ 为安装尺寸;100、150、112 为总体尺寸,中心距 35±0.02 和中心高 44 为其它重要尺寸。

(3)技术要求。用文字或符号来说明机器(或部件)在装配、安装、调试、检测、使用和维修等方面的要求。

(4)零部件序号、明细栏和标题栏。装配图中,需要对每种零件编注序号,并在明细栏中依次列出每种零件的序号、代号、名称、材料、数量等内容。标题栏内填写机器(或部件)的名称、图号、比例、相关人员的签名和日期等,如图 10.2 所示。

第二节　装配图的表达方法

在零件图上所采用的各种表达方法,如视图、剖视、断面、局部放大图等也同样适用于画装配图。但是画零件图所表达的是一个零件,而画装配图所表达的则是由许多零件组成的装配体(机器或部件等)。因为两种图样的要求不同,所表达的侧重面也不同。装配图应该表达出装配体的工作原理、装配关系和主要零件的主要结构形状。因此,国家标准《机械制图》对绘制装配图制定了规定画法、特殊画法和简化画法。

一、装配图的规定画法

在装配图中,为了便于区分不同的零件,正确地表达出各零件之间的关系,在画法上有以下规定。

(1)相邻两零件的接触表面和基本尺寸相同的两配合表面只画一条线;而基本尺寸不同的非配合表面,即使间隙很小,也必须画成两条线,如图 10.3(a)、(b)、(c)所示。

(2)在装配图中,同一个零件在所有的剖视、断面图中,其剖面线应保持同一方向,且间隔一致。相邻两零件的剖面线方向应相反,或方向相同,但间距必须不等,如图 10.3(e)所示。当装配图中零件的厚度小于 2 mm 时,允许将剖面涂黑以代替剖面线。

(3)在装配图的剖视图中,若剖切平面通过实心零件(如轴、杆等)和标准件(如螺栓、螺母、销、键等)的轴线时,这些零件按不剖绘制,如图 10.3(a)所示。但其上的孔、槽等结构需要表达时,可采用局部剖视。当剖切平面垂直于其轴线剖切时,则需画出剖面线。

二、部件的特殊表达方法

1. 沿结合面剖切或拆卸画法

在装配图中,如果有些零件在其它视图上已经表示清楚,而又遮住了需要表达的零件时,则可假想沿着某些零件的结合面剖开或将其拆卸掉不画而画剩下部分的视图。如图 10.5 中,*A—A* 剖视图为沿泵盖与泵体结合面剖切的。为了避免看图时产生误解,常在图

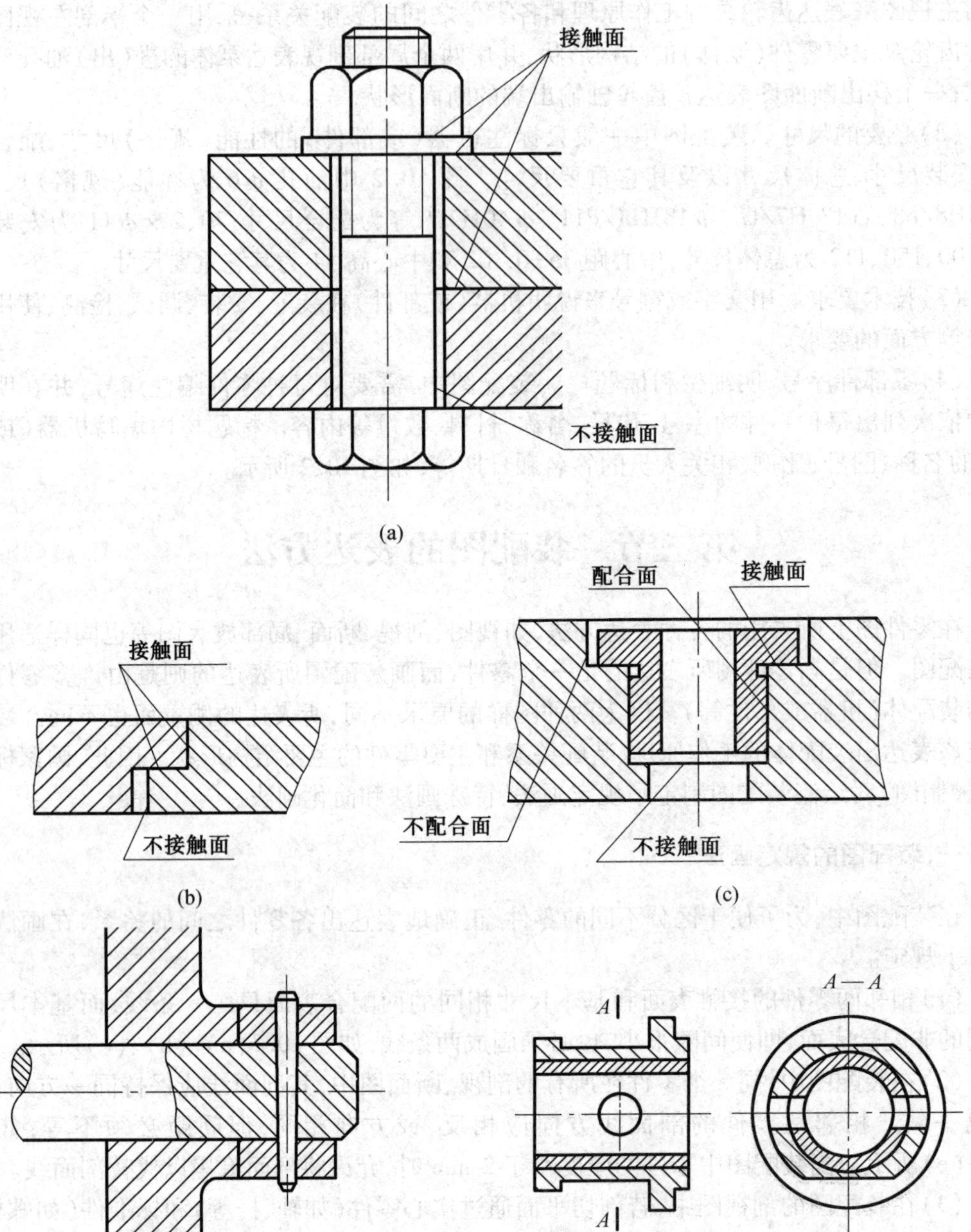

图 10.3　装配图规定画法

上加注“拆去××零件”。其中,由于剖切平面对螺栓、螺钉和圆柱销是横向剖切,故对它们应画剖面线;对其余零件则不画剖面线。

2. 单独表示某个零件

在装配图中，当某个零件的形状未表达清楚，或对理解装配关系有影响时，可另外单独画出该零件的某一视图。如图 10.4 中，对件 2 的 *B—B* 视图；又如图 10.5 转子泵中的泵盖的 *B* 向视图。

3. 夸大画法

在装配图中，对于一些薄片零件、细丝弹簧、小间隙和小锥度等，可不按其实际尺寸作图，而适当地夸大画出，如图 10.5 转子泵中垫片的表示。

4. 假想画法

(1) 为了表明本部件与其它相邻部件或零件的装配关系，可用双点画线画出该件的轮廓线。如图 10.6(a) 中齿轮油泵中泵体与机座的连接关系的画法。

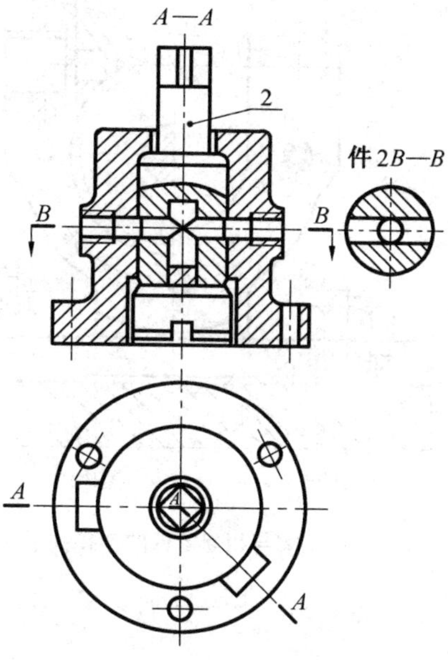

图 10.4 单独零件表示法

(2) 对于运动零件，当需要表明其运动极限位置时，可以在一个极限位置上画出该零件，而在另一个极限位置用双点画线来表示。如图 10.6(b) 中手柄的运动极限位置的表示法。

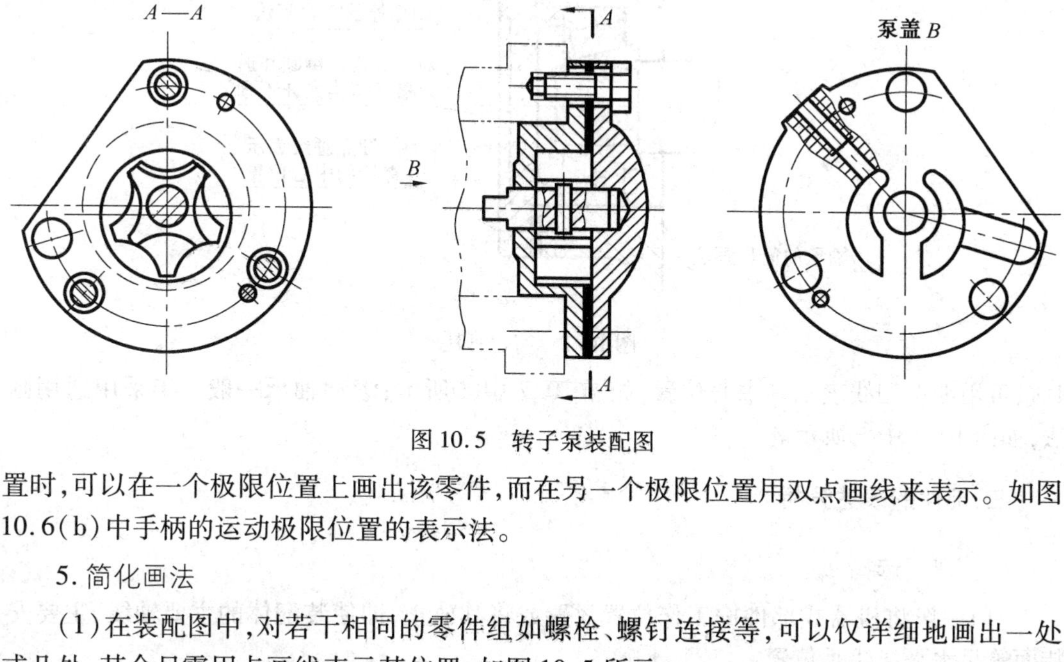

图 10.5 转子泵装配图

5. 简化画法

(1) 在装配图中，对若干相同的零件组如螺栓、螺钉连接等，可以仅详细地画出一处或几处，其余只需用点画线表示其位置，如图 10.5 所示。

(2) 图 10.7 表示滚动轴承的简化画法。滚动轴承只需表达其主要结构时，可采用示意画法。

(3) 画装配图时，对于零件上的一些工艺结构，如小圆角、倒角、退刀槽和砂轮越程槽等可以不画，如图 10.7 中②所示；螺栓、螺母和螺钉等标准件允许采用简化画法，如图 10.7③所示，当遇到螺纹紧固件等相同零件组时，在不影响理解的前提下，允许只画一处，

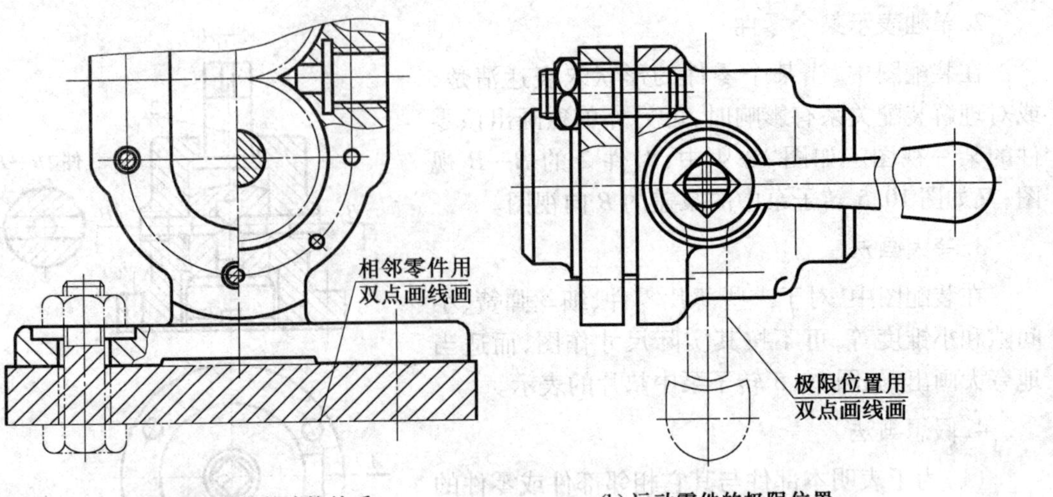

(a)与相邻零件的连接关系 (b)运动零件的极限位置

图 10.6 假想画法

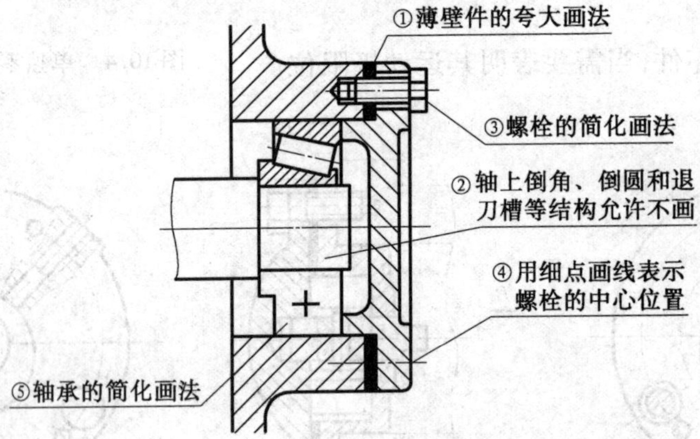

图 10.7 简化画法

其余可用细点划线表示其中心位置，如图 10.7 中④所示；滚动轴承一般一半采用通用画法，如图 10.7 中⑤所示。

三、部件的表达分析

1. 主视图选择

(1)一般将机器或部件按工作位置放置或将其放正，即使装配体的主要轴线、主要安装面等呈水平或铅垂位置。

(2)选择最能反映机器或部件的工作原理、传动路线、零件间装配关系及主要零件的主要结构的视图作为主视图。当不能在同一视图上反映以上内容时，则应经过比较，取一个能较多反映上述内容的视图作为主视图，通常取反映零件间主要或较多装配关系的视图作为主视图较好。

2. 其它视图选择

(1)考虑还有哪些装配关系、工作原理以及主要零件的主要结构还没有表达清楚,再确定选择哪些视图以及相应的表达方法。

(2)尽可能地考虑应用基本视图以及基本视图上的剖视图(包括拆卸画法、沿零件结合面剖切)来表达有关内容。

(3)还需要合理地布置视图位置,使图样清晰并有利于图幅的充分利用。

【例 10.1】 球阀表达分析

图 10.8 为球阀的装配图。球阀按工作位置画图,以便于了解它的工作情况。为了表达球阀的工作原理及较多地反映组成球阀各零件间的装配关系,该装配体采用三个视图表达。将其通孔 ϕ20 的轴线水平放置,主视图采用全剖视图来表达球阀阀体内两条主要装配线,各个主要零件及其相互关系为:水平方向装配线是阀芯 4、阀盖 2 等零件;垂直方向是阀杆 12、填料压紧套 11、扳手 13 等零件。左视图采用半剖视图,是为了进一步将阀杆 12 与阀芯 4 的结构和装配关系表达清楚,同时又把阀体 1 的螺纹连接件的数量及分布位置表达出来。球阀的俯视图以反映外形为主,同时采取了 *B—B* 局部剖视,反映手柄 13 与阀体 1 限位凸块的关系,该凸块用以限制扳手 13 的旋转位置。从图 10.8 清楚地表达了球阀的工作原理及各零件间的装配关系,图示位置为阀门全部开启,管道畅通,当扳手按顺时针方向旋转 90°(图中采用双点画线假想画法),阀门全部关闭,管道断流。

第三节　装配图的尺寸标注和技术要求

一、装配图中的尺寸标注

装配图的作用与零件图不同,因此,在图上标注尺寸的要求也不同。在装配图上应该按照对装配体的设计或生产的要求来标注某些必要的尺寸。一般常注的有下列几方面的尺寸。

1. 性能(规格)尺寸

表示机器性能(规格)的尺寸,这些尺寸是设计时确定的。它也是了解和选用该机器的依据。如图 10.8 中球阀阀芯内孔尺寸 ϕ20。

2. 配合尺寸

表示零件间配合性质的尺寸。如图 10.8 中阀杆和填料压紧套的尺寸 ϕ14H11/d11、阀盖和阀体的尺寸 ϕ50H11/h11 等均为配合尺寸。

3. 相对位置尺寸

表示装配时需要保证的零件间相互位置的尺寸。如图 10.8 中阀杆和阀芯的轴线距离阀体右端面的尺寸 54。

4. 安装尺寸

将部件安装到机器上或将机器安装到基础上所需的尺寸。如图 10.8 阀盖和阀体两端的螺纹尺寸 M36×2。

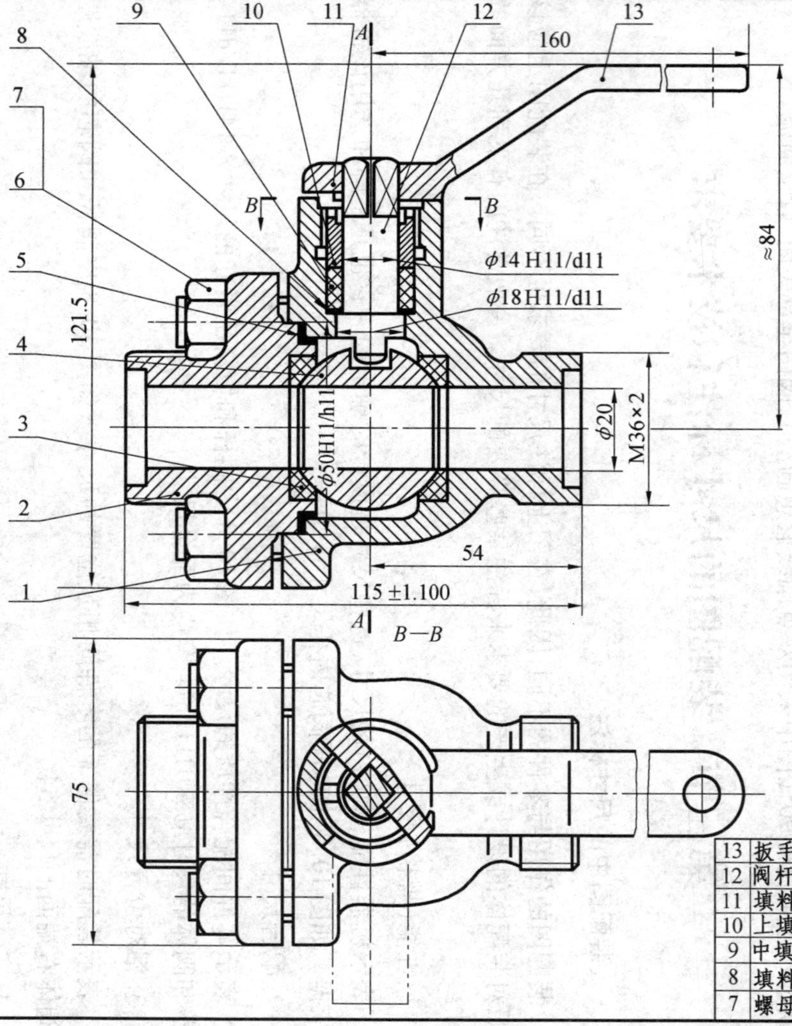

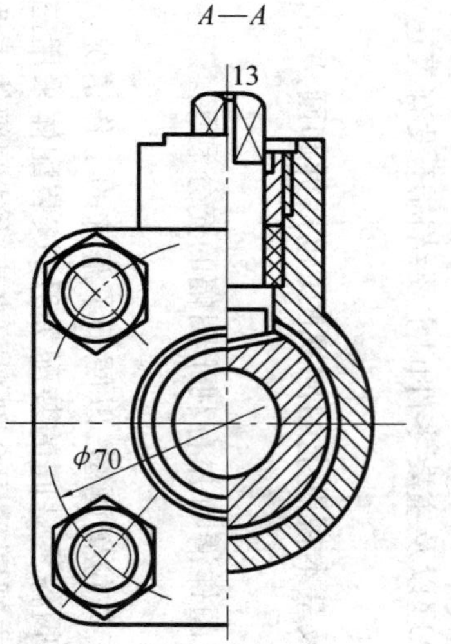

技术要求

制造与验收技术条件应符合国家标准的规定

序号	名称	件数	材料	备注
13	扳手	1	ZG25	
12	阀杆	1	40Cr	
11	填料压紧套	1	35	
10	上填料	1	聚四氟乙烯	
9	中填料	2	聚四氟乙烯	
8	填料垫		40Cr	
7	螺母M12	4	Q235	GB/T6170
6	双头螺栓M12×30	4	35	GB/T897
5	调整垫	1	聚四氟乙烯	
4	阀芯	1	40Cr	
3	密封圈	2	填充聚四氟乙烯	
2	阀盖	1	ZG25	
1	阀体	1	ZG25	

球阀	比例 1:2	件数	01－00
制图		重量	第1张共1张
描图			
审核			

图 10.8 球阀的装配图

5. 外形尺寸

表示装配体外形的总体尺寸，即总的长、宽、高。它反映了装配体的大小，提供了装配体在包装、运输和安装过程中所占的空间尺寸。如图 10.8 中的球阀的总长 115、总宽 75、总高 121.5。

6. 其它重要尺寸

在设计中确定的，而又未包括在上述几类尺寸之中的主要尺寸。如运动件的极限尺寸，主体零件的重要尺寸等。如图 10.8 所注尺寸 160、ϕ70 等。

上述六类尺寸之间并不是互相孤立无关的，实际上有的尺寸往往同时具有多种作用。此外，在一张装配图中，也并不一定需要全部注出上述六类尺寸，而是要根据具体情况和要求来确定。

二、装配图中的技术要求

技术要求，主要是指用文字说明机器或部件的装配、安装、检验、试验使用和维修等方面的要求。装配图上的技术要求一般用文字注写在图纸下方空白处，也可以另编技术文件，附于图纸。

由于机器或部件的性能、用途各不相同，因此其技术要求也不同，拟定机器或部件技术要求时应具体分析，一般从以下三方面考虑，并根据具体情况而定。

(1)装配要求：装配过程中的注意事项，装配后应达到的要求。

(2)检验要求：对机器或部件整体性能的检验、试验、验收方法的说明。

(3)使用要求：对机器或部件性能、维护、保养、使用注意事项的说明。

第四节　装配图中的零件序号、明细栏和标题栏

为了便于装配时看图查找零件，便于作生产准备和图样管理，必须对装配图中的零件进行编号，并列出零件的明细栏，用以说明各零件或部件的名称、数量、材料等有关内容。

一、编写零件序号的方法

(1)相同的零、部件只编一个序号，每个序号在图中只标注一次，多次出现的相同零、部件，必要时也可以重复标注，但应用同一序号。

(2)指引线常用的形式有四种，如图 10.9(a)、(b)、(c)、(d)所示。其中指引线形式(a)、(b)中的水平短线、圆都是用细实线绘制，序号数字应比装配图中的其它尺寸数字大一号或两号，而形式(c)中的序号数字则必须大两号。若所指部分不便使用圆点时(很薄的零件或涂黑的剖面)，可在指引线末端画一箭头指向该部分的轮廓如图 10.9(d)所示。

(3)如图 10.10(a)螺纹紧固件及装配关系清楚的零件组，可采用公共指引线，公共指引线的常用形式如图 10.10(b)所示。

(4)引线不要求相互平行，但不允许相交。通过剖面线区域时不应与剖面线方向一致。指引线可以画成折线，但只允许折一次。

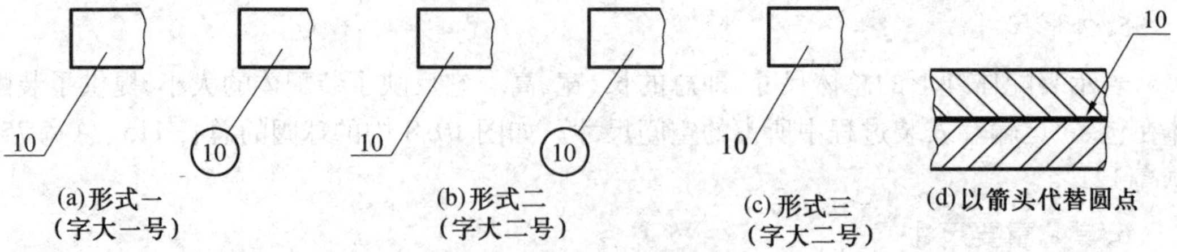

图 10.9　零件序号的编写

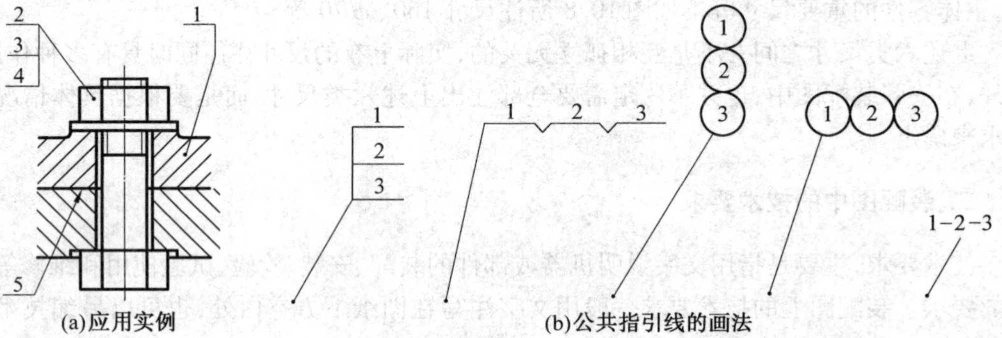

图 10.10　公共指引线的形式

(5)在装配图中,序号应按水平或垂直方向排列整齐,并统一按顺时针或逆时针方向进行编号,以便于查找,如果在图上无法按上述要求排列序号时,亦可在水平或垂直方向按顺序排列。

二、明细栏和标题栏

明细栏是装配图中全部零、部件的详细目录,它直接画在标题栏上方,序号由下向上顺序填写,所填写序号必须与装配图编写的序号一致。如位置不够可在标题栏左边画出。对于标准件,应将其规定标记填写在备注栏内。明细栏的外框线为粗实线,内格为细实线,图 10.11 所示的格式可供学习中使用。

第五节　常见的装配工艺结构

在绘制装配图时,除了应根据零件的设计要求确定其结构外,还要考虑加工和装配的合理性,否则就会给装配工作带来困难,甚至不能满足设计要求。下面介绍几种最常见的装配工艺结构。

一、接触面的合理配置

(1)两零件装配时,在同一方向上,一般只应有一个接触面,这样既能保证良好的接触,又能降低加工的要求,见图 10.12。

(2)当两个零件上有两个互相垂直的表面同时接触时,在接触面的转角处要有圆角、倒角、越程槽或退刀槽等,以保证两零件之间有良好的接触,如图 10.13 所示。

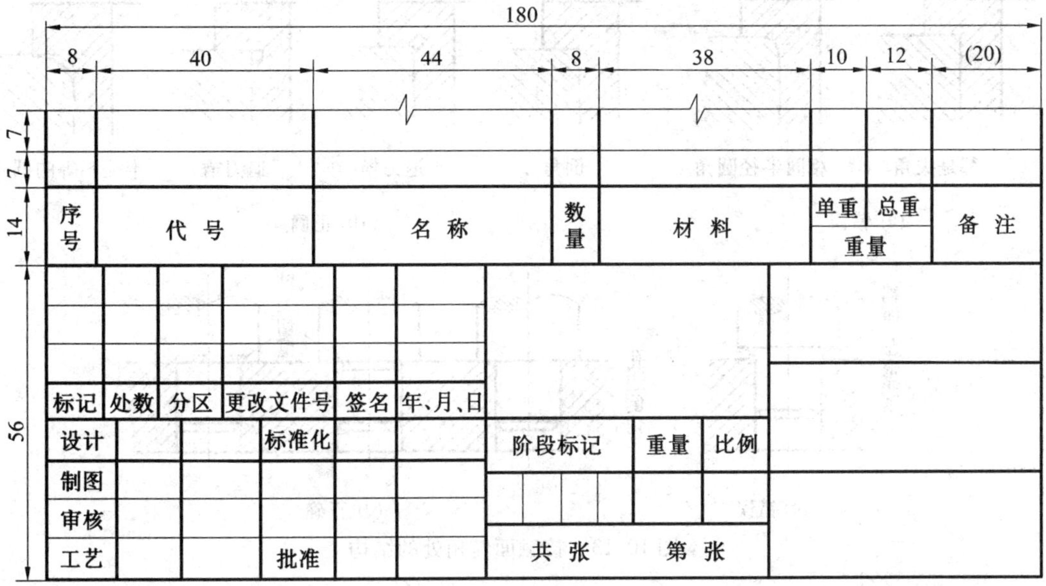

图 10.11　标题栏及明细栏格式

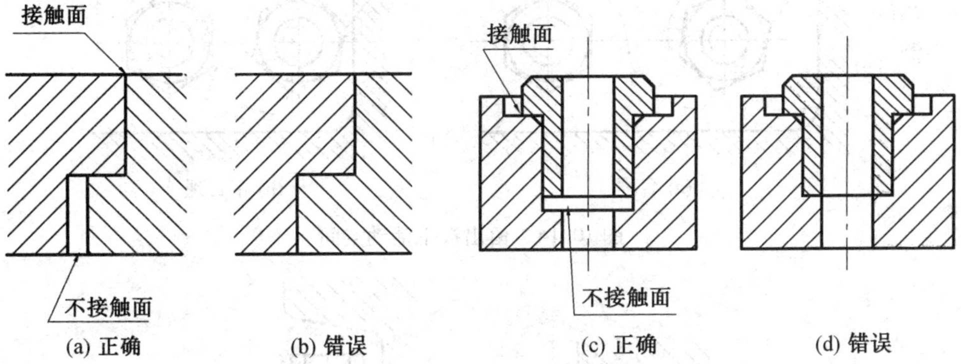

图 10.12　同一方向上接触面的画法

二、考虑维修、安装、拆卸的方便

图 10.14 所示是在安排螺钉位置时，应考虑扳手的空间活动范围，图 10.14(a)是正确的结构形式，图 10.14(b)中所留空间太小，扳手无法使用。

图 10.15 所示，应考虑螺钉放入时所需要的空间，图 10.15(a)是正确的结构形式，图 10.15(b)中所留空间太小，螺钉无法放入。

三、装配图中滚动轴承的合理安装

滚动轴承常用轴肩或孔肩轴向定位，设计时应考虑维修、安装、拆卸的方便。为了方便滚动轴承的拆卸，轴肩应小于轴承内圈的厚度，孔肩高度应小于轴承外圈的厚度。

如图 10.16(a)所示，圆柱滚子轴承与座体间的轴向定位靠孔肩和轴承左端面接触来

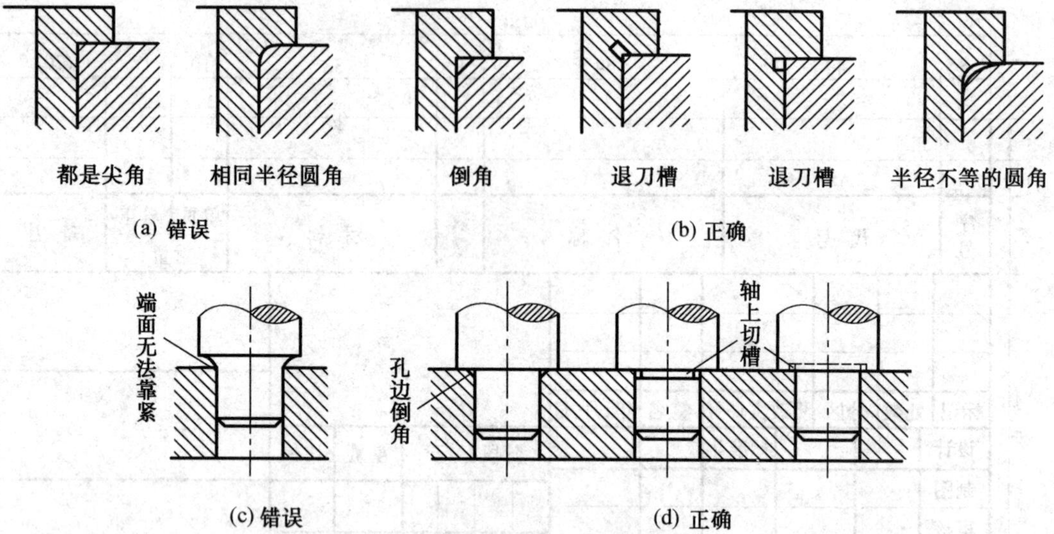

图 10.13 接触面转角处的结构

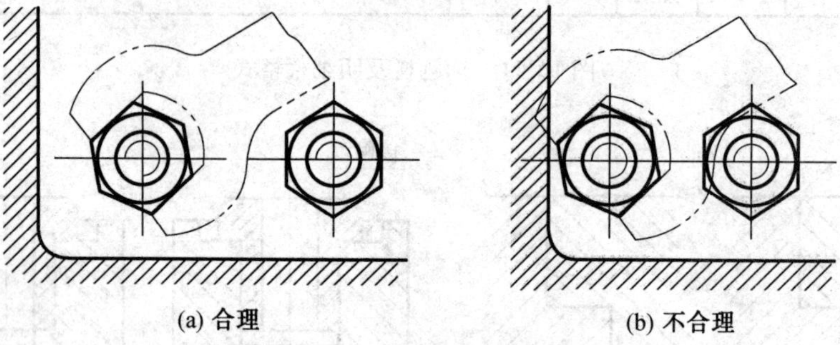

图 10.14 留出扳手活动空间

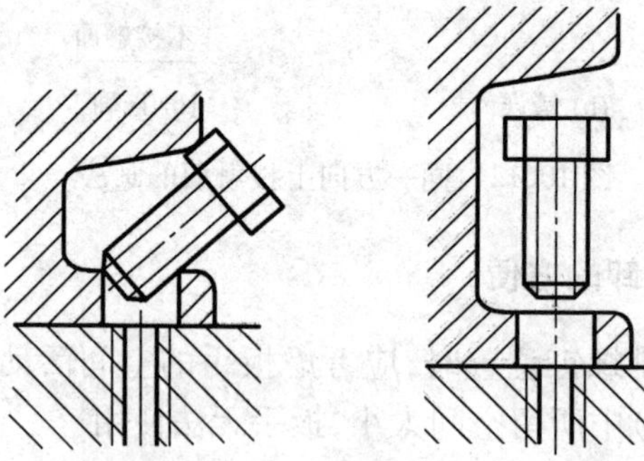

图 10.15 留出螺钉装卸空间

实现,考虑到拆卸的方便,孔肩高度应小于轴承外圈厚度或孔肩上加工小孔,均可方便轴承外圈从机座中拆卸。

如图 10.17(a)所示,深沟球轴承左端面与轴肩接触,考虑到拆卸轴承的方便,轴肩高度应小于深沟球轴承内圈厚度。

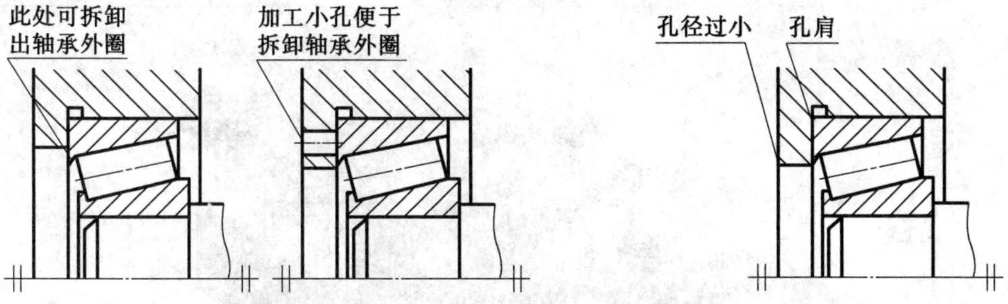

(a)正确　　　　　　　　(b)错误

图 10.16　圆柱(锥)滚子轴承与孔肩的合理安装

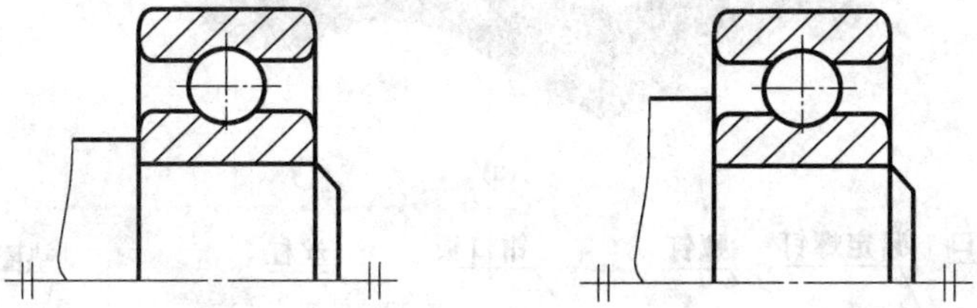

(a)正确　　　　　　　　(b)错误

图 10.17　深沟球轴承与轴肩的合理安装

第六节　部件测绘和装配图画法

根据机器(或部件)所包含的零件图,就可以拼画出机器(或部件)的装配图。下面以图 10.18 所示的台虎钳为例来说明画装配图的方法和步骤。图 10.19 所示为台虎钳的零件图。

一、了解和分析测绘对象,拆卸零、部件

要正确地表达一个装配体,必须首先了解和分析它的用途、工作原理、结构特点以及装拆顺序等情况。对于这些情况的了解,除了观察实物、阅读有关技术资料和类似产品图样外,还可以向有关人员学习和了解。

分析装配体的工作原理,一般应从传动关系入手,分析视图及参考说明书进行了解。例如台虎钳是用来夹持工件进行加工的。它主要是由固定钳身、活动钳口、丝杠和套螺母等组成。丝杠固定在钳身上,转动丝杠可带动套螺母做直线移动。套螺母与活动钳身用紧固螺钉连成整体。因此,当丝杠转动时,活动钳身就会沿固定钳身移动,通过钳口闭合来夹紧工件。

二、确定表达方案

1. 选择主视图

机器(或部件)一般按工作位置摆放,并使主视图能够较多地表达出机器(或部件)的

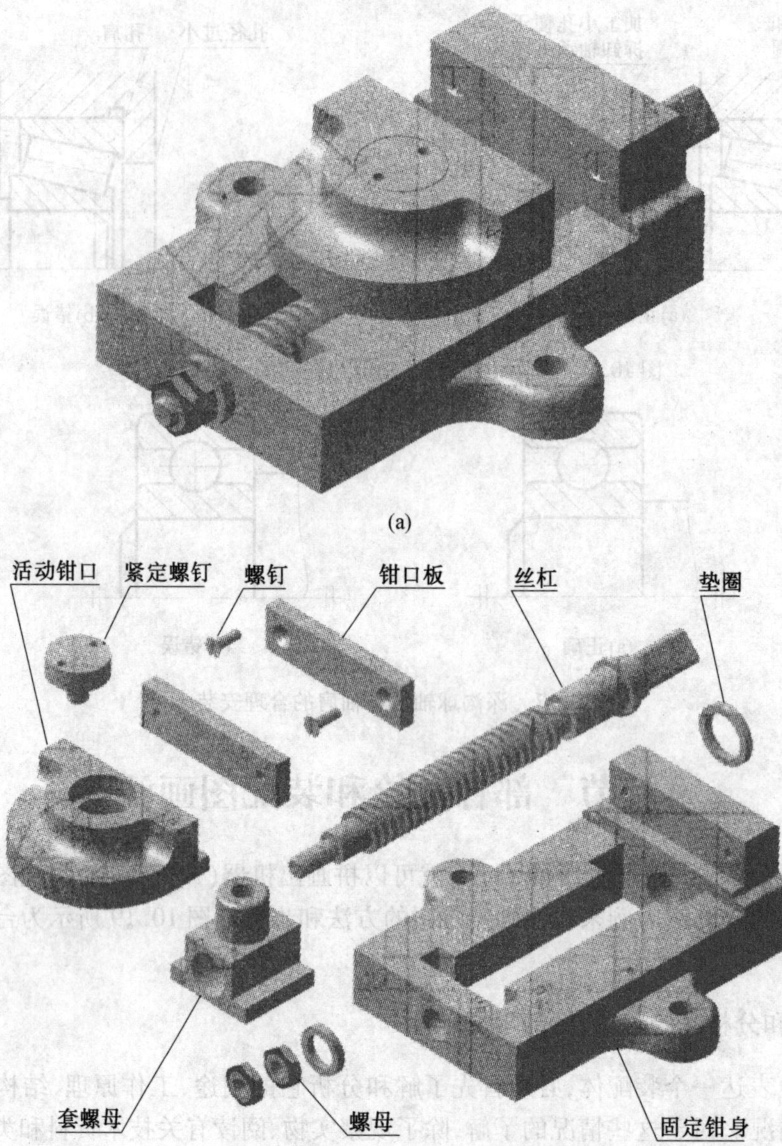

图 10.18　台虎钳实物图和拆卸图

工作原理、传动系统、零件间的主要装配关系和主要零件结构形状特征。一般在机器(或部件)中,将组装在同一轴线上的一系列相关零件称为装配干线。主视图一般表达机器(或部件)的主要装配关系(主要装配干线)。图 10.20 所示的台虎钳按工作位置放置,主视图采用了全剖的方式,沿丝杠轴向把螺母、垫圈、套螺母、固定钳身、活动钳身等相关零件组装在一起,为主要装配关系(装配干线),垂直方向的紧固螺钉、套螺母、活动钳身连接部分是次要装配干线。

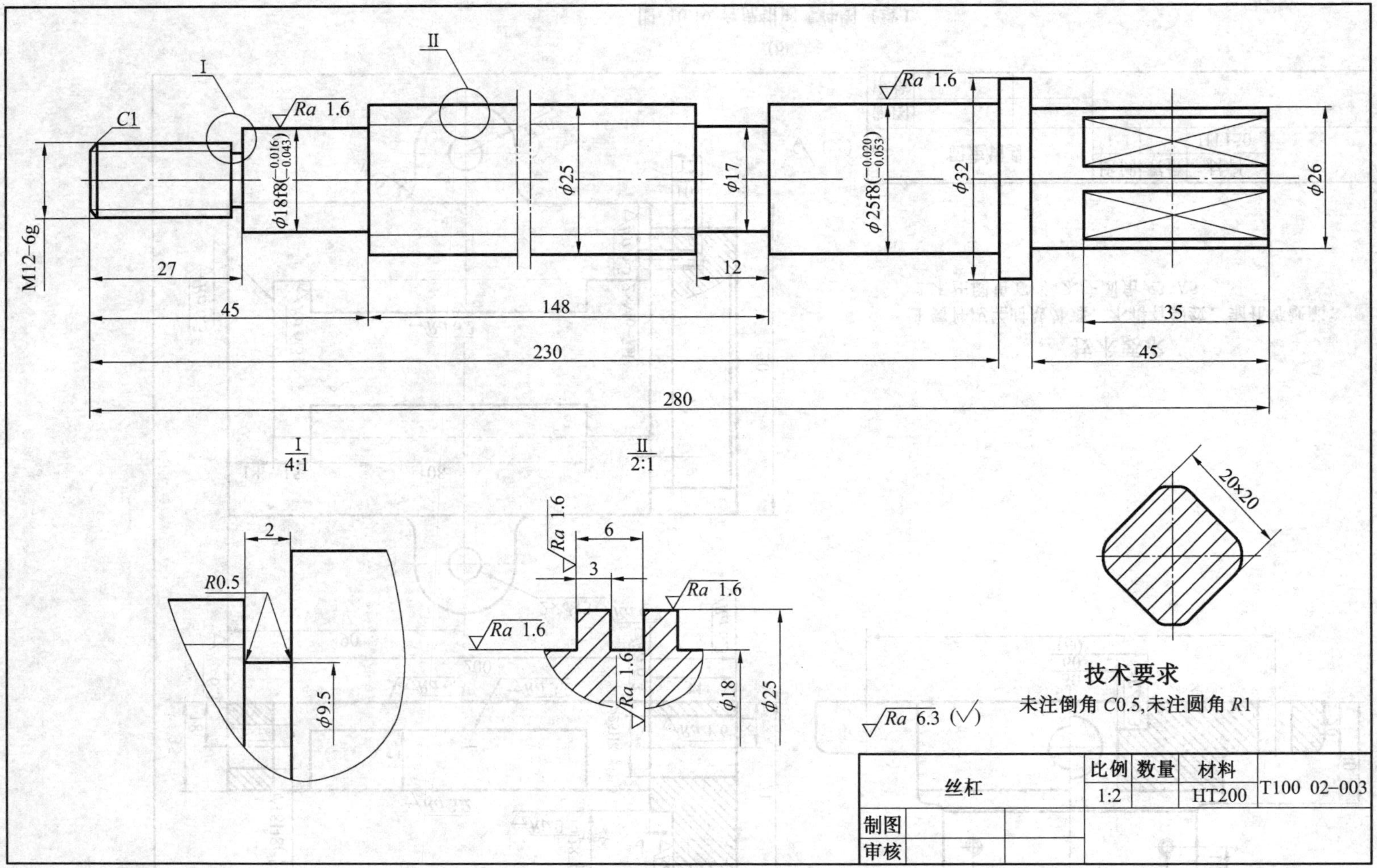

(a)

图10.19 台虎钳的零件图

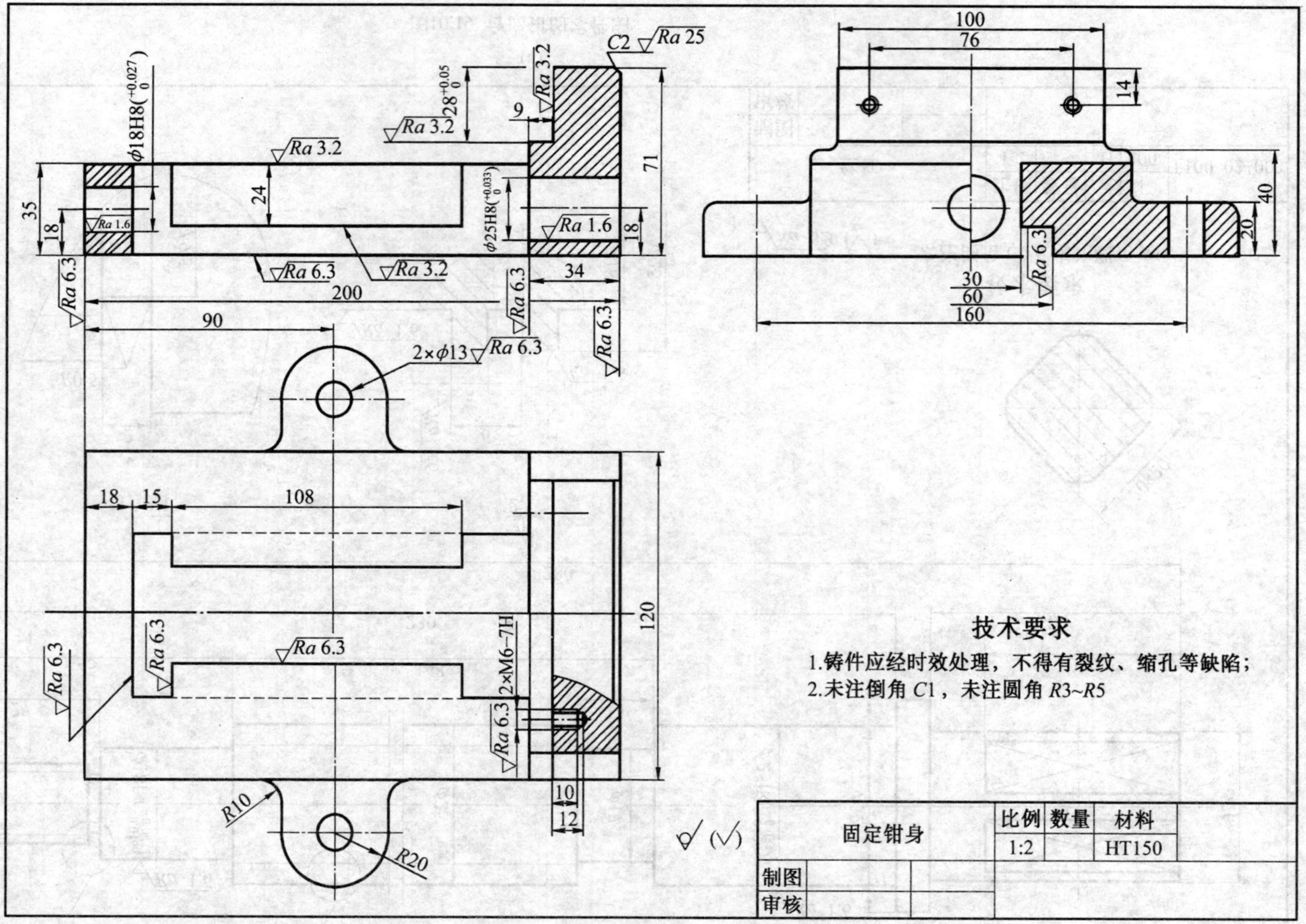

(b)

图 10.19 台虎钳的零件图（续）

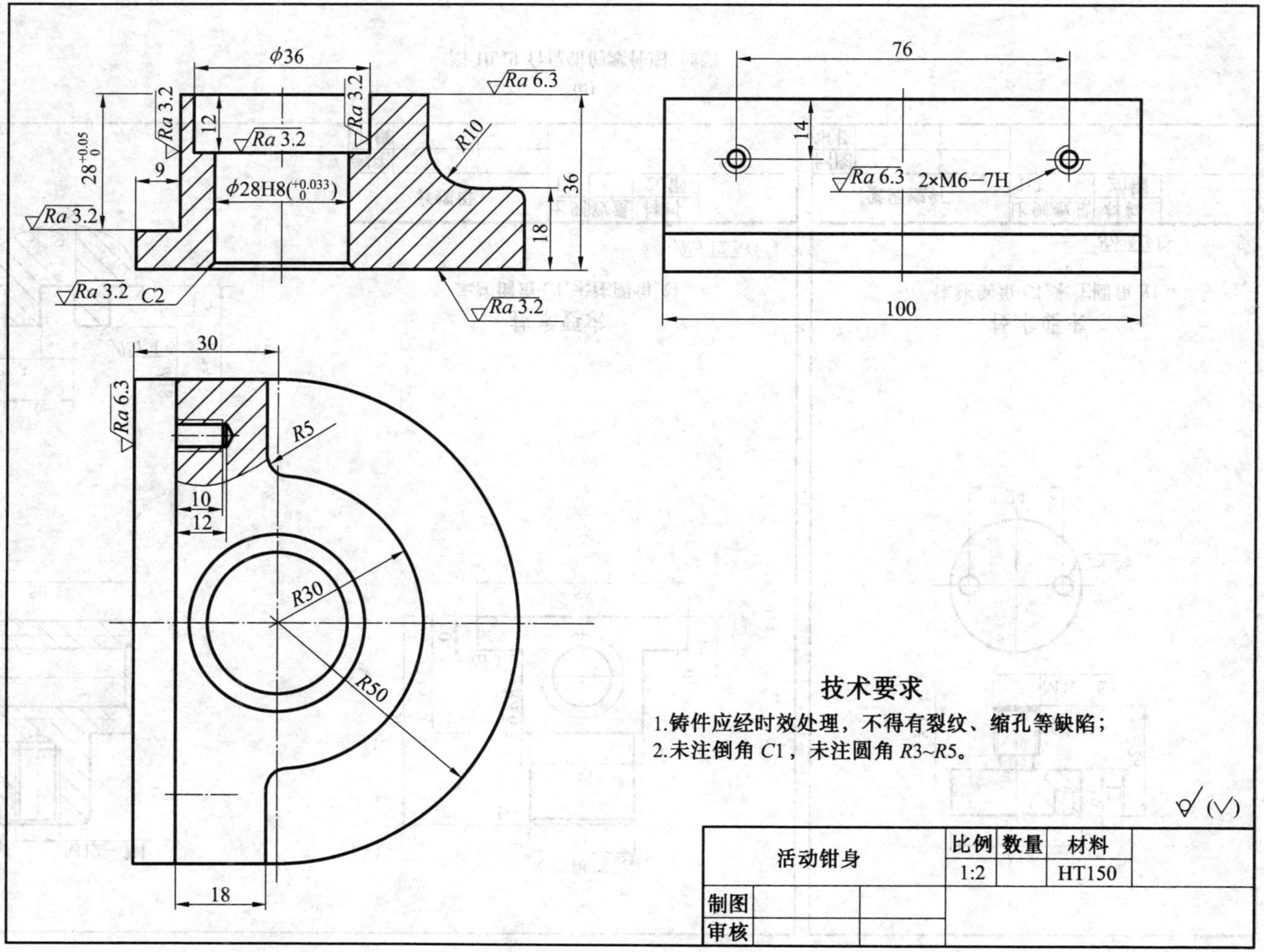

(c)

图 10.19 台虎钳的零件图（续）

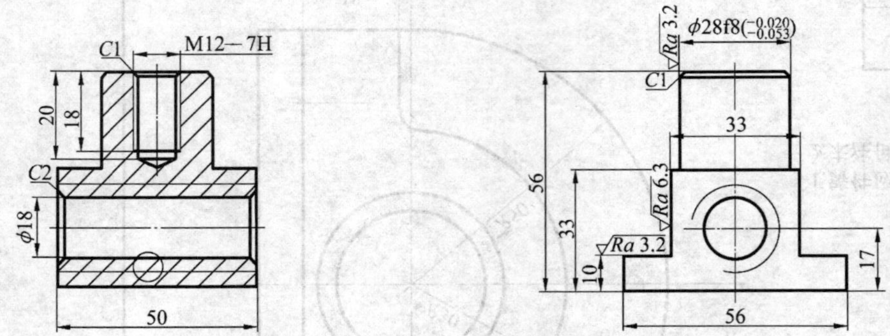

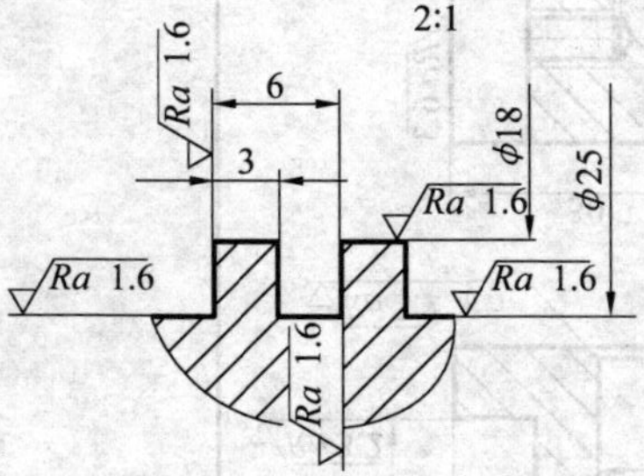

技术要求

未注倒角 $C1$,未注圆角 $R1$

$\sqrt{Ra\ 12.5}$ (√)

套螺母		比例	数量	材料
		1:2		20钢
制图				
审核				

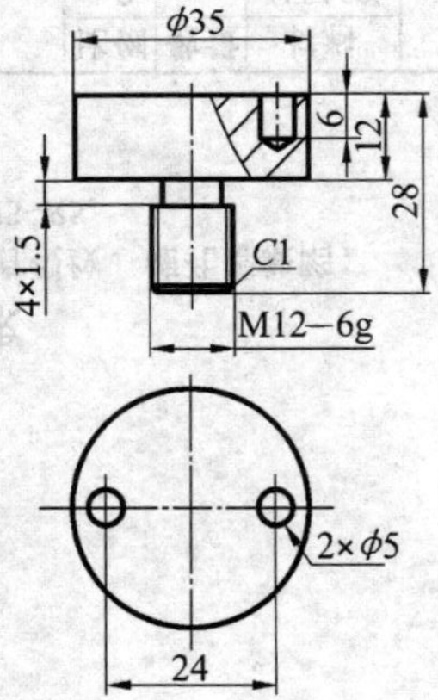

技术要求

未注倒角 $C1$,未注圆角 $R1$

$\sqrt{Ra\ 3.2}$ (√)

紧固螺钉		比例	数量	材料
		1:2		20钢
制图				
审核				

(d)

图 10.19 台虎钳的零件图（续）

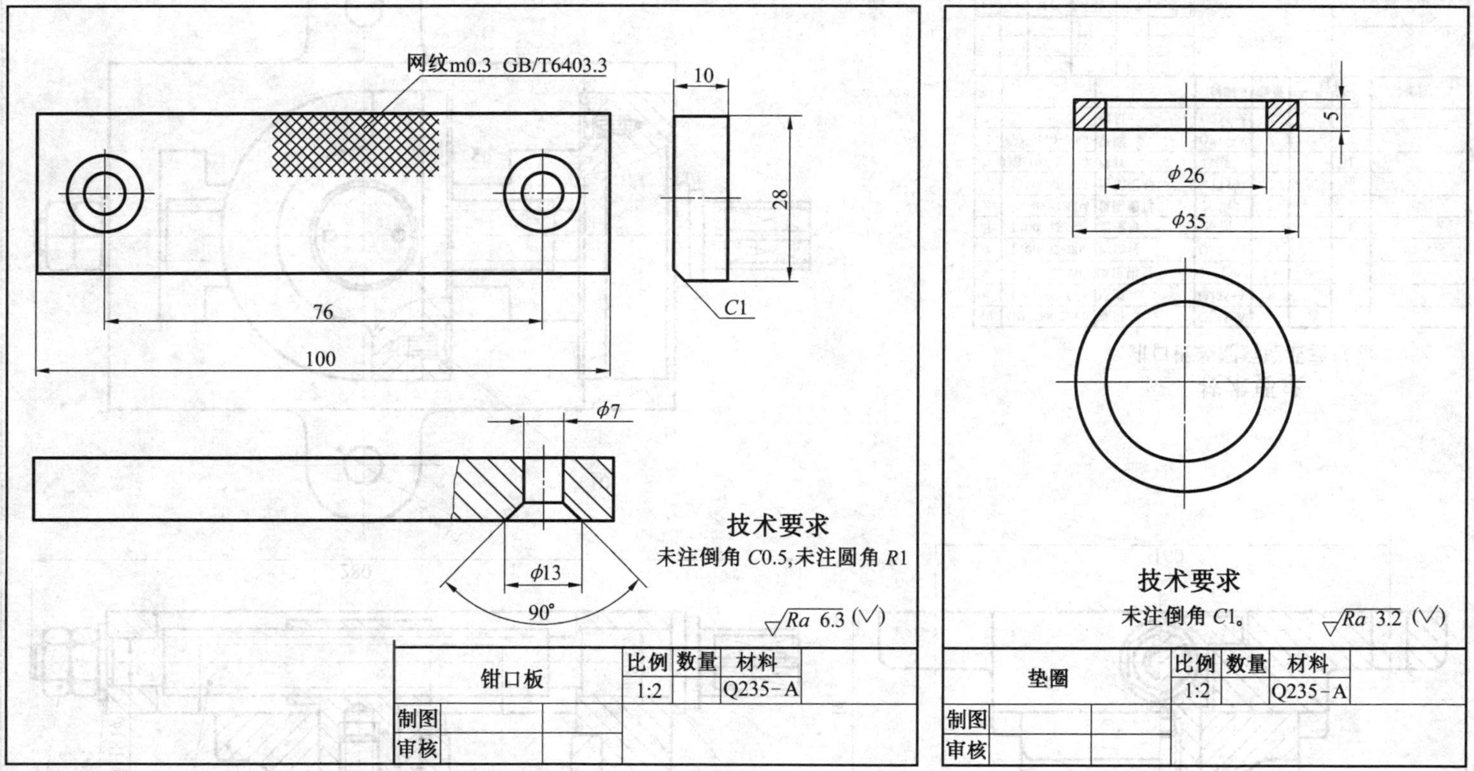

(e)

图 10.19 台钳的零件图（续）

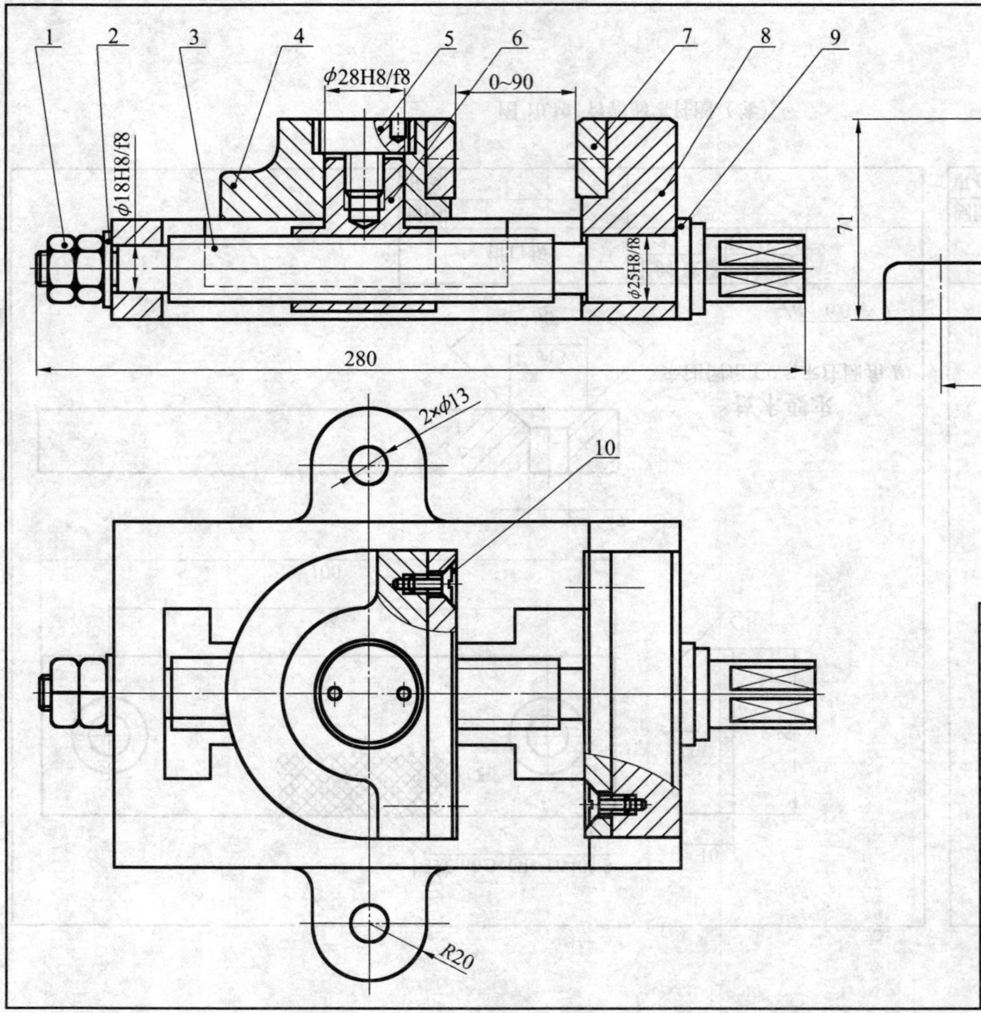

技术要求

钳口板装配后应活动自如

序号	代号	名称	材料	数量	单重	总重	备注
10	GB/T68-2000	螺钉	Q235-A	4		1	
9	T100-02-008	垫圈	Q235-A	1		1	
8	T100-02-007	固定钳身	HT150	10		1	
7	T100-02-006	钳口板	Q235-A	1		1	
6	T100-02-005	套螺母	20钢	1		1	
5	T100-02-004	紧固螺母	20钢	1		1	
4	T100-02-003	活动钳身	HT150	1		1	
3	GB/T97.2-2000	丝杠	45钢	1		1	
2	GB/6170-2000	垫圈	Q235-A	1		1	
1		螺母	Q235-A	2		1	

标记	处数	分区	更改文件号	签名	年月日	装配图	台式虎钳
设计		标准化				阶段标记 重量 比例	
制图							
审核							
工艺		批准				共 张 第 张	

图 10.20 台虎钳的装配图

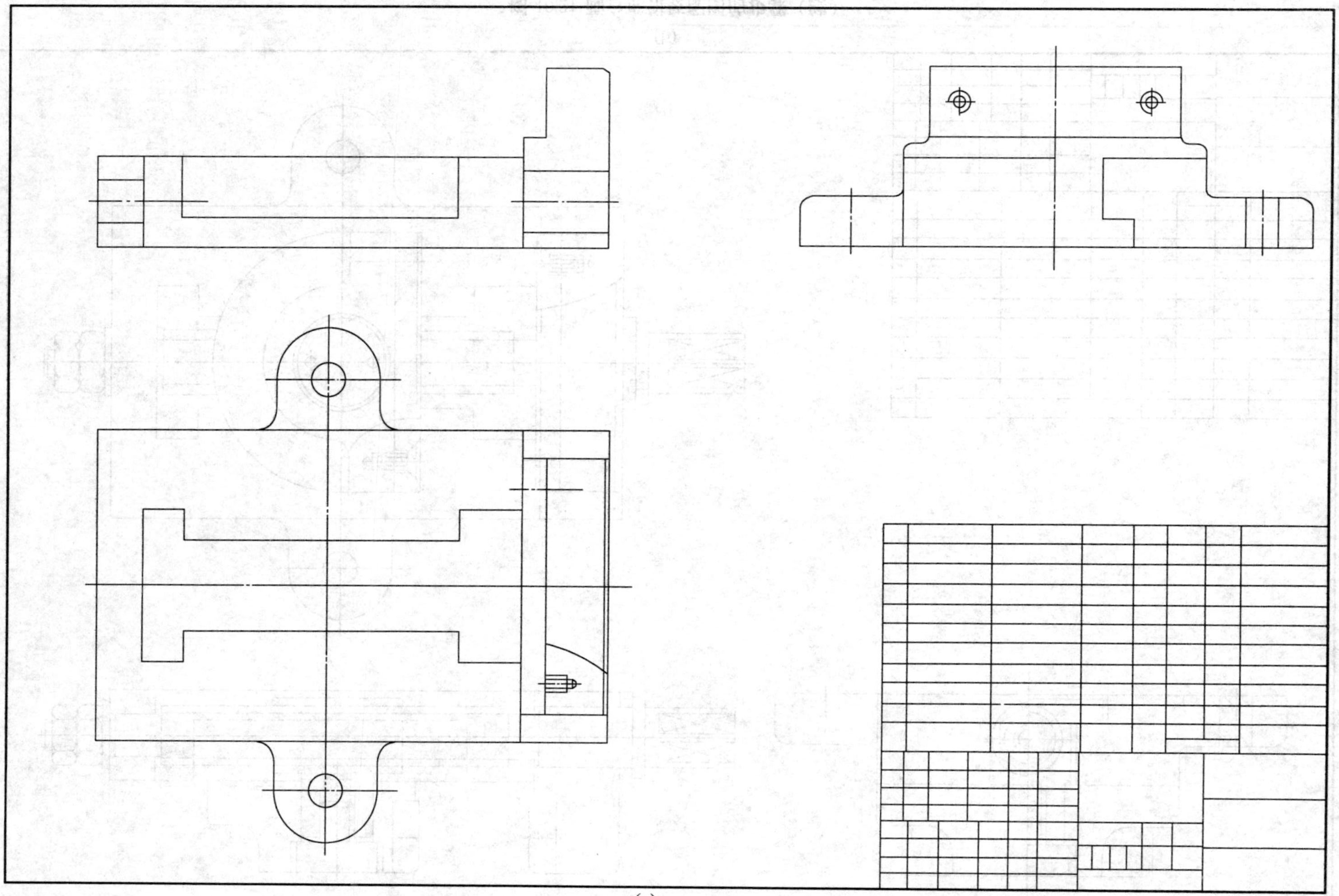

(a)

图 10.21 画台虎钳装配图的步骤

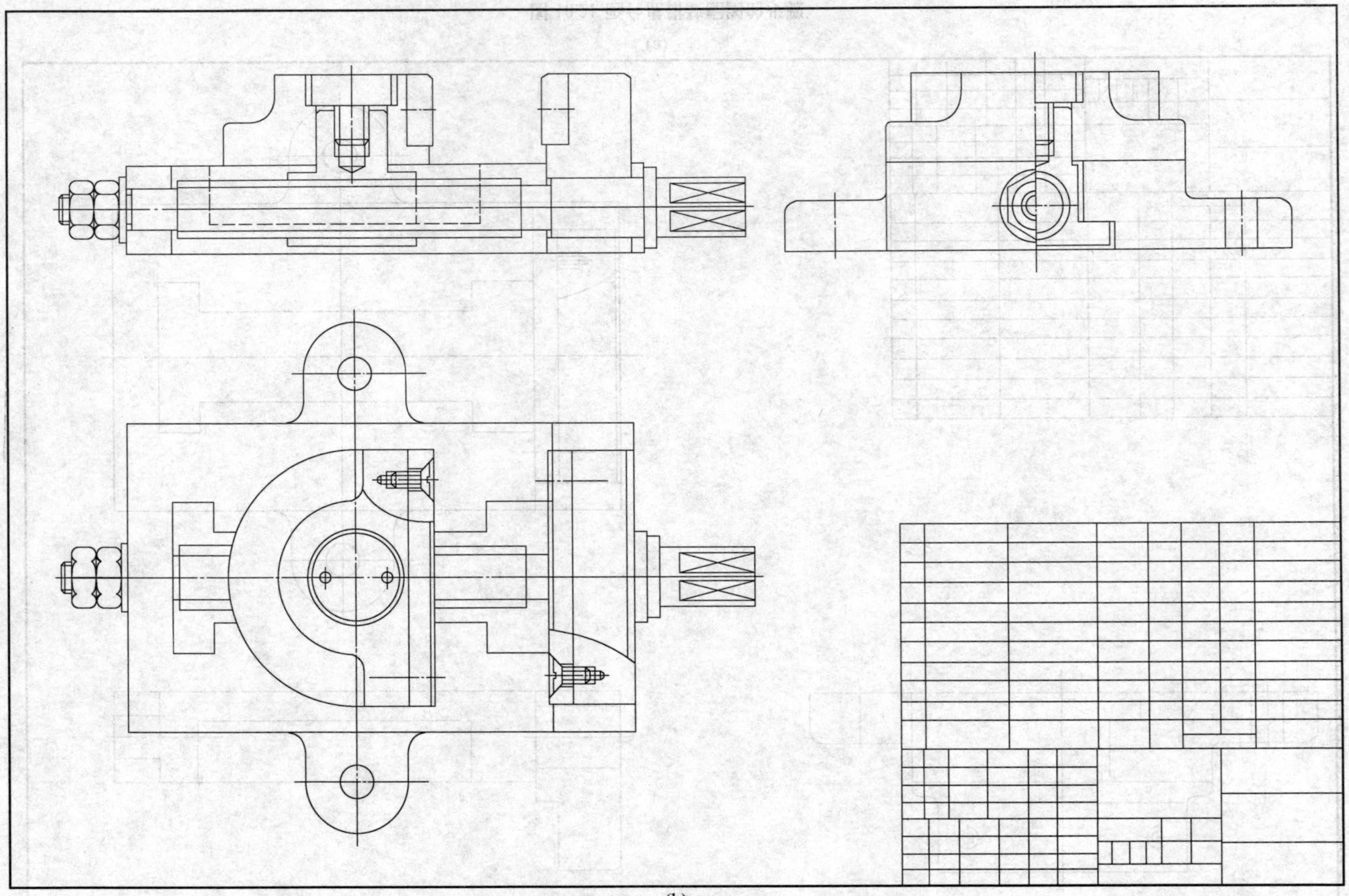

(b)

图 10.21 画台虎钳装配图的步骤（续）

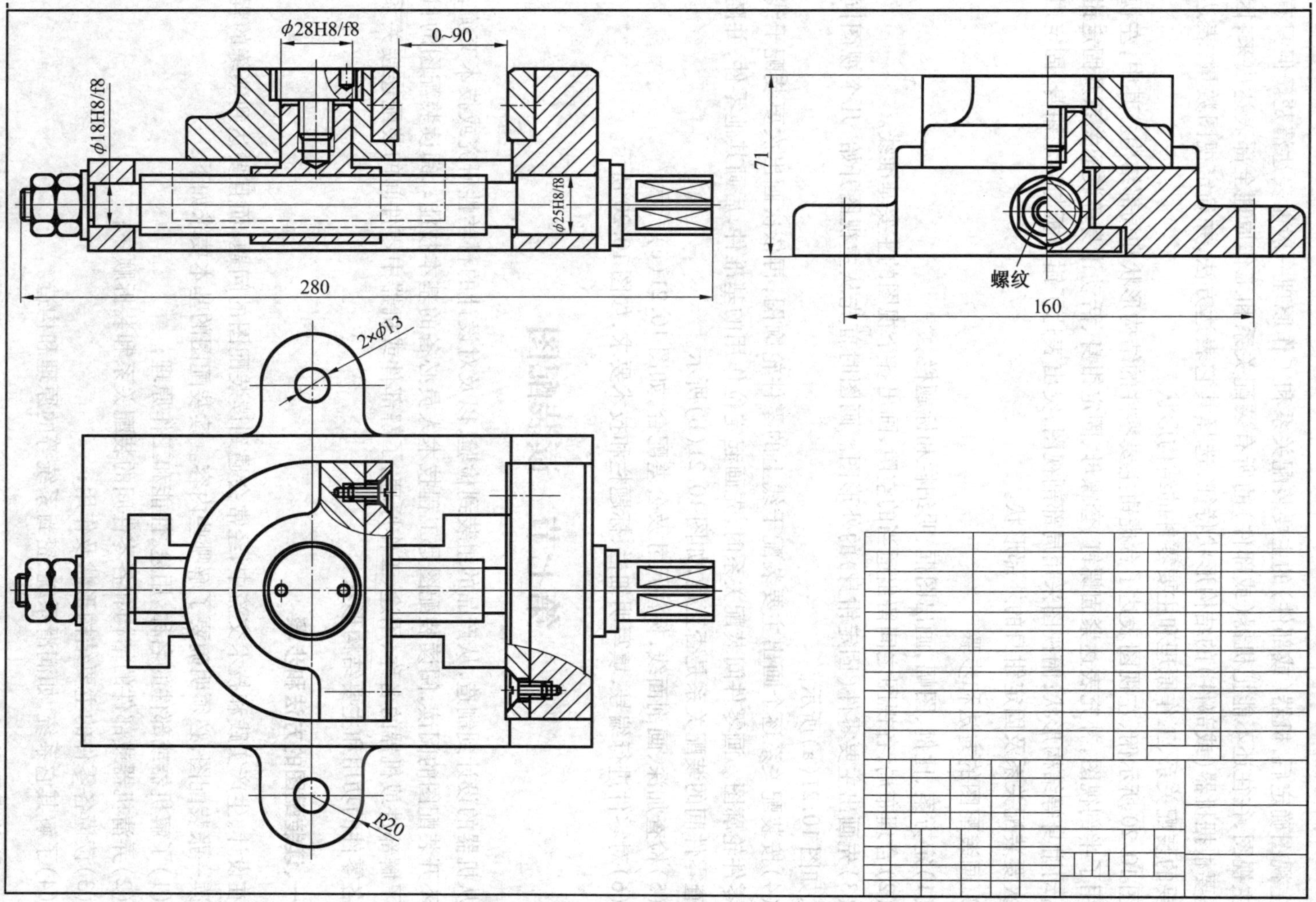

(c)

图 10.21 画台虎钳装配图的步骤（续）

2. 选择其他视图

主视图确定后，机器（或部件）的主要装配关系和工作原理一般能表达清楚。但只有一个主视图，往往还不能把机器（或部件）的所有装配关系和工作原理全部表达出来，因此，还要根据机器（或部件）的结构形状特征，选择其它表达方法，并确定视图数量，表达出次要的装配关系、工作原理和主要零件的结构形状。

图 10.20 所示俯、左视图表达了台虎钳主要零件的结构形状和局部结构。其中，左视图采用了半剖视图，补充表达紧固螺钉、套螺母、固定钳身、活动钳身等装配关系及固定钳身、活动钳身等结构形状；俯视图采用局部剖视图，突出表达了钳口板与活动钳身、固定钳身等次要装配关系及固定钳身的外部形状。

3. 画装配图的方法和步骤

(1)定方案、比例、图幅，画出图框、明细栏和标题栏。

(2)合理布局，各视图之间留出适当的空隙，画出各个视图的主要基准线。

(3)先画出主要零件(固定钳身)的外形图。画图时首先从主视图开始，几个视图同时画，如图 10.21(a)所示。

(4)按装配关系逐个画出主要装配干线上的零件轮廓图，再依次画出次要装配干线上的零件轮廓图。画零件间装配关系时，先画起定位作用的基准件，后画其他零件，并随时检查零件间的装配关系是否正确，如图 10.21(b)所示。

(5)检查加深、画剖面线，标注尺寸及公差配合，如图 10.21(c)所示。

(6)对零件进行编号，填写明细栏、标题栏和技术要求，如图 10.20 所示。

第七节　读装配图

从机器的设计到制造，从产品的组装到检验，以及对设计的科学性研究或技术交流，都离不开装配图的阅读，阅读装配图是工程技术人员必备的基本技能。阅读装配图的目的是了解部件或机器的名称、用途、工作原理，了解部件或机器中零件间的装配连接关系以及各零件的功用和主要结构形状。

一、读装配图的方法和步骤

在设计、生产实践和技术交流中，经常会遇到读装配图的问题，而且要达到熟练的程度。读一张装配图，必须明确要了解哪些内容。读装配图的基本要求如下：

(1)了解机器或部件的名称、用途、性能和工作原理；

(2)弄清机器或部件的结构和各零件间的装配关系和装拆顺序；

(3)读懂各零件的主要结构形状及作用；

(4)了解其它系统，如润滑系统、密封系统等的原理和构造。

二、读装配图举例

下面以图 10.22 球阀装配图为例来说明读装配图的方法和步骤。

1. 概括了解

首先，通过读图 10.22 标题栏和明细栏可以了解部件的名称和用途，标准件与非标准件的名称与数量。该部件的名称是球阀，它的功能是控制气体或流体的流通与截断。由明细栏可知该部件两个标准件分别是件 6 和件 7，其余都是非标准件，共 10 种。其次，在明细栏中对照零(部)件序号，在装配图中找到各个零(部)件的位置。

2. 分析工作原理

当球阀的阀芯 5 通孔轴线与阀体、阀盖孔轴线在同一直线上时，如图 10.22 所示位置，阀门为全开状态，管道流量最大；当扳手 12 顺时针方向旋转时，球芯逐渐关闭，管道的流量逐渐减小，旋转 90°至图 10.22 俯视图双点画线表示的扳手位置时，球芯的球面部分全部挡住阀体、阀盖通孔、阀门全部关闭，管道截流。

3. 分析视图和尺寸

(1)通过分析装配图中各个视图的表达内容，确定各视图的表达重点。

球阀共采用了三个视图，如图 10.22 所示。主视图采用了全剖视图，表达了球阀主要装配关系(装配干线)，即扳手、螺纹压环、密封环、阀杆、球芯等垂直装配干线和阀体、密封圈、球芯、阀盖等水平装配干线。左视图采用了半剖视图，既表达了阀盖的外型结构，又补充表达了阀杆和球芯的装配关系，并在图中采用拆卸扳手的特殊画法。俯视图主要表达球阀的外形，并采用了局部剖视图来表达阀盖与阀体的连接关系，由于扳手的运动有一定的范围，因此扳手采用了表达两个极限位置的特殊表达方法，其中一个极限位置采用细双点画线表达。

(2)通过分析装配图中尺寸，弄清机器(或部件)的规格、性能、外形、安装和零件间的配合性质。ϕ45 属于规格(性能)尺寸，决定球阀流量大小；ϕ55H11/d11、ϕ16 H11/d11 是配合尺寸，属于间隙配合；56×56 是四个安装孔的定位尺寸。118、195 是总体尺寸，决定球阀所占空间大小，为将来运输定制包装箱提供依据。

4. 分析装配干线和零件的装拆顺序

通过分析装配干线上各个零件的定位和连接方式来了解机器(或部件)的装拆顺序。图 10.22 所示的球阀装配顺序是：先装水平装配干线，后装垂直装配干线。水平装配干线，应先装阀体内右侧的密封圈(件 3)，再装球芯(件 4)、左侧的密封圈(件 3)、垫片(件 5)、阀盖(件 2)，然后，用螺柱(件 6)、螺母(件 7)拧紧阀盖。垂直装配干线，应先装垫圈(件 8)、阀杆(件 9)，再装密封环(件 10)、螺纹压环(件 11)，最后，装上扳手(件 12)，拆卸顺序是装配顺序的逆过程。

5. 确定零件的结构形状

随着读图的逐步深入，进入分析零件阶段。分析零件的目的是弄清每个零件的结构形状和零件间的装配关系。一台机器或部件上有标准件、常用件和一般零件。标准件、常用件容易弄懂，一般零件有简有繁，它们的作用和地位也不相同，应首先从主要零件开始分析，确定零件的结构、形状、功能和装配关系。球阀中的阀体就是一个主要零件，要确定它的结构形状，就必须把该零件的视图从装配图的各个视图中分离出来。首先由零件的

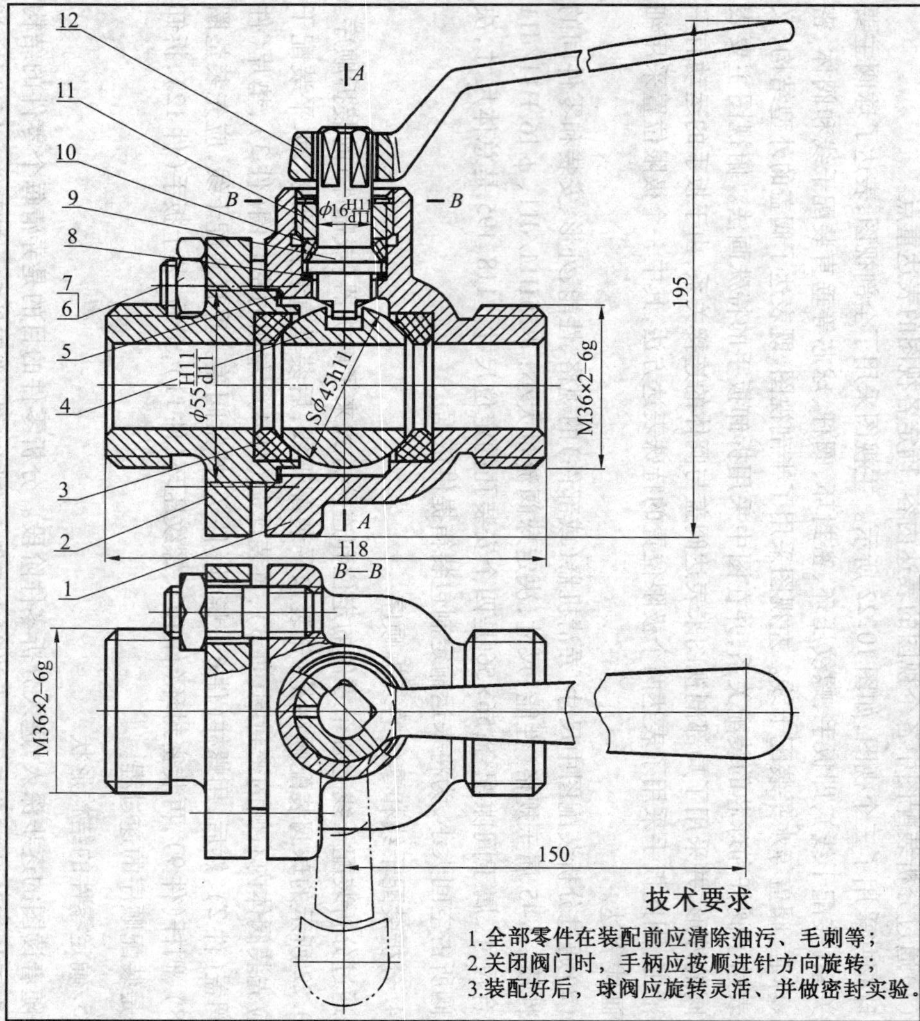

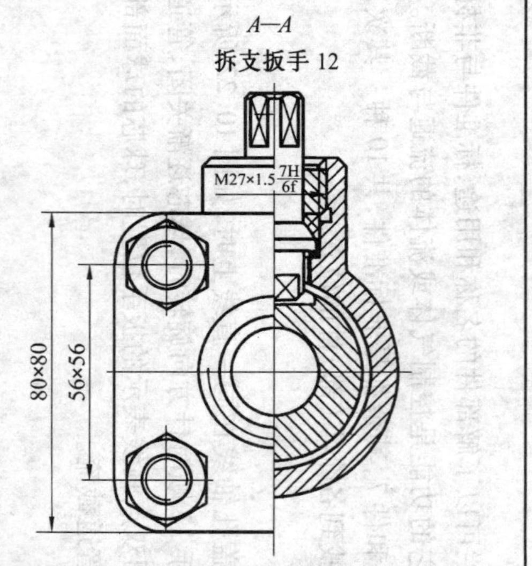

序号	代号	名称	材料	数量	单重	总重	备注
12	T100-03-006	扳手	Q235-A	1			
11	T100-03-005	螺纹压环	35钢	1			
10	T100-03-010	密封环	橡胶	1			
9	T100-03-004	阀杆	45钢	1			
8	T100-03-009	垫圈	橡胶	1			
7	GB/T6170-2000	螺母	4.8	1			
6	GB/T879-1988	螺柱	8.8	1			
5	T100-03-008	垫片	L2	1			
4	T100-03-003	球芯	35钢	1			
3	T100-03-007	密封圈	橡胶	1			
2	T100-03-002	阀盖	HT200	1			
1	T100-03-001	阀体	HT200	1			

标记	处数	分区	更改文件号	签名	年月日	装配图			球阀
设计			标准化			阶段标记	重量	比例	
制图									
审核									T100-03-000
工艺			批准			共 张 第 张			

技术要求

1.全部零件在装配前应清除油污、毛刺等；
2.关闭阀门时，手柄应按顺进针方向旋转；
3.装配好后，球阀应旋转灵活、并做密封实验。

图10.22 球阀的装配图

序号找到该件的位置,其次由投影关系和剖面线的方向、间距定出零件轮廓。最后用形体分析法分析零件的结构形状。图 10.23 就是球阀中拆卸其它零件后所得的阀体的实物图。其余零件请读者用同样的方法逐个分析清楚。

6. 归纳总结

在对装配关系和主要零件的结构形状进行分析的基础上,还要对技术要求、全部尺寸进行研究,进一步了解机器或部件的性能、工作原理和装配工艺性。最后综合起来,想象出整个机器或部件的形状和结构,如图 10.24 所示。

图 10.23　阀体的实物图

图 10.24　球阀的实物

第八节　由装配图拆画零件图

由装配图拆画零件图是设计工作中重要的一个环节,应在读懂装配图的基础上进行。下面以图 10.22 球阀的装配图为例分析拆画球阀阀体零件图的方法与步骤。

一、读懂装配图,确定拆画零件,分离出该零件

按上述读装配图的方法与步骤读懂球阀的装配图,由装配图零件明细栏可知阀体零件的序号是 1,在主视图上找到件 1,再根据投影关系和阀体零件的三个视图剖面线方向和间距一致的特征,把阀体零件从三个视图中分离出来。此时与阀体无关的零件要想象拆除,如图 10.25 所示,图中断开部分是阀体零件被球阀中其它零件挡住所致,最后要把这些断开部分补齐。

二、确定要拆画零件的表达方案

由装配图拆画零件图时,零件的表达方案要根据零件的结构特点,按零件图一章中各种不同零件表达方案进行考虑,不强求与装配图一致。一般情况下,叉架类、箱体类零件表达方案可以与装配图一致。轴套类、轮盘类零件,一般按加工位置摆放选取主视图。图 10.23 球阀阀体属于箱体类零件,因此表达方案与装配图一致。

三、对零件结构形状的处理

确定零件的结构形状可用形体分析法来分析。但在装配图中,对零件上标准结构(如倒角、圆角、退刀槽),由于采用了简化画法未表达出来。在拆画零件图时,应考虑设

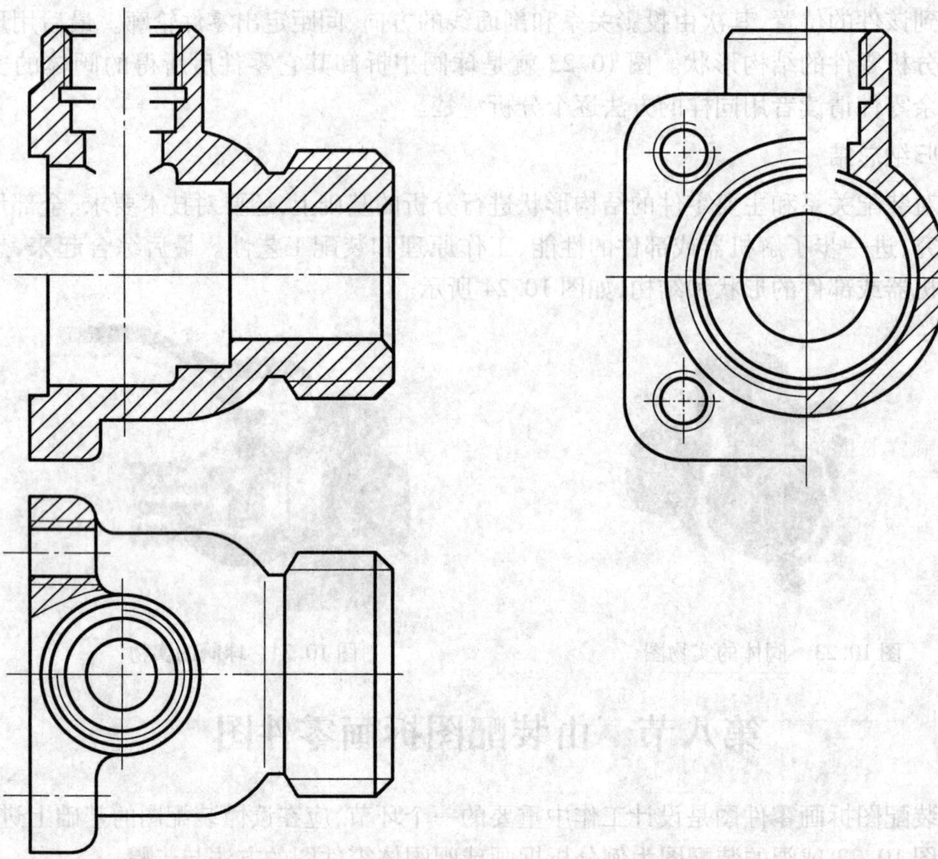

图 10.25　从装配图中分离出来的阀体图

计和工艺的要求，补画出这些标准结构。

四、标注尺寸和技术要求

装配图上已给的尺寸直接标出，一般尺寸直接从装配图中量取标注；对于螺纹、退刀槽和键槽等标准尺寸应查表取标准值。对零件图的尺寸标注应满足正确、齐全、清晰、合理八字要求。标尺寸时先定基准，再标定形、定位和总体三类尺寸。

零件图中有配合要求的应标注公差带代号或公差数值，如图 10.26 所示，ϕ55H11。加工表面标表面粗糙度代号，不加工表面在图纸的右上角标“其余”和不加工面符号。文字说明性技术要求注写在图 10.26 中右下方。

五、填写标题栏

拆画后要填写标题栏，如零件名称（阀体）、材料（HT200 灰铸铁）、比例（1∶1）等内容。阀体完整的零件图如图 10.26 所示。

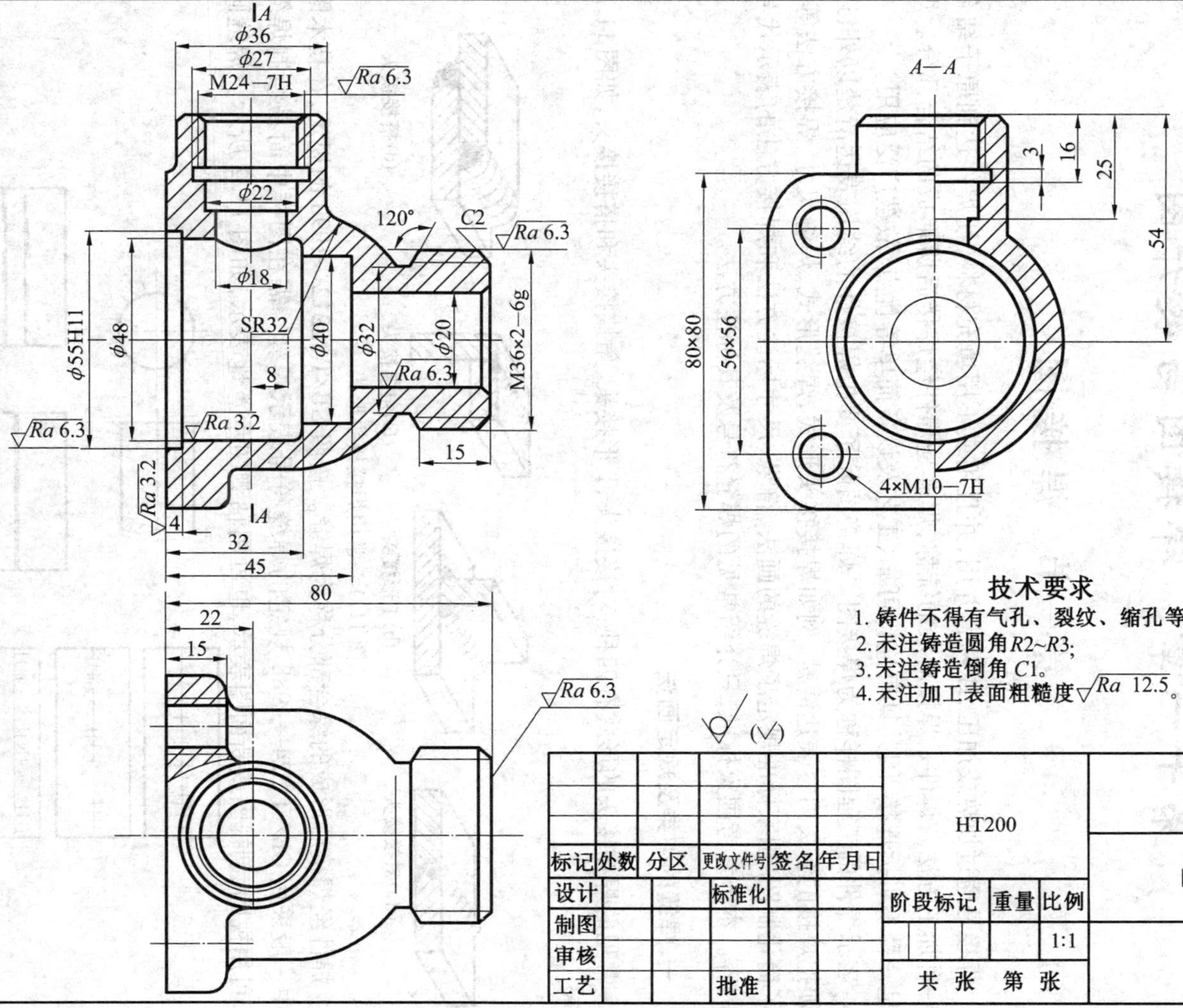

技术要求

1. 铸件不得有气孔、裂纹、缩孔等铸造缺陷；
2. 未注铸造圆角 $R2 \sim R3$;
3. 未注铸造倒角 $C1$。
4. 未注加工表面粗糙度 $\sqrt{Ra\ 12.5}$。

						HT200			
标记	处数	分区	更改文件号	签名	年月日				阀体
设计			标准化			阶段标记	重量	比例	
制图								1:1	
审核									
工艺			批准			共 张 第 张			

图 10.26 球阀的零件图

第十一章 焊接图与展开图

第一节 焊接图

焊接是通过加热或加压,或两者并用,并且用或不用填充材料,使焊件达到原子结合的一种加工方法。焊件是焊接对象的统称,焊缝是焊件经焊接后所形成的结合部分。焊接是一种不可拆连接,因其具有连接可靠、工艺及设备简单等优点,故被广泛应用。

表示焊件的工程图样称为焊接图。焊接图除了要把焊接件的结构表达清楚以外,还必须把焊接的有关内容表达清楚,例如焊接接头形式、焊缝形式、焊缝尺寸、焊接方法等。为了简化制图,国家标准规定了焊缝的画法、符号、尺寸标注方法和焊接方法的表示代号等内容。本节参考国家标准,只介绍常见的焊缝符号及其标注方法。

一、焊缝的种类及规定画法

常见的焊接接头的形式有四种:对接接头、T形接头、角接接头和搭接接头,如图11.1所示。

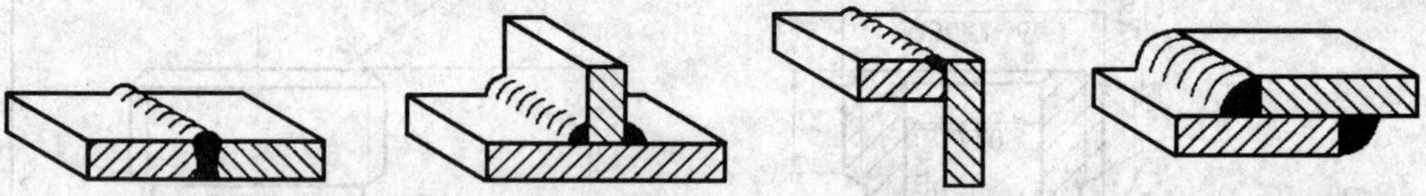

图11.1 常用焊接接头形式

焊件经焊接后形成的综合部分称为焊缝。按照GB/T 12212—1990的规定,在技术图样中一般采用GB/ T 324—1988规定的焊缝符号表示焊缝。需在图样中简易绘制焊缝时,可用视图、剖视图或断面图表示,也可用轴测图示意地表示,如图11.2所示。焊缝画

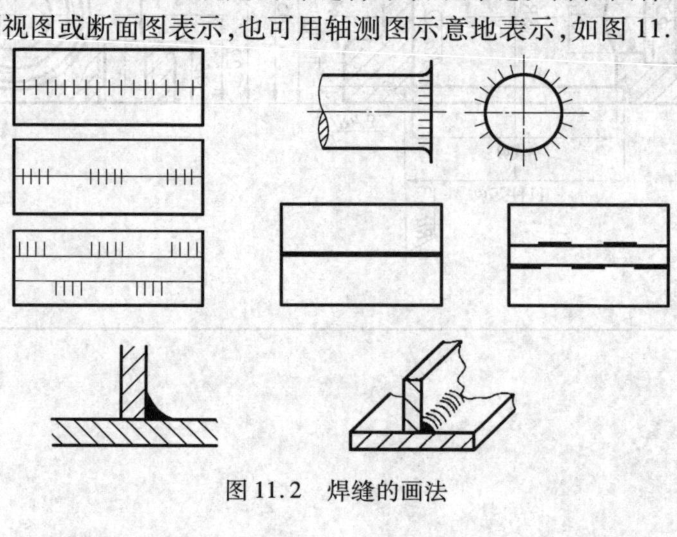

图11.2 焊缝的画法

法允许用细实线徒手绘制,也允许用粗实线表示焊缝,但在同一图样中,只允许采用一种画法。在剖视图或断面图上焊缝的金属熔焊区通常应涂黑表示。

二、常见焊接方法代号

表 11.1　常见焊接方法代号

代号	焊接方法	代号	焊接方法
1	电弧焊	311	氧-乙炔焊
111	手弧焊	4	压焊
12	埋弧焊	43	锻焊
15	等离子弧焊	72	电渣焊
21	电焊	91	硬钎焊
3	气焊	94	软钎焊

三、常见焊缝符号

在焊接图上标注的焊接方法、焊缝形式及焊缝尺寸等的符号称为焊缝符(代)号。

焊缝符号一般由基本符号与指引线组成,必要时还可以加上辅助符号、补充符号和焊缝尺寸符号。

图样中,焊缝图形符号的线宽、字体、字高应与图样中其它符号(如表面粗糙度符号、形状与位置公差符号)的线宽、字体、字高一致。

1. 焊缝的基本符号

基本符号是表示焊缝横截面形状的符号,常用焊缝的基本符号见表 11.2 所示。

表 11.2　常见焊缝的基本符号

焊缝名称	焊缝形式	符号	焊缝名称	焊缝形式	符号
I 形焊缝			带钝边 V 形焊缝		
角焊缝			带钝边单边 V 形焊缝		
V 形焊缝			带钝边 J 形焊缝		
单边 V 形焊缝			带钝边 U 形焊缝		
点焊缝			塞焊缝或槽焊缝		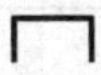
封底焊缝	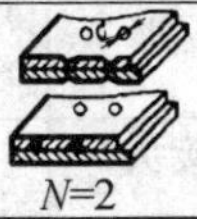 N=2		喇叭形焊缝		

2. 辅助符号

辅助符号为表示焊缝表面形状特征的符号，见表 11.3。不需要确切说明焊缝表面形状时，可以不加注此符号。

表 11.3　辅助符号及其标注示例

名称	符号	示意图	标注示例	说明
平面符号	—		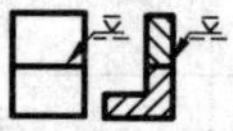	焊缝表面平齐（一般通过加工）
凹面符号	◡		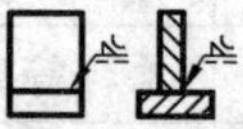	焊缝表面凹陷
凸面符号	◠			焊缝表面符号

3. 补充符号

补充符号是为了补充说明焊缝的某些特征而采用的符号，见表 11.4。

表 11.4　补充符号及标注示例

名称	符号	示意图	标注示例	说　明
带垫板符号	▭		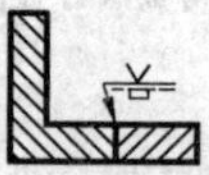	标注 V 形焊缝底部有垫板
三面焊缝符号	⊏	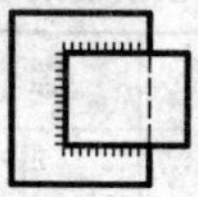	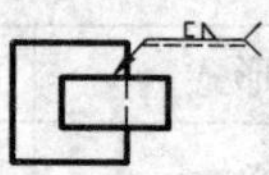	工件三面带有焊缝、焊接方法为手工电弧焊
周围焊缝符号	○	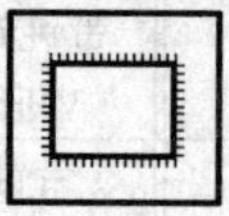	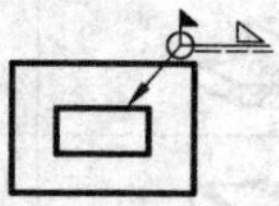	表示绕工件周围的焊缝
现场符号			见上图	表示在现场或工地上进行焊接
尾部符号	<		见三面焊缝标注示例	参照 GB/T 5185 标注焊接工艺方法等内容
交错断续焊接符号	*Z*		见 T 形接头标注示例	表示焊缝由交错断续的相同焊缝组成

4. 指引线

指引线用细实线绘制，一般由带箭头的指引线（简称箭头线）和两条基准线（实线基准线和虚线基准线）组成，见图 11.3 所示。箭头指向有关焊缝处，必要时允许箭头线弯折一次，需要时可在基准线的细实线末端加一尾部符号，作其它说明之用（如焊接方法、相同焊缝数量等）。基准线的虚线可以画在细实线基准线的上侧或下侧。基准线一般应与图样标题栏的长边平行，特殊情况下也可与长边相垂直。

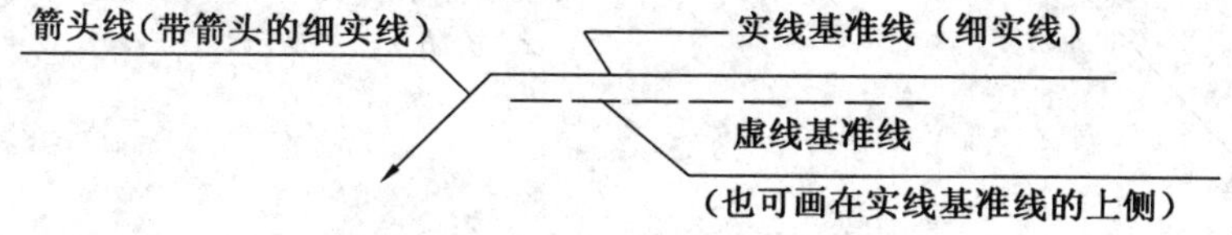

图 11.3　焊缝的指引线画法

四、焊缝的标注

1. 焊缝的基本符号相对基准线的位置

为了能在图样上确切地表示焊缝位置，国家标准中规定了基本符号相对基准线的位置，见图 11.4 所示。

（1）当焊缝在箭头所指的一侧时，则将基本符号标注在实线基准线一侧，见图 11.4（a）。

（2）当焊缝在非箭头所指的一侧时，则将基本符号标注在虚线基准线的一侧，见图 11.4（b）。

（3）标注对称焊缝及双面焊缝时，基准线可不加虚线，见图 11.4（c）、（d）。

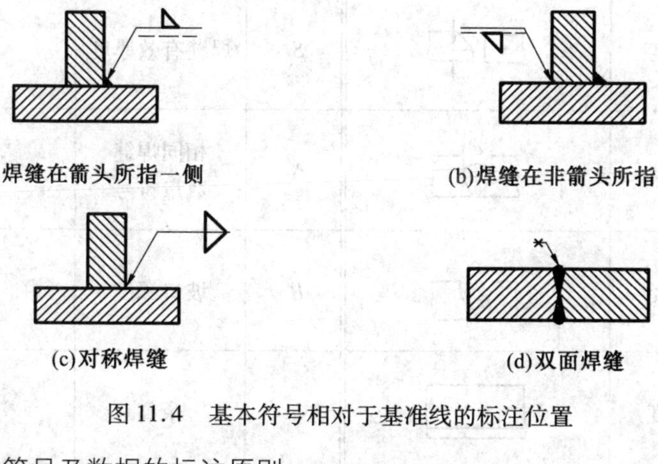

图 11.4　基本符号相对于基准线的标注位置

2. 焊缝尺寸符号及数据的标注原则

焊缝标注时，除基本符号外还可附带尺寸符号及数据。常用的焊缝尺寸符号见表 11.5 所示。焊缝尺寸符号标注位置见图 11.5 所示。

(1) 焊缝横剖面上的尺寸（P、H、K、h、S、R、c、d）标注在基本符号的左侧。

(2) 焊缝长度方向上的尺寸（n、l、e）标注在基本符号右侧。

(3) 坡口角度、坡口面角度、根部间隙等尺寸（α、β、b）标注在基本符号上侧或下侧。

(4) 相同焊缝数量符号和焊接方法标注在尾部。

(5) 当标注数量较多时，可在数据前增加相应尺寸符号。

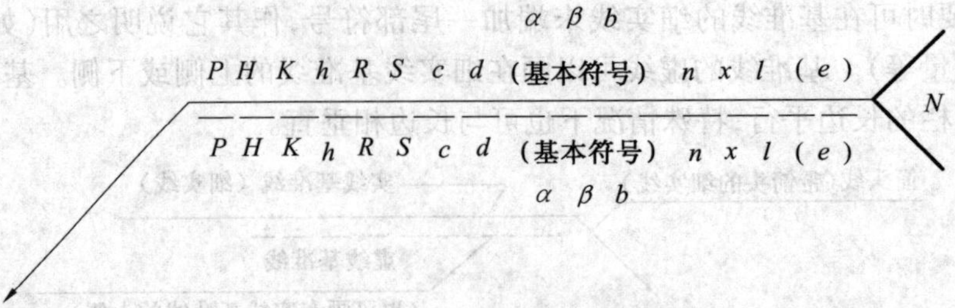

图 11.5　焊缝尺寸的标注位置

表 11.5　常用的焊缝尺寸符号

符号	名称	示意图	符号	名称	示意图
δ	工件厚度	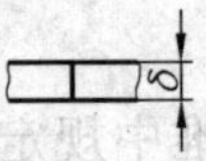	e	焊缝间隙	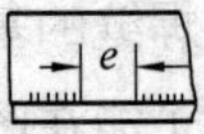
α	坡口角度	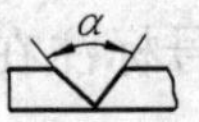	K	焊角尺寸	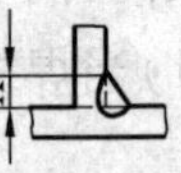
b	根部间隙	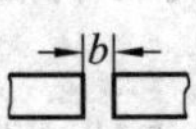	d	熔核直径	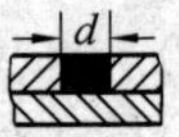
P	钝边高度	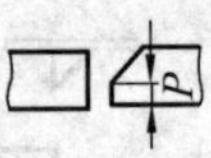	S	焊缝有效厚度	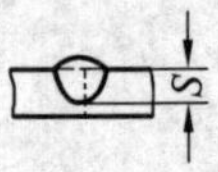
c	焊缝宽度		N	相同焊缝数量符号	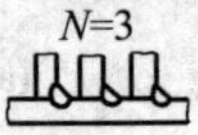
R	根部半径	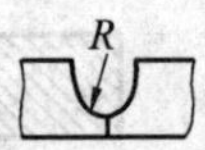	H	坡口深度	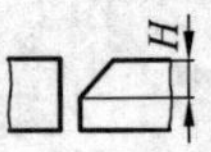
l	焊缝长度	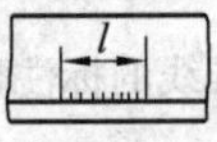	h	余高	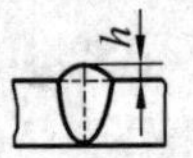
n	焊缝段数	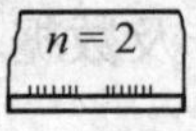	β	坡口面角度	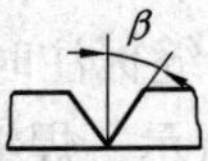

五、常见焊接方法举例(见表 11.6、表 11.7)

表 11.6 常用的基本符号、辅助符号、补充符号的组合应用

名称	示意图	标准示例	说明
焊缝表面平齐		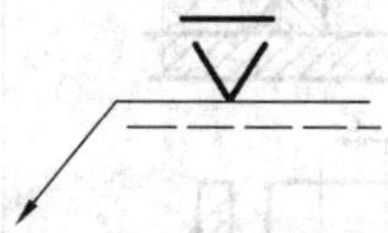	平面 V 形焊缝
焊缝表面凹陷	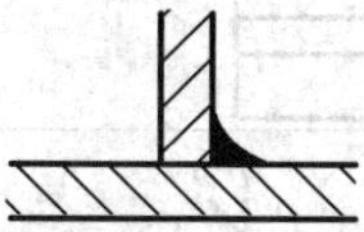	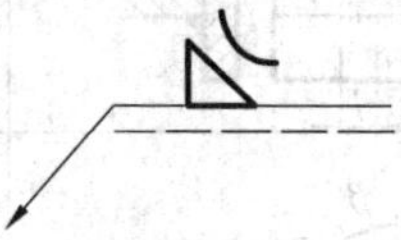	凹面角焊缝
焊缝表面凸起	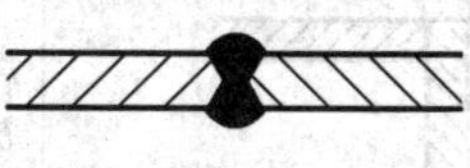	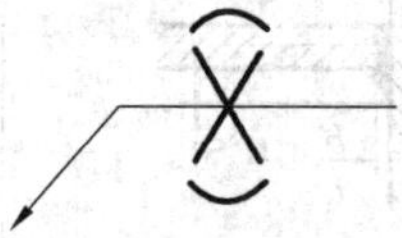	凸起双面 V 形焊缝
焊缝表面凸起		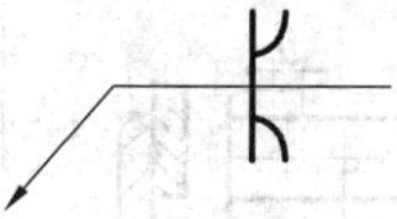	凸起双面 J 形焊缝
带垫板		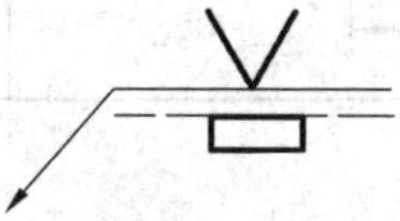	V 形焊缝的底部有垫板
三面焊缝	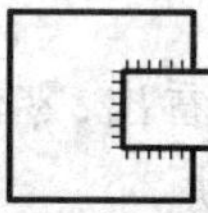	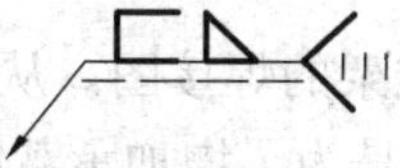	工件三面焊缝,焊接方法为手工电弧焊
现场、周围焊缝	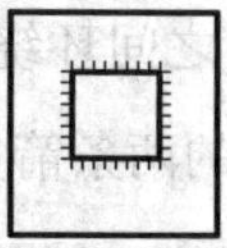	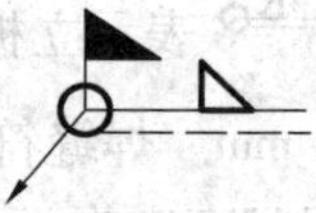	在现场沿工件周围焊缝

表 11.7 常见的焊缝标注举例

名称	示意图	标注示例	说　明
对接接头	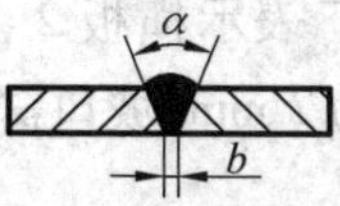	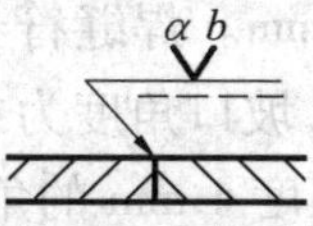	V 形焊缝,坡口角度为 α,根部间隙为 b
	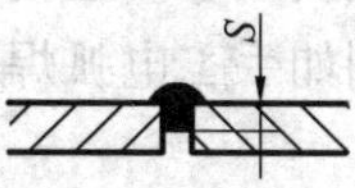	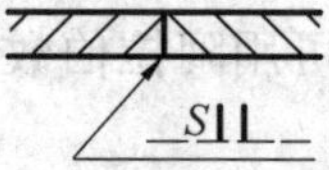	I 形焊缝,焊缝的有效厚度为 S

续表 11.7

名称	示意图	标注示例	说　明
T 形接头	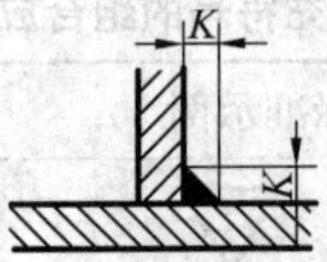	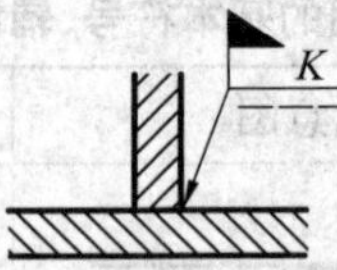	在现场角焊缝，角焊缝高度为 K
	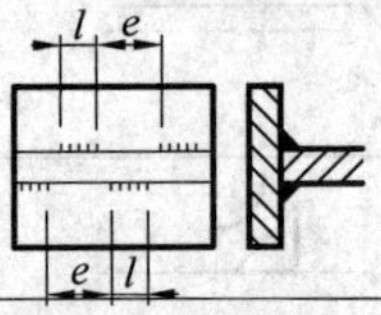	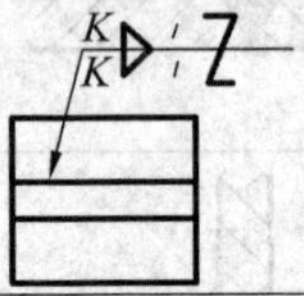	对称交错断续角焊缝，焊缝长度为 l，焊缝间隙为 e，焊角高度为 K
角接接头	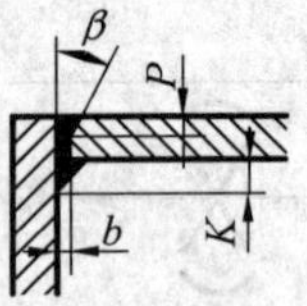	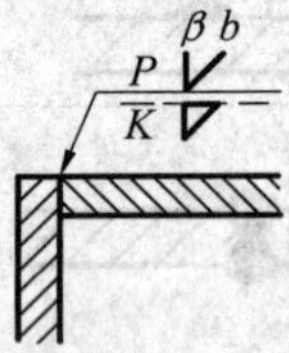	双面焊缝，上面为单边 V 形焊缝，坡口面角度为 β，钝边为 P，根部间隙为 b，下面为角焊缝
搭接接头	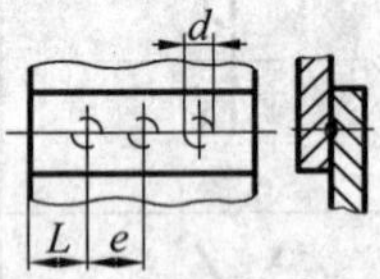	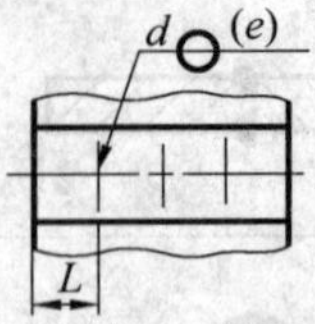	电焊，熔核直径为 d，焊缝间距为 e，焊缝起始焊点中心位置的定位尺寸为 L

六、读焊接图

图 11.6 给出轴承挂架的焊接图。从左视图可以看出，零件 4 为支撑轴的主体，零件 1 为固定支架，零件 2、3 是为了增加承载能力的加强肋。

主视图上，焊缝符号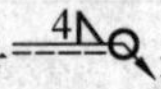表示立板 1 与圆筒 4 之间环绕圆筒周围进行焊接。表示角焊缝，其焊脚高度为 4 mm。焊缝符号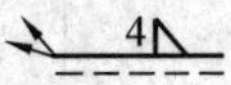的两条箭头线表示所指的两条焊缝的焊接要求相同，角焊缝的焊脚高度为 4 mm。

左视图上，焊缝符号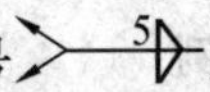表示横板 2 与肋板 3 之间、肋板 3 与圆筒 4 之间均为双面连续角焊缝，焊脚高度为 5 mm。焊缝符号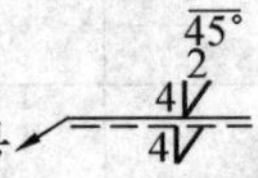表示横板 2 上表面与立板 1 的焊缝是单边 V 形焊缝，表面铲平，坡口角度为 45°，间隙为 2 mm，坡口深度为 4 mm，横板 2 下表面与立板 1 的焊缝为焊脚高度 4 mm 的角焊缝。

焊缝的局部放大图清楚地表达了焊缝的剖面形状及尺寸。在技术要求中提出了有关焊接的要求，其中焊接方法也可用阿拉伯数字代号，例如手工电弧焊可表示为在焊缝符号中表示。

图 11.6 所示的结构较简单，所以各个零件的规格大小可直接标注在视图上，或注写在明细栏内。若结构复杂，还需另外绘制各件的零件图。

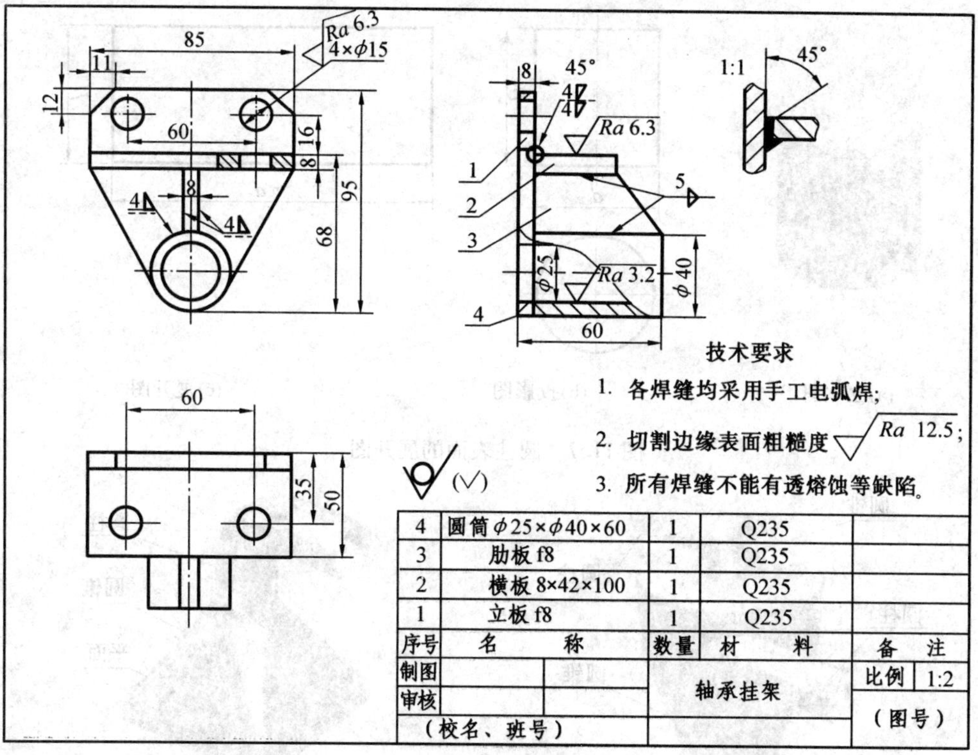

图 11.6 轴承挂架的焊接图

第二节 展 开 图

把立体的表面,按其实际形状和大小,依次连续平摊在一个平面上,称为立体表面的展开,俗称放样。立体表面展开后所得的平面图形称为展开图,如图 11.7(c) 所示。

展开图在造船、机械、冶金、电力、化工、建筑等行业中应用广泛。如图 11.8 所示的由金属薄板制造的环保设备,首先要画出它们的展开图,再经切割下料,弯卷成形,然后用焊接、铆接或咬缝等连接方法制成。

立体的表面,可以无折皱地摊平在一个平面上,这种表面称为可展开面。所有平面表面,以及相邻两素线是平行或相交的共面直线的直纹曲面,如柱面和锥面,都是可展开面。有些立体表面,只能近似地“摊平”在一个平面上,则称为不可展面。以曲线为母线的双向曲面,如球面和环面,都是不可展面。画展开图实质上是一个求立体表面实形的问题。

表面展开后,有一个接口。接口的位置,应按照节约材料、易于加工、便于安装的原则来选择。在接口处,若采用咬缝连接,还要根据咬缝的形式、板材的厚度、增加咬缝余量。

绘制展开图的方法有两种:图解法和计算法。图解法是依据投影原理作出投影图,再用作图方法求出展开图所需线段的实长和平面图形的实形后,绘出展开图。计算法是用解析式来计算出作展开图的实际尺寸来绘制展开图,该法具有精度高的优点。本节仅简单介绍图解法求解展开图的方法。

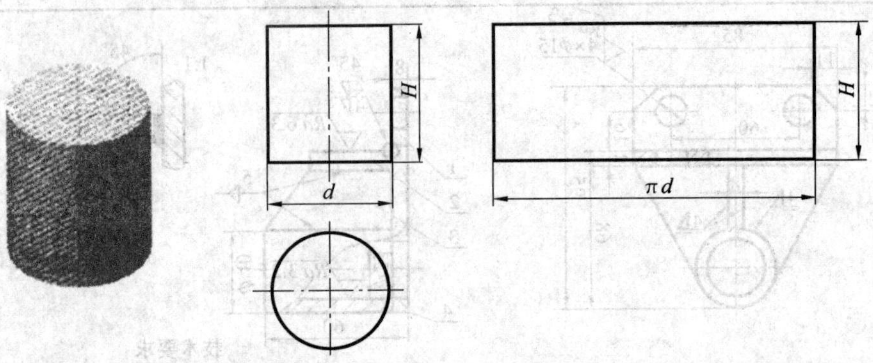

(a)立体图　(b)投影图　(c)展开图

图 11.7　圆柱表面的展开图

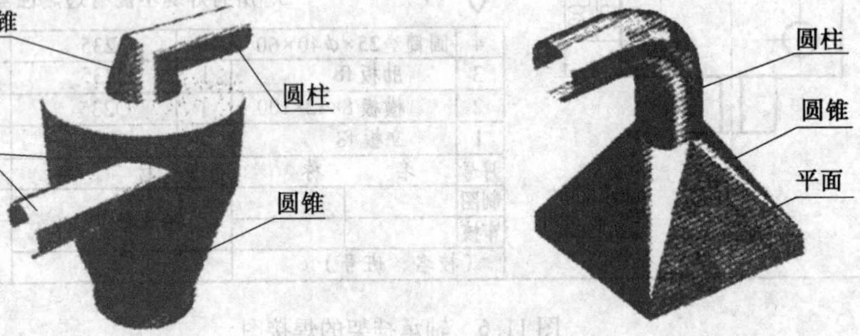

(a)除尘器　(b)吸尘罩

图 11.8　用金属薄板制成的设备

一、平面立体的表面展开

1. 棱柱表面的展开

图 11.9(a)、(b)所示是斜口四棱柱管的立体图和投影图，由于四棱柱处于铅垂位置，前后棱面在主视图上反映实形。左右两侧棱面分别在俯视图上反映实际宽度，在主视图上反映实际高度。所以四棱柱四个棱面的实形均可画出，其展开图如图 11.9(c)所示。

作展开图时，首先将各底边按实长展开画成一条水平线、分别标出点Ⅳ、Ⅰ、Ⅱ、Ⅲ、Ⅳ。再过底边上各点作铅垂线，在其上量取各棱线的实长，即得斜口各端点Ⅷ、Ⅴ、Ⅵ、Ⅶ、Ⅷ。然后，依次连接各端点，得斜口四棱柱管的展开图。

2. 棱台表面的展开

图 11.10(a)、(b)所示是平口棱锥管的立体图和投影图。它是由四个等腰梯形围成的，四个等腰梯形在投影图中均不反映实形。

为了画出它的展开图，必须先求出这四个梯形的实形。在梯形的四边中，其上底、下底水平投影反映其实长，梯形的两腰是一般位置直线。因此要求梯形的实形，应先求出梯形两腰的实长。但是仅知道梯形的四边实长，其实形仍是不定的，因此还需要把梯形的对角线长度求出来(即化成两个三角形来处理)。可见，平口棱锥管的各表面分别化成两个

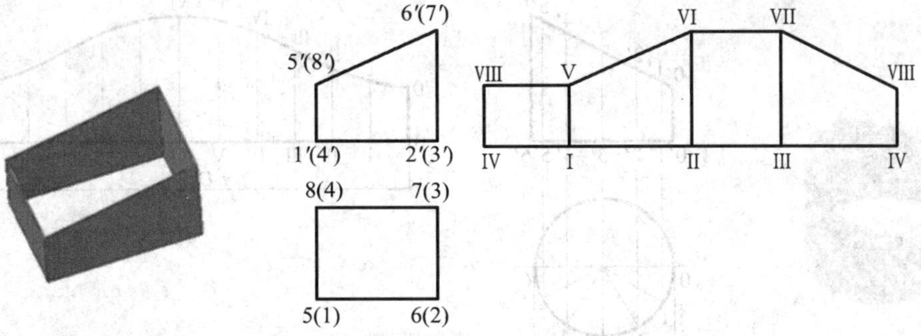

(a)立体图　(b)两面投影　(c)展开图

图 11.9　斜口直四棱柱管的展开图

三角,求出三角形各边的实长(用直角三角形法)后,即可画出其展开图,如图 11 .10(c)、(d)所示。

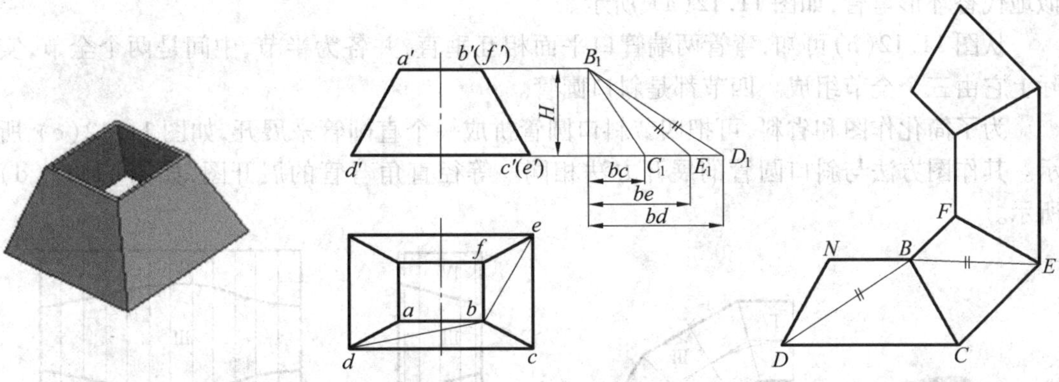

(a)立体图　(b)投影图　(c)实长图　(d)展开图

图 11.10　平口四棱锥管的展开

二、可展曲面的展开

1. 圆柱表面的展开

(1)斜口圆柱表面的展开

图 11.11(a)、(b)所示是斜口圆管的立体图和投影图,斜口圆管表面和平口圆管表面的区别在于斜口圆管表面上的素线长短不相等。为了画出斜口圆管的展开图,要在斜口圆柱表面上取若干条素线,找出其实长。图示斜口圆管的素线是铅垂线,它们的正面投影反映实长。

画展开图时,将圆管底面圆展开成等于底面圆周长的线段,并找出线段上各等分点Ⅰ、Ⅱ、Ⅲ、… 等所在的位置;然后过这些点作垂线,在这些垂线上截取与投影图中相对应的素线实长,将各线的端点连成圆滑的曲线得斜口圆管的展开图,如图 11.11(c) 所示。

(2)等径直角弯管表面的展开

工程中有时要用环形弯管把两个直径相等、轴线垂直的管子连接起来。由于环形面是不可展曲面,因此在设计弯管时,一般都不采用环形弯管,而用几段圆柱管接在一起近

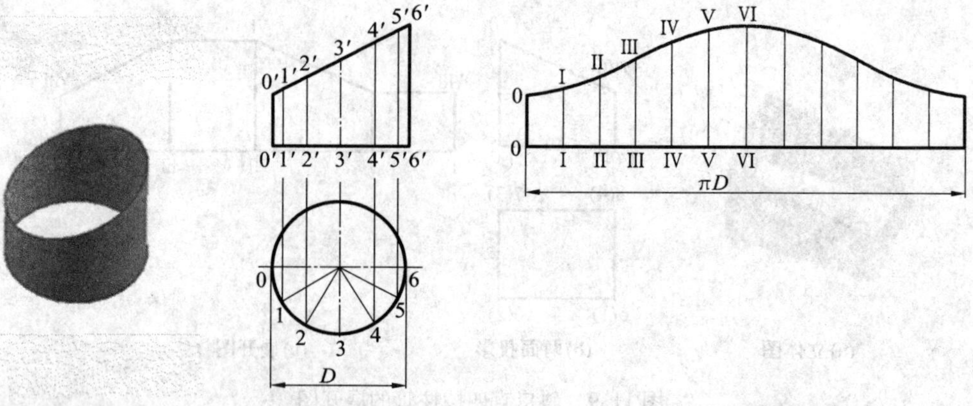

(a)立体图　　(b)两面投影　　(c)展开图

图 11.11　斜口圆管的展开

似地代替环形弯管,如图 11.12(a) 所示。

从图 11.12(b)可知,弯管两端管口平面相互垂直,并各为半节,中间是两个全节,实际上它由三个全节组成。四节都是斜口圆管。

为了简化作图和省料,可把四节斜口圆管拼成一个直圆管来展开,如图 11.12(c) 所示。其作图方法与斜口圆管的展开方法相同。等径直角弯管的展开图,如图 11.12(d) 所示。

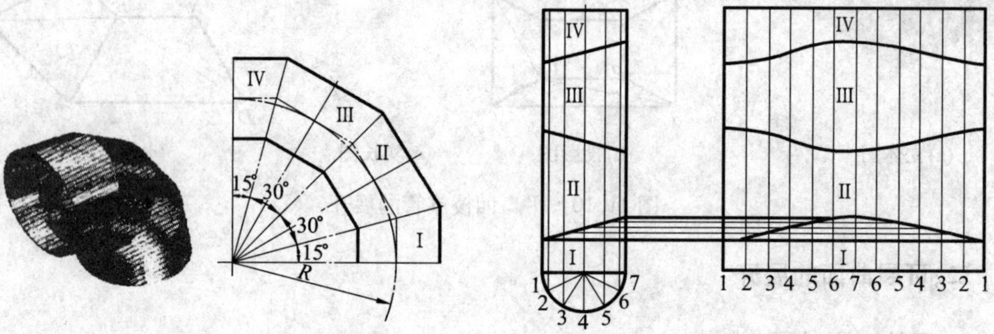

(a)立体图　　(b)正面投影图　　(c)拼成直圆柱管投影图　　(d)展形图

图 11.12　等径直角弯管的展开

(3)等径三通圆管表面的展开

图 11.13(a)、(b)所示是等径三通圆管的立体图和投影图。画等径三通圆管的展开图时,应以相贯线为界,分别画出水平和垂直圆管的展开图。

由于两圆管轴线都平行于正面,其表面上素线的正面投影均反映实长,故可按图 11.11的展开方法画出它们的展开图,水平圆管的展开图,如图 11.13(b)所示。画垂直圆管的展开图时,先将其展开成一个矩形;然后求出相贯线上点的位置,依次将各点光滑连接起来,得垂直圆管的展开图,如图 11.13(c) 所示。

2. 圆锥表面的展开

(1)平口圆锥表面的展开　图 11.14(a)、(b) 所示是平口圆锥管的立体图和投影图。

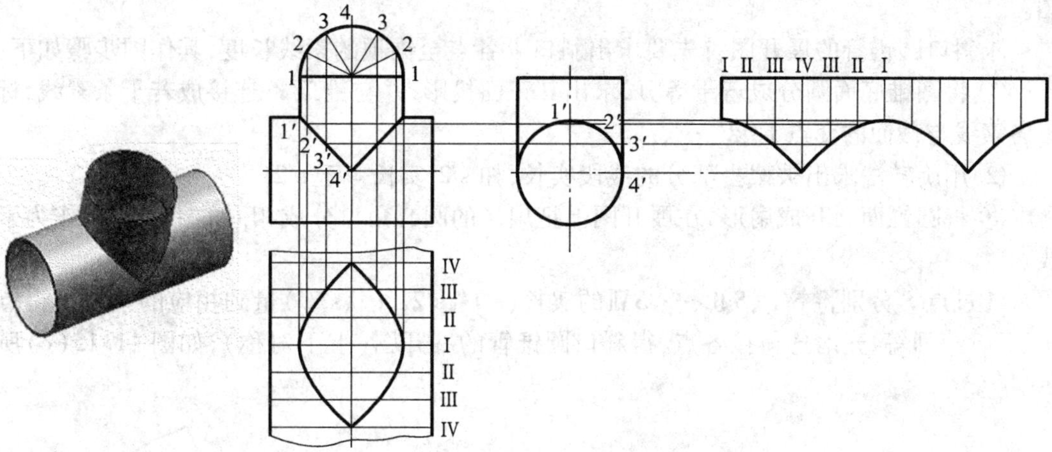

(a)立体图　(b)投影图和水平圆管的展开图　(c)垂直圆管的展开图

图 11.13　等径三角圆管的展开

展开时,常将圆台延伸成正圆锥。

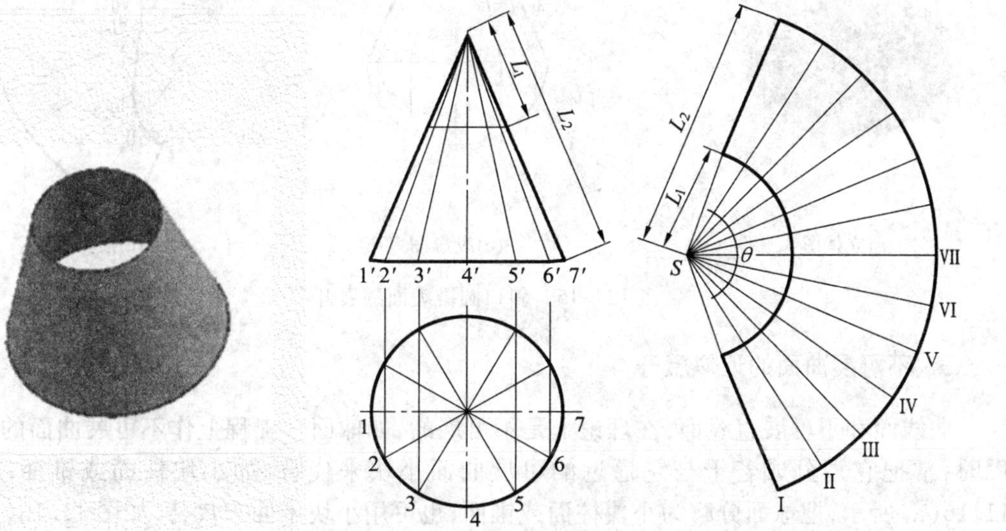

(a)立体图　(b)投影图　(c)展开图

图 11.14　平口圆锥表面的展开

由初等几何知道,正圆锥的展开图是一扇形,其半径等于圆锥的素线实长 L_2。扇形的圆心角为 $\theta = D/L_2 \times 180°$ 。在作图时,先算出 θ 的大小,然后以 S 为中心, L_2 为半径画出扇形。若准确程度要求不高时,也可把圆锥底面圆分成若干等分,并在圆锥上作一系列素线,把圆锥近似地看成是棱线无限多的棱锥,依照展开棱锥的方法近似地画出圆锥的展开图。在圆锥面展开图上,截去上面延伸的小圆锥面,即得平口圆锥管的展开图,如图 11.14(c) 所示。

(2)斜口圆锥表面的展开图　图 11.15(a)、(b) 所示是斜口圆锥管的立体图和投影图。

求斜口圆锥管的展开图首先要求出斜口上各点至锥顶的素线长度,其作图步骤如下:

① 将圆锥底面圆分成若干等分,求出其正面投影,并与锥顶 s' 连接成若干条素线,标出各素线与截面的交点 1′、2′、…、7′。

② 用旋转法求出被截去部分的线段实长,如 $s'2'$ 实长等于 $s'2_1$。

③ 将圆锥面展开成扇形,在展开图上把扇形的圆心角也分成相同的 12 等分,作为素线。

④过点 S 分别将 SⅠ、SⅡ、…、SⅦ的实长($s'1'$、$s'2_1$、…、$s'7'$)量到相应的素线上得点Ⅰ、Ⅱ、…、Ⅶ等,光滑连得接各点,得斜口圆锥管的展开图(上下对称),如图 11.15(c)所示。

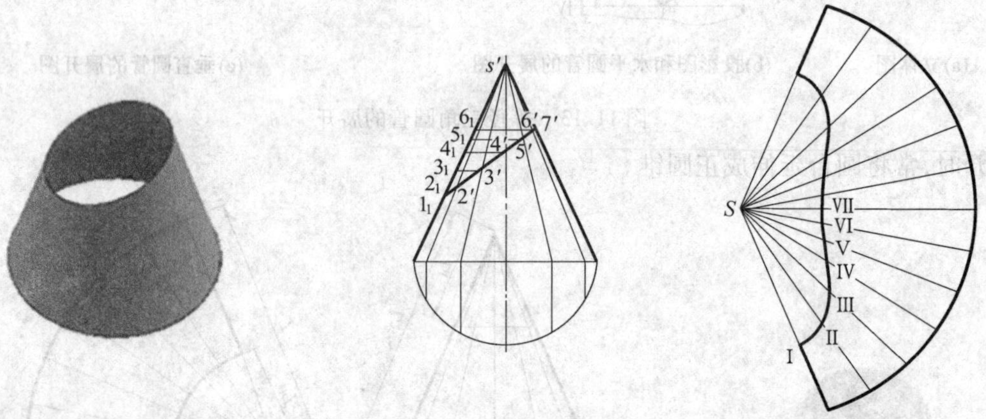

(a)立体图　　(b)投影图　　(c)展开图

图 11.15　斜口圆锥表面的展开

三、不可展曲面的近似展开

曲线面和不可展直线面,在理论上是不可展的,如球面。工程上作不可展曲面的展开图时,常把它划分成若干与它逼近的可展曲面小块来代替,如小块柱面或锥面,如图 11.16(a)所示,把球面分解为小块柱面或锥面;也可用小块平面来代替,如图 11.16(b)所示,把球面分解为矩形和梯形。

球面的展开常用方法有近似锥面法和近似变形法两种,本节仅介绍近似锥面法。

如图 11.16(c)所示,先在球面上作 6 条水平纬线,把球面分成Ⅰ、Ⅱ、…七个部分。我们将第Ⅰ部分当作它的内接圆柱来展开,而将其余部分当作它们的内接圆锥来展开。其中各内接圆锥的顶点分别为点 s_1、s_2、s_3。最后把各部分展开图拼接在一起,就可得到如图 11.16(d) 所示的展开图。实际上,由于受到材料面积的限制,在根据展开图下料时,常把第Ⅰ部分再分为若干矩形,把Ⅱ、Ⅲ、…各部分再分为若干个梯形。经过弯曲以后,把它们焊接成一个球,球面的展开图,如图 11.16(d) 所示。

(a)分解成小块柱面或锥面

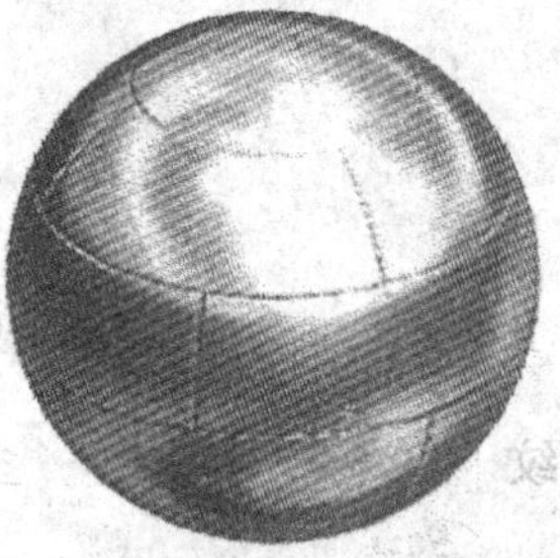

(b)分解成矩形或梯形

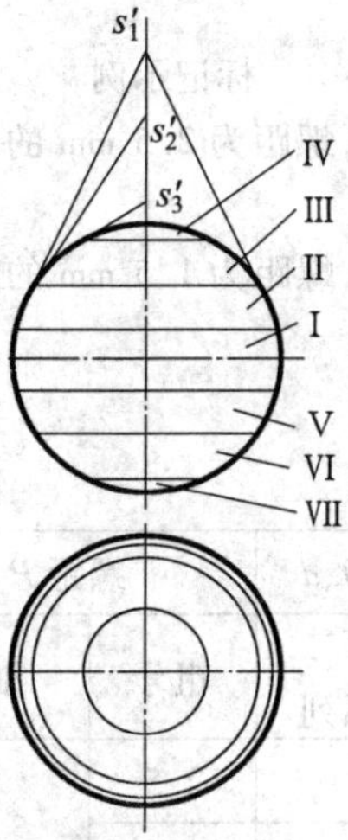

(c)投影图

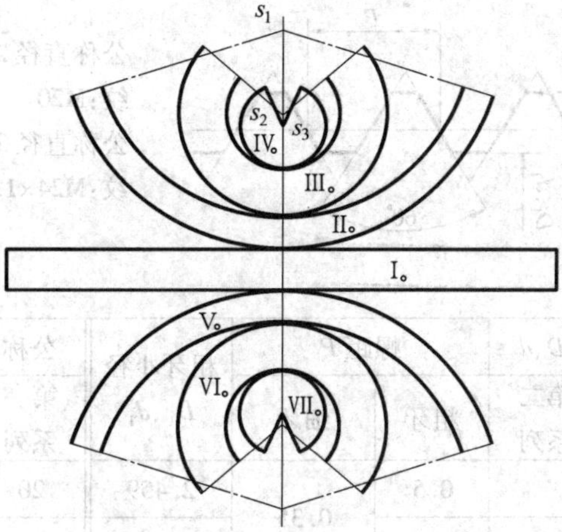

(d)展开图

图 11.16　球面的近似锥面法展开

附　　录

一、螺纹

附表 1　普通螺纹(摘自 GB/T 193—2003)

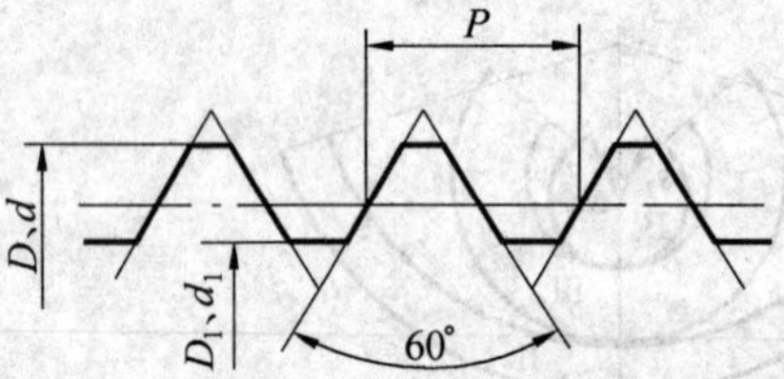

标记示例

公称直径 20 mm，螺距为 2.5 mm 的粗牙右旋普通螺纹：M20

公称直径 24 mm，螺距为 1.5 mm 的细牙左旋普通螺纹：M24×1.5-LH

(单位：mm)

公称直径 D、d		螺距 P		粗牙小径	公称直径 D、d		螺距 P		粗牙小径
第一系列	第二系列	粗牙	细牙	D_1、d_1	第一系列	第二系列	粗牙	细牙	D_1、d_1
3		0.5	0.35	2.459	20		2.5	2、1.5、1	17.294
	3.5	0.6		2.850		22	2.5		19.294
4		0.7	0.5	3.242	24		3		20.752
	4.5	0.75		3.688		27	3		23.752
5		0.8		4.134	30		3.5	(3)、2、1.5、1	26.211
6		1	0.75	4.917		33	3.5	(3)、2、1.5	29.211
	7	1		5.917	36		4		31.670
8		1.25	1、0.75	6.647		39	4		34.670
10		1.5	1.25、1、0.75	8.376	42		4.5	4、3、2、1.5	37.129
12		1.75	1.25、1	10.106		45	4.5		40.129
	14	2	1.5、1.25、1	11.835	48		5		42.587

注：1. 直径应优先选用第一系列；括号内尺寸尽可能不用；第三系列未列入。

2. 中径 D_2、d_2 未列入。

3. M14×1.25 仅用于发动机的火花塞。

附表 2　55°非密封管螺纹(摘自 GB/T 307—2001)

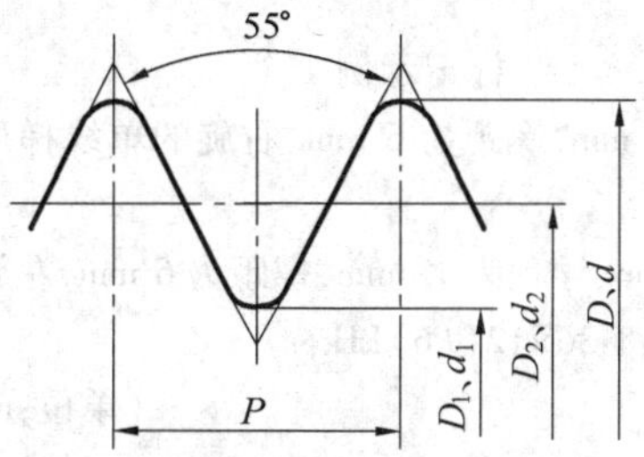

标记示例

尺寸代号为 $1\frac{1}{2}$,右旋内螺纹:G1 $\frac{1}{2}$

尺寸代号为,A 级右旋外螺纹:G1 $\frac{1}{2}$A

尺寸代号为,B 级左旋外螺纹:G1 $\frac{1}{2}$B-LH

(单位:mm)

尺寸代号	每 25.4 mm 内的牙数 n	螺距 P	基本直径		
			大径 $d=D$	中径 $d_2=D_2$	小径 $d_1=D_1$
1/8	28	0.907	9.728	9.147	8.566
1/4	19	1.337	13.157	12.301	11.445
3/8	19	1.337	16.662	15.806	14.950
1/2	14	1.814	20.955	19.793	18.631
5/8	14	1.814	22.911	21.749	20.587
3/4	14	1.814	26.441	25.279	24.117
7/8	14	1.814	30.201	29.039	27.877
1	11	2.309	33.249	31.770	30.291
$1\frac{1}{8}$	11	2.309	37.897	36.418	34.939
$1\frac{1}{4}$	11	2.309	41.910	40.431	38.952
$1\frac{1}{2}$	11	2.309	47.803	46.324	44.845
$1\frac{3}{4}$	11	2.309	53.746	52.267	50.788
2	11	2.309	59.614	58.135	56.656
$2\frac{1}{2}$	11	2.309	65.710	64.231	62.752

注:本标准适用于管接头、旋塞、阀门及其附件。

附表3 梯形螺纹基本尺寸(摘自 GB/T 5796.3—2005)

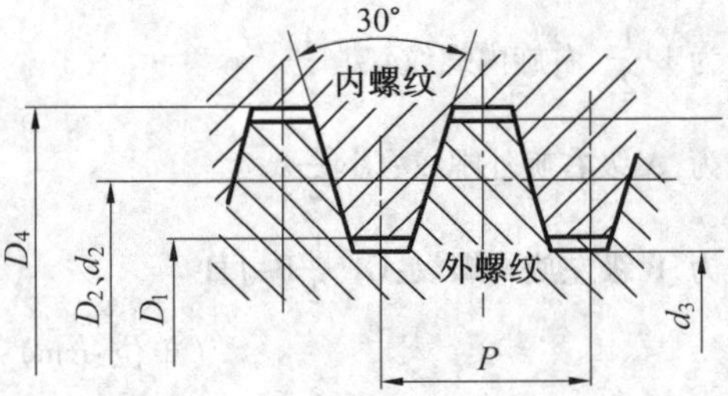

标记示例

公称直径为36 mm,螺距为6 mm、右旋的单线梯形螺纹:Tr36×6

公称直径36 mm、导程为12 mm,螺距为6 mm,左旋的双线梯形螺纹:Tr36×12(P6)LH

(单位:mm)

公称直径 d		螺距	中径	大径	小径		公称直径 d		螺距	中径	大径	小径	
第一系列	第二系列	P	$d_2=D_2$	D_4	d_1	D_1	第一系列	第二系列	P	$d_2=D_2$	D_4	d_1	D_1
8		1.5	7.25	8.3	6.2	6.5		30	6	27	31	23	24
	9	2	8	9.5	6.5	7	32		6	29	33	25	26
10		2	9	10.5	7.5	8		34	6	31	35	27	28
	11	2	10	11.5	8.5	9	36		6	33	37	29	30
12		3	10.5	12.5	8.5	9		38	7	34.5	39	30	31
	14	3	12.5	14.5	10.5	11	40		7	36.5	41	32	33
16		4	14	16.5	11.5	12		42	7	38.5	43	34	35
	18	4	16	18.5	13.5	14	44		7	40.5	45	36	37
20		4	18	20.5	15.5	16		46	8	42	47	37	38
	22	5	19.5	22.5	16.5	17	48		8	44	49	39	40
24		5	21.5	24.5	18.5	19		50	8	46	51	41	42
	26	5	23.5	26.5	20.5	21	52		8	48	53	43	44
28		5	25.5	28.5	22.5	23		55	9	50.5	56	45	46

注:1. 应优先选用第一系列的直径。

2. 在每一个直径所对应的各个螺距中,本表仅摘录应优先选用的螺距和相应的基本尺寸。

二、标准件

附表 4　六角头螺栓（摘自 GB/T 5782～5783—2000）

六角头螺栓 GB/T5782—2000

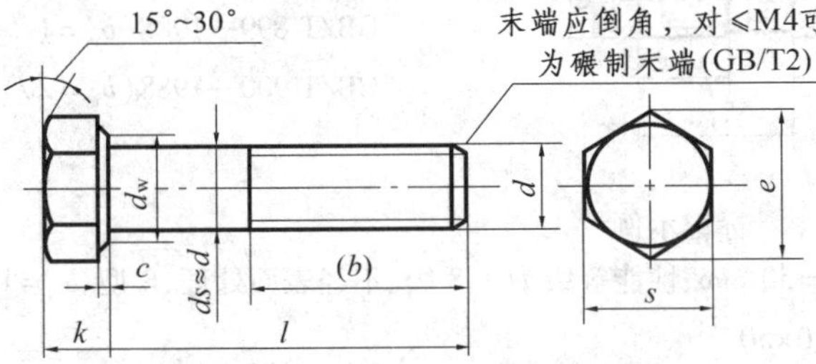

六角头螺栓　全螺纹 GB/T5783—2000

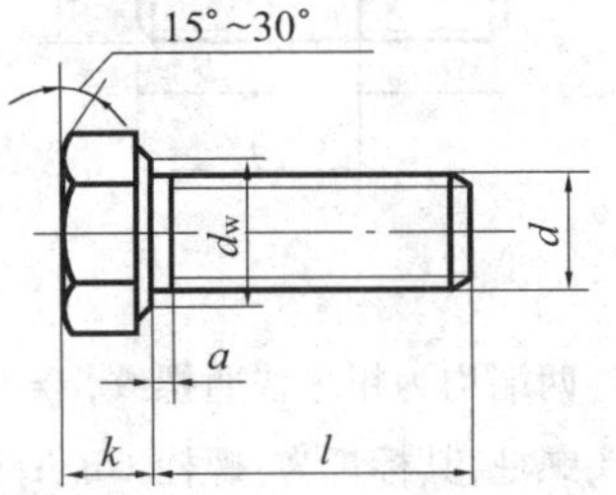

标记示例

螺纹规格 d=M12、公称长度 l=80 mm、性能等级为 8.8 级、表面氧化、A 级的六角头螺栓，其标记为：螺栓　GB/T 5782 M12×80；若为全螺纹，其标记为：螺栓　GB/T 5783 M12×80　（单位：mm）

螺纹规格 d			M3	M4	M5	M6	M8	M10	M12	M16	M20
e min	产品等级	A	6.01	7.66	8.79	11.05	14.38	17.77	20.03	26.75	33.53
		B	5.88	7.50	8.63	10.89	14.20	17.59	19.85	26.17	32.95
s 公称=max			5.5	7	8	10	13	16	18	24	30
k 公称			2	2.8	3.5	4	5.3	6.4	7.5	10	12.5
c	max		0.4	0.4	0.5	0.5	0.6	0.6	0.6	0.8	0.8
	min		0.15	0.15	0.15	0.15	0.15	0.15	0.15	0.2	0.2
d_W min	产品等级	A	4.57	5.88	6.88	8.88	11.63	14.63	16.63	22.49	28.19
		B	4.45	5.74	6.74	8.74	11.47	14.47	16.47	22	27.7
GB/T 5782—2000	b 参考	l≤125	12	14	16	18	22	26	30	38	46
		125<l≤200	18	20	22	24	28	32	36	44	52
		l>200	31	33	35	37	41	45	49	57	65
	L 范围		20～30	25～40	25～50	30～60	40～80	45～100	50～120	65～160	80～200
GB/T 5783—2000	a	max	1.5	2.1	2.4	3	4	4.5	5.3	6	7.5
		min	0.5	0.7	0.8	1	1.25	1.5	1.75	2	2.5
	L 范围		6～30	8～40	10～50	12～60	16～80	20～100	25～120	30～200	40～200

注：1. 标准规定螺栓的螺纹规格 d=M1.6～M64。GB/T5782 的公称长度 l 为 10～500 mm，GB/T 5783 的 l 为 2～200 mm。

2. 标准规定螺栓的公称长度 l（系列）：2，3，4，5，6，8，10，12，16，20～65（5 进位），70～160（10 进位），180～500（20 进位）mm。

3. 产品等级 A、B 是根据公差取值不同而定，A 级公差小，A 级用于 d=1.6～24 mm 和 $l \le 10d$ 或 $l \le$ 150 mm 的螺栓，B 级用于 d>24 mm 或 l>10d 或 l>150 mm 的螺栓。

4. 材料为钢的螺栓性能等级有 5.6、8.8、9.8、10.9 级。其中 8.8 级为常用。8.8 级前面的数字 8 表示公称抗拉强度（σ_b，N/mm^2）的 1/100，后面的数字 8 表示公称屈服点（σ_s，N/mm^2）或公称规定非比例伸长应力（$\sigma_{p0.2}$，N/mm^2）与公称抗拉强度（σ_b）的比值（屈强比）的 10 倍。

附表 5　双头螺栓（摘自 GB/T 897～900—1988）

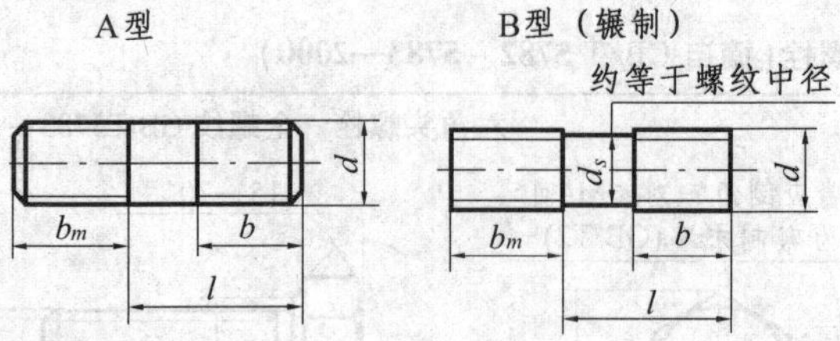

GB/T 897—1988（$b_m=1d$）

GB/T 898—1988（$b_m=1.25d$）

GB/T 899—1988（$b_m=1.5d$）

GB/T 900—1988（$b_m=2d$）

标记示例

两端均为粗牙普通螺纹，$d=10$ mm、$l=50$ mm、性能等级为 4.8 级、不经表面处理、B 型、$b_m=1d$ 的双头螺柱，其标记为：螺柱 GB/T897　M10×50

若为 A 型，则标记为：　螺柱 GB/T897　AM10×50　　（单位：mm）

螺纹规格 d		M3	M4	M5	M6	M8
b_m 公称	GB/897—1988	—	—	5	6	8
	GB/898—1988	—	—	6	8	10
	GB/899—1988	4.5	6	8	10	12
	GB/900—1988	6	8	10	12	16
$\frac{l}{b}$		$\frac{16\sim20}{6}$ $\frac{22\sim40}{12}$	$\frac{16\sim(22)}{8}$ $\frac{25\sim40}{14}$	$\frac{16\sim(22)}{10}$ $\frac{25\sim50}{16}$	$\frac{20\sim(22)}{10}$ $\frac{25\sim30}{14}$ $\frac{(32)\sim(75)}{18}$	$\frac{20\sim(22)}{12}$ $\frac{25\sim30}{16}$ $\frac{(32)\sim90}{22}$
螺纹规格 d		M10	M12	M16	M20	M24
b_m 公称	GB/897—1988	10	12	16	20	24
	GB/898—1988	12	15	20	25	30
	GB/899—1988	15	18	24	30	36
	GB/900—1988	20	24	32	40	48
$\frac{l}{b}$		$\frac{25\sim(28)}{14}$ $\frac{30\sim(38)}{16}$ $\frac{40\sim120}{26}$ $\frac{130}{32}$	$\frac{25\sim30}{16}$ $\frac{(32)\sim40}{20}$ $\frac{45\sim120}{30}$ $\frac{130\sim180}{36}$	$\frac{30\sim(38)}{20}$ $\frac{40\sim(55)}{30}$ $\frac{60\sim120}{38}$ $\frac{130\sim200}{44}$	$\frac{35\sim40}{25}$ $\frac{45\sim(65)}{35}$ $\frac{70\sim120}{46}$ $\frac{130\sim200}{52}$	$\frac{45\sim50}{30}$ $\frac{(55)\sim(75)}{45}$ $\frac{80\sim120}{54}$ $\frac{130\sim200}{60}$

注：1. GB/T897—1988 和 GB/T898—1988 规定螺柱螺纹规格 $d=$M5～M48，公称长度 $l=16\sim300$ mm；GB/T899—1988 和 GB/T900—1988 规定螺柱的螺纹规格 $d=$M2～M48，公称长度 $l=12\sim300$ mm。

2. 螺柱公称长度 l（系列）：12，（14），16，（18），20，（22），25，（28），30，（32），35，（38），40，45，50，（55），60，（65），70，（75），80，（85），90，（95），100～260（10 进位），280，300 mm，尽可能不采用括号内的数值。

3. 材料为钢的螺柱性能等级有 4.8、5.8、6.8、8.8、10.9、12.9 级，其中 4.8 级为常用。具体可参见附表 4 的注 4。

附表 6　内六角圆柱头螺钉(摘自 GB/T 70.1—2000)

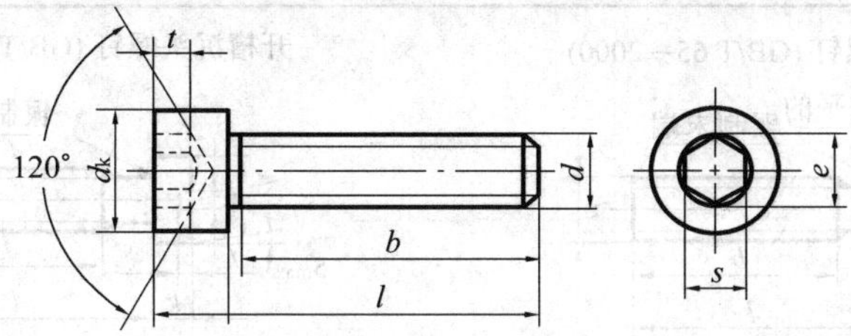

标记示例

螺纹规格 d=M5、公称长度 l=20 mm、性能等级为 8.8 级、表面氧化的 A 级内六角圆柱头螺钉：

螺钉 GB/T 70.1 M5×20　　　　（单位：mm）

螺纹规格 d	M2.5	M3	M4	M5	M6	M8	M10	M12	(M14)	M16	M20	M24
P(螺距)	0.45	0.5	0.7	0.8	1	1.25	1.5	1.75	2	2	2.5	3
d_k　max	4.5	5.5	7	8.5	10	13	16	18	21	24	30	36
k　max	2.5	3	4	5	6	8	10	12	14	16	20	24
t　min	1.1	1.3	2	2.5	3	4	5	6	7	8	10	12
s　公称	2	2.5	3	4	5	6	8	10	12	14	17	19
e　min	2.3	2.87	3.44	4.58	5.72	6.86	9.15	11.43	13.72	16	19.44	21.73
b(参考)	17	18	20	22	24	28	32	36	40	44	52	60
l范围	4~25	5~30	6~40	8~50	10~60	12~80	16~100	20~120	25~140	25~160	30~200	40~200
l系列	5、6、8、10、12、16、20、25、30、35、40、45、50、55、60、65、70、80、90、100、110、120、130、140、150、160、170、180、190、200											

技术条件	材料	钢	不锈钢	有色金属	螺纹公差	产品等级
	性能等级	$3\leqslant d\leqslant 39$；8.8、10.9、12.9	$d\leqslant 24$：A2-70、A4-70 $24<d\leqslant 39$：A2-50、A4-50	Cu2、Cu3	12.9 级：5g、6g 其它等级：6g	A
	表面处理	氧化	简单处理	简单处理		
		(1)电镀技术要求按 GB/T 5267 (2)非电解锌粉覆盖层技术要求按 ISO10683				

注：1. 标准规定螺钉规格 M1.6~M64。尽可能不采用括号内的规格(M14)。

2. 材料为钢的螺钉性能等级有 8.8,10.9,12.9 级，其中 8.8 级为常用。

附表 7　螺钉

开槽沉头螺钉 (GB/T 65—2000)

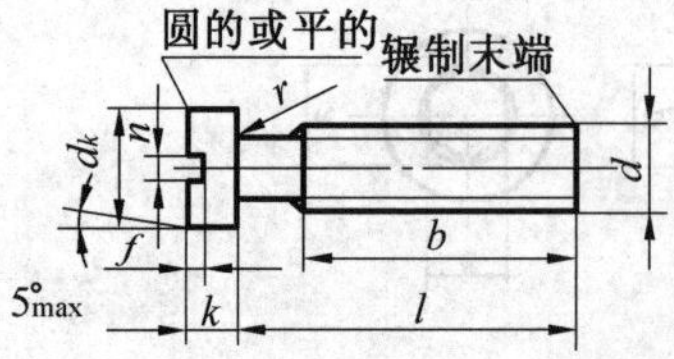

开槽沉头螺钉 (GB/T 67—2008)

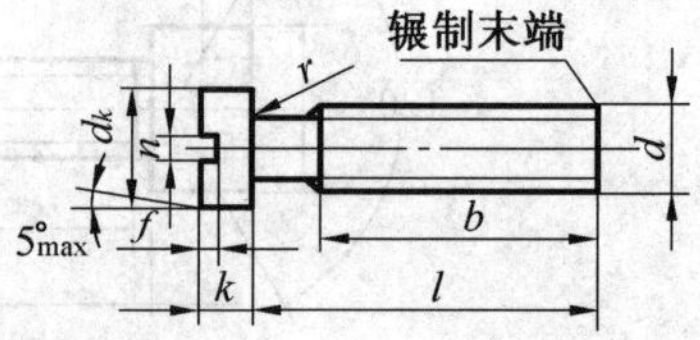

开槽沉头螺钉 (GB/T68—2000)

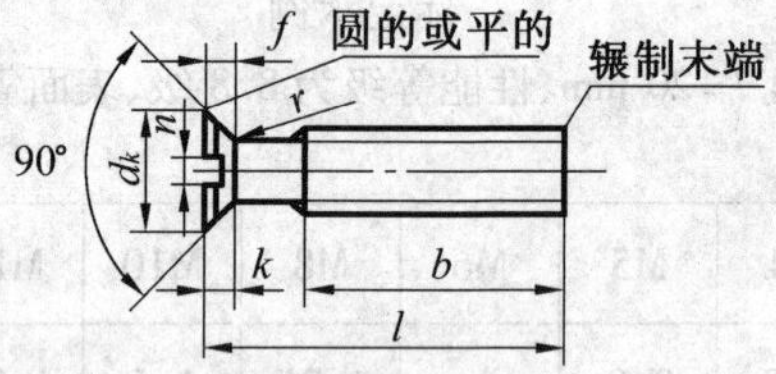

无螺纹部分杆径约等于螺纹中径或允许等于螺纹大径

标记示例

螺纹规格 d=M5、公称长度 l=20 mm、性能等级为4.8级、不经表面处理的A级开槽圆柱头螺钉，其标记为：螺钉 GB/T 65　M5×20

（单位：mm）

螺纹规格 d		M3	M4	M5	M6	M8	M10
a_{min}		1	1.4	1.6	2	2.5	3
b_{min}		25	38	38	38	38	38
n	公称	0.8	1.2	1.2	1.6	2	2.5
GB/T 65—2000	d_k 公称=max	5.5	7	8.5	10	13	16
	k 公称=max	2	2.6	3.3	3.9	5	6
	t_{min}	0.85	1.1	1.3	1.6	2	2.4
GB/T 67—2008	d_k 公称=max	5.6	8	9.5	12	16	20
	k 公称=max	1.8	2.4	3	3.6	4.8	6
	t_{min}	0.7	1	1.2	1.4	1.9	2.4
GB/T 68—2000	d_k 公称=max	5.5	8.40	9.30	11.30	15.80	18.30
	k 公称=max	1.65	2.7	2.7	3.3	4.65	5
	t_{max}	0.85	1.3	1.4	1.6	2.3	2.6
	t_{min}	0.6	1	1.1	1.2	1.8	2

注：1. 标准规定螺钉规格 d=M1.6～M10。

2. 公称长度 l（系列）：2，2.5，3，4，5，6，8，10，12，（14），16，20，25，30，35，40，45，50，（55），60，（65），70，（75），80 mm（GB/T 65 的 l 长无 2.5，GB/T 68 的 l 长无 2），尽可能不采用括号内的数值。

3. 材料为钢的螺钉性能等级有 4.8、5.8 级，其中 4.8 级为常用。

附表 8　紧定螺钉(摘自 GB/T 71 ~ 75—1985)

开槽锥端紧定螺钉 (GB/T 71—1985)

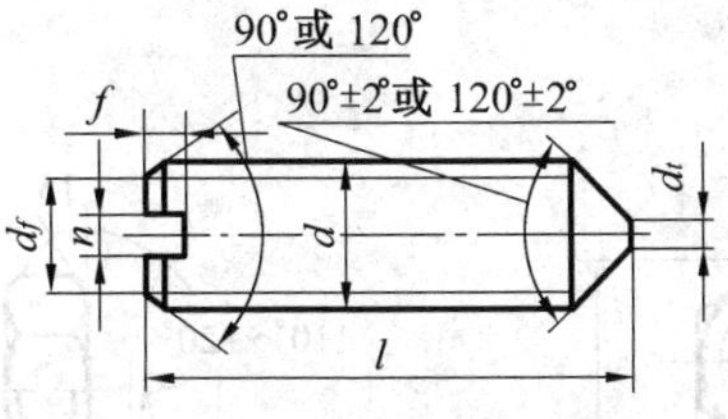

开槽平端紧定螺钉 (GB/T 73—1985)

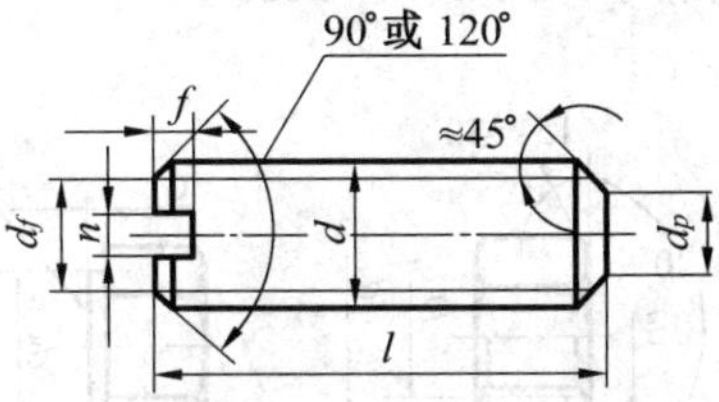

开槽长圆柱端紧定螺钉 (GB/T 75—1985)

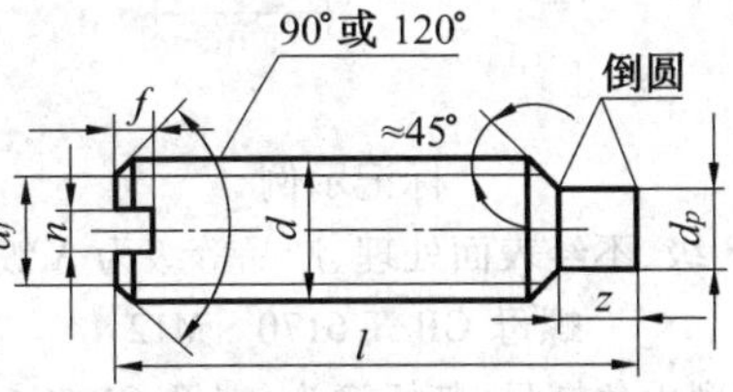

标记示例

螺纹规格 d=5 mm,公称长度 l=12 mm,性能等级为 14H 级,表面氧化的开槽锥端紧定螺钉:

螺钉　GB/T 71　M5 ×12　　　　(单位:mm)

<table>
<tr><th rowspan="2">螺纹规格 d</th><th rowspan="2">P</th><th rowspan="2">d_f≈</th><th rowspan="2">$d_{t\max}$</th><th rowspan="2">$d_{p\max}$</th><th rowspan="2">n</th><th rowspan="2">t</th><th rowspan="2">$z_{\max}$</th><th colspan="3">l 公称</th></tr>
<tr><th>GB/T 71</th><th>GB/T 73</th><th>GB/T 75</th></tr>
<tr><td>M3</td><td>0.5</td><td rowspan="7">螺纹小径</td><td>0.3</td><td>2</td><td>0.4</td><td>1.05</td><td>1.75</td><td>4 ~ 16</td><td>3 ~ 16</td><td>5 ~ 16</td></tr>
<tr><td>M4</td><td>0.7</td><td>0.4</td><td>2.5</td><td>0.6</td><td>1.42</td><td>2.25</td><td>6 ~ 20</td><td>4 ~ 20</td><td>6 ~ 20</td></tr>
<tr><td>M5</td><td>0.8</td><td>0.5</td><td>3.5</td><td>0.8</td><td>1.63</td><td>2.75</td><td>8 ~ 25</td><td>5 ~ 25</td><td>8 ~ 25</td></tr>
<tr><td>M6</td><td>1</td><td>1.5</td><td>4</td><td>1</td><td>2</td><td>3.25</td><td>8 ~ 30</td><td>6 ~ 30</td><td>10 ~ 30</td></tr>
<tr><td>M8</td><td>1.25</td><td>2</td><td>5.5</td><td>1.2</td><td>2.5</td><td>4.3</td><td>10 ~ 40</td><td>8 ~ 40</td><td>10 ~ 40</td></tr>
<tr><td>M10</td><td>1.5</td><td>2.5</td><td>7</td><td>1.6</td><td>3</td><td>5.3</td><td>12 ~ 50</td><td>10 ~ 50</td><td>12 ~ 50</td></tr>
<tr><td>M12</td><td>1.75</td><td>3</td><td>8.5</td><td>2</td><td>3.6</td><td>6.3</td><td>14 ~ 60</td><td>12 ~ 60</td><td>14 ~ 60</td></tr>
<tr><td>l 系列</td><td colspan="10">2、2.5、3、4、5、6、8、10、12、(14)、16、20、25、30、40、45、50、(55)、60</td></tr>
<tr><td rowspan="5">技术条件</td><td colspan="2">材料</td><td colspan="3">钢</td><td colspan="2">不锈钢</td><td colspan="2" rowspan="5">螺纹公差:6g</td><td rowspan="5">产品等级:A</td></tr>
<tr><td rowspan="2">性能等级</td><td>GB/T 72</td><td colspan="3">14H、33H</td><td colspan="2">A1-50,C4-50</td></tr>
<tr><td>其他</td><td colspan="3">14H、22H</td><td colspan="2">A1-50</td></tr>
<tr><td rowspan="2">表面处理</td><td>GB/T 72</td><td colspan="3">(1)不经处理;(2)氧化;(3)镀锌钝化</td><td colspan="2" rowspan="2">不经处理</td></tr>
<tr><td>其他</td><td colspan="3">(1)氧化;(2)镀锌钝化</td></tr>
</table>

附表 9　六角螺母

1 型六角螺母 GB/T 6170—2000　　　　六角薄螺母 GB/T 6172.1—2000

2 型六角螺母 GB/T 6175—2000

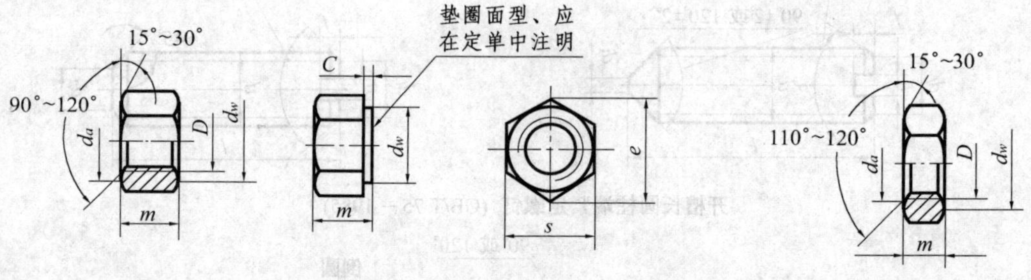

标记示例

螺纹规格 D=M12、性能等级为 8 级、不经表面处理、产品等级为 A 级的 1 型六角螺母,其标记为:

螺母 GB/T 6170　M12

性能等级为 9 级、表面氧化的 2 型六角螺母,其标记为:螺母 GB/T 6175　M12

性能等级为 04 级、不经表面处理的六角薄螺母,其标记为:螺母 GB/T 6172.1　M12

(单位:mm)

螺纹规格 D		M3	M4	M5	M6	M8	M10	M12	M16	M20	M24	M30	M36
e_{min}		6.01	7.66	8.79	11.05	14.38	17.77	20.03	26.75	32.95	39.55	50.85	60.79
s	max	5.5	7	8	10	13	16	18	24	30	36	46	55
	min	5.32	6.78	7.78	9.78	12.73	15.73	17.73	23.67	29.16	35	45	53.8
c_{max}		0.4	0.4	0.5	0.5	0.6	0.6	0.6	0.8	0.8	0.8	0.8	0.8
$d_{w\ min}$		4.6	5.9	6.9	8.9	11.6	14.6	16.6	22.5	27.7	33.2	42.8	51.1
$d_{a\ max}$		3.45	4.6	5.75	6.75	8.75	10.8	13	17.3	21.6	25.9	32.4	38.9
m GB/T 6170—2000	max	2.4	3.2	4.7	5.2	6.8	8.4	10.8	14.8	18	21.5	25.6	31
	min	2.15	2.9	4.4	4.9	6.44	8.04	10.37	14.1	16.9	20.2	24.3	29.4
m GB/T 6172.1—2000	max	1.8	2.2	2.7	3.2	4	5	6	8	10	12	15	18
	min	1.55	1.95	2.45	2.9	3.7	4.7	5.7	7.42	9.10	10.9	13.9	16.9
m GB/T 6175—2000	max	—	—	5.1	5.7	7.5	9.3	12	16.4	20.3	23.9	28.6	34.7
	min	—	—	4.8	5.4	7.14	8.94	11.57	15.7	19	22.6	27.3	33.1

注:1. GB/T 6170 和 GB/T 6172.1 的螺纹规格为 M1.6 ~ M64;GB/T 6175 的螺纹规格为 M5 ~ M36。

2. 产品等级 A、B 是由公差取值大小决定的,A 级公差数值小。A 级用于 $D \leqslant 16$ mm 的螺母,B 级用于 $D>16$ mm 的螺母。

附表10　垫　圈

小平垫圈—A 级（摘自 GB/T 848—2002）　　平垫圈—A 级（摘自 GB/T 97.1—2002）

平垫圈倒角型—A 级（摘自 GB/T 97.2—2002）　　平垫圈—C 级（摘自 GB/T 95—2002）

大垫圈—A 级（摘自 GB/T 96.1—2002）　　大垫圈—C 级（摘自 GB/T 96.2—2002）

特大垫圈—C 级（摘自 GB/T 5278—2002）

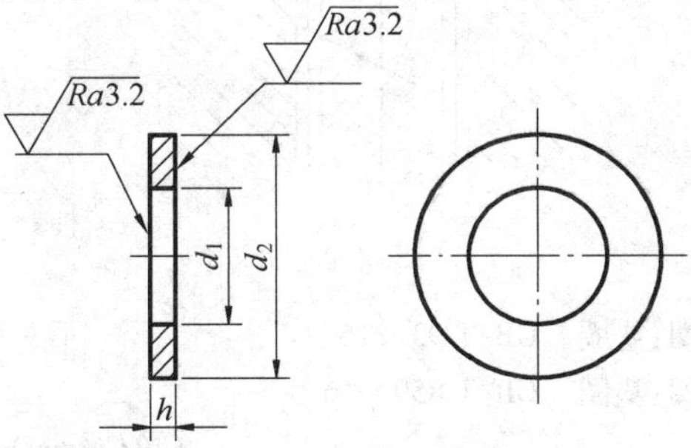

去毛刺

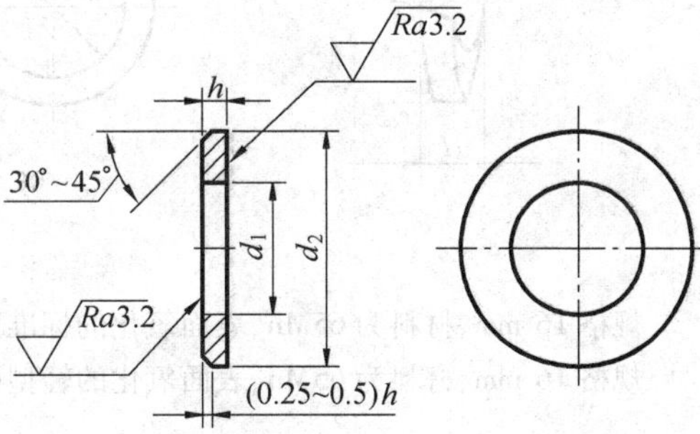

去毛刺

标记示例

标准系列、公称尺寸 d=8 mm、性能等级为 140HV 级、不经表面处理的平垫圈，其标记为：

垫圈　GB/T97.1　8

（单位：mm）

公称尺寸（螺纹规格）d	标准系列									特大系列			大系列			小系列		
	GB/T 95（C 级）			GB/T 97.1（A 级）			GB/T 97.2（A 级）			GB/T 5278（C 级）			GB/T 96（A、C 级）			GB/T 848（A 级）		
	d_1 min	d_2 max	h	d_1 min	d_2 max	h	d_1 min	d_2 max	h	d_1 min	d_2 max	h	d_1 min	d_2 max	h	d_1 min	d_2 max	h
4	—	—	—	4.3	9	0.8	—	—	—	—	—	—	4.3	12	1	4.3	8	0.5
5	5.5	10	1	5.3	10	1	5.3	10	1	5.5	18	2	4.3	15	1.2	5.3	9	1
6	6.6	12	1.6	6.4	12	1.6	6.4	12	1.6	6.6	22	2	5.3	18	1.6	6.4	11	1.6
8	9	16	1.6	8.4	16	1.6	8.4	16	1.6	9	28	3	6.4	24	2	8.4	15	1.6
10	11	20	2	10.5	20	2	10.5	20	2	11	34	3	8.4	30	2.5	10.5	18	1.6
12	13.5	24	2.5	13	24	2.5	13	24	2.5	13.5	44	4	10.5	37	3	13	20	2
14	15.5	28	2.5	15	28	2.5	15	28	2.5	15.5	50	4	13	44	3	15	24	2.5
16	17.5	30	3	17	30	3	17	30	3	17.5	56	5	15	50	3	17	28	2.5
20	22	37	3	21	37	3	21	37	3	22	72	6	17	60	4	21	34	3
24	26	44	4	25	44	4	25	44	4	26	85	6	22	72	5	25	39	4
30	33	56	4	31	56	4	31	56	4	33	105	6	26	92	6	31	50	4

注：1. A 级适用于精装配系列，C 级适用于中等装配系列。

2. 性能等级有 140HV、200HV、300HV 级，其中 140HV 级为常用。140HV 级表示材料钢的硬度，HV 表示维氏硬度，140 为硬度值。

3. GB/T 848—2002 主要用于圆柱头螺钉，其它用于标准六角头螺栓、螺钉、螺母。

附表 11　标准型弹簧垫圈(GB/T **93—1987**)、轻型弹簧垫圈(GB/T **859—1987**)

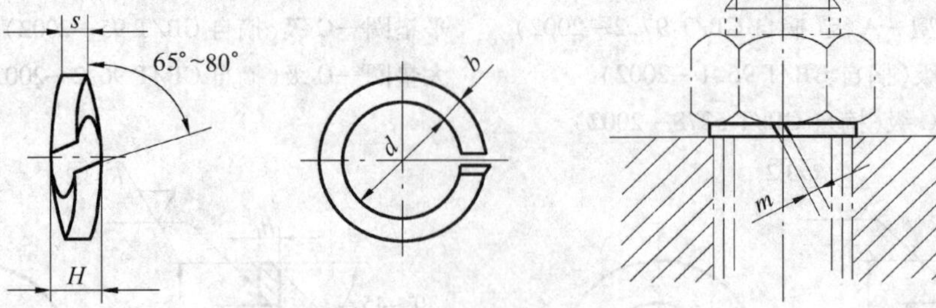

标记示例

规格 16 mm、材料为 65Mn、表面氧化的标准弹簧垫圈:垫圈　GB/T 93　16

规格 16 mm、材料为 65Mn、表面氧化的轻型弹簧垫圈:垫圈　GB/T 859　16

(单位:mm)

规格(螺纹大径)			4	5	6	8	10	12	16	20	24	30
d	min		4.1	5.1	6.1	8.1	10.2	12.2	16.2	20.2	24.5	30.5
	max		4.4	5.4	6.68	8.68	10.9	12.9	16.9	21.04	25.5	31.5
s(*b*) 公称	GB/T 93—1987		1.1	1.3	1.6	2.1	2.6	3.1	4.1	5	6	7.5
s 公称	GB/T 859—1987		0.8	1.1	1.3	1.6	2	2.5	3.2	4	5	6
b 公称	GB/T 859—1987		1.2	1.5	2	2.5	3	3.5	4.5	5.5	7	9
H	GB/T 93—1987	min	2.2	2.6	3.2	4.2	5.2	6.2	8.2	10	12	15
		max	2.75	3.25	4	5.25	6.5	7.75	10.25	12.5	15	18.75
	GB/T 859—1987	min	1.6	2.2	2.6	3.2	4	5	6.4	8	10	12
		max	2	2.75	3.25	4	5	6.25	8	10	12.5	15
m≤	GB/T93—1987		0.55	0.65	0.8	1.05	1.3	1.55	2.05	2.5	3	3.75
	GB/T859—1987		0.4	0.55	0.65	0.8	1	1.25	1.6	2	2.5	3

注:*m* 应大于零

附表 12 普通平键（摘自 GB/T 109—2003）

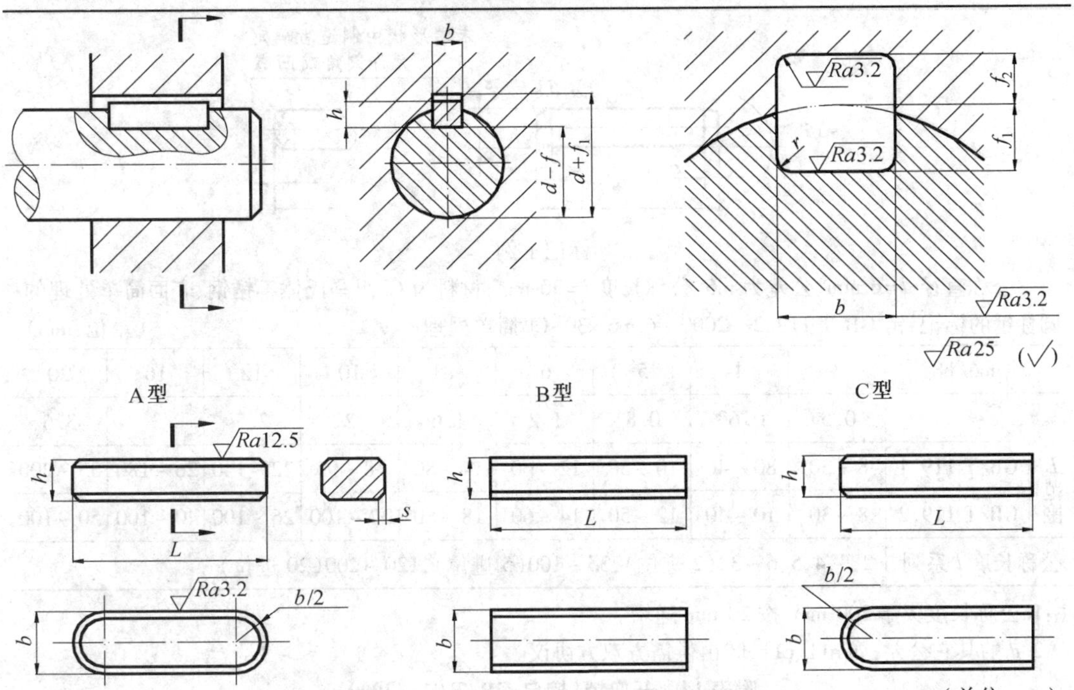

（单位:mm）

轴公称直径 d	键尺寸 $b\times h$	键槽 宽度 b 基本尺寸	极限偏差 正常联结 轴 N9	正常联结 毂 JS9	紧密联结 轴和毂 P9	松联结 轴 H9	松联结 毂 D10	深度 轴 t_1 基本尺寸	轴 t_1 极限偏差	毂 t_2 基本尺寸	毂 t_2 极限偏差	半径 r min	半径 r max
自 6～8	2×2	2	−0.004	±0.0125	−0.006	+0.025	+0.060	1.2	+0.1	1.0	+0.1	0.08	0.16
>8～10	3×3	3	−0.029		−0.031	0	+0.020	1.8	0	1.4	0		
>10～12	4×4	4	0	±0.015	−0.012	+0.030	+0.078	2.5		1.8			
>12～17	5×5	5	−0.030		−0.042	0	+0.030	3.0		2.3		0.16	0.25
>17～22	6×6	6						3.5		2.8			
>22～30	8×7	8	0	±0.018	−0.015	+0.036	+0.098	4.0	+0.2	3.3	+0.2		
>30～38	10×8	10	−0.036		−0.051	0	+0.040	5.0	0	3.3	0	0.25	0.40
>38～44	12×8	12	0	±0.0215	−0.018	+0.043	+0.120	5.0		3.3			
>44～50	14×9	14	−0.043		−0.061	0	+0.050	5.5		3.8			
>50～58	16×10	16						6.0		4.3			
>58～65	18×11	18						7.0		4.4			
>65～75	20×12	20	0	±0.026	−0.022	+0.052	+0.149	7.5		4.9		0.40	0.60
>75～85	22×14	22	−0.052		−0.074	0	+0.065	9.0		5.4			
>85～95	25×14	25						9.0		5.4			
>95～110	28×16	28						10.0		6.4			

注:在国标中没有第一列“公称直径 d”,作者加上这一列是帮助初学者根据轴径 d 来确定键尺寸 $b\times h$。

附表 13　圆柱销不淬硬钢和奥氏体不锈钢(摘自 GB/T 119.1～119.2—2000)

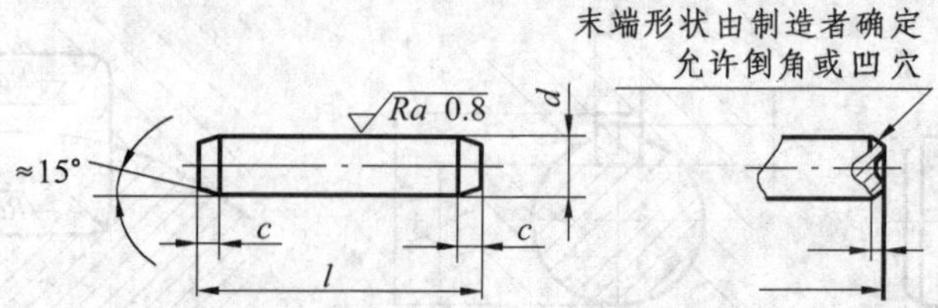

标记示例

公称直径 d=6 mm、公差为 m6、公称长度 l=30 mm、材料为 Cl 组马氏体不锈钢、表面简单处理的圆柱销的标记：销 GB/T 119.2—2000　6 m6 ×30-Cl 简单处理　　(单位：mm)

d　m6/h8		3	4	5	6	8	10	12	16	20
c≈		0.5	0.63	0.8	1.2	1.6	2	2.5	3	3.5
L范围	GB/T 119.1	8～30	80～40	10～50	12～60	14～80	18～95	22～140	26～180	35～200
	GB/T 119.2	8～30	10～40	12～50	14～60	18～80	22～100	26～100	40～100	50～100
公称长度 l 系列		2,3,4,5,6～32(2 进位),35～100(5 进位),120～200(20 进位)								

注：1. 公称长度大于 200 mm，按 20 mm 递增。

2. d 的其它公差，如 a11、c11、f8 由供需方双方协议。

附表 14　开口销(摘自 GB/T 91—2000)

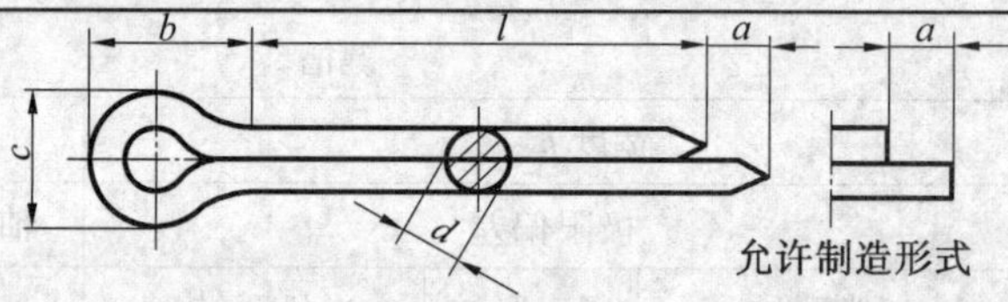

标记示例

公称规格为 5 mm、长度 l=50 mm、材料为 Q215 或 Q235、不经表面处理的开口销：

销　GB/T 91—2000　5 ×50　　(单位 mm)

公称规格 d		2	2.5	3.2	4	5	6.3	8	10	13
c	max	3.6	4.6	5.8	7.4	9.2	11.8	15.0	19.0	24.8
	min	3.2	4.0	5.1	6.5	8.0	10.3	13.1	16.6	21.7
b≈		4	5	6.4	8	10	12.6	16	20	26
a_{max}		2.5		3.2	4				6.3	
l(商品范围)		10～40	12～50	14～63	18～80	22～100	32～125	40～160	45～200	71～250
l 系列		10、12、14、16、18、20、25、28、32、36、40、45、50、56、63、71、80、90、100、112、125、140、160、180、200、224、250								
材料		①碳素钢：Q215、Q235；②铜合金：H63；③不锈钢：1Cr17Ni7、0Cr18Ni9Ti								
表面处理		①钢：不经处理；磷化；镀锌钝化。②铜、不锈钢：简单处理。								

注：1. 公称规格等于开口销孔直径。对销孔直径推荐的公差：公称规格≤1.2：H13；公称规格>1.2：H14。

2. 用于铁道和在 U 形销中承受交变横向力的场合，推荐使用的开口销规格，应较本表规格加大一档。

附表 15　圆锥销(摘自 GB/T 117—2000)

A 型:锥面表面粗糙度 $Ra=0.8\ \mu m$　　　　B 型:锥面表面粗糙度 $Ra=3.2\ \mu m$

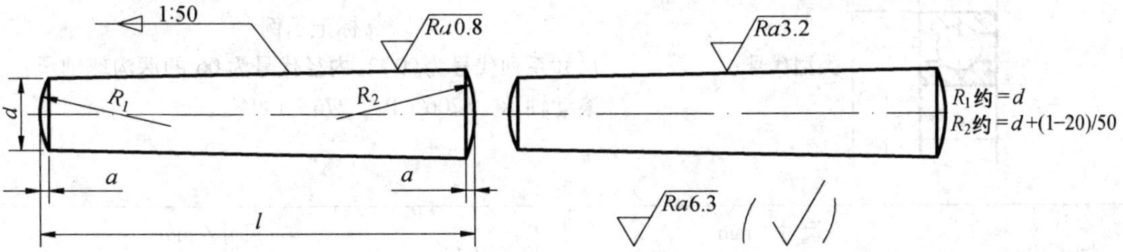

标记示例

公称直径 $d=6$ mm、公称长度 $l=30$ mm、材料为 35 钢、热处理硬度(28 ~ 38)HRC、表面氧化处理的 A 型圆锥销:GB/T 117 6×30　　　　(单位: mm)

d　h10[2]	4	5	6	8	10	12	16	20	25	30	40	50
$a\approx$	0.5	0.63	0.8	1	1.2	1.6	2	2.5	3	4	5	6.3
l(商品范围)	14 ~ 65	18 ~ 60	22 ~ 90	22 ~ 120	26 ~ 160	3 ~ 180	4 ~ 200	45 ~ 200	50 ~ 200	55 ~ 200	60 ~ 200	65 ~ 200
l 系列	10、12、14、16、18、20、22、24、26、28、30、32、35、40、45、50、55、60、65、70、75、80、85、90、95、100、120、140、160、180、200											
技术条件	材料	易切钢:Y12、Y15; 碳素钢:35、45; 合金钢:30CrMnSiA; 不锈钢:1Cr13、2Cr13 等										
	表面处理	钢:不经处理;氧化;磷化;镀锌钝化。 不锈钢:简单处理。 所有公差仅适用于涂、镀前的公差。										

注:1. 公称长度大于 200 mm,按 20 mm 递增。

2. d 的其它公差,如 a11、c11、f8 由供需方双方协议。

附录 16 深沟球轴承(摘自 GB/T 276—1994)

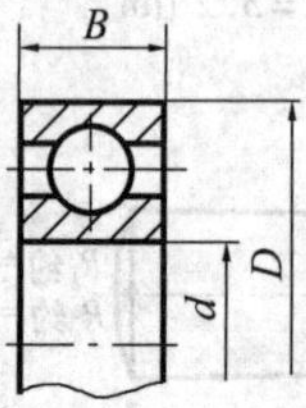

类型代号 6

标记示例

尺寸系列代号为(0)2,内径代号为 06 的深沟球轴承:

滚动轴承 6206 GB/T 276—1994

轴承代号	尺寸/ mm			轴承代号	尺寸/ mm		
	d	D	B		d	D	B
尺寸系列代号 (1)0				尺寸系列代号 (0)3			
6004	20	42	12	6304	20	52	15
6005	25	47	12	6305	25	62	17
6006	30	55	13	6306	30	72	19
6007	35	62	14	6307	35	80	21
6008	40	68	15	6308	40	90	23
6009	45	75	16	6309	45	100	25
6010	50	80	16	6310	50	110	27
6011	55	90	18	6311	55	120	29
6012	60	95	18	6312	60	130	31
6013	65	100	18	6313	65	140	33
6014	70	110	20	6314	70	150	35
6015	75	115	20	6315	75	160	37
6016	80	125	22	6316	80	170	39
6017	85	130	22	6317	85	180	41
6018	90	140	24	6318	90	190	43
6019	95	145	24	6319	95	200	45
6020	100	150	24	6320	100	215	47
尺寸系列代号 (0)2				尺寸系列代号 (0)4			
6204	20	47	14	6404	20	72	19
6205	25	52	15	6405	25	80	21
6206	30	62	16	6406	30	90	23
6207	35	72	17	6407	35	100	25
6208	40	80	18	6408	40	110	27
6209	45	85	19	6409	45	120	29
6210	50	90	20	6410	50	130	31
6211	55	100	21	6411	55	140	33
6212	60	110	22	6412	60	150	35
6213	65	120	23	6413	65	160	37
6214	70	125	24	6414	70	180	42
6215	75	130	25	6415	75	190	45
6216	80	140	26	6416	80	200	48
6217	85	150	28	6417	85	210	52
6218	90	160	30	6418	90	225	54
6219	95	170	32	6419	95	240	55
6220	100	180	34	6420	100	250	58

注:表中括号“()”,表示该数字在轴承代号中省略。

附录 17　圆锥滚子轴承(摘自 GB/T 297—1994)

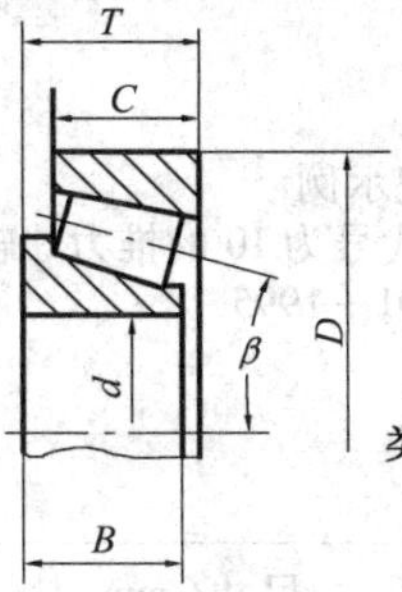

类型代号3

标记示例

尺寸系列代号为03,内径代号为12的圆锥滚子轴承:

滚动轴承　30312　GB/T 297—1994

轴承代号	尺寸/ mm					轴承代号	尺寸/ mm				
	d	*D*	*T*	*B*	*C*		*d*	*D*	*T*	*B*	*C*
尺寸系列代号　02						尺寸系列代号　22					
30204	20	47	15.25	14	12	32204	20	47	19.25	18	15
30205	25	52	16.25	15	13	32205	25	52	19.25	18	16
30206	30	62	17.25	16	14	32206	30	62	21.25	20	17
30207	35	72	18.25	17	15	32207	35	72	24.75	23	19
30208	40	80	19.75	18	16	32208	40	80	24.75	23	19
30209	45	85	20.75	19	16	32209	45	85	24.75	23	19
30210	50	90	21.75	20	17	32210	50	90	24.75	23	19
30211	55	100	22.75	21	18	32211	55	100	26.75	25	21
30212	60	110	23.75	22	19	32212	60	110	29.75	28	24
30213	65	120	24.75	23	20	32213	65	120	32.75	31	27
30214	70	125	26.25	24	21	32214	70	125	33.25	31	27
30215	75	130	27.25	25	22	32215	75	130	33.25	31	27
30216	80	140	28.25	26	24	32216	80	140	35.25	33	28
30217	85	150	30.50	28	25	32217	85	150	38.50	36	30
30218	90	160	32.50	30	26	32218	90	160	42.50	40	34
30219	95	170	34.50	32	27	32219	95	170	45.50	43	37
30220	100	180	37	34	29	32220	100	180	49	46	39
尺寸系列代号　03						尺寸系列代号　23					
30304	20	52	16.25	15	13	32304	20	52	22.25	21	18
30305	25	62	18.25	17	15	32305	25	62	25.25	24	20
30306	30	72	20.75	19	16	32306	30	72	28.75	27	23
30307	35	80	22.75	21	18	32307	35	80	32.75	31	25
30308	40	90	25.25	23	20	32308	40	90	35.25	33	27
30309	45	100	27.25	25	22	32309	45	100	38.25	36	30
30310	50	110	29.25	27	23	32310	50	110	42.25	40	33
30311	55	120	31.50	29	25	32311	55	120	45.50	43	35
30312	60	130	33.50	31	26	32312	60	130	48.50	46	37
30313	65	140	36	33	28	32313	65	140	51	48	39
30314	70	150	38	35	30	32314	70	150	54	51	42
30315	75	160	40	37	31	32315	75	160	58	55	45
30316	80	170	42.50	39	33	32316	80	170	61.50	58	48
30317	85	180	44.50	41	34	32317	85	180	63.50	60	49
30318	90	190	46.50	43	36	32318	90	190	67.50	64	53
30319	95	200	49.50	45	38	32319	95	200	71.50	67	55
30320	100	215	51.50	47	39	32320	100	215	77.50	73	60

附录 18　推力球轴承(摘自 GB/T 301—1995)

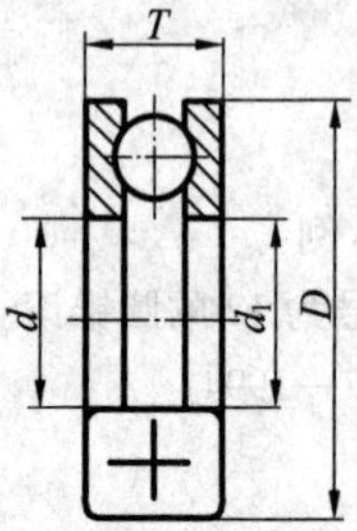

类型代号 5

标记示例

尺寸系列代号为 13,内径代号为 10 的推力球轴承:

滚动轴承　51310 GB/T 301—1995

轴承代号	尺寸/ mm				轴承代号	尺寸/ mm			
	d	D	T	$d_{1\min}$		d	D	T	$d_{1\min}$
尺寸系列代号　11					尺寸系列代号　13				
51104	20	35	10	21	51304	20	47	18	22
51105	25	42	11	26	51305	25	52	18	27
51106	30	47	11	32	51306	30	60	21	32
51107	35	52	12	37	51307	35	68	24	37
51108	40	60	13	42	51308	40	78	26	42
51109	45	65	14	47	51309	45	85	28	47
51110	50	70	14	52	51310	50	95	31	52
51111	55	78	16	57	51311	55	105	35	57
51112	60	85	17	62	51312	60	110	35	62
51113	65	90	18	67	51313	65	115	36	67
51114	70	95	18	72	51314	70	125	40	72
51115	75	100	19	77	51315	75	135	44	77
51116	80	105	19	82	51316	80	140	44	82
51117	85	110	19	87	51317	85	150	49	88
51118	90	120	22	92	51318	90	155	50	93
51120	100	135	25	102	51320	100	170	55	103
51122	110	145	25	112	51322	110	190	63	113
尺寸系列代号　12					尺寸系列代号　14				
51204	20	40	14	22	—	—	—	—	—
51205	25	47	15	27	51405	25	60	24	27
51206	30	52	16	32	51406	30	70	28	32
51207	35	62	18	37	51407	35	80	32	37
51208	40	68	19	42	51408	40	90	36	42
51209	45	73	20	47	51409	45	100	39	47
51210	50	78	22	52	51410	50	110	43	52
51211	55	90	25	57	51411	55	120	48	57
51212	60	95	26	62	51412	60	130	51	62
51213	65	100	27	67	51413	65	140	56	68
51214	70	105	27	72	51414	70	150	60	73
51215	75	110	27	77	51415	75	160	65	78
51216	80	115	28	82	51416	80	170	68	83
51217	85	125	31	88	51417	85	180	72	88
51218	90	135	35	93	51418	90	190	77	93
51220	100	150	38	103	51420	100	210	85	103
51222	110	160	38	113	51422	110	230	95	113

三、常用零件工艺结构要素

附录 19　零件倒圆与倒角(摘自 GB/T 6403.4—2008)

型式：　　α 一般为 45°，也采用可 30° 或 60°

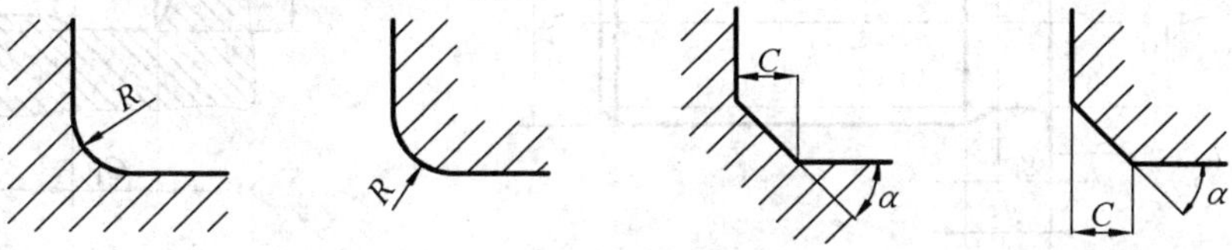

装配型式：　$C_1>R$　　$R_1>R$　　$C<0.58R_1$　　$C_1>C$

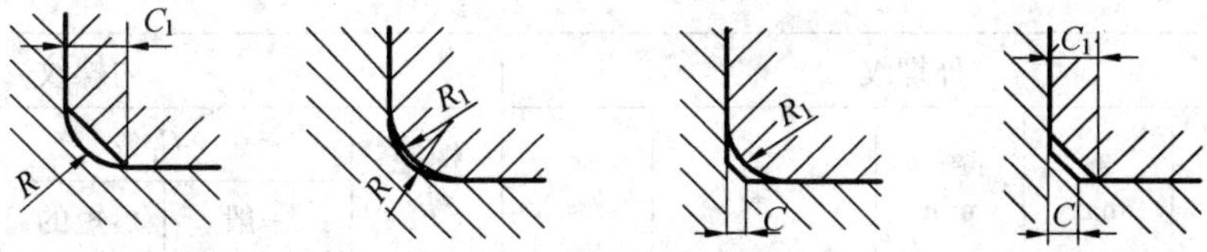

(单位:mm)

直径 D、d	≤3	>3~6	>6~10	>10~18	>18~30	>30~50	>50~80	>80~120	>120~180	>180~250
R C	0.2	0.4	0.6	0.8	1.0	1.6	2.0	2.5	3.0	4.0

直径 D、d	>250~320	>320~400	>400~500	>500~630	>630~800	>800~1 000	>1 000~1 250	>1 250~1 600
R C	5.0	6.0	8.0	10	12	16	20	25

附录 20　砂轮越程槽(摘自 GB/T 6403.5—2008)

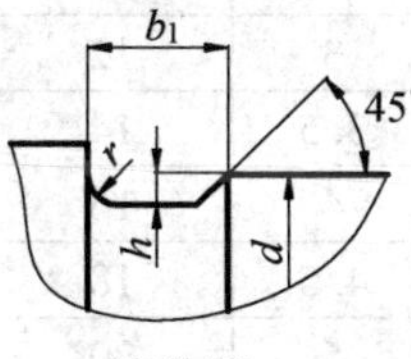

磨外圆

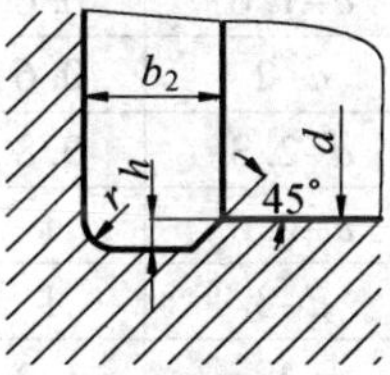

磨内圆

(单位 mm)

d	~10			>10~50		>50~100		>100	
b_1	0.6	1.0	1.6	2.0	3.0	4.0	5.0	8.0	10
b_2	2.0	3.0		4.0		5.0		8.0	10
h	0.1	0.2		0.3	0.4		0.6	0.8	1.2
r	0.2	0.5		0.8	1.0		1.6	2.0	3.0

附录 21 螺纹退刀槽(摘自 GB/T 3—1997)

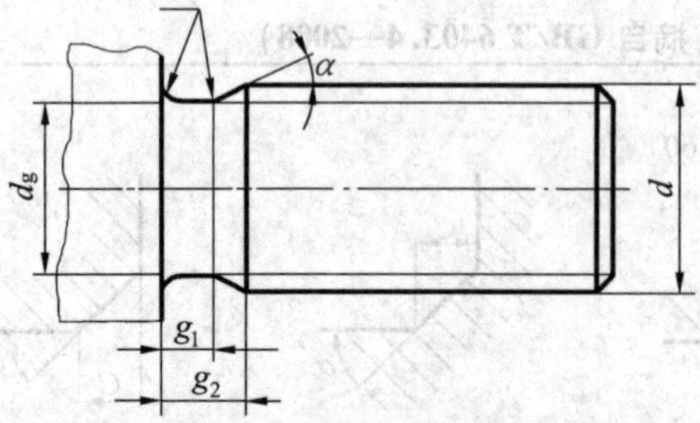

外螺纹退刀槽

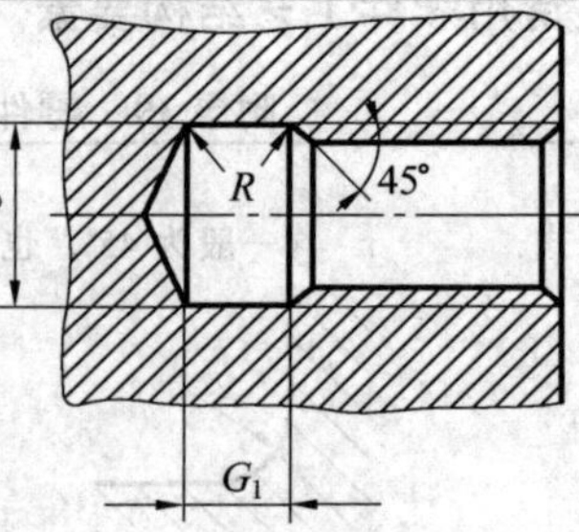

内螺纹退刀槽

(单位 mm)

外螺纹					内螺纹				
螺距 P	g_2 max	g_1 min	d_g	r ≈	螺距 P	G_1 一般	G_1 短的	D_g	R ≈
0.25	0.75	0.4	$d-0.4$	0.12	0.5	2	1		0.2
0.3	0.9	0.5	$d-0.5$	0.16	0.6	2.4	1.2		0.3
0.35	1.05	0.6	$d-0.6$	0.16	0.7	2.8	1.4	$D+0.3$	0.4
0.4	1.2	0.6	$d-0.7$	0.2	0.75	3	1.5		0.4
0.45	1.35	0.7	$d-0.7$	0.2	0.8	3.2	1.6		0.4
0.5	1.5	0.8	$d-0.8$	0.2	1.0	4	2		0.5
0.6	1.8	0.9	$d-1.0$	0.4	1.25	5	2.5		0.6
0.7	2.1	1.1	$d-1.1$	0.4	1.5	6	3		0.8
0.75	2.25	1.2	$d-1.2$	0.4	1.75	7	3.5		0.9
0.8	2.4	1.3	$d-1.3$	0.4	2	8	4		1
1.0	3	1.6	$d-1.6$	0.6	2.5	10	5		1.2
1.25	3.75	2	$d-2$	0.6	3	12	6	$D+0.5$	1.5
1.5	4.5	2.5	$d-2.3$	0.8	3.5	14	7		1.8
1.75	5.25	3	$d-2.6$	1	4	16	8		2
2	6	3.4	$d-3$	1	4.5	18	9		2.2
2.5	7.5	4.4	$d-3.6$	1.2	5	20	10		2.5
3	9	5.2	$d-4.4$	1.6	5.5	22	11		2.8
3.5	10.5	6.2	$d-5$	1.6	6	24	12		3
4	12	7	$d-5.7$	2	参考值	$=4P$	$=2P$	—	$\approx 0.5P$
4.5	13.5	8	$d-6.4$	2.5					
5	15	9	$d-7$	2.5					
5.5	17.5	11	$d-7.7$	3.2					
6	18	11	$d-8.3$	3.2					
参考值	$\approx 3P$	—	—	—					

注:1. d 和 D 为螺纹公称直径代号;

2. d_g公差为:h13(d>3 mm)、h12(d≤3 mm)

D_g公差为:H13;

3. "短"退刀槽仅在结构受限制时使用。

四、极限与配合

附录 22　标准公差数值(摘自 GB/T 1800.1—2009)

公称尺寸 /mm		标准公差等级																	
		IT1	IT2	IT3	IT4	IT5	IT6	IT7	IT8	IT9	IT10	IT11	IT12	IT13	IT14	IT15	IT16	IT17	IT18
大于	至	μm											mm						
—	3	0.8	1.2	2	3	4	6	10	14	25	40	65	0.1	0.14	0.25	0.4	0.6	1	1.4
3	6	1	1.5	2.5	4	5	8	12	18	30	48	70	0.12	0.18	0.3	0.48	0.75	1.2	1.8
6	10	1	1.5	2.5	4	6	9	15	22	26	58	90	0.15	0.22	0.36	0.58	0.9	1.5	2.2
10	18	1.2	2	3	5	8	11	18	27	43	70	110	0.18	0.27	0.43	0.7	1.1	1.8	2.7
18	30	1.5	2.5	4	6	9	13	21	33	52	84	130	0.21	0.33	0.52	0.84	1.3	2.1	3.3
30	50	1.5	2.5	4	7	11	16	25	39	62	100	160	0.25	0.39	0.62	1	1.6	2.5	3.9
50	80	2	3	5	8	13	19	30	46	74	120	190	0.3	0.46	0.74	1.2	1.9	3	4.6
80	120	2.5	4	6	10	15	22	35	54	87	140	220	0.35	0.54	0.87	1.4	2.2	3.5	5.4
120	180	3.5	5	8	12	18	25	40	63	100	160	250	0.4	0.63	1	1.6	2.5	4	6.3
180	250	4.5	7	10	14	20	29	46	72	115	185	290	0.46	0.72	1.15	1.85	2.9	4.6	7.2
250	315	6	8	12	16	23	32	52	81	130	210	320	0.52	0.81	1.3	2.1	3.2	5.2	8.1
315	400	7	9	13	18	25	36	57	89	140	230	360	0.57	0.89	1.4	2.3	3.6	5.7	8.9
400	500	8	10	15	20	27	40	63	97	155	250	400	0.63	0.97	1.55	2.5	4	6.3	9.7
500	630	9	11	16	22	32	44	70	110	175	280	440	0.7	1.1	1.75	2.8	4.4	7	11
630	800	10	13	18	25	36	50	80	125	200	320	500	0.8	1.25	2	3.2	5	8	12.5
800	1000	11	15	21	28	40	56	90	140	230	360	560	0.9	1.4	2.3	3.6	5.6	9	14
1000	1250	13	18	24	33	47	66	105	165	260	420	660	1.05	1.65	2.6	4.2	6.6	10.5	16.5
1250	1600	15	21	29	39	55	78	125	195	310	500	780	1.25	1.95	3.1	5	7.8	12.5	19.5
1600	2000	18	25	35	46	65	92	150	230	370	600	920	1.5	2.3	3.7	6	9.2	15	23
2000	2500	22	30	41	55	78	110	175	280	440	700	1100	1.75	2.8	4.4	7	11	17.5	28
2500	3150	26	36	50	68	96	135	210	330	540	800	1350	2.1	3.3	5.4	8.6	13.5	21	33

注:1. 公称尺寸大于 500 mm 的 IT1 至 IT5 的标准公差数值为试行的。
　2. 公称尺寸小于或等于 1 mm 时,无 IT14 至 IT18。

附表 23　IT01 和 IT0 的标准公差数值(摘自 GB/T 1800.1—2009)

标准公差等级	公称尺寸 / mm						
	≤3	>3 ~ 6	>6 ~ 10	>10 ~ 18	>18 ~ 30	>30 ~ 50	>50 ~ 80
IT01 (μm)	0.3	0.4	0.4	0.5	0.6	0.7	0.8
IT0 (μm)	0.5	0.6	0.6	0.8	1	1	1.2

标准公差等级	公称尺寸 / mm					
	>80 ~ 120	>120 ~ 180	>180 ~ 250	>250 ~ 315	>315 ~ 400	>400 ~ 500
IT01 (μm)	1	1.2	2	2.5	3	4
IT0 (μm)	1.5	2	3	4	5	6

附表 24　常用及优选轴公差带极限偏差(GB/T 1800.2—2009)

(单位:μm)

代号	a	b		c			d				e		
公称尺寸/mm \ 等级	11	11	12	9	10	(11)	8	(9)	10	11	7	8	9
≤3	-270 -330	-140 -200	-140 -240	-60 -85	-60 -100	-60 -120	-20 -34	-20 -45	-20 -60	-20 -80	-14 -24	-14 -28	-14 -39
3 ~ 6	-270 -345	-140 -215	-140 -260	-70 -100	-70 -118	-70 -145	-30 -48	-30 -60	-30 -78	-30 -105	-20 -32	-20 -38	-20 -50
6 ~ 10	-280 -370	-150 -240	-150 -300	-80 -116	-80 -138	-80 -170	-40 -62	-40 -76	-40 -98	-40 -130	-25 -40	-25 -47	-25 -61
10 ~ 14	-290	-150	-150	-95	-95	-95	-50	-50	-50	-50	-32	-32	-32
14 ~ 18	-400	-260	-330	-138	-165	-205	-77	-93	-120	-160	-50	-59	-75
18 ~ 24	-300	-160	-160	-110	-110	-110	-65	-65	-65	-65	-40	-40	-40
24 ~ 30	-430	-290	-370	-162	-194	-240	-98	-117	-149	-195	-61	-73	-92
30 ~ 40	-310 470	-170 -330	-170 -420	-120 -182	-120 -220	-120 -280	-80	-80	-80	-80	-50	-50	-50
40 ~ 50	-320 -480	-180 -340	-180 -430	-130 -192	-130 -230	-130 -290	-119	-142	-180	-240	-75	-89	-112
50 ~ 65	-340 -530	-190 -380	-190 -490	-140 -214	-140 -260	-140 -330	-100	-100	-100	-100	-60	-60	-60
65 ~ 80	-360 -550	-220 -390	-200 -500	-150 -224	-150 -270	-150 -340	-146	-174	-220	-290	-90	-106	-134
80 ~ 100	-380 -600	-220 -440	-220 -570	-170 -257	-170 -310	-170 -390	-120	-120	-120	-120	-72	-72	-72
100 ~ 120	-410 -630	-240 -460	-240 -590	-180 -267	-180 -320	-180 -400	-174	-207	-260	-340	-107	-126	-159
120 ~ 140	-460 -710	-260 -510	-260 -660	-200 -300	-200 -360	-200 -450	-145	-145	-145	-145	-85	-85	-85
140 ~ 160	-520 -770	-280 -530	-280 -680	-210 -310	-210 -370	-210 -460							
160 ~ 180	-580 -830	-310 -560	-310 710	-230 -330	-230 -390	-230 -480	-208	-245	-305	-395	-125	-148	-185
180 ~ 200	-660 -950	-340 -630	-340 -800	-240 -355	-240 -425	-240 -530	-170	-170	-170	-170	-100	-100	-100
200 ~ 225	-740 -1 030	-380 -670	-380 -840	-260 -375	-260 -445	-260 -550							
225 ~ 250	-820 -1 110	-420 -710	-420 -880	-280 -395	-280 -465	-280 -570	-242	-285	-355	-460	-146	-172	-215
250 ~ 280	-920 -1 240	-480 -800	-480 -1 000	-300 -430	-300 -510	-300 -620	-190	-190	-190	-190	-110	-110	-110
280 ~ 315	-1 050 1 370	-540 -860	-540 -1 060	-330 -460	-330 -540	-330 -650	-271	-320	-400	-510	-162	-191	-240
315 ~ 335	-1 200 -1 560	-600 -960	-600 -1 170	-360 -500	-360 -590	-360 -720	-210	-210	-210	-210	-125	-125	-125
355 ~ 400	-1 350 -1 710	-680 -1 040	-680 -1 250	-400 -540	-400 -630	-400 -760	-299	-350	-440	-570	-182	-214	-265
400 ~ 450	-1 500 -1 900	-760 -1 160	-760 -1 390	-440 -595	-440 -690	-440 -840	-230	-230	-230	-230	-135	-135	-135
450 ~ 500	-1 650 -2 050	-840 -1 240	-840 -1 470	-480 -635	-480 -730	-480 -880	-327	-385	-480	-630	-198	-232	-290

注:1. 公称尺寸小于 1 mm 时,各级的 a 和 b 均不采用。

2. 带括号者为优先公差带。

续附表 24

f					g			h							
5	6	(7)	8	9	5	(6)	7	5	(6)	(7)	8	(9)	10	(11)	12
-6	-6	-6	-6	-6	-2	-2	-2	0	0	0	0	0	0	0	0
-10	-12	-16	-20	-31	-6	-8	-12	-4	6	-10	-14	-25	-40	-60	-100
-10	-10	-10	-10	-10	-4	-4	-4	0	0	0	0	0	0	0	0
-15	-18	-22	-28	-40	-9	-12	-16	-5	-8	-12	-18	-30	-48	-75	-120
-13	-13	-13	-13	-13	-5	-5	-5	0	0	0	0	0	0	0	0
-19	-22	-28	-35	-49	-11	-14	-20	-6	-9	-15	-22	-36	-58	-90	-150
-16	-16	-16	-16	-16	-6	-6	-6	0	0	0	0	0	0	0	0
-24	-27	-34	-43	-59	-14	-17	-24	-8	-11	-18	-27	-43	-70	-110	-180
-20	-20	-20	-20	-20	-7	-7	-7	0	0	0	0	0	0	0	0
-29	-33	-41	-53	-72	-16	-20	-28	-9	-13	-21	-33	-52	-84	-130	-210
-25	-25	-25	-25	-25	-9	-9	-9	0	0	0	0	0	0	0	0
-36	-41	-50	-64	-87	-20	-25	-34	-11	-16	-25	-39	-62	-100	-160	-250
-30	-30	-30	-30	-30	-10	-10	-10	0	0	0	0	10	0	0	0
-43	-49	-60	-76	-104	-23	-29	-40	-13	-19	-30	-46	-74	-120	-190	-300
-36	-36	-36	-36	-36	-12	-12	-12	0	0	0	0	0	0	0	0
-51	-58	-71	-90	-123	-27	-34	-47	-15	-22	-35	-54	-87	-140	-220	-350
-43	-43	-43	-43	-43	-14	-14	-14	0	0	0	0	0	0	0	0
-61	-68	-83	-106	-143	-32	-39	-54	-18	-25	-40	-63	-100	-160	-250	-400
-50	-50	-50	-50	-50	-15	-15	-15	0	0	0	0	0	0	0	0
-70	-79	-96	-122	-165	-35	-44	-61	-20	-29	-46	-72	-115	-185	-290	-460
-56	-56	-56	-56	-56	-17	-17	-17	0	0	0	0	0	0	0	0
-79	-88	-108	-137	-186	-40	-49	-69	-23	-32	-52	-81	-130	-210	-320	-520
-62	-62	-62	-62	-62	-18	-18	-13	0	0	0	0	0	0	0	0
-87	-98	-119	-151	-202	-43	-54	-75	-25	-36	57	-89	-140	-230	-360	-570
-68	-68	-68	-68	-68	-20	-20	-20	0	0	0	0	0	0	0	0
-95	-108	-131	-165	-223	-47	-60	-84	-27	-40	63	-97	-155	-250	-400	-630

续附表 24

公称尺寸/mm \ 代号	js			k			m			n			p		
等级	5	6	7	5	(6)	7	5	6	7	5	(6)	7	5	(6)	7
≤3	±2	±3	±5	+4 0	+6 0	+10 0	+6 0	+8 0	+12 0	+4 0	+10 0	+14 0	+10 0	+12 0	+16 0
3 ~ 6	±2.5	±4	±6	+6 +1	+9 +1	+13 +1	+9 +4	+12 +4	+16 +4	+13 +8	+16 +8	+20 +8	+17 +12	+20 +12	+24 +12
6 ~ 10	±3	±4.5	±7	+7 +1	+10 +1	+16 +1	+12 +6	+15 +6	+21 +6	+16 +10	+19 +10	+25 +10	+21 +15	+24 +15	+30 +15
10 ~ 14 14 ~ 18	±4	±5.5	±9	+9 +1	+12 +1	+19 +1	+15 +7	+18 +7	+25 +7	+20 +12	+23 +12	+30 +12	+26 +18	+29 +18	+36 +18
18 ~ 24 24 ~ 30	±4.5	±6.5	±10	+11 +2	+15 +2	+23 +2	+17 +8	+21 +8	+29 +8	+24 +15	+28 +15	+36 +15	+31 +22	+35 +22	+43 +22
30 ~ 40 40 ~ 50	±5.5	±8	±12	+13 +2	+18 +2	+27 +2	+20 +9	+25 +9	+34 +9	+28 +17	+33 +17	+42 +17	+37 +26	+42 +26	+51 +26
52 ~ 65 65 ~ 80	±6.5	±9.5	±15	+15 +2	+21 +2	+32 +2	+24 +11	+30 +11	+41 +11	+33 +20	+39 +20	+50 +20	+45 +32	+51 +32	+62 +32
80 ~ 100 100 ~ 120	±7.5	±11	±17	+18 +3	+25 +3	+38 +3	+28 +13	+35 +13	+48 +13	+38 +23	+45 +23	+58 +23	+52 +37	+59 +37	+72 +37
120 ~ 140 140 ~ 160 160 ~ 180	±9	±12.5	±20	+21 +3	+28 +3	+43 +3	+33 +15	+40 +15	+55 +15	+45 +27	+52 +27	+67 +27	+61 +43	+68 +43	+83 +43
180 ~ 200 200 ~ 225 225 ~ 250	±10	±14.5	±23	+24 +4	+33 +4	+50 +4	+37 +17	+46 +17	+63 +17	+54 +31	+60 +31	+77 +31	+70 +50	+79 +50	+96 +50
250 ~ 280 280 ~ 315	±11.5	±16	±26	+27 +4	+36 +4	+56 +4	+43 +20	+52 +20	+72 +20	+57 +34	+66 +34	+86 +34	+79 +56	+88 +56	+108 +56
315 ~ 355 355 ~ 400	±12.5	±18	±28	+29 +4	+40 +4	+61 +4	+46 +21	+57 +21	+78 +21	+62 +37	+73 +37	+94 +37	+87 +62	+98 +62	+119 +62
400 ~ 450 450 ~ 500	±13.5	±20	±31	+32 +5	+45 +5	+68 +5	+50 +23	+63 +23	+86 +23	+67 +40	+80 +40	+103 +40	+95 +68	+108 +68	+131 +68

续附表 24

r 5	r 6	r 7	s 5	s (6)	s 7	t 5	t 6	t 7	u (6)	u 7	v 6	x 6	y 6	z 6
+14 +10	+16 +10	+20 +10	+18 +14	+20 +14	+24 +14	—	—	—	+24 +18	+28 +18	—	+26 +20	—	+32 +26
+20 +15	+23 +15	+27 +15	+24 +19	+27 +19	+31 +19	—	—	—	+31 +23	+35 +23	—	+36 +28	—	+43 +35
+25 +19	+28 +19	+34 +19	+29 +23	+32 +23	+38 +23	—	—	—	+37 +28	+43 +28	—	+43 +34	—	+51 +42
+31 +23	+34 +23	+41 +23	+36 +28	+39 +28	+46 +28	—	—	—	+44 +33	+51 +33	—	+51 +40	—	+61 +50
						—	—	—			+50 +39	+56 +45	—	+71 +60
+37 +28	+41 +28	+49 +28	+44 +35	+48 +35	+56 +35	—	—	—	+54 +41	+62 +41	+60 +47	+67 +54	+76 +63	+86 +73
						+50 +41	+54 +41	+62 +41	+61 +43	+69 +48	+68 +55	+77 +64	+88 +75	+101 +88
+45 +34	+50 +34	+59 +34	+54 +43	+59 +43	+68 +43	+59 +48	+64 +48	+73 +48	+76 +60	+85 +60	+84 +68	+96 +80	+110 +94	+128 +112
						+65 +54	+70 +54	+79 +54	+86 +70	+95 +70	+97 +81	+113 +97	+130 +114	+152 +136
+54 +41	+60 +41	+71 +41	+66 +53	+72 +53	+83 +53	+79 +66	+85 +66	+96 +66	+106 +87	+117 +87	+121 +102	+141 +122	+163 +144	+191 +172
+56 +43	+62 +43	+73 +43	+72 +59	+78 +59	+89 +59	+88 +75	+94 +75	+105 +75	+121 +102	+132 +102	+139 +120	+200 +178	+193 +174	+229 +210
+66 +51	+73 +51	+86 +51	+86 +71	+93 +71	+106 +71	+106 +91	+113 +91	+126 +91	+146 +124	+159 +124	+168 +146	+200 +178	+236 +214	+280 +258
+69 +54	+76 +54	+89 +54	+94 +79	+101 +79	+114 +79	+110 +104	+126 +104	+139 +104	+166 +144	+179 +144	+194 +172	+232 +210	+276 +254	+332 +310
+81 +63	+88 +63	+103 +63	+110 +92	+117 +92	+132 +92	+140 +122	+147 +122	+162 +122	+195 +170	+210 +170	+227 +202	+273 +248	+325 +300	+390 +365
+83 +65	+90 +65	+105 +65	+118 +100	+125 +100	+140 +100	+152 +134	+159 +134	+174 +134	+215 +190	+230 +190	+253 +228	+305 +280	+365 +340	+440 +415
+86 +68	+93 +68	+108 +68	+126 +108	+133 +108	+148 +108	+164 +146	+171 +146	+186 +146	+235 +210	+250 +210	+277 +252	+335 +310	+405 +380	+490 +465
+97 +77	+106 +77	+123 +77	+142 +122	+151 +122	+168 +122	+186 +166	+195 +166	+212 +166	+265 +236	+282 +236	+313 +284	+379 +350	+454 +425	+549 +520
+100 +80	+109 +80	+126 +80	+150 +130	+159 +130	+176 +130	+200 +180	+209 +180	+226 +180	+287 +258	+304 +258	+339 +310	+414 +385	+499 +470	+604 +575
+104 +84	+113 +84	+130 +84	+160 +140	+169 +140	+186 +140	+216 +196	+225 +196	+242 +196	+313 +284	+330 +284	+369 +340	+454 +425	+549 +520	+669 +640
+117 +94	+126 +94	+146 +94	+181 +158	+290 +158	+210 +158	+241 +218	+250 +218	+270 +218	+347 +315	+367 +315	+417 +385	+507 +475	+612 +580	+742 +710
+121 +98	+130 +98	+150 +98	+193 +170	+202 +170	+222 +170	+263 +240	+272 +240	+292 +240	+382 +350	+402 +350	+457 +425	+557 +525	+682 +650	+332 +790
+133 +108	+144 +108	+165 +108	+215 +190	+226 +190	+247 +190	+293 +268	+304 +268	+325 +268	+426 +390	+447 +390	+511 +475	+626 +590	+766 +730	+936 +900
+139 +114	+150 +114	+171 +114	+233 +208	+244 +208	+265 +208	+319 +294	+330 +294	+351 +294	+471 +435	+492 +435	+566 +530	+696 +660	+856 +820	+1036 +1000
+153 +126	+166 +126	+189 +126	+259 +232	+272 +232	+295 +232	+357 +330	+370 +330	+393 +330	+530 +490	+553 +490	+635 +595	+780 +740	+960 +920	+1140 +1100
+159 +132	+172 +132	+195 +132	+279 +252	+292 +252	+315 +252	+387 +360	+400 +360	+423 +360	+580 +540	+603 +540	+700 +600	+860 +820	+1040 +1000	+1290 +1250

附表 25　常用及优选孔公差带极限偏差(GB/T 1800.2—2009)

(单位:μm)

代号	A*	B*		C		D				E		F			
公称尺寸/mm \ 等级	11	11	12	(11)	12	8	(9)	10	11	8	9	6	7	(8)	9
≤3	+330	+200	+240	+120	+160	+34	+45	+60	+80	+28	+39	+12	+16	+20	+31
	+270	+140	+140	+60	+60	+20	+20	+20	+20	+14	+14	+6	+6	+6	+6
3 ~ 6	+345	+215	+260	+145	+190	+48	+60	+78	+105	+38	+50	+18	+22	**+28**	+40
	+270	+140	+140	+70	+70	+30	+30	+30	+30	+20	+20	+10	+10	+10	+10
6 ~ 10	+370	+240	+300	+170	+230	+62	+76	+98	+130	+47	+61	+22	+28	**+35**	+49
	+280	+150	+150	+80	+80	+40	+40	+40	+40	+25	+25	+13	+13	+13	+13
10 ~ 14	+400	+260	+330	+205	+275	+77	+93	+120	+160	+59	+75	+27	+34	**+43**	+59
14 ~ 18	+290	+150	+150	+95	+95	+50	+50	+50	+50	+32	+32	+16	+16	+16	+16
18 ~ 24	+430	+290	+370	+240	+320	+98	+117	+149	+195	+73	+92	+33	+41	**+53**	+72
24 ~ 30	+300	+160	+160	+110	+110	+65	+65	+65	+65	+40	+40	+20	+20	+20	+20
30 ~ 40	+470	+330	+420	+280	+370										
	+310	+170	+170	+120	+120	+119	+142	+180	+240	+89	+112	+41	+50	+64	+87
40 ~ 50	+480	+340	+430	+290	+380	+80	+80	+80	+80	+50	+50	+25	+25	+25	+25
	+320	+180	+180	+130	+130										
50 ~ 65	+530	+380	+490	+330	+440										
	+340	+190	+190	+140	+140	+146	+174	+220	+290	+106	+134	+49	+60	+76	+104
65 ~ 80	+550	+390	+500	+340	+450	+100	+100	+100	+100	+60	+60	+30	+30	+30	+30
	+360	+200	+200	+150	+150										
80 ~ 100	+600	+440	+570	+390	+520										
	+380	+220	+220	+170	+170	+174	+207	+260	+340	+126	+159	+58	+71	+90	+123
100 ~ 120	+630	+460	+590	+400	+530	+120	+120	+120	+120	+72	+72	+36	+36	+36	+36
	+410	+240	+240	+180	+180										
120 ~ 140	+710	+510	+660	+450	+600										
	+460	+260	+260	+200	+200	208	+245	+305	+395	+148	+185	+68	+83	**+106**	+143
140 ~ 160	+770	+530	+680	+460	+610										
	+520	+280	+280	+210	+210										
160 ~ 180	+830	+560	+710	+480	+630	+145	+145	+145	+145	+85	+85	+43	+43	**+43**	+43
	+580	+310	+310	+230	+230										
180 ~ 200	+950	+630	+800	+530	+700	+242	+285	+355	+460	+172	+215	+79	+96	**+122**	+165
	+660	+340	+340	+240	+240										
200 ~ 225	+1 030	+670	+840	+550	+720										
	+740	+380	+380	+260	+260										
225 ~ 250	+1 110	+710	+880	+570	+740	+170	+170	+170	+170	+100	+100	+50	+50	**+50**	+50
	+820	+420	+420	+280	+280										
250 ~ 280	+1 240	+800	+1 000	+620	+820										
	+920	+480	+480	+300	+300	+271	+320	+400	+510	+191	+240	+88	+108	+137	+186
280 ~ 315	+1 370	+860	+1 060	+650	+850	+190	+190	+190	+190	+110	+110	+56	+56	+56	+56
	+1 050	+540	+540	+330	+330										
315 ~ 355	+1 560	+960	+1 170	+720	+930										
	+1 200	+600	+600	+360	+360	+299	+350	+440	+570	+214	+265	+98	+119	+151	+202
355 ~ 400	+1 710	+1 040	+1 250	+760	+970	+210	+210	+210	+210	+125	+125	+62	+62	+62	+62
	+1 350	+680	+680	+400	+400										
400 ~ 450	+1 900	+1 160	+1 390	+840	+1 070										
	+1 500	+760	+760	+440	+440	+327	+385	+480	+630	+232	+290	+108	+131	+65	+223
450 ~ 500	+2 050	+1 240	+1 470	+880	+1 110	+230	+230	+230	+230	+135	+135	+68	+68	+68	+68
	+1 650	+840	+840	+480	+488										

注:1. 公称尺寸小于 1 mm 时,各级的 A 和 B 均不采用。

2. 带括号者为优先公差带。

续附表 25

G		H							JS			K		
6	(7)	6	(7)	(8)	(9)	10	(11)	12	6	7	8	6	(7)	8
+8 +2	+12 +2	+6 0	+10 0	+14 0	+25 0	+40 0	+60 0	+100 0	±3	±5	±7	0 −6	0 −10	0 −14
+12 +4	+16 +4	+8 0	+12 0	+18 0	+30 0	+48 0	+75 0	+120 0	±4	±6	±9	+2 −6	+3 −9	5 −13
+14 +5	+20 +5	+9 0	+15 0	+22 0	+36 0	+58 0	+90 0	+150 0	±4.5	±7	±11	+2 −7	+5 −10	+6 −16
+17 +6	+24 +6	+11 0	+18 0	+27 0	+43 0	+70 0	+110 0	+180 0	±5.5	±9	±13	+2 −9	+6 −12	+8 −19
+20 +7	+28 +7	+13 0	+21 0	+33 0	+52 0	+84 0	+130 0	+210 0	±6.5	±10	±16	+2 −11	+6 −15	+10 −23
+25 +9	+34 +9	+16 0	+25 0	+39 0	+62 0	+100 0	+160 0	+250 0	±8	±12	±19	+3 −13	+7 −18	+12 −27
+29 +10	+40 +10	+19 0	+30 0	+46 0	+74 0	+120 0	+190 0	+300 0	±9.5	±15	±23	+4 −15	+9 −21	+14 −32
+34 +12	+47 +12	+22 0	+35 0	+54 0	+87 0	+140 0	+220 0	+350 0	±11	±17	±27	+4 −18	+10 −25	+16 −38
+39 +14	+54 +14	+25 0	+40 0	+63 0	+100 0	+160 0	+250 0	+400 0	±12.5	±20	±31	+4 −21	+12 −28	+20 −43
+44 +15	+61 +15	+29 0	+46 0	+72 0	+115 0	+185 0	+290 0	+460 0	±14.5	±23	±36	+5 −24	+13 −33	+22 −50
+49 +17	+69 +17	+32 0	+52 9	+81 0	+130 0	+210 0	+320 0	+520 0	±16	±26	±40	+5 −27	+16 −36	+25 −56
+54 +18	+75 +18	+36 0	+57 0	+89 0	+140 0	+230 0	+360 0	+570 0	±18	±28	±44	+7 −29	+17 −40	+28 −61
+60 +20	+83 +20	+40 0	+63 0	+97 0	+155 0	+250 0	+400 0	+630 0	±20	±31	±48	+8 −32	+18 −45	+29 −68

续附表 25

公称尺寸/mm ＼ 代号	M			N			P		R		S		T		U
等级	6	7	8	6	(7)	8	6	(7)	6	7	6	(7)	6	7	(7)
≤3	−2 −8	−2 −12	−2 −16	−4 −10	−4 −14	−4 −18	−6 −12	−6 −16	−10 −16	−10 −20	−14 −20	−14 −24	—	—	−18 −28
3 ~ 6	−1 −9	−0 −12	+2 −16	−5 −13	−4 −16	−2 −20	−9 −17	−8 −20	−12 −20	−11 −23	−16 −24	−15 −27	—	—	−19 −31
6 ~ 10	−3 −12	0 −15	+1 −21	−7 −16	−4 −19	−3 −25	−12 −21	−9 −24	−16 −25	−13 −28	−20 −29	−17 −32	—	—	−22 −37
10 ~ 14 14 ~ 18	−4 −15	0 −18	+2 −25	−9 −20	−5 −23	−3 −30	−15 −26	−11 −29	−20 −31	−16 −34	−25 −36	−21 −39	—	—	−26 −44
18 ~ 24	−4 −17	0 −21	+4 −29	−11 −24	−7 −28	−3 −36	−18 −31	−14 −35	−24 −37	−20 −41	−31 −44	−27 −48	—	—	−33 −54
24 ~ 30													−37 −50	−33 −54	−40 −61
30 ~ 40	−4 −20	0 −25	+5 −34	−12 −28	−8 −33	−3 −42	−21 −37	−17 −42	−29 −45	−25 −50	−38 −54	−34 −59	−43 −59	−39 −64	−51 −76
40 ~ 50													−49 −65	−45 −70	−61 −86
50 ~ 65	−5 −24	0 −30	+5 −41	−14 −33	−9 −39	−4 −50	−26 −45	−21 −51	−35 −54	−30 −60	−47 −66	−42 −72	−60 −79	−55 −85	−76 −106
65 ~ 80									−37 −56	−32 −62	−53 −72	−48 −78	−69 −88	−64 −94	−91 −121
80 ~ 100	−6 −28	0 −35	+6 −48	−16 −38	−10 −45	−4 −58	−30 −52	−24 −59	−44 −66	−38 −73	−64 −86	−58 −93	−84 −106	−78 −113	−111 −146
100 ~ 120									−47 −69	−41 −76	−72 −94	−66 −101	−97 −119	−91 −126	−131 −166
120 ~ 140	−8 −33	0 −40	+8 −55	−20 −45	−12 −52	−4 −67	−36 −61	−28 −68	−56 −81	−48 −88	−85 −110	−77 −117	−115 −140	−107 −147	−155 −195
140 ~ 160									−58 −83	−50 −90	−93 −118	−85 −125	−127 −152	−119 −159	−175 −215
160 ~ 180									−61 −86	−53 −93	−101 −126	−93 −133	−139 −164	−131 −171	−195 −235
180 ~ 200	−8 −37	0 −46	+9 −63	−22 −51	−14 −60	−5 −77	−41 −70	−33 −79	−68 −97	−60 −106	−113 −142	−105 −151	−157 −186	−149 −195	−219 −265
200 ~ 225									−71 −100	−63 −109	−121 −150	−113 −159	−171 −200	−163 −209	−241 −287
225 ~ 250									−75 −104	−67 −113	−131 −160	−132 −169	−187 −216	−179 −225	−267 −313
250 ~ 280	−9 −41	0 −52	+9 −72	−25 −57	−14 −66	−5 −86	−47 −79	−36 −88	−85 −117	−74 −126	−149 −181	−138 −190	−209 −241	−198 −250	−295 −347
280 ~ 315									−89 −121	−78 −130	−161 −193	−150 −202	−231 −263	−220 −272	−330 −382
315 ~ 355	−10 −46	0 57	+11 −78	−26 −62	−16 −73	−5 −94	−51 −87	−41 98	−97 −133	−87 −144	−179 −215	−169 −226	−257 −293	−247 −304	−369 −426
355 ~ 400									−103 −139	−93 −150	−197 −233	−187 −244	−283 −319	−273 −330	−414 −471
400 ~ 450	−10 −50	0 63	+11 −86	−27 −67	−17 −80	−6 −103	−55 −95	−45 −108	−113 −153	−103 −166	−219 −259	−209 −272	−371 −357	−307 −370	−467 −530
450 ~ 500									−119 −159	−109 −172	−239 −279	−229 −292	−347 −387	−337 −400	−517 −580

参 考 文 献

[1] 刘小年,郭克希. 机械制图[M]. 3 版. 北京:机械工业出版社,2004.

[2] 尚元江,吴佩年,谭家祥. 工程制图基础[M]. 哈尔滨:黑龙江人民出版社,2003.

[3] 何铭新,钱可强. 机械制图[M]. 5 版. 北京:高等教育出版社,2004.

[4] 仝基斌,宴群. 机械制图[M]. 北京:机械工业出版社,2007.

[5] 王春义. 工程制图基础[M]. 哈尔滨:哈尔滨工业大学出版社,2006.